PUBLIZISTIK-HISTORISCHE BEITRÄGE

Herausgegeben von
Priv.-Doz. Dr. Heinz-Dietrich Fischer

Band 2
Deutsche Zeitungen
des 17. bis 20. Jahrhunderts

Verlag Dokumentation, Pullach bei München 1972

Heinz-Dietrich Fischer (Hrsg.)

Deutsche Zeitungen des 17. bis 20. Jahrhunderts

Verlag Dokumentation, Pullach bei München 1972

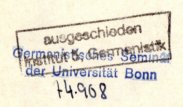

© 1972 by Verlag Dokumentation Saur KG, Pullach bei München
Druck: Julius Beltz, Hemsbach/Bergstr.
Gebunden bei Kornelius Kaspers, Düsseldorf
Printed in West Germany
ISBN 3-7940-3602-6

In memoriam GÜNTER KIESLICH
— dem Publizistik-Historiographen

"Journalisten, Philosophen, Psychologen und Soziologen behandeln... mit immer neuer Anteilnahme die Probleme der periodischen Presse und den psychologischen, soziologischen und kulturellen Einfluß der Zeitung... Man lehrt, was die Zeitung *sein müsse*, um bestimmten philologischen, philosophischen und ethischen Idealen zu entsprechen, bevor man sich gefragt hat, was die Zeitun in Wirklichkeit *ist*." (Urbain de Volder : Soziologie der Zeitung, Stuttgart 1959, S. 1)

VORWORT

Dieses Buch — der zweite Band innerhalb der vorliegenden Publikationsreihe — bietet in Form monographischer Abhandlungen zum ersten Male einen detaillierten historisch-deskriptiven und analytischen Überblick über 25 maßgebliche deutsche Zeitungen, welche von den verschiedensten geistes- und sozialwissenschaftlichen Disziplinen als permanentes Auskunftsobjekt für mancherlei Fragestellungen konsultiert zu werden pflegen. Von jeder der dargestellten Zeitungen werden die wesentlichen Daten und Fakten aus der Verlags-, Redaktions- und Inhaltsgeschichts in chronologischer Anordnung dargeboten und in den jeweiligen Kausalzusammenhang gestellt. Eine allgemeine Einleitung soll zudem das Forschungsproblem *Zeitung* in methodologischer und quellenkritischer Sicht transparent machen.

Sämtliche Zeitungsmonographien stellen *Originalbeiträge* für den vorliegenden Band dar. Sie wurden von Publizistik- und Kommunikationswissenschaftlern aus Deutschland, Österreich und der Schweiz verfaßt. Daß in manchen Fällen rund zwei Jahre bis zum Vorliegen der druckfertigen Beiträge vergingen, demonstriert nicht allein die starke arbeitsmäßige Belastung manches Fachkollegen, sondern weist auch auf die zum Teil beträchtlichen Materialschwierigkeiten, die es zu bewältigen galt. Obwohl zwischen Herausgeber und den einzelnen Autoren ein grundsätzlicher Konsensus über die Struktur der Aufsätze erzielt wurde, weichen die Beiträge doch nach Zielrichtung und Aussageintensität bisweilen beträchtlich voneinander ab. Daher mag jeder Benutzer des Bandes selber ermessen, inwieweit seine spezifischen Erwartungen erfüllt zu werden vermögen. Zumindest dürfte das Buch jedoch für jeden ein unentbehrliches erstes Orientierungsmittel sein, der die betreffenden Zeitungen für eigene Forschungen als Quellen zu benutzen gedenkt.

Ohne die permanente Mitarbeit von Erika J. Fischer beim lektoratsmäßigen Aufbereiten der Manuskripte, dem Korrekturlesen sowie dem Erstellen des Registers hätte der Band kaum in der vorliegenden Form herausgebracht werden können.

Ruhr-Universität Bochum
im Juli 1972   H.-D. Fischer

INHALTSVERZEICHNIS

VORWORT... 7
Heinz-Dietrich Fischer:
DIE ZEITUNG ALS FORSCHUNGSPROBLEM............... 11
Klaus Bender:
VOSSISCHE ZEITUNG, Berlin (1617–1934)................ 25
Kurt Forstreuter:
KÖNIGSBERGER HARTUNGSCHE ZEITUNG,
Königsberg (1660–1933) 41
Fritz Faber:
MAGDEBURGISCHE ZEITUNG, Magdeburg (1664–1945)....... 57
Gerhard Hense:
LEIPZIGER ZEITUNG, Leipzig (1665–1918) 75
Elger Blühm:
NORDISCHER MERCURIUS, Hamburg (1665–1730) 91
Hans-Friedrich Meyer:
BERLINISCHE NACHRICHTEN VON STAATS- UND
GELEHRTEN SACHEN, Berlin (1740–1874) 103
Norbert Conrads:
SCHLESISCHE ZEITUNG, Breslau/Bunzlau (1742–1945)....... 115
Christian Padrutt:
ALLGEMEINE ZEITUNG, Augsburg/München (1798–1929) 131
Georg Potschka:
KÖLNISCHE ZEITUNG, Köln/Lüdenscheid (1802–1945) 145
Jürgen Fromme:
HAMBURGER FREMDENBLATT, Hamburg (1828–1945) 159
Jürgen Kahl:
NATIONAL-ZEITUNG, Berlin (1848–1938) 177
Kurt A. Holz:
MÜNCHNER NEUESTE NACHRICHTEN, München (1848–1945) .. 191
Meinolf Rohleder/Burkhard Treude:
NEUE PREUSSISCHE (KREUZ-)ZEITUNG, Berlin (1848–1939) ... 209
Adam Wandruszka:
NEUE FREIE PRESSE, Wien (1848–1939).................. 225
Kurt Paupié:
FRANKFURTER ZEITUNG, Frankfurt a.M. (1856–1943) 241
Rolf Kramer:
KÖLNISCHE VOLKSZEITUNG, Köln/Essen (1860–1941) 257
Heinz-Dietrich Fischer:
DEUTSCHE ALLGEMEINE ZEITUNG, Berlin (1861–1945) 269
Ulla C. Lerg-Kill:
BERLINER BÖRSEN-COURIER, Berlin (1868–1933) 283

Klaus Martin Stiegler:
GERMANIA, Berlin (1871–1938) 299
Gotthart Schwarz:
BERLINER TAGEBLATT, Berlin (1872–1939) 315
Volker Schulze:
VORWÄRTS, Leipzig/Berlin (1876–1933) 329
Joachim Pöhls:
TÄGLICHE RUNDSCHAU, Berlin (1881–1933) 349
Klaus Werner Schmidt:
RHEINISCH-WESTFÄLISCHE ZEITUNG, Essen (1883–1944) 365
Margarete Plewnia:
VÖLKISCHER BEOBACHTER, München/Berlin (1887–1945) 381
Kurt Koszyk:
DIE ROTE FAHNE, Berlin (1918–1933) 391
PERSONENREGISTER 405

Heinz-Dietrich Fischer:

DIE ZEITUNG ALS FORSCHUNGSPROBLEM

Die anscheinend so moderne Erkenntnis dessen, was in den gegenwärtigen kommunikationspolitischen Diskussionen häufig recht unreflektiert mit der schlagwortartigen Bezeichnung 'Manipulation' benannt zu werden pflegt, [1] ist — auf den Pressebereich übertragen — in ähnlichen Formulierungen seit den Anfängen des Zeitungswesens nachzuweisen. [2] Bereits in dem 'Thesaurus Practicus' vom Jahre 1629 hat Christoph Besold unter dem Stichwort 'Neue Zeitungen' vermerkt, daß diese Blätter die Neigung hätten, "das Volk kopflos zu machen, damit es für diese oder jene Partei eintrete usw." [3]. Die Zeitungen waren, wie Koszyk/Pruys betonen, "von Anfang an unbequeme, wenn nicht unerwünschte Publikationen... Man schrieb gegen die 'Zeitungs-Sucht', wollte die verpönten Blätter nur den Fürsten und Herrschern vorbehalten wissen" [4]. Neben einer Anzahl ablehnender Stimmen findet sich aber auch die das Zeitungswesen durchaus bejahende, wenngleich auch kritisch erörternde Schrift Caspar von Stielers vom Jahre 1695, welche den nützlichen Aspekt des Zeitungslesens für das orientierte In-der-Welt-Sein des Menschen hervorhebt und die Presse als soziale Erscheinung akzeptiert. [5]

Seit diesen frühen Schriften über die Einstellung zum gerade entstandenen Zeitungswesen hat es eine Anzahl von ähnlichen Äußerungen gegeben, die eine bejahende oder ablehnende Haltung zum Objekt Presse im allgemeinen oder zur Zeitung im besonderen variierend wiederholten. [6] So hat sich denn auch die traditionelle Zeitungswissenschaft längere Zeit mit den Fragen befaßt, welche Auffassungen über die Presse in verschiedenen Zeitabschnitten vorhanden oder für bestimmte Epochen geradezu symptomatisch waren. [7] Nicht selten wurden dabei die sogenannte 'öffentliche Meinung' [8] und die Presse als *ein* Medium öffentlicher

---

1) Vgl. Peter Glotz/Wolfgang R. Langenbucher: Die Manipulationsthesen auf dem Prüfstand der Wissenschaft, Sendemanuskript des WDR, Köln 1969.
2) Vgl. Werner Storz: Die Anfänge der Zeitungskunde. (Die deutsche Literatur des 17. und 18. Jahrhunderts über die gedruckten periodischen Zeitungen), phil. Diss. Leipzig 1931, Halle/Saale 1931, S. 3 ff.
3) Karl Kurth (Hrsg.): Die ältesten Schriften für und wider die Zeitung, Brünn — München — Wien 1944, S. 32.
4) Kurt Koszyk/Karl H. Pruys (Hrsg.): Wörterbuch zur Publizistik, München-Pullach und Berlin 1970, S. 7.
5) Vgl. Kaspar von Stieler: Zeitungs Lust und Nutz, Hamburg 1695.
6) Vgl. Rolf Engelsing/Elger Blühm (Hrsg.): Die Zeitung. Deutsche Urteile und Dokumente von den Anfängen bis zur Gegenwart, Bremen 1967.
7) Vgl. Otto Groth: Die Geschichte der deutschen Zeitungswissenschaft, München 1948.
8) Vgl. zum Begriff die kritische Literatursichtung von Heinz-Dietrich Fischer: Zur Problematik der 'Öffentlichen Meinung', in: 'Politische Vierteljahresschrift' (Köln — Opladen), 5. Jg./Heft 3 (1964), S. 359—364.

Kommunikation identisch gesetzt, was zu zahlreichen Spekulationen über die angebliche 'Macht' des Zeitungswesens in manchen Zeiträumen führte. 9) Zwar hat es nicht an einigen Versuchen gefehlt, die Zeitung vornehmlich als eigenes soziales Phänomen darzustellen, doch geschah dies meist ohne konkreten Bezug auf ihre Abhängigkeit von zahlreichen internen und externen Variablen. 10) Erst eine modernere sozialwissenschaftlich orientierte Publizistik-Historiographie hat es vermocht, Interdependenzen zwischen der Presse einerseits und verschiedenartigen äußeren wie inneren Bedingtheiten aufzuzeigen. 11)

Lange Zeit hindurch wurden die Gattung 'Presse' und das Einzelobjekt 'Zeitung' nahezu ausschließlich als 'interessante' Erscheinungen mit dem Ziel einer simplen Presse-Phänomenologie angesehen, 12) weniger indes als Kommunikationsmittel im modernen Sinne. Diese einseitige Betrachtungsweise hatte zur Folge, daß die technische Seite bisweilen zu stark in den Vordergrund trat, hingegen die soziologischen und eigentlichen kommunikativen Probleme weitgehend unberücksichtigt blieben. So fehlt es beispielsweise, obwohl erste Arbeitsansätze hierzu vorliegen, 13) noch an einer Sozialgeschichte der Publizisten seit Beginn des Pressewesens. Ebenso ist es ein Desiderat der Forschung, die Zusammenhänge zwischen Ökonomie und Presse über einen längeren historischen Zeitraum hin exakt zu verfolgen. 14) Hinzu kommt der Mangel, daß bislang niemand vermocht oder ver-

---

9) Vgl. u.a. Wilhelm Bauer: Die Öffentliche Meinung in der Weltgeschichte, Wildpark-Potsdam 1930; vgl. außerdem die zahlreichen Dissertationen zum Thema 'Öffentliche Meinung' bei Volker Spieß: Verzeichnis deutschsprachiger Hochschulschriften zur Publizistik, 1885–1967, München-Pullach und Berlin 1969.

10) Vgl. die älteren zeitungshistorischen Arbeiten von R(obert) E(duard) Prutz: Geschichte des deutschen Journalismus, Hannover 1845; Julius Otto Opel: Die Anfänge der deutschen Zeitungspresse, 1609–1650, Leipzig 1879; Ludwig Salomon: Geschichte des deutschen Zeitungswesens, 3 Bde., Oldenburg – Leipzig 1900–1906.

11) Vgl. z.B. als erste Ansätze Dieter Paul Baumert: Die Entstehung des deutschen Journalismus. Eine sozialgeschichtliche Studie, München – Leipzig 1928 und Otto Groth: Die Zeitung. Ein System der Zeitungskunde (Journalistik), 4 Bde., Mannheim – Berlin – Leipzig 1928–1930; aus neuerer Zeit u.a. Rolf Engelsing: Massenpublikum und Journalistentum im 19. Jahrhundert in Nordwestdeutschland, Berlin 1966, Margot Lindemann: Deutsche Presse bis 1815, Berlin 1969, Kurt Koszyk: Deutsche Presse im 19. Jahrhundert, Berlin 1966, sowie Kurt Koszyk: Deutsche Presse 1914 – 1945, Berlin 1972.

12) Vgl. z.B. die Arbeiten von Tony Kellen: Das Zeitungswesen, Kempten – München 1908; Hermann Diez: Das Zeitungswesen, 2. Aufl., Leipzig – Berlin 1919; Karl d'Ester: Zeitungswesen, Breslau 1928.

13) Vgl. den Forschungsansatz von Günter Kieslich: Berufsbilder im frühen Zeitungswesen. Vorstudien zu einer Soziologie des Journalismus zwischen 1609 und 1650, in: 'Publizistik' (Bremen), 11. Jg./Heft 3–4 (Juli–Dezember 1966), S. 253–263.

14) Erste Ansätze zu Teilbereichen sind etwa: Friedrich Bertkau/Karl Bömer: Der wirtschaftliche Aufbau des deutschen Zeitungsgewerbes, Berlin 1932; Karl Bücher: Gesammelte Aufsätze zur Zeitungskunde, Tübingen 1926; Horst Heenemann: Die Auflagenhöhen der deutschen Zeitungen, Berlin 1929; Gerhard Wolf: Die Organi-

sucht hat, eine Geschichte des Wandels der Inhalte von Zeitungen detailliert darzustellen. 15) Will man der These folgen, daß alle Publizistik sich aus den drei Inhaltsformen von (a) Information, (b) Kommentar und (c) Unterhaltung rekrutiert, 16) so kann man auch hier nur für bestimmte Zeitabschnitte gewisse Vorarbeiten entdecken. 17) Schließlich mangelt es nach wie vor an umfangreichen Untersuchungen über die Wandlungen des Lesers und Leserinteresses in verschiedenen Epochen der Pressegeschichte. 18)

Die Zeitungs- und Publizistikwissenschaft verharrte geraume Zeit bei definitorischen Problemen, bei Abgrenzungskriterien zwischen den unterschiedlichen Phänomenen im Gesamtbereich der Presse. 19) Aus diesem Grund hat es auch eine Anzahl von Versuchen gegeben, Wesensbestimmungen des Begriffes Zeitung vorzunehmen. 'Zeitung' bedeutete im Mittelalter eine Nachricht oder Kunde. Die Nachricht war "eine Mitteilung zum Darnachrichten, in ihrer ursprünglichen Form: Signal, Anruf, Alarm" 20). Schon früh wurden als konstitutive Kriterien einer Zeitung die Merkmale der Publizität, Periodizität und Aktualität festgestellt, denen man dann noch die Universalität hinzufügte. 21) Aufgrund von dreien dieser Kriterien hat sich als bekannteste Definition jene von Emil Dovifat durchgesetzt: "Die Zeitung vermittelt jüngstes Gegenwartsgeschehen in kürzester regelmäßiger Folge der breitesten Öffentlichkeit" 22). Aufgrund neuerer Erscheinun-

---

Forts. Anm. 14)
sation der deutschen Papierindustrie und die staatliche Papierpolitik seit 1914, phil. Diss. Heidelberg 1925; Hans-Friedrich Meyer: Zeitungspreise in Deutschland im 19. Jahrhundert und ihre gesellschaftliche Bedeutung, Münster i.W. 1969.

15) Noch am ausführlichsten bislang die Darlegungen von Otto Groth: Die Zeitung. Ein System der Zeitungskunde (Journalistik), Bd. 1, a.a.O., S. 579 ff.

16) Vgl. Hendricus Johannes Prakke: Über die Entgrenzung der Publizistik und die Rückblende als publizistisches Moment im Kulturwandel, Assen/Niederlande 1961, S. 5 bzw. 16.

17) Vgl. als erste Versuche u.a. Guntram Prüfer: Jetzt und überall und hier. Geschichte des Nachrichtenwesens, Köln 1963; Carin Gentner: Zur Geschichte des Leitartikels, in: Winfried B. Lerg et al. (Hrsg.): Publizistik im Dialog. Festgabe für Henk Prakke, Assen/Niederlande 1965, S. 60–68; Wilmont Haacke: Handbuch des Feuilletons, 3 Bde., Emsdetten 1951–1953.

18) Vgl. den Ansatz von Irene Jentsch: Zur Geschichte des Zeitungslesens in Deutschland am Ende des 18. Jahrhunderts, Leipzig 1937; außerdem Hans-Georg Lecky: Zur Geschichte des Zeitungslesens von 1800 bis zu den Freiheitskriegen, Dresden 1941; Johanna Loeck: Das Zeitungs- und Zeitschriftenlesen im Deutschland des Biedermeier und Vormärz, 1815–1848, phil. Diss. Leipzig 1945 (Masch.Schr.).

19) Vgl. die Zusammenstellung einer Reihe von gängigen Zeitungsdefinitionen bei Robert Wiebel: Zeitung und Zeitschrift, phil. Diss. Leipzig 1938, Darmstadt 1939, S. X–XV (Anhang).

20) W(alter) Schöne: Die Zeitung und ihre Wissenschaft, Leipzig 1928, S. 25.

21) Vgl. u.a. Hans Traub: Grundbegriffe des Zeitungswesens. Kritische Einführung in die Methode der Zeitungswissenschaft, Stuttgart 1933.

22) Emil Dovifat: Zeitungslehre, Bd. 1, 5. Aufl., Berlin 1967, S. 8.

gen im Pressewesen ist es beispielsweise fraglich, ob namentlich das Erfordernis der Universalität dauerhaft aufrechterhalten werden kann. Untersuchungen über das publizistische Phänomen der Vorortzeitungen haben nämlich ergeben, daß in diesen Blättern anstelle der inhaltlichen Vielfalt eine bwußte Beschränkung auf lokale oder engregionale Inhalte anzutreffen ist, daß also das Kriterium der Universalität durch jenes der Regionalität weitgehend ersetzt zu werden pflegt. 23)

Dieses Beispiel deutet an, wie sehr auch in der Zeitungs- und Publizistikwissenschaft einmal gängige Definitionen und Abgrenzungskriterien immer wieder auf ihre allgemeine Anwendbarkeit hin überprüft werden müssen. Wenn Hagemann sogar zehn konstitutive Eigenschaften der Zeitung hervorkehrt 24) — Publizität, Aktualität, öffentliches Interesse, Periodizität, Kontinuität, Gemeinschaftsleistung, Vielfalt, mechanische Vervielfältigung, Betriebsunternehmen sowie 'Zeitung als Organismus' —, dann geht daraus schon deutlich hervor, daß all diese Bedingungen nicht immer und überall für das vorhanden gewesen sein können, was von den Zeitgenossen jeweils als 'Zeitung' begriffen wurde. Recht realistisch beschreibt de Volder die Situation, indem er feststellt: 25) "Die Zeitung kann, genau so wie andere Kulturerscheinungen, nicht nach 'Genus' und 'differentia specifica' definiert werden. Sie ist ein historisches Individuum, eine in ihrer individuellen Eigenart bedeutungsvolle Erscheinung, die entweder nach dem scholastischen Schema oder nach naturwissenschaftlich eindeutigen Merkmalen gefaßt werden kann. Die Definition der Zeitung muß aus den individuellen, der sozialen Wirklichkeit zu entnehmenden Bestandteilen allmählich zusammengefügt werden. Die Definition der Zeitung ist kein stabiler und allgemeingültiger Begriff, sondern nur eine provisorische Synthese jener vielseitigen und fließenden Erscheinungen, die mit dem Wort der Zeitung gemeint sind... Es ist jedoch sehr fraglich, ob die Definitionsversuche für die Zeitung jemals alle... Hindernisse sowie die fortdauernde Evolution des vielseitigen Organismus... überwinden und das Endziel einer genauen und vollständigen Begriffsbestimmung erreichen können".

Würde man nämlich einer formalen Zeitungsdefinition anhängen, so wäre es vielleicht kaum möglich, jene frühen Presseerscheinungen des 17. Jahrhunderts, welche von den Fachleuten eindeutig als Zeitungen ausgewiesen werden, 26) als solche anzuerkennen, da man möglicherweise dieses oder jenes Element an ihnen

---

23) Vgl. die entsprechend modifizierte Zeitungsdefinition bei Heinz-Dietrich Fischer: Publizistik in Suburbia. Strukturen und Funktionen amerikanischer Vorortzeitungen, Dortmund 1971, S. 79.
24) Vgl. Walter Hagemann: Die Zeitung als Organismus, Heidelberg 1950, S. 15 ff.
25) Nabor Urbain A. de Volder: Die Zeitung: Definition und Begriffe, in: Emil Dovifat (Hrsg.): Handbuch der Publizistik, Bd. 3, Berlin 1969, S. 61 f.
26) Vgl. Else Bogel/Elger Blühm (Bearb.): Die deutschen Zeitungen des 17. Jahrhunderts. Ein Bestandsverzeichnis mit historischen und bibliographischen Angaben, 2 Bde., Bremen 1971.

vermissen könnte. Schottenloher hat die Zusammenhänge zwischen der publizistischen Erscheinung des Flugblattes und dem Entstehen der Zeitung materialreich aufgezeigt. [27] Interdependenzen von Zunahme oder Absinken der Zeitungsanzahl und Verstärkung bzw. Lockerung staatlicher oder kirchlicher Zensur waren stets unverkennbar. Spätestens in der Zeit des Hochabsolutismus war der Zeitung — zunächst uneingestanden — die Stellung einer erkannten und daher vielfach bekämpften öffentlichen Institution zugewachsen: "Gegenüber dem einmaligen Ereignis von Buch, Flugschrift und Rede war die Zeitung und Zeitschrift eine 'Einrichtung', eine Rede in Permanenz, die es erlaubte, die gleichen Aussagen in fortlaufender Folge, Steigerung und Ergänzung dem gleichen Empfänger zu übermitteln... Die Zeitung... durfte nur neue Nachrichten verbreiten, soweit sie 'wahrhaftig' und den irdischen Gewalten genehm waren. Es war ihr grundsätzlich nicht erlaubt, zu 'räsonieren', denn das galt in der Politik als Zeichen des Unruhestifters..." [28]. Nachdem in vorsichtiger Form schon vor den Karlsbader Beschlüssen Meinungsaussagen in der Presse zu finden waren, brachten dann die 1840er Jahre "den seit 1819 stagnierenden Prozeß politischer Bewußtseinsbildung in Deutschland wieder in Bewegung". Doch erst "die Revolution von 1848 löste einen publizistischen Dammbruch aus. Das lange künstlich gestaute Mitteilungsbedürfnis wurde freigesetzt und schlug sich in einigen hundert neuen Tageszeitungen und Wochenblättern nieder..." [29].

Die Pressegeschichtsschreibung hat sich daher angewöhnt, den Zeitraum um 1848 als die entscheidende Zäsur für das Entstehen des modernen Zeitungswesens anzuerkennen, [30] obwohl Periodisierungen auch hier nicht frei von Problematik sind. [31] Legt man den Begriff der Meinungs- oder Tendenzpresse zugrunde, so könnte man mit Beginn des genannten Zeitraumes den Anfang dieser Zeitungskategorie auf breiter Linie signalisieren. Will man zudem, wie Koszyk ausführt, innerhalb dieser Zeitungsgruppe "die Entwicklung der Parteipresse seit 1850 schematisieren, so kann man sagen, das Jahrzehnt von 1850 bis 1860 stand im Zeichen der konservativen Presse, das Jahrzehnt von 1860 bis 1870 im Zeichen der liberalen Presse und das Jahrzehnt von 1870 bis 1880 im Zeichen der Zentrumspresse. Die folgenden Jahre brachten den Aufschwung der sozialistischen Presse, der aber schon durch die Konkurrenz der Generalanzeiger ungünstig beeinflußt wurde" [32]. Eine zeitungshisto-

---

27) Vgl. Karl Schottenloher: Flugblatt und Zeitung, Berlin 1922.
28) Walter Hagemann: Grundzüge der Publizistik, 2. Aufl., Münster i.W. 1966, S. 200.
29) Kurt Koszyk: Die Zeitung: 17. Jahrhundert bis zur Gegenwart, in: Emil Dovifat (Hrsg.): Handbuch..., Bd. 3, a.a.O., S. 79 f.
30) Dies gilt vor allem unter dem Gesichtspunkt der Interdependenzen von Staat, Politik und Presse, weniger indes für die Betrachtung druckgeschichtlicher oder wirtschaftsgeschichtlicher Periodisierungen im Zeitungswesen.
31) Vgl. allgemein zum Problem Johan Hendrik Jacob van der Pot: De Periodisering der Geschiedenis. Een Overzicht der Theorieen, 's-Gravenhage 1951.
32) Kurt Koszyk: Deutsche Presse im 19. Jahrhundert, a.a.O., S. 130.

risch neue Epoche setzte in den 1890er Jahren mit den Vorformen und der Fortentwicklung dessen ein, was man später als Massenpresse zu typisieren versuchte, wobei in diesem Terminus unklar bleibt, ob es sich um eine politische, unpolitische Presse oder beides zusammen handelt. 33) In der gängigen Presse-Periodisierung hatte somit die politische Zäsur der Reichsgründung keinen eigenen Terminus bewirkt, was auch auf die Presse in der Zeit der Weimarer Republik zutrifft, welche wegen ihrer Typenvielfalt kaum einen Rahmenbegriff zuließ. 34) Erst der Zeitraum zwischen 1933 und 1945 wird mit Bezeichnungen wie 'totalitäres Pressesystem' wieder relativ einheitlich umschrieben. 35) Wurde hierfür somit ein politisch-ideologischer Begriff gewählt, so konnte die Zeit von 1945 bis 1949 vor allem mit dem presserechtlichen Terminus der 'Lizenzpresse' in allen vier Besatzungszonen Deutschlands 36) belegt werden. Für die Zeit seit dem Jahre 1949, dem Entstehungsjahr der beiden deutschen Staaten, bildeten sich bisher weder für die BRD 37) noch für die DDR 38) einheitliche Begriffsbestimmungen im Hinblick auf das Zeitungswesen heraus.

---

33) Vgl. Emil Dovifat: Generalanzeiger, in: Walther Heide (Hrsg.): Handbuch der Zeitungswissenschaft, Bd. 1, Leipzig 1940, Sp. 1217—1232, sowie Jan Tonnemacher/Winfried Schulz: Massenmedien — Europa, in: Elisabeth Noelle-Neumann/Winfried Schulz (Hrsg.): Das Fischer Lexikon — Publizistik, Frankfurt a.M. 1971, S. 109—126; Winfried B. Lerg/Michael Schmolke: Massenpresse und Volkszeitung, Assen/Niederlande 1968.

34) Vgl. Walter Kaupert: Die deutsche Tagespresse als Politicum, phil. Diss. Heidelberg 1932, Freudenstadt 1932; Otto Groth: Die Zeitung..., Bd. 2, a.a.O.; Emil Dovifat: Die Publizistik der Weimarer Zeit: Presse, Rundfunk, Film, in: Leonhard Reinisch (Hrsg.): Die Zeit ohne Eigenschaften. Eine Bilanz der zwanziger Jahre, Stuttgart 1961, S. 119—136; Kurt Koszyk: Deutsche Presse 1914—1945, a.a.O.

35) Vgl. als wichtigste Beiträge über diese Zeit (Fritz Schmidt): Presse in Fesseln. Eine Schilderung des NS-Pressetrusts, Berlin 1948; Walter Hagemann: Publizistik im Dritten Reich. Ein Beitrag zur Methodik der Massenführung, Hamburg 1948; Oron J(ames) Hale: Presse in der Zwangsjacke, 1933—1945, Düsseldorf 1965; Karl-Dietrich Abel: Presselenkung im NS-Staat. Eine Studie zur Geschichte der Presse in der nationalsozialistischen Zeit, Berlin 1968; Jürgen Hagemann: Die Presselenkung im Dritten Reich, Bonn 1970.

36) Vgl. Handbuch der Lizenzen deutscher Verlage, Berlin 1947; Lizenzen-Handbuch deutscher Verlage, Berlin 1949; Reinhart Greuner: Lizenzpresse — Auftrag und Ende, Berlin (-Ost) 1962; Harold Hurwitz: Die Pressepolitik der Alliierten, in: Harry Pross (Hrsg.): Deutsche Presse seit 1945, Bern — München — Wien 1965, S. 27—55; Hans Habe: Im Jahre Null: Ein Beitrag zur Geschichte der deutschen Presse, München 1966.

37) Vgl. u.a. Georg Bitter: Zur Typologie des deutschen Zeitungswesens in der Bundesrepublik Deutschland, München 1951; Henry P. Pilgert/Helga Dobbert: Press, Radio, and Film in West Germany 1945—1953, (Bad Godesberg) 1953; Franz Mannhart: Entwicklung und Strukturwandel der Tagespresse in der Bundesrepublik Deutschland seit 1945 und ihre Position im öffentlichen Raum, phil. Diss. München 1958, Stuttgart 1959; Franz Knipping: Pressemonopole — Monopolpresse. Der Konzentrationsprozeß in der westdeutschen Tagespresse, seine Voraussetzungen und seine Ergebnisse, Leipzig 1963; Harry Pross (Hrsg.): Deutsche Presse seit 1945, a.a.O.;

Gesamtdarstellungen zu den verschiedenen Teilbereichen gehen im Forschungsansatz häufig recht voneinander abweichende Wege, und nach wie vor kann es kein Pauschalrezept für die Bearbeitung dieser Forschungsgebiete geben. Trotz der richtungweisenden Arbeiten von Koszyk und Lindemann fehlt es indes nach wie vor an einer *kompakten* Gesamtpressegeschichte Deutschlands etwa nach französischen, britischen und vor allem amerikanischen Vorbildern. [39] So sehr es demnach in Deutschland an knappen, jedoch gründlichen Überblicksdarstellungen mangelt, um so üppiger ist das Feld mit unterschiedlichsten Detailforschungen bestellt. Will man den Ansatz zu einer Typologie derartiger Arbeiten wagen, so kann man vielleicht als einige Schwerpunktbereiche umreißen: Darstellungen zu bestimmten Problemen im Presseecho; [40] Forschungen über die angebliche 'Macht der Presse' bei bestimmten Anlässen; [41] Pressegeschichte einzelner Stichtage bzw. -Jahre, die als wesentliche Zäsuren angesehen werden; [42] Arbeiten zu Pressefragen mit regionaler oder lokaler Begrenzung [43] etc. Als weitere Arbeitsbereiche könnten etwa gelten: bestimmte Zeitungssparten in ihrer historischen Entwicklung und technische sowie ökonomische Probleme der Presse in einzelnen Zeiträumen. Relativ wenige Studien existieren indes auf dem interessanten Forschungssektor der Zeitungsmonographien, obwohl bestimmte Blätter für exakt fixierte Zeiträume bereits ausführlich behandelt worden sind. [44]

Forts. Anm. 37)
    Hermann Meyn: Massenmedien in der Bundesrepublik Deutschland, erg. Neuaufl., Berlin 1971; Heinz-Dietrich Fischer: Parteien und Presse in Deutschland seit 1945, Bremen 1971.

38) Vgl. Vorstand der SPD (Hrsg.): Die Presse in der sowjetischen Besatzungszone, Bonn 1954; E.M. Herrmann: Die Presse in der Sowjetischen Besatzungszone Deutschlands, Bonn 1957; Verband der Deutschen Journalisten (Hrsg.): Journalistisches Handbuch der Deutschen Demokratischen Republik, Leipzig 1960; E.M. Herrmann: Zur Theorie und Praxis der Presse in der Sowjetischen Besatzungszone Deutschlands, Berlin 1963; Hermann Budzislawski: Sozialistische Journalistik, Leipzig 1966; Heinz-Dietrich Fischer: Parteien und Presse in Deutschland seit 1945, a.a.O.

39) Vgl. ausführliche bibliographische Angaben im Handbuch der Weltpresse, Bd. 1, hrsgg. vom Institut für Publizistik der Universität Münster, Köln — Opladen 1970.

40) Z.B. Karin Herrmann: Der Zusammenbruch 1918 in der deutschen Tagespresse. Politische Ziele, Reaktion auf die Ereignisse und der Versuch der Meinungsführung in der deutschen Tagespresse während der Zeit vom 23. September bis 11. November 1918, phil. Diss. Münster 1958 (Masch.Schr.).

41) Z.B. Max Bestler: Das Absinken der parteipolitischen Führungsfähigkeit deutscher Tageszeitungen in den Jahren 1919 bis 1932, phil. Diss. Berlin 1941, (Masch.Schr.).

42) Z.B. Hermann Kümhof: Karl Marx und die 'Neue Rheinische Zeitung' in ihrem Verhältnis zur demokratischen Bewegung der Revolutionsjahre 1848/49, phil. Diss. (FU) Berlin 1961, Berlin 1961.

43) Z.B. Peter de Mendelssohn: Zeitungsstadt Berlin. Menschen und Mächte in der Geschichte der deutschen Presse, Berlin 1960.

44) Vgl. die in der Bibliographie von Volker Spieß (Verzeichnis deutschsprachiger Hochschulschriften zur Publizistik, 1885—1967, a.a.O.) z.B. für die traditionsreiche 'Frankfurter Zeitung' nachgewiesenen Teilbereichsforschungen (Nummern 0609, 0678, 0766, 1530, 1563, 2240, 2335, 2477, 4159, 4162, 4291, 4372, 4447, 4524).

Daher ist und bleibt die gründliche Darstellung der Gesamtgeschichte einzelner Zeitungen in Buchform ein Desiderat der Forschung. Wer über deutsche Zeitungen der Vergangenheit detaillierte Auskünfte sucht, ist bisweilen genötigt, sich Informationen aus unterschiedlichsten Materialien zusammenzustellen. Nicht einmal für bedeutende überregionale Zeitungen existieren Monographien von der Art, wie sie für große ausländische Blätter — etwa 'Berlingske Tidende', [45] 'The Times', [46] 'Neue Zürcher Zeitung' [47] oder 'The New York Times' [48] — vorliegen. Das mag zu einem Teil daran liegen, daß keine der maßgeblichen Zeitungen aus der Zeit der Weimarer Republik nach 1945 wieder zu entstehen vermochte, da alliierte Lizenzbestimmungen dies bewußt ausschlossen. [49] Aber gerade aus diesem Grunde wäre die Chance vorhanden gewesen (und sie ist es nach wie vor), die *abgeschlossene Gesamtgeschichte* großer Blätter bis 1933 oder gar bis in die nationalsozialistische Zeit hinein in ausführlichen Forschungsarbeiten vorzulegen. Die Wissenschaft hat es bislang versäumt, auf diesem Sektor alte Traditionen fortzusetzen, und es existieren — was die Bearbeitung erschwert — in der Regel auch die Verlage und Archive früherer Zeitungen nicht mehr. So ist auch von dieser Seite kaum noch zu erhoffen, daß man die Entwicklungsgeschichte eines bestimmten Blattes etwa durch den 'Haushistoriker' des betreffenden Verlages schreiben läßt, wie dies früher nicht unüblich war. [50]

Dieses Dilemma wird wahrscheinlich für geraume Zeit fortexistieren. Und immer gravierender dürfte der Mangel derartiger Arbeiten empfunden werden, je stärker man sich mit zeithistorischen Fragen im Echo oder Spiegel bestimmter Zeitungen befaßt, ohne über gerade diese Blätter in den verschiedenen Epochen ihres Erscheinens hinreichend orientiert zu sein. Hierin mag auch der Umstand begründet sein, daß nicht selten im nachhinein Richtungsbezeichnungen für Zeitungen 'ermittelt' oder behauptet werden, ohne daß diese Feststellungen für den gesamten Erscheinungszeitraum eines Blattes oder auch nur für kürzere Etappen als zutreffend angesehen werden können. Wenn sich schon keine Auskünfte über bestimmte Blätter aus der wissenschaftlichen Literatur gewinnen lassen, so existieren fast immer als grobe Orientierungsmöglichkeit über Detailprobleme von Zeitungen die Jubi-

---

45) Vgl. T. Vogel-Jørgensen: 'Berlingske Tidende' gennem to hundrede Aar, 1749—1949, 4 Bde., Kopenhagen 1949.
46) Vgl. The Office of The Times (Hrsg.): The History of 'The Times' (1785—1948), 4 Bde., London 1935—1952.
47) Vgl. Leo Weisz: Die Redaktoren der 'Neuen Zürcher Zeitung'..., Die 'Neue Zürcher Zeitung' im Kampf... etc., bislang 3 Bde., Zürich 1961 ff.
48) Vgl. Meyer Berger: The Story of 'The New York Times' (1851—1951), New York 1951.
49) Vgl. Harold Hurwitz: Die Pressepolitik der Alliierten, a.a.O.
50) Vgl. die zahlreichen Nachweise hierzu bei Karl Bömer: Internationale Bibliographie des Zeitungswesens, Leipzig 1932, S. 29—37 (Kap. "Die allgemeine Geschichte einzelner deutscher Zeitungen").

läumsnummern, [51] welche nach 25, 50, 75 oder 100 Erscheinungsjahren eines Periodikums von dem herausgebenden Verlag selbst gestaltet und publiziert werden. In diesen Jubiläums- oder Sonderausgaben finden sich häufig interessante Beiträge über die Geschichte des Objektes, über seine redaktionellen und verlegerischen Grundlagen etc. Daß diese Eigenäußerungen der Zeitungen über ihre Vergangenheit natürlich cum grano salis zu werten sind, versteht sich aus der Grundabsicht derartiger Publikationen, nämlich die Gesamtgeschichte des Blattes zu stilisieren und daher zu idealisieren.

Findet ein Forschender somit in der Buch- und Aufsatzliteratur keine entsprechenden Auskünfte über eine Zeitung, so ist die Konsultierung einer oder mehrerer Jubiläumsnummern des betreffenden Blattes zunächst unerläßlich. Vordringliches Anliegen wird es daher sein müssen, derartige Sonderausgaben aufgrund der Kenntnis des Zeitungs-Gründungsdatums und der möglichen Jubiläumsjahre ausfindig zu machen. In der Regel sind Jubiläumsnummern, welche häufig als umfangreichere Beilagen innerhalb 'normaler' Tagesausgaben der Blätter erscheinen, in gebundenen Zeitungsbeständen zu vermuten. Außerdem hat es sich vor allem das Internationale Zeitungsmuseum der Stadt Aachen seit Jahrzehnten zur Aufgabe gestellt, diese zeitungshistorisch bedeutsamen Unterlagen (Erstnummern, Jubiläumsausgaben, Letztnummern von Zeitungen) zu sammeln, zu systematisieren und der Forschung zugänglich zu machen. [52] Basisdaten über Zeitungen, etwa Auflageziffern, Redaktionszusammensetzung etc. können aus den verschiedenen Presse-Katalogen entnommen werden, welche in Deutschland seit etwa 1850 unter verschiedensten Bezeichnungen herauskommen und im wesentlichen auf Eigenangaben der Zeitungsverlage basieren. [53] Einige Grunddaten enthält auch die Neuauflage einer Standard-Bibliographie für Historiker. [54] Wer schließlich noch an möglichst kompletten größeren Sammlungen bestimmter Blätter interessiert ist, bedarf des Nachweises derartiger Bestände, welche häufig schwer auffindbar sind. Das Institut für Zeitungsforschung der Stadt Dortmund beherbergt, neben umfangreichen Eigenbeständen, auch das 'Mikrofilmarchiv der deutschsprachigen Presse', welches bereits eine größere Anzahl komplett verfilmter Zei-

---

51) Vgl. zur Problematik dieser Ausgaben Elisabeth Emmerich: Die Jubiläumsnummer in der deutschen Tagespresse. Versuch einer Methodik, dargestellt im Zeitraum 1900—1945, phil. Diss. München 1955 (Masch.Schr.).

52) Vgl. Bernhard Poll: Zur Geschichte des Zeitungsmuseums und seiner Sammlungen, in: 'Zeitschrift des Aachener Geschichtsvereins' (Aachen), Bd. 79/1968, S. 163—204.

53) Für die Zeit seit der Mitte des 19. Jahrhunderts gelten als maßgebliche periodisch erschienene Nachschlagewerke die Zeitungskataloge von 'Sperling' (1861—1947) und 'Mosse' (1867—1933); nach dem 2. Weltkrieg vor allem Willy Stamm (Hrsg.): Leitfaden für Presse und Werbung, Essen 1947, 1949 ff (jährlich).

54) Vgl. Dahlmann-Waitz: Quellenkunde der deutschen Geschichte. Bibliographie der Quellen und der Literatur zur deutschen Geschichte, 10. Aufl., hrsgg. von Hermann Heimpel und Herbert Geuss, Bd. 1, Stuttgart 1969, insbes. Abschn. 36/119—154.

tungen anbietet. [55] Darüber hinaus besteht die Möglichkeit, beim Standortkatalog der deutschen Presse, welcher bei der Staatsbibliothek Bremen geführt wird, Auskünfte über die Aufbewahrungsorte gesuchter Zeitungen einzuholen. [56]

Nachdem für den publizistikhistorisch Forschenden der übliche Weg zur Beschaffung von Zeitungsoriginalen gewiesen ist, ergeben sich anschließend Auswertungsprobleme mannigfacher Art. Die Zeitung kann grundsätzlich Quelle für unterschiedlichste wissenschaftliche Disziplinen sein. Abgesehen von dem spezifischen Quellenwert der Presse für die Publizistik- und Kommunikationswissenschaft kommen für Zeitungsauswertungen beispielsweise Politologen, Germanisten, Soziologen und vor allem Historiker als potentielle Interessenten in Betracht. Wohl der früheste Versuch, die Bedeutung der Zeitung als Quelle aufzuzeigen, ist das 'Calendarium Historicum Decennale', welches eine Art Inhaltskompilation früher Periodica aus dem ersten Jahrzehnt des 17. Jahrhunderts darstellt. [57] Lange Zeit von der Geschichtswissenschaft aus mancherlei Gründen und Vorurteilen als suspekt erachtet, hat erst zu Beginn des 20. Jahrhunderts für den Historiker eine Wiederbesinnung auf die Quellenqualität der Zeitung eingesetzt. Die ersten derartigen Impulse gingen von Martin Spahn aus, der die Schuld an der Mißachtung oder Geringschätzung der Presse als historische Quelle vor allem auf Treitschke zurückführte.

Spahn erkannte die Notwendigkeit der *exakten* Analyse des Zeitungsinhaltes für den Historiker. [58] In seinem Gefolge waren es vor allem Wilhelm Mommsen [59] und Wilhelm Bauer, die auf den Wert der Presse als Quelle hinwiesen; [60] Bauer regte auch Forschungsarbeiten in dieser Richtung an. [61] Lange Zeit blieb jedoch die das Pressewesen berührende historische Methodik quasi bei Bauer stehen, ohne irgendwie fortentwickelt zu werden. Daher wies Adam Wandruszka nach dem 2. Weltkrieg auf den Umstand hin, "wie paradox es doch ist, daß zwar die prozentu-

---

55) Vgl. Mikrofilm-Archiv der deutschsprachigen Presse e.V. (Hrsg.): Bestandsverzeichnis 1970, Bonn—Bad Godesberg o.J.

56) Vgl. den (großenteils überholten) Standortkatalog wichtiger Zeitungsbestände in deutschen Bibliotheken, bearb. von Hans Traub, Berlin 1933; aufgrund des Bremer Gesamtkatalogs befindet sich in Vorbereitung ein Auswahl-Verzeichnis wichtiger Zeitungsbestände, bearb. von Gert Hagelweide.

57) Vgl. Gregorius Wintermonat: Calendarium Historicum Decennale oder Zehnjährige Historische Relation, Leipzig 1609.

58) Vgl. Martin Spahn: Die Presse als Quelle der neuesten Geschichte und ihre gegenwärtigen Benutzungsmöglichkeiten, in: 'Internationale Wochenschrift für Wissenschaft, Kunst und Technik' (Berlin), Bd. 2/Nr. 37 (September 1908), Sp. 1164 ff.

59) Vgl. Wilhelm Mommsen: Die Zeitung als historische Quelle, in: 'Archiv für Politik und Geschichte' (Berlin), 4. Jg./Bd. 1 (1926), S. 244 ff.

60) Vgl. Wilhelm Bauer: Die moderne Presse als Geschichtsquelle, in: 'Zeitungsgeschichtliche Mitteilungen' (Leipzig), 4. Jg./1921, S. 9 f.

61) Vgl. die durch Bauer betreute Arbeit von Rudolf Auer: Die moderne Presse als Geschichtsquelle. Ein Versuch, phil. Diss. Wien 1943 (Masch.Schr.).

ale und absolute Zahl der historischen Forschungsarbeiten immer mehr zunimmt, die als Geschichtsquelle nicht nur Urkunden und Akten, sondern auch, oder sogar vorwiegend, ja oft ausschließlich Zeitungen heranziehen müssen, daß . . . jedoch kaum jemand dem jungen Historiker erzählt, wie er die Zeitung als Geschichtsquelle benutzen kann. . ." [62]. Allerdings ist es beispielsweise Hans-Joachim Schoeps gelungen, die Presse für den Arbeitsbereich der Zeitgeistforschung optimal zu nutzen, da etwa "das Selbstverständnis des Zeitalters und seiner Wandlungen. . . sich. . . aus Pressekommentaren gut erkennen" läßt. [63] Auch Joachim H. Knoll hat auf die Chancen der historischen Erkenntnisgewinnung aus Zeitungen hingewiesen, jedoch zugleich einige fundamentale Voraussetzungen hierfür genannt, [64] welche nicht immer erfüllt werden.

Wenn es um die exakte Auswertung des Inhaltes von Zeitungen ging, so ist in der früheren Zeitungswissenschaft sowie in der Geschichtswissenschaft lange Zeit recht dilettantisch verfahren worden. In der Regel haben sich namentlich die historischen Arbeiten damit begnügt, aus Zeitungen zu einem vorgegebenen Untersuchungsthema passende Belegstellen beizubringen, ohne daß der Kontext immer deutlich gemacht wurde. Nicht selten wurde dabei die wissenschaftlich relativ unergiebige und zugleich die reale Aussage nicht exakt reflektierende Technik des selektiven Zitates gewählt. So konnte man Thesen erhärten oder Gegenpositionen aufzeigen, kaum jedoch irgendwelche Aussagestrukturen einer Zeitung genauer erfassen. Die ansonsten in den historischen Wissenschaften gepflegte textkritische Auswertung des Quellenmaterials [65] fand bei der Untersuchung von Zeitungsinhalten so gut wie keine Anwendung. Dabei ist schon seit langem in der Literatur beispielsweise auf mögliche Unkorrektheiten in Presseberichten [66] hingewiesen worden. Die häufig praktizierte "intuitive Quellenauswertung und verstehende Deutung können", wie Lerg betont, "zu einleuchtenden Thesen führen, doch sind sie nicht selten eher literarisch denn wissenschaftlich von Reiz. Exakte Forschung bedingt

---

[62] Adam Wandruszka: Ketzerische Gedanken zum deutschen Zeitungswesen, in: 'Mitteilungen des Vereins Kölner Presse' (Köln), Nr. 1/1961, S. 3.

[63] Hans-Joachim Schoeps: Was ist und was will die Geistesgeschichte. Über Theorie und Praxis der Zeitgeistforschung, Göttingen — Berlin — Frankfurt 1959, S. 75.

[64] Vgl. Joachim H. Knoll: Das Verhältnis Österreich/Preußen zwischen 1848 und 1866 im Spiegel liberaler Zeitungen. Ein Beitrag zur Kooperation von Publizistikwissenschaft und Geschichtswissenschaft, in: 'Publizistik' (Bremen), 11. Jg./Heft 3—4 (Juli—Dezember 1966), insbes. S. 265.

[65] Vgl. von den zahlreichen Lehrbüchern der historischen Methode etwa Paul Kirn: Einführung in die Geschichtswissenschaft, 3. Aufl., Berlin 1968 bzw. Ernst Opgenoorth: Einführung in das Studium der neueren Geschichte, Braunschweig 1969.

[66] Vgl. z.B. Max Adolf Dietrich: Die Fehlerquellen des Zeitungsberichts, phil. Diss. Leipzig 1929, Krefeld 1929.

dagegen die analytische Methodik, in deren Auswahl- und Beurteilungsverfahren die Möglichkeiten zu ihrer eigenen Kontrolle enthalten sind. Das verhindert, daß intuitiv gewonnene Annahmen der Weisheit letzter Schluß sind" [67].

Das Instrumentarium solcher exakteren Annäherung kann vielfältig sein, und es hängt jeweils von dem beabsichtigten Forschungsziel und dem geplanten Arbeitsaufwand im Hinblick auf die wissenschaftliche Bewältigung eines konkreten Themas ab. Basis derartiger Erforschungen ist die Verwendung von den namentlich in den USA entwickelten Möglichkeiten der 'content analysis', [68] welche in die deutsche Fachsprache unter den Termini 'Inhaltsanalyse' [69] oder 'Aussagenanalyse' [70] Eingang gefunden hat. Inhalts- oder Aussagenanalyse ist im allgemeinsten Sinne "eine Untersuchungstechnik zur objektiven und systematischen Erfassung und Klassifizierung spezifischer Charakteristika bestimmter Aussagenmengen — mit dem Ziel, über Ausprägungen der Aussagen sowie ihre Wechselbeziehungen mit den anderen Komponenten des jeweiligen Kommunikationssystems Aufschluß zu gewinnen" [71]. Wegen der Material- und Zeitaufwendigkeit inhaltsanalytischer Presseuntersuchungen sind jedoch so gut wie noch keine Vorarbeiten auf dem Sektor der Kommunikations-Historiographie für einen größeren Zeitraum vorgenommen worden. Um die Materialquantitäten überblickbarer und damit für den Einzelforscher erschließbarer zu machen, könnte in manchen Fällen die stichprobenartige Auswertung von Zeitungen sinnvoll praktiziert werden. [72]

Mittels inhaltsanalytischer Methoden ist es möglich, nähere Aufschlüsse über Intentionen des Aussageproduzenten, des Kommunikators zu erlangen, der bei der Zeitung zumeist mit dem Redakteur [73] identisch ist. Innerhalb einer ausgedehnteren Kommunikatorforschung müßte auch die detailliertere Durchleuchtung der

---

67) Winfried B. Lerg: Über die Aussageanalyse audio-visueller Zeugnisse, in: Günter Moltmann et al. (Hrsg.): Zeitgeschichte im Film- und Tondokument, Göttingen 1970, S. 101.

68) Vgl. z.B. die grundlegende Arbeit von Bernard Berelson: Content Analysis in Communication Research, Glencoe/Illinois 1952.

69) Vgl. Gernot Wersig: Inhaltsanalyse. Einführung in ihre Systematik und Literatur, Berlin 1968.

70) Vgl. Hansjörg Bessler: Aussagenanalyse. Die Messung von Einstellungen im Text der Aussagen von Massenmedien, Bielefeld 1970.

71) Kurt Koszyk/Karl H. Pruys, a.a.O., S. 41.

72) Vgl. Winfried Schulz: Zur Methode der Publizistischen Stichprobe, in: 'Publizistik' (Konstanz), 13. Jg./Heft 2—3—4 (April—Dezember 1968), S. 330 ff.; vgl. dagegen Walter A. Mahle/Claus Wilkens: Kritische Anmerkungen zur Methode der Publizistischen Stichprobe, in: 'Publizistik' (Konstanz), 14. Jg./Heft 4 (Oktober—Dezember 1969), S. 432—442.

73) Vgl. Rüdiger Hentschel: Der Redakteur als Schlüsselfigur im Kommunikationsprozeß der Zeitung, wirtsch.- und sozialwiss. Diss. Köln 1964.

gesamten Redaktion im Hinblick auf die Gestaltung des Fertigproduktes 'Zeitung' erfolgen, wie es im Ansatz schon versucht worden ist. [74] Und auch über die innere Struktur des Mediums 'Zeitung' bedürfte man noch exakterer Auskünfte, um auf diesem Wege sich der Frage zu nähern, wie und in welchem Ausmaße ein Blatt auf seine Leserschaft einzuwirken vermag. [75] Auf dem Sektor der Rezipientenforschung öffnet sich ein weites und gerade für zurückliegende Zeiten weithin unbearbeitetes Forschungsfeld: bisweilen ist es kaum möglich, für nicht mehr existierende Zeitungen auch nur im Ansatz Konturen der seinerzeitigen Leserschaft auszumachen. [76] Daher dienen häufig Leserbriefe als einziges Vehikel. [77] Bei zeitgenössischen Untersuchungen bietet sich allerdings das Instrumentarium der Leserschaftsanalyse an, um einige Orientierungsdaten über die Rezipienten eines bestimmten Blattes oder einer Zeitungskategorie zu erlangen. [78]

Mit den voraufgegangenen Darlegungen konnten *nur einige* Teilaspekte innerhalb des gesamten Forschungsbereiches der Zeitung angedeutet werden. Presse- und Zeitungsforschung, so hat es den Anschein, besitzt in der gegenwärtigen Wissenschaft nicht mehr die dominierende Position von einst, da der Wettbewerb der Medien auch eine multimedial orientierte publizistische Forschung nach sich gezogen hat. Die Beschäftigung mit audio-visuellen Medien hat stark zugenommen, teils wegen ihrer Neuheit und Unerforschtheit, teilweise aber auch wegen der größeren Attraktivität. Letztere hat namentlich der Fernsehforschung entsprechende finanzielle Förderung eingebracht, wodurch diese Arbeitsrichtung starken Zulauf erhielt. Die einstige Kopflastigkeit zugunsten der Presse ist verschwunden, und es bleibt fraglich, ob beispielsweise das schwierig zu durchforstende Terrain zeitungshistorischer Themen je wieder stärkere Berücksichtigung finden wird. Gerade die moderne sozialwissenschaftlich orientierte Publizistik- und Kommunikationswissenschaft hat nicht selten die historischen Bezüge teilweise oder sogar völlig abge-

---

74) Vgl. Josef März: Die moderne Zeitung. Ihre Einrichtungen und ihre Betriebsweise, München 1951, sowie Manfred Rühl: Die Zeitungsredaktion als organisiertes soziales System, Bielefeld 1969.
75) Vgl. Gerhard Kunz: Untersuchungen über Funktionen und Wirkungen von Zeitungen in ihrem Leserkreis, Köln 1967; Franz Dröge et al.: Wirkungen der Massenkommunikation, Münster i.W. 1969.
76) Vgl. u.a. Hans Traub: Zeitungswesen und Zeitunglesen, Dessau 1928, sowie Karl d'Ester: Zeitung und Leser, Mainz 1941.
77) Vgl. die auch historisch bis in die Frühgeschichte des Zeitungswesens zurückgreifende Arbeit von Johannes Böttcher: Der Leserbrief in der Presse der Bundesrepublik Deutschland, wirtsch.- und sozialwiss. Diss. Erlangen-Nürnberg 1961.
78) Vgl. u.a. Armin Kolwe: Die Leseranalyse der deutschen Tageszeitung, phil. Diss.(FU) Berlin 1957; Rolf Hümmelchen: Mittel und Wege der Leseranalysen, wirtsch.- und sozialwiss. Diss. Nürnberg 1959; Eva-Maria Hess: Methoden der Leserschaftsforschung, staatswirtsch. Diss. München 1963.

streift. Wie infolge dieses Trends [79] die nach wie vor existierenden gewaltigen Lücken etwa im zeitungshistorischen Schrifttum [80] wenigstens zu einem Teil ausgefüllt zu werden vermögen, bleibt somit zunächst völlig offen und ungeklärt. Daher bleibt wohl noch für einen längeren Zeitraum als wissenschaftliches Arbeitsfeld bestehen: *Erforschung der publizistischen Intentionen und Analyse von Kommunikationssituationen bei Zeitungen im System interner und externer Einflüsse.*

---

[79] Ein relativ zuverlässiges Indiz hierfür ist z.B. die inhaltliche Wandlung der seit 1956 erscheinenden kommunikationswissenschaftlichen Fachzeitschrift 'Publizistik', welche sich zunächst als indirekte Nachfolgerin des früheren deutschen Fachorgans 'Zeitungswissenschaft' (1926—1944) verstand.

[80] Vgl. die diesbezüglichen Ausführungen von Ernst Meier: Lücken im zeitungswissenschaftlichen Schrifttum, in: 'Publizistik' (Bremen), 9. Jg./Heft 2 (April—Juni 1964), S. 138—142.

Klaus Bender:

VOSSISCHE ZEITUNG (1617 – 1934)

Die Geschichte der 'Vossischen Zeitung' [1] ist zugleich die Geschichte der ersten und ältesten Zeitung Berlins. Ihr Name geht zurück auf den Buchhändler Christian Friedrich Voß und dessen gleichnamigen Sohn, die das ererbte Blatt von 1751 bis 1795 besaßen. Damals gab es zwei Zeitungen in Berlin. Sie wurden, wie allgemein üblich, ungeachtet der Titel nach ihren Eigentümern benannt. So hieß die eine 'Vossische Zeitung', die andere 'Spenersche Zeitung'; der Volksmund sprach nur kurz von "Tante Voß" und "Onkel Spener". Der umgangssprachlich geprägte Name 'Vossiche Zeitung' blieb auch unter den Vossischen Erben an dem Blatt haften, bis der vertraute Begriff schließlich zwischen 1910 und 1911 zum Haupttitel der Zeitung aufrückte. Bis dahin hatte sie den 1785 geprägten Titel 'Königlich privilegirte Berlinische Zeitung von Staats- und gelehrten Sachen' getragen.

Die Vorläufer der 'Vossischen Zeitung', deren letzte Nummer am 31. März 1934 erschien, lassen sich 317 Jahre zurückverfolgen bis zu den ältesten erhaltenen Exemplaren eines in Berlin gedruckten Wochenblattes von 1617, der sogenannten Frisch-

---

[1] Wenn im nachfolgenden Text von der 'Vossischen Zeitung' die Rede ist, so sind damit auch alle Vorgängerbezeichnungen dieses Zeitungstitels gemeint. Hier sei ein Überblick über die Titelfolge gegeben (in Klammern dahinter jeweils die nachgewiesenen Bestände): Zunächst erschien das Blatt ohne Titel (1617–1628, 1631–1636) und hieß dann: 'B. Einkommende Ordinar- (Ordinari-) und Postzeitungen' (1655, 1656, 1658, 1659), 'B. Extraordinari- Zeitungen' (1658, 1659), 'Berlin: Einkommende Ordinari Postzeitungen' (1665), 'B. Einkommende Ordinari- und Postzeitungen' (1665, 1666, 1670, 1671, 1676, 1677), "Mittwochischer (Sonntagischer) Mercurius' (1665–1671, 1676), 'Einkommende Relationes' (1677), 'Eingekommener Zeitungen Mittwochischer (Sonntagischer) Mercurius' (1677, 1679), 'Eingekommener Zeitungen Mittwochischer (Sonntagischer) Postilion' (1677, 1679), 'Eingekommener Zeitungen Mittwochische (Sonntagische) Fama' (1677, 1679), 'Eingekommener Zeitungen Mittwochischer Appendix' (1679, 1680), 'Eingekommener Zeitungen Dienstagischer (Sonntagischer) Mercurius' (1680–1688, 1691), 'Eingekommener Zeitungen Dienstagischer (Sonntagische) Fama' (1680–1688, 1691), 'Eingekommener Zeitungen Dienstagischer (Sonntagischer) Postilion' (1680–1688, 1691), 'Eingekommener Zeitungen Dienstagischer Appendix' (1680), 'Eingekommener Zeitungen Dienstagscher (Sonnabendscher) Mercurius' (1703), 'Eingekommener Zeitungen Dienstagsche (Sonnabendsche) Fama' (1703), 'Eingekommener Zeitungen Dienstagscher (Sonnabendscher) Postilion' (1695, 1697, 1703), 'Angekommener Dienstagischer (Donnerstagischer) Relations-Mercurius' (1705), 'Angekommener Dienstagischer (Donnerstagischer) Relations-Postilion' (1705), 'Angekommener Dienstagischer (Donnerstagischer und Sonnabendscher) Relations-Postilion' (1709–1711), 'Berlinische ordin. Zeitung' (1712, 1715, 1718, 1720, 1721), 'Berlinische Privilegirte Zeitung' (1721–1751), 'Berlinische privilegirte Staats- und gelehrte Zeitung' (1751–1753), 'Berlinische privilegirte Zeitung' (1754–1779), 'Berlinische privilegirte Staats- und gelehrte Zeitung' (1779–1784), 'Königlich privilegirte Berlinische Zeitung von Staats- und gelehrten Sachen' (1785–1911), 'Vossische Zeitung' (Montagsausgabe) (ab 1910), 'Vossische Zeitung' (1911–1934).

mann-Zeitung, mit der die Berliner Zeitungsgeschichte beginnt. Begründer und Herausgeber dieser ersten Zeitung in Berlin war der kurbrandenburgische Postmeister Christoph Frischmann (1576–1618), der freundschaftliche Beziehungen zu dem Augsburger Stadtrat und Kunstkenner Philipp Hainhofer (1578–1647) unterhielt, dem ständigen politischen Korrespondenten des französischen Königs und einiger deutscher Fürsten. Mit dieser Verbindung besaß er zweifellos eine wichtige Nachrichtenquelle, aus der er die Neuigkeiten, die in der bedeutenden süddeutschen Handelsstadt aus zahlreichen Ländern zusammenströmten, schöpfen konnte. Sein wöchentlich erscheinendes Blatt ließ er bei Georg Runge drucken, der, um die Jahrhundertwende mit seinem Vater aus Neudamm bei Küstrin nach Berlin gekommen, seit 1610 die im Grauen Kloster eingerichtete väterliche Druckerei leitete. Sie war bis in die sechziger Jahre hinein die einzige Offizin in der Residenzstadt [2].

Die Einzelnummern der Zeitung Christoph Frischmanns tragen noch keinen eigenen Titel. Sie wurden jahresweise fortlaufend mit arabischen Ziffern gezählt. Der gesamte Jahrgang erhielt ein Jahrestitelblatt. Das erste, welches wir kennen, gehört zum Jahrgang 1618. Sein Text lautet: "Bericht/Was sich zu anfang dieß jtzt angehenden Sechzehnhundersten vn Achtzehenden Jahrs in Deutschlandt/Franckreich/Welschlandt/Böhmen/Vngern/Niederlandt/vnd in andern örten/hin vnnd wieder zugetragen: Das künfftige/so durch diß gantze Jahr vorgehen/vnd mit der zeit erfahren/vnd kundt werden möchte: sol wochentlich (gönnets Gott) hinanzufügen/in gleicher gestalt vnd form gefertiget werden". [3] Außer diesem Jahrestitel befindet sich beim Jahrgang 1618 noch eine gedruckte Widmung mit Neujahrswunsch, datiert vom 29. Dezember 1617, die Christoph Frischmann handschriftlich unterzeichnet hat. [4] Das älteste bekannte Exemplar seiner Zeitung ist die Nummer 36 vom Jahre 1617, achtseitig im Quartformat, mit Berichten aus Görz, Rom, Lyon, Den Haag, Venedig, Köln und Prag. [5]

Als Christoph Frischmann am 25. Februar 1618 starb, übernahm sein Bruder Veit die Amtsgeschäfte des Postmeisters und setzte auch die Herausgabe der berlinischen Zeitung fort, in deren wöchentlicher Erscheinungsfolge keine Pause eintrat und deren Aufmachung unverändert blieb. Überreste des Blattes erhielten sich aus den Jahren 1618–1628 und 1632–1636. Bekannt sind die Jahrestitel von 1619 und 1620: "Zeitung Auß Deutschlandt/Welschlandt/Franckreich/Böhmen/Hungarn/Niederlandt vnd andern Orten Wöchentlich zusammen getragen/Im Jahr 1619 (1620)", [6] sowie

---

[2] Vgl. Josef Benzing: Die Buchdrucker des 16. und 17. Jahrhunderts im deutschen Sprachgebiet, Wiesbaden 1963, S. 47 f.

[3] Abbildung bei Walter Schöne (Hrsg.): Die deutsche Zeitung des siebzehnten Jahrhunderts in Abbildungen. 400 Faksimile-Drucke, Leipzig 1940, Abb. 7.

[4] Abbildung daselbst, Abb. 8.

[5] Faksimile bei Peter de Mendelssohn: Zeitungsstadt Berlin. Menschen und Mächte in der Geschichte der deutschen Presse, Berlin 1960, S. 16/17.

[6] Abbildung bei Georg Rennert: Die ersten Post-Zeitungen, Berlin 1940, Abb. 14 und Johannes Kleinpaul: Zeitungsgeschichtliche Schätze in Stettiner Bibliotheken, Grimma 1933, Abb. 2.

von 1623: "Zeitung, So im 1623. Jahr von Wochen zu Wochen colligirt vnd zusammen getragen worden" 7). Der Umfang der Zeitung schwankte zwischen vier und sechzehn Seiten, im Durchschnitt und vorwiegend hatte eine Nummer acht Seiten. Den Inhalt der Berliner Zeitung jener Jahre bestimmten im wesentlichen die Ereignisse des Dreißigjährigen Krieges.

Mit voller Deutlichkeit zeigt eine am 23. Januar 1632 beurkundete Verfügung, 8) daß die berlinische Zeitung von nun an einer regelmäßigen strengen Zensur unterworfen war. Es heißt dort, der Kurfürst zu Brandenburg habe seinem Botenmeister Veit Frischmann auf dessen untertänigstes Bitten hin gnädigst erlaubt, die einkommenden Avisen wieder, wie vordem geschehen, drucken zu lassen, doch dergestalt, daß er solche zuvor einem der kurfürstlichen Geheimen Räte zur Einsichtnahme vorzulegen habe und alles, was ausgestrichen und als nicht für den Druck geeignet befunden werden würde, herauslassen müsse. Auch dürfe er keine Schmähungen oder sonst etwas Anzügliches, vor allem über Standespersonen, drucken.

Diese Zensurverordnung ist in ihrer ersten Hälfte zugleich die älteste überlieferte Konzession für den Zeitungsdruck in Berlin. Sie läßt erkennen, daß Frischmann die Herausgabe seines Blattes zeitweilig hatte unterbrechen müssen. Der Grund hierfür mag ein vom Kurfürsten ausgesprochenes Verbot gewesen sein, ausgelöst durch Vorhaltungen der Wiener Regierung. Bei der jetzt wieder erteilten Erlaubnis wollte Georg Wilhelm mit strikten Zensurbestimmungen künftigen ärgerlichen Beschwerden über das in seiner Residenzstadt erscheinende Blatt einen Riegel vorschieben. Das Auslaufen der sogenannten Frischmann-Zeitung liegt im Dunkel. Der Postmeister übte sein Amt fast 45 Jahre lang aus, bis er in hohem Alter am 3. Dezember 1662 verstarb. Die Redaktion und Herausgabe der berlinischen Zeitung war aber schon früher in andere Hände gelangt. Als neuer Herausgeber seit 1655 ist der Buchdrukker Christoph Runge (1619—1681) bekannt, der die Druckerei seines Vaters Georg 1643 übernommen hatte.

Consentius 9) vertrat die Ansicht — und de Mendelssohn 10) schloß sich ihm an —, daß Veit Frischmann die Zeitung damals altershalber Christoph Runge überlassen habe, der sie, wie vorher sein Vater, bis dahin gedruckt habe. So gesehen wäre sie vom bisherigen Herausgeber unmittelbar auf den Drucker übergegangen, der nun auch Redaktion und Verlag des Blattes übernommen hätte, während die Beschaffung des Nachrichtenmaterials sowie der Versand der Zeitungen nach auswärts noch in den Händen des Postmeisters geblieben wären. Diese nicht unwahrscheinliche These bleibt jedoch so lange hypothetisch, wie die Lücke zwischen 1637 und 1654 im Quellenbestand klafft. Aus jenem Zeitraum ist kein Zeitungsexemplar Berlins über-

---

7) Abbildung bei Georg Rennert, a.a.O., Abb. 15.
8) Text bei Ernst Consentius: Die älteste Berliner Zeitung. Fragmente der Berliner Wochenzeitung von 1626, Berlin 1928, S. 18 f.
9) Ernst Consentius: Die Berliner Zeitungen bis zur Regierung Friedrichs des Großen, Berlin 1904, S. 28 f.
10) Peter de Mendelssohn, a.a.O., S. 20 und 22.

liefert. Aber unabhängig davon bleibt festzuhalten, daß das einzige in Berlin existierende Zeitungsunternehmen, vom Landesherrn konzessioniert und mindestens seit 1632 behördlich zensiert, aus dem Besitz des beamteten Postmeisters in den des privaten Buchdruckers gelangt ist, der das Berliner Blatt in der gleichen Offizin herausbrachte, wo es vor knapp 40 Jahren seinen Anfang genommen hatte.

Während die Einzelnummer der Zeitung bei Veit Frischmann titellos geblieben war und nur der gesamte Jahrgang ein Jahrestitelblatt erhalten hatte, gab ihr Christoph Runge erstmals einen Nummerntitel und nannte sie 'B. Einkommende Ordinar- und Postzeitungen'. Hierbei kennzeichnete das "B." als Abkürzung für B(erlinische) den Erscheinungsort, und das "Einkommende" machte deutlich, daß nur Nachrichten von auswärts gedruckt wurden. Das Blatt zeigte über der Titelzeile Jahreszahl und Wochennummer und bestand wöchentlich aus drei Ausgaben von je vier Seiten, wobei jede Folge den vollen Titel trug und als Nummer I bis III gezählt wurde. [11] Eine weitere Wochenausgabe ist aus den Jahren 1658 und 1659 überliefert, 'B. Extraordinari-Zeitungen' betitelt. Sie blieb unnummeriert und nennt nur das Erscheinungsjahr.

Im Laufe der Zeit hatte das Nachrichtenangebot stark zugenommen, und 1665 erschien die berlinische Zeitung bereits wöchentlich in vier Ausgaben zu je vier Seiten, bezeichnet als Stück 1 bis 4. Die einzelnen Stücke wurden jetzt außerdem fortlaufend gezählt, so daß der gesamte Jahrgang 208 Stücke enthielt. Hierzu kam von der 24. Woche an noch zweimal wöchentlich ein Beiblatt, 'Mittwochischer Mercurius' und 'Sonntagischer Mercurius' betitelt und jeweils vier Seiten stark, das weitere Meldungen aufnahm und gesondert bezahlt werden mußte [12]. Inzwischen hatte der Haupttitel zweimal gewechselt. Er lautete 1665 bis zur zweiten Aprilwoche 'Berlin: Einkommende Ordinari Postzeitungen' [13], von da an 'B. Einkommende Ordinari und Postzeitungen' [14]. Das 202. Stück aus der 51. Woche des gleichen Jahres enthält am Schluß der vierten Seite das älteste aus Berlin überlieferte verlegerische Zeitungsinserat [15]. Es nennt Inhalt, Interessentenkreis und Preis des gerade im Druck erschienenen und mit einem Kommentar versehenen brandenburgischen Kriegsrechts.

Die Einführung neuer Titel beim Rungeschen Blatt machen die nachgewiesenen Reste der Zeitung aus dem Jahre 1677 sichtbar. Jetzt traten neben den Mercurius noch eine Fama und ein Postilion, die wie jener ebenfalls mittwochs und sonntags herauskamen und jeweils vier Seiten Umfang besaßen. Die drei Ausgaben hießen von nun an 'Eingekommener Zeitungen Mittwochischer (bzw. "Sonntagischer") Mercurius', 'Eingekommener Zeitungen Mittwochische (bzw. "Sonntagische") Fama' und 'Eingekommener Zeitungen Mittwochischer (bzw. "Sonntagischer") Postilion'. Damals

---

11) Abbildung bei Walter Schöne, a.a.O., Abb. 175 und 177.
12) Abbildung daselbst, Abb. 200.
13) Abbildung bei Georg Rennert, a.a.O., Abb. 19.
14) Abbildung bei Walter Schöne, a.a.O., Abb. 176.
15) Text bei Ernst Consentius: Die Berliner Zeitungen. . ., a.a.O., S. 37.

ebenfalls auftauchende 'Einkommende Relationen' blieben auf das Jahr 1677 beschränkt. Der seit 1665 bekannte Titel 'B. Einkommende Ordinari und Postzeitungen' ist nach 1677 nicht mehr nachweisbar. Dagegen hielten sich Mercurius, Fama und Postilion bis ins beginnende 18. Jahrhundert. Mit ihren in der Woche zweimal erscheinenden drei Ausgaben bot die berlinische Zeitung ihren Lesern weiterhin regelmäßig wöchentlich 24 Seiten voller Nachrichten aus aller Welt. Dazu ist aus den Jahren 1679 und 1680 noch ein Anhang überliefert, betitelt 'Eingekommener Zeitungen Mittwochischer Appendix', dann 'Eingekommener Zeitungen Dienstagischer Appendix', denn 1680 wechselte der Erscheinungstag von Mittwoch auf Dienstag, und auch die Titel der Mittwochausgaben von Mercurius, Fama und Postilion nahmen die Bezeichnung "Dienstagischer" beziehungsweise "Dienstagische" an [16].

Christoph Runge hat Berlin 27 Jahre lang mit Zeitungen versorgt. Er starb am 11. Dezember 1681 und hinterließ Druckerei und Verlag seiner Witwe Maria Katharina geb. Thesendorff, mit der er seit 1674 in dritter Ehe gelebt hatte. Sie führte das Geschäft ihres Mannes weiter und erhielt das kurfürstliche Privileg zum Betrieb der Offizin einschließlich des alleinigen Druckrechts für die Zeitung vom 16. Januar 1682 ausgefertigt. Im November 1685 heiratete sie den Buchdrucker David Salfeld, der jedoch schon Mitte Mai 1686 verstarb. Danach leiteten ihr Schwager Johann Andreas Salfeld, und ab 1693 ein Faktor den Betrieb in ihrem Namen. Das Druck- und Zeitungsprivileg hatte ihr nach dem Tode des Großen Kurfürsten dessen Nachfolger Friedrich III. am 4. August 1688 bestätigt. Die Zeitung erschien, mindestens bis 1691, noch dienstags und sonntags, in der zweiten Hälfte der neunziger Jahre dann am Dienstag und Sonnabend. Sie war vermutlich die Haupteinnahmequelle der Druckerei. Die Einwohnerzahl Berlins hatte sich während der Regierungszeit Friedrich Wilhelms verfünffacht und betrug 1688 etwa 20 000. Aber die Witwe Salfeld vernachlässigte zunehmend ihre Sorge um die Qualität des Blattes, welches um die Jahrhundertwende so schlecht geworden war, daß man es einem Gutachten aus dem Jahre 1702 zufolge nur noch als bloßen Nachdruck oder verstümmelte zweite Edition von Artikeln aus Hamburger und Leipziger Zeitungen ansah [17].

Unter diesen Umständen konnten es Berlins Zeitungsleser nur begrüßen, daß Frau Salfeld beabsichtigte, ihren Betrieb samt Privileg zu veräußern. Sie fand in dem Buchdrucker Johann Lorentz (1676–1733), der einige Jahre in der Berliner Hofbuchdruckerei gearbeitet hatte und gute Zeugnisse vorweisen konnte, einen Interessenten, der auch dem Kurfürsten und jetzigen König Friedrich I. genehm erschien. Also verkaufte sie ihm am 8. August 1704 die Druckerei mit allem Zubehör für 2500 Taler. Der König bestätigte den Kaufvertrag, erneuerte die früheren Privilegien der Offizin vollinhaltlich für Johann Lorentz und verlieh auch ihm das besondere Recht, allein und ungehindert die wöchentlichen Zeitungen zu drucken. Die Urkunde datiert vom 28. August 1704.

---

16) Abbildung bei Georg Rennert, a.a.O., Abb. 20-22.
17) Vgl. Ernst Consentius: Die Berliner Zeitungen..., a.a.O., S. 48.

Der neue Besitzer der Zeitung scheute den Kostenaufwand für den Bezug auswärtiger Korrespondenzen nicht und knüpfte vielerorts Verbindungen an, um sich einen geregelten Nachrichtendienst zu sichern. Er behielt die eingeführten Namen Mercurius und Postilion vorerst bei, änderte aber den Titel der Zeitung ab in 'Angekommener Dienstagischer (bzw. "Donnerstagischer") Relations-Mercurius' [18] und 'Angekommener Dienstagischer (bzw. "Donnerstagischer") Relations-Postilion'. Exemplare einer 'Relations-Fama' sind nicht überliefert. Mercurius und Postilion wurden getrennt fortlaufend nummeriert. Unter den Titel setzte Lorentz die Zeile: "Mit Königl. Preuß. Majest. allergnäd. Privilegio". Zum ersten Male enthielt die Zeitung, wenn auch noch nicht regelmäßig, ein Impressum: "Gedruckt und zufinden bey Joh. Lorentz/ in der Klosterstraße/ in der Fr. Wittwe Salfeldin Hause" hieß es oft am Schluß des Blattes. Jede Nummer umfaßte zunächst 4 Quartseiten, aber Lorentz gab das Format dann auf, brachte die Zeitung in Kleinoktav heraus und erhöhte die Seitenzahl auf acht. In dieser neuen Form, 16 cm hoch und 9,5 cm breit, erschien das Blatt spätestens seit 1709, und jetzt dreimal wöchentlich, am Dienstag, Donnerstag und Sonnabend. Lorentz war inzwischen mit seiner Druckerei von der Klosterstraße in die Nagelgasse umgezogen. Bis 1711 hielt er noch am alten Titel der Zeitung fest, ab 1712 nannte er sie dann 'Berlinische ordinaire Zeitung', deren Name jedoch nur in der abgekürzten Form 'Berlinische ordin. Zeitung' nachweisbar ist [19]. Die Blattgröße betrug nunmehr 14 x 7 cm.

Nach dem Regierungswechsel von 1713 hatte Lorentz seine Rechte zum Buch- und Zeitungsdruck am 5. Januar 1714 von Friedrich Wilhelm I. bestätigt bekommen, doch mit der wesentlichen Einschränkung, daß dieser sich vorbehalten hatte, das Privileg jederzeit abzuändern oder auch ganz aufzuheben. Jene Eventualklausel fand sieben Jahre später Anwendung, als sich der König entschloß, das Berliner Zeitungsmonopol dem Johann Lorentz zu entziehen und auf Johann Andreas Rüdiger zu übertragen. Dessen Vater Johann Michael Rüdiger (1652—1729) war 1693 mit seiner Familie aus dem zerstörten Heidelberg nach Berlin gekommen und hatte hier sein Buchhandels- und Verlagsgeschäft fortgesetzt. Am 29. Oktober 1704 war ihm auf sein Gesuch hin die Erlaubnis erteilt worden, "daß Er Wöchentlich ein Diarium von dem, waß in dem Röm: Reich passiret, drucken laßen möge" [20]. Hiergegen hatte sich Johann Lorentz als Alleininhaber des Zeitungsdruckrechts erfolgreich gewehrt. Ein königliches Dekret von 1706 verbot allen anderen Buchhändlern und Buchdruckern den Zeitungsdruck in Berlin. Auf jene Konzession vom Oktober 1704 führten die Vossischen Erben 200 Jahre später irrtümlich die Gründung der 'Vossischen Zeitung' zurück.

Johann Andreas Rüdiger (1683—1751), Buchhändler und Verleger wie sein Vater, war ein ebenso erfolgreicher wie rücksichtsloser Geschäftsmann. Als ihm Friedrich

---

18) Abbildung bei Peter de Mendelssohn, a.a.O., S. 21.
19) Abbildung bei Georg Rennert, a.a.O., Abb. 24.
20) Text bei Arend Buchholtz: Die Vossische Zeitung. Geschichtliche Rückblicke auf drei Jahrhunderte. Zum 29. Oktober 1904, Berlin 1904, S. 11.

Wilhelm I., der ihn schon oft begünstigt hatte, seinen Wunsch nach einer deutschen Ausgabe der Lebensgeschichte der beiden Brüder de Witt mitteilte, die 1672 in Den Haag von einer aufgeputschten Volksmenge gelyncht worden waren, übernahm er den Auftrag. In seiner Zusage vom 7. Februar 1721 wies er den König auf die hohen Kosten der Auflage hin und verband seine Befürchtungen um ein Verlustgeschäft mit dem Antrag, ihm zum Ausgleich das Zeitungsprivileg für Berlin zu verleihen. Er versprach, für die Konzession, die Lorentz bislang umsonst besessen hätte, jährlich 50 Taler entrichten zu wollen. Damit appellierte er geschickt an den stets auf Vermehrung der Staatseinnahmen gerichteten Sinn des Monarchen. Der König verlangte 200 Taler jährlich, zahlbar an die Rekrutenkasse. Rüdiger erklärte sich einverstanden und erhielt das Privileg am 18. Februar 1721 zugesprochen. Noch am selben Tage erging an Johann Lorentz der Befehl, Herausgabe und Druck seines Blattes innerhalb einer Woche einzustellen, widrigenfalls er mit einer Strafe von 300 Talern zu rechnen hätte.

Zum letzten Mal erschien die Lorentzsche 'Berlinische Ordinaire Zeitung' am Sonnabend, dem 22. Februar. Es war die Nummer 23 des Jahrgangs 1721. Hieran anknüpfend gab Rüdiger der ersten Ausgabe seines Blattes unter dem neuen Titel 'Berlinische Privilegirte Zeitung' [21] die Nummer 24. Sie kam ohne Unterbrechung der Erscheinungsfolge am Dienstag, dem 25. Februar heraus und brachte am Schluß den Hinweis: "Es dienet hiermit zur Nachricht, daß diese Zeitungen nicht mehr bey dem bißherigen Verleger, sondern hinführo bey dem Buchhändler Rüdiger auf der neuen Stechbahn zu bekommen seynd" [22]. In Format, Aufmachung und Stärke blieb die Zeitung unverändert und erschien auch weiterhin am Dienstag, Donnerstag und Sonnabend. Rüdiger besaß keine Druckerei und ließ das Blatt zunächst bei Johann Heinrich Siegler, dann bei Gotthard Schlechtiger, später von seinem Sohn Daniel Andreas und schließlich von Christian Ludwig Kunst, seinem Schwiegersohn, drucken. Die Zeitungsexpedition verlegte er noch 1721 von der Stechbahn ins Berliner Rathaus. Im November des gleichen Jahres beantragte er beim König, das ihm im Februar verliehene Recht auch auf seine Erben auszudehnen. Daraufhin erhielt er am 11. Februar 1722 eine Neufassung seines Privilegs, das ausschließlich ihm und seinen Erben erlaubte, in Berlin wöchentlich dreimal Zeitungen herauszubringen und zu verkaufen, wohingegen es ihn verpflichtete, jährlich 200 Taler an die Rekrutenkasse zu zahlen, seine Zeitung revidieren und zensieren zu lassen und zwölf Exemplare von jeder Nummer den königlichen Behörden unentgeltlich zuzuschicken.

Der Inhalt der 'Berlinischen Privilegirten Zeitung' stammte überwiegend aus anderen, größeren Blättern. Sein auf Originalkorrespondenzen beruhender Anteil blieb gering. Als hauptsächliche Quelle diente der 'Holsteinische'- und spätere 'Hamburgische Correspondent', wie er kurz genannt wurde. Die Berichterstattung aus dem Ausland stand ganz im Vordergrund. Meldungen über Berliner Ereignisse bildeten Ausnahmen

---

[21] Abbildung bei Georg Rennert, a.a.O., Abb. 25 und Peter de Mendelssohn, a.a.O., S. 23.

[22] Text bei Ernst Consentius: Die Berliner Zeitungen..., a.a.O., S. 85.

und auch Nachrichten vom königlichen Hofe erschienen nur selten, denn Friedrich Wilhelm wünschte nicht, daß sich die Zeitung mit der Landespolitik oder seiner Person beschäftigte. Doch bediente er sich ihrer gelegentlich zur Veröffentlichung von eigenen Verordnungen oder von Gerichtsurteilen. Jede Nummer brachte am Schluß eine oder zwei Seiten mit Inseraten. Rüdiger fehlte der Ansporn, sein Blatt zu verbessern, solange ihm eine strenge Zensur wenig Bewegungsfreiheit ließ und er überdies keine Konkurrenz zu befürchten hatte. Dieser Zustand änderte sich erst, als Friedrich II. 1740 die Thronfolge angetreten hatte.

Schon wenige Tage nach Übernahme der Regierungsgeschäfte ließ der junge König die Zensurbehörde anweisen, dem Berliner Zeitungsverleger die Freiheit einzuräumen, über alle Geschehnisse in Berlin unzensiert nach eigenem Ermessen zu schreiben. Er wollte damit zweierlei erreichen: einmal sollte die Zeitung durch uneingeschränkte Lokalberichterstattung interessanter werden, zum anderen konnten Beschwerden fremder Regierungen über ihnen mißfallende Pressemeldungen mit dem Hinweis auf die erteilte Freizügigkeit zurückgewiesen werden. Während es in Berlin bis dahin nur das eine Zeitungsunternehmen gab, dessen Verlagsrechte von den Postmeistern Christoph und Veit Frischmann über die Buchdrucker Runge und Lorentz in die Hände Rüdigers gelangt waren, sorgte ein weiterer Schritt Friedrichs für eine belebende Konkurrenz: Der König erteilte dem Potsdamer Buchhändler Ambrosius Haude die Lizenz zur Herausgabe einer zweiten Zeitung, die am 30. Juni 1740 unter dem Titel 'Berlinische Nachrichten von Staats- und gelehrten Sachen' zu erscheinen begann, und ebenso wie die Rüdigersche am Dienstag, Donnerstag und Sonnabend herauskam. Im Verlag Haudes war bereits vom Dezember 1735 bis zum April 1737 ein 'Potsdammischer Staats- und gelehrter Mercurius' erschienen, dessen Verbot Rüdiger damals hatte durchsetzen können. Diesmal blieben seine Eingaben um Rücknahme der Haude verliehenen Konzession erfolglos. Rüdiger hatte seine Monopolstellung im Berliner Zeitungswesen endgültig verloren. Haudes Blatt wurde 1748 von der Buchhändlerfamilie Spener übernommen, nach der es dann seinen volkstümlichen Namen 'Spenersche Zeitung' erhielt.

Die Schlesischen Kriege führten wieder zu verschärften Zensurbestimmungen. Friedrich II. benutzte die Presse jetzt zunehmend zur Beeinflussung der öffentlichen Meinung. Die 'Berlinische Privilegirte Zeitung' druckte zahlreiche in seinem Auftrag verfaßte Artikel, die der Rechtfertigung seiner Politik dienen sollten, und brachte die von ihm selbst geschriebenen oder zumindest redigierten Feldzugsberichte unter der Rubrik "Schreiben eines Preußischen Officiers". In die Friedensjahre vor dem Siebenjährigen Krieg fiel die bedeutsame Erweiterung des Rüdigerschen Blattes durch die Aufnahme von Nachrichten aus dem Bereich des kulturellen Lebens. In der dritten Januarwoche 1748 begann die Zeitung mit der Sparte "Gelehrte Sachen", die ab April "Von Gelehrten Sachen" hieß und neben Mitteilungen über bedeutende Persönlichkeiten und einzelnen Gedichten vor allem Buchbesprechungen brachte. Anfang November 1748 verpflichtete Rüdiger den Schriftsteller und Journalisten Christlob Mylius (1722-1754) als Redakteur, der auch die Bearbeitung des gelehrten Artikels übernahm und vom Jahrgang 1749 an dem bisherigen Oktavblatt wieder ein Quartformat gab.

Am 14. Februar 1751 starb Johann Andreas Rüdiger. Den Buchverlag erbte sein Sohn, der Besitz der Zeitung aber ging auf seinen Schwiegersohn Christian Friedrich Voß (1724–1795) über, der bei ihm Lehrling und insgesamt acht Jahre lang tätig gewesen war. 1746 hatte Voß eine eigene Buchhandlung in Potsdam eröffnet, 1748 die Tochter seines früheren Lehrherrn, Dorothea Henrietta Rüdiger, geheiratet und im gleichen Jahre auch ein Büchergeschäft in Berlin aufgemacht. Am 5. März 1751 wurde das Zeitungsprivileg seines Schwiegervaters für ihn neu ausgefertigt. Als er den Verlag der 'Berlinischen Privilegirten Zeitung' übernahm, war der Artikel "Von gelehrten Sachen" schon seit einigen Monaten wegen des Ausscheidens von Mylius nicht erschienen, und seine erste Sorge galt der Fortsetzung dieser Sparte. Er gewann für ihre Redaktion Gotthold Ephraim Lessing (1729–1781), der seit 1748 als freier Schriftsteller in Berlin lebte.

Unter der neuen Leitung erschien der gelehrte Artikel wieder ab 18. Februar 1751, und von April bis Dezember brachte Lessing noch zusätzlich die monatlich erscheinende achtseitige Beilage 'Das Neueste aus dem Reiche des Witzes' heraus [23], deren literaturkritischen Inhalt er fast ausnahmslos allein verfaßte. Als er Ende 1751 für ein Jahr nach Wittenberg ging, um zu promovieren, betreute noch einmal Mylius den kulturellen Teil der Zeitung. Danach hatte Lessing die Redaktion ununterbrochen von Dezember 1752 bis Oktober 1755 inne. Seine kritischen Referate über das zeitgenössische Geistesschaffen zeichneten sich durch ebenso viel Freimut wie sittlichen Ernst aus. Gestützt auf gründliches Wissen und ein sicheres Gefühl für das Wesentliche, schrieb er in frischem, lebhaftem Stil und künstlerisch gefälliger Form scharfsinnige Rezensionen, die dem Leser beides boten: anregende Unterhaltung und ernsthafte Belehrung. Mit dieser Leistung hob er das Feuilleton auf eine in Berlin noch nicht gekannte Höhe und begründete gleichzeitig eine Tradition bei der Vossischen Zeitung: Deren Verleger blieben von nun an ständig bemüht, bei ihren Redakteuren einen hohen Maßstab solider Bildung, freimütiger Gesinnung und guten Stils anzulegen. "Lessing gab der ... Vossischen Zeitung ein Gesicht ganz eigener Prägung, das sie während ihrer langen Lebensdauer nie völlig verlor" [24]. Diese Entwicklung wurde wesentlich dadurch beeinflußt, daß die Tochter des Christian Friedrich Voß den jüngeren Bruder Lessings heiratete und später die Zeitung erwarb, die dann bis 1911 im Besitz der Familie Lessing blieb.

Die 'Vossische Zeitung' trug vom 18. März 1751 bis Ende 1753 und von 1779 bis 1784 den Titel 'Berlinische privilegirte Staats- und gelehrte Zeitung'. In der Zwischenzeit, 1754 bis 1779, hieß sie wieder nur ' Berlinische privilegirte Zeitung ' [25]. Ab 1785 bis zum 23. Dezember 1911 führte sie den Namen 'Königlich privilegirte

---

23) Faksimile bei Franz Muncker: Das Neueste aus dem Reiche des Witzes, in: 'Die Sonntagsbeilage der Vossischen Zeitung' (Berlin o.J.), S. VII–X und Sp. 1-12.
24) Peter de Mendelssohn, a.a.O., S. 34.
25) Faksimile daselbst, S. 36/37 und Abbildung bei Georg Rennert, a.a.O., Abb. 26.

Berlinische Zeitung von Staats- und gelehrten Sachen' [26]. Während des Siebenjährigen Krieges versorgten das preußische Kabinettsministerium und das königliche Hauptquartier die Zeitung wieder mit zahlreichen Artikeln und machten sie zum Sprachrohr der friederizianischen Politik. 1767 verlegte Voß die Geschäftsstelle des Blattes in sein neuerworbenes Haus, Breite Straße Nr. 9, unweit des Berliner Schlosses. Der Umfang der Zeitung stieg zwischen 1770 und 1780 von acht auf zwölf Seiten. Die Auflagenhöhe lag damals bei 2000 Exemplaren.

Mit Ablauf des Jahres 1790 zog sich der alternde Voß aus dem Geschäftsleben zurück, und seit 1791 leitete den Verlag sein gleichnamiger Sohn Christian Friedrich Voß jr. (1755—1795). Doch dieser starb schon vier Jahre später kinderlos. Seine Schwester Marie Friederike Lessing geb. Voß (1753—1828), die Gattin Karl Gotthelf Lessings, des Münzdirektors in Breslau und Bruders des Dichters, erwarb 1801 für 59 000 Taler von der Witwe ihres Bruders den Besitz der Zeitung. Deren Abonnentenzahl stieg nach der Jahrhundertwende kräftig an. Nachdem seit den neunziger Jahren auch Familienanzeigen aufgekommen waren, erschienen ab 1802 die ersten Wirtschaftsnotizen in Form von Geldkursnotierungen und dem Abdruck von Getreidepreisen. Auch die Namen aller in Berlin eingetroffenen Fremden wurde jetzt regelmäßig mitgeteilt. Die Auflage erreichte 1804 die Höhe von 7100 Stück.

Marie Friederike Lessing übertrug 1806 die Verwaltung des Blattes ihrem zweitältesten Sohn Christian Friedrich Lessing (1780—1850), der als Jurist seit 1802 am Berliner Kammergericht tätig war. Als er die Verlagsgeschäfte übernahm, wurde der Prediger bei der Berliner französischen Gemeinde, Samuel Heinrich Catel (1758—1838), Redakteur der Vossischen Zeitung. Dieser leitete vom Februar 1806 bis Ende 1822 ihre politische Redaktion und schrieb daneben zahlreiche Artikel über Literatur, Kunst und Wissenschaft für sie. Außerdem wirkte er viele Jahre hindurch auch als ihr Theaterkritiker. Lessing richtete 1809 in der Niederlagstraße eine Druckerei ein, die er bald in die Breite Straße Nr. 8 verlegte. Hier wurde vom 1. Juli 1809 an die 'Vossische Zeitung' gedruckt. Als Catel ausgeschieden war, übernahm Lessing 1823 selber die verantwortliche Redaktion des Blattes, das ab 1. Januar täglich außer sonntags herauskam. Nach dem Tode Marie Friederike Lessings im Jahre 1828 erwarben Christian Friedrich Lessing und seine Schwester Ernestine Wilhelmine Müller geb. Lessing, die in Breslau lebte, den Erbteil ihres ältesten Bruders und wurden 1832 Eigentümer der Zeitung.

Im absolutistisch regierten Staat König Friedrich Wilhelms III. hatten bald nach dem Ende der napoleonischen Herrschaft wieder drückende Zensurbeschränkungen eingesetzt. Die auf Grund der Karlsbader Beschlüsse erlassene preußische Zensurverordnung vom 18. Oktober 1819 und ihre Ergänzungen von 1824 und 1837 engten die innenpolitische Presseberichterstattung derart ein, daß diese sich hauptsäch-

---

[26] Abbildung bei Max Osborn: Die Vossische Zeitung seit 1904, in: 50 Jahre Ullstein, 1877—1927, Berlin 1927, S. 236 f.

lich im Abdruck von amtlichen Bekanntmachungen und im gelegentlichen Nachdruck von Artikeln aus der 'Allgemeinen Preußischen Staatszeitung' erschöpfte.

Die 'Vossische Zeitung' enthielt daher vorwiegend Nachrichten aus dem Ausland, die aber meistens ohne wertende Stellungnahme erschienen. Weil keine politische Meinungsäußerung erlaubt war, gewann der unpolitische Teil des Blattes, das kulturkritische und unterhaltende Feuilleton um so mehr an Bedeutung. Regelmäßige ausführliche Theater- und Konzertrezensionen, Literaturberichte, Kunstbetrachtungen und Wissenschaftsnotizen nahmen einen breiten Raum ein und bestimmten allein das Niveau der Zeitung.

1823 übernahm der Künstler und Publizist Friedrich Wilhelm Gubitz (1786—1870) das theaterkritische Referat und berichtete über die Vorstellungen des Berliner Schauspielhauses. Sein Urteil blieb jahrzehntelang maßgeblich. Einen vielseitigen und bald sehr populären Redakteur gewann die Zeitung 1826 in dem Musikkritiker und Schriftsteller Ludwig Rellstab (1799—1860). Über 20 Jahre lang war er der führende Musikrezensent Berlins. Daneben schrieb er als Feuilletonist über die gesellschaftlichen Ereignisse in der Stadt, machte das Publikum mit der neuerschienenen Literatur bekannt und redigierte außerdem noch in den dreißiger Jahren den französischen Artikel des Blattes. Er verlieh dem Feuilleton eine überragende Stellung und trug viel zur wachsenden Beliebtheit der 'Vossischen Zeitung' bei, deren Auflage bis 1847 auf 20300 stieg.

Als unter Friedrich Wilhelm IV. eine Lockerung der Zensur erfolgte, führte die 'Vossische Zeitung' 1842 die publizistische Stellungnahme zu Tagesfragen in Form des Leitartikels ein. Im Januar und Februar 1843 brachte sie sieben Beiträge zum Thema Pressefreiheit von Willibald Alexis (1798—1871), die Aufsehen erregten. "Die Tatsache, daß einmal diese Freiheit in hiesigen Zeitungen vorkam, wird für alle Folgezeit feststehen", schrieb damals Varnhagen von Ense in sein Tagebuch [27]. Das Blatt wurde in den vormärzlichen vierziger Jahren durch sein Eintreten für eine Verfassung, für Meinungsfreiheit und religiöse Toleranz zum Organ einer liberalen Opposition und stand deshalb in latent gespanntem Verhältnis zu den Behörden. Die Märzrevolution von 1848 verwirklichte endlich die Aufhebung der Zensur, und am 20. März erschien die 'Vossische Zeitung' als "Extrablatt der Freude" und veröffentlichte, eingeleitet mit dem Satz: "Die Presse ist frei!", ein Programm, das die Richtlinien ihrer künftigen Wirksamkeit umriß: "Unter allen Rechten, deren Erfüllung uns geworden und die wir hoffen, ist der befreite Gedanke das edelste, denn in ihm liegt das Unterpfand für alles Künftige... Von nun an ist diesen Blättern eine größere Aufgabe gestellt... Unser Banner ist der Fortschritt! Nicht der allmähliche, denn es gibt Zeiten, wo der Sturmschritt notwendig ist, aber der besonnene,

---

[27] Karl August Varnhagen von Ense: Tagebücher, Bd. 2, Leipzig 1861, S. 149.

denn sein Gegenteil ist stets verderblich... So also wollen wir unsere Aufgabe fassen und auf Einsicht, Kraft und Vereinigung Gleichgesinnter mit uns hoffen, um sie dieser Bestrebung würdig zu lösen" [28].

Die 'Vossische Zeitung' besaß im Jahre 1848 mit 24000 Beziehern die höchste Auflage aller deutschen Zeitungen. 1847 war der Schlesier Otto Lindner (1820-- 1867) Redaktionsmitglied geworden. Er bestimmte seit 1850 die politische Linie des Blattes, die darauf ausgerichtet blieb, das Selbstbewußtsein und den Einfluß des liberal gesinnten Bürgertums zu stärken. 1858 rief er die wissenschaftliche Beilage zur Sonntagsausgabe ins Leben, die ab 1866 'Sonntags-Beilage' hieß. Von Januar bis Juni 1849 redigierte Willibald Alexis die Nachrichten über Österreich und die Reichsangelegenheiten und setzte sich leidenschaftlich für die Reichsverfassung der Frankfurter Nationalversammlung und für ein preußisch-deutsches Kaisertum ein. Ab 1. August 1849 betreute Hermann Kletke (1813--1886), wie Lindner in Breslau geboren, die Redaktion des deutschen Artikels. Seit 1838 arbeitete er bereits für das Feuilleton des Blattes, dessen verantwortlicher Redakteur er dann als Nachfolger Lindners von 1867 bis 1880 war.

Christian Friedrich Lessing hatte die Zeitung 44 Jahre lang geleitet, als er am 31. Oktober 1850 starb. Seinen Anteil am Besitz des Unternehmens erbte sein Neffe Carl Robert Lessing (1827--1911), der die Geschäftsführung übernahm. Er war, wie sein Onkel, Jurist, und hatte gerade 1850 seine Laufbahn am Berliner Stadtgericht begonnen. Er blieb bis 1890 im Staatsdienst und schied als Landgerichtsdirektor aus.

Im Frühsommer 1864 kam Ludwig Pietsch (1824--1911) von der Spenerschen zur 'Vossischen Zeitung' und war hier über vier Jahrzehnte hindurch ständiger Kunstreferent. Außerdem schickte ihn die Redaktion als Berichterstatter auf über einhundert Reisen durch Europa, Kleinasien und Nordafrika. Mit seinen Reportagen begründete er in Berlin die neue Art des Reisejournalismus. Für die kritische Besprechung der Aufführungen am Königlichen Schauspielhaus gewann Kletke im August 1870 Theodor Fontane (1819--1898), dessen liebenswürdig-anmutige, in witzigem, geistreichem Plauderton geschriebene Theaterberichte bis Ende 1889 erschienen. 1879 äußerte Fontane in einem Brief an Kletke: "Die Vossische Zeitung ist ein großes und reiches Blatt, sehr angenehm für seine Mitarbeiter, weil nie nörglig und kleinlich und last not least im Besitz eines Leserkreises, der für meine Arbeiten, wieviel sich sonst auch gegen Zeitungs-Abdruck sagen läßt, nach Stoff, Anschauung und Behandlung, wie geschaffen ist" [29]. Am 1. Juli 1880 löste Friedrich Stephany (1830--1912), der seit 1870 der Redaktion angehörte, Hermann Kletke als Chef-

---

28) Arend Buchholtz, a.a.O., S. 123.
29) Theodor Fontane: Briefe an Hermann Kletke, hrsgg. von Helmuth Nürnberger, München 1969, S. 51.

redakteur ab. Er übertrug das Theaterreferat und die Leitung der Sonntagsbeilage 1889 Paul Schlenther (1854—1916), dem späteren Direktor des Wiener Burgtheaters. Nach dessen Weggang von Berlin redigierte Stephany die Sonntagsbeilage weiter. 1887 wurde Jsidor Levy (1852—1929) ständiges Redaktionsmitglied. Seine in glänzendem Stil geschriebenen Leitartikel zur Innen- und Außenpolitik fanden großen Anklang bei der Leserschaft. Als Stephany siebzigjährig vom Amt des Chefredakteurs zurücktrat, wurde im Oktober 1900 Hermann Bachmann (1856—1920) sein Nachfolger, der als Germanist und Altphilologe vor Beginn seiner publizistischen Tätigkeit Lehrer in Prag und Pilsen war.

Äußere Form und Erscheinungsweise der 'Vossischen Zeitung' erfuhren in der zweiten Hälfte des 19. Jahrhunderts verschiedene Änderungen. Bereits 1848 war die Montagsnummer zugunsten der Sonntagsausgabe fortgefallen. Vom 1. Oktober 1871 an erhielt das Blatt ein Großfolioformat mit einem Satzspiegel von 30 x 45 cm. Mit dem 1. Oktober 1875 begann es zweimal täglich, morgens und abends, zu erscheinen. Der Handelsteil hatte sich zu einem umfangreichen Börsenkursblatt mit Nachrichten über Handel und Verkehr entwickelt und kam seit dem 7. November 1898 als 'Finanz- und Handelsblatt der Vossischen Zeitung' täglich mit der Abendausgabe heraus.

In dem Zeitraum zwischen 1848 und 1914 blieb die 'Vossische Zeitung' dem Liberalismus verbunden. Parteipolitisch blieb sie unabhängig, vertrat aber im großen und ganzen das liberale Programm der 1861 gegründeten Deutschen Fortschrittspartei. Trotz ihrer oppositionellen Haltung gegenüber der Innenpolitik der Regierung Bismarck unterstützte sie deren Außenpolitik und trat ebenso für die Annexion Schleswig-Holsteins wie für die Einigung Deutschlands unter preußischer Führung ein, denn "die nationalstaatliche Idee war neben der liberalen die stärkste politische Macht dieser Zeit" [30].

Seit dem 1. Oktober 1910 erschien auch eine Montagsausgabe der Zeitung. Sie erhielt den Titel 'Vossische Zeitung', den das Gesamtblatt bereits eine Zeitlang als Untertitel führte. Die Titeländerung wurde am 24. Dezember 1911 auf die ganze Zeitung ausgedehnt, die von nun an mit dem Haupttitel 'Vossische Zeitung' auch offiziell den Namen trug, der den Berlinern schon anderthalb Jahrhunderte lang geläufig war.

Nach dem Tode Carl Robert Lessings am 28. Januar 1911 hatte sein Sohn den ererbten Geschäftsanteil am Vossischen Zeitungsunternehmen an das Bankhaus Lazard Speyer-Ellissen in Frankfurt am Main verkauft, das auch mehrere Anteile der übrigen Erben erwarb. Die Bank wiederum trat 1913 in Verkaufsverhandlungen mit dem Berliner Verlag Ullstein ein, der am 1. Januar 1914 den Verlag der Vossischen Zeitung mit dem Redaktionsstab und der Druckerei übernahm. Berlins älteste Zeitung besaß

---

[30] Paul Sethe: Deutsche Geschichte im letzten Jahrhundert, Frankfurt a.M. 1960, S. 128.

damals mit etwa 25000 Beziehern gegenüber anderen Blättern der Reichshauptstadt eine nur geringe Auflage, aber ihr auf politischer Tradition und intellektuell anspruchsvollem Stil beruhendes hohes Ansehen war den Brüdern Ullstein den Kaufpreis von acht Millionen Mark wert. Die Vossische Zeitung blieb für sie das gehobene Prestigeblatt, dem sie jedes Jahr beträchtliche Zuschüsse opferten. Bei Ausbruch des Ersten Weltkrieges erfolgte sofort die Vereinigung des Betriebes der Vossischen Zeitung mit dem der übrigen Blätter des Ullstein-Verlages. Bereits am 2. August 1914 zogen Redaktion und technisches Personal von der Breiten Straße um in das Ullsteinhaus in der Kochstraße. Mit dem Druck des Blattes auf den Ullsteinischen Maschinen, deren etwas kleinerem Satzspiegel es sich anpassen mußte, fand seine Integration in den neuen Verlag ihren Abschluß.

Den beiden Verlagsdirektoren im Ullsteinhaus, Georg Bernhard (1875–1944) und Ernst Wallenberg (1878–1948), kam im Verein mit Hermann Bachmann das Verdienst zu, daß der Verschmelzungsprozeß gut gelang. Wallenberg unternahm es, die Aufmachung der Vossischen Zeitung durch Verbesserung des typographischen Bildes, der Raumverteilung und Stoffgruppierung behutsam zu modernisieren. Am 1. Dezember 1924 erhielt das Blatt eine dritte Ausgabe, die vor allem für den Postversand bestimmt war. Sie wurde nach 20 Uhr ausgeliefert, enthielt die neuesten Nachrichten und die für das nächste Morgenblatt vorgesehenen Beiträge und erschien bereits abends im Berliner Straßenhandel als 'Erste Morgenausgabe' des folgenden Tages. Die 'Sonntagsbeilage' war im Verlauf des Krieges ein Opfer der Papierknappheit geworden und lebte nicht wieder auf. Die Auflage stieg bis 1927 auf 66300 Exemplare. In den Jahren 1930 bis 1932 verlor die Zeitung infolge der herrschenden Wirtschaftskrise ein Drittel ihrer Bezieher. Vom 31. Oktober 1933 an erschien das Blatt nur noch einmal täglich.

Georg Bernhard hatte schon während des Krieges von 1914 bis 1918 entscheidenden Einfluß auf die politische Tendenz der Vossischen Zeitung gewonnen [31]. Nach Bachmanns Tod im Jahre 1920 übernahm er das Amt des Chefredakteurs und behielt die linksliberale Richtung des Blattes in Anlehnung an die Ziele der Demokratischen Partei nachdrücklich bei. Es gelang ihm, einen Kreis hervorragender Publizisten zu einem Team zu vereinigen, das der Zeitung einen maßgebenden Platz in der Berliner Presse eroberte. Mit seinen eigenen Beiträgen, in denen er das demokratische Gewissen der Nation leidenschaftlich beschwor, wurde er einer der bedeutendsten deutschen Leitartikler seiner Zeit. Ihm zur Seite stand als Stellvertreter Julius Elbau (1881–1965), der ihn 1931 als Chefredakteur ablöste.

Nach Errichtung der nationalsozialistischen Diktatur verloren zahlreiche namhafte Journalisten ihren Arbeitsplatz, weil sie aus politischen oder sogenannten rassischen Gründen nicht mehr wirken durften. Die Folge war der rasche Verfall der führenden

---

[31] Über die Zeitung während des 1. Weltkrieges vgl. Georg Bernhard (Hrsg.): Die Kriegspolitik der Vossischen Zeitung, Berlin 1919.

deutschen Blätter. Die Pressegesetzgebung der Hitlerregierung besiegelte auch das Schicksal der 'Vossische Zeitung', deren letzter Chefredakteur Erich Welter (geb. 1900) war. Als das am 4. Oktober 1933 verkündete Schriftleitergesetz mit Beginn des Jahres 1934 in Kraft trat, büßte die Zeitung so viele ihrer fähigsten Mitarbeiter ein, daß der Verlag nicht mehr in der Lage war, das traditionelle Niveau des Blattes aufrecht zu erhalten. Daraufhin stellte die 'Vossische Zeitung' am 31. März 1934 ihr Erscheinen ein. Sie hatte zuletzt eine Auflage von 41500 Exemplaren.

In einem Rückblick auf die eigene Geschichte druckte sie in ihrer Schlußnummer die Sätze: "Diese Gegenwart ist ihrer Natur nach wenig dazu angetan, unbefangene Gespräche, auch wenn sie nur Geschichte sagen wollen, vor der Öffentlichkeit zu führen". Und: "Wem aber das nationale Ziel nicht mit einer geistigen Uniformierung zusammenfällt, wer sich das Wissen von der fruchtbaren und bunten Fülle dessen bewahrt hat, was Volk, deutsches Volk, deutscher Geist heißt und immer heißen wird, mag wohl, indem er von einer Vergangenheit dankbar Abschied nimmt, sich des fröstelnden Gefühls einer Verarmung erwehren müssen" 32) 33).

---

32) 'Vossische Zeitung' (Berlin), Nr. 77 (31. März 1934), S. 8.

33) Zur Geschichte und Politik des Blattes vgl. außer der bereits zitierten Literatur: Emil Dominik: Die ersten Berliner Bücherdrucke und die Geschichte der Berliner Zeitschriften und Zeitungen bis zu Anfang des achtzehnten Jahrhunderts, in: 'Der Bär. Illustrirte Berliner Wochenschrift', 7. Jg./1881, S. 288-296; Emil Dovifat: Das publizistische Leben, in: Berlin und die Provinz Brandenburg im 19. und 20. Jahrhundert, Berlin 1968, S. 751-781; Richard George: Zur Geschichte des Berliner Zeitungswesens, in: 'Der Bär. Illustrirte Berliner Wochenschrift; 23. Jg./1897, S. 210-211, S. 234-236, 246-248; Otto Heinemann: Zur Geschichte der ältesten Berliner Zeitungen, in: 'Forschungen zur Brandenburgischen und Preußischen Geschichte' (Berlin), Bd. 17/1904, S. 215-221; Julius Lazarus: Die Berliner Presse. Beiträge zu einer Geschichte des Berliner Zeitungswesens, in: 'Mitteilungen des Vereins für die Geschichte Berlins' (Berlin), 25. Jg./1908, S. 176-181, 204-207; Ferdinand Meyer: Der 'Berlinische Relations-Postilion' vom Jahre 1711, in: 'Der Bär. Illustrirte Berliner Wochenschrift', 11. Jg./1885, S. 477-480; Julius Otto Opel: Die Anfänge der deutschen Zeitungspresse, 1609-1650, in: 'Archiv für Geschichte des Deutschen Buchhandels' (Leipzig), III/1879 (Kap. 5: Berliner Zeitungen, S. 116-152); Walther G. Oschilewski: Berlins älteste Zeitung, in: Arno Scholz/Walther G. Oschilewski: Marginalien zur Berliner Zeitungsgeschichte, Berlin 1963, S. 43-56; Die Sonntagsbeilage der Vossischen Zeitung 1858-1903. Das Neueste aus dem Reiche des Witzes 1751. Bibliographisches Repertorium, Berlin o.J. (1904); Otto Wenzel: Die ersten Berliner Bücherdrucke... II., in: 'Der Bär. Illustrirte Berliner Wochenschrift', 7. Jg./1881, S. 534-539; Ernst Consentius: Lessing und die Vossische Zeitung, phil. Diss. Bern 1901/1902; Helga Mohaupt: Der Kampf um die Weimarer Republik 1932/1933 in der Berliner demokratischen Presse 'Für und wider das System', 'Berliner Tageblatt', 'Vossische Zeitung', 'Germania' und 'Vorwärts', phil. Diss. Wien 1962.

Kurt Forstreuter:

KÖNIGSBERGER HARTUNGSCHE ZEITUNG (1660 – 1933)

Die Geschichte des Zeitungswesens beginnt in Königsberg (Pr.) nicht später als im deutschen Westen. Sieht man ab von geschriebenen Zeitungen, die es in Preußen schon im späteren Mittelalter, in größerer Zahl im 16. Jahrhundert gibt, sieht man auch ab von Einzeldrucken mit Sondermeldungen aus verschiedenen Städten, — wobei der Druckort nicht selten unsicher ist, — so setzt die periodische Presse in Königsberg um 1620 ein. Die Angabe des Druckortes führt in die Irre. Die älteste, anscheinend schon periodische Königsberger Zeitung weist auf Prag hin; nach äußeren Merkmalen ist sie in Königsberg erschienen. Von 1618 und 1619 liegen einzelne Blätter vor. Die Häufigkeit des Erscheinens ist nicht erkennbar. In einer Zeitung von 1623 sagt es der Titel: 'Avisen oder wöchentliche Zeitung'. In den folgenden Jahrzehnten kommen verschiedene Titel vor. Anscheinend kamen schon in den fünfziger Jahren des 17. Jahrhunderts in Königsberg mehrere Zeitungen heraus. [1]

Im Jahre 1660 beginnt eine neue Epoche mit dem Buchdrucker Johann Reußner, der aus Rostock stammte und in Königsberg seit 1639 tätig war; sein Privileg als Universitätsbuchdrucker datiert vom 5. Oktober 1640. Hier ist von einer Zeitung noch nicht die Rede. Entscheidend ist das Privileg des Kurfürsten und preußischen Herzogs Friedrich Wilhelm vom 9. Juli 1660, in dem es heißt, daß Reußner, auf dessen Bitte, "auch die Avisen oder Zeitungen allein zu drucken vergönnt werden möchte", zugestanden wird, daß ihm die "Nova oder Zeitungen zum Druck allemal ausgegeben und sonst keinem andern mehr solche zu drucken verstattet werden".

Schöne hat nachgewiesen, daß bereits vor 1660 in Königsberg zwei Zeitungen erschienen, eine wöchentlich, eine zweimal wöchentlich, und auch nach 1660 sind zwei Zeitungen in Königsberg nachweisbar. Reußners Monopol bestand darin, daß er allein die bei der kurfürstlichen Post eingehenden Nachrichten zum Druck

---

1) Zur Geschichte des Königsberger Pressewesens vgl. Botho Rehberg: Geschichte der Königsberger Zeitungen und Zeitschriften. I. Persönlichkeiten und Entwicklungsstufen von der Herzogszeit bis zum Ausgang der Epoche Kant-Hamann, Königsberg (Pr.) — Berlin 1942 (Alt-Königsberg, Bd. 3). — Noch nicht benutzt wurde von Rehberg das zuvor erschienene Werk von Walter Schöne: Die deutsche Zeitung des 17. Jahrhunderts in Abbildungen, Leipzig 1940, das auf den Tafeln 191-204 Abbildungen von Königsberger Zeitungen bringt; hierzu Bemerkungen S. 20 f. — Vgl. außerdem Kurt Forstreuter: "Zur Geschichte der Presse in Königsberg. Eine Königsberger Zeitung des Vormärz, in: Hamburger mittel- und ostdeutsche Forschungen; Bd. IV, Hamburg 1963, S. 30-47. — Zahlreiche Hinweise zur Geschichte der Presse findet man bei Fritz Gause: Geschichte der Stadt Königsberg in Preußen, 3 Bde., Köln — Graz 1965-71.

erhalten sollte. Schöne konnte auch bereits für den 10. Oktober 1658 eine Beilage zu der von Reußner zweimal wöchentlich gedruckten Zeitung nachweisen; einen Vorläufer des 'Europäischen Mercurius', von dem die erste vollständige Nummer vom 24. Februar 1661 bekannt ist. Der Name hat in den späteren Jahrhunderten mehrfach gewechselt, der Zusammenhang blieb erhalten; aber es liegen aus den ersten Jahrzehnten nur wenige Nummern vor. 'Königsberger ordinari Post Zeitung' (1674—87); 'Königliche Preußische Fama' (1709—40); 'Neue Merckwürdigkeiten von politischen und gelehrten Sachen' (1741); 'Königsbergische Zeitungen' (1742—51); 'Königlich privilegierte Preußische Staats-Krieges- und Friedens-Zeitungen' (Titel später etwas variiert) 1752—1850; 'Königsberger Hartungsche Zeitung' (1850—1933), das war die kontinuierliche Titelfolge.

Die Tradition blieb erhalten durch zwei große Königsberger Drucker- und Verleger-Familien: Reußner (bis 1750) und, nach einem kurzen Übergang, 1751—1871 Hartung. Seitdem wurde das Unternehmen eine Aktiengesellschaft. [2] In den ersten Jahrzehnten, — man darf fast sagen, in den ersten Jahrhunderten —, ist nur der Drucker und Verleger, noch kein leitender Redakteur erkennbar. Es ist schwer, den Inhalt der Zeitung kurz zu charakterisieren. Die Nachrichten kamen von verschiedenen Seiten, mehr aus dem Ausland als dem Inland. Das blieb so bis in das 19. Jahrhundert. Es war dafür gesorgt, daß nichts hineinkam, was der Regierung unerwünscht war; auch bei den Nachrichten aus dem Auslande. Als die Königsberger Zeitung im Jahre 1680 (nur ein Ausschnitt liegt vor) die Russen, wegen Ausschreitungen von russischen Schiffern, mit einem beleidigenden Beiwort versah, wurde ihr mit einem harten Verweis verboten, "grobe Injurien. . . wider die reußische Nation" zu gebrauchen, da die Regierung mit dieser in Freundschaft zu stehen verlangte. Auf eine Anfrage des Verlages, mit welchen Nationen Brandenburg-Preußen freundschaftliche Beziehungen unterhalte, erfolgte wohl keine Antwort.

Für Osteuropa war Königsberg schon damals ein wichtiger Nachrichtenmarkt. Im Jahre 1700 versuchte Peter der Große, während des großen nordischen Krieges gegen Schweden und Polen, auf Umwegen über die Postmeister in Moskau und Berlin eine Nachricht in die Königsberger Zeitung zu bringen und bat, mehrere Stücke des Blattes nach Moskau zu senden. [3] Die Bedeutung einer Zeitung über die Grenzen hinweg wurde schon damals erkannt. Sie war jedoch in ihrer Bewegungsfreiheit sehr eingeschränkt. Das spürte man besonders deutlich, als eine fremde Besatzungsmacht sich Ostpreußens bemächtigte. Als die Provinz während

---

[2] Über Reußner vgl. Kurt Forstreuter in: Altpreußische Biographie, Bd. II, Marburg 1964, S. 551, und über Hartung vgl. Bernhard Hartung: Die Buchdruckerfamilie Hartung und ihre Tätigkeit als Herausgeber der 'Königsberger Hartungschen Zeitung', Königsberg 1913 (Sonderdruck aus der 'Königsberger Hartungschen Zeitung') sowie Kurt Forstreuter in: Neue Deutsche Biographie, Bd. 8, Berlin 1969, S. 9.

[3] Botho Rehberg, a.a.O., S. 27 f. Im Jahre 1682 wurde der Zeitung ausdrücklich verboten, über den Umsturz in Rußland etwas zu bringen.

des Siebenjährigen Krieges, 1758—62, von russischen Truppen besetzt wurde, — die damals sich verhältnismäßig human und zurückhaltend zeigten, — wurde die Zeitung einer strengen Zensur unterworfen. Die Nachrichten aus Berlin wurden unterdrückt. russische Siegesnachrichten und Paraden überschwenglich gefeiert. Die Zeitung erschien nun als 'Königsbergische Staats-Kriegs- und Friedens-Zeitung' und mußte im Kopf den preußischen Adler durch den russischen Doppeladler ersetzen. [4]

Das von Reußner erworbene und von Hartung fortgesetzte Zeitungsmonopol mußte verteidigt werden, wurde aber durchlöchert. Als ein "Journalist aus Leidenschaft" erwies sich der Professor Johann Samuel Strimesius. [5] Ihm gelang es zwar nicht, das Privileg von Reußner zu erschüttern, er durfte keine deutsche Zeitung herausgeben, aber auf die damals in gebildeten Kreisen noch weit verbreitete lateinische Sprache ausweichen, die zumal auch im Ausland verstanden wurde. Und so gründete er die 'Nova Publica Latina', die zwischen 1719 und 1742 erschienen sind. Kurze Zeit (1718—20) kam in Königsberg auch eine polnische Zeitung heraus, während Polen damals keine Zeitung besaß.

Neben der politischen Reußner-Hartungschen Zeitung gab es in Königsberg eine größere Zahl von allgemein bildenden literarischen Blättern. Zwei sind hier zu nennen, die trotz ihres betont unpolitischen Charakters als Lektüre der Gebildeten eine gewisse Konkurrenz waren. Auch bei Reußner erschienen die 'Wöchentliche Königsbergische Frag- und Anzeigungs-Nachrichten', seit 1727, bis zur Aufhebung des Intelligenzzwanges 1850, die neben den amtlichen Bekanntmachungen Inserate der verschiedensten Art und viele wirtschaftliche Nachrichten und unpolitische Beiträge brachten. Eine der bedeutendsten deutschen Zeitungen des 18. Jahrhunderts ist die von dem Buchhändler Johann Jakob Kanter gegründete 'Königsbergsche Gelehrte und politische Zeitungen', die seit 1764 bis in den Anfang des 19. Jahrhunderts erschien. Sie wurde von der Philosophischen Fakultät der Universität zensiert und durfte politische Nachrichten nur bringen, wenn solche "vorher in denen Hartungschen Zeitungen gar nicht gestanden". Damit wurde auch ein Spielraum für die politische Berichterstattung gegeben. Die Zeitung wurde gut gedruckt, besser als die Hartungsche, und hatte bedeutende Mitarbeiter. Ihr erster Redakteur war Johann Georg Hamann; Kant und Herder haben Beiträge geliefert, ferner zahlreiche andere, damals bekannte Literaten. [6]

Dagegen wurde die Hartungsche Zeitung sehr viel unpersönlicher redigiert. Man kennt nicht die Gehilfen des Verlegers und Druckers. Erst in der Blütezeit des Königsberger Geisteslebens um 1800 begegnet eine Persönlichkeit, die während eines Vierteljahrhunderts das Gesicht der Hartungschen Zeitung geprägt hat: Johann

---

4) Vgl. über den Siebenjährigen Krieg: Xaver von Hasenkamp: Ostpreußen unter dem Doppelaar, Königsberg 1866, S. 276, 291 ff. — Hasenkamp war zeitweise Redakteur der Hartungschen Zeitung.

5) Über Strimesius vgl. Botho Rehberg, a.a.O., S. 39 ff.

6) Über die Zeitung Kanters vgl. Botho Rehberg, a.a.O., S. 91 ff, 96 ff, 117, 119 ff, 126, 137 f.

Brahl. Er begann seine Redaktionstätigkeit im Jahre 1785, sie dauerte mit Unterbrechung bis zu seinem Tode am 29. Januar 1812. Die Zeitung widmete ihm (Jahrgang 1812, Nr. 15, S. 140) einen freundschaftlichen und ehrenden Nachruf. Brahl stand mitten drin im Geistesleben seiner Zeit, verkehrte mit Hamann und Kant und hatte weitreichende Beziehungen bis zu Mirabeau, war eine weltgewandte, anregende Persönlichkeit, und hat viel geschrieben. Er war daneben auch Beamter. Allein von der Schriftstellerei zu leben, war damals schwierig. [7]

Unterdessen hatte mit der Französischen Revolution ein neues Zeitalter begonnen; es wurde auch in Königsberg gespürt, und die Berichterstattung in den Zeitungen konnte nur reserviert sein. Dagegen wurde Königsberg durch die Napoleonischen Kriege unmittelbar berührt. Der unglückliche Krieg von 1806/07 machte Ostpreußen zum Schlachtfeld, und wie 1758—62 sah Königsberg 1807 wieder einen fremden Eroberer in seinen Mauern. Die Kriegsereignisse wurden von dem Verleger und Drucker Georg Friedrich Hartung mit Sorge verfolgt. Er berichtet über die Lage vor dem Einmarsch der Franzosen: [8] "Von dem 26. Februar an wurde die Censur durch den Professor Fichte besorgt, der auch auf eine solide Wahl der Artikel und auf Verbannung von Anzüglichkeiten hielt und nur den Artikeln, die durch den Befehl des Generalgouverneurs eingerückt werden mußten, konnte und durfte derselbe die Censur nicht verweigern. Da aber die Zeitung dem General-Gouverneur nicht heftig und zweckmäßig schien, befahl er, daß ihm dieselbe zur Censur jedesmal vorgelegt und auch alle Artikel, Auszüge aus den Hamburger und Berliner Zeitungen ihm zur Umarbeitung und Approbation vorgelegt, wie auch alle diesen Krieg betreffende Nachrichten von ihm abgeliefert und eingeschickt werden sollten."

Als Hartung im März 1807 sich weigerte, einzelne von Rüchel eingeschickte Artikel zu drucken, erhielt er den Bescheid, er sei nur Drucker und durch den Inhalt der Zeitung nicht belastet. Die Artikel enthielten Schmähungen gegen Napoleon und die Aufforderung an französische Soldaten zu desertieren. Hartung hatte Beklemmungen: weniger, weil die von dem General-Gouverneur vermittelten Nachrichten nicht immer die Wahrheit sagten, (daß eine Zeitung in der Wahrheitsliebe Schranken hatte, wußte er wohl), — vielmehr schreckte ihn wohl das Schicksal des Nürnberger Buchhändlers Palm, den Napoleon hatte erschießen lassen. Gleichwohl muß

---

7)   Über Brahl vgl. Botho Rehberg, a.a.O., S. 127 ff sowie Christian Krollmann in: Altpreußische Biographie, Bd. 1, Königsberg 1941, S. 76.

8)   Über 1807 vgl. Bernhard Hartung, a.a.O., S. 18 ff. Ferner die Akten des Staatsarchivs Königsberg, Rep. 2, Tit. 39, Nr. 3. Getadelt wurde danach ein Bericht über die Schlacht bei Pr. Eylau, der dem russischen Hofe mißfallen könnte. Der Minister Graf Hardenberg hob am 14. Mai 1807 die Bedeutung der Königsberger Zeitung hervor, der einzigen damals noch von feindlicher Gewalt freien Zeitung, tadelte aber die vielen Druckfehler und verlangte "interessantere und besser stilisierte" Aufsätze. Mit den Kriegsberichten wurde der damalige Oberst und spätere General von Scharnhorst beauftragt. — Die auch im Folgenden zitierten Akten des Staatsarchivs Königsberg (Archivbestände Preußischer Kulturbesitz) befinden sich im Staatlichen Archivlager in Göttingen.

man bemängeln, daß Hartung damals mit dem Sieg der Franzosen und nicht der verbündeten Preußen und Russen rechnete. Damit sollte er Recht behalten. Als die Franzosen in Königsberg einrückten, mußte die Zeitung sich ihnen völlig zur Verfügung stellen; der Verleger kam dabei glimpflich davon. [9]

So berechtigt die Furcht Hartungs vor der Rache Napoleons war, so ist bei diesem Vorfall doch auch die damalige Lage des preußischen Staates zu berücksichtigen. Die Hartungsche Zeitung war das einzige Blatt, das der Regierung noch zur Verfügung stand. Die Regierung mußte dieses Organ der öffentlichen Meinung benutzen, und sie tat es in entschiedener, aber doch rücksichtsvoller Weise. Kein Geringerer als Johann Gottlieb Fichte, der vor dem Einmarsch der Franzosen Königsberg verließ, war der Zensor, und Scharnhorst hat an der Zeitung mitgearbeitet. Erstaunlich ist dabei, daß die Zeitung einen Teil ihrer Nachrichten weiterhin aus den von der französischen Besatzung kontrollierten Berliner Zeitungen entnahm.

Als die Franzosen schon 1807 aus Königsberg abrückten und die Reform des preußischen Staates begann, regte sich auch im Felde der Königsberger Presse ein neues, vielfältiges Leben. Neue Blätter kamen heraus, machten der Hartungschen Zeitung wohl Konkurrenz, aber sie ging mit der Zeit mit. Während andere Zeitungen in jener Zeit der inneren Reformen und äußeren Umbrüche entstanden und vergangen sind, hat die Hartungsche Zeitung sich gehalten. Im Jahre 1812 erlebte Königsberg nochmals eine französische Besatzung. Preußen war damals mit Frankreich "verbündet". Ein französischer Zensor wachte über der Zeitung. Er scheint mit beiden Augen geschlafen zu haben, als die Zeitung gegen Ende des Jahres versteckte Nachrichten über den wahren Verlauf des Krieges in Rußland brachte und

---

[9] Die Tragödie des Nürnberger Buchhändlers Palm, der die Schrift 'Deutschland in seiner tiefen Erniedrigung' verlegt hatte, wurde in der 'KHZ' vom 18. September 1806 (Nr. 75, S. 1167) berichtet; sie war für Hartung ein warnendes Beispiel. —
Der letzte Krieg hat die heute noch zugänglichen Zeitungsbestände gelichtet, wie mir freundlicherweise von der 'Deutschen Presseforschung' bei der Staatsbibliothek in Bremen mitgeteilt wurde. Vieles, was 1939 noch vorhanden war, konnte nicht nur in Königsberg, sondern auch in Berlin nicht mehr ermittelt werden. Von den denkwürdigen Jahrgängen 1806/1807 sind folgende Teile vorhanden: im Internationalen Zeitungsmuseum der Stadt Aachen von 1806 die Nummern 1-26 (Januar-März); im Geheimen Staatsarchiv der Stiftung Preußischer Kulturbesitz in Berlin-Dahlem die Nummern 71-104 (4. September-29. Dezember) 1806 und Nr. 1-32 (1. Januar - 20. April) 1807; beides nicht ganz vollständig. — Bei solcher Überlieferung gewinnen die Arbeiten, die vor dem Kriege zur Geschichte der Presse erschienen sind, erhöhte Bedeutung; sie sind selbst Quelle geworden. Zu nennen sind besonders: Paul Czygan: Zur Geschichte der Tagesliteratur während der Freiheitskriege, Bd. I (Darstellung), Leipzig 1911, Bd. II (Akten), Leipzig 1909/10; Gertrud Braun: Die Königsberger Zeitschriften von 1800 bis zu den Karlsbader Beschlüssen, phil. Diss. Königsberg 1936; Evamaria Bogisch: Die ostpreußische Tagespresse vom Zusammenbruch Preußens bis zu den Befreiungskriegen (1806—1815), phil. Diss. Königsberg 1942 (Masch.Schr.). Diese Studie ist wertvoll besonders durch viele Zitate aus z.Z. verschollenen Jahrgängen; ein Exemplar befindet sich in der Bibliothek der Humboldt-Universität in Berlin (-Ost).

auf den Brand von Moskau anspielte. Dagegen wurde sie gerügt, als sie im Juni, während des Aufenthaltes von Napoleon in Königsberg, fälschlich über den Tod seines Bruders Ludwig, des von ihm abgesetzten Königs von Holland, berichtete. Sie mußte widerrufen und durfte nichts mehr über die kaiserliche Familie bringen. 10)

Der noch vorliegende Jahrgang 1812 ist ein Zeitdokument von besonderem Rang. Die Zeitung erschien seit 1810 dreimals wöchentlich (Montag, Donnerstag, Sonnabend), sie ging mit der Zeit und den geweckten politischen Interessen. Kaum eine andere deutsche Zeitung hat in den Jahren 1806—1813 eine wechselvollere Geschichte aufzuweisen. Der Redakteur Brahl hat noch den Beginn des Jahres 1812 erlebt. Dann wechselten die Redakteure, (so der Oberlandesgerichtsrat Hartung, der Fabrikenassessor Katter), bis Kotzebue 1815 die Redaktion übernahm, die er schon 1816 aufgab. Hartung mußte ihm ein Honorar von 25 Talern monatlich zahlen. August von Kotzebue, damals der berühmteste Theaterschriftsteller nicht nur Deutschlands, hatte wenige Jahre vorher im Königsberger Staatsarchiv für seine 'Preußens ältere Geschichte' gearbeitet und er war ein begabter Journalist. Die Niederlage Napoleons, die Konvention von Tauroggen, der Einmarsch der Russen und der Beginn der Freiheitskriege änderten das Bild der Hartungschen Zeitung. Kaum eine andere deutsche Zeitung hat in den Jahren 1807—13 eine wechselvollere Geschichte und ist ein getreuerer Spiegel für die Wandlungen jener Zeit.

Auf die Epoche der Kriege folgten ruhigere Zeiten, auf die Revolution und Reform die Reaktion. Die Zeitungen wurden eintönig und blieben es, bis die Julirevolution von 1830 ihre Wellen bis an die Küste Ostpreußens warf. Mit dem Jahre 1830 beginnt die Epoche des "Vormärz", deren Impulse zur Märzrevolution von 1848 hinführen. Im Jahre 1830 erschienen in Königsberg folgende Zeitungen: 1.'Königlich Preußische Staats- Kriegs- und Friedenszeitungen', 2. 'Königsberger Intelligenz-Blatt', 3. 'Königsberger Wochenblatt', 4. 'Amtsblatt der Regierung'. Das Amtsblatt unterstand direkt der Regierung. Die drei erstgenannten Zeitungen wurden von dem Polizeipräsidenten Johann Theodor Schmidt zensiert, einem hochgebildeten, literarisch interessierten und auch tätigen Mann. 11)

Die Hartungsche Zeitung wurde von dem Verleger Georg Friedrich Hartung redigiert. Sie wurde zweispaltig auf ziemlich schlechtes Papier gedruckt (Format: ca. 21 cm hoch, 17 cm breit). Der Jahrgang 1830 hatte 2188 Seiten Umfang. Der Abonnementspreis betrug in Königsberg vierteljährlich 1 Reichstaler und 2 1/2 Silbergroschen; auswärts 1 Reichstaler und 17 1/2 Silbergroschen. Die Zeitung erschien dreimal wöchentlich; seit Juli 1831 täglich. Die äußere Aufmachung war lieblos, der Inhalt farblos. Auf zahlreiche Nachrichten aus dem Auslande folgten wenige aus Preußen; wissenschaftliche Beiträge waren spärlich und sehr populär. Die Anzeigen waren zahlreich, nahmen etwa 30% des Umfangs ein. Sie gaben der

---

10) Der Jahrgang 1812 befindet sich im Staatlichen Archivlager Göttingen als Leihgabe.
11) Für 1830 und die folgenden Jahre vgl. Kurt Forstreuter: Zur Geschichte der Presse in Königsberg. Eine Königsberger Zeitung des Vormärz, in: 'Hamburger mittel- und ostdeutsche Forschungen', Bd. 4, Hamburg 1963, S. 30-47, bes. S. 34 ff.

Zeitung auch etwas lokales Kolorit. Mit dem Jahre 1832 trat eine Bereicherung des Inhalts ein: Die Zeitung erhielt Beilagen mit populärwissenschaftlichen Nachrichten und Aufsätzen. Sie brachte zweimal wöchentlich die Kurse von Geld und Pfandbriefen.

Der Übergang zur täglichen Erscheinungsweise, die Bereicherung des Inhalts kamen nicht zufällig; diese Fortschritte sind auch nicht allein auf das Publikumsinteresse nach der Julirevolution zurückzuführen. Wie immer im Wirtschaftsleben, so wirkte auch in diesem Falle die Konkurrenz anspornend. Es konnte dem Verleger nicht verborgen bleiben, daß eine Konkurrenz im Anzuge war. Sie erschien ab 1. Oktober 1831 als 'Königsberger Abend-Zeitung', wurde am 1. Januar 1832 in 'Preußische Ostsee-Blätter' umbenannt und kam bis Ende Juni 1832 heraus, um dann einzugehen. Diese Konkurrenz bestach schon äußerlich durch eine bessere Ausstattung. Das Papier ist besser, der Druck gefälliger; das Format weicht nicht wesentlich von dem der Hartungschen Zeitung ab. Der Inhalt des neuen Blattes ist weitaus gediegener. Der Verleger, Konrad Pasche, hatte in der Universitätsstadt Königsberg den Ehrgeiz, ein Blatt für die Gebildeten herauszugeben. Angesehene Professoren und Dozenten sind die Schriftleiter und Mitarbeiter. Das Blatt stellte Ansprüche an das Publikum. Wenn das Unternehmen bald scheiterte, so lag es daran, daß für eine Tageszeitung dieses Niveaus (eher für eine Wochenzeitung) in Königsberg und Ostpreußen noch kein Boden vorhanden war. Namentlich die Anzeigen blieben aus. Wieder konnte die Hartungsche Zeitung triumphieren.

In der Politik war der Spielraum noch in den dreißiger Jahren sehr eng. Auch die 'Ostsee-Blätter' berichteten mehr über das Ausland als über das Inland; die Nachrichten aus Preußen und dem übrigen Deutschland sind dürftig und farblos. Mit dem Regierungsantritt Friedrich Wilhelms IV., 1840, schienen neue Impulse zu kommen. Jetzt wagte auch der bedächtige, wesentlich auf das Geschäft bedachte Georg Friedrich Hartung einen Anschluß an die neuen Zeitströmungen, die eine Unterrichtung namentlich auch über die Zustände im eigenen Lande verlangten. Nach der mit übertriebenen Hoffnungen begrüßten Zensurverfügung vom 24. Dezember 1841 begann die Zeitung am 22. Februar 1842 Leitartikel über "Inländische Zustände" zu veröffentlichen. Eine Sammlung davon ist in drei Heften 1842/43 erschienen; jedoch nicht im eigenen Verlage Hartung, sondern in dem altberühmten Königsberger Verlage "Gräfe und Unzer". Soll man daraus schließen, daß der vorsichtige Hartung sich nachträglich von diesem interessanten Verlagsobjekt distanzierte? 12)

---

12) Ludwig Salomon: Geschichte des deutschen Zeitungswesens, Bd. III, Oldenburg — Leipzig 1906, S. 350 zitiert aus der Schrift 'Deutschlands politische Zeitungen' (Zürich 1842): "Die Königsberger Zeitung zeichnet sich durch ihre leitenden Artikel aus, die unbedingt die besten sind, die jemals in deutscher Sprache geschrieben wurden". Über die maßgebliche Beteiligung Johann Jacobys an den "Inländischen Zuständen" vgl. Edmund Silberner: Zur Jugendbiographie Jacobys, in: 'Archiv für Sozialgeschichte' (Hannover), Bd. 9/1969, S. 101 ff. — Varnhagen von Ense berichtet (1842), die Königsberger Zeitung werde in Berlin mit Begierde gelesen; König

Die "Inländischen Zustände" treiben keine Opposition, nehmen aber Stellung zu verschiedenen, auch umstrittenen Fragen des öffentlichen Lebens. Es sind Kernfragen der damaligen Politik, die angefaßt werden, so z.B.: "Die Censur und die preußische Journalistik", "Ständische Verfassung", "Justizverfassung", "Russische Grenzverhältnissse". Dazu manche Frage, die hauptsächlich Ostpreußen und zumal Königsberg angingen. Mit einigem Recht darf der spätere Chronist der Familie Hartung, Bernhard Hartung, behaupten: "Die Leitartikel jener Zeit galten als die besten, die jemals in deutscher Sprache geschrieben worden waren. Man rühmte ihnen nach, daß sie die inneren Verhältnisse des preußischen Staates mit einer bis dahin ungewohnten Gründlichkeit und Freimütigkeit besprachen". Der ungenannte Herausgeber der Sammlung (auch die Beiträge sind nicht signiert) bemerkt, die mit "Inländische Zustände" überschriebenen Leitartikel hätten nicht nur in "unserer Provinz, sondern auch in den übrigen Provinzen unseres Vaterlandes und in ganz Deutschland Anerkennung und Beifall gefunden". In der Einleitung wird gesagt: "Wir sind seit langem gewöhnt, unsern Hunger nach politischen Neuigkeiten durch Berichte über französische und englische Kammerdebatten zu stillen, und, was die Zustände des eignen Vaterlandes betrifft, uns aus Artikeln auswärtiger Zeitschriften eine gewöhnlich mangelhafte Belehrung zu holen". Damit wird genau das getroffen, was man in den Zeitungen der dreißiger Jahre fand.

Einige Einzelheiten seien zur Charakteristik der Einstellung hervorgehoben. "Deutsche Nationalsachen" (Heft I, S. 87 f) meint, Deutschland fühle seine schwache und haltlose Stellung dem Auslande gegenüber: "Die Deutschen sind jetzt offenbar zu einer Art von Nationalbewußtsein erwacht, aber sie wissen noch nicht, wie sie es äußern und in die Erscheinungswelt einführen sollen". Vor weitschweifigen Plänen wird gewarnt. Eine wirkliche Nationalsache sei dagegen der Zollverein; in England seien Nationalsachen die Repräsentativ-Verfassungen mit den Wahlen. Den Plänen, den Juden ein besonderes Statut zu geben, wird entgegengetreten: "Der deutsche Jude will nichts anderes als ein Deutscher sein und ist es seiner Sprache, Gesinnung und Bildung nach; er kennt kein anderes Vaterland als das deutsche". Aus solcher Einstellung spricht eine allgemein schon damals liberale Richtung, die sich jedoch nur zaghaft äußern konnte. 13)

Gerade im Jahre 1842 gab es einen Rückschlag durch die Entlassung des reformfreundlichen Oberpräsidenten Theodor von Schön, für den die Zeitung sich exponierte. Der für die Zensur zuständige Polizeipräsident Bruno Abegg, der im Grunde

---

Forts. Anm. 12)
    Friedrich Wilhelm IV. nannte in einem Schreiben an Theodor von Schön (1842) die 'Rheinische Zeitung' eine Hurenschwester der Königsberger (Hans Rothfels: Theodor von Schön, Friedrich Wilhelm IV. und die Revolution von 1848, Berlin 1937, S. 241).

13) Verantwortlicher Redakteur war in jener Zeit der Verleger. (So in Akten von 1830 und 1846; Rep. 10, Tit. 37, Nr. 4). Im Jahre 1846 wird über die Richtung des Blattes vermerkt: gemäßigt liberal. Als Gegenstand: Politik und Wissenschaft. — Hartung hatte Recht, wenn er klagte, daß er für alles gerade stehen müsse, während seine Mitarbeiter ihren Namen nicht hergeben wollten.

liberal war, wurde 1845 abberufen. Auf den Vormärz fiel ein Rauhreif. Die überregionale Bedeutung der Hartungschen Zeitung in jener Zeit wird noch später durch keinen geringeren als Thomas Mann bezeugt, wenn er in den 'Buddenbrooks' etwa zum Jahre 1845 den Göttinger Studenten Morten Schwarzkopf zu der Lübeckerin Tony Buddenbrook sagen läßt: "Sie sollten mal andere Blätter lesen, die 'Königsberger Hartungsche Zeitung' oder die 'Rheinische Zeitung'.

Die Märzrevolution von 1848 brachte, wie in ganz Deutschland, so auch in Königsberg, das erstarrte politische Leben in Bewegung. Auch die Hartungsche Zeitung wurde davon sogleich erfaßt. Georg Friedrich Hartung, der am Tage seines 50jährigen Buchdruckerjubiläums am 12. August 1847 zum Ehrenbürger von Königsberg ernannt wurde, legte am 22. März 1848 seine Firma in die Hand seines Sohnes Johann Friedrich Hermann Hartung. Ein Abschiedsbrief des Vaters ist für ihn wie für die Zeitverhältnisse charakteristisch. Er wies auf die Schwierigkeiten bei der Herausgabe einer Zeitung hin, die "in den letzten Jahren umso schwerer wurde, als die Interessen des Vaterlandes sich in Parteien spalteten und Vorsicht und eigne Meinung sich nicht mit den allgemeinen Ansichten und Zeitforderungen wollten vereinigen lassen". Er habe mit den Führern aller Parteien verhandelt; jeder wollte nur seine Ansicht vertreten sehen, habe aber dabei Verschweigung seines Namens verlangt. [14] Damit wurde allerdings die Verantwortung allein dem Verleger aufgebürdet. Schon der erwähnte Vorfall von 1807 zeigte Georg Friedrich Hartung als einen vorsichtigen Geschäftsmann, der den Gefahren seines Berufes auswich. [15]

Sein Sohn, der 23 Jahre lang die Zeitung geleitet hat, ist ihm ähnlich. Auch Johann Friedrich Hermann Hartung hat, als er den Verlag aufgab, am 31. Dezember 1871 ein persönliches Bekenntnis hinterlassen. Hieraus einzelne Sätze: "Dem Vertreter einer Zeitung stehen für die Leitung seines Organs zwei Wege offen; der eine Weg hat eine verführerische und glänzende Aussicht: Der Zeitungsbesitzer macht den Einfluß seiner Zeitung seinem persönlichen Ehrgeiz und seiner politischen Stellung dienstbar; er schafft aus der Zeitung nicht nur ein Parteiblatt, sondern vornehmlich sein eigenes Organ... Der zweite Weg ist weniger ruhmversprechend: Der Zeitungsbesitzer entsagt jedem politischen und persönlichen Ehrgeiz und faßt in erster Linie die Geschäftsseite seines Instituts ins Auge. Die Fortentwicklung und das Erblühen des Blattes ist das Ziel, die goldene Mittelstraße die Politik seiner Zeitung, für die er immer eine große Zahl seiner Leser haben wird." Diese goldene Mittelstraße wurde eingehalten. Die Zeitung wurde in das ruhige Fahrwasser einer liberalen, aber vorsichtigen Politik geleitet, wie es die Mehrheit der Abonnenten — und Inserenten — wünschte.

---

14) Bernhard Hartung, a.a.O., S. 27
15) Die 'KHZ' modernisierte sich von 1840 bis 1850 auch äußerlich. Das Format war bis 1840 oktav, 1841—45 quart (zweispaltig), seit 1846 folio (dreispaltig), 1850—1933 das Berliner Format. (Nr. 205 vom 2. September 1850 in den Akten der Regierung Königsberg, Rep. 10, Tit. 36, Nr. 1; Jg. 1850 fehlt in der Deutschen Staatsbibliothek in Berlin).

Es waren also doch wesentlich geschäftliche Gründe, die die Richtung der Zeitung bestimmten. Auch der Übergang zu einem entschiedenen, aber nicht aggressiven Liberalismus wird deutlich. Den Zeitströmungen zu folgen, war für die Zeitung auch ein gutes Geschäft. Hartung war mit dem Herzen dabei, aber mit Vorsicht. Er mußte gleichwohl, als die Reaktion einsetzte, Schläge hinnehmen: als schwersten die im Mai 1850 erzwungene Namensänderung der Zeitung in 'Königsberger Hartungsche Zeitung' ('KHZ'). Unter den kleineren Schikanen sei eine damals ganz moderne erwähnt: das Vertriebsverbot auf den Bahnhöfen. Die Ostbahn, eine der bedeutendsten Magistralen des damaligen Europa, erreichte Königsberg 1853, die russische Grenze bei Eydtkuhnen 1860. Das war auch für den Nachrichtendienst und Vertrieb der Zeitung ein Ereignis. 16) Der Verleger bestimmte die Richtung. Liberale Literaten haben mitgearbeitet. Genannt seien Rudolf von Gottschall (um 1850), der dem Feuilleton neue Impulse gab, und Xaver von Hasenkamp in der Konfliktzeit in den Anfängen Bismarcks.

Die Pressefreiheit von 1848 brachte eine stärkere Konkurrenz, links und rechts von der 'KHZ'. Links stand die 'Neue Königsberger Zeitung' (1848—50), an der u.a. der junge Ferdinand Gregorovius mitarbeitete; rechts die konservative 'Ostpreußische Zeitung' (1849), bis zuletzt ein Antipode der 'KHZ'. Der 'Neue Kurs'

---

16) Die Richtung der 'KHZ' nach der Märzrevolution war nicht eindeutig, nicht eingleisig. Sie schillerte nach verschiedenen Seiten, suchte zu vermitteln. Der Polizeipräsident von Königsberg berichtete am 8. Januar 1849 dem Regierungspräsidenten: die 'KHZ' gehöre einer bestimmten Farbe nicht an (dazu am Rande: Fragezeichen des Regierungspräsidenten). Sie habe 1500 Königsberger, 2400 auswärtige Abonnenten. Die Zahl der Abonnenten habe sich seit dem letzten Quartal 1848 um 500 verringert. Diese Angabe wird wahrscheinlich nach den Berichten verschiedener Landräte, die einen Abfall von Abonnenten der 'KHZ' registrieren. — Der Regierungspräsident berichtet am 20. Januar 1849 dem Innenminister, die 'KHZ' habe im letzten Jahr immer mehr oppositionelle Haltung angenommen (Rep. 10, Tit. 36, Nr. 1). — In einem Nachweis der Zeitungen, die im 2. Quartal 1850 im Oberpostdirektionsbezirk Königsberg (wozu die Regierung Gumbinnen nicht gehörte) gehalten wurden, erscheint die 'KHZ' mit 1039 Exemplaren weitaus am zahlreichsten. Nicht mitgezählt sind die Exemplare in Königsberg, die wohl vom Verlag selbst vertrieben wurden. — Von der 'National-Zeitung' in Berlin wurden 230 Exemplare abgesetzt (Rep. 10, Tit. 36, Nr. 2). — Ab 1850 erfolgten Maßnahmen zum Schaden der 'KHZ', besonders in der Vergabe von Anzeigen. Darauf hat der Verlag sofort reagiert. Der Polizeipräsident meldet am 11. Sept. 1851, die Zeitung scheine nach der Entlassung des Redakteurs Neumann ihre oppositionelle Haltung verlassen zu haben, und am 31. Dezember 1851 findet er nichts, gegen sie zu erinnern. In dem Zeitungsverzeichnis vom 11. Oktober 1854 wird über die Richtung vermerkt: die 'KHZ' stehe mit der 'Centralstelle für die Presse' in Verbindung und erhalte von dort leitende und politische Artikel; befremdlich sei jedoch, daß sie kürzlich einen Nekrolog auf den demokratischen Rechtsanwalt Malinski gebracht habe. Sie hatte zu dieser Zeit eine Auflage von 4175 Exemplaren. Vgl. hierzu: Kurt Wappler: Regierung und Presse in Preußen. Geschichte der amtlichen preußischen Pressestelle 1848—62, Leipzig 1935, S. 24 ff.: die 'KHZ' war Bezieher der amtlichen 'Preußischen Correspondenz', bezog auch regelmäßig honorierte Correspondenzen (S. 33), die Tendenz der KHZ war "gouvernemental" (S. 62).

seit 1858 brachte dem Liberalismus eine Erleichterung, die Anfänge Bismarcks (1862—66) eine Verschärfung. Ostpreußen war, entgegen weit verbreiteten Vorstellungen, seit der Reformzeit nach 1807 überwiegend liberal. In Ostpreußen entstand unter dem 'Neuen Kurs' die sogenannte Fraktion 'Jung-Litauen', aus der die Deutsche Fortschrittspartei hervorging. Die 'KHZ' schwamm gut in der Zeitströmung.

Der Verleger Hartung hat die Zeitung noch in das neue Reich hinübergeleitet. Er hat vor seinem Rücktritt eine überaus wichtige Neuerung eingeführt: Wohl dem Nachrichtenhunger während des Krieges 1870/71 Rechnung tragend, begann die Zeitung mit dem Beginn des Jahres 1871 zweimal täglich zu erscheinen, morgens und abends. 17) Noch in bestem Alter (1823 geboren, 1901 in Leipzig gestorben), nahm Hartung Abschied von seinem Betrieb. Dieser wurde von einer neu gegründeten Aktiengesellschaft übernommen. Das Aktienkapital betrug damals 375000 Taler: 200 Aktien zu 500 und 2750 zu 100 Talern. Die Stückelung läßt eine weite Streuung vermuten. Der Aufsichtsrat setzte sich aus liberalen Königsberger Wirtschaftskreisen zusammen. Sie haben das Unternehmen bis zuletzt gehalten. Als im Jahre 1921 ein Berliner Verleger, der nicht nur seriöse Literatur vertrieb, die Aktien der 'KHZ' aufzukaufen versuchte, sah der Aufsichtsrat darin die Gefahr einer nicht nur wirtschaftlichen, sondern ideellen Überfremdung und griff energisch ein. Eine außerordentliche Generalversammlung beschloß, das Aktienkapital von damals 1 250 000 Mark zu verdoppeln und die neuen Aktien zum Kurse von 110 an ein besonderes Konsortium zu übergeben, das sie zur Verfügung der Gesellschaft halten und nur an Mitglieder der Deutschen Demokratischen Partei abtreten sollte.

---

17) Von der 'KHZ' liegt aus dem Jahre 1870 z.Z. nur der Band Januar bis März in der Deutschen Staatsbibliothek in Berlin (—Ost) vor. Die Zeitung erschien damals einmal täglich. Vielleicht, daß sie schon Ende 1870 Extrablätter abends herausgab. Regelmäßig ist dieses anscheinend erst seit Anfang 1871 der Fall. Das Abendblatt umfaßt nur 2 Seiten, ohne Anzeigen und ist ohne den Zeitungskopf als Beilage gedruckt; die Abendausgabe der Sonntagszeitung am Montag. Der Anzeigenteil war wie nach 1871 sehr umfangreich. Nr. 1 vom 1. Januar 1870 (Samstag, Wochenende) umfaßte 14 Seiten, davon 10 Seiten Anzeigen. Nr. 2 (Dienstag, 4. Januar) 10 Seiten, davon 6 1/2 Seiten Anzeigen. Die Nr. 78 vom 3. April 1872 (Mittwoch) hat 14 Seiten (mit Abendblatt), davon 10 Seiten Anzeigen. Der ganze Jahrgang 1872 umfaßt 3194 Seiten. — Mit dem Jahre 1872 werden die Leitartikel zahlreicher, das Feuilleton wird erweitert. — Die Richtung des Blattes war um 1870 gemäßigt. Ein Bericht aus Berlin in Nr. 6 vom 8. Januar 1870 wendet sich, anläßlich einer Versammlung des Allgemeinen Deutschen Arbeitervereins, gegen die Sozialdemokratie und ihren damaligen Führer J.B. von Schweitzer. In Nr. 60 des gleichen Jahrgangs berichtet ein Berliner Korrespondent über die Verhandlungen wegen des neuen Strafgesetzbuches, indem er für eine humane Gesetzgebung eintritt, namentlich die Todesstrafe ablehnt. Leitartikel über "Die neue Gewerbeordnung und das Bühnenwesen" und über das Urheberrecht ziehen sich (1870) über mehrere Nummern hin.

Der Vorfall zeigt, daß die Königsberger Wirtschaftskreise, die hinter dem Unternehmen standen, sich das Heft nicht aus der Hand nehmen ließen. Zugleich aber sieht man, daß nicht nur das Geschäft, sondern die Politik mitsprach. Die Richtung wurde bereits in dem Prospekt der Aktiengesellschaft vom Dezember 1871 festgelegt. Dort heißt es: "Die 'Königsberger Hartungsche Zeitung' . . . wird entsprechend der großen Majorität der Bevölkerung in Stadt und Provinz im entschieden liberalen Sinne redigiert werden" [18] Doch der entschiedene Liberalismus ging auch in Ostpreußen seit 1866 zurück. Der gemäßigte Nationalliberalismus, der mit Bismarck ging, machte sich auch hier bemerkbar. Dann folgte, wegen der Agrarzölle, in der überwiegend agrarischen Provinz ein Aufstieg der Konservativen. Von nationalliberaler Seite entstand der 'KHZ' eine ernsthafte Konkurrenz. Aus einem Lokalblatt (1875) ging die 'Königsberger Allgemeine Zeitung' hervor. Auch sie erschien zweimal täglich, unterhielt einen guten Nachrichtendienst und wurde von Alexander Wyneken sehr geschickt redigiert. Dieser brachte es fertig, nicht nur, wie die 'KHZ', das gehobene Bürgertum und die Intelligenz, sondern breitere Kreise anzusprechen.

Um der Konkurrenz zu begegnen, gründete der Verlag der Hartungschen Zeitung einen Ableger, das 'Königsberger Tageblatt'. Es erschien seit 1897 täglich einmal (abends) und wandte sich "in erster Linie an die werktätige Bevölkerung in Stadt und Land". Es erreichte bald hohe Auflagen und stützte wirtschaftlich die Hartungsche Zeitung. Das Tageblatt verhielt sich zur Hartungschen Zeitung etwa so wie in Berlin, beim Ullstein-Verlag, die 'Berliner Morgenpost' zur 'Vossischen Zeitung'. [19]

Über die Auflagen der Königsberger Zeitungen in der zweiten Hälfte des 19. Jahrhunderts gibt es Angaben in den Zensur-Akten des Oberpräsidiums in Königsberg. Die Regierung Gumbinnen berichtete am 8. Februar 1850, die Hartungsche Zeitung sei im Gumbinner Regierungsbezirk das offenbar verbreitetste Blatt. Eine Übersicht über Exemplare der steuerpflichtigen Blätter in den Regierungsbezirken Königsberg und Gumbinnen gibt folgende Zahlen vom 24. November 1862: [20] 'Königsberger Hartungsche Zeitung' 5638 Exemplare (dazu 450 Normalbogen, diese nur bei der Hartungschen Zeitung); 'Bürger- und Bauernfreund', Gumbinnen: 2018 Exemplare; 'Preußisch-litauische Zeitung', Gumbinnen: 1076 Exemplare; 'Ostpreußische Zeitung', Königsberg: 630 Exemplare. Alle übrigen politischen Zeitungen blieben unter 600 Exemplaren.

---

18) Über die Jahre 1872 bis 1922 hat der Chefredakteur Paul Listowski ausführlich berichtet: "Ein halbes Jahrhundert aus der Geschichte der Königsberger Hartungschen Zeitung und Verlagsdruckerei, Gesellschaft auf Aktien, von 1872 bis 1922." (Königsberg 1922). — Hier S. 23 über den Prospekt vom Dezember 1871; S. 164 f über den Aufkäufer von 1921.
19) Über das Tageblatt vgl. Paul Listowski, a.a.O., S. 114.
20) Die Zensurakten des Oberpräsidiums Königsberg im Staatsarchiv Königsberg, (Archivbestände Preußischer Kulturbesitz) im Staatlichen Archivlager Göttingen, Rep. 2, Tit. 39, Nr. 38.

Genau 30 Jahre später, 1892, ist das Bild völlig anders: die 'Hartungsche Zeitung' ist von der 'Königsberger Allgemeinen Zeitung' aus ihrer führenden Stellung verdrängt worden. Die Zahlen sind: 'Königsberger Allgemeine Zeitung': 22300 Exemplare; 'Königsberger Hartungsche Zeitung': 9500 Exemplare; 'Ostpreußische Zeitung': 4000 Exemplare. Der Erfolg, der 'Allgemeinen Zeitung' beruhte nicht allein auf der journalistischen Leistung; er wurde auch getragen durch die nationalliberale Richtung, die im Bismarckreich zunächst vorherrschend war. Die "entschieden liberale" Haltung der 'Hartungschen Zeitung' wurde in Frage gestellt durch den ersten Redakteur des Blattes nach der Umwandlung in eine Aktiengesellschaft, Dr. Julius Rösler-Mühlfeld. Er neigte zu Kompromissen mit den Nationalliberalen und schied 1877 aus. Er beherrschte den politischen Teil und das Feuilleton und ist auch als Dichter hervorgetreten. [21]

Nachfolger wurde Ferdinand Michels, in Bonn am 15. September 1842 geboren. Er war Schriftleiter der 'Rheinischen Zeitung' in Köln und der 'Berliner Volkszeitung', ehe er nach Königsberg ging. Aus seinem Werdegang ist zu erkennen, daß er entschieden links stand. Er hat für den zur Sozialdemokratie übergegangenen Johann Jacoby 1877 einen ehrenden Nachruf geschrieben. Die Zeitung hatte sich damals nicht allein gegen rechts, sondern auch nach links zu behaupten durch das Emporkommen der Sozialdemokratie, die schon in den siebziger Jahren vorübergehend eine eigene Zeitung in Königsberg herausgab. Erst nach der Aufhebung des 'Sozialistengesetzes' ist die 'Königsberger Volkszeitung' seit 1893 bis 1933 fortlaufend erschienen. Ein Parteiblatt, wie es die Hartungsche Zeitung war, konnte von den politischen Strömungen des Reiches nicht unberührt bleiben. Das Königsberger Reichstagsmandat, sonst eine Domäne der Freisinnigen, ging 1878 und 1887 an einen von Nationalliberalen und Konservativen unterstützten Kandidaten, und bereits 1890 wurde ein Sozialdemokrat gewählt. Nur noch einmal, 1907, gelang es dem sogenannten "Bülowblock", den Freisinnigen Robert Gyßling durchzubringen. [22]

Michels fand nach seinem Tode (1896) einen Nachfolger in dem aus Magdeburg stammenden Emil Walter. Auch er war parteipolitisch abgestempelt, vorher Redakteur der 'Breslauer Zeitung', eine Zeit lang Mitarbeiter an der 'Freisinnigen Zeitung' Eugen Richters. Unter ihm wurde 1897 das 'Königsberger Tageblatt' gegründet, das zwar die 'Allgemeine Zeitung' nicht verdrängen konnte, aber der 'Königsberger Volkszeitung' entschieden Abbruch tat. Diese erreichte zwar die Mehrheit der Stimmen bei den Wahlen, aber nicht die Mehrheit der Abonnenten. Walter fand im Eisenbahnzug von Berlin nach Königsberg 1903 einen schönen Journalistentod. Sein Nachfolger wurde Dr. Gustav Herzberg, in Köln am 18. No-

---

21) Über die Redakteure vgl. Paul Listowski, a.a.O., S. 36 ff.
22) Über die Presse der Sozialdemokratie vgl. Wilhelm Matull: Arbeiterpresse in Ost- und Westpreußen, in: Jahrbuch der Albertus-Universität zu Königsberg Pr., Jg. 20, Würzburg 1970, — Derselbe in: 'Ostpreußens Arbeiterbewegung', Würzburg 1970.

vember 1868 geboren. Er studierte in Berlin Volkswirtschaft, war dann in der Berliner Presse tätig. Er stürzte sich leidenschaftlich in die Politik, ein Freund von Robert Gyßling. Unter ihm konnte die bisher in alten Räumen unvollkommen arbeitende Zeitung 1906 einen stattlichen Neubau beziehen. (Im Stadtteil Löbenicht). Doch eine Krankheit machte dem Leben Herzbergs am 6. Januar 1913 ein Ende.

Schon am 1. August 1912 wurde Paul Listowski zugleich Vorstand und Direktor der Aktiengesellschaft und Chefredakteur. Diese Ämterhäufung war zeitweise schon vorher eingetreten. Sie beruhte auf einem hohen Maß von Vertrauen und erleichterte die Arbeit des Redakteurs ungemein. Listowski war nach Jahrzehnten der "Überfremdung" wieder ein Ostpreuße, 1865 in Königsberg geboren. Er war vorher, seit 1888, in der 'Frankfurter Zeitung' tätig, — für ihn die beste Empfehlung. Er hat die Zeitung in den schweren Zeiten des Ersten Weltkriegs und des Nachkriegs geleitet. Dem Nachrichtenhunger jener noch rundfunklosen Zeit wurde durch die Ausgabe eines Mittagsblattes entsprochen. In der von ihm herausgegebenen Gedächtnisschrift, der wichtigsten Quelle für die Jahre 1872—1922, macht er indes von seinen eigenen Verdiensten nicht viel Aufhebens. 23)

Es ist, in dem begrenzten Rahmen, nicht möglich, außer den Leitern der Zeitung auch die übrigen Redakteure und Mitarbeiter namentlich aufzuführen. Es ist fast überflüssig zu bemerken, daß die Zeitung in der Reichshauptstadt Berlin eine eigene Vertretung hatte. Angemerkt muß werden, daß sie bereits in den siebziger Jahren auch in der Hauptstadt des benachbarten russischen Reiches, in St. Petersburg zwei Mitarbeiter für Politik und Wirtschaft unterhielt, nachdem sie das Postdebit in Rußland erhalten hatte. Wegen ihrer politischen Richtung war die Zeitung im Zarenreich nicht gerade beliebt.

Eine Sparte verdient besonders erwähnt zu werden: Die Kulturpolitik. Mit Recht bezeichnet Thomas Mann, der die Zeitung von Jugend auf kannte, sie als "das große Kulturblatt der Ostmark". Ludwig Goldstein, der Jahrzehnte lang die Kulturpolitik des Blattes geleitet hat, berichtet ausführlich darüber. Für das kulturelle Leben in Königsberg sind die Bände der Hartungschen Zeitung (soweit sie noch greifbar sind) die wichtigste Quelle. Als Ersatz für Verlorenes darf heute eine Sammlung von Theaterkritiken gelten, die einer der letzten Feuilleton-Redakteure des Blattes, Eugen Kurt Fischer unter dem Titel 'Königsberger Hartungsche Dramaturgie' (Königsberg 1932) herausgegeben hat. Dort erscheinen auch die Namen

---

23) Die Dividenden der Aktiengesellschaft hielten sich in den ersten Jahrzehnten bis 1914 bei etwa 11-12%, sie sanken bei Ausbruch des Ersten Weltkrieges auf 5-6%. Dabei erreichte die Hatungsche Zeitung eine Steigerung ihrer Auflage auf das Dreifache, das Tageblatt eine Auflage von 80 000 Stück. Zurückgegangen ist natürlich das Anzeigengeschäft; wegen der Warenknappheit in jener Zeit (vgl. Paul Listowski, a.a.O., S. 146.)

der Feuilleton-Redakteure, von denen hier nur Emil Krause, der fast 35 Jahre (1871–1906) Theaterkritiker war, und sein Nachfolger, Ludwig Goldstein, genannt seien. [24]

Die Hartungsche Zeitung trat in das letzte Jahrzehnt ihres Bestehens unter verhältnismäßig günstigen Bedingungen. Sie war ein Parteiblatt, und die Partei, der sie diente, war bis 1932 im Reiche meist, in Preußen immer in der Regierung, und an der Spitze der Provinz stand von 1920 bis 1932 ein Mitglied dieser Partei, der Oberpräsident Ernst Siehr. Die Zeitung hat auch durch die ganze bewegte Zeit der Weimarer Republik fest zu ihrer Partei gestanden, noch bei der letzten Reichstagswahl vom März 1933. Man kann hier nicht Einzelheiten bringen, nur die gesamte Richtung feststellen. Geschäftlich war die Hartungsche Zeitung defizitär. Sie wurde gehalten durch einen monatlichen Zuschuß von 15000 Mark vom 'Königsberger Tageblatt', das in seinen besten Zeiten über 70 000 Abonnenten hatte, — die damals weitaus am meisten gelesene Zeitung Königsbergs. [25] In der politischen, wirtschaftlichen und kulturellen Berichterstattung hielt die Zeitung ihre alte Höhe. Was das Äußere angeht, so änderte sie ihren etwas altmodischen Titelkopf in einen sehr gefälligen, in Antiqua.

Das Jahr 1933 mußte für die Zeitung, wie für viele andere deutsche Tageszeitungen, zu einem Schicksalsjahr werden. Parteipolitik, außerhalb der herrschenden Partei, war unmöglich. Die Zeitung hat sich bemüht, über die Zeitereignisse zu berichten in einer, (wie der unbefangene Leser damals wohl feststellen mußte), zurückhaltenden Weise. Das wurde ihr zum Verhängnis. Wirtschaftlich auf so schwachen Füßen stehend, wurde die Hartungsche Zeitung schwer getroffen durch den Abonnentenschwund des Tageblatts, dessen Bezieherzahl von über 70 000 auf etwa 30 000 zurückging: Folge der von der herrschenden Partei betriebenen Agitation gegen beide Zeitungen. Der Verlag war verschuldet. Um wenigstens das Tageblatt zu retten, wurde die Hartungsche Zeitung am 31. Dezember 1933 eingestellt. [26] Sie hat in einer den Leser noch heute bewegenden Nummer vom 31. Dezember 1933, einem Sonntag, Abschied genommen. Viele Vertreter des politischen und kulturellen Lebens haben sich in dieser Nummer zu Wort gemeldet. Stellvertre-

---

24) Ludwig Goldstein hat Erinnerungen hinterlassen, von denen eine Schreibmaschinenabschrift sich im Staatlichen Archivlager in Göttingen befindet.

25) Wegen der niedrigen Auflage wies die 'KHZ' nur einen kleinen Anzeigenteil auf. Ihr Umfang betrug (1929, 1930) an bestimmten Stichtagen (ausgenommen Sonntage) 20 Seiten, wobei allein 17 redaktionelle und nur 3 Anzeigenseiten waren (vgl. Deutsches Institut für Zeitungskunde, Hrsg.: Handbuch der Deutschen Tagespresse, Berlin 1932, sowie: Jahrbuch der Tagespresse, 1.-3. Jg., Berlin 1928–1930.

26) Vgl. hierzu Kurt Forstreuter: Das Ende der Königsberger Hartungschen Zeitung, in: 'Acta Prussica. Abhandlungen zur Geschichte Ost- und Westpreußens. Fritz Gause zum 75. Geburtstag, Würzburg 1968, S. 325-39). Hier wird auch ausgeführt, daß das Ende der Hartungschen Zeitung deren Ableger, das 'Königsberger Tageblatt', nicht vor dem Zugriff der herrschenden Partei retten konnte.

tend für sie sei nur Thomas Mann genannt, der schon im Schweizer Exil lebte. Auch ein damals schon verfehmter ehemaliger Redakteur, der Jahrzehnte lang das Feuilleton geprägt hatte, der Halbjude Ludwig Goldstein, kam nochmals zu Wort. Man darf abschließend feststellen, daß die Zeitung, obgleich ihre Redaktion sich schon etwas hatte ändern und umstellen müssen, an ihren alten Mitarbeitern festhielt, wie auch ihre Freunde an ihr festhielten. 27) Heute ist die ganze Welt versunken, deren Spiegelbild in der 'Königsberger Hartungschen Zeitung' erhalten ist. Über ihre Spalten ist der harte Schritt der Weltgeschichte hinweggegangen. Als eine der ältesten und gediegensten deutschen Tageszeitungen wird sie in die Geschichte der deutschen Presse eingehen.

---

27) Über die Verhältnisse in der Redaktion gibt das Jahrbuch der Tagespresse, a.a.O., Bd. I-IV (1928–32), Auskunft. In der Leitung des Blattes fand in den letzten Jahren mehrfach ein Wechsel statt. Hauptschriftleiter und Verlagsdirektor war 1928/1929 Dr. Hans Wolf, 1930 Dr. Siegfried Brase, 1932 Franz Steiner, 1933 Alfred Müller-Hepp; dieser war 1932 Chef vom Dienst und wurde 1934 Leiter des 'Königsberger Tageblatt', welches noch bis zum August 1944 erschien.

Fritz Faber:

MAGDEBURGISCHE ZEITUNG (1664 – 1945)

Ein in der Familie der Verleger der 'Magdeburgischen Zeitung' durch Jahrhunderte hindurch bewahrtes Exemplar 'Wochentlichen Zeitungen' aus dem Jahre 1626 wurde bisher als ältestes Stück der Vorläufer der 'Magdeburgischen Zeitung' angesehen. Nach neuesten Forschungsergebnissen läßt sich diese Ansicht nicht aufrecht erhalten. Dennoch dürfte die Vergangenheit dieser Zeitung bis in die ersten Jahrzehnte des 17. Jahrhunderts zurückreichen. Es gibt eine Anzahl von Nachrichten, Akten und Umständen, die es als durchaus glaubhaft erscheinen lassen, daß bereits damals in Magdeburg 'Wochentliche Zeitungen' erschienen und in der damals bedeutendsten Druckerei dieser Stadt durch Andreas Betzel hergestellt worden sind; unbestritten tat dies seit 1664 Betzels Schwiegersohn, Johannes Müller, in dessen Familie 1730 die Faber's einheirateten. [1]

Erst von 1717 an sind vollständige Jahresbände vorhanden [2]. Die Texte der Exemplare von 1626 und 1710 unterscheiden sich in nichts von denen anderer Zeitungen jener Tage. Der Inhalt der Zeitungen des 18. Jahrhunderts ist für heutige Begriffe dürftig. Dennoch fand die 'Magdeburgische Zeitung' erhebliche Beachtung. So beschwerte sich der Russische Hof 1733 beim König in Preußen, die 'Magdeburgische Zeitung' habe in den No. 133 und 134 zwei nicht zutreffende Nachrichten über den angeblichen Tod der Zarin und einen vermeintlichen Einmarsch von türkischen Truppen in Südrußland veröffentlicht [3]. Eine besondere Bedeutung erhielt die

---

1) Ein Exemplar der 'Wochentlichen Zeitungen' No. 28 v. 20.6.1626 befand sich im Besitz des Verlages, wurde aber am 14.2.1945 durch Bomben vernichtet. Eine Fotokopie ist erhalten. Vgl. Max Hasse: Magdeburger Buchdruckerkunst im 16. u. 17. Jahrhundert, Magdeburg 1940, S. 78, 86; Anm. 28, 29, der irrtümlich das Datum mit 10.6.1626 angibt, dagegen: Georg Rennert: Die ersten Postzeitungen, Leipzig 1940, S. 4. Urkundlich feststeht, daß Johannes Müller 1664 'Wochentliche Zeitungen' zusammen mit Postmeister Böckmann und J. Fricke herausbrachte (Max Hasse, a.a.O., S. 100-102, Anm. 39). 1667 ging die Zeitung in den Alleinbesitz von Joh. Müller über.

2) Frühere Jahrgänge der 'Magdeburgischen Zeitung' als 1717 sind durch eine Feuersbrunst verloren gegangen ('Montagsblatt der MZ', Nr. 1/1870, Stadtbibliothek Magdeburg). Jahrgänge der 'Magdeburgischen Zeitung' 1717–1719, 1740–1749, 1751, 1754–1799, 1811–Aug. 1944, Stadtbibliothek Magdeburg, einige Jahrgänge auch in Berlin-Ost, Halle a. d. Saale, Burg a.d. Ihle, Leipzig. In der BRD neben einigen älteren Einzelstücken in Dortmund u. Marburg, Juli 1913–Januar 1935 in Erlangen, September 1939–August 1944 in Wien, einige Jahrgänge auch in Stuttgart, Straßburg, Heidelberg. Als 'Frontzeitung der Magdeburger' No. 1-3, vom 13.–16.4.1945, als 'Amtliches Mitteilungsblatt — Militärgov. in Deutschland' No. 1-14, vom 4.5.–19.6. 1945, sowie als Exilzeitung 'Magdeburgische Zeitung — Anhalter Anzeiger' No. 1-11/ 1954, No. 1-12/1955, No. 1-9/1956 im Institut für Zeitungsforschung der Stadt Dortmund.

3) Alexander Faber: Die Faber'sche Buchdruckerei, Magdeburg 1897, S. 62 f.

'Magdeburgische Zeitung' 1757/58 und 1760, als aus Sicherheitsgründen der Preußische Hof sich in Magdeburg aufhielt.

1740 wurde eine sonnabends erscheinende Beilage 'Historisch-Politische Merkwürdigkeiten' [4] eingeführt, erweitert ab Juli 1758 in 'Historisch-Politische und Gelehrte Merkwürdigkeiten' wurden hieraus 1761 die 'Nachrichten zur Literatur', eine Beilage, die, damals noch nicht von Bestand, schließlich eine Dauereinrichtung wurde. 1765 tritt die Rubrik 'Vermischtes' auf, die Zeitung verdoppelt ihren Umfang, der Inhalt wird vielseitiger, freilich behindert durch die in Magdeburg besonders strenge Zensur. Am 13.10.1789 erscheinen erstmals Wettervorhersagen. Die Rubrik 'Eingesandtes', unsere heutigen 'Leserbriefe', wird umfassender. Die Ereignisse der Französischen Revolution von 1789–1799, der politische Aufstieg Bonapartes finden in der Zeitung lebhaften Widerhall. Man ahnt beim Lesen der Nachrichten, welches Geschick auf Preußen zukommt, ein Schicksal, das sich in den Ausgaben der Zeitung von 1806 niederschlägt; am 18.10.1806 heißt es u.a.:

> "So widersprechend die über die Ereignisse des ausgebrochenen Krieges laufenden Gerüchte sind, welche nur von ununterrichteten, mutlosen Personen verbreitet wurden: so läßt sich doch von der Tapferkeit unserer Truppen und dem Mut und der Klugheit ihrer Anführer mit Zuversicht erwarten, daß jene Gerüchte durch die Nachricht größerer Vorteile über den Feind bald in Vergessenheit gebracht werden" [5].

Am 13.11.1806 kapitulierte Magdeburg, von nun an erschien die 'Magdeburgische Zeitung' ohne den preußischen Adler im Kopf, jedoch mit dem Vermerk: 'Mit Genehmigung des Herrn Gouverneur, General Colbert'. Der Umfang der Zeitung ging erheblich zurück. Die Zensur wurde unerträglich, jede freie journalistische Arbeit der Redaktion war unmöglich. In einem Verweis der Zeitung durch den Präfekten des Elbdepartements vom 29.3.1808 heißt es u.a.:

> "Es werden öfters gewagte und hiernächst unrichtige Nachrichten von Naturbegebenheiten, als Erdbeben, Überschwemmungen und dergl., ferner von Angriffen auf die gesellschaftliche Sicherheit, als Meuchelmord, Straßenraub u. dergl. in den öffentlichen Blättern mitgeteilt, wodurch Ruhe und öffentliche Sicherheit gefährdet werden. Dies darf nicht sein". [6]

Bulletins, Verbote und Verfügungen französischer Dienststellen füllen die Seiten. 1811 wurde die 'Magdeburgische Zeitung' unter Militäraufsicht gestellt, das erbrachte eine völlige Knebelung. [7] Endlich am Donnerstag, den 26.5.1814, nachdem Magdeburg von den Franzosen geräumt war, zeigte die 'Magdeburgische Zeitung' in ihrem Kopf wieder den preußischen Adler. Doch die Freiheit blieb auch unter der nunmehr preußischen Zensur beschränkt. So stellte 1843 die Zensurbehörde den Grundsatz auf, die Zeitung dürfe lediglich politische Nachrichten bringen, sie dürfe aber keine Betrachtungen daran knüpfen oder Kritik üben, da die Zeitung zu einem

---

4) Alexander Faber, a.a.O., S. 69.
5) Alexander Faber, a.a.O., S. 106.
6) Alexander Faber, a.a.O., S. 109.
7) Vgl. hierüber allgemein Margot Lindemann: Deutsche Presse bis 1815, Berlin 1969.

großen Teil von ungebildeten Lesern gehalten werde [8]. Es war schwierig, dennoch eine lesenswerte Zeitung zu gestalten. Der Verleger als Hauptredakteur hatte inzwischen einen weiteren Redakteur angestellt, auch waren zahlreiche Korrespondenten für die 'Magdeburgische Zeitung' tätig. Sie wurde immer mehr die Vertreterin des Bürgertums, das nicht nur die wirtschaftliche Grundlage des Staates schuf, sondern gleichzeitig politische Anerkennung erstrebte. Das Aufblühen der Wirtschaft drückte sich auch in der Einrichtung eines Kurszettels aus, der vorerst in bescheidenem Umfange ab 4.1.1820 in der 'Magdeburgischen Zeitung' erschien. Von 1829 ab wurden die Wasserstände der Elbe in der Zeitung laufend veröffentlicht, ein wesentlicher Beitrag für die Binnenschiffahrt, die im Laufe der Zeit die 'Magdeburgische Zeitung' immermehr als ihr Blatt ansah.

Seit dem 1.1.1829 erschien die Zeitung werktäglich. 1842 wollte der damalige Besitzer der Druckerei und des Verlages diese seinem Neffen, Gustav Faber, übergeben. Das bedurfte seiner Zeit der Zustimmung der Behörden. Ein erster entsprechender Antrag wurde, obwohl vom Oberpräsidenten der Provinz Sachsen befürwortet, vom Ministerium abgelehnt. In Berlin war man trotz der sehr strengen Zensur mit der Haltung der 'Magdeburgischen Zeitung' unzufrieden, wie aus einem zeitgenössischen Bericht hervorgeht:

> "Die 'Magdeburgische Zeitung' steht hier nämlich schon längere Zeit in einem nichts weniger als sehr gutem Geruch; in politischer und noch mehr kirchlicher und religiöser Hinsicht wird ihre Tendenz als eine sehr tadelnswerte bezeichnet. In erster Hinsicht ist es die Aufnahme von Artikeln, welche ganz dazu gemacht sind, die Regierung in ihren Absichten und vorhabenden Maßregeln zu verdächtigen und Mißtrauen gegen dieselbe zu erregen. . . In religiöser Hinsicht hat sich dieses Blatt zum Organ der sogenannten Lichtfreunde und ihrer Zusammenkünfte hergegeben, und da die ultrarationalistische Richtung dieser Gesellschaft gewiß nicht die ist, welche man gefördert und gehegt zu sehen wünscht, so wird das diesem Blatt und seinem Verleger gewiß mit Recht verübelt. . . Dennoch hat man sich entschlossen, es in der jetzigen Hand zu belassen, allein man will sich alle möglichen Garantien zu sichern suchen, um die Sache in der Hand zu behalten und zu verhindern, daß die Regierung nicht durch Blätter der Art ihren guten Einfluß paralysiert sehe. Herr Faber wird also nun zu wählen haben: entweder er sieht sich nach guten und sicheren Redakteuren um, die seinem Blatt mit Intelligenz eine freie, aber wohlmeinende und loyale Richtung geben, oder er fährt fort, es in mittelmäßigen, aber einer Partei angehörigen Händen zu belassen. In dem letzten Falle dürfte er dann unter Umständen gewiß sein können, daß die Concession zurückgezogen wird, und alle Verwendung, wenn sie dann überhaupt noch stattfinden könnte, würde alsdann zu keinem Resultat führen" [9].

Nach drei Jahren, am 22.6.1845, traf die Konzession für den neuen Besitzer und Verleger, Gustav Faber, ein, jedoch mit dem Vorbehalt eines jederzeitigen Widerrufs nach Ermessen der Verwaltungsbehörde und ohne die Möglichkeit einer Anrufung des Königlichen-Ober-Censur-Gerichtes. [10] In diesen Jahren wurde die

---

8) Alexander Faber, a.a.O., S. 134.
9) Alexander Faber, a.a.O., S. 153.
10) Vgl. u.a. Ludwig Salomon: Geschichte des Deutschen Zeitungswesens, 3 Bde., Oldenburg — Leipzig 1900.

wirtschaftliche und politische Situation des Staates immer schwieriger: 1847 — Mißernte — die Ideen der Französischen Revolution werden auch in Preußen immer spürbarer — es gärt politisch an allen Orten; 1848 und 1849 — es kommt zu revolutionären Handlungen. Die 'Magdeburgische Zeitung' trat einerseits für eine freiheitliche Entwicklung auf gesetzlichem Wege ein, andererseits gegenüber der radikalen Linken für Evolution statt Revolution der staatlichen und kirchlichen Verhältnisse. Sie zog sich mit dieser Haltung die Feindschaft der Linken, den Haß der Rechten und den Zorn der Regierenden zu. Trotz dieser Widerwärtigkeiten verbesserte sie ihre Berichterstattung durch mehr Korrespondenten in den deutschen Staaten und im Ausland, durch verstärkte telegrafische Berichterstattung, durch eine wöchentlich einmalige Beilage 'Blätter für Handel, Gewerbe und soziales Leben' ab 8.1.1849. Am 1.1.1850 fiel das letzte staatliche Hindernis für die wirtschaftliche und redaktionelle Entwicklung der Zeitung durch Aufhebung des "Intelligenz-Contors" 11).

Anfang des gleichen Jahres war die Volkserhebung niedergeschlagen, die Reaktion setzte alle Hebel an zur Restauration. An der 'Magdeburgischen Zeitung' wollte man sich mehr als an allen anderen vergleichbaren Zeitungen rächen. Am 1.7.1850 wurde ihr das Postdebit, d.h. die Beförderung, der Vertrieb sowie der Verkauf der Zeitung durch Einrichtungen der Post entzogen 12). Dies wäre das Ende der 'Magdeburgischen Zeitung' gewesen, wenn nicht spontan private Fuhrunternehmer, Gewerbetreibende und Bürger ohne Entgelt diese Aufgaben übernommen hätten. Diese behördliche Schikane dürfte mit ausgelöst worden sein durch einen Artikel der 'Magdeburgischen Zeitung' vom 18.4.1850, in dem es u.a. hieß:

> "Wir stellen uns, indem wir die Lage der Dinge würdigen, auf keinen Parteistandpunkt, sondern auf die kalte, klare Höhe allgemeiner geschichtlicher Anschauungen, welche einen sicheren, ruhigen Standpunkt und eine weite Übersicht gewährt... Wir wissen sehr wohl, daß wir nur mit unseren Augen sehen können; und diese Augen sind allerdings weder aristokratische, noch bürokratische, weder legitimistische, noch konterrevolutionäre, weder Russische, noch Österreichische, noch irgend dynastische, weder Großdeutsche noch Kleindeutsche, aber es sind weder Bourgoise-Augen, noch solche, vor denen die Dogmen eines sozialistischen Systems flirrten: sondern es sind nur die Augen des ernsten Beobachters, welcher die Bedingungen der Entwicklung und des Fortschritts zu besseren Zuständen zu erforschen bemüht ist..." 13)

Gustav Fabers Gesuch auf Wiederbewilligung des Postdebits wurde am 4.7.1850 abschlägig beschieden. Der Regierungspräsident schrieb damals u.a., es könne nicht anerkannt werden, daß die 'Magdeburgische Zeitung' sich von Aufreizung, Entstellung von Tatsachen usw. ferngehalten habe. Vielmehr habe die Zeitung weit über die Grenzen der Opposition hinaus sich zum Träger "demoralisierender Lehren"

---

11) Alexander Faber, a.a.O., S. 165.
12) Alexander Faber, a.a.O., S. 166 ff.
13) Alexander Faber, a.a.O., S. 170.

gemacht, zu deren Verbreitung der Staat seine Gestattung nicht hergeben dürfe [14]. Endlich, am 20.1.1851, wurde das Postdebit wieder zugelassen, nachdem die Regierung in Magdeburg sich gegenüber dem Ministerium des Innern dahin geäußert hatte, die 'Magdeburgische Zeitung' sei zwar ein demokratisches, aber anständiges Blatt. Trotzdem versuchte der Staat auch weiterhin, Gustav Faber zum Verzicht auf die Zeitung zu bekommen. Die Mittel: Prozesse, Polizeimaßnahmen, aber auch hoch dotierte Geldangebote über scheinbar seriöse Personen der "guten Gesellschaft" [15].

Vom 19.6.1855 ab erschien eine Abendausgabe der 'Magdeburgischen Zeitung', die damit nunmehr 13mal in der Woche herauskam [16]. In all diesen Jahren hatte Dr. Loempke als Redakteur und Freund dem Verleger zur Seite gestanden, — ein hochbegabter Mann, der leider schon am 20.6.1853 verstarb. Sein Nachfolger, Julius Hoppe, ein tüchtiger Journalist, entwickelte sich jedoch immer mehr zu einem negierenden Radikalismus hin, so daß der Verlag sich zum 21.11.1864 von ihm trennen mußte. Am 1.1.1865 übernahm Prof. Dr. Retslag die Chefredaktion, doch bereits am 28.5.1868 trug man ihn zu Grabe. Sein Nachfolger, Gustav Wandel, überlebte ihn nur um vier Jahre. Nach ihm wurde Wilhelm Splittgerber zum Chefredakteur bestellt. Kurz zuvor, am 1.1.1872, hatte Gustav Faber seinen Söhnen Alexander und Robert Faber die Führung des Verlages und des Geschäftes übergeben. Die mit der Verjüngung in Verlag und Redaktion verbundene Aktivität wirkte sich für die Entwicklung der 'Magdeburgischen Zeitung' günstig aus. Der Umfang vervielfachte sich. Am 1.1.1873 ging man zum Halb-'Times'-Format über, zugleich gab man der Zeitung einen Kulturteil "unter dem Strich", das Feuilleton. Die Zahl der auswärtigen Korrespondenten erhöhte man erneut. 1874 richtete die 'Magdeburgische Zeitung' als eines der ersten Blätter eine eigene Berliner Redaktion ein und schuf sich einen eigenen parlamentarischen Dienst, so daß die Leser sich schon am folgenden Morgen in allen Einzelheiten über das Geschehen im Parlament informieren konnten. Die Post überließ 1875 der 'Magdeburgischen Zeitung' eine Sonder-Telegraphenleitung zwischen Berlin und Magdeburg. Ein Abkommen mit Wolff's Telegraphenbüro ermöglichte es, daß ohne Verzug alle Börsen- und Marktberichte der großen Welt-Handelsplätze übermittelt werden konnten. Das war bei einem deutschen Blatt etwas derartig Neues, daß der Besitzer des 'New York Herald', **Gordon Bennett,** Alexander Faber vorschlug, mit seinem Blatt ein Kartell für den Austausch der Telegramme abzuschließen[17].

Die Drucktechnik wurde 1874 durch die Aufstellung der ersten Zeitungs-Rotationsmaschine auf dem Festland modernst ausgebaut. Es war eine Walter Printing-Press, wie sie seit kurzem 'The Times' in London benutzte. Zwei Jahre später lieferte die Firma König & Bauer (Würzburg) die von ihr erbaute erste Rotationsma-

---

14) Alexander Faber, a.a.O., S. 174.
15) Alexander Faber, a.a.O., S. 178 ff.
16) Alexander Faber, a.a.O., S. 183.
17) Max Hasse: Geschichte des Hauses Fabri-Faber, Buch 3, o.O., o.J., S. 72, (unveröff. Manuskr.).

schine mit Falzapparat. Bei aller technischen Vervollkommnung, bei allem Aufschwung in der gesamten deutschen Wirtschaft, "zu einer Zeit, als der Tanz um das goldene Kalb weitesten Kreisen die ruhige Besinnung raubte", wie Alexander Faber damals schrieb, überprüfte die 'Magdeburgische Zeitung' immer wieder ihren eigenen geistigen Standort. In einem Artikel aus jenen Tagen heißt es u.a.:

> "Je mehr Bedeutung die Presse gewinnt, um so ernstere Verantwortung trägt sie für das, was sie unternimmt, und um so größere Verpflichtung liegt ihr ob, sich streng zu prüfen, ob ihre Haltung auch angemessen ist . . . und indem wir . . . uns in solcher Weise . . . beschauen, dürften wir . . . uns sagen, daß uns wenigstens das ehrliche Streben beseelt hat, der Wahrheit zu dienen und das Gute zu tun. Diese Zeitung kennt keine anderen Interessen, als die des öffentlichen Wohls und wird sich auch die Zukunft rein halten, wie es ihre Vergangenheit ist, auf welche sie sich in aller Bescheidenheit berufen darf" [18].

Im ersten Quartal 1878 bestand der redaktionelle Mitarbeiterstab aus: 78 Journalisten, 20 Lehrern, 10 höheren Beamten aus Regierung und Justiz, 5 Offizieren, 3 Universitätsprofessoren, 1 Musiker, 8 Geistlichen und höheren Beamten der Schulverwaltung, 9 Kaufleuten, 2 Medizinern und einem Ingenieur [19]. Über die politische Arbeit der 'Magdeburgischen Zeitung' schrieb die 'Erfurter Zeitung' am 18.3.1879 im Zusammenhang mit der Einstellung des Erscheinens eines Wettbewerbsblattes in Magdeburg, einer Zeitung, wie sie im Aufwind der Jahre nach der Reichsgründung überall erschien, u.a.:

> ". . . Ihre sehr liberale Gegnerin, die Magdeburgische Zeitung, wahrt sich trotz und bei der konservativen Gesinnung eines großen Teils ihres Leserkreises die unbedingte Herrschaft in der Provinz Sachsen und ihren Nachbarländern. Diesen, die Konservativen und Heißsporne förmlich verblüffenden Resultate, liegen verschiedene Ursachen zu Grunde: Für Sachverständige stand dasselbe schon im Anfang fest, daß aber die Magdeburgische Zeitung so glänzend und unbestritten das Feld behauptete, für diese Erscheinung ist als Hauptsache einzig und allein ihre Ehrlichkeit und Vaterlandsliebe begleitet von einem eifersüchtig aufrecht erhaltenen Sinn für Unabhängigkeit zu suchen. Wir können in politischer Beziehung mit der großen Kollegin oft nicht übereinstimmen, obige Eigenschaften müssen wir aber ihr rühmend anerkennen, denn in ihnen liegt das große Geheimnis ihrer Herrschaft" [20].

Am 1.12.1880 nahm eine eigene Wetterwarte der 'Magdeburgischen Zeitung', ausgestattet mit modernen selbstregistrierenden Apparaturen, besetzt mit drei Beamten, ihre Tätigkeit auf und veröffentlichte vom 12.12.1880 ab als erste deutsche Zeitung täglich die Wetterkarte, eine Einrichtung, die für die Landwirtschaft der Magdeburger Börde und der weiteren Umgebung von erheblicher Bedeutung war. Seit dem 1.12.1878 war die 'Magdeburgische Zeitung' im 'Times'-Format erschienen, seit dem 18.4.1879 veröffentlichte sie die Verlosungslisten aller börsenfähigen Papiere und hatte in diesen Jahren einen großzügig gestalteten Landwirtschaftsteil unter Prof. Maerker (Halle a.d.Saale) eingeführt. Im Sommer 1889 intensi-

---

18) Alexander Faber, a.a.O., S. 191.
19) Max Hasse, a.a.O., Buch 3, S. 71.
20) Max Hasse, a.a.O., Buch 3, S. 88.

vierte sie die Nachrichtenübermittlung der Berliner Redaktion durch bessere Ausnutzung der Fernsprechmöglichkeiten, und im Frühjahr 1895 veranlaßte sie Wollf's Telegraphenbüro, in ihrem Verlagsgebäude eine Filiale einzurichten. Die 'Magdeburgische Zeitung' des ausgehenden 19. Jahrhundert war gegen einseitig wirtschaftliche oder berufsmäßige bzw. Standes-Interessen, für Ausgleich wirtschaftlicher und sozialer Gegensätze, sie war frei von chauvinistischen Ideen und unterstützte grundsätzlich die Bemühungen des Reiches, auf dem Boden der Weltgeltung eine entsprechende Politik zu betreiben [21].

Hatte die 'Magdeburgische Zeitung' bis 1865 im demokratischen Fahrwasser gesteuert, so verfolgte sie nunmehr eine gemäßigt national-liberale Linie ohne Parteibindung, so daß sie auch national-liberalen Politikern entgegentreten konnte, wenn sie es für geboten hielt. Sie setzte sich u.a. für eine Aussöhnung der Volksvertretung mit der Regierung in Sachen der Armeeorganisation ein und für alles, was den inneren Aufbau des Reiches fördern konnte [22]. Ihre Stellung im Kulturkampf war aus ihrer protestantischen Herkunft vorgezeichnet [23]. Sie verfocht die Idee einer gesamtdeutschen Rechtshoheit, der Festigung der Wehrkraft, einer weitangelegten Eisenbahnpolitik, sie verlangte die Erweiterung der Selbstverwaltung, und sie war ein Anwalt des sozialen Friedens. Lange Jahre konnte sie die Gesamtpolitik Bismarcks zu ihrer eigenen machen [24]. Bereits im Dezember 1876 hatte sie einen deutlichen Trennungsstrich gegen die linksliberale Fortschrittspartei gezogen:

> "Wir hätten hundert Gründe, weshalb wir manches, was uns am Fürsten Bismarck nicht gefällt, über uns ergehen lassen, ohne ihm Tod und Untergang zu schwören oder auch nur zu wünschen ... Denn die Nation braucht eine langjährige, unverdrossene Arbeit, um zu einer allen Stürmen gewachsenen, freiheitlichen, konstitutionellen Reichsordnung zu gelangen" [25].

Was die politische Tagesarbeit so erschwerte, war des Kanzlers fast krankhafte Reizbarkeit. Dennoch war die 'Magdeburgische Zeitung' nicht gewillt, jeden Ausbruch dieser Nervosität gleich tragisch zu nehmen. Berühmt und zeitweilig ein geflügeltes Wort wurde ein am 18.6.1873 geschriebener Satz der 'Magdeburgischen Zeitung', als es am 16.6.1873 bei der Beratung des Pressegesetzes zwischen dem Kanzler und dem nationalliberalen Abgeordneten Lasker zu einem scharfen Zusammenstoß gekommen war. Der Artikel war überschrieben "Unser Percy" [26]: "Er, unser Percy hat der Sorgen viele, halten wir ihm deshalb ein hitziges, übelgelauntes Wort zugut! Wir lieben ihn auch in seinem Zorn". Aus einem ähnlichen Anlaß hatte die

---

21) Max Hasse, a.a.O., Buch 3, S. 98.
22) Max Hasse, a.a.O., Buch 3, S. 95.
23) Die Vorfahren des Verlegers waren die Drucker von Luthers Streitschriften, seines ersten Neuen Testaments in Deutsch u.a.
24) Max Hasse, a.a.O., S. 99.
25) Max Hasse, a.a.O., S. 100.
26) Max Hasse, a.a.O., Buch 3, S. 101 (Henry Percy 2. Earl of Northumberland, geb. 1364, genannt 'Heißsporn', wesentliche Figur in Shakespeares 'Heinrich IV.').

Zeitung am 1.1.1875 über Bismarck u.a. geschrieben: "Wäre er nicht wie er eben ist, so hätte er das Außerordentliche nicht geleistet, das ihm niemals, niemals genug gedankt werden kann" 27). Und am 11.11.1875 las man in der 'Magdeburgischen Zeitung' anläßlich des Arnimschen Pamphlets 'Pro Nihilo!' 28): "Der Mann, der die deutsche Politik unter so beispiellosen Schwierigkeiten zum Ziele zu führen verstand, kann nicht aus leichtem Holz geschnitten sein, aus dem man schmiegsame Minister macht...".

Die 'Magdeburgische Zeitung' übte aber auch freimütig Kritik, wo Bismarcks Politik ihrer Überzeugung nicht entsprach, so etwa an seinen Versuchen, in der Innenpolitik nach dem Grundsatz zu verfahren: 'divide et impera'. Sie sah mit Sorge die Verhetzung der Parteien und rief sie zu Frieden und Rücksichtnahme auf das Ganze auf. Sie sah mit Grauen die Entfesselung der Interessenkämpfe und forderte den sozialen Frieden. Und gerade so blieb sie dem nationalen Gedanken treu; trotz freimütiger Opposition würdigte sie immer die Verdienste Bismarcks. Zu seinem 70. Geburtstag schrieb die 'Magdeburgische Zeitung' u.a.: "Deutschland ist an wirklich großen Staatsmännern niemals reich gewesen, möge nicht die Geschichte einst von uns Jetztlebenden sagen können: als endlich ein solcher, und zwar der außerordentlichsten Einer, gefunden war, da ließ seine Nation ihn im Stich" 29).

In gleicher Würde waren die Abschiedsworte am 20.3.1890 geschrieben, als Bismarcks Rücktritt Wirklichkeit wurde: "Mit schmerzlichem Gefühl sieht die deutsche Nation den wohlbewährten Leiter seiner Geschichte scheiden und mit dem Ausdruck des Bedauerns, daß seine Stimme fortan im Rate nicht mehr gehört werden soll" 30).

Die Arbeit der 'Magdeburgischen Zeitung' in der zweiten Hälfte des 19. Jahrhunderts galt den großen Problemen der Innen- und Außenpolitik 31), der Kultur- und der Wirtschaftspolitik. Beste Federn schrieben aus dem In- und Ausland über Kunst, Theater und Musik. Ein umfangreicher Wirtschaftsteil berichtete nicht nur, sondern beleuchtete kritisch die vielen Fragen einer weltweiten expansiven Wirtschaftsentwicklung. Die Tatsachenberichte der 'Magdeburgischen Zeitung' aus aller Welt gehören nach fachkundigem Urteil zu dem Besten, was die Zeitungsliteratur jener Zeit aufzuweisen hatte 32). Am 1.10.1902 übernahm Dr. Robert Faber, Alexander

---

27) Max Hasse, a.a.O., Buch 3, S. 101.
28) Max Hasse, a.a.O., Buch 3, S. 101; Weber-Baldamus: Lehrbuch der Weltgeschichte, Berlin 1902, Bd. 4, S. 630. — Graf Harry v. Arnim, 1871—1874, Deutscher Botschafter in Paris, bekämpfte Bismarck, wurde wegen Aktenentwendung verurteilt, entzog sich durch Flucht ins Ausland der Strafe, griff von dort aus Bismarck in einer Broschüre 'Pro nihilo', übelst an, 5 Jahre Zuchthaus unter Aberkennung der Ehrenrechte, starb 1881.
29) Max Hasse, a.a.O., Buch 3, S. 104.
30) Daselbst.
31) Vgl. u.a. Kurt Koszyk: Deutsche Presse im 19. Jahrhundert, Berlin 1966, sowie Isolde Rieger: Die Wilhelminische Presse im Überblick, 1888—1918, München 1957.
32) Max Hasse, a.a.O., Buch 3, S. 110.

Fabers Sohn, die Leitung der Zeitung, die auf allen Gebieten ihre kritische und informierende Arbeit verstärkte. Sie beobachtete die innenpolitischen Spannungen, die sich zusammenbrauenden Gefahren in der Außenpolitik, die Reformbedürftigkeit der Gesellschaft und die Probleme, die mit der rapide wachsenden Wirtschaft und Technik heraufkamen. Vom 21.12.1912 ab veröffentlichte die 'Magdeburgische Zeitung' mittels Spezial-Kabeldienstes laufend die Tendenzberichte der New Yorker Börse vom Vortage mit Effekten-, Getreide- und Baumwollmärkten [33]. Am 1.4.1913 wurde ein spezieller Sportredakteur angestellt, der tägliche Sportteil vergrößert, der montags als besondere Beilage herauskam [34]. Der Auslandsdienst erster Kräfte in Paris, Brüssel, London, Petersburg, Wien, Prag, Konstantinopel, Rom und New York wurde verstärkt. Am 1.4.1913 schied Wilhelm Splittgerber als Chefredakteur aus. Nachfolger wurde der bisherige Handelsredakteur, Anton Kirchrat [35].

Mit dem 30.11.1913 änderte die Zeitung ihr Format in das halbe der 'Times', das etwa dem sogenannten Berliner Format entsprach. Damals wurde auch die Stellung eines Chef vom Dienst eingerichtet, und schließlich ging das Blatt am 12.12.1913 — außer montags — zum dreimal täglichen Erscheinen über, so daß die Zeitung bis 1922 in der Woche 17 Ausgaben hatte [36]. Die 'Magdeburgische Zeitung' war kritisch, aber ein Produkt ihrer Zeit. Sie setzte sich für die Achtung Deutschlands in der Welt ein, sie vertrat den Gedanken einer sinnvollen Kolonialpolitik und deshalb einer bewußten Flottenpolitik und unterstützte die Militärvorlagen. Im Innern forderte sie einen Ausgleich zwischen wirtschaftlichen, staatlichen und sozialen Interessen. Sie wünschte einen freiheitlichen Ausbau des Verfassungslebens und die Heranziehung der Sozialdemokratie zur Mitarbeit im Staate. Besorgt beobachtete sie die Einkreisung des Reiches durch die alten Weltmächte. Am 6.4.1914 schrieb die 'Magdeburgische Zeitung' in einem Artikel unter der Überschrift 'Grundlagen deutscher Außenpolitik' u.a.:

> "Freiheit und offene Tür für die wirtschaftliche und was deren Voraussetzung ist, die kulturelle Ausdehnung in der Welt, ungehinderten Zugang zu den Rohstoff- und Lebensmittelversorgungsgebieten, offene Absatzmärkte für die deutschen Industrieerzeugnisse: das sind die Grundforderungen der deutschen Außenpolitik. Erhaltung der offenen Tür nach den dafür infragekommenden Gebieten, ist ihre Bedingung. Unter diesen Voraussetzungen bleibt deutsche Weltpolitik wie sie ist, wirtschaftlicher und kultureller Art; bei jeder Behinderung und Verschiebung im politischen Bilde muß, denn dies ist eine Lebensfrage für die deutsche Nation, an ihrer Stelle die politische Expansion treten".

Mit ungutem Gefühl betrachtete das Blatt die Entwicklung in Frankreich, wo ein Kabinettswechsel neue Männer in die Staatsführung gebracht hatte. Am 21.6.1914 heißt es u.a.:

---

33) Max Hasse, a.a.O., Buch 4, S. 203.
34) Max Hasse, a.a.O., Buch 4, S. 203.
35) Max Hasse, a.a.O., Buch 4, S. 206.
36) Max Hasse, a.a.O., Buch 4, S. 215.

"Die Franzosen sind längst darüber hinaus, ihre militärpolitische Aufmerksamkeit der deutschen Westgrenze zu schenken ... Heute ist die Aufmerksamkeit, die sie auch der deutschen Ostgrenze schenken, kaum geringer als jene, mit der sie schon lange ihre eigene Ostgrenze decken ... Seit Jahren zerbricht sich Frankreich den Kopf Rußlands, wie Rußland uns am gefährlichsten werden könnte ..."

Nach dem Attentat von Sarajewo mahnte die 'Magdeburgische Zeitung' zu ruhiger, selbstkritischer Beurteilung. In ihrem Leitartikel vom 2.7.1914 "Ruhig Blut" heißt es u.a.:

"In der Wiener Presse begegnen wir in immer schärfer ausgesprochener Deutlichkeit dem Bestreben, die Blutschuld von Sarajewo Serbien allein aufzuladen ... Darin liegt, wie wir meinen, eine ernste Gefahr und darin liegt ein Unrecht ...".

Unter Hinweis auf gewisse Machenschaften der französischen Presse, die Stimmung in der französischen Öffentlichkeit aufzuputschen, schrieb die 'Magdeburgische Zeitung' am 6.7.1914 u.a.:

"André Mévil, einer der bekanntesten Redakteure des 'Echo de Paris' ist ein französischer Patriot ... er hält sich für einen zweiten Prévost-Paradol [37], dessen Aufgabe es ist, das französische Volk aus seinem Friedenstraum aufzurütteln und mit Kassandrarufen zu verkünden: Der Krieg ist nahe ... Für den bevorstehenden Krieg macht Mévil ... natürlich Deutschland allein verantwortlich ... Gewiß, das sind Phantasien, über die wir lächeln könnten, wenn sie nicht dazu helfen würden, in Frankreich öffentlich Stimmung zu machen. An dieser öffentlichen Stimmung darf man nicht vorübergehen".

Das Treffen des Zaren mit Poincaré in jenen Tagen behandelte die 'Magdeburgische Zeitung' am 21.7.1914 in einem Leitartikel 'In Peterhof' u.a. in folgenden Sätzen:

"Es scheint die Losung ausgegeben zu sein von entscheidender Stelle, die Zusammenkunft von Peterhof in allen Tonarten als Friedenspfand zu verkünden. Aber man erinnert sich, daß nicht nur, wer den Frieden will, den Krieg rüstet, sondern auch, wer den Krieg will, vom Frieden redet. Soll das etwa der geheime Sinn der Trinksprüche sein, die ihre Verfasser mit Augurenlächeln niederschreiben".

Als der befürchtete Krieg Wirklichkeit wurde, konnte die 'Magdeburgische Zeitung' nur an ihrer bisher verfolgten politischen Linie festhalten; sie bekannte sich zur Nation, sie bekämpfte jeden Hurra-Patriotismus und Chauvinismus. Als dann das unglückliche Ende des Krieges unausweichlich schien [38], setzte sich die 'Magdeburgische Zeitung' für eine parlamentarisch regierte Monarchie ein, die Entwicklung ging darüber hinweg. Und als am 8.11.1918 der Kaiser abgedankt hatte, war es Zeit zu neuer Besinnung. Damals schrieb Dr. Robert Faber in der 'Magdeburgischen Zeitung' u.a.:

---

37) Prévost-Paradol, Republikaner, Vertreter liberaler Ideen, gefürchteter und berühmter Publizist, offener Gegner des 2. Kaiserreiches Napoleon III. (Dictionaire Biographique des Auteurs, Laffont-Bompiani/Paris).

38) Vgl. zur Kommunikationspolitik im 1. Weltkrieg Kurt Koszyk: Deutsche Pressepolitik im Ersten Weltkrieg, Düsseldorf 1968.

"Kaiser Wilhelm II. hat der alten stolzen Preußenkrone und damit des deutschen Reiches Kaiserkrone entsagt. Und hinter diesem gewaltigen Geschehen steht, wie hinter so vielem, was in Deutschland in den letzten schweren Wochen geschehen ist, das furchtbare Wort: Zu spät . . . Gewiß, Kaiser Wilhelm II. hat manches gesagt, was uns geschadet hat und vieles unterlassen, was uns hätte nützen können. Ein hochbegabter Mann. Aber ein Neurastheniker . . . Ein Romantiker . . . Und wie alle romantisch Kranken schroff ablehnend, was die Unwirklichkeit seiner Traumwelt zu zerstören drohte. Und doch — tief in dem Bewußtsein auch der Einfachen lebt das Gefühl, daß nur ungeheures Unrecht dem Einzelnen alle Schuld an unserm nationalen Unglück zuschieben kann. Der Kaiser hat das Beste für sein Volk gewollt. Warum fehlten in seiner amtlichen Umgebung Männer, die seine Gnade geringer schätzten als des Volkes Wohl? . . . Je mehr man nachdenkt, was die alte Reichsverfassung dem Kaiser auferlegte, um so ungeheuerlicher erscheint einem. . ., daß Volk und Reichstag das nicht änderten, das legt einen schweren Teil Schuld auf uns. . .".

Als der Umbruch in Verfassungs- und Regierungsform gleich zu Beginn Gefahr lief, in radikales, bolschewistisches Fahrwasser zu geraten, was wiederum eine neue radikale Rechte würde gebären müssen, da schrieb die 'Magdeburgische Zeitung' am 10.11.1918 u.a.:

"Wir sehen mancherlei Schaden drohen aus der Bewegung, die von den Hafenstädten ausgehend, bald auch in einer Reihe von Städten des Binnenlandes eingeleitet wurde . . . Wir fürchten, wir erleben jetzt die Zeugungsstunde der Reaktion . . . Sie ist eine Sünde wider den heiligen Geist der natürlichen Entwicklung, diese politische Eruption, deren Zeuge wir in diesen Tagen sind, sie muß sich rächen . . . In diesen Entwicklungsgang fällt jetzt wie Reif in der Frühlingsnacht die erste Novemberwoche, sie reißt mit rauher Hand eine Kette entzwei, . . . (nämlich) Deutschland endlich nach langen Jahren innerpolitischer Erstarrtheit in starken Schwüngen vorwärts zu reißen. Für eine 'sozialistische' Republik. . . ist Deutschland wirklich nicht der geeignete Boden".

Die 'Magdeburgische Zeitung' bekannte sich damals zu der einen großen demokratischen Partei. Sie schrieb am 3.12.1918 u.a.:

"Wenn die beiden alten liberalen Parteien jetzt den alten Rahmen sprengen,. . . so tun sie dies in der Überzeugung, daß sie damit dem Liberalismus, der Demokratie und dem deutschen Bürgertum einen ebenso großen Dienst erweisen, wie dem deutschen Vaterland . . . Jetzt handelt es sich darum, das deutsche Reich zu einem wahrhaft demokratischen Staat auszubauen und es durch die Demokratie, d.h. durch den organisierten Willen der Volksmehrheit zu retten vor einer Gewaltherrschaft von oben wie von unten. . .".

Jedoch die Hoffnung auf eine große demokratische Partei als ein Sammelbecken aller aufbauwilligen und toleranten Kräfte erfüllte sich nicht. Deshalb wandte sich die 'Magdeburgische Zeitung' unter Betonung ihrer Unabhängigkeit der Deutschen Volkspartei zu und kehrte damit zur bürgerlichen Mitte zurück. Viele ihrer Leser konservativer Einstellung wandten sich in diesen Wochen von ihr ab. Dennoch trat die 'Magdeburgische Zeitung' für die Republik und den neuen Staat mit allen notwendigen Vorbehalten ein. Leiter der Redaktion waren damals Leo Emmerich und vor allem Karl Andreas Voss, Männer, die es verstanden, die Zeitung tolerant, unabhängig, liberal, national und sozial auszurichten und dabei ein Blatt zu schaffen, das den Extremen rechts und links gleichermaßen den bedingungslosen Kampf ansagte. Am 9.11.1923, dem Tage des Münchener Putsches, schrieb die 'Magdeburgische

Zeitung' auf ihrer ersten Seite: "Hitler und Ludendorff verraten Bayern und das Reich".

Diese Überschrift sollte nach der Machtergreifung für die Zeitung noch eine große Bedeutung haben. Die Inflation, der Zusammenbruch der 'Danatbank' 39), die Unzahl der Konkurse und über sieben Millionen Arbeitslose brachten auch die 'Magdeburgische Zeitung' an den Rand des Ruins. Nur das großartige Einstehen der Arbeiter, Angestellten und Redakteure für den Verlag verhinderte das Schlimmste. Die außenpolitische Knebelung des Reiches, die innerpolitische Zerrissenheit, die Ohnmacht der Regierung, welche Notverordnungen zwangsläufig werden ließ, führten zur Radikalisierung rechts und links. Das Gespenst des Nationalsozialismus mit seinen verführerischen Parolen wurde immer drohender, ein dagegen öffentliches Auftreten immer wichtiger. Als Dr. Joseph Goebbels im Wahlkampf November 1932 davon sprach, man werde nach der Machtergreifung den Versailler Friedensvertrag zerreißen, hieß es in einem Leitartikel des politischen Redakteurs der 'Magdeburgischen Zeitung', Heinrich Baron: "Herr Dr. Goebbels, das bedeutet Krieg"! Bereits 1924 nach dem Tode Dr. Robert Fabers war dessen Sohn, Henning Faber, Verleger der Zeitung geworden. Er hatte in die Leitung des Verlages und der Redaktion seinen Freund, Karl Andreas Voss, berufen; jedoch schied Henning Faber auf eigenen Wunsch bereits Mitte 1933 aus der Verlagsleitung aus und übergab diese seinem Bruder Fritz Faber.

Bekämpfte die 'Magdeburgische Zeitung' den Nationalsozialismus mit allen Mitteln, so war man dort dennoch gefangen in den Vorstellungen parlamentarischer Spielregeln. So hielt man es deshalb für erforderlich, die NSDAP an der Regierungsverantwortung zu beteiligen und dem neuen Kanzler und seiner Regierung eine Chance zu geben. Jedoch sehr bald mußte man feststellen, daß mit einem loyalen verfassungstreuen Verhalten der neuen Führung nicht zu rechnen war, daß das verfassungsfeindliche Auftreten der SA und anderer NS-Organisationen und der Partei nach Einführung der 'legalen Diktatur' das Schlimmste erwarten ließ. So war die Zeit der Tolerierung Hitlers und seiner Regierung in der 'Magdeburgischen Zeitung' schnell vorüber. Das mußte zu Konflikten führen, wie sie sich am 29.1.1935 in der Protestversammlung der Partei gegen die Zeitung, die 'Tante Faber', darstellten, eine 'spontane' Kundgebung, vom Gauleiter Loeper inspiriert. Alle Litfaßsäulen, ganzflächig beklebt, riefen unter dem Schlagwort 'Tante Faber ins Stammbuch' zur Teilnahme auf. In der Versammlung sagte der Kreisleiter Rudolf Krause u.a.:

> "Was haben wir Bürger von diesem Kabinett zu erwarten? So begrüßt dieses politische Bürgertum durch die 'Magdeburgische Zeitung' einen der größten Schicksalstage des deutschen Volkes... Wenn alle Methoden, diese Versammlung unmöglich zu machen, gescheitert sind, dann nicht zuletzt daran, weil Gott sei Dank, der weitaus größte Teil der Magdeburger Bevölkerung die 'Tante Faber' ('Magdeburgische Zeitung') erkannt hat als das, was sie ist... Die... bürgerlichen Blätter haben es gewagt, die Weltanschauung, die heute für

---

39) 'Danatbank': eine der bedeutendsten Großbanken, die 'Darmstädter und Nationalbank'.

Deutschland maßgebend ist, anzugreifen... Es begann damals als am 9. November (1923) Hitler zum ersten Mal gegen das System Sturm lief... Damals schrieb die 'Magdeburgische Zeitung'... 'Hitler und Ludendorff verraten Bayern und das Reich'. Damals... mußte bei dem Volksgericht in München selbst der Vorsitzende aufstehen und sagen, daß er (Hitler) aus reinsten vaterländischen Motiven gehandelt hätte... Aber die 'Magdeburgische Zeitung' schrieb über ihr Blatt 'Hitler verrät Bayern und das Reich'... Der Redakteur Baron (der 'Magdeburgischen Zeitung') wagte es in einem Brief an einen Leser zu behaupten, daß es schlecht und hoffnungslos um die deutsche Politik stände, wenn der Nationalsozialismus maßgebenden Einfluß gewönne..., daß eine Regierung mit Hitler Krieg bedeute. Am 20. Juni 1934 hat Herr von Niebelschütz (= Ernst von Niebelschütz) der Kultursachverständige des Faber-Verlages ('Magdeburgische Zeitung') einen Ausspruch getan, der wert ist, ... festgehalten zu werden: "Die Tatsache, daß Hitlers Buch 'Mein Kampf' geschrieben wurde, ist das Unglück Deutschlands"... Adolf Hitler kann seinen Kopf ohne Gefahr in den Schoß des deutschen Arbeiters legen, aber ich möchte ihm nicht raten, seinen Kopf in den Schoß des Herrn Faber oder Herrn Voss zu legen" [40].

Von Monat zu Monat der NS-Herrschaft wurden die Möglichkeiten geringer, die Ablehnung der politischen Zustände in der Zeitung auszudrücken. Am 26.3.1936 ging nach jahrelangem Druck durch die NS-Presseführung unter persönlicher Einschaltung von Stabsleiter Rolf Rienhardt [41] und Dr. Max Winkler [42] die Mehrheit des Verlages der Magdeburgischen Zeitung an die Vera-Verlagsanstalt GmbH [43] über. Fritz Faber blieb Geschäftsführer [44], ihm zur Seite stand als weiterer Geschäftsführer Dr. Erwin Reetz [45] von der Vera, der seinen Sitz in Berlin behielt. Sehr bald kam es zu schweren Zusammenstößen zwischen Fritz Faber und der Reichspresseleitung, in deren Verlauf dem Verleger jeglicher dienstlicher und privater Verkehr mit den Redakteuren durch Hans Fritsche — damals noch Oberregierungsrat — untersagt wurde. Trotzdem wurde zwischen beiden Teilen der Zeitung auch in Zukunft eine einheitliche Marschlinie jeweils abgesprochen und eingehalten. Zwar wurden in den zwölf Jahren der NS-Herrschaft dem Verlag und der Redaktion insgesamt drei Hauptschriftleiter aufgezwungen (Hans Helmut Gerlach, Gert von Klaas und Dr. Möller), zwar waren auch unter den alten Redaktionsmitgliedern einige Parteigenossen, doch die Mehrheit der Redakteure arbeitete in völliger Übereinstimmung mit dem Verleger. In besonderem Maße sind in dieser

---

40) Originalbericht der Gauzeitung 'Der Mitteldeutsche' (im Besitz von Fritz Faber, Hannover).
41) Stabsleiter des "Verwaltungsamtes des Reichsleiters für die Presse der NSDAP".
42) Leiter der verschiedenen Holding- u. Finanzierungsgesellschaften eines von Rienhardt betriebenen Aufbaues eines Pressetrustes aus früheren 'Kampfblättern' der Partei und ehemaligen Privatverlagen/ Fritz Schmidt: Presse in Fesseln, S. 42 ff, S. 75.
43) Vera-Verlagsanstalt GmbH, eine Holdinggesellschaft. Vgl. (Fritz Schmidt): Presse in Fesseln. Eine Schilderung des NS-Pressetrust, Berlin 1948.
44) Fritz Faber erhielt jedoch nie die sogenannte 'Verlegerkarte' im Sinne der §§ 4 und 10 der 1. Durchführungsverordnung zum Kulturkammergesetz vom 1.11.1933, er war somit kein Mitglied einer Kulturkammer.
45) Dr. Erwin Reetz war gleichzeitig einer der Geschäftsführer der Vera-Verlagsanstalt GmbH.

Hinsicht zu nennen die Politikredakteure Dr. Clages, Heinrich Baron, Dr. Fritz Fillies; im Feuilleton Emanuel Reindl, Frl. Hedwig Forstreuter, Ernst und Wolf von Niebelschütz, Dr. Gerhard F. Hering; im Wirtschaftsressort Dr. Robert Platow; in der Lokal- und Provinzredaktion Richard Glaser und Albert Schwibbe u.a.; vor allem aber der Leiter der Berliner Redaktion, Fritz Loff, der es immer wieder verstand, unter Ausnutzung des frühen Druckbeginns der Hauptausgabe der 'Magdeburgischen Zeitung' ihr Meldungen zur Veröffentlichung zukommen zu lassen, die wenig später in der Reichspressekonferenz vom Propagandaministerium untersagt wurden. Natürlich war das jedesmal mit heftigen Verwarnungen verbunden. Im Feuilleton und auch in anderen Ressorts wurden 'mißliebige' Autoren jahrelang unter Decknamen veröffentlicht, so etwa die Publizisten Dr. Lutz Weltmann, Dr. Fritz Grätzner, der sozialdemokratische Stadtverordnete und Redakteur der 'Volksstimme', Emil Reinhardt Müller, u.a. Jüdische Mitarbeiter wurden zum Teil noch lange nach der Machtergreifung beschäftigt, in anderen Fällen unterstützt, oder man half ihnen bei der Auswanderung.

Über die Haltung der 'Magdeburgischen Zeitung' zur Zeit der NS-Gewaltherrschaft möge als Beispiel für viele eine Aussage aus dem Jahre 1947 stehen, die ein bekannter Hamburger Rechtsanwalt und Wirtschaftler machte, der von 1934 ab Vertrauensanwalt alliierter Interessen bei der Schweizer Schutzmacht gewesen war. Es heißt dort u.a.:

> "Die 'Magdeburgische Zeitung' war vor 1933 eines der angesehensten Provinzblätter bürgerlich-demokratischer Einfärbung. Diese Haltung vermochte die Zeitung bis zu ihrer Schließung im Jahre 1944 erstaunlicherweise in ihrer Grundlinie beizubehalten . . . Nach und nach bekam die 'Magdeburgische Zeitung' in oppositionellen Kreisen den Ruf, eines Organs, das es mit großer Geschicklichkeit verstand, sich dem Druck zu entziehen, der auf die Redaktionen ausgeübt wurde . . .".

Dr. Gerhard F. Hering, Intendant in Darmstadt, von 1933—1937 in der Feuilletonredaktion der 'Magdeburgischen Zeitung' tätig, schrieb am 12.7.1946 an Fritz Faber u.a., 'der Verlag der 'Magdeburgischen Zeitung' sei bemüht gewesen, dieses "Blatt sauber und kompromißlos und unter Ausnutzung aller Möglichkeiten zu einem geistigen Sammelpunkt eindeutig antifaschistischer Gesinnung zu machen . . . es ging ihnen damals genau um das, um das es uns allen ging und gehen mußte: Widerstandszellen inmitten der Barbarei zu bilden, um unter allen Umständen das geheime und verborgene geistige Vaterland hindurchzuretten, dem nicht zuletzt die Arbeit unserer uns allen so werten 'Magdeburgischen Zeitung' gegolten hat".

Heinrich Baron, lange Jahre politischer Redakteur der 'Magdeburgischen Zeitung', der nach der Machtergreifung Aufenthaltsverbot für den Gau Magdeburg-Anhalt erhielt und während der Krieges emigrierte, schrieb am 10.10.1946 aus Cascais (Portugal), indem er an Artikel der Zeitung aus den Jahren 1930—1934 erinnerte, in denen die 'Magdeburgische Zeitung' den Krieg vorausgesagt, die NSDAP "die aktivierte Bierbank" genannt hatte und das Ende des Reiches kommen sah, wenn Hitler an die Macht käme, an Fritz Faber u.a.:

"Alles dies haben wir öffentlich gesagt, als es noch Zeit war... Wußten Sie eigentlich, daß diese Artikel... in den furchtbaren Tagen des Zusammenbruchs vom Londoner Sender als Beweis dafür vorgelesen wurden, daß es einige mutige deutsche Journalisten rechtzeitig gesagt hätten, was Hitler für Deutschland bedeute".

Wenn Partei und Staat die 'Magdeburgische Zeitung' trotz ihrer erkennbaren Gegnerschaft zum NS-Staat von schwereren Eingriffen verschont ließen, so war sicher einer der Gründe das Ansehen, das sie auch international besaß und das weithin deutlich wurde, als sie zum 1.9.1944 zwangsweise mit der Gauzeitung 'Der Mitteldeutsche' verschmolzen wurde.

Dieses Ereignis der Zwangsfusion war Anlaß, daß die Londoner 'Times' bei Würdigung eines spanischen Zeitungsjubiläums schrieb, mit der Schließung der 'Magdeburgischen Zeitung' hätten die Nationalsozialisten eines der bedeutendsten und ältesten Kulturdokumente der westlichen Welt vernichtet. In ihrer letzten Ausgabe vom 31.8.1944 (No. 204) teilte die Zeitung ihren Lesern mit, daß nunmehr " 'Der Mitteldeutsche' in Kriegsgemeinschaft mit 'Magdeburgischer Zeitung — Neues Magdeburger Tageblatt' " [46] ihnen zugestellt werden würde. In einem Beitrag von Ernst von Niebelschütz "318 Jahre Magdeburgische Zeitung" in dieser Schlußnummer heißt es u.a.:

"In dem Bewußtsein, während der mehr als dreihundert Jahre ihres Bestehens nichts versäumt zu haben, was Pflicht und Gewissen forderten, schließt die Magdeburgische Zeitung ihre Tore. Es ist selbstverständlich... daß wir, die wir das Erbe verwalten, bereit sind, auch das Letzte darzubringen, wenn es zum Siege verhilft. Wenn deshalb die Magdeburgische Zeitung für die Kriegsdauer aufgeht in der Gauzeitung der NSDAP, so ist das ein Opfer, das zu bringen in der Schicksalsstunde der Nation sich aus dem Geiste des Hauses heraus von selbst versteht. Nach dem Siege wird sie wieder erstehen, um im eigenen Wirken dem deutschen Volke zu dienen".

In den Nächten des 16.1. und des 14.2.1945 wurden durch Bombenangriffe die Gebäude und Maschinen des Verlages der 'Magdeburgischen Zeitung' zu etwa 80% zerstört. Es gelang, einige Setzmaschinen, ein Gießwerk und eine Rotationsmaschine mit betriebseigenen Kräften so rechtzeitig einsatzfähig zu machen, daß nach Einschließung der Stadt durch amerikanische Truppen ab 13.4.1945 die erste freie, unabhängige Ausgabe der 'Magdeburgischen Zeitung' als 'Frontzeitung der Magdeburger' erscheinen konnte. Sie erschien bis zum Einmarsch der Amerikaner täglich mit 100 000 Stück. Die letzte Nummer datiert vom 16.4.1945. Die Redaktion versah der frühere Gerichtsberichterstatter Dr. Erich Krüger, mit dem Verleger gemeinsam. In der 1. Ausgabe vom 13.4.1945 heißt es u.a.:

"Getreu dem Rufe der Pflicht... wurde nach schweren Schlägen durch feindliche Terrorangriffe in wochenlanger harter Arbeit darum gerungen, alle Schwierigkeiten zu überwinden, die ein Weiterarbeiten an dem alten Arbeitsplatz unterbinden wollten. Betriebs-

---

46) Es war dem Verlag nach langen Bemühungen gelungen, diese Formulierung statt der sonst üblichen "aus kriegsbedingten Gründen vereinigt" zu erreichen, die deren Endgültigkeit vermied.

> führung und Gefolgschaft sind stolz und froh, daß es ihnen gelungen ist, gerade in einer Stunde, in der das Erscheinen einer Zeitung dringendstes Gebot ist, alle Voraussetzungen geschaffen zu haben... So geht heute in ernstesten Tagen von alter bekannter Stätte ein neues Blatt aus, das von Beginn an nur als Zwischenspiel und Übergang zu glücklicherer Zeit gedacht ist".

Zweieinhalb Wochen lang gab es nach der Einnahme der Stadt keine publizistische Information der Bevölkerung. Am 4.5.1945 brachte der Verlag der 'Magdeburgischen Zeitung' durch Verwendung des sozialdemokratischen Bürgermeisters Otto Baer das 'Amtliche Mitteilungsblatt — Militärgov. in Deutschland' heraus. Verlag und Redaktion waren von der ersten Ausgabe ab bemüht, dieses Mitteilungsblatt durch eigene journalistische Arbeit zu einer Zeitung auszubauen. So brachte die No. 1 nicht nur die Proklamation Eisenhowers "An das deutsche Volk", nicht nur Verordnungen der Militärregierung und der Stadtverwaltung, sondern bereits redaktionelle Erläuterungen dazu und 1/4 Seite Familien- und vermischte Anzeigen, die in den folgenden Ausgaben sich bis 2/3 Seiten ausdehnten. In den weiteren Ausgaben folgten Eigenberichte über die Arbeit der Stadtverwaltung, die Neuordnung der Wirtschaft, Jugendpflege, Arbeitsnachweis, über die Rechtsverhältnisse zur Militärverwaltung u.a.. Am 5.6.1945 erschienen erstmals Meldungen über Magdeburg hinaus: "Radio London meldet", "Tito fordert Kärnten" sowie Nachrichten aus der russisch besetzten Zone. Am 16.6.1945 veröffentlichte man einen längeren Bericht über einen neuen Baustoff und brachte zum ersten Mal ein Feuilleton mit Kulturnachrichten und einer Kurzgeschichte, in No. 14 vom 19.6.1945 auch Zeitungsstimmen des Auslandes.

Dies war jedoch die letzte Ausgabe. Die Besatzungstruppen, inzwischen Engländer, beschlagnahmten das Druckpapier und brachten es in den Westen, wissend, daß am 1.7.1945 die Sowjets die Stadt übernehmen würden. Den Verleger, Fritz Faber, nahmen sie kurz vorher mit nach Westdeutschland. Hier brachte er Anfang 1954 in Speyer eine Exil-'Magdeburgische Zeitung' heraus, um die Rechte der Vertriebenen und der Mitteldeutschen in der Bundesrepublik politisch-publizistisch zu vertreten und dies nicht den Westdeutschen allein zu überlassen. Letzter Anstoß zur Herausgabe der Zeitung war das Scheitern der Berliner Viermächtekonferenz vom 25.1. - 18.2.1954 über die Einheit Deutschlands. Der Einführungsartikel des Verlegers und Chefredakteurs der Zeitung, Fritz Faber, war überschrieben:

> "Unser Wille ist entscheidend".
> "Während diese Zeilen in Druck gehen, rollt in Berlin die letzte Szene einer diplomatischen Tragödie ab. Millionenfaches Hoffen..., daß das deutsche Volk wieder einen Staat habe, ist vorbei... Wir sollten uns aber auch selbst prüfen, ob unser Handeln stark genug ist... Eines ist gewiß, das Fiasko von Berlin verlangt unausweichlich, daß wir im Westen... unbestechlich prüfen, was wir falsch gemacht haben... um das allein wichtige Ziel zu erreichen: Die Wiedervereinigung Deutschlands. Solch ernstes Wollen braucht einen öffentlichen, publizistischen Ausdruck, um sich bemerkbar zu machen... Rufer und Streiter zugleich will die Magdeburgische Zeitung sein, für diese große geschichtliche Aufgabe, die uns Mitteldeutschen gestellt ist".

Die Zeitung kam monatlich mit ca. 4 000 Exemplaren heraus, Mitarbeiter waren insbesondere von den früheren Redakteuren Heinrich Baron, Richard Glaser, Albert Schwibbe, Erich Neubert. An Nachrichtenmaterial stand zur Verfügung der 'Informationsdienst West', der 'Platow-Wirtschaftsdienst', Zeitungen aus Magdeburg und Anhalt, briefliche Mitteilungen aus der DDR und von Lesern. Die Zeitung wurde nicht nur in den Kreisen der Vertriebenen aus dem Bereich Magdeburg-Anhalt, sondern auch vielfach in Mitteldeutschland selbst gelesen. Die Bonner Behörden und die westdeutsche Presse beobachteten sie aufmerksam. Ihre Auflage entwickelte sich gut, ihr Anzeigenteil zufriedenstellend bis zu dem Zeitpunkt, da der für den 8.9.1956 vorgesehene Besuch Bundeskanzler Adenauers in Moskau eine Wiedervereinigung als bald bevorstehend erscheinen ließ, bei der es zu einem Ausgleich mit den Sowjets und den Machthabern in der DDR kommen würde. Von da ab schien es wohl manchem nicht opportun, in einem solchen Blatt weiter zu inserieren. Die nun rückläufigen Anzeigeneinnahmen ließen eine Erfüllung der politischen Aufgaben nicht mehr zu. Mit der Ausgabe No. 9 vom 4.9.1956 stellte die 'Magdeburgische Zeitung — Anhalter Anzeiger' ihr Erscheinen ein.

Das Ende der 'Magdeburgischen Zeitung' fiel mit dem Ende der Hoffnung auf eine baldige Wiedervereinigung Deutschlands zusammen. Fritz Faber schrieb in der Abschiedsausgabe:

> "Was wollen wir eigentlich".
> "Der deutsche Botschafter in Moskau, Dr. Haas, ist nach kurzem informatorischen Besuch in der Bundesrepublik am 31.8. wieder in die sowjetische Hauptstadt zurückgekehrt. Der Botschafter hat unmittelbar, bevor er Bonn verließ, allen denjenigen eine eindeutige Antwort erteilt, die 'immer wieder in Verkennung der Lage auf konkrete Verhandlungen in der Wiedervereinigungsfrage drängen und die mangelnde Bereitschaft der Sowjetführung zur Wiedervereinigung ignorieren'. Es ist nicht ohne Interesse, daß ein Teil der westdeutschen Presse diese hier eben zitierten Worte in ihrer Berichterstattung fortließen... Während wir aus zahlreichen Gesprächen mit Menschen der sowjetisch besetzten Zone wissen, wie sehr man dort die Exilzeitungen als Stimme Mitteldeutschlands begrüßt und schätzt, läßt man es in der Bundesrepublik an dem notwendigen Verständnis fehlen. Die 'Magdeburgische Zeitung — Anhalter Anzeiger' hat sich in diesen zwei und einhalb Jahren bemüht, ihre Aufgabe... zu erfüllen. Mehr denn je hat sie gerade in den letzten Monaten in Westdeutschland aber auch unmittelbar aus Mitteldeutschland Zustimmung der Leser erhalten. Jedoch kann eine Zeitung nicht allein vom Abonnement existieren; die Wirtschaft hat sich ihr unter dem Eindruck einer politischen Entwicklung seit Beginn dieses Jahres immer stärker entzogen. So muß die 'Magdeburgische Zeitung — Anhalter Anzeiger' mit dieser Nummer b.a.w. zum letzten Mal erscheinen. Wir wissen, daß in der zukünftigen Entwicklung Europas der mitteldeutsche Raum allein schon durch seine geografische Lage... eine bedeutende Rolle spielen wird und wir wissen, daß die 'Magdeburgische Zeitung' hierbei klärend und richtungsweisend mitzuwirken haben wird. Wir glauben an die Wiedervereinigung Deutschlands und deshalb sagen wir... auch in diesem Augenblick: Wir kommen wieder".

Die Londoner 'Times' schrieb damals:

> "Eine der ältesten Zeitungen Deutschlands, die 'Magdeburgische Zeitung', muß mit der Herausgabe aufhören. Die Entscheidung zeigt das Ende der Anstrengungen der Familie Faber an, sie in der Bundesrepublik erscheinen zu lassen, nachdem sie nach dem Kriege Magdeburg als Flüchtlinge verlassen mußten. Den Fabers gehörte die Zeitung seit 1664...".

Gerhard Hense:

LEIPZIGER ZEITUNG (1665 – 1918)

Lange Zeit galt die 'Leipziger Zeitung', deren Titel sich mehrfach änderte, als Fortsetzung der von dem Leipziger Buchdrucker Timotheus Ritzsch (1614 – 1678) herausgegebenen Zeitung 'Neu=einlauffende Nachricht von Kriegs= und Welthändeln'. Inzwischen konnte eine Vorgängerin dieses Blattes nachgewiesen werden: die 'Einkommenden Zeitungen', die schon seit 1650 bei Ritzsch erschienen und als die erste bisher bekannte Tageszeitung der Welt gelten. Während also in den bisherigen Darstellungen [1] fast stets die Herkunft der 'Leipziger Zeitung' ('LZ') von den Zeitungsunternehmungen Ritzschs angegeben wurde, erwies sich diese Annahme nach jüngeren Forschungsergebnissen als Irrtum. [2] Zur Verdeutlichung der Vorgeschichte der 'LZ' ist daher ein Rückgriff auf das Leipziger Zeitungswesen bis in die Zeit des Dreißigjährigen Krieges erforderlich.

Seit 1619 traten in Leipzig zwei Zeitungsschreiber, Moritz Pörner (gest. 1675) und Georg Kormart (gest. 1671) auf, die Nachrichten handschriftlich vervielfältigten und in Umlauf brachten. Ein Privileg des sächsischen Kurfürsten vom Dezember 1633 gestattete Pörner den Druck seiner bis dahin geschriebenen Zeitungen. Nähere Angaben über dieses erste Leipziger Blatt, an dem auch Kormart beteiligt war, sind nicht überliefert. [3] Als die Schweden 1642 zum zweiten Mal Leipzig besetzten, verboten sie Pörner den Druck und ließen nur die Herausgabe handschriftlicher Blätter zu. Dagegen genehmigten sie dem Postmeister Daniel Dickpaul, der während der Besatzungszeit das Leipziger Postamt leitete, die Herausgabe gedruckter Zeitungen. Diese schwedisch kontrollierte 'Wöchentliche Zeitung' wurde von Timotheus Ritzsch angefertigt und muß vier- oder fünfmal pro Woche erschienen sein. [4] Am 31. August 1649, also noch bevor die Schweden Leipzig räumten, (30.6.1650), erwirkte Ritzsch ein zehnjähriges Privileg vom sächsischen Kurfürsten, das ihm das Recht verlieh, unmittelbar nach dem Abzug der schwedischen

---

1) Diese ältere Auffassung findet sich u.a. noch bei Dahlmann-Waitz: Quellenkunde der deutschen Geschichte, 10. Aufl., Bd. 1, Stuttgart 1969, Abschnitt 36/137. Außerdem sind im 'DW' mehrere Titeländerungen etwas abweichend wiedergegeben worden. Richtig muß es heißen: "Begr. u.d.T.: L Neue Postzeitung. Leipzig 1665– 1671. Fortges. u.d.T.: Leipz. Post- und Ordinari-Zeitungen. 1672–1691. . . .".

2) Albert Wybranietz: Die Anfänge der 'Leipziger Zeitung' und des 'Dresdner Anzeigers', in: 'Zentralblatt für das Bibliothekswesen' (Leipzig), 71. Jg./ Heft 3 (1957), S. 189ff.

3) Albrecht Kirchhoff: Das älteste Leipziger Zeitungswesen, in: 'Mitteilungen der Deutschen Gesellschaft zur Erforschung vaterländischer Sprache und Alterthümer in Leipzig' (Leipzig), 8. Jg./ Heft 3 (1890), S. 79 f.

4) Else Bogel-Hauff: Eine Leipziger Zeitung vor 1650, in: 'Gazette – International Journal for Mass Communication Studies' (Leiden), Vol. XIII/No. 3 (1967), S. 275 ff.

Besatzung eine eigene Zeitung herauszugeben. Damit kam er seinen Konkurrenten Pörner und Kormart zuvor, die ebenfalls ein Druckprivileg erstrebten. Ritzschs 'Einkommende Zeitungen' erschienen offenbar ab 1. Juli 1650, und zwar sechsmal in der Woche. [5]

Dem neu eingesetzten kursächsischen Postmeister in Leipzig, Christoph Mühlbach (1613 – 1681), war in seiner Bestallungsurkunde vom 21. November 1651 ebenfalls die Herausgabe von Zeitungen gestattet worden, nachdem er sich in mehreren Eingaben bemüht hatte, Ritzschs Privileg aufheben zu lassen, da "das Zeitungswesen ... zu einem pertinenz-Stück des Postregals gemacht worden" sei. [6] Seit März 1652 gab Mühlbach dann die 'Ordinar=Post=Zeitungen' heraus, deren Titel lediglich durch eine Eingabe Ritzschs an den Kurfürsten gesichert ist, in der er gegen das Blatt des Postmeisters protestierte. [7] Daraufhin schlossen Ritzsch und Mühlbach auf Geheiß der kurfürstlichen Regierung einen Vergleich, den diese am 16. Juni 1652 bestätigte. Die beiden Kontrahenten kamen darin überein, eine gemeinsame Zeitung herauszugeben unter dem Titel 'L. Einkommende Ordinar= und Post=Zeitungen'. [8] Dieses Blatt, dessen Name auf seine beiden Vorgänger hinwies, wurde weiterhin von Ritzsch gedruckt, während Mühlbach an dem Vertrieb beteiligt war. Die "Avisen-Societät" sollte so lange Bestand haben, wie Mühlbach als Postmeister fungierte und Ritzsch oder seine Erben die Druckerei besaßen. [9] Kormart und Pörner mußten schließlich auf jede Herausgabe eigener Zeitungen verzichten und durften sich nur noch mit dem Vertrieb von Zeitungen befassen, mußten dafür jedoch dem Privileginhaber Zinsen zahlen.

Fünf Jahre später machte Kormart wieder Ansprüche auf ein Druckprivileg geltend und erreichte 1657, zwei Jahre vor Ablauf des 1649 an Ritzsch verliehenen Privilegs, ein neues kurfürstliches Privileg mit einer Laufzeit von zwölf Jahren, das ihm die Weiterführung der von Ritzsch edierten Zeitung nach 1659 zusicherte. Ritzsch erfuhr anscheinend erst Ende 1658 davon und erhob gegen die Entscheidung vom 18. September 1657 Einspruch, vermochte aber Kormarts Sonderrecht nicht mehr außer Kraft zu setzen. Der Buchdrucker war im übrigen zu keiner Zu-

---

[5] Else Hauff: Die 'Einkommenden Zeitungen' von 1650, in: 'Gazette' (Leiden), Vol. IX/No. 3 (1963), S. 227 ff.

[6] Vgl. G(eorg) Rennert: Die Leipziger Post= und Ordinari=Zeitungen, in: 'Deutsche Postgeschichte' (Berlin), Jg. 1938/Heft 2, S. 269.

[7] Vgl. den Wortlaut der Eingabe vom 17.3.1652, auszugsweise bei Walter Schöne: Drei Jahrhunderte Leipziger Presse, in: 'Zeitungswissenschaft' (Berlin), 11. Jg./Nr. 11 (1. November 1936), S. 532 f. Der vollständige Text findet sich bei Albrecht Kirchhoff: Zur ältesten Geschichte des Leipziger Zeitungswesens, in: 'Archiv für Geschichte des deutschen Buchhandels' (Leipzig), Bd. 8 (1883), S. 57 f.

[8] Vgl. die Faksimile-Abbildung in: Walter Schöne (Hrsg.): Die deutsche Zeitung des siebzehnten Jahrhunderts in Abbildungen, Leipzig 1940, S. 147.

[9] Walter Schöne: Drei Jahrhunderte..., a.a.O., S. 533.

sammenarbeit mit seinem alten Gegner bereit, vielmehr sprach er Kormart jede Eignung zum Zeitungmachen ab. [10] Immerhin erhielt auch Ritzsch, nach anfänglichen Absagen aus Dresden, eine Verlängerung seines Privilegs um ebenfalls zwölf Jahre, also bis 1671.

So erschienen ab Januar 1660 wieder zwei konkurrierende Zeitungen in Leipzig. Von Kormarts Blatt wurde der Titel nicht ausdrücklich überliefert; sehr wahrscheinlich handelt es sich hierbei um die 'Vollständigen Leipz: Einkommenden Post=Zeitungen', von denen lediglich ein Exemplar aus dem Jahre 1663 erhalten ist. [11] Ritzschs Zeitung — es war seine vierte — erschien ab 1660 unter einem völlig neuen Titel: 'Neu=einlauffende Nachricht von Kriegs= und Welt=Händeln'. [12] Jede einzelne Nummer dieser Tageszeitung trug das laufende Druckdatum und den Wochentag. Seit 1663 wies auch ein Stempel in der Kopfleiste auf Ritzschs Druckerei hin. [13]

Kormarts Zeitung deutete bereits in ihrem Namen die Absicht ihres Verlegers an, die Ritzsch-Mühlbachsche Vergleichszeitung, die Ende 1659 ausgelaufen war, fortzusetzen. Schon nach kurzer Zeit wandten sich Kormart und Ritzsch in getrennten Eingaben an den Kurfürsten und beschuldigten sich gegenseitig des Kundenfangs. [14] Im Juni 1663 veranlaßte die kurfürstliche Regierung die beiden Konkurrenten, ihren Streit durch einen Zwangsvergleich beizulegen. Ritzsch erhielt jetzt ein ausschließliches Zeitungsprivileg; Kormarts eigenes Blatt verlor damit seine rechtliche Basis und wurde eingestellt. Zuvor hatte Ritzsch bereits am 1. Mai 1660 ein alle anderen ausschließendes, kurfürstliches Dekret erhalten, wonach er allein berechtigt war, politische Nachrichten zu publizieren.

Die Regelung von 1659 forderte den Widerspruch von Mühlbach heraus, der seinerseits wieder Interesse an dem Zeitungsgschäft bekundete. Der Postmeister bot der kurfürstlichen Regierung eine höhere Pachtsumme an, als sie Ritzsch und Kormart zu zahlen bereit waren. Unter dieser Aussicht auf regelmäßige Mehreinnahmen widerrief der Kurfürst in dem Dekret vom 1. Mai 1665 seine früheren Zusagen an Ritzsch und befahl ihm, nach Ablauf des Privilegs (1671) die Zeitung einzustellen und sich in Zukunft jeder Zeitungsherausgabe zu enthalten. Ab 1671 sollte ausschließlich das Postamt für die Zeitungsedition zuständig sein. Ferner durfte Mühlbach ab sofort Zeitungen für den eigenen Bedarf drucken lassen. In mehreren Eingaben beklagte sich Ritzsch 1666 darüber, daß Mühlbach schon vor dem Inkrafttreten der neuen

---

10) Daselbst, S. 538 ff.
11) Vgl. Abb. 150 bei Georg Rennert: Die ersten Post=Zeitungen, Berlin 1940, S. 226.
12) Vgl. daselbst, Abb. 149, S. 226; eine vollständige Reproduktion aller 4 Seiten der No. 1 vom 1. Januar 1660 findet sich bei W(ilhelm) Bruchmüller: Aus der Geschichte der Leipziger Zeitung, in: 'Jubiläums-Beilage zur Leipziger Zeitung' vom 31. Dezember 1909, S. 2 f.
13) Vgl. Abb. 1 bei Albert Wybranietz, a.a.O., S. 193.
14) Walter Schöne: Drei Jahrhunderte . . ., a.a.O., S. 542 ff.

Bestimmungen eigene Zeitungen drucken ließ, hierbei aber wohl die Nachrichten in den Zeitungen des Buchdruckers auswertete und daher dessen Zeitungen im Preis unterbieten konnte. 15) Dadurch verlor Ritzschs Zeitung zahlreiche Kunden.

Für Mühlbachs neues Zeitungsunternehmen kommt nur die 'L Neue Postzeitung' in Frage, von der je ein Exemplar aus den Jahren 1668 bzw. 1670 nachgewiesen wurden. 16) Diese Zeitung trug in ihrem Titel, offenbar als Gegenstück zu Ritzschs Firmenstempel eine Postreitervignette, die auch auf der ab 1672 erschienenen Mühlbachschen Zeitung auftritt. Die 'L Neue Postzeitung' erschien nur wöchentlich zweimal, während Ritzschs 'Neu=einlauffende Nachricht . . .' bereits seit Ende April 1660 täglich, auch sonntags, herauskam. Kurz vor dem Ablauf seines Privilegs versuchte Ritzsch abermals, die Konzession verlängern zu lassen, hatte aber diesmal keinen Erfolg. Ein kurfürstliches Dekret vom 18. Dezember 1671 bestätigte die im Mai 1665 getroffene Regelung. So mußte Ritzschs Zeitung, an der Kormart nur in geringem Maß beteiligt war, mit Jahresschluß ihr Erscheinen endgültig einstellen. Durch diese neue Regelung wurde das gesamte politische Zeitungswesen in Sachsen der alleinigen Zuständigkeit des Postamtes unterstellt. Während die Zeitungen bisher als Privatunternehmen betrieben wurden, kamen sie nun als Bestandteil des Postregals unter fiskalische Verwaltung. Mit der Zahlung eines jährlichen Pachtgeldes für das Postwesen erwarb der jeweilige Postmeister auch das Monopol zur Anfertigung politischer Nachrichtenblätter in Sachsen.

Seit 1672 erschien Mühlbachs Zeitung unter dem neuen Titel 'Leipz. Post= und Ordinari=Zeitungen'. 17) Damit bekundete der inzwischen zum Oberpostmeister ernannte Herausgeber den Anspruch, mit seiner Zeitung auch die Rolle des Ritzschen Nachrichtenblattes zu übernehmen. Allerdings vermochte Mühlbachs Blatt nicht an das Niveau der eingegangenen Konkurrenzzeitungen anzuknüpfen, was schon in dem bloß viermaligen Erscheinen pro Woche erkennbar wird. Außerdem verfügte der Oberpostmeister nicht über so viele und weitreichende Nachrichtenverbindungen wie Ritzsch, so daß die redaktionelle Arbeit in erster Linie Kompilationen aus auswärtigen Blättern darstellte. Mit Mühlbachs Postzeitungen beginnt die Kontinuität der 'Leipziger Zeitung', deren Anfangsjahr damit auf 1665 zu datieren ist.

Unter Mühlbachs Leitung behielt die Zeitung, wie erwähnt, die Postreitervignette bei — gleichsam als Etikett ihres Herausgebers. Nach dessen Tode (1681) verzichteten die Nachfolger auf diesen Zusatz. 18) Auf Mühlbach folgte Gottfried Egger (1645 – 1684), für den die Pacht von bisher 1500 auf 1000 Thaler ermäßigt wur-

---

15) Daselbst, S. 545 f.
16) Vgl. die Abbildungen bei Walter Schöne: Die Deutsche Zeitung . . ., a.a.O., S. 150 f. (ebenfalls abgebildet bei Albert Wybranietz, a.a.O., S. 196.)
17) Vgl. die Abbildungen bei Georg Rennert: Die ersten Postzeitungen, a.a.O., S. 227; ferner die Abbildung 3 bei Albert Wybranietz, a.a.O., S. 197.
18) Vgl. Albert Wybranietz, a.a.O., S. 200, Anm. 20.

de. Witzleben führt in seiner 'LZ'-Monographie als Grund für diese Maßnahme die sinkenden Erlöse im Post- und Zeitungswesen an, verursacht durch die Pest, die 1680 wieder einmal Deutschland heimsuchte. [19] Auch der nächste Oberpostmeister, Wilhelm Ludwig Daser (1645 – 1709), brauchte in den ersten Jahren lediglich eine ermäßigte Pachtsumme zu entrichten. Daser leitete zunächst von 1684 – 1691 das Postwesen, legte dann aber sein Amt nieder, als die Pacht auf 5000 Thaler angehoben wurde. Daraufhin bekam der Schwabe Johann Jacob Kees d.Ä. (1645 – 1705) den Zuschlag, da er bereit war, die hohe Summe zu zahlen. Aus der Verfünffachung der Pachtgebühren kann man folgern, daß das Postwesen einen raschen Aufschwung nahm und das Amt des Postmeisters zu einer lukrativen Erwerbsquelle geworden war.

Unter Kees wechselte die Zeitung zum Jahresbeginn 1692 ihren Titel in: 'Historische Erzählung Der im Churfl. Sächs. Ober=Post=Ampt zu Leipzig einlauffenden Welt= Begebenheiten und anderer Denckwürdigkeiten', und sie nannte nun neben der Wochenangabe auch das genaue Datum und den Wochentag ihres Erscheinens. [20] Im übrigen sorgte Kees für einige weitere Verbesserungen. Die Zeitung kam nun sechsmal pro Woche heraus, kehrte aber nach Kees' Rücktritt wieder zum viermaligen Rhythmus zurück. Außerdem lieferte die Zeitung unter diesem Pächter erstmals zum Abschluß eines Jahrgangs eine "Wiederholung derer vornehmsten Begebenheiten in diesem Jahre", also eine Übersicht über die wichtigsten Ereignisse der verflossenen zwölf Monate. [21] 1694 gelang es Daser unter dem neuen Kurfürsten Friedrich August I. (August dem Starken), Kees wieder zu verdrängen und selber das Postwesen, jetzt aber ebenfalls für 5000 Thaler, zu pachten. Daser befreite die Zeitung von ihrem langatmigen Titel und nannte sie, wohl in Anlehnung an seine frühere Postmeisterzeit, 'Leipziger Post= und Ordinar=Zeitung'. [22] Außerdem wurden das sächsische Wappen und das vereinigte kurfürstlich-sächsische und königlich-polnische Wappen in den Kopf des Blattes aufgenommen, wo sie bis 1701 erschienen. Hier spiegelte sich in der Aufmachung der Postzeitung die politische Verbindung zwischen Sachsen und Polen wider.

Dasers zweiter Auftritt als Pächter von Post und Zeitung war nur von kurzer Dauer; in dieser Zeit schaffte er aber die von Kees eingeführten Verbesserungen ab (häufigeres Erscheinen und die Jahresübersichten). So mußte er bereits 1696 abermals abtreten, weil Kees jetzt 12 000 Thaler Pachtgeld bot und außerdem für seinen Gegenspieler Daser eine jährliche Pension von 1 000 Thalern in Aussicht stellte. Damit fiel es Kees

---

19) C(äsar) D(ietrich) von Witzleben: Geschichte der Leipziger Zeitung. Zur Erinnerung an das zweihundertjährige Bestehen der Zeitung, Leipzig 1860, S. 19.
20) Ab 7.4.1693 lautete der Titel: 'Historische Erzehlung Derer im Churf. Sächs. Ober= Post=Amte zu Leipzig einlauffenden Welt=Begebenheiten und anderer denckwürdigen Sachen'. Die Titelköpfe beider Schreibweisen sind als Abb. 153 + 154 reproduziert bei Georg Rennert: Die ersten Postzeitungen, a.a.O., S. 228.
21) Vgl. C.D. v. Witzleben, a.a.O., S. 162 ff.
22) Vgl. Abb. 155 bei Georg Rennert: Die ersten Postzeitungen, a.a.O., S. 228.

nicht schwer, bei der Regierung den Zuschlag zu erhalten. Kees d.Ä. leitete noch ein Jahrzehnt lang die Zeitung (von April 1696 bis September 1705). Als er starb, trat sein gleichnamiger Sohn (Johann Jacob Kees d.J., 1672 – 1726) in den Pachtvertrag seines Vaters ein. Allerdings legte er 1712 sein Amt nieder, als man ihn wegen angeblicher Unterschlagungen vor Gericht stellte. Anläßlich dieses Pächterwechsels wurde das sächsische Postwesen unmittelbar in die Verwaltung des kurfürstlichen Kammercollegiums eingegliedert, während die Zeitung weiterhin gegen jährliches Höchstgebot verpachtet wurde. Die Oberleitung über das Zeitungswesen lag beim Leipziger Oberpostamt als der nächstvorgesetzten Behörde des Zeitungspächters. Seit 1700 erschien zusätzlich zu den bisherigen vier Ausgaben jeweils zum Wochenende ein 'Extract derer in der Woche eingelaufenen Nouvellen'. Seit dieser Zeit ist auch der jeweilige leitende Redakteur der Postzeitung namentlich überliefert. 23) Meist war es ein Professor oder Magister von der Leipziger Universität. Unter Kees d.J. wurde 1711 der Titel des Blattes weiter vereinfacht: 'Leipziger Post=Zeitungen'. So lautete er nun über zwei Jahrzehnte lang. 24) Außerdem fand jetzt wiederum das vereinigte sächsisch-polnische Wappen zwischen Titel und Datumzeile Aufnahme. Einige Jahre später wurde es noch in einigen Details ergänzt. 25)

Die Auflage der Postzeitung belief sich zu Beginn des 18. Jahrhunderts auf 700 Exemplare (1702) 26), wuchs aber innerhalb der nächsten zehn Jahre auf mehr als das Doppelte (1500-2000). 27) Unter dem Eindruck des Nordischen Krieges und des Spanischen Erbfolgekrieges nahm offenbar die Nachfrage des Publikums nach politischen Meldungen rasch zu. 28) Zudem erleichterte die, für damalige Verhältnisse recht milde praktizierte, Zensur in Sachsen die Verbreitung der Postzeitung in weite Teile Deutschlands, besonders in den Norden. Überhaupt war – ein typisches Merkmal der späteren 'Leipziger Zeitung' – der Absatz innerhalb Leipzigs stets ziemlich niedrig. 29) Zwar behielt die 'LZ' das Monopol, als einzige Tageszeitung Sachsens politische Nachrichten verbreiten zu dürfen, bis weit ins 19. Jahrhundert hinein (1848). Dennoch hatte die Dresdner Regierung von Zeit zu Zeit Veranlassung, auf diese Bestimmung hinzuweisen, weil immer wieder Versuche unternommen wurden, sich an dem Nachrichtengeschäft zu beteiligen. 30)

---

23) Vgl. C.D. v. Witzleben, a.a.O., S. 217.
24) Vgl. Abb. 157 bei Georg Rennert: Die ersten Postzeitungen, a.a.O., S. 229.
25) Vgl. Abb. 158, daselbst.
26) Daselbst, S. 75.
27) Eine Übersicht über die Auflagenentwicklung findet sich bei C.D. v. Witzleben, a.a.O., S. 218 (Beilage 25 d: "Zeitfolge des Absatzes der Leipziger Zeitung").
28) Vgl. daselbst, S. 174 ff.
29) Vgl. hierzu auch das (allerdings erst für 1848 geltende) Schaubild bei Hans Herbert Grossmann: Staatszeitung und Pressefreiheit. Die Königlich Sächsische Staatszeitung (Leipziger Zeitung) im Revolutionsjahr 1848, wirtschafts- und sozialwiss. Diss. Leipzig 1948, S. 98 (Masch. Schr.). Aus dem 18. Jh. liegen leider keine entsprechenden Daten vor.
30) Vgl. Georg Witkowski: Geschichte des literarischen Lebens in Leipzig, Leipzig – Berlin 1909, S. 228 f.

Seit 1700 tauchten neben den politischen Meldungen auch Lokalberichte auf, und in den Ausgaben zum Wochenende erschienen erstmals Bücheranzeigen. Von 1712 bis 1733 leitete der Kammerkommissar und Oberpostamts-Kontrolleur Sebastian Evert die Zeitung und besorgte selber die redaktionellen Geschäfte. Zunächst verwaltete dieser Beamte das Blatt bis 1714 auf Rechnung des Fiskus. Unter Everts Administration verlor die Zeitung bald zahlreiche Bezieher, da seine journalistischen Leistungen hinter denen seines Vorgängers deutlich zurückblieben. Die sinkenden staatlichen Einkünfte aus der Zeitung veranlaßten die Regierung, das Blatt ab 1714 wieder zu verpachten. Trotz seiner Mißerfolge gelang es Evert, die Zeitung in den folgenden 20 Jahren zu pachten. Seit diesen Jahren erschien zusätzlich eine lateinische Ausgabe der 'Leipziger Post=Zeitungen'. Diese Nebenausgabe wurde wohl 1766 wieder eingestellt, da der Absatz von anfangs 300 Exemplaren auf ein knappes Drittel zusammengeschmolzen war. [31]

Von 1720 — 1730 unterstand das sächsische Zeitungswesen dem Kabinettsminister Ernst Christoph Graf von Manteuffel (1676 — 1749). Evert hatte nun seine Pachtsummen, die jährlich bei etwa 2 500 Thalern lagen, an Manteuffel zu zahlen. Dieser sollte die Gelder für Zwecke auswärtiger Angelegenheiten verwenden. [32] Allerdings wirkte sich dieser Modus nicht auf die inhaltliche Gestaltung des Blattes aus. Seit den zwanziger Jahren fanden sich hier auch in wachsender Anzahl unpolitische Berichte, mit denen erste Ansätze eines Feuilletons geschaffen wurden. [33] Ab 1733 wurde die Postzeitung über 30 Jahre lang von der Buchhändlerfamilie Weid(e)mann gepachtet. Moritz Georg Weidemann (1686 — 1743) führte die Zeitung bis zu seinem Tode. Unter seiner Verwaltung verzichtete das Blatt auch im Titel auf die ehemals enge Verbindung zum Postwesen: seit 1734 erschien es als 'Leipziger Zeitungen'. [34] Mit der Oberaufsicht über das Pressewesen wurde der Geheime Rat und spätere Premierminister Kursachsens, Graf Heinrich von Brühl (1700 — 1763), betraut. Brühl ließ Weidemann schon bald wissen, daß ihm — Brühl — alle Berichte, die sich mit der sächsisch-polnischen Politik befaßten, vor ihrer Drucklegung vorzulegen seien. Diese Anordnung hatte zur Folge, daß Weidemann und seine Nachfolger im allgemeinen keine sächsischen Nachrichten mehr in ihr Blatt aufnahmen. Als Weidemann starb, trat, wie man vorsorglich schon vereinbart hatte, seine Witwe in die Rechte ein. Johanne Marie Weidemann (1691 — 1766) behielt die Pacht bis 1765.

In diesen Jahren machten neu auftauchende politische Zeitschriften [35] — Zeitungen im eigentlichen Sinne durften ja neben der 'LZ' nicht erscheinen — der 'Leipziger'

---

31) Vgl. C.D. v. Witzleben, a.a.O., S. 28, S. 33 f., S. 51 (Fußnote).
32) C.D. v. Witzleben, a.a.O., S. 34 ff.
33) Daselbst, S. 35. Vgl. hierzu Werner Freytag: Die feuilletonistischen Elemente der Leipziger Zeitung, phil. Diss. Leipzig 1923 (Masch.Schr.).
34) Vgl. Abb. 160 und 161 bei Georg Rennert: Die ersten Post=Zeitungen, a.a.O., S. 231. (Im Jahre 1764 entfernte man aus der Titelvignette das polnische Wappen, als die Personalunion zwischen dem sächsischen Kurfürstentum und dem polnischen Wahlkönigtum erloschen war).
35) Vgl. C.D. v. Witzleben, a.a.O., S. 39; vgl. auch Georg Witkowski, a.a.O., S. 229..

Konkurrenz. Sie versorgten das Publikum mit solchen politischen Nachrichten, die in der offiziösen 'LZ' wegen der Zensur nur verspätet oder überhaupt nicht zum Abdruck kamen. So mußten während des Ersten Schlesischen Krieges alle Meldungen unterbleiben, die anderen auswärtigen Höfen zu Beschwerden Anlaß gegeben hätten. 36) Als die Preußen im Herbst 1756 Sachsen besetzten (Siebenjähriger Krieg), unterzogen sie sogleich die 'Leipziger Zeitungen' ihrer strengen Zensur. Alle Preußen kritisierenden Gedankenäußerungen mußten unterdrückt werden. Stattdessen benutzten die Besatzer das Blatt für ihre gegen Österreich gerichtete Propaganda. Daraufhin schlossen die kaiserlichen Postämter die 'LZ' vom Vertrieb aus, wodurch zahlreiche außersächsische Abonnements, besonders in West- und Süddeutschland, hinfällig wurden. Innerhalb eines Jahres sank die verkaufte Auflage von 1150 Exemplaren (1756) auf 825 (1757) 37). Inhaltlich änderte sich die 'LZ' unter den Weidemanns nur wenig. Der redaktionelle Teil erfuhr keine wesentlichen Verbesserungen; vielmehr fiel 1734 das jährliche Inhaltsverzeichnis wieder fort. Der Anzeigenteil wurde in diesen Jahren durch Steckbriefe bereichert, mit denen meist nach entlaufenen Dienstboten gesucht wurde. 38)

Nach den Weidemanns bekam der Kammerkommissar und Botenmeister Johann Andreas May (gest. 1779) die Pacht, für die er bis zu seinem Tode jeweils 2 400 bis 2 500 Thaler entrichten mußte. In dem Vertrag, den May mit den Regierungsunterhändlern abschloß, wurde erneut das Monopol des Zeitungspächters bestätigt; das Pachtverhältnis umfaßte sämtliche "Nutzungen von dem Zeitungswesen hiesiger Lande", also auch den Vertrieb in- und ausländischer Zeitungen. 39) Äußerlich blieb die 'LZ' wie vorher, nur der samstägliche Wochenextrakt erschien nicht mehr. Stattdessen kam jetzt eine gewöhnliche fünfte Nummer der Zeitung zum Wochenende heraus. Inhaltlich gesehen hob sich die Qualität der Zeitung ganz erheblich, als die Redakteure Schumann und Adelung nacheinander das Blatt gestalteten. Der Magister Gottlieb Schumann (1701/02–1773) wirkte in den sechziger Jahren an der 'LZ', nachdem er zuvor an verschiedenen Periodika und einem recht angesehen 'Real-, Staats-, Zeitungs- und Conversations-Lexicon' mitgewirkt hatte. 40) Schumann streute bisweilen kommentierende Bemerkungen in die Zeitung ein. Diese Meinungsäußerungen wurden von offizieller Seite als "unnöthige und unzeitige Reflexiones" bezeichnet und untersagt, da man befürchtete, "des Herrn M. Schumann's Raisonnements und Ermahnungen" würden der 'LZ' außerhalb Sachsens schaden. 41) Ähnli-

---

36) Vgl. Georg Witkowki, a.a.O., S. 230.
37) C.D. v. Witzleben, a.a.O., S. 43.
38) Daselbst, S. 44 (Fußnote) gibt für das Jahr 1745 den ersten Steckbrief an. Tatsächlich tauchen solche Suchanzeigen aber schon vorher in der 'LZ' auf, z.B. in der Ausgabe "II. Stück der VII. Woche" (14.2.1741), S. 104.
39) Vgl. daselbst, S. 48 f.
40) Vgl. Georg Witkowski, a.a.O., S. 236.
41) C.D. v. Witzleben, a.a.O., S. 51.

che Maßregelungen ergingen an Johann Christoph Adelung (1732—1806), der fast zwei Jahrzehnte lang bei der Zeitung angestellt war. Adelung betätigte sich als Sprachforscher und Schriftsteller und gab außerdem eine Anzahl Zeitschriften heraus. [42]

Unter diesen beiden Redakteuren stieg das Ansehen der 'LZ' rasch an und brachte ihren Pächtern gute Gewinne. So bewarben sich nach Mays Tod nicht weniger als neun Pachtinteressenten, die sich gegenseitig zu überbieten suchten. Schließlich erhielt der Leipziger Notar Christian Ludwig Boxberg für sein Gebot von 7 070 Thalern den Zuspruch. Er hatte die Verwaltung des Blattes bis 1797 inne. Bei der zweiten Pachtverlängerung willigte Boxberg in eine gewisse Durchbrechung seines Privilegs über das politische Zeitungswesen ein. Seitdem durften auch monatliche und vierteljährliche politische Journale erscheinen. [43] Daneben tauchten außerdem in rascher Folge Wochenzeitungen auf, die sich zwar als unterhaltende Blätter anboten, des öfteren aber auch politischen Fragen zuwandten. Diese Blätter konnten wegen ihrer primär unpolitischen Thematik vielfach einem Verbot entgehen. Während der Französischen Revolution und in den folgenden Jahren nahm das Interesse an den 'Leipziger Zeitungen' zu, da ihre Berichte aus Paris als sehr zuverlässig galten. [44] So steigerte sich die Auflage der 'LZ', die sich von 1796 bis 1810 zwischen 3 000 und 4 000 Exemplaren bewegte; bei dieser Größe verharrte sie bis in die vierziger Jahre des 19. Jahrhunderts, abgesehen von einem zeitweisen Zuwachs während der Befreiungskriege. [45]

Der nächste Pächter, der Advokat Franz Wilhelm Scharf, mußte eine abermals erhöhte Summe bezahlen; er hatte die Verwaltung von 1797 bis 1810 inne. Auch diesmal wurde das überkommene Monopol der 'Leipziger' als einziger politischer Tageszeitung in Sachsen beibehalten. Dieser Umstand verzögerte die Entwicklung der politischen Tagespresse in Sachsen nachhaltig — verglichen mit den übrigen deutschen Staaten. [46] Im übrigen verpflichtete der neue Pachtkontrakt den Herausgeber, alle zum Abdruck bestimmten Beiträge und Inserate dem zuständigen Zensor vorzulegen, dessen Amt in der Regel von einem Geschichtsprofessor der Leipziger Universität bekleidet wurde. Als im Oktober 1806 Napoleons Truppen das preußische Heer bei Jena und Auerstädt besiegt hatten und in Leipzig einrückten, unterstellten sie

---

42) Vgl. Georg Witkowski, a.a.O., S. 236 f.
43) C.D. v. Witzleben (a.a.O., S. 54) schreibt hierzu: "Diese Modification war in damaliger Zeit nicht unwichtig, da monatlich erscheinende politische Zeitschriften sich einer besonderen Vorliebe des Publicums zu erfreuen hatten. Zugleich war sie aber auch der zweckmäßigste Ausweg, um die vielen Eingriffe wesentlich einzuschränken, über welche sich Boxberg namentlich seit dem Ausbruch der französischen Revolution, welche der bereits tief gewurzelten, bis in die untersten Schichten verbreiteten Leselust des Publicums neue Nahrung verschaffte, zu beklagen hatte."
44) Vgl. daselbst, S. 55.
45) Daselbst, S. 218.
46) Vgl. Hans Burkhardt: Die politische Tagespresse des Königreichs Sachsen, phil. Diss. Heidelberg 1914, Freiberg i.Sa. 1914, S. 34 ff.

die 'LZ' sogleich ihrer Zensur. Das sächsische Blatt erhielt nun viele Artikel, meist aus dem 'Moniteur', die unverändert nachzudrucken waren. Auch nach der Erhebung Sachsens zum Königreich und seinem Beitritt zum Rheinbund (Dezember 1806) blieb der französische Einfluß auf die Zeitung erheblich. Nach 1808 ergingen von der sächsischen Regierung spezielle Instruktionen an den Zeitungspächter, die sein Blatt zu einer pro-napoleonischen Haltung verpflichteten. [47]

In der Zeit von 1810 bis 1818 war der Leipziger Dichter August Mahlmann (1771— 1826) gleichzeitig Pachtinhaber und Redakteur der 'Leipziger Zeitung', die seit dem 1. Januar 1810 unter ihrem endgültigen Titel erschien. [48] Mahlmann hatte 1805 die 'Zeitung für die elegante Welt', eine literarische Zeitschrift der Romantik, gegründet und seither redigiert. Der sächsische Hof entschied sich daher für Mahlmann als neuen Pächter, da man sich von ihm als erfahrenem Publizisten eine bessere Gestaltung der 'LZ' versprach. Schon bald nach der Übernahme der neuen Aufgaben äußerte sich Mahlmann dazu in einem Brief an einen Freund: "Ich werde mir alle Mühe geben, die 'Leipziger Zeitung' aus ihrer bisherigen Nullität herauszubringen..., wenn auch die politischen Artikel nie bedeutend werden können ... Aber eine Landeszeitung fehlt uns, und die würde ich herzustellen suchen." [49] Tatsächlich gelang Mahlmann eine Steigerung der Aktualität und der redaktionellen Sorgfalt. Außerdem konnten seit dem Sommer 1812 in größerem Umfang innersächsische Nachrichten erscheinen. Im übrigen fielen in die Mahlmannsche Zeit die kriegerischen Auseinandersetzungen der europäischen Großmächte, die zwar an sich reichlich viel an Neuigkeiten boten, der Presse aber oftmals die Fesseln der Zensur anlegten.

Besonders nachteilig wirkte sich die französische Hegemonie in den Staaten des Rheinbundes auf die dortigen Zeitungen aus. So mußte auch die 'LZ' über viele Geschehnisse "in gehörigem Stillschweigen" verharren, wie Mahlmann 1812 in einem Brief bemerkte. [50] Im Frühjahr 1813 geriet Sachsen für ein paar Wochen unter russisch-preußische Besatzung, als der sächsische König nach Prag geflohen war. Sogleich nutzten die neuen Machthaber die Gelegenheit, um sich die 'Leipziger Zeitung' für ihren Kampf gegen Napoleon dienstbar zu machen. [51] So wechselte für Mahlmann nur der eine Zensor den anderen ab. Als dann einige Wochen später die französischen Truppen mit den Heeren der verbündeten Mächte bei Lützen aufeinandertrafen, setzte die Zeitung mehrere Tage mit dem Erscheinen aus, bis sich die Situation geklärt hatte. Die siegreichen Franzosen rückten erneut in Leipzig ein und unterzogen Mahlmanns Tätigkeit wieder völlig der napoleonischen Kontrolle. Einige Wochen danach wurde Mahlmann verhaftet und auf die Festung Erfurt gebracht, als

---

47) Vgl. C.D. v. Witzleben, a.a.O., S. 69 ff.
48) Vgl. Abb. 162 bei Georg Rennert: Die ersten Post=Zeitungen, a.a.O., S. 231.
49) Zit. nach Paul Rühlmann: Die öffentliche Meinung in Sachsen während der Jahre 1806—1812, phil. Diss. Leipzig 1902, Gotha 1902, S. 9.
50) Vgl. C.D. v. Witzleben, S. 91.
51) Vgl. C.D. v. Witzleben, a.a.O., S. 94 ff.

in seinem Blatt eine Anzeige mit einer verdeckten antifranzösischen Tendenz zum Abdruck gekommen war. Es handelte sich um eine private Danksagung an den preußischen Rittmeister von Colomb, welcher ein Freikorps gegen die Franzosen angeführt hatte. [52] Auf eine Intervention sächsischer Stellen hin konnte der Schriftsteller aber schon nach einigen Tagen zu seiner Wirkungsstätte zurückkehren. Allerdings wurde die Zensur nun noch restriktiver praktiziert. Ein spezieller Verbindungsmann, Baron Bacher, belieferte die Redaktion mit offiziösen Artikeln, die von einem extra hierzu bestellten französischen Cabinet verfaßt wurden. [53] Unter dieser Bevormundung büßte das Blatt viel an Aktualität und Objektivität ein, "es war mehr oder weniger ein Abklatsch des 'Moniteur', nur daß die Redakteure durch kleine Mittel, wie z.B. Bemerkungen: 'Aus dem Moniteur', 'Aus franz. Blättern' oder durch Kreuze, Sternchen usw. anzeigen konnten, wo französischer Druck ihre Berichterstattung leitete, und so das Publikum zur Vorsicht mahnten". [54]

Die herannahende Niederlage der Franzosen vom Herbst 1813 mußte in den Berichten der 'LZ' immer wieder verleugnet werden. Als Leipzig in den Tagen der Völkerschlacht zwischen die Fronten der Heere geriet, verzichtete die Zeitung abermals für einige Tage auf ihr Erscheinen. Nach Napoleons Niederlage konnte Mahlmann erstmals seit langem die eigene Meinung veröffentlichen und zu der neuen europäischen Machtkonstellation Stellung nehmen. Zwar mußte die 'LZ' seit dem Winter 1813/14 eine russische Zensur hinnehmen, doch fiel diese erheblich nachsichtiger als unter Napoleon aus. Im November 1814 löste ein preußischer Gouverneur die russischen Verbündeten in Sachsen ab. Von nun an mußte sich die 'Leipziger Zeitung' wieder jeder Meinungsäußerung zur Tagespolitik enthalten.

Die stärkste — wirtschaftliche — Belastung kam für das Blatt erst, als die Beschlüsse des Wiener Kongresses vom Juni 1815 in Kraft traten: Das Königreich Sachsen mußte mehr als die Hälfte seines Territoriums an Preußen abtreten; damit ging der 'LZ' ein großer Teil ihres bisherigen Absatzgebietes verloren. Um Mahlmanns Nachfolge in der Pacht bewarben sich 22 Interessenten. Das für die Vergabe zuständige Geheime Finanzkollegium erklärte, welche Erwartungen man an die Verpachtung knüpfe: "Die Zeitung muß sich durch reichhaltige und schnelle Mittheilung der Nachrichten von Sachsen dem Auslande nothwendig machen und, ohne dadurch in andere, in der Censur ohnehin nicht zu gestattende Fehler zu fallen, ein solches allgemeines Interesse zu gewinnen suchen, wodurch verschiedene Zeitungen . . . ansehnlichen ausländischen Absatz haben. Dies kann allerdings nicht ohne Aufwand auf gute Correspondenten im Auslande geschehen, die man bei der Leipziger Zeitung aus Ersparniß und weil sie sich unter günstigen Zeitumständen ohnehin rentirte, bisher ganz vernachlässigt hat. . ." [55]

---

52) Daselbst, S. 101 ff.
53) Vgl. daselbst S. 105, ferner S. 113 f.
54) Paul Rühlmann, a.a.O., S. 9.
55) C.D. v. Witzleben, a.a.O., S. 127.

Daher solle man eine in kaufmännischer und bildungsmäßiger Sicht geeignete Persönlichkeit auswählen. Die Entscheidung fiel auf den Buchhändler Georg August Grieshammer, der das Blatt von 1818 bis 1831 leiten konnte. Allerdings betrachtete dieser die 'LZ' unter rein kommerziellem Aspekt und ließ daher ihren redaktionellen Teil mit möglichst wenig Kostenaufwand gestalten. Trotz eines immer besseren Anzeigengeschäftes gab Grieshammer keinerlei Mittel für auswärtige Korrespondenten aus, so daß die 'LZ' schnell von dem unter Mahlmann erreichten Niveau absackte und selbst amtliche Stellen dies monierten. [56] Deshalb empfahl man, das Pachtverfahren aufzugeben und die 'LZ' direkt in staatliche Verwaltung zu nehmen.

So wurde die 'Leipziger Zeitung' ab 1831 vom Finanzministerium verwaltet. Damit gerieten Geschäftsführung und Redaktion der 'LZ' unter direkte staatliche Kontrolle — eine Regelung, die schon damalige Beobachter als "befremdende Anomalie in der neuen Staatsordnung" [57] charakterisierten, zumal Sachsen im gleichen Jahr zur konstitutionellen Monarchie geworden war. Die Aufgabenbereiche des Zensors und des leitenden Redakteurs wurden zusammengelegt, der Redakteur war also zur Selbstzensur verpflichtet. — Die Herstellung der Zeitung erfolgte im Lohndruck bei dem namhaften Verlagsbuchhändler Benedictus Teubner, da die Regierung anfangs über keine geeignete Staatsdruckerei verfügte und man zudem die Nennung eines Privatunternehmens im Impressum des Blattes für günstiger hielt. Trotz der Verbesserungen von 1831 (u.a. vergrößertes Seitenformat, bessere Lettern und besseres Papier) blieb die Auflage der 'LZ' unbefriedigend, sie sank sogar einige Jahre lang; erst ab 1836 stieg sie langsam an und kam bis 1848 auf knapp 5 000 Bezieher. [58]

Gegen Ende der dreißiger Jahre erwuchs der 'LZ' in der Brockhaus'schen 'Leipziger Allgemeinen Zeitung' eine ernstzunehmende Konkurrenz. Dieses gemäßigt-liberale Blatt fand reges Interesse beim Publikum in ganz Deutschland, wurde aber durch die Verbote in Bayern (1842) und Preußen (1843) stark beeinträchtigt. [59] Die Abhängigkeit der 'LZ' vom Finanzministerium hemmte alle journalistischen Initiativen der Redaktion, da man jegliche Gelder für zusätzliche Berichterstatter usw. in Dresden beantragen mußte, dort aber das Blatt hauptsächlich als fiskalisches Objekt betrachtet wurde. Im Jahre 1848 hatte die 'Leipziger Zeitung' eine schwierige Stellung, da sie sich auf Grund ihrer traditionell monarchistisch-konservativen Haltung

---

56) Daselbst, S. 130, zitiert eine Verfügung des Geh. Finanzcollegiums an das Oberpostamt vom 3.1.1826: "Bey der zeitherigen Redaction der Leipziger Zeitung ist zu bemerken gewesen, daß die darin vorkommenden ausländischen politischen Artikel, mit nur wenig Ausnahmen, fast wörtlich und dennoch nicht immer vollständig aus fremden Zeitungen entlehnt werden und in letzteren gewöhnlich früher gelesen werden, als die Leipziger Zeitungen eingehen."
57) Vgl. das Stichwort 'Zeitungen und Zeitschriften' im 'Conversations-Lexikon der neuesten Zeit und Literatur (F.A. Brockhaus), Bd. 4, Leipzig 1834, S. 1029.
58) Vgl. C.D. v. Witzleben, a.a.O., S. 218.
59) Die 'LAZ' änderte 1843 ihren Titel in 'Deutsche Allgemeine Zeitung'; dieses national und liberal ausgerichtete Blatt stellte 1879 sein Erscheinen ein.

den liberalen Strömungen des Revolutionsjahres nicht aus freien Stücken anschließen konnte, zumal die Redakteure von der Regierung ernannt wurden, also auf deren Vertrauen angewiesen waren. 60) Auch nach der Aufhebung der Zensur in Sachsen (9. März 1848) blieb die 'LZ', verglichen mit anderen Zeitungen, ein konservatives Blatt, das die Anhänger der "Bewegungspartei" am liebsten beseitigt hätten. In der Berichterstattung, besonders über die revolutionären Bestrebungen und die nationale Einigungsbewegung übte die 'LZ' die gewohnte Zurückhaltung, bemühte sich aber weitgehend um Vollständigkeit. Alle Meldungen erschienen ohne spezielle Überschriften, die bestimmte Akzente setzen konnten.

Die 'LZ' blieb bei dem starren Schema, das 1831 eingeführt worden war, wonach alle Meldungen — unabhängig von ihrer Aktualität — in einer festen Reihenfolge erschienen: voran die amtlichen Erlasse, dann die Nachrichten aus den Bundesstaaten, den übrigen deutschen Gebieten, dem Ausland und schließlich aus Sachsen. Danach folgten dann die nichtpolitischen Ressorts. 61) Im März 1848 übernahm Oswald Marbach, ein Universitätsprofessor, der bisher als Zentralzensor für Politik fungiert hatte, die Leitung der 'LZ'-Redaktion. Aber auch unter seiner Führung (bis 1851) blieben Leitartikel und Kommentare weiterhin seltene Ausnahmen, da dies in Dresden nicht gutgeheißen wurde. Immerhin kamen in der 'Leipziger Zeitung' nach dem Wegfallen der Zensur oppositionelle Ansichten in der neueingerichteten Rubrik "Sprechsaal" und im Inseratenteil zu Wort. So bot die Regierungszeitung während der bewegten Monate ein zwiespältiges Bild. 62) Marbach war sich selbst der notwendigen Reformen an der 'LZ' bewußt: 63)

> "Die Umgestaltung der LZ ist so sehr als möglich zu beschleunigen. Das Publikum hat ein Recht zu verlangen, daß das wichtigste und verbreiteste Tageblatt des Landes alsbald im Sinne der Neuzeit redigiert werde. So dringend nötig es ist, das Vertrauen zu dem neuen Gouvernement so schnell als möglich zu befestigen und gegen Umtriebe sicher zu stellen, so dringend ist auch die Reorganisation der LZ. Die Redaktion ist außer Stande, solange sie ohne Ermächtigung und ohne die freie Stellung ist, deren sie bedarf, auf die Zeitung nachdrücklich zu influssieren, da sie gegenwärtig ganz und gar durch das Ausziehen der auswärtigen Blätter in Anspruch genommen wird ... Dazu kommt, daß täglich neue Organe der öffentlichen Meinung sich bilden, große Zeitungsunternehmen errichtet werden, welche die pekuniären Gewinne aus der LZ bedrohen, und, was mir wichtiger scheint, der Regierung die Möglichkeit beschränken werden, durch ihr Organ auf die öffentliche Meinung so energisch zu wirken, wie zum Heil Sachsens, zur Erhebung des deutschen Vaterlandes dringend nötig ist."

---

60) Vgl. Hans Herbert Grossmann, a.a.O., S. 19 ff.
61) Daselbst, S. 45.
62) Daselbst, S. 34, schreibt Grossmann hierzu: "Gewissermaßen zwischen zwei Feuern stehend, — einerseits die Regierung, die alles Liberale und vor allem Revolutionäre aus der LZ fernhalten wollte, auf der anderen Seite die berechtigte Berufung der Öffentlichkeit auf die Preßfreiheit — war die ideologische Haltung der Redaktion oft sehr indifferent, und das muß den Redakteur in manche Gewissenskonflikte gebracht haben...".
63) Daselbst, S. 39.

Marbach verdeutlichte seine Vorstellungen in Instruktionen für die Korrespondenten der 'LZ': 64)

> "Das kräftige Aufleben Deutschlands hat, wie Sie wissen, in Sachsen ein freisinniges Ministerium ans Staatsruder gebracht. In Folge hiervon wird es der Leipziger Zeitung möglich werden, wenn sie die Unterstützung tüchtiger Correspondenten erhält, kräftig mitzuwirken zur Bildung der öffentlichen Meinung und damit zur Neugestaltung der staatlichen und socialen Verhältnisse in Deutschland. Die Leipziger Zeitung kann und soll kein Parteiblatt werden; der Liberalismus, die acht constitutionelle Gesinnung aber sind auch nicht mehr als Parteiinteresse zu betrachten. Ihnen soll die Leipziger Zeitung als Organ dienen. Demgemäß wird sie eine entschiedene, dabei aber besonnene, die liberalen Parteiungen untereinander vermittelnde und die Gegner nicht bloß zurückweisende, sondern die Vernünftigen unter denselben zur wahrhaft guten Sache des Vaterlandes heranziehende Haltung zu behaupten suchen ... Die Leipziger Zeitung hat durch leitende Artikel und durch die Fassung der Correspondenzen darauf hinzuwirken, daß die Zeitbegebenheiten und Zeitfragen in freisinniger und freimütiger, dabei aber besonnener, vernünftiger und mäßiger Weise beurtheilt, Überschätzungen und Verleumdungen von Persönlichkeiten und Ereignissen gleich sehr gemieden werden. Dies darf eine begeisternde und anregende Aussprache in keiner Weise hindern, sobald nur Gerechtigkeit gegen jedermann, Wahrheitsliebe und ehrenwerthe Gesinnung beachtet wird."

Zum 1. Juli 1849 wurde die 'LZ' dem Innenministerium zugewiesen. Zu dieser Zeit wurde ein spezielles Regierungsorgan am Sitz des Gesamtministeriums in Dresden eingerichtet. Die Regierung kaufte das von Teubner gegründete 'Dresdner Journal' und schuf damit endlich eine seit langem geplante offiziöse Tageszeitung mit Sitz in der Landeshauptstadt. 65) Seit 1853 setzte die Regierung einen 'Königlichen Kommissar für die Angelegenheiten der Leipziger Zeitung', einen Chefredakteur, ein, dem die Redaktionsmitglieder disziplinar unterstellt waren. 66) Diese Regelung, die bis zum Ende der 'LZ' bestehen blieb, zeigte auch nach außen hin den Status der offiziösen sächsischen Staatszeitung. Der bedeutendste 'LZ'-Kommissar war der Regierungsrat von Witzleben, der das Amt von Herbst 1856 bis 1879 bekleidete und die Monographie der 'Leipziger Zeitung' verfaßte. Neben der Organisation wurde im April 1854 die äußere Aufmachung der 'LZ' geändert; die Berichte aus Kunst und Wissenschaft wurden in der 'Wissenschaftlichen Beilage' mehrfach wöchentlich veröffentlicht. Diese Beilage wurde zum Oktober 1914 eingestellt, weil sie der Zeitung hohe zusätzliche Kosten verursachte.

1866 befürchtete die sächsische Regierung eine Besetzung ihres Landes im Gefolge des preußisch-österreichischen Konfliktes. Daher wurde, um die 'LZ' vor einem eventuellen preußischen Zugriff zu schützen, noch vor Ausbruch des Deutschen Krieges

---

64) Daselbst, S. 83 ('LZ' Nr. 315 vom 10.11.1848, S. 7252).
65) Vgl. Ludwig Salomon: Geschichte des deutschen Zeitungswesens, Bd. 3, Oldenburg – Leipzig 1906, S. 600 ff. – Vgl. auch die Denkschrift von Theodor Petermann: Das Ende einer Zeitung, Dresden 1906.
66) Ab 1901 trat an die Stelle des Kommissars ein Oberleiter, dessen Aufgabenbereich aber vom Vorgänger unverändert übernommen wurde. Ihm unterstand die zwei- bis dreiköpfige Redaktion. Vgl. Roland Schmidt, a.a.O., S. 127 f.

ein Pachtvertrag geschlossen, wonach der damalige zuständige Kommissar von Witzleben das Blatt pachten, aber im bisherigen Geiste weiterführen sollte. Ferner wurde vereinbart, daß nach der Wiederherstellung der "Autorität der Königlich Sächsischen Regierung in Sachsen bzw. in Leipzig" die 'LZ' wieder zu deren unbeschränkter Verfügung zu stehen habe. Witzleben sollte die Zeitung bloß pro forma ihrer offiziösen Rolle entkleiden. Seinen Hauptzweck konnte dieser "Scheinvertrag" [67] aber nicht erfüllen, da die Preußen nach ihrem Einmarsch in Sachsen ohnehin das Blatt ihrer Zensur unterstellten.

Witzlebens Einfluß, sein "publizistisches, politisches und kaufmännisches Geschick" [68] verhalf der Regierungszeitung zu einem Aufschwung, der sich in der wachsenden Auflage abzeichnete, der sich aber gegenüber den freien Zeitungen nur bescheiden ausnahm. Im übrigen sank die Bezieherzahl seit der Mitte der siebziger Jahre ziemlich konstant ab, so daß man im Ersten Weltkrieg auf die Auflagenziffern des 18. Jahrhunderts zurückfiel. [69] Allerdings lag die Reichweite der 'LZ' höher als die verbreitete Auflage, da man den Äußerungen eines Regierungsorgans besondere Beachtung schenkte. Daher wird man, nach Roland Schmidt, ". . . der Auflage der LZ einen etwa um das Vier- bis Fünffache höheren Grad zusprechen müssen, als ihre zahlenmäßige Höhe auszudrücken scheint. Mit der Publizität einer angenommenen Leserzahl von 20–30 000 aber war die LZ ein durchaus beachtenswertes Glied des deutschen Zeitungswesens ihrer Epoche." [70] Andererseits konnte die 'LZ' als offiziöses Blatt niemals die Popularität unabhängiger Zeitungen erreichen — deren Auflagen, insbesondere nach der Reichsgründung, oft immens anwuchsen —, da sie als Organ eines konservativen Regimes zu einer aristokratisch-undemokratischen Grundhaltung verpflichtet war.

Neben der Auflage ging auch das Anzeigenaufkommen, besonders das von privater Seite, immer mehr zurück, womit der amtliche Charakter des Blattes zusätzlich unterstrichen wurde. Der Gesamtumfang der 'LZ' schrumpfte von 1901 bis 1918 auf die Hälfte der Seiten zusammen. [71] Ein weiterer Grund für den Substanzverlust der 'LZ' ergab sich aus ihrer fehlenden Standortbezogenheit, die eine solide wirtschaftliche Grundlage verschafft hätte. So fanden die kommunalen Vorgänge in Leipzig kaum Beachtung in dem Regierungsblatt, das über die sächsischen Grenzen hinaus wirken sollte. [72]

---

67) Vgl. daselbst, S. 23 ff.
68) Daselbst, S. 21.
69) Vgl. daselbst, S. 68 ff, S. 115 f., S. 142.
70) Daselbst, S. 73.
71) Daselbst, S. 126.
72) Vgl. Erich Conrad: Die Entwicklung des kommunalen Teils der größeren Leipziger Tageszeitungen in der 2. Hälfte des 19. Jahrhunderts, phil. Diss. Leipzig 1935, S. 92 ff.

Als mit dem Ausgang des Weltkrieges auch die Monarchen der deutschen Einzelstaaten im November 1918 zur Abdankung gezwungen wurden, ließ das Ende der 'Leipziger Zeitung' nicht lange auf sich warten. Die republikanische Regierung hatte kein Interesse, diese kränkelnde Staatszeitung, die in allen Situationen loyal zum sächsischen Hof gestanden hatte, weiterzuführen. Am 31. Dezember 1918 erschien die 'LZ' zum letzten Mal und nahm mit einem Rückblick auf ihre traditionsreiche Geschichte von den Lesern Abschied. "Das Ende der LZ . . . war nicht nur ein politischer Racheakt der bis dahin befehdeten und nun ans Ruder gelangten Parteien, sondern vielmehr eine unabweisbare historische Zwangsläufigkeit." 73)

---

73) Roland Schmidt, a.a.O., S. 145. Vgl. auch den Beitrag "Zum Abschied", in: 'Leipziger Zeitung', Nr. 302 (31. Dezember 1918).

Elger Blühm:

NORDISCHER MERCURIUS (1665 — 1730)

Die Zeitung, von der hier die Rede sein soll, gehört zu den bedeutenden journalistischen Leistungen, die das 17. Jahrhundert hervorgebracht hat. Als sie zu erscheinen begann, war die Pionierzeit der ersten wöchentlichen Avisen und Relationen bereits vorüber, doch dauerten die Gründerjahre der frühen deutschen Presse noch an. Als sie aufhörte zu bestehen, war mit Intelligenzblättern, gelehrten Journalen und Moralischen Wochenschriften ein neues Zeitalter der Publizistik angebrochen.

Der 'Nordische Mercurius', Hamburgs dritte periodische Zeitung [1], ist ohne die Tradition der vorhergehenden Nachrichtenblätter nicht zu denken. Wie sie, will er getreuliche Chronistenarbeit verrichten, reiht er Faktum an Faktum, bietet er sich an als lehrreiches Geschichtsbuch für Mit- und Nachwelt. Zugleich aber verläßt er von Anfang an das gewohnte Schema und nimmt in Ansätzen spätere Entwicklungen vorweg. Er will nicht nur berichten, sondern auch unterhalten, er gibt nicht nur wieder, sondern läßt auch seine eigene Meinung erkennen. Er bemüht sich um Vielfalt, Farbe und Stil und zeigt, zukunftweisend wie keine andere deutsche Zeitung vor ihm, daß Journalismus Kunst sein kann. Dies ist mit der gebotenen Einschränkung gesagt. Denn die Zeit der Meinungspresse war noch fern, als der 'Nordische Mercurius' herauskam, und der Gedanke, mit seinem Blatt in den Gang des Geschehens einzugreifen oder mit ihm gar Geschichte machen zu wollen, konnte seinem Gründer nicht kommen.

Dieser Gründer aber war kein Drucker oder Postmeister, der das Zeitungsgeschäft lediglich als Erwerbsquelle oder als willkommene Möglichkeit, die Höhe seiner Einkünfte zu steigern, ansah. Er war ein am Geschehen seiner Zeit engagiert Teilhabender, ein politischer Kopf, zugleich auch — und dieses "zugleich" bewirkte seine journalistische Leistung — ein homme de lettre, ein vielseitiger und in seiner Zeit angesehener Schriftsteller, ein freier Geist dazu, der, welt- und leiderfahren wie viele seiner schreibenden Zeitgenossen, sich in all dem Elend seiner Epoche ein fühlendes Herz, einen nüchternen Sinn und einen überwindenden Humor bewahrte. Dieser Mann, Georg Greflinger, war eine der ersten ausgeprägten Journalistenpersönlichkeiten Deutschlands.

---

1) Die älteste Hamburger Zeitung begann im Spätsommer 1618 zu erscheinen. Sie wurde vom Frachtbestätter Johann Meyer (gest. 1634) ins Leben gerufen und später von seiner Witwe Ilsabe (gest. 1656) und ihrem zweiten Mann, dem Notar Martin Schumacher, herausgegeben. Die zweitälteste Zeitung Hamburgs, eine Gründung des kaiserlichen Postmeisters Hans Jakob Kleinhans, kam 1630 heraus. Beide Blätter wechselten mehrfach ihren Namen. Die Meyer-Zeitung kann bis 1678, die Postzeitung bis 1675 nachgewiesen werden. Ein Gedicht Georg Greflingers auf den Tod Ilsabe Meyer-Schumachers (Walther Nr. 279) ging im letzten Krieg verloren.

Nirgends sonst hätte sich seine Begabung mehr entfalten können als in Hamburg. Die freie Bürgerstadt, der vom Krieg verschonte beherrschende Handelsplatz mit seinen weitverzweigten Geschäfts- und Verkehrsbeziehungen, das große Nachrichtenzentrum zwischen den westlichen Seemächten, Skandinavien und Osteuropa, das Tor zur Welt, durch das nicht nur wirtschaftliche Güter, sondern auch neue Ideen und neue Formen der Kunst nach Deutschland kamen — keine andere Stadt des alten Reiches bot günstigere Möglichkeiten, eine Zeitung eigener Art und besonderen Charakters herauszubringen. Und auch die Zeit kam einer Zeitungsgründung entgegen. Der Dreißigjährige Krieg, dessen Ende beim Auftreten des 'Nordischen Mercurius' über ein Jahrzehnt zurücklag, hatte das Zeitungswesen so sehr an Boden gewinnen lassen, daß dieser ihm nicht mehr streitig gemacht werden konnte. Zählt man nur nach den erhalten gebliebenen Beständen, so sind uns aus den Jahren vor seinem Ausbruch 6 Wochenblätter bekannt, von denen 4 noch während des Krieges existierten; zwischen 1618 und 1648 folgen ihnen 73 neue Zeitungen in deutscher Sprache, deren Mehrzahl allerdings nur eine kurze Lebensdauer hatte. Über hundert deutsche Zeitungen sind vor dem 'Nordischen Mercurius' gegründet worden.

Nach wie vor freilich mußten Zeitungsschreiber und Zeitungsdrucker mit dem Argwohn der Obrigkeit rechnen. Sie blieben unter ständiger, wenngleich zeitlich und örtlich unterschiedlich gehandhabter Aufsicht. Sie mußten sich vor dem Zorn der Herrschenden hüten und hatten sich gegen Spott und Geringschätzung zu wehren. Aber die Zeitungen waren nicht mehr aus der Welt zu schaffen. Ihre Zahl wuchs. Der Kreis ihrer Leser erweiterte sich. Allmählich stieg sogar ihr Ansehen. Kurz vor dem Zeitpunkt, an dem Greflinger mit der Herausgabe seines Blattes begann, sah sich der Hamburger Rat noch veranlaßt, die gänzliche Abschaffung des Zeitungsdruckens, das der Obrigkeit nur Nachteile bringe, zu wünschen [2].

Das war im März 1661. Acht Jahre später mußte Greflinger die "Novellen" gegen den Vorwurf verteidigen, sie seien "gemeiniglich Lügen". Die knappe Bemerkung, mit der er der Kritik begegnet und ihren Stachel von sich auf das eigentlich zu Kritisierende wendet, ist bezeichnend für ihn: "wollte Gott" schreibt er [3] "daß sie (die Novellen) offte Lügen wären!" Doch das Urteil wandelte sich: um die Jahrhundertwende nannte der Hallische Universitätskanzler Johann Peter Ludewig

---

[2] Vgl. Ernst Consentius: Der Zeitungsschreiber im 17. Jahrhundert, in: 'Deutschland, Monatsschrift für die gesamte Kultur' 6. Jg./1906, S. 246—251; Hermann Kellenbenz: Das hamburgische Zeitungswesen und die Politik, in: 'Hamburgische Geschichts- und Heimatblätter' 12. Jg./1940, S. 322—324; Heinrich Reincke: Zur Vor- und Frühgeschichte des Hamburger Zeitungswesens in: 'Zeitschrift des Vereins für Hamburgische Geschichte', 44. Jg./1958, S. 216.

[3] In einer redaktionellen Vorbemerkung zum Jahrgang 1669 des 'Nordischen Mercurius'; abgedruckt in: Die Zeitung, Deutsche Urteile und Dokumente von den Anfängen bis zur Gegenwart. Ausgewählt u. erläutert v. Elger Blühm u. Rolf Engelsing, Bremen 1967, S. 42 f.

die Hamburger Gazetten die "vollkommensten" [4], und 1726 schrieb Paul Jakob Marperger, daß die Zeitungen Hamburgs, unter ihnen die Greflingersche, einen "großen Cours in Teutschland und ausländischen Reichen und Ländern" hätten [5]. Georg Greflinger hat diese anerkennenden Urteile nicht mehr gehört. Er starb 1677. Ein Jahr darauf sagt der Altonaer Prediger und Publizist Johann Frisch von ihm: [6] "Der Sehl. Herr Grefflinger" sei ein Mann gewesen, "dessen Meriten bey seinem (!) Lebzeiten nicht erkennet/viel weniger sein Espirit (!) recht emploiret worden" sei, "welches ihm aber mit vielen gemein ist".

Georg Greflinger [7] nannte sich einen Regensburger. Doch ist er wohl nicht in der Reichsstadt selbst, sondern als Bauernkind in deren ländlicher Umgebung zur Welt gekommen. Ort und Tag seiner Geburt sind unbekannt. Nach seinen eigenen Worten war er "noch ungebohren", als der Dreißigjährige Krieg ausbrach [8]. Dieser Krieg bestimmte sein Schicksal. Er habe ihm "nicht mehr übrig gelassen" schreibt Greflinger [9], "als das Gedächtnis". Vater, Mutter und Brüder kamen um. Die Habe ging in Flammen auf. Der junge Greflinger rettete sich hinter die Mauern Regensburgs. Nach wenigen Jahren der Geborgenheit und des Lernens folgte eine unstete Wanderzeit. Der Krieg trieb ihn umher. Autobiographische Bemerkungen und Andeutungen in seinen Dichtungen und deren Widmungen oder Vorreden nennen einige Stationen seines Weges: Nürnberg, Sachsen, Breisach, Frankfurt am Main, Wien,

---

4) Vgl. Johann Peter Ludewig: Vom Gebrauch und Mißbrauch Der Zeitungen/ Bey Eröffnung Eines Collegii geführet. Anno 1700, in: 'Johann Peter Ludewigs . . . Gesamte Kleine Teutsche Schriften', Halle 1705. S. 101 f.

5) Vgl. P(aul) J(akob) M(arperger): Anleitung Zum rechten Verstand und nutzbarer Lesung Allerhand so wohl gedruckter als geschriebener . . . Zeitungen oder Avisen, o.O. (1726), S. 12.

6) Vgl. Johann Frischen Erbaulicher Ruh-stunden oder Unterredungen/ darin allerhand nützliche und erbauliche Materien der angehenden Jugend und andern Liebhabern guter Wissenschafften zu dienst/ abgehandelt . . . werden. Dritter Theil. Hamburg 1678. S. 586.

7) Vgl. Wolfgang von Oettingen: Über Georg Greflinger von Regensburg als Dichter, Historiker und Übersetzer. Eine literarhistorische Untersuchung, Straßburg 1882; Ergänzungen zu Oettingen in der Besprechung von C. Walther, in: 'Anzeiger für deutsches Altertum und Literatur' 10. Jg./1884, S. 80—127; Johannes Bolte: Zu Georg Greflinger, in: 'Anzeiger für deutsches Altertum und Literatur' 13. Jg./1887, S. 103—114; L. Neubaur: Georg Greflinger, Eine Nachlese, in: 'Altpreußische Monatsschrift' 27. Jg./1890, S. 476—503; Karl Winkler: Literaturgeschichte des oberpfälzisch-egerländischen Stammes. I. Kallmünz (1940), S. 232—239; Friedrich Schwarz: Georg Greflinger, in: 'Altpreußische Biographie' I (1941), S. 229; Lutz Mackensen: Ich bin ein Deutscher, das ist frey in: 'Ostbrief, Monatsschrift der Ostdeutschen Akademie' 6. Jg./ 1960, S. 61—66; Elger Blühm: Ein Dichterbesuch in Hamburg 1668, Bemerkungen zu Daniel Baerholz und Georg Greflinger, in: 'Zeitschrift des Vereins für Hamburgische Geschichte ' 48 Jg./1962, S. 111—121; Elger Blühm: Neues über Greflinger, in: 'Euphorion' 58. Jg./ 1964, S. 74—97; Elger Blühm: Georg Greflinger, in: 'Neue Deutsche Biographie'. Bd. 7, 1966. S. 19 f.

8) Vgl. (Georg Greflinger:) Der Deutschen Dreyszig=Jähriger Krieg/ Poetisch erzählet durch Celadon von der Donau. o.O. 1657. S. 1.

9) Vgl. Walther, a.a.O., S. 125.

Schlesien, Thorn, Danzig. Am eigenen Leibe erlebte er die ganze "erbärmliche Beschaffenheit" des "jetzigen Deutschlandes" [10]. Möglicherweise schlug er sich als Soldat, Schreiber, Kurier und Hauslehrer durch. Offensichtlich aber fand er Freunde, Dichter und Künstler, die ihn als einen der Ihren aufnahmen, und hochgestellte Gönner, die das junge Talent förderten.

Kurz vor Ende des Krieges kam Greflinger nach Hamburg. Hier endlich konnte er festen Fuß fassen und eine einigermaßen gesicherte bürgerliche Existenz gründen. Er war als Notarius publicus tätig, vor allem aber als Schriftsteller. Die Zahl seiner Veröffentlichungen ist Legion. Ihre Themen spiegeln die Vielseitigkeit Greflingers wider, aber auch den Zwang zum Broterwerb. Als Verfasser geistlicher und weltlicher Lieder machte er sich rasch einen Namen. Johann Rist krönte ihn 1654 zum Poeta laureatus und nahm ihn in seinen Elbschwanenorden auf. Hunderte von Gelegenheitsgedichten, zumeist Auftragspoesie zu Hochzeiten und Todesfällen, beweisen, wie begehrt seine Verse waren. Auch eine Reihe prosaischer Gebrauchsschriften, darunter Garten- und Küchenbücher, fand Verbreitung. Von Greflingers Übersetzungen muß vor allem die des Corneilleschen "Cid" genannt werden, die 1650 die klassische französische Tragödie zum erstenmal in deutscher Sprache wiedergab. Von besonderer Bedeutung sind in unserem Zusammenhang aber Greflingers zeitgeschichtliche Schriften. Von ihnen führt der Weg, fort von der Poesie, zur Publizistik. Aus "Celadon von der Donau" [11] wurde der 'Nordische Mercurius' [12].

Schon während des Krieges begann Greflinger damit, Ereignisse seiner Zeit zu schildern. In mitunter ergreifenden Versen wünschte er den Frieden herbei, beklagte er den Zustand des Vaterlandes und die Uneinigkeit der Deutschen. Ja, er unternahm es, den gesamten Verlauf des Krieges in Alexandrinern zu erzählen. In dieser umfangreichen Reimchronik vom 'Deutschen Krieg', von der ein erster Teil bereits 1647 herauskam und die noch Lessings Aufmerksamkeit fand [13], tritt uns Greflinger mehr als Berichterstatter denn als Dichter entgegen. Als Leser hat er nicht so sehr Liebhaber der Poesie als vielmehr solche "neuer Zeitungen" vor Augen. Er spricht als Augenzeuge, als Reporter, wenn er in einer Vorrede sagt: [14] "ein unansehentlicher Bote, welcher durch diß oder jenes Kriegslager daher reiset, hat vor den Liebhabern der neuen Zeitungen eben so viel, wo nicht mehr Freyheit zu reden, als ein umbstehender, welcher zwar ansehentlich und vielwissend, dennoch bey solchen Händlen selbst nicht gewesen ist".

---

[10] 1643 veröffentlichte Greflinger ein längeres Zeitgedicht unter dem Titel: "Des jetzigen Deutschlandes Erbärmliche Beschaffenheit".

[11] Celadon (von der Donau) oder Seladon war der Dichtername Greflingers, den er auch als Mitglied des Elbschwanenordens führte.

[12] Greflinger unterzeichnet gelegentlich seine Gedichte mit 'Nordischer Mercurius'; vgl. Walther, a.a.O., S. 111.

[13] Lessing sagte, das Werk verdiene "bekannter zu sein". Vgl. Lessings Werke (Bongs), Bd. 19, S. 39.

[14] In der von Walther aufgefundenen Quartausgabe des 'Deutschen Krieges', vgl. Walther, a.a.O., S. 125.

Auch nach dem Westfälischen Frieden wird das Zeitgeschehen von Greflingers Versen begleitet. Doch nun schiebt sich die Prosa immer mehr in den Vordergrund. In den fünfziger und sechziger Jahren erscheint eine ganze Anzahl kleiner zeithistorischer Bücher, wie etwa das 'Diarium Britannicum' (1652), die 'Kurtze Erzehlung Aller vornehmsten Händel' (1653) und der 'Anzeiger Der denckwürdigsten Krieges= und anderen Händel zu unsern Zeiten' (wohl 1660). Die Folge dieser Schriften wird abgeschlossen durch zwei Ausgaben einer 'Zeit=Büchleins', die 1663 und 1664 herauskamen und in denen Greflinger die Ereignisse des Türkenkrieges "wider Das Königreich Vngarn/Siebenbürgen und die Kayserliche Erb=Länder kürtzlich/was von Monat zu Monat darin passiret ist" festhält. Walter Schöne stellt das 'Zeit=Büchlein', dessen Verfasser er nicht kannte, in den Rahmen derjenigen Zeitungsformen, deren Kennzeichen die "monatsweise wie monatliche Übermittelung politischer Neuigkeiten" sei [15]. Doch handelt es sich hier um keine Zeitung, sondern, wie bei den früheren zeitgeschichtlichen Prosaschriften Greflingers um einen summarischen Abriß eines längeren Geschichtsablaufs, als Merkbuch für den interessierten Zeitgenossen, vielleicht auch für den Schüler gedacht.

Daß bei der Zusammenstellung solcher Geschichtsabrisse Zeitungen als Quellen herangezogen wurden, herangezogen werden mußten, kann als sicher gelten. Darüber hinaus haben wir Grund zu der Annahme, daß Greflinger schon in der Zeit, als er seine zeithistorischen Diarien, Erzählungen und Anweiser abfaßte, aktiv im Zeitungsgeschäft tätig war, ganz gewiß als Korrespondent geschriebener Zeitungen, als 'Novellant' [16], vielleicht auch als Mitarbeiter an einer der beiden ersten gedruckten Hamburger Zeitungen [17].

So unbekannt die Tage der Geburt und des Todes Georg Greflingers sind, so wenig wissen wir etwas Genaues über Anfang und Ende des 'Nordischen Mercurius'. Der erste Jahrgang der Zeitung, der erhalten blieb, ist der von 1665, die letzten Exemplare, die wir kennen, stammen aus dem Jahr 1730. Die Gründung des Blattes erfolgte wahrscheinlich schon zu Anfang der sechziger Jahre. Kurz danach müssen Schwierigkeiten eingetreten sein, die eine Reduzierung im Auslieferungsrhythmus zur Folge hatten. Vorübergehend konnte der 'Nordische Mercurius' nur monatsweise erscheinen (in Stücken von je 24 Seiten). Das reichte lediglich dazu, wie es in der Vorrede zum Jahrgang 1665 heißt, die publizistische Aufgabe "in kurtzen Anmärckungen der denckwürdigsten Sachen" zu sehen. Offenbar hatten obrigkeitliche Maßnahmen den Betätigungswillen des Zeitungsherausgebers begrenzt. Wie

---

15) Vgl. Die deutsche Zeitung des siebzehnten Jahrhunderts in Abbildungen, 400 Faksimiledrucke, hrsgg. v. Walter Schöne, Leipzig 1940, S. 27.

16) Zwei Hochzeitsgedichte Greflingers, eines von 1654 für Johann von Bobert, das andere von 1661 für Gottlieb Huppli, enthalten Angaben über Greflingers Korrespondententätigkeit.

17) Vgl. Liselotte v. Reinken: Deutsche Zeitungen über Königin Christine, 1626–1689. Eine erste Bestandsaufnahme. Münster 1966, S. 143–146.

sehr es Greflinger auf Erlangung oder Wiedererlangung hoher, ja, der höchsten Huld ankam, zeigt eine Stelle in einem Gedicht, das er veröffentlichte, als am 6. April 1665 eine hamburgische Gesandtschaft aus Wien und Regensburg zurückkehrte: 18)

> "Wie manches mahl hatt ich die Reise vorgenommen,
> Zu Euch, Beförderern von mir, nach Wien zu kommen,
> Umb durch gelangte Huld der Kayserlichen Bahn
> Mein gantz begreistes Häupt zu beugen, und fortan
> Die Kayserliche Huld tieff knyend anzuflehen:
> Gantz Allergnädigst mier die Freyheit zuzustehen,
> Von derer Helden Krieg und Siegm auch anderm mehr
> (Als ein Mercurius vom grossen Götter Heer)
> Die Botschafft aller Welt in Wahrheit außzuschreiben".

Die Vorrede zum 'Nordischen Mercurius' von 1666 macht deutlich, daß Greflinger eine schwere Zeit durchstehen mußte. Endlich konnte er nun wieder aufatmen: "Nachdem sich die liebe/freundliche und erwärmende Sonne/welche sich dem Nordischen Mercurio achtzehen Monaten lang abgewandt/und ihm in so langer Zeit Hand und Verstandt fast bestarrt und beeiset hielte/sich demselbigen mit diesem neuen Wunder=Jahre wiederumb liebfreundlich und erwärmend nähert/ auch solche Blicke bezeiget/ daß Er der frölichen Hoffnung lebet/ sie werde ihn täglich noch wärmer bestrahlen. So werden daher seine verstarrte Finger wieder rührig/ und sein beeister Verstand wieder tauend und begierig seinen Gönnern in Darstellung wochentlicher eingekommener Novellen (wie vor 18. Monaten geschehen ist) willfährtigst zu seyn".

Von nun an erschien der 'Nordische Mercurius' zweimal wöchentlich, jede Nummer acht Seiten stark (in Oktav). Seit Mitte 1672 konnten sogar, rund zwanzig Jahre lang, vier Wochenausgaben herausgebracht werden, dann wieder zwei. Seit wann die Zeitung in einer eigenen Druckerei hergestellt wurde, ist nicht bekannt. Reichtümer hat Georg Greflinger mit ihr nicht erwerben können. Mehrfach klagte er über Nachdrucker. Ein Grundstück, das er am Hamburger Großneumarkt besaß, mußte wieder veräußert werden. 1676 konnte er dem neuen Bürgermeister kein Geschenk, wie es der Brauch war, sondern nur seine guten Wünsche zur Wahl darbringen. Er alterte früh. Seine letzten Gelegenheitsgedichte zeigen ihn krank, müde und melancholisch. Mit einem Hochzeitscarmen vom 22. Mai 1677 brechen sie ab.

Georg Greflingers Sohn Friedrich Conrad setzte die Arbeit des Vaters fort. Freilich nicht mehr als Schriftsteller. Als Drucker und Verleger jedoch muß er einen guten Ruf gehabt haben. Der berühmte streitbare Lutheraner Johann Friedrich Mayer ließ einige seiner Schriften bei ihm erscheinen. Der Sohn des Altonaer Zeitungsdruckers Christian Reimers ging bei ihm in die Lehre [19]. 1712, als er zum zweiten-

---

18) Vgl. Walther, a.a.O., S. 105.
19) Vgl. (Christian Friedrich Geßner:) Der so nöthig als nützlichen Buchdruckerkunst und Schriftgießerei Dritter Theil. Leipzig 1741, S. 310.

mal heiratete, wird er in einem niederdeutschen Hochzeitslied als der "wiet-beröhmde Boock- un Nouvellen-Drücker" gefeiert [20] Friedrich Conrad Greflinger gab den 'Nordischen Mercurius' vierzig Jahre lang heraus. Er verstand es nicht nur, das Blatt angesichts wachsender Konkurrenz zu halten, sondern ihm auch, vor allem kurz vor dem Jahrhundertwechsel, neue Impulse zu geben. Nach seinem Tod, am 3. Juni 1717, folgte ihm Franz Ludwig Greflinger, aller Wahrscheinlichkeit nach sein jüngerer Bruder. Von ihm wissen wir kaum etwas. Der 'Nordische Mercurius' ist zuletzt so lückenhaft überliefert, daß man nichts über Geschäftsführung und Herausgeberleistung Franz Ludwig Greflingers sagen kann. Besonderes zeigen die wenigen erhaltenen Exemplare aus den zwanziger Jahren des 18. Jahrhunderts jedenfalls nicht. 1730 muß das Todesjahr Franz Ludwig Greflingers gewesen sein. Aus diesem Jahr besitzen wir nur ein einziges Exemplar des 'Nordischen Mercurius', Nr. 93 vom 5. Dezember. Das Impressum am Schluß der 8. Seite lautet: "Dieser Art Advisen sind wöchentlich 2. Stück zu bekommen bey seel. Greflingers nachgelassen Wittwe im Nordischen Mercurio, an der Ellern-Brücke". Mit dieser Nummer verliert sich die Spur des 'Nordischen Mercurius'.

Während der Herausgeberschaft Georg Greflingers war die Aufmachung der Zeitung, auch als sie mehrmals wöchentlich erschien, bewußt als die eines 'Jahr=Buches' angelegt. Die Einzelnummer hat keinen eigenen Titel, sondern wird nur durch eine Schmuckleiste über dem Textbeginn und durch Buchstabenzählung im Seitenfuß gekennzeichnet. Die Jahrgänge sind durchpaginiert. Eröffnet werden sie durch einen Jahrestitel, dem Vorreden und Verse folgen. Das Sinnbild der Zeitung, der Merkur (stehend und mit der Spruchbandinschrift "Sine Mora") erscheint auf der Jahrestitelseite und vor jedem Monatsbeginn. Wie schon für 1665 angekündigt, wird den Jahrgängen der Zeitung wiederholt eine Jahresübersicht hinzugefügt, von denen zwei — für 1670 und 1673 — noch vorhanden sind, dazu eine Übersicht über das zweite Halbjahr 1675. Der Titel von 1670 lautet: 'Kurtzer Anzeiger/Der denckwürdigsten Sachen/ Welche ANNO 1670. geschehen und Jn dem Nordischen Mercurio zu befinden sind. Auff begehren Curioser Personen/ welche solches Jahr=Buch gesamlet und noch haben wollen . . . außgezogen von Georg Greflinger'. Mit diesen Jahresoder Halbjahresübersichten knüpfte Greflinger an seine früheren zeitgeschichtlichen Anzeiger an. Der 'Nordische Mercurius' selbst ist aber eine echte Zeitung, wenn auch der monatlich erscheinende Jahrgang 1665 das Moment der Aktualität für unsere heutigen Begriffe vermissen läßt. Der Titel dieses Jahrgangs ist: 'Nordischer MERCURIUS'. Welcher kürtzlich erzählet/ was von Monat zu Monat in Europa denckwürdig geschehen sey'. Der Fortschritt von 1666 wird auch in der Formulierung des Jahrestitels deutlich: 'Nordischer MERCURIUS. Welcher Wöchentlich kürtzlich entdecket Was mit den geschwindesten Posten an Novellen eingekommen ist'.

Nach dem erhaltenen Bestand — und nur nach diesem können Angaben gemacht werden — bekommen die einzelnen Nummern der Zeitung erst 1679 ihren eigenen

---

20) Vgl. Walther, a.a.O., S. 98.

Titelkopf, auf dem das Wort 'Nordischer' mit einem nach rechts schwebenden Merkur und Druckdatum steht. Der besondere Jahresvorspann ist wahrscheinlich gleichzeitig fortgefallen. Die Exemplare von 1683 zeigen dann auch nicht mehr die durchgehende Paginierung und die Buchstabenzählung, dafür aber Nummern- und Jahreszahl im Titelkopf. 1694 erscheint der volle Nummerntitel 'Nordischer MERCURIUS'. Im Verlauf von 1695 treten schließlich die Titel auf, die bis 1730 konstant bleiben: 'Dienstagischer Nordischer MERCURIUS' und 'Freytagischer Nordischer MERCURIUS'. Zugleich wird der Titelkopf etwas verändert. Eine neue Vignette tritt auf: der nach rechts schwebende Merkur hält ein Spruchband in der Hand, auf dem man liest: "Was mir wird zur See und Land angebracht, mach ich bekandt".

Im Juni 1672 erfuhr der 'Nordische Mercurius' eine wesentliche Erweiterung durch das Hinzukommen einer 'Extraordinairen RELATION', die, wie die Ordinari-Ausgabe, zweimal in der Woche herauskam, zuerst am Mittwoch und am Sonnabend, später am Montag und am Donnerstag. Die Ordinari-Ausgabe wurde durchgehend am Dienstag und am Freitag ausgeliefert. Vermutlich fielen 1692 die 'Extraordinairen Relationen', die seit 1687 zusammen mit dem Hauptblatt fortlaufend gezählt wurden, wieder fort.

Es zeugt von der Rührigkeit und dem praktischen Sinn Georg Greflingers, daß er neben seinem deutschen Blatt auch fremdsprachige Zeitungen herausbrachte. Ende Juli 1665 kündigt er im 'Mercurius' lateinische Novellen an, "von einem berühmten Latinisten zu Cölln verfertigt". Ihren Zweck und ihre Erscheinungsweise gibt er Ende November desselben Jahrgangs wie folgt an: "Die Lateinische Couranten/ als Copien von den Cöllnischen/ eines anmuthigen Styli der studirenden Jugend sehr dienstlich/ nicht allein gut Latein/ sondern auch jetzige Welt=Händel darauß zu ersehen/ werden nun Wöchentlich einmahl außgegeben/ biß der Abnehmer so viel seyn/ daß die Unkosten mögen bezahlet werden/ selbige Wochentlich zweymal drucken zu lassen. Es wird hierinnen mehr der Jugend/ als des Nachdruckens Nutzen gesuchet/ daher solcher Nachdruck von niemand/ verhoffentlich/ kan geunbilliget werden".
Einige Jahre später wird das Programm in geradezu erstaunlicher Weise erweitert. Im März 1669 heißt es im 'Nordischen Mercurius' (S. 154): "Weilen nebenst den Deutschen und Lateinischen Relationen/ wiewol nur von sonderlichen Liebhabern/ auch die Französische/ Italiänische/ und Englische in ihren eigenen Sprachen begehret werden/ so soll/ ob Gott will/ künfftig das/ was aus Franckreich einkommt/ Französisch/ das aus Italien/ Italiänisch/ das auß Engeland/ Englisch/ und alles neue also/ wochentlich/ in fünff Sprachen außgegeben werden. Zu keinem andern Ende/ als der in solchen Sprachen sich übenden Jugend damit dienlich zu seyn. Etliche Proben werden bald bezeigen/ wie geneigt man hierzu seyn werde/ und ob man hierauff continuiren könne".

Die fremdsprachigen Zeitungen werden im 'Mercurius' sehr oft angepriesen. Ihr Absatz war aber offensichtlich so wenig zufriedenstellend, daß der kühne Versuch, Zeitungen als Lehrmittel [21] anzubieten, schließlich wieder aufgegeben werden mußte. Daß Greflinger dabei nicht nur an fremdsprachige Ausgaben dachte, zeigt seine Vorrede zum Jahrgang 1669 des 'Nordischen Mercurius' [22].

Über die Auflagenhöhe der Greflingerschen Zeitung und deren Entwicklung läßt sich nichts Genaues sagen. Überblickt man die Orte, in deren Bibliotheken oder Archiven Teile des 'Mercurius' — von vollständigen Jahrgängen bis zu einer einzigen Nummer — aufbewahrt werden oder früher vorhanden waren, gewinnt man den Eindruck, daß das Blatt weitverbreitet gewesen sein muß: Hamburg (1666), Bremen (1726, heute in Potsdam), Deutsch-Nienhof/Holstein (1666, 1671, 1675, 1679, 1684, 1710, 1713, 1727, 1729, 1730), Kopenhagen (1665—1673), Oslo (1675), Stockholm (1673, 1677, 1683—1686, 1694, 1695, 1702, 1703, 1708, 1710, 1724, 1726—1728), Uppsala (1665), Leningrad (1674—1700), Stettin (1683, 1684, Kriegsverlust) Stralsund (1669, 1685, 1687—1690, 1694, 1698, 1711—1716), Hildesheim (1685, 1688, 1693), Wolfenbüttel (1666, 1689, 1690—1692), Kassel (1665, Kriegsverlust), Dortmund (1709), Stuttgart (1667) [23]. Diese Namensliste, nach dem Stand unseres Wissens aufgestellt, wird im Laufe der Zeit noch vermehrt werden können. Immerhin vermittelt sie eine Vorstellung vom Umfang des Verbreitungsgebietes. Dabei überrascht nicht, daß der Hamburger 'Mercurius', seinem Namen entsprechend, vor allem im Norden gelesen worden ist.

Unter den Lesern waren gelehrte Schriftsteller, so der Magister Petrus Hesselius, der 1675 in seinen "Hertzfliessenden Betrachtungen von dem Elb=Strom" Verse aus dem 'Nordischen Mercurius' von 1668 zitierte [24], so auch der bereits genannte Altonaer Pastor Frisch, der 1678 in seinen "Erbaulichen Ruh-stunden" auf eine "sehr tiefsinnige Inscription" im Jahrgang 1669 der Zeitung hinwies [25].

---

[21] Bereits 1654 hatte der große Pädagoge Johann Amos Comenius in den Lehrplan für eine Schule in Ungarn eine Wochenstunde Zeitungslektüre eingesetzt. 1657 wurde die Anregung des Comenius im Breslauer Elisabeth-Gymnasium aufgenommen.

[22] Hier heißt es: "Weilen einige verständige Schulmeistere/ ausser- und inner Landes/ auch andere vornehme Leuthe/ dergleichen Novellen nebst den Geistlichen Büchern/ ihren Kindern zu lesen geben/ um der Welt Zustand/ wie auch der Länder/ Flüsse und Städte Nahmen darauß bekannt zu machen/ daß deßwegen noch ein 100. Exemplaria von Anno 1664. 1665. 1666. 1667. und 1668. als über die gewöhnliche Zahl/ gedruckt/ und vor gar schlechten Preiß/ den Kindern zum bästen/ zu kauffe seyen".

[23] Ein im Satz befindliches Bestandsverzeichnis der deutschsprachigen periodischen Presse von 1609 bis 1700, hrsg. von Else Bogel und Elger Blühm, wird über den noch vorhandenen Bestand des 'Nordischen Mercurius' im einzelnen Auskunft geben. Alle dort verzeichneten Nummern der Zeitung sind als Mikroaufnahmen und Ablichtungen in der Staatsbibliothek Bremen vorhanden.

[24] Altona 1675, S. 43.

[25] Vgl. Anmerkung 6.

Natürlich wurde die Zeitung auch von Amts und Staats wegen gelesen. Nicht immer mit reiner Freude. Georg Greflinger versuchte, die Zensur durch die Ausgabe geschriebener Zeitungen zu umgehen. Aber auch das führte zu Mißhelligkeiten, so, wenn etwa eine solche geschriebene Zeitung Anzügliches über den dänischen König enthielt [26]. Als der 'Nordische Mercurius' 1680 etwas Verbotenes brachte, wurde sein Druck und Verkauf zeitweilig unterbunden [27]. 1705 beschwerte sich der Zar über beleidigende Artikel Friedrich Conrad Greflingers [28]. Mit Bedacht wird im 'Mercurius' immer wieder auf die Unzuverlässigkeit und Wechselhaftigkeit von Nachrichten, besonders in Kriegszeiten, hingewiesen — "Jm übrigen corrigirt eine Post die andere", "So vil Schiffer auß der See/ so vil veränderliche Zeitungen von den Krigs= Flooten" — und die eigene Unparteilichkeit betont. Heftig wehrte sich der alte Greflinger gegen den Vorwurf der einseitigen Berichterstattung. Den "Novellisten" gebühre es, schrieb er im Juni 1674, nicht ein-, sondern zwei- "oder wol gar 3 Seitig" zu schreiben. Es allen recht zu machen, dazu war er freilich nicht in der Lage, denn jeder glaubt eben, so heißt es wiederholt in Greflingers Zeitung, "nach seiner Passion". Anfang Oktober 1673 steht der gereimte Seufzer im 'Mercurius':

> "WJe schwerlich kan man jetzt kaum einen fast von allen/
> in Zeitung=Schreiberey vor voll thun und gefallen.
> Es will ein jederman nach seinem Willen was/
> Wie hoch/ wie klein er ist/ wie stellet man nun das?
> Auff solchen Willen muß ein mehrers seyn geschriben.
> Und schreibt man auch ein Buch/ es hat doch kein Beliben
> Bey jedermänniglich. Es bleib' im alten Schlag/
> Ists wahr/ ists eine Lüg'/ es kom̃t wol an den Tag.

Hier drückt sich eine Grundansicht aus, die alle Zeitungsschreiber der Epoche mit Greflinger teilen: die Zeit wird erweisen, die Geschichte lehren, was wirklich geschehen, was wahr ist. Solange aber die Dinge im Fluß sind und der Streit der Meinungen und Absichten herrscht, solange gilt die Erkenntnis, die der Herausgeber des 'Nordischen Mercurius' durch einen prägnanten Zweizeiler halb melancholisch, halb ironisch so ausdrückte:

> "Ein Jeder sagt sein Bästes/
> Und hat man noch nichts festes" [29].

Das Bemühen, unparteiisch zu sein, darf nicht mit Urteils- oder Meinungslosigkeit gleichgesetzt werden. Es finden sich genug Belege — eingeschobene Bemerkungen, Gefühlsäußerungen, kommentarähnliche Erörterungen — die eine persönliche Stel-

---

26) Vgl. darüber eine Äußerung in Otto Sperlings handschriftlicher Hamburger Chronik vom Mai 1688 (hs. Auszug im Staatsarchiv Hamburg).
27) Vgl. J.M. Lappenberg: Zur Geschichte der Buchdruckerkunst in Hamburg, Hamburg 1840, S. LXXVI.
28) Vgl. v. Oettingen, a.a.O., S. 14
29) Der Zweizeiler steht auf S. 92 des 'Nordischen Mercurius' von 1674 am Schluß einer Meldung aus "Nider=Elbe vom 11. Augusti".

lungnahme des Redaktors erkennen lassen. Daß diese Stellungnahme nur mit historischen Maßstäben zu messen ist, versteht sich von selbst. Die Grundansicht des 'Mercurius'-Herausgebers gibt eine Bemerkung im Jahrgang 1666 wieder: der Frieden übertrifft "alle Victorien" 30).

Die Nachrichten, die der 'Nordische Mercurius' brachte, kamen aus allen Teilen der damals bekannten Welt. Georg Greflinger ordnete sie nach ihrer Herkunft, begann regelmäßig mit der Überschrift "Deutschland und Ungarn" und schloß mit Meldungen aus den Niederlanden. Oft fügte er unter der Ortsbezeichnung "Nieder-Elbe" noch die letzten Nachrichten an. Die feststehende Einteilung, die später allerdings wieder aufgegeben wurde, ermöglichte eine rasche Übersicht und bevorzugte die Leser des 'Mercurius' vor denen der meisten übrigen Blätter der Zeit. Eine thematische Gliederung des Stoffes war im 17. Jahrhundert noch nicht üblich. Doch finden sich in der Greflinger-Zeitung bereits Ansätze zur Einrichtung besonderer Sparten. So wurde 1665 unter der Überschrift "Grosse Todes=Fälle" das Ableben hochgestellter Persönlichkeiten bekanntgegeben, so wurden von 1667 bis 1675, um "den See=Negotianten damit zu dienen", am Ende jeder Nummer die Windbewegungen der vergangenen Tage gemeldet, ein erster Ansatz zu unserem heutigen Wetterbericht. 1698, bis zum August, standen am Anfang aller Ausgaben des 'Mercurius' sogenannte "Vorreden", in denen, poetisch eingekleidet, Themen der Zeit populärwissenschaftlich erörtert wurden.

Feuilletonistische Elemente enthielt die Zeitung von Anfang an. Häufig unterbrechen Verse den Text, ziehen merkspruchartig das Fazit einer Meldung, feiern heute eine fürstliche Hochzeit, beklagen morgen den Tod einer Standesperson, begrüßen jetzt einen hohen Besuch in Hamburg und preisen ein andermal den Bau einer Wasserleitung in der schwedischen Hauptstadt. Unterhaltendes wird in die Abfolge der Nachrichten eingeschoben. Man könnte ein kleines Buch mit den vielen Anekdoten, Histörchen, Kriminal- und Schauergeschichten füllen, die sich im 'Mercurius' finden. Unter den Erzählungen ist vor allem die "wunderliche und fast lustige" Geschichte von der 'Entdeckung der Insul Pines' zu nennen, die im Sommer 1668 in drei Fortsetzungen geboten wird, eine utopische Robinsonade englischen Ursprungs, ein halbes Jahrhundert vor Defoe 31). Kann man in den "Vorreden" von 1698 erste tastende Schritte auf dem Weg zum Leitartikel sehen, so darf man die 'Insul Pines' als einen Vorboten des Zeitungsromans bezeichnen.

Neben Unterhaltendem steht Belehrendes. Zum Beispiel brachte der 'Nordische Mercurius' zur Zeit einer Königswahl in Warschau einen Abriß der polnischen Geschichte (Juli 1669) oder belehrte während des Streits um Höxter die Leser über Lage und

---

30) S. 364. Anläßlich eines holländischen Seesieges über die Engländer.
31) Vgl. Lutz Mackensen: Die Entdeckung der Insul Pines. Zu Georg Greflinger und seinem 'Nordischen Mercurius', in: 'Mitteilungen aus der Deutschen Presseforschung zu Bremen' Heft 1/1960, S. 7—47.

Geschichte der Stadt (Dezember 1670). Die Unterrichtung des Lesers ging so weit, daß die Fremdwörter oder fremdartige Begriffe im Nachrichtentext übersetzt und erklärt wurden. Was ist ein Renegat, eine Mole, eine Moschee, woher kommt der Name Charleroi, was ist ein englisches Pfund? Der Leser erfährt es sogleich. Man ahnt bereits das künftige Zeitungslexikon.

In der Nachrichtenvermittlung des 'Mercurius' sind alle Formen der damaligen publizistischen Berichterstattung enthalten. Neben den reinen Korrespondenzen werden diplomatische Schreiben, Vertragstexte, Diarien, Rang- und Verlustlisten u.a.m. abgedruckt. Aus der Fülle der Augenzeugenberichte ragen diejenigen heraus, die 1669 aus dem von den Türken belagerten Candia (Kreta) kommen. Dem Eindruck des Grauens, das aus ihnen spricht, des unmittelbaren Erlebens einer eingeschlossenen, untergehenden Armee wird man sich auch heute, dreihundert Jahre später, nicht entziehen können [32]. Anzeigen, in denen Greflinger auch seine eigenen Schriften anbietet, und amtliche Bekanntmachungen runden den Stoffumkreis des 'Nordischen Mercurius' ab. Überall in Anlage und Form der Zeitung und nicht zuletzt in ihrer Sprache, die sich durch anschauliche Bilder auszeichnet und oft mit witzigen oder ironischen Wortspielen gewürzt ist, spürt man die Hand eines geborenen Journalisten. Das gilt besonders für die ersten Jahrzehnte.

Ohne Zweifel hat der 'Nordische Mercurius' Schule gemacht. Der Einfluß Georg Greflingers auf die deutschsprachige Presse Kopenhagens kann belegt werden [33], ebenso der Friedrich Conrads auf den 'Stralsundischen Relations Courier' [34]. Daß die nachfolgenden Hamburger und Altonaer Zeitungen dem Vorbild des 'Nordischen Mercurius' nacheiferten, wird man annehmen dürfen. Sie übertrafen ihn am Ende. Nicht so sehr deshalb, weil sie besser waren als die Greflinger-Zeitung in ihren Blütejahren, sondern weil diese sich nicht auf ihrer Höhe halten konnte. Als die Aufklärung in Deutschland zur Herrschaft gelangt war, gab es keinen 'Nordischen Mercurius' mehr. Er hat ihre Gedanken nicht mehr verbreiten können. Aber er hat zu seinem Teil daran mitgewirkt, ihnen den Weg zu bahnen.

---

32) Im Zusammenhang mit den Candia-Berichten wird im 'Nordischen Mercurius' einer der Berichterstatter genannt, der braunschweig-lüneburgische Artillerieoffizier Braun. Solche Namensnennung ist in der frühen Presse ausserordentlich selten.

33) So war der 'Mercurius' ohne Zweifel das Vorbild für die 'Extraordinaires Relationes' des Kopenhagener Verlegers Daniel Paulli. In der Vorrede zum ersten Jahrgang der Zeitung (1673) zitiert Paulli einen Ausspruch des "weitberühmten Celadon".

34) Über die Geschäftsbeziehungen zwischen den Verlegern des Stralsunder und des Hamburger Blattes vgl. Elger Blühm: Der 'Stralsundische Relations Courier' und der 'Nordische Mercurius' in Hamburg, in: 'Greifswald-Stralsunder Jahrbuch', 9. Jg./1970—1971, S. 79-84.

Hans-Friedrich Meyer:

BERLINISCHE NACHRICHTEN VON STAATS- UND GELEHRTEN SACHEN (1740 — 1874)

Der Dankbarkeit des preußischen Königs Friedrich II. verdanken die 'Berlinischen Nachrichten von Staats- und gelehrten Sachen' ihre Entstehung. Ihr Gründer ist der Buchhändler Ambrosius Haude, der am 4. April 1690 im böhmischen Schweidtnitz geboren war. [1] Da ihm seine Heimat nicht den nötigen Rahmen für seine Lebensziele bieten konnte, siedelte er nach Berlin über und eröffnete dort am 5. Oktober 1723 ein Buchgeschäft. Damit war jedoch sein Schaffensdrang nicht befriedigt. Schon bald suchte er seine Einkünfte durch die Gründung einer Zeitung aufzubessern. Alle seine Bemühungen um die Erlangung eines Privilegs zur Herausgabe einer politischen Zeitung in Berlin scheiterten zunächst an seinem Konkurrenten, dem Buchhändler Johann Andreas Rüdiger, der am 18. Februar 1721 von König Friedrich Wilhelm I. das Privileg zur Herausgabe einer politischen Zeitung in Berlin erhalten hatte. [2] Rüdiger hatte es verstanden, die Gunst des preußischen Königs zu erwerben. Er besaß Einfluß genug am Hof, so daß es ihm nicht schwer fiel, die verschiedenen Eingaben Haudes negativ bescheiden zu lassen und das Monopol seiner Zeitung, der 'Berlinischen Privilegirten Zeitung' (später 'Vossische Zeitung') [3] zu behaupten.

Haude gab sich jedoch mit der Ablehnung seiner Anträge nicht zufrieden. Da ihm die Herausgabe einer politischen Zeitung in Berlin verwehrt wurde, wich er ins rund 25 Kilometer entfernte Potsdam aus. Hier ließ er vom 10. Dezember 1735 an den 'Potsdamischen Staats- und gelehrten Mercurius' drucken. Potsdam war nur der Verlagsort seines Blattes. Verkauft wurde die Zeitung in Haudes Berliner Buchhandlung. Man kann den 'Potsdamischen Staats- und gelehrten Mercurius' als einen echten Vorgänger der 'Berlinischen Nachrichten' ansehen. Er besaß bereits alle Merkmale, die später die 'Berlinischen Nachrichten' auszeichneten. [4] Neben seinen Berichten aus Potsdam, die jedesmal die erste Seite der dreimal wöchentlichen, im Quartformat erscheinenden Zeitung füllten und mehr von Berlin als von Potsdam berichteten und den an zweiter Stelle stehenden Welt-Neuigkeiten

---

1) Vgl. Erich Widdecke: Geschichte der Haude- und Spenerschen Zeitung, 1734—1874, Berlin 1925, S. 12.

2) Vgl. Arend Buchholtz: Die 'Vossische Zeitung' zum 29. Oktober 1904, Berlin 1904, S. 17. — Vgl. außerdem Margot Lindemann: Deutsche Presse bis 1815, Berlin 1969, S. 157—162, sowie Peter de Mendelssohn: Zeitungsstadt Berlin. Menschen und Mächte in der Geschichte der deutschen Presse, Berlin 1960, S. 27—37 (Kap. "Tante Voss und Onkel Spener").

3) Vgl. Klaus Bender: 'Vossische Zeitung' (1617—1934) in diesem Band.

4) Vgl. Emil Dovifat: Berlin, in: Walther Heide (Hrsg.): Handbuch der Zeitungswissenschaft, Bd. 1, Leipzig 1940, Sp. 462.

wollte Haude, wie er im Programm des 'Potsdamischen Staats- und gelehrten Mercurius' mitteilte, "die Aufschrift eines gelehrten Mercurius zu behaupten suchen, indem man zum Beschluß allerley beträchtliche Nachricht von neuen Büchern und kleineren Schriften aus allen Theilen der Gelehrsamkeit anhängen wird". [5]

Der Buchhändler Rüdiger sah dieser Umgehung seines Privilegs nicht ruhig zu. Er setzte seinen ganzen Einfluß ein, um Haudes Gründung rückgängig zu machen. Es dauerte jedoch länger als ein Jahr, ehe seine Bemühungen den gewünschten Erfolg hatten. Mit einer Kabinettsorder vom 13. April 1737 bestimmte schließlich König Friedrich Wilhelm I. das Verbot des 'Potsdamischen Staats- und gelehrten Mercurius'. [6] Ambrosius Haude blieb nach dem Scheitern seines Versuchs, eine politische Zeitung in Berlin unter Umgehung des Privilegs zu drucken, nichts anderes übrig, als ebenfalls den Weg seines Konkurrenten einzuschlagen: Er mußte sich auch die königliche Gunst verschaffen. Die Liebe des Kronprinzen und späteren Königs Friedrich II. zu den schönen Künsten und zur Literatur, die sein Vater zu unterdrücken suchte, half ihm dabei. Als König Friedrich Wilhelm I. im Schloß die Privatbibliothek des Kronprinzen entdeckte und sie verkaufen ließ, kaufte Haude die Bücher auf und stellte sie dem Kronprinzen zur Benutzung in seiner Buchhandlung zur Verfügung. [7] Als Friedrich II. dann 1740 den preußischen Thron bestieg, dauerte es nicht lange, bis Ambrosius Haudes Wunsch in Erfüllung ging. Am 30. Juni 1740 erschien die erste Nummer der 'Berlinischen Nachrichten von Staats- und gelehrten Sachen' mit dem preußischen Adler im Titelkopf in Berlin. [8] Im Gegensatz zum Buchhändler Rüdiger, der für sein Privileg zur Herausgabe einer politischen Zeitung in Berlin eine jährliche Abgabe von 200 Reichstalern an die Rekrutenkasse zu entrichten hatte, [9] erhielt Haude sein Privileg ohne eine solche Auflage. In der ersten Nummer der 'Berlinischen Nachrichten' knüpfte Haude an den 'Potsdamischen Staats- und gelehrten Mercurius' und die mit ihm verfolgten Ziele an. In der programmatischen Vorrede hieß es: [10]

> "Nachdem Seine Königliche Majestät, Unser Allergnädigster König und Herr Sich aus Eigener Höchster Bewegung entschlossen haben, dem Bekannten Potsdamischen Mercurium, welcher vor einigen Jahren bey vernünftigen und unpartheyischen Lesern Liebe und Beyfall erwarb, aber mitten in seiner Arbeit durch ein unvermeidliches Schicksal gestöret wurde, unter dem veränderten Titul 'Berlinische Nachrichten von Staats- und gelehrten Sachen' wieder fortsetzen zu lassen, als wird nöthig seyn, von der Einrichtung dieser neuen Blätter einen kurzen, doch hinlänglichen Begriff zu geben.

---

5) Erich Widdecke, a.a.O., S. 13.
6) Vgl. daselbst, S. 16.
7) Vgl. Otto Groth: Die Zeitung. Ein System der Zeitungskunde (Journalistik), Bd. 2, Mannheim — Berlin — Leipzig 1929, S. 16; s.a. Emil Dovifat (Hrsg.): Handbuch der Publizistik, Bd. 3, Berlin 1969, S. 77.
8) Ludwig Salomon: Geschichte des Deutschen Zeitungswesens, 1. Bd., Oldenburg — Leipzig 1900, S. 121.
9) Arend Buchholtz, a.a.O., S. 18 ff.: Vom 1. Juli 1740 an wurde diese Ausgabe auf 100 Reichstaler jährlich ermäßigt.
10) Erich Widdecke, a.a.O., S. 19 f.

> Es sollen nehmlich die besten und aus den sichersten Briefen gezogenen Sachen in gehöriger Ordnung und möglichster Deutlichkeit vorgetragen werden, wie man denn auch ein jedes Stück mit einem gelehrten Articul beschließen will.
> Wofern an dem hiesigen Königlichen Hofe, oder in den Residentz-Städten und Sämtlichen Provintzen Neuigkeiten vorgehen, deren Beschreibung dem Leser zum Nutzen und Vergnügen gereichen kann, sollen selbige ebenfalls, und zwar gleich im ersten Articul, ihren gebührenden Platz finden.
> Da wir uns nun mit der ungezweifelten Hoffnung schmeicheln, daß die weise Regierung Unseres allertheuersten Friedrichs, vor Dessen höchstes Wohlseyn wir den Himmel aus einem gerechten Triebe unablässig anruffen, die Stadt Berlin zum Sammelplatze der Wissenschaften machen werden; so können unsere Leser künftig in diesen Blättern eine umständliche Erzehlung von den Anstalten, welche Se. Königliche Majestät zur Aufnahme und Beförderung der Gelehrsamkeit und Künste in Dero Landen etwan zu verordnen geruhen möchten, gantz gewiß erwarten."

Wie die 'Berlinische Privilegirte Zeitung' erschienen die 'Berlinischen Nachrichten' bis zum Jahre 1824 dreimal in der Woche. [11] Ihr Inhalt, der entsprechend der Vorankündigung in der ersten Nummer durch die Dreiteilung: Nachrichten aus Berlin, Allgemeine politische Nachrichten und Artikel über wissenschaftliche und kulturelle Themen charakterisiert war, schwankte je nach den jeweiligen politischen Verhältnissen, dem Gewicht der Zensur [12] und der Publizitätsfreudigkeit der jeweiligen Regierung in Preußen zwischen reichhaltigen Nachrichten und kargen Mitteilungen. Damit gibt es in Berlin zwei politische Zeitungen. Bereits zu Beginn seiner Regierung deutet sich hiermit an, daß der neue König die Bedeutung der publizistischen Medien für seine politische Tätigkeit hoch einschätzte. So ist es wohl nicht nur Dankbarkeit, die ihn bewegt hat, Haude so schnell die Herausgabe einer zweiten politischen Zeitung in Berlin zu ermöglichen. Mit der zweiten Zeitung steht ein subtileres Instrumentarium der publizistischen Wirksamkeit zur Verfügung, als ihm das eine monopolistische Zeitung in seiner Hauptstadt geboten hätte. [13] Schon bald zeigte sich, daß der König auch in der Praxis dieses Instrumentarium zu benutzen wußte und damit einer der Väter staatsautoritärer Einflußnahme auf die öffentliche Meinung war. [14] Während seiner drei Schlesischen Kriege (1740—1763) verfaßte er selbst viele Kriegsberichte. [15] Sie erschienen unter der Überschrift "lettres d'un officier Prussien" und "Die Relationen über den Feldzug von . . . bis . . ." in beiden Berliner Zeitungen. [16] Wenn auch

---

[11] Otto Groth, a.a.O., Bd. 3, S. 114.

[12] Vgl. u.a. Ernst Consentius: Friedrich der Große und die Zeitungszensur, in: 'Preußische Jahrbücher' (Berlin), Bd. 115/1904, S. 220 ff.

[13] Vgl. Johann Gustav Droysen: Die Zeitungen im 1. Jahrzehnt Friedrichs des Großen, in: 'Zeitschrift für Preußische Geschichte und Landeskunde' (Berlin), 13. Jg./Nr. 1—2 (1876).

[14] Vgl. Walter Hagemann: Publizistik im Dritten Reich, Hamburg 1948, S. 14.

[15] Vgl. Johann Gustav Droysen: Kriegsberichte Friedrichs des Großen aus den beiden schlesischen Kriegen, in: 'Beihefte zum Militär-Wochenblatt' (Berlin), Bd. 60/1875, S. 237—267.

[16] Vgl. Emil Dovifat: Das publizistische Leben, in: Hans Herzfeld/Gerd Heinrich (Hrsg.): Berlin und die Provinz Brandenburg im 19. und 20. Jahrhundert, Berlin 1968, S. 756.

seine Gunst mehr der Haudeschen Zeitung zugewandt war, so ließ er diese Berichte doch gleichzeitig in beiden Blättern veröffentlichen, damit ein möglichst breiter Kreis der Bevölkerung in seinem Sinne informiert wurde.

Nur selten erhielten die 'Berlinischen Nachrichten' einen Bericht vor ihrer Konkurrentin. Ein typisches Beispiel der Pressepolitik Friedrichs des Großen ist der Bericht vom Hagelwetter in Potsdam, der in Nr. 28 der 'Berlinischen Nachrichten' des Jahres 1767 abgedruckt worden ist. [17] Als zum Beginn dieses Jahres die Bevölkerung in Preußen und besonders in Berlin von drohender Kriegsgefahr redete, erfand Friedrich II. dieses Hagelwetter in Potsdam und verfaßte Zeitungsberichte, die von Toten, Verletzten und riesigem Sachschaden meldeten. Sofort erhob sich eine große Diskussion über dieses Unwetter in Berlin und Potsdam. Sie wurde noch dadurch gesteigert, daß Friedrich II. einen Widerruf in den Zeitungen verbot. Es wird berichtet, daß schließlich sogar die Bürger in Potsdam an die Wahrheit des Berichtes zu glauben begannen.

Unter der Leitung des Verlegers Ambrosius Haude und seines Redakteurs Jakob Friedrich Lamprecht gediehen die 'Berlinischen Nachrichten' schnell zu einem Blatt, das in Berlin seinen festen Leserkreis gewann und sich neben der 'Berlinischen Privilegirten Zeitung' behaupten konnte. Mit der Einstellung Jakob Friedrich Lamprechts als Redakteur der 'Berlinischen Nachrichten (1740—1744) entschied sich Haude für die Verbreitung des von Gottsched geprägten Zeitungsstils in seinem Blatt. [18] Lamprecht, der in Leipzig ein Schüler Gottscheds gewesen war, trug dazu bei, daß sich die 'Berlinischen Nachrichten' stilistisch den Zeitungen ihrer Umgebung anpaßten. Deutlichkeit und Verständigkeit, klarer Satzbau und ein gelehrter und nüchterner Ton sollten die Zeitung auszeichnen. Wie in den meisten Zeitungen seiner Zeit trat der Redakteur ganz hinter den Nachrichten zurück, die er nicht durch eigene journalistische Gestaltung mit ein paar treffenden Bemerkungen und Schlagworten belebte. Alles wirkte nüchtern und sachlich ohne Ausschmückungen. Zu diesem trockenen Stil paßte es, daß der König die Zeitung für seine Verlautbarungen benutzte.

In den beiden ersten Schlesischen Kriegen (1740—1742, 1744) gab König Friedrich II. durch sein Wohlwollen gegenüber den 'Berlinischen Nachrichten' und eine gute Belieferung mit Informationen von den politischen Schauplätzen dem Blatt die besten Voraussetzungen für einen guten Start. Die Zeitung erhielt einen offiziösen Charakter. Das öffnete den Zugang zu den wichtigen Kreisen der Berliner Bevölkerung und machte ihren Bezug interessant. Die gute Belieferung der 'Berlinischen Nachrichten' in den ersten beiden Schlesischen Kriegen durch offizielle preußische Stellen wiederholte sich im Siebenjährigen Krieg [19] (1756—1763)

---

17) Otto Groth, a.a.O., Bd. 2, S. 20.
18) Vgl. Fritz Flasdieck: Jakob Friedrich Lamprecht. Ein Beitrag zur Geschichte der literarischen Kritik im 18. Jahrhundert, phil. Diss. Bonn 1908, Düsseldorf 1908.
19) Vgl. allgemein Otto Krauske: Preußische Staatsschriften aus der Regierungszeit König Friedrichs II. (Der Beginn des Siebenjährigen Krieges), Berlin 1892.

nicht. Dennoch genoß sie während dieses Krieges großes Ansehen. Vielen wichtigen Blättern in Preußen galt sie als die entscheidende Quelle. In Hamburg, Köln, Königsberg und Magdeburg wurden ihre Berichte von den Kriegsschauplätzen nachgedruckt. Parallel zur Zunahme ihrer Bedeutung in der politischen Berichterstattung gewann sie Anhänger durch ihre Berichte und Kritiken im Bereich der damals so genannten gelehrten Sachen, also über Neuerscheinungen der Literatur, über die Künste und die Wissenschaften. Diese Rubrik wurde sehr beliebt und hatte hohes Niveau. Vergeblich versuchte die 'Berlinische Privilegirte Zeitung', ihr auf diesem Gebiet nachzueifern. [20]

Die Zeit des ersten Aufschwungs der 'Berlinischen Nachrichten' endete mit dem Tode des Buchhändlers und Gründers Ambrosius Haude am 17. Mai 1748. Die enge Verbindung des Verlages mit dem König, die sich oft bei der Nachrichtenbeschaffung günstig ausgewirkt hatte, war damit beendet. Da Ambrosius Haude keine Kinder hatte, war bereits zu seinen Lebzeiten sein Schwager, Johann Karl Spener, als Gesellschafter in seine Buchhandlung eingetreten. Gemeinsam mit der Witwe Haude wollte er deshalb nach Haudes Tod die Zeitung weiterführen. Am 20. Mai 1748 richtete die Witwe ein Gesuch um Übertragung des Zeitungsprivilegs an den preußischen König. Ihr Konkurrent, der Buchhändler Rüdiger, witterte eine Gelegenheit, sich sein Monopol zur Herausgabe einer politischen Zeitung in Berlin aus früheren Zeiten erneut zu sichern. Er wandte sich ebenfalls an den König und bat, ihm auch das Privileg Haudes zu überlassen. Friedrich II. ließ jedoch die Dinge so, wie sie waren und teilte der Witwe mit, daß sie "nebst ihrem Bruder dem Buchführer Spener das bisherige Privilegium, die Berliner Zeitung zu drucken, noch ferner, nach wie vor, ungekränkt behalten solle". [21]

Das Privileg zur Herausgabe einer politischen Zeitung in Berlin für den Buchhändler Ambrosius Haude war damit auch auf die Familie Spener übergegangen. Als Johann Karl Spener am 23. August 1756 starb, bewarben seine Witwe und die Witwe Haude sich zusammen um die Übertragung des Privilegs, das ihnen auch umgehend gewährt wurde. Mit dem Tode der Witwe Haude ging am 8. Dezember 1762 das Privileg ganz an die Witwe Spener über. Um es für ihre Familie fest zu sichern, ließ sie es am 6. Januar 1764 auf ihre beiden damals noch minderjährigen Söhne Johann Karl Philipp und Christian Sigismund Spener überschreiben, was ihr vom König bewilligt wurde. Christian Sigismund Spener schied später aus der Leitung der Buchhandlung und des Verlages der Zeitung aus und gründete eine eigene Buchhandlung. [22] So wurde Johann Karl Philipp Spener, der seit 1772 die Geschäfts des Verlages führte, nach dem Tode seiner Mutter im Jahre 1791 der alleinige Inhaber der Zeitung, die er bis zum Jahre 1827 leitete. [23]

---

20) Vgl. Arend Buchholtz, a.a.O., S. 44 f.
21) Erich Widdecke, a.a.O., S. 44 f.
22) Vgl. Margot Lindemann, a.a.O., S. 161.
23) Vgl. Erich Widdecke, a.a.O., S. 46 ff.

Durch eine gute Ausbildung und mehrere Auslandsreisen vorbereitet, verhalf Spener der Zeitung zu weiterem Ansehen in Berlin und über die Hauptstadt hinaus. Es gelang ihm, die Gunst der preußischen Behörden zu erwerben. Dazu verhalf ihm vor allem eine besonders vorsichtige und fundierte Berichterstattung über äußere und innere Angelegenheiten. Stets war er bemüht, alles, was gegen die Regierung und den Hof hätte sprechen können, aus den Berichten der Zeitung herauszuhalten. Die 'Berlinischen Nachrichten' wurden dadurch zwar politisch zunehmend farbloser und bekamen mehr und mehr einen offiziösen Charakter. Während sie das gegenüber den anderen über politische Ereignisse farbiger berichtenden Blättern in Preußen ins Hintertreffen brachte, glich Spener den möglichen Verlust an Interesse durch sein literarisches Wissen und schriftstellerisches Können aus. Zum Ende des 18. Jahrhunderts schuf er eine Rubrik 'Literarische Anzeigen', in welcher der Inhalt wissenschaftlicher Zeitschriften referiert wurde. An Stelle des Artikels mit 'Gelehrten Sachen' trat die Rubrik 'Kunst- und Wissenschaftliche Nachrichten', in welcher sich neben Nachrichten und Referaten aus den Bereichen von Kunst, Wissenschaft und Literatur nun auch populärwissenschaftliche Beiträge über Naturereignisse, Erfindungen und Gartenbau befanden.

Mit der Gewinnung des Theaterkritikers Garlieb Merkel, [24] der zunächst für die 'Berlinische Privilegirte Zeitung' geschrieben hatte, öffnete Spener seit 1802 einer lesenswerten Theaterkritik neuen Stils, die literarisch und kritisch wertend war, die Spalten seiner Zeitung. Der Erfolg stellte sich schnell ein. [25] Während die 'Berlinischen Nachrichten' 1776 erst eine Auflage von 1.780 Exemplaren hatten, stieg diese bis 1804 auf 4.000 Exemplare. Sie erreichte damit zwar noch nicht die der 'Berlinischen Privilegirten Zeitung', die in diesem Zeitraum von 2.000 auf 7.100 Exemplare gestiegen war. [26] Der lesenswerte Kulturteil verhalf den 'Berlinischen Nachrichten' zu einer Öffnung zu den gebildeten Leserschichten in Preußen und trug zu ihrem guten Ansehen in den gehobenen Schichten der preußischen Hauptstadt bei. [27] Dieser Aufschwung veranlaßte Spener, seit 1802 einen Handelsteil mit regelmäßigen Notierungen der Geld- und Wechselkurse in seine Zeitung aufzunehmen. Ebenfalls wurden die Marktpreise für Getreide genannt und seit 1805 auch die Notierungen der Pariser und Londoner Börse.

Mehr und mehr bildete sich ein spezieller Leserkreis um die 'Berlinischen Nachrichten'. Er setzte sich vor allem aus den höheren und mittleren Beamtenkreisen, der Hofgesellschaft, dem Offizierskorps und den gebildeten Schichten Berlins sowie den Pfarrern und Gutsbesitzern auf dem Lande zusammen. [28] Dieser Leserkreis, der die staatstragenden, konservativen Elemente in Preußen repräsentier-

---

24) Vgl. Garlieb Merkel: Thersites. Die Erinnerungen des deutschbaltischen Journalisten G. Merkel, 1796–1817, hrsgg. von Maximilian Müller-Jabusch, Berlin 1921.
25) Emil Dovifat in: Hans Herzfeld/Gerd Heinrich, a.a.O., S. 759: "Ihre Arbeit fand selbst die Anerkennung Goethes ('Die Berliner Dramaturgie')".
26) Emil Dovifat: Berlin, in: Walther Heide, a.a.O., Sp. 468.
27) Vgl. Emil Dovifat: Berlin, in Walther Heide, a.a.O., Sp. 469.
28) Vgl. Erich Widdecke, a.a.O., S. 248 f.

te, verhalf der Zeitung immer wieder zu einem wohlwollenden Verhältnis zu den Behörden. Trotz der Sympathien des Verlegers Spener für die französische Revolution, die sich in vielen seiner Berichte über die Ereignisse in Frankreich niederschlugen, und die infolge von Speners Frankreichreisen von großer Sachkenntnis zeugten, blieben die 'Berlinischen Nachrichten' zur Zeit Speners die bevorzugte Zeitung der Behörden. Ein typisches Zeichen dafür war es, daß der Zeitung die Nachrichten von Beförderungen aus der Geheimen Staatskanzlei zunächst zugingen, bevor sie andere Zeitungen in Preußen erhielten. Dieses Wohlwollen reichte jedoch nicht so weit, daß die Zeitung gegenüber der Zensur eine besonders bevorzugte Rolle spielte. Wie die übrigen Zeitungen in Preußen hatten ihre Redakteure bis zum Jahre 1848 unter der Strenge der verschiedenen Zensoren zu leiden.

Wie den meisten deutschen Zeitungen brachte die napoleonische Zeit auch Speners Zeitung einen Rückschlag. Die strenge Pressepolitik ließ keine interessante Berichterstattung zu. So sank die Auflage der 'Berlinischen Nachrichten' bis 1813 auf 3.150 Exemplare. [29] Der Niedergang des Zeitungswesens änderte sich erst mit dem Sieg über Napoleon. In den Jahren 1813 bis 1815 riefen die Befreiungskriege und die Diskussion um die Neugestaltung Deutschlands ein großes Interesse des Publikums hervor, das durch das dreimal wöchentliche Erscheinen der Zeitung nicht befriedigt werden konnte. [30] Schon bald gab Spener Extrablätter heraus, die den Abonnenten ohne Mehrpreis ins Haus geschickt wurden. [31] Die 'Berlinische Privilegirte Zeitung' ahmte dieses Beispiel sofort nach.

Doch der freiere Nachrichtenfluß zur Zeit der Befreiungskriege verebbte für die 'Berlinischen Nachrichten' sehr schnell. Die preußische Regierung sorgte schon zum Ende der Befreiungskriege dafür, daß die Zeitung nur das veröffentlichte, was ihr zur Verbreitung geeignet erschien. Druckmittel war dazu die bevorzugte Belieferung mit Nachrichten, die den anderen Zeitungen nicht gegeben wurden, so zum Beispiel die Achterklärung, die der Wiener Kongreß gegen den aus Elba entflohenen Napoleon ausgegeben hatte. [32] Salomon weiß zu berichten, daß die 'Berlinischen Nachrichten' über die Verhandlungen des Wiener Kongresses nichts veröffentlichen durften. [33] Ein typisches Beispiel für die rückkehrende Restauration nach den Befreiungskriegen in der Berichterstattung der 'Berlinischen Nachrichten' ist ein Aufsatz, der am 16. und 18. Februar 1815 eingerückt wurde. Die Kanzlei Hardenbergs hatte in diesem Bericht nur die Länder aufgezählt, die Preußen durch den Wiener Kongreß abgetreten hatte. Landgewinne Preußens wurden nicht erwähnt.

---

29) Emil Dovifat: Berlin, in Walther Heide, a.a.O., Sp. 468.
30) Vgl. Kurt Koszyk: Deutsche Presse im 19. Jahrhundert, Berlin 1966, S. 14 f.
31) Vgl. Erich Widdecke, a.a.O., S. 111.
32) Vgl. Karl Griewank: Der Wiener Kongreß und die Europäische Restauration, 1814—1815, 2. Aufl., Leipzig 1954.
33) Ludwig Salomon, a.a.O., Bd. 3, S. 72.

Unter der Leitung von Johann Karl Philipp Spener erlebten die 'Berlinischen Nachrichten von Staats- und gelehrten Sachen' ihren Höhepunkt und ihre Blüte. Es gelang ihm, in der Auflagenhöhe die 'Berlinische Privilegirte Zeitung' zu überholen. Sein persönlicher Einfluß und seine Stellung als Kommunikator waren so bedeutend, daß die Zeitung im Volksmund den Namen 'Spenersche Zeitung' erhielt, den sie neben ihrem eigentlichen Namen trug. Auch im äußeren Erscheinungsbild der Zeitung zeichnete sich Speners erfolgreiches publizistisches Wirken ab. Vom 25. Februar 1823 an wurde das Blatt auf der ersten in Deutschland aufgestellten Schnelldruckpresse 34) der Firma Koenig & Bauer gedruckt. Vom 1. Januar 1824 an erschien sie dann einmal täglich. Doch die Zeit Speners endete ziemlich abrupt. Als im Jahre 1825 sein einziger Sohn und Erbe starb, verlor Spener die Lust, weiter für die Zeitung zu arbeiten. Zunächst stieß er mit seinen Bemühungen, die 'Berlinischen Nachrichten' zu verkaufen, auf Schwierigkeiten, da ihm vom Hofe bedeutet wurde, sein Privileg sei ihm persönlich gewährt worden und nicht verkäuflich. Spener wußte dem König jedoch in seinem langjährigen Mitarbeiter, dem Bibliothekar Dr. Heinrich Samuel Spiker, einen genehmen Nachfolger vorzustellen. Am 30. September 1826 wechselte die Zeitung für 120.000 Silbertaler ihren Besitzer.35) Spener selbst überlebte den Verkauf nicht lange. Er starb im Januar 1827.

Spiker kannte zwar durch seine langjährige Mitarbeit in der Zeitung den Betrieb. Sein Studium und viele Reisen ließen ihn außerdem für die Stellung des Herausgebers einer politischen Zeitung geeignet erscheinen. Im Gegensatz zu Spener ging ihm aber das Gespür für den politischen Journalismus ab. Das wirkte sich um so schlimmer aus, als die steigende Bildung der Bevölkerung mit den dreißiger Jahren des 19. Jahrhunderts auch größere Anforderungen an die politische Berichterstattung der Zeitungen stellte. 36) Es genügte nicht mehr, wenn man wie Spiker eine streng regierungsfreundliche Politik betrieb, die der Zeitung eine sehr konservative, den Meinungen des Hofes folgende Note gab. In mehreren Fällen zeigte es sich bald, daß diese Haltung seiner politischen Berichterstattung der öffentlichen Meinung zuwiderlief. Im russisch-türkischen Krieg stellte Spiker 1828 die Berichte über türkische Greuel allzu stark heraus und versuchte damit, in seinem Blatt eine pro-russische Stimmung zu erzeugen. Die öffentliche Meinung, die auf Seiten der Türken stand, honorierte ihm diese Haltung nicht. Es zeigte sich bald das erste Nachlassen in der Abonnentenzahl. Eine pro-russische Haltung nahm die 'Spenersche Zeitung' auch in ihrer Berichterstattung über die Polnische Revolution 1830/1831 ein. Während in Deutschland und Frankreich die Bevölkerung begeistert für die polnische Sache eintrat, meldeten die 'Berlinischen Nachrichten' ausführlich die russischen Siege und stellten sich ganz auf die russische Seite. Auf die Meinung der Mehrheit seiner Rezipienten nahm Spiker auch im spanischen Bürgerkrieg von

---

34) Vgl. Theodor Göbel: Friedrich Koenig und die Erfindung der Schnellpresse, Stuttgart 1883.
35) Erich Widdecke, a.a.O., S. 198 f.
36) Vgl. Kurt Koszyk, a.a.O.

1834 bis 1839, den Karlistenkriegen, keine Rücksicht und stellte sich in seiner Berichterstattung auf die Seite der Karlisten.

So war es nicht verwunderlich, daß die Zahl der Abonnenten geringer wurde. Im Jahre nach der Übernahme der 'Spenerschen Zeitung' durch Spiker, 1828, betrug die Auflage rund 11.000 Exemplare. [37] Damit übertraf sie die 'Berlinische Privilegirte Zeitung' um rund 4.000 Exemplare. Im Jahre 1845 war diese Auflage auf 9.000 Exemplare abgefallen. Daß die Auflage zunächst nicht stärker gesunken ist, war Spikers Bemühungen um eine größere Reichhaltigkeit der Berichterstattung zu danken. Er hob die Aktualität des Blattes, indem er das Korrespondentennetz bedeutend erweiterte. Den Anzeigenteil machte er attraktiver, indem er graphische Neuerungen wie das Hervorheben einzelner Worte durch Sperrung einführte. Am 7. Dezember 1839 brachte er die Zeitung im Großfolio-Format heraus. Da jedoch die 'Vossische Zeitung' mit diesen Verbesserungen ebenfalls nicht zurückstand, konnte Spiker auf lange Sicht den Vorsprung in der Auflage nicht behaupten. Die immer wieder hervortretende halboffiziöse und konservative Haltung der Zeitung, die in ihrer Berichterstattung die Meinung der Regierung vertrat, machte sie für breitere Schichten der Bevölkerung nicht lesenswert. Darüber halfen auch ein Entgegenkommen in den äußeren Erscheinensformen nicht hinweg. Der Leserkreis blieb weiterhin auf die höheren und mittleren Beamtenkreise, die Hofgesellschaft, das Offizierskorps und die gebildeten Schichten Berlins sowie die Honoratioren auf dem Lande beschränkt.

Dem Geschmack dieser Leserschaft [38] entsprach auch die Vorliebe des Herausgebers für kulturelle Dinge. Durch eine Erweiterung und Vertiefung der Berichterstattung in den 'Berlinischen Nachrichten' über kulturelle Angelegenheiten erfüllte Spiker Wünsche seiner Leser. Sein großes Interesse galt dem Theater und der Musik. Er lenkte die Bedeutung und das Ansehen der 'Berlinischen Nachrichten' mehr auf die kulturelle und unterhaltende Seite. Es gelang ihm, sein Blatt mit einem Feuilleton auszustatten, das die kulturelle Diskussion in Berlin beherrschte. [39] Dichter, Schriftsteller und Komponisten scharten sich um ihn und den Kritiker seines Blattes, Prof. Rötscher. Rötschers Wirken im kulturellen Teil der 'Spenerschen Zeitung', das bis zu seinem Tode 1871 dauerte, verschaffte dem Blatt in seiner Kulturberichterstattung die Rolle, die ihm im politischen Teil immer mehr versagt blieb. Denn es gelang Spiker nicht, das Blatt in seiner Haltung aus der offiziösen Bindung zu lösen. Das zeigte sich besonders deutlich im Jahre 1848. Während sich die 'Berlinische Privilegirte Zeitung' an die Spitze der bürgerlichen Freiheitsbewegung in Berlin stellte und ein fortschrittliches Parteiideal ver-

---

[37] Horst Heenemann: Die Auflagenhöhen der deutschen Zeitungen, Leipzig 1929, S. 36.

[38] Vgl. allgemein zu den Lesegepflogenheiten dieser Zeit Johanna Loeck: Das Zeitungs- und Zeitschriftenlesen im Deutschland des Biedermeier und Vormärz, 1815–1848, phil. Diss. Leipzig 1945 (Masch.Schr.).

[39] Vgl. Wilmont Haacke: Handbuch des Feuilletons, 3 Bde., Emsdetten 1951–1953; vgl. auch Hans Becker: Das Feuilleton der Berliner Tagespresse von 1848–1852, Würzburg 1938, S. 59–73.

trat, blieb die 'Spenersche Zeitung' in ihrer Berichterstattung sehr zurückhaltend. Ihre konservative und skeptische Haltung der Freiheitsbewegung gegenüber wurde besonders deutlich in den Zielen, die sie 1848 in ihren Kopf setzte: "Bildung, Wohlstand, Freiheit". 40)

Bis zu seinem Tode im Jahre 1858 blieb Spiker im politischen Teil seiner Zeitung der reaktionären und dem Königshause zugeneigten Politik treu. Bis zu diesem Jahr war die Auflage auf rund 6.500 Exemplare gesunken. 41) In diesen Jahren vor dem Tode Spikers hat wohl auch Bismarck die Zeitung für seine Pressepolitik benutzt, die in ihrer Haltung seinen Bestrebungen für eine Stärkung Preußens in Deutschland entgegenkam. 42) Spikers Tod im Frühsommer 1858 gab zu mancherlei Spekulationen über den Fortgang der Zeitung Anlaß. In anderen Zeitungen wurde vermutet, daß die 'Berlinischen Nachrichten' ein Organ der Junkerpartei werden könnten. Doch zunächst blieb ihre Unabhängigkeit gewahrt. Spiker bestimmte in seinem Testament, daß ein Kuratorium Verlag und Zeitung verwalten solle, bis sie von seinem Enkel übernommen werden könnte. Seine Freunde und Mitarbeiter, Ferdinand Unger und Dr. Alexis Schmidt, sollten die Zeitung fortführen. In seinem Testament forderte Spiker: 43)

> "Die Zeitung muß ihre Unabhängigkeit bewahren. Sie darf ihre Treue gegen das preußische Königshaus, die Liebe zu unserem Vaterlande nicht verletzen und soll stets jedes Gute zu fördern bemüht sein. In diesem Sinne ist die Zeitung bisher geführt worden und hat sich auf allen Seiten bei Hoch und Niedrig der wohlwollenden und herzlichen Freunde viele erworben. Mögen sie auch ferner unsere Bemühungen mit Freundschaft und Nachsicht begleiten, sie werden stets in unseren Blättern der gewissenhaften und sorgsamsten Pflege aller politischen, geistigen und materiellen Interessen unseres geliebten Vaterlandes begegnen, an der die gegenwärtige Redaktion des Blattes schon seit Jahren ihren ernsten und eifrigen Antheil genommen hat. Sie werden uns stets bemüht finden, dieser Zeitung, welche in den ersten Tagen der Regierung Friedrichs des Großen und unter seinem Königlichen Schutze ins Leben trat, ihr ächt preußsches Gefühl, ihre kräftige Strebsamkeit, ihre rege Theilnahme an allem Wissens- und Mittheilungswerthen zu erhalten."

Das Kuratorium versuchte, sich an die testamentarischen Forderungen Spikers zu halten. Der neue Chefredakteur Alexis Schmidt reichte jedoch nicht ganz an die Fähigkeiten von Dr. Spiker heran. Typisch für ihn war es, daß er sich in seinen Leitartikeln nicht auf eine politische Linie festlegen konnte. Einerseits versuchte er, die Zeitung nicht völlig auf einen offiziösen Kurs zu fixieren. Er war der Entwicklung der modernen Wirtschaft aufgeschlossen und gab fortschrittlichen Ideen in seinem Blatte Raum. Da er jedoch den der Leserschaft vertrauten und von ihr erwarteten offiziösen Charakter des Blattes nicht ganz aufgeben konnte, ergab sich eine unglückliche Situation für die politische Richtung der 'Berlinischen Nachrichten'. Immer stärker machte sich in der Zeit nach Spiker

---

40) Emil Dovifat: Berlin, in Walther Heide, a.a.O., Sp. 475.
41) Georg Elkan: Die preußische Zeitungssteuer, Jena 1922, S. 31.
42) Irene Fischer-Frauendienst: Bismarcks Pressepolitik, Münster 1963, S. 49.
43) Erich Widdecke, a.a.O., S. 300.

zudem die starke Konkurrenz der 'Berlinischen Privilegirten Zeitung' und der 'Kreuzzeitung' bemerkbar. Die 'Berlinische Privilegirte Zeitung' gewann immer größeren Einfluß in den Kreisen der Bürgerschaft, während die 'Neue Preußische (Kreuz-)Zeitung' [44] hinsichtlich der konservativen Kreise eine echte Konkurrenz für die 'Berlinischen Nachrichten' darstellte. Das System der Verwaltung der Zeitung durch ein Kuratorium trug außerdem nicht gerade zu einem fortschrittlichen Verhalten bei. Konservativ und publizistisch zurückhaltend, verfolgten die 'Berlinischen Nachrichten' nach dem Tode Spikers einen Kurs, der ihr keine größeren Leserschichten zuführte.

Schmidt versuchte vor allem über den Kulturteil die Leser weiter anzusprechen. Nach dem Tode Prof. Rötschers übernahm Prof. Flodoar Geyer das Feuilleton. Er trug dazu bei, daß die 'Berlinischen Nachrichten' ausgezeichnete Bücherbesprechungen brachten, ein aufmerksamer Chronist des kulturellen Lebens in Berlin mit ihren Berichten über Konzertveranstaltungen, Ausstellungen und Vorträge waren. Aufsätze über geschichtliche, philosophische und religiöse Probleme, über Handels- und Verkehrsfragen sowie die beliebten Reiseerzählungen aus aller Welt rundeten den Feuilleton-Teil ab. [45] Ebenso versuchte Schmidt, durch die Benutzung des Telegraphen und die Ausweitung des Korrespondentennetzes die Aktualität der Zeitung zu verstärken. Sie fand dadurch eine weitere Verbreitung in die entlegeneren Gebiete Preußens. Ein Durchbruch zu größeren Auflagezahlen gelang Schmidt und Unger damit jedoch nicht. Hatte die Zeitung 1856 noch 7.240 Abonnenten, so sank die Auflage bis 1861 auf 5.800. [46] Wesentlich erfolgreicher war die 'Vossische Zeitung', die im Jahre 1861 eine Auflage von 15.500 Exemplaren erreichte. Das Ende der 'Berlinischen Nachrichten' kam dann schneller als erwartet. Die Aktiengesellschaft, in welche die Erben Spikers die Zeitung verwandelt hatten, beteiligte sich im wirtschaftlichen Rausch der Gründerjahre auch an allgemeinen Aktien-Geschäften. Dabei war sie nicht immer erfolgreich. Schnell waren die Mittel verloren, die 1858 noch vorhanden gewesen waren.

Als die Mittel zur Neige gingen, sah sich das Kuratorium bei zunehmendem Abonnentenschwund nicht mehr in der Lage, die Zeitung wirtschaftlich zu halten. So wurde sie zu Beginn der siebziger Jahre zum Kauf angeboten. Aus Mitteln der nationalliberalen Partei erwarb ein Bankkonsortium für 228 000 Taler das Eigentum an der Zeitung. [47] Die in der Folge damit eintretenden Änderungen in der politischen Haltung des Blattes wurden von den ihr noch gebliebenen Abonnenten nicht honoriert. Viele Abbestellungen waren die Folge, als die bis dahin in ihrer Richtung nicht auf eine politische Partei festgelegte Zeitung plötzlich auf die Haltung der nationalliberalen Partei umschwenkte. Als die 'Berlinischen Nach-

---

44) Vgl. Meinolf Rohleder/Burkhard Treude: 'Neue Preussische (Kreuz-)Zeitung' (1848–1939) in diesem Band.
45) Vgl. Wilmont Haacke, a.a.O.
46) Georg Elkan, a.a.O., S. 36.
47) Otto Groth, a.a.O., Bd. 2, S. 575.

richten' dann noch im Jahre 1873 den umstrittenen Roman Paul Heyses, "Die Kinder der Welt", abdruckten, wuchs die Zahl der Abmeldungen so stark an, daß die Zeitung in wirtschaftliche Schwierigkeiten geriet. Ihre Herausgeber sahen sich daraufhin gezwungen, das am 1. Juni 1872 eingeführte zweimal tägliche Erscheinen rückgängig zu machen. Vom 1. Oktober 1873 an erschien die 'Spenersche Zeitung' nur noch einmal täglich, ohne indes den Preis zu senken.

Auch diese Einschränkung brachte wirtschaftlich keine Besserung. Im Strudel des wirtschaftlichen Niedergangs und im Zuge der herrschenden wirtschaftlichen Spekulation wurde die Zeitung erneut zum Kauf angeboten. Im November 1873 erwarb der Leipziger Bankverein Schönheimer die 'Berlinischen Nachrichten'. Er versuchte, das Blatt wirtschaftlich zu sanieren. Seit dem 1. Januar 1874 erschien es wieder zweimal täglich allerdings gegen einen Aufpreis von fast zwei Talern pro Jahr. [48] Da die nationalliberale Richtung jedoch weiterhin die politische Haltung der Redaktion bestimmte, konnte sich die Zeitung keinen sicheren Platz im Kreis der anderen Berliner Blätter verschaffen. Die 'National-Zeitung' war bis zu dieser Zeit so sehr das Blatt der nationalliberalen Leser geworden, daß die 'Berlinischen Nachrichten' mit dieser politischen Richtung nicht die nötige Zahl von neuen Abonnenten gewinnen konnten, um wirtschaftlich bestehen zu können. Auf der anderen Seite gaben die alten konservativ gesinnten Abonnenten immer mehr den Bezug dieser Zeitung auf. Nach einem weiteren Auflage-Rückgang war die Zeitung wirtschaftlich nicht mehr zu halten. Am 31. Oktober 1874 wurde sie mit der 'National-Zeitung' verschmolzen. [49]

Damit endete die selbständige Existenz einer deutschen Zeitung, die sich im 18. und beginnenden 19. Jahrhundert einen bedeutenden Namen gemacht hatte. Es war ihr nicht gelungen, im Wechsel der Zeit den Absprung von der Richtung zu schaffen, auf die sie durch die offizielle Pressepolitik der preußischen Regierung festgelegt worden war. Den Umschwung der öffentlichen Meinung seit den dreißiger Jahren des 19. Jahrhunderts hat sie nicht ausreichend mitvollzogen. Als sie dann noch in den Strudel der Spekulation der Gründerjahre geriet, war ihr Schicksal besiegelt. Sie mußte den Zeitungen weichen, die im beginnenden deutschen Nationalstaat eine politische Richtung vertraten und so von vornherein eine feste Leserschaft hinter sich wußten. Es hatte der Zeitung wenig geholfen, daß sie als "Leiborgan des Kaisers" galt, [50] denn im eigentlichen Sinne "populär — wie die 'Vossische Zeitung' — war die Haudesche nie" gewesen. [51]

---

48) Wegen der genauen Bewegung der Preise, Auflagen und Formate vgl. Hans-Friedrich Meyer: Zeitungspreise in Deutschland im 19. Jahrhundert, Münster 1969, S. 90 und 506.
49) Vgl. hierüber Jürgen Kahl: 'National-Zeitung' (1848—1938) in diesem Band.
50) Kurt Koszyk, a.a.O., S. 236.
51) Margot Lindemann, a.a.O., S. 162.

Norbert Conrads:

SCHLESISCHE ZEITUNG (1742 – 1945)

Die Geschichte der 'Schlesischen Zeitung' [1] ist vom Beginn ihres Erscheinens 1742 bis zum bitteren Ende 1945 eng mit dem Geschick der Verlegerfamilie Korn [2] verbunden, in deren Besitz sich die Zeitung sieben Generationen lang befand. Am 13. Februar 1732 ließ sich der Buchhändler Johann Jacob Korn (1702-1756) aus Neustadt in Oberfranken in das Bürgerbuch der Stadt Breslau eintragen. In wenigen Jahren arbeitete er sich hier zu einem der führenden Buchverleger empor und versuchte sich seit 1737 auch als Herausgeber eines Intelligenzblattes, das wöchentlich unter dem Titel 'Allgemeine Schlesische Und insonderheit Die Stadt Breßlau Wochentlich betreffende Frag= und Anzeigungs=Nachrichten' erschien. Ein richtiges Nachrichtenblatt, wie es Korns Schwiegervater Johann Andreas Rüdiger 1721 mit der 'Berlinischen Privilegirten Zeitung' begründet hatte, lag für Korn noch nicht im Bereich des Möglichen. Dafür wäre im habsburgischen Breslau ein kaiserliches Privileg erforderlich gewesen. Ein solches Privileg für Breslau hatte damals aber schon der Verleger Johann Friedrich Adametz und sein 'Schlesischer Nouvellen-Courier' inne. [3]

Die Besitzergreifung Schlesiens durch Friedrich den Großen im Dezember 1740 bedeutete auch für das schlesische Pressewesen einen kräftigen Einschnitt. Der Protestant Korn mit seinen engen familiären Bindungen an Berlin hatte als einziger Breslauer Verleger den Mut, sich sofort rückhaltlos für den preußischen König zu entscheiden. Er unterstützte die preußische Politik durch den Druck der amtlichen Erlasse und Verordnungen und berichtete in Broschüren vom Verlauf des Krieges. Der Text einiger Kriegsberichte wurde Korn vom preußischen Minister

---

1) An monographischen Darstellungen liegen vor: Carl Weigelt: 150 Jahre Schlesische Zeitung 1742–1892. Ein Beitrag zur vaterländischen Kultur-Geschichte, Breslau 1892. – Die Firma Wilh. Gottl. Korn in Breslau und die Schlesische Zeitung auf der Internationalen Ausstellung für Buchgewerbe und Graphik in Leipzig 1914, Breslau 1914. – Einen Querschnitt von Zeitungsartikeln der 'SZ' aus den Jahren 1742–1921 bringt die Broschüre: 3 Jahrhunderte Schlesien im Spiegel der Schlesischen Zeitung, Breslau 1935. – Vgl. auch Willy Klawitter: Die Zeitungen und Zeitschriften Schlesiens von den Anfängen bis zum Jahre 1870 bzw. bis zur Gegenwart (Darstellungen und Quellen zur schlesischen Geschichte, Bd. 32) Breslau 1930, S. 25, Nr. 17.

2) Vgl. Emil Wohlfarth: Die Firma Wilh. Gottl. Korn in Breslau (Veröffentlichungen der Schlesischen Gesellschaft zur Förderung der buchhändlerischen Fachbildung, Heft 2), Breslau 1926. – Unentbehrlich für die Geschichte der Schlesischen Zeitung: Hans Jessen: 200 Jahre Wilh. Gottl. Korn. Breslau 1732–1932, Breslau 1932.

3) Bruno Schierse: Das Breslauer Zeitungswesen vor 1742, Breslau 1902, S. 88 ff. und S. 120.

Podewils zugespielt. Sie waren teilweise von Friedrich dem Großen verfaßt [4], darunter das bekannte 'Schreiben Eines Vornehmen Königl. Preußischen Officiers, Darinnen Eine zuverläßigere Nachricht von dem am 10. April. Bey dem Dorffe Mollwitz vorgefallenen Treffen enthalten ist'. [5] Unter den veränderten politischen Umständen durfte sich Johann Jacob Korn größere Chancen für ein Zeitungsprivileg ausrechnen. Als die Neutralität Breslaus am 10. August 1741 durch die preußische Besetzung aufgehoben und der Rat der Stadt am nächsten Tag auf Friedrich vereidigt wurde, bat Korn in einem Gesuch an die Regierung um das Recht, eine Zeitung herausgeben zu dürfen.

Friedrich der Große genehmigte dieses "Privilegium exclusivum" am 22. Oktober 1741. Der 'Schlesische Nouvellen-Courier' des mit Österreich sympathisierenden Adametz mußte Ende 1741 sein Erscheinen einstellen. Nach dem Wortlaut dieses Privilegs wurde ab 1. Januar 1742 dem Verleger Korn und seinen Erben für die Dauer von zwanzig Jahren gestattet, "die bisher gewöhnliche Breslauer-Zeitung zusammentragen, und nebst andern die Welt-Läuffte angehenden Relationen, jedoch unter vorgängiger behöriger Censur, in den Druck geben zu lassen, und so wohl in Unserm Hertzogthum Nieder-Schlesien zu distribuiren, als auch in die benachbarte und andere auswärtige Lande zu versenden". [6] Mit demselben Privileg erhielt Korn zugleich das Monopol zum Druck der amtlichen Edikte, Patente, Verordnungen und anderer Drucksachen sowie die Erlaubnis für Bücherauktionen. Ein relativ hoher Kanon von 200 Reichstalern sollte jährlich für diese Konzession entrichtet werden.

Die erste Nummer der 'Schlesischen Zeitung' (im folgenden abgekürzt 'SZ') erschien am 3. Januar 1742 sowohl im Folio- wie im Quartformat. Seitdem wurde sie im kleineren Format dreimal wöchentlich herausgegeben. Bei gleichbleibendem Titel 'Schlesische Privilegirte Staats= Kriegs= Und Friedens=Zeitung' wechselte sie bis 1766 fünfmal das äußere Erscheinungsbild. Ab Nummer 9 (22. Januar 1742) führte sie im bis dahin schmucklosen Kopf den preußischen Adler, der bis zuletzt das Markenzeichen der Zeitung bleiben sollte. Die weitere barocke Ausschmückung der Titelseite mit Fahnenstaffagen und Schilden der schlesischen Fürstentümer wurde im Laufe der Zeit immer weiter vereinfacht und fiel 1789 endgültig weg. [7]

Die Leser der 'SZ' stellten in den ersten Jahren sicher keine hohen Ansprüche an ihre neue Zeitung. Der Herausgeber war durch sein Privileg gegen jede lästige Konkurrenz geschützt, und die strenge Zensur erlaubte ihm sowieso nur einen engen

---

4) Die preußischen Kriegsberichte der beiden schlesischen Kriege, hrsgg. von Johann Gustav Droysen, in: 'Beiheft zum Militair-Wochenblatt', Jg. 1876, Heft 9, Berlin 1876, S. 305-364 und Jg. 1877, Heft 3-4, Berlin 1877, S. 85-212.

5) Das Schreiben liegt dem o.a. Buch von Hans Jessen als Facsimile bei. Vgl. auch Die preußischen Kriegsberichte, a.a.O. 1876, S. 327 ff.

6) Das Privileg liegt dem o.a. Buch von Hans Jessen als Facsimile bei.

7) In: Die Firma Wilh. Gottl. Korn in Breslau und die Schlesische Zeitung, a.a.O., S. 31-42, sind Beispiele aller Titelbögen reproduziert.

journalistischen Spielraum. So redigierte Korn neben seinem florierenden Buchhandel auch noch selbst die Zeitung, indem er aus den führenden anderen Zeitungen auswählte und nachdruckte, was ihm interessant erschien. Das kostete wenig und sicherte ihn gegenüber der Zensur ab. Die wichtigsten Quellen waren für ihn die 'Berliner Zeitung' und die 'Berliner Nachrichten' sowie der 'Hamburger Correspondent'. Für die Nachrichten aus dem Süden und Osten, die in der 'SZ' immer einen verhältnismäßig großen Raum einnahmen, wurden anfangs das 'Wienerische Diarium' und die 'Sankt-Petersburger Zeitung' herangezogen.

Unter diesen Umständen wird man in den ersten Jahrgängen der 'SZ' vergeblich nach einer programmatischen Äußerung suchen. Aber das Blatt verfolgte einen klaren preußischen Kurs, wie er schon in der ersten Nummer der Zeitung sichtbar wurde, die mit einer Hymne auf Friedrich den Großen begann. Dort hieß es, daß ein nunmehr verjüngtes Schlesien in Preußens Friederich, Piastens großem Sohn, die Versicherung der güldenen Zeit gefunden habe und sich deshalb zuversichtlich vor seinen Thron werfe, um "bis ans Ziel der Zeit" Preußens Zepter zu küssen. 8) Die Regierung förderte in den ersten Jahren der Schlesischen Kriege nachdrücklich diese politische Tendenz und verfertigte in der Regel den Breslauer Bericht, der den politischen Teil der Zeitung eröffnete. 9) Wie die Berliner Zeitungen so brachte auch die 'SZ' mehrfach von Friedrich dem Großen inspirierte oder sogar von ihm selbst verfaßte Beiträge. 10) Gelegentliche Beschwerden des Wiener Hofes über die 'SZ' bekundeten, welche Beachtung das Blatt schon außerhalb Schlesiens fand.

Um auch im Lande selbst neue Leser hinzuzuwerben, brachte die Zeitung seit dem 13. Februar 1747 öfters 'Gelehrte Nachrichten', die den gebildeten Leser ansprechen sollten. Diese Neuerung erhielt bald einen festen Platz im Erscheinungsbild der Zeitung. Der Verleger entwickelte daraus eine Beilage, die auch separat verkauft wurde, und die seit dem 2. Januar 1751 unter dem Titel 'Schlesische zuverlässige Nachrichten Von gelehrten Sachen' jeweils samstags im Umfang von vier Seiten erschien. 11) Von 1754 bis 1769 wurde diese Beilage von Samuel Benjamin Klose betreut, der hierin Lessing nacheiferte und während Lessings Breslauer Jahren die Freundschaft des Dichters erwarb. Zuletzt erschien das Beiblatt zweimal wöchentlich und wurde ab 1769 vom Verlag als selbständiges Rezensionsorgan unter dem Titel 'Breslauische Nachrichten von Schriften und Schriftstellern' weitergeführt. 12)

---

8) Die Nr. 1 der 'SZ' vom 3. Januar 1742 liegt dem o.a. Buch von Hans Jessen als Facsimile bei.
9) Hans Jessen, a.a.O., S. 39.
10) Siehe oben Anmerkung 4.
11) Friedrich Wagner: Der Kulturteil der Breslauer Zeitungen von der Aufklärung bis zum Vormärz. Gesellschaft und Kunstleben der schlesischen Hauptstadt im Spiegel der Tagespresse (Zeitung und Leben, Bd. 56), Würzburg 1938, S. 12 ff. und 63 ff.
12) Willy Klawitter, a.a.O., S. 27, Nr. 22.

Die Zeit des Siebenjährigen Krieges (1756—1763) brachte der 'SZ' die erste schwere Krise. Der unerwartete Tod des Verlegers Johann Jacob Korn (1756) führte zu Streit und Erbteilungen unter den Söhnen und gefährdete die materielle Substanz des Unternehmens. Ein Neffe des Verlagsgründers, Johann Michael Gampert, hielt die Zeitung nach besten Kräften über Wasser, bis Korns zweiter Sohn, Wilhelm Gottlieb Korn (1739—1806), im Jahr 1762 die Firma übernahm und dank einer reichen Heirat die größten Schulden begleichen konnte. Gampert blieb nur noch ein Jahr als Teilhaber in der Firma. Das gerade abgelaufene Zeitungsprivileg konnte im Januar desselben Jahres um weitere zwanzig Jahre verlängert werden.

Während Gamperts interimistischer Leitung war der Einfluß der Regierung auf die Zeitung noch beherrschender geworden. Der preußische Minister für Schlesien, Schlabrendorff, benutzte das Blatt als Instrument der preußischen Kriegspropaganda gegen Österreich, vor allem aber, um die Bevölkerung im umkämpften Schlesien im preußischen Sinne zu informieren, beruhigen oder auch einzuschüchtern. Erfolgsmeldungen nahmen natürlich einen unvergleichlich größeren Raum ein als Berichte von Niederlagen, aber immerhin wurden auch letztere mit militärischer Kürze und relativer Objektivität verzeichnet. 13) Während der häufigen Aufenthalte Friedrichs des Großen in Schlesien und Böhmen konnte die 'SZ' die amtlichen Meldungen ein bis zwei Tage eher bringen als die Berliner Zeitungen und wurde deshalb nun ihrerseits eine Quelle für andere Zeitungen. In der Folgezeit behielten die Nachrichten der 'SZ', soweit sie Schlesien betrafen und von öffentlichem Interesse waren, einen offiziösen Charakter. Der schlesische Provinzialminister Schlabrendorff setzte es sogar durch, daß sich zum Beispiel die 'Vossische Zeitung' in Berlin 1765 dazu verpflichten mußte, alle den "schlesischen Ziviletat concernirende Sachen" nur noch den Breslauer Zeitungen 14) zu entnehmen. 15)

Nach den unruhigen Kriegsjahren dauerte es bis 1788, ehe sich der Verlag Wilhelm Gottlieb Korn 16) erholen konnte. In dieser Zeit beruhte der wirtschaftliche Rückhalt der Firma ganz auf den sicheren Einnahmen der 'SZ'. Vom 25. Januar 1766 ab erschien die Zeitung in neuer zeitgemäßer Aufmachung und mit dem kurzen Titel 'Schlesische privilegierte Zeitungen'. Eben dieser Jahrgang erreichte erstmals einen Umfang von mehr als 1000 Seiten. Die Zunahme des Umfanges verdankte die Zeitung dem blühenden Anzeigengeschäft. Demgegenüber wurde der Nachrichtenteil stark vernachlässigt. Die immer noch vom Verleger selbst redigierte Zeitung

---

13) Hans Jessen, a.a.O., S. 78.
14) Neben der 'SZ' bestand noch ein Intelligenzblatt der Breslauer Regierung. Vgl. Willy Klawitter: Geschichte der Schlesischen Intelligenzblätter, in: 'Zeitschrift des Vereins für Geschichte Schlesiens', Bd. 55, Breslau 1921, S. 45-64.
15) Willy Klawitter: Geschichte der Zensur in Schlesien (Deutschkundliche Arbeiten, B. Schlesische Reihe, Bd. 2), Breslau 1934, S. 71.
16) Der Firmenname 'Wilh. Gottl. Korn' wurde 1763 angenommen und blieb später unverändert. Nach dem Untergang des Breslauer Verlagshauses 1945 wird er heute noch vom Bergstadtverlag Wilh. Gottl. Korn in München weitergeführt.

druckte jetzt hauptsächlich die Meldungen des 'Hamburger Correspondent' nach. So blieb es längere Zeit, denn noch im Jahre 1804 bezog die Zeitung ihre Nachrichten fast ausschließlich aus jenen fremden Blättern, die sie für 50 Taler im Jahr abonniert hatte. [17] Kein Wunder, daß sich die Zeitung zunehmender Kritik ausgesetzt sah. Einerseits bemühte sie sich um einen internationalen Anstrich und schränkte die schlesischen Lokalnachrichten ein, andererseits ärgerte sich sogar die Regierung über "ihren schlechten, oft unzusammenhängenden Stil in den eigenen Aufsätzen sowie ... die vielen Sprach- und Schreibfehler in den Avertissements", aus denen sich nur "ein schiefes Urtheil über die schlesische Sprachkunde und Schreibart" gewinnen lasse. [18] Dennoch wurde am 27. Juni 1781 das Zeitungsprivileg Wilhelm Gottlieb Korns zu den alten Bedingungen für weitere zwanzig Jahre verlängert.

Seit 1789 erschien die Zeitung in veränderter Aufmachung unter dem Titel 'Schlesische privilegirte Zeitung'. Bisher war die 'SZ' immer in der Breslauer Stadtbuchdruckerei des Verlegers Graß [19] gedruckt worden. Korn erwirkte dagegen mit dem Privileg vom 4. März 1793 die Erlaubnis zur Anlage einer eigenen Buchdruckerei, in der künftig auch die 'SZ' gedruckt wurde. [20] Die durch den Entzug des Zeitungsdrucks empfindlich geschädigte Stadtbuchdruckerei setzte daraufhin alle Hebel in Bewegung, um das 1801 auslaufende Kornsche Zeitungsprivileg selbst zu erlangen. Nur mit Hilfe des preußischen Provinzialministers Hoym gelang Korn noch einmal die Verlängerung des Privilegs um zwanzig Jahre. Allerdings wurde der jährliche Zeitungskanon auf 600 Reichstaler erhöht, und Wilhelm Gottlieb Korn mußte es hinnehmen, daß die Stadtbuchdruckerei eine Gewerbs- und Handlungszeitung erscheinen ließ, die aber nur zwei Jahre Bestand hatte. [21] Die Auflage der 'SZ' lag 1801 bei täglich 1200 bis 1300 Stück; sie brachte dem Verleger 1804 einen Gewinn von 6327 Talern ein.

Während die Leitung der Kornschen Firma allmählich immer mehr in die Hände des Sohnes Johann Gottlieb Korn (1765–1837) übergegangen war, der die Firma mit Umsicht und persönlichem Mut zu einem der führenden Verlagshäuser Deutschlands machte, blieb die Redaktion der Zeitung bis zum Tode des Vaters 1806 in dessen Händen. Johann Gottlieb Korn teilte sich danach die Redaktion der 'SZ' mit seinem älteren Bruder Friedrich Wilhelm. Sie hatten schwierige Jahre vor sich, in denen einem die Lust am Zeitungsmachen vergehen konnte. Die politische Ohnmacht Preußens und die französische Vorherrschaft spiegelten sich in der scharfen Zensur, der

---

[17] Hans Jessen, a.a.O., S. 151.
[18] Colmar Grünhagen: Hoym und das schlesische Censuredikt von 1793, in: 'Zeitschrift des Vereins für Geschichte Schlesiens', Bd. 31, Breslau 1897, S. 325.
[19] Emil Wohlfarth: Die Breslauer Firmen Graß, Barth & Comp. und Schlettersche Buchhandlung (Veröffentlichungen der Schlesischen Gesellschaft zur Förderung der buchhändlerischen Fachbildung, Heft 4), Breslau 1928.
[20] Hans Jessen, a.a.O., S. 134 ff. — Günther Ost: Die Erhöhung des Kanons der Schlesischen Zeitung, in: 'Schlesische Geschichtsblätter', Breslau 1931, Nr. 2, S. 46.
[21] Willy Klawitter: Die Zeitungen und Zeitschriften Schlesiens, a.a.O., S. 36, Nr. 100.

die 'SZ' von November 1806 bis zum 19. Januar 1813 unterworfen blieb. Am 22. November 1806 meldete die Zeitung lapidar, "daß die Zeitumstände Nachrichten über politische Ereignisse gegenwärtig unmöglich machen, und bis auf Weiteres andere interessante Notizen die Stelle der politischen Neuigkeiten vertreten werden." [22] In der Zeit der französischen Besatzung Breslaus (5. Januar bis 20. November 1807) waren politische Meldungen zwar wieder möglich, aber nicht in dem Sinne, wie sie der patriotisch gesinnte Verleger gern gebracht hätte. Die Zeitung entwickelte aber eine erstaunliche Geschicklichkeit in der Kunst, ihre Meinung zwischen den Zeilen zum Ausdruck zu bringen. Nach der Rückgabe Breslaus an die Preußen änderte sich an der Zensur wenig. Um jeder französischen oder österreichischen Kritik vorzubeugen, wurde die 'SZ' schärfer kontrolliert als andere und erhielt Anweisung, sich nach den Meldungen der 'Königsberger Zeitung' als derzeit maßgeblicher Hofzeitung zu richten.

Während eine überängstliche Zensur die patriotischen Artikel der 'SZ' verbot, schossen in der schlesischen Provinz die Wochenblätter aus dem Boden, die neben ihrem Unterhaltungsteil immer mehr politische Meldungen brachten. [23] Im Kampf gegen diese neue Konkurrenz half auch die Berufung auf das alte Zeitungsprivileg nichts mehr, denn das am 28. November 1810 publizierte Gewerbesteueredikt verwirklichte die 1807 verkündete Gewerbefreiheit. Das war das Ende des Privilegienwesens; die exklusive Stellung der 'SZ' in Breslau und Schlesien war dahin. Zwar brauchte der Verleger hinfort nicht mehr den Kanon von 600 Reichstalern zu entrichten, aber schwerer wog doch der Verlust an Anzeigeneinnahmen, zumal die Regierung dazu überging, ihre amtlichen Patente, Edikte und Verordnungen in den Amtsblättern zu publizieren. In Breslau kam es zwar noch nicht sogleich zu einer Konkurrenzgründung, aber das 'Saganer Wochenblatt' [24] und die 'Liegnitzer Zeitung' [25] brachten der 'SZ' schon spürbare Einbußen.

Unterdessen waren für die 'SZ' jene Monate herangekommen, die sie stets als die stolzesten ihrer Geschichte angesehen hat. [26] Seit dem Frühjahr 1812 sammelten sich in Breslau die führenden Männer der preußischen Erhebung: Gneisenau, Arndt, Boyen, Scharnhorst, Clausewitz, Dohna und Stein. In dem Breslauer Professor Steffens und dem Verleger der 'SZ' fanden sie Gleichgesinnte. Am 27. Januar 1813 meldete die 'SZ' endlich die Ankunft des preußischen Königs in Breslau. [27] Staats-

---

22) Carl Weigelt, a.a.O., S. 137.
23) Willy Klawitter: Geschichte der Zensur in Schlesien, a.a.O., S. 132.
24) Willy Klawitter: Die Zeitungen und Zeitschriften Schlesiens, a.a.O., S. 147, Nr. 825.
25) Daselbst, S. 137, Nr. 770 und 772.
26) Hans Jessen, a.a.O., S. 193-198. — Carl Weigelt, a.a.O., S. 155-164. — Vgl. auch den Abschnitt über die 'SZ' bei Paul Czygan: Zur Geschichte der Tagesliteratur während der Freiheitskriege. Bd. 1, Einleitung und Einführung in die Aktenstücke. Darstellung der Geschichte einiger Zeitungen, Flugschriften, Gedichte etc., Leipzig 1911, S. 66-74.
27) Viktor Loewe: Die königliche Familie in Breslau 1813, in: 'Zeitschrift des Vereins für Geschichte Schlesiens', Bd. 47, Breslau 1913, S. 22-48.

kanzler Hardenberg erklärte am 1. Februar die 'SZ' zur Staats- und Hofzeitung, eine Aufgabe, die sie bis zum 6. Oktober 1813 behielt. Die Nummer 34 vom 20. März 1813 ist in die Geschichte eingegangen. Sie brachte als erste die berühmten Aufrufe "An Mein Volk" und "An Mein Kriegesheer" sowie die "Urkunde über die Stiftung des eisernen Kreuzes". 28) Zwei Tage zuvor war das preußisch-russische Bündnis im neuen weiträumigen Haus der 'SZ' glanzvoll gefeiert worden. Johann Gottlieb Korn hatte hier den russischen Zaren, den preußischen König und an die 500 Teilnehmer zu Gast.

Treitschke hat den Aufruf "An Mein Volk" mit einem äschyleischen Kriegslied verglichen. 29) Man muß sich in die damalige Zeit zurückversetzen, um den Enthusiasmus der Vaterlandsliebe zu begreifen, der von diesen Worten ausging: "Brandenburger, Preußen, Schlesier, Pommern, Litthauer! Ihr wißt was Ihr seit fast sieben Jahren erduldet habt, Ihr wißt was euer trauriges Loos ist, wenn wir den beginnenden Kampf nicht ehrenvoll enden. Erinnert Euch an die Vorzeit, an den großen Kurfürsten, den großen Friedrich. Bleibt eingedenk der Güter, die unter ihnen unsere Vorfahren blutig erkämpften: Gewissensfreiheit, Ehre, Unabhängigkeit, Handel, Kunstfleiß und Wissenschaft. . . . Es ist der letzte entscheidende Kampf den wir bestehen für unsere Existenz, unsere Unabhängigkeit unsern Wohlstand; keinen andern Ausweg giebt es, als einen ehrenvollen Frieden oder ruhmvollen Untergang. Auch diesem würdet ihr getrost entgegen gehen um der Ehre willen, weil ehrlos der Preuße und der Deutsche nicht zu leben vermag. Allein wir dürfen mit Zuversicht vertrauen: Gott und unser fester Willen werden unserer gerechten Sache den Sieg verleihen, mit ihm einen sicheren glorreichen Frieden und die Wiederkehr einer glücklichen Zeit". 30) Was damals unerhört und aufrüttelnd klang, wie oft ist diese Sprache seitdem wiederholt, mißbraucht und abgenutzt worden!

Es entsprach Hardenbergs abwartender, vorsichtiger Politik, daß die 'SZ' als Regierungsorgan möglichst farblos blieb. Korn durfte aber seit dem 17. März 1813 daneben das 'Deutsche Volksblatt' 31) herausgeben, in dem die nationale Begeisterung ungehindert zu Wort kam. Schon die erste Nummer enthielt zwei Beiträge seines Freundes Ernst Moritz Arndt. Das wechselnde Kriegsglück brachte vom 1. bis 11. Juni 1813 noch einmal die Besetzung Breslaus durch die Franzosen. Der Verleger floh, und die 'SZ' erschien in diesen Tagen unter dem Titel 'Breslauische Zeitung'. 32)

1813 hatte die 'SZ' ihren leitenden Redakteur Friedrich Wilhelm Korn in der Völkerschlacht bei Leipzig verloren, sein anderer Bruder, Ferdinand, führte die Arbeit weiter. Erst die 1820 erfolgte Gründung eines ehrgeizigen und munteren Konkur-

---

28) Die 'SZ' vom 20. März 1813 liegt dem o.a. Buch von Carl Weigelt als Facsimile bei.
29) Heinrich von Treitschke: 1813, Leipzig 1913, S. 66 f.
30) 'SZ', Nr. 34 vom 20. März 1813.
31) Willy Klawitter: Die Zeitungen und Zeitschriften Schlesiens, a.a.O., S. 42, Nr. 146.
32) Daselbst, Nr. 145.

renzblattes in Breslau, der 'Neuen Breslauer Zeitung', 33) führte zu Veränderungen in der 'SZ'. Korn engagierte den früheren Mitarbeiter der 'Vossischen Zeitung', Johann Gottlieb Rhode als Redakteur und nach ihm Johann Gottlieb Kunisch, allerdings ohne den erhofften Erfolg. Die bisher immer noch montags, mittwochs und samstags herauskommende Zeitung erschien ab 1. Januar 1828 jeden Werktag, ebenso wie das Konkurrenzblatt, das sich fortan 'Breslauer Zeitung' nannte. Die ständig sinkende Auflage der 'SZ' veranlaßte schließlich den Verleger, dem Drängen seines Sohnes Julius Korn (1799–1837) nachzugeben, und diesem die Zeitung ganz zu überlassen. Der in liberaler Umgebung in Frankfurt am Main und Paris aufgewachsene Sohn holte endlich die notwendigen Reformen nach. Er einigte sich mit der 'Breslauer Zeitung' über Preise und Aufmachung beider Blätter und veranlaßte den Übergang der 'SZ' vom Quart- zum Folioformat ab 17. Oktober 1836. Vor allem aber entließ er den unfähigen Kunisch und übergab die Redaktion ab 1. April 1836 an einen journalistisch interessierten Mann, den Breslauer Professor Johannes Schön (1836–1839). Schön übernahm nicht nur die ganze journalistische Arbeit, bemühte sich um eigene Korrespondenten, sondern gab der Zeitung erstmals in ihrer Geschichte eine deutliche parteipolitische Richtung, und zwar im Sinne des gemäßigten Fortschritts. Diese Tendenz verstärkte sich unter Schöns Nachfolger, Martin Matthias Runkel (1839), vor allem aber unter Friedrich Daniel Rudolf Hilscher (1840–1847), unter dem die kritische Haltung der Zeitung zu offenem Gegensatz mit der Regierung führte. 34)

Im politisch interessierten Bürgertum der Zeit des Vormärz gewann die 'SZ' dadurch Ansehen und Erfolg. Zu ihren Korrespondenten und Mitarbeitern zählten damals August Heinrich Hoffmann von Fallersleben, Robert Blum, Julius Krebs, Gustav Adolf Harald Stenzel, August Kahlert und Gustav Freytag. 35) Das Blatt wurde erneut das führende Organ Schlesiens. Der Preis dafür war ein ständiger Kleinkrieg mit der Zensur und den Gerichten. Zuletzt griff das Berliner Ministerium zu gröberen Mitteln. Es verlangte die Vorlage der amtlichen Zeitungskonzession. Eine solche war natürlich nicht vorhanden, da die 'SZ' aufgrund ihres alten Privilegs erschien. Die Regierung bezeichnete nun das Privileg als längst abgelaufen und erloschen und war zur Ausstellung einer Konzession nur unter der Bedingung bereit, daß die 'SZ' ihren Redakteur Hilscher entließ. Es blieb keine Wahl, als sich dieser Repressalie zu fügen. 36) Darauf erhielt die Zeitung am 30. Dezember 1847 die erforderliche Konzession. Sie hatte zur Folge, daß das Blatt ab 1. Januar 1848 auf

---

33) Alfred Oehlke: 100 Jahre Breslauer Zeitung 1820–1920, Breslau (1920). Leonhard Müller: Die Breslauer politische Presse von 1742–1861. Nebst einem Überblick über die Dekade 1861–1871, Breslau 1908, S. 30-61. — Willy Klawitter: Die Zeitungen und Zeitschriften Schlesiens, a.a.O., S. 45, Nr. 169.
34) Hans Jessen, a.a.O., S. 239 ff. und 261 ff. — Leonhard Müller, a.a.O., S. 18 ff.
35) Hans Jessen, a.a.O., S. 273.
36) Willy Klawitter: Geschichte der Zensur in Schlesien, a.a.O., S. 229 f. — Leonhard Müller, a.a.O., S. 20.

das werbewirksame Wort "privilegiert" im Titel verzichten mußte und sich fortan nur noch 'Schlesische Zeitung' nannte. Das Mißtrauen des Berliner Hofes war damit noch nicht ausgeräumt. König Friedrich Wilhelm IV. machte seinem Minister Bodelschwingh zum Vorwurf: "Ich hätte gewünscht, daß die sich bietende Gelegenheit wahrgenommen wäre, um ein Blatt von anerkannt schlechter d.h. irreligiöser und unloyaler Tendenz eingehen zu lassen". 37)

Seit dem Tode Julius Korns (1837) leitete seine Witwe, Bertha Korn, mit Geschick den Verlag, wobei ihr der bewährte Mitarbeiter des Hauses, Friedrich Adolf Voigt, zur Seite stand. Der gänzlich unpolitische Voigt sollte auf Wunsch der Regierung als Nachfolger Hilschers die Zeitung leiten. Voigt kümmerte sich indes mehr um die technische Verbesserung der Zeitung. Ab 1. Juli 1849 gab er ihr das endgültige Folioformat, am 1. Oktober 1853 ging das Blatt zur zweimaligen Erscheinungsweise täglich über. Die politische Ausrichtung aber wurde von den Hilfsredakteuren Ludwig Hahn (1848–1849) 38) und Julius Moecke (1849–1871) bestimmt, die das Blatt auf dem Höhepunkt der deutschen Revolution in das konservative Lager führten. Das von der Revolution verschreckte Breslauer Bürgertum vollzog diesen Wechsel mit. Die Auflage der 'SZ' konnte sich in den zwei Jahren 1848–1849 nahezu verdoppeln, auf über 6000 Exemplare.

Im Jahre 1850 legte Bertha Korn Verlag und Zeitung endlich in die Hände ihres herangewachsenen Sohnes Heinrich Korn (1829–1907), der die Redaktion der Zeitung unverändert ließ. In diesen Jahren der Reaktion hatte auch die 'SZ' einen schwierigen Stand. Ihre gemäßigt konservative Haltung erschien vielen Lesern als zu rechtsstehend, der Regierung war das Blatt des "Republikaners" Moecke zu links. Kurz nach der Feststellung des Innenministers, die 'SZ' habe aufgehört, ein konservatives Blatt zu sein, kam es in Breslau 1852 zur Gründung der 'Konservativen Zeitung für Schlesien'. 39) Heinrich Korn beeilte sich sofort, diese gefährliche Konkurrenz zu beseitigen, indem er sich gegenüber der Regierung vertraglich zu politischem Wohlverhalten verpflichtete. Eine entsprechende Zusicherung erhielt auch der schlesische Adel. 40)

Korn hatte zugesagt, "bei der künftigen Wahl eines Chef-Redakteurs nur einen Mann von entschieden conservativen Grundsätzen zu wählen". 41) Deshalb entsprach es sicher nicht den Intentionen der Regierung, daß der jetzt eher nationalliberale Moecke ab 1861 auch formell leitender Redakteur wurde. Mehrfach wurde die "Gesamthaltung" des Blattes beanstandet, vor allem nach dem Erlaß der Preß-

---

37) Hans Jessen, a.a.O., S. 271.
38) Wilhelm Kosch: Biographisches Staatshandbuch, Lexikon der Politik, Presse und Publizistik, Bd. 1, Bern und München 1963, S. 454, Artikel "Ludwig Hahn".
39) Leonhard Müller, a.a.O., S. 72-77. — Willy Klawitter: Die Zeitungen und Zeitschriften Schlesiens, a.a.O., S. 69, Nr. 326.
40) Hans Jessen, a.a.O., S. 293 ff.
41) Daselbst, S. 294.

ordonnanz. Die Drohung eines Verbots ging vorüber, als die 'SZ' den neuen Ministerpräsidenten Bismarck entschieden unterstützte. In dem Jahrzehnt vor der Reichsgründung kamen Moeckes journalistische Fähigkeiten zur vollen Entfaltung. Er zählt zu den Vätern des politischen Journalismus in Schlesien. Unter Moecke stieg die 'SZ' zu den führenden deutschen Blättern auf und wurde auch international beachtet. Gelegentlich wurde sie von Bismarck für lancierte Artikel herangezogen. [42] Den preußischen König hatte sie für sich gewonnen, seit sie im preußisch-österreichischen Krieg uneingeschränkt den preußischen Standpunkt verteidigt hatte. Auch im wirtschaftlichen Bereich zahlten sich die hohen Investitionen aus, die Heinrich Korn in die Anschaffung neuer Druckmaschinen verwandt hatte. Die Auflage stieg stetig und überschritt 1866 die 10 000.

Im Jahr 1871 trennte sich der Verleger von Moecke, angeblich wegen politischer Differenzen. Korn berief seinen früheren Warschauer Korrespondenten, Georg Christian Petzet [43], Gründungsmitglied der nationalliberalen Partei in Breslau, zum neuen leitenden Redakteur. Petzet stand seinem Vorgänger in nichts nach, besaß jedoch darüber hinaus vorzügliche Kenntnisse über Polen und den Osten. In Warschau hatte er 1859 die deutsche 'Warschauer Zeitung' gegründet. Wegen seiner propolnischen Einstellung von den Russen 1863 zum Tode verurteilt, war er seitdem in Breslau für die 'SZ' tätig. Seine ersten zwei Jahre waren die Gründerjahre des neuen Deutschen Reiches und brachten wegen der vielen Annoncen dem Verleger hohe Gewinne. Der unvermeidliche Rückschlag und die soziale Frage kündigten sich mit dem Breslauer Setzerstreik (9. März- 4. April 1873) an, mit dem die Breslauer Setzer, unterstützt von dem "Kathedersozialisten" Lujo Brentano, ihre Lohnforderungen durchsetzten. Die sechs in Breslau erscheinenden Zeitungen gaben damals eine gemeinsame Normalzeitung heraus, die in den Räumen der 'SZ' gedruckt wurde. [44]

Kurz nach Petzet verpflichtete Heinrich Korn 1872 auch den damaligen freikonservativen Landtagsabgeordneten Heinrich Blankenburg als politischen Redakteur und räumte ihm sogar "eine leitende Einwirkung auf die Gesamthaltung des Blattes gegenüber den schwebenden Fragen" ein. [45] Blankenburg hatte sich seit 1864 durch glänzende militärische Lageberichte während der preußischen Kriege für die 'SZ' fast unentbehrlich gemacht. Auch als Leitartikler war er wegen seines blendenden Stils geschätzt. Die vom Verleger erhoffte Zusammenarbeit der beiden Redakteure gelang aber kaum. Dafür waren Petzet als einstiger "Achtundvierziger" und Blankenburg als früherer preußischer Obristleutnant und Generalstäbler zu

---

42) Eberhard Naujoks: Bismarcks auswärtige Pressepolitik und die Reichsgründung (1865–1871), Wiesbaden 1968, S. 67.
43) Wilhelm Kosch, a.a.O., Bd. 2, S. 971, Artikel "Petzet". — Erich Petzet: Georg Christian Petzet, in: 'Biographisches Jahrbuch und deutscher Nekrolog', Bd. 10, Berlin 1907, S. 37-42.
44) Alfred Oehlke, a.a.O., S. 203 f.
45) Hans Jessen, a.a.O., S. 323.

verschiedene Charaktere. Blankenburg drängte den sensiblen Petzet mehr und mehr beiseite, bis dieser 1876 Breslau verließ und zur 'Allgemeinen Zeitung' in Augsburg ging, deren Chefredakteur er später wurde.

Unter Blankenburgs alleiniger Leitung erhielt die Zeitung wieder eine betont konservative Ausrichtung. Der Wechsel war am deutlichsten in der Behandlung polnischer Themen zu greifen, wo Blankenburg mit antipolnischen Ressentiments nicht zurückhielt. Jedoch wurde der Osten keineswegs vernachlässigt, sondern gerade in der osteuropäischen Berichterstattung sah die 'SZ' ihre besondere Aufgabe. 1882 wurde die Provinz Posen in den Berichtsraum einbezogen. Im außenpolitischen Teil nahmen die Meldungen aus Osteuropa etwa den gleichen Raum ein wie die westeuropäischen. Die Zeitung hatte Korrespondenten in Posen, Wien, Petersburg, Belgrad und Konstantinopel, im westlichen Ausland aber nur in Paris.

Wenigstens ein Name unter den damaligen Mitarbeitern der 'SZ' sollte noch genannt werden, der Otto Hammanns, des späteren Leiters (1894—1916) des Pressereferats im Auswärtigen Amt der Reichsregierung. [46] In den Jahren des Wilhelminischen Kaiserreichs hatte die 'SZ' nicht nur politisch eine anhaltend große Bedeutung, sondern war sie auch wirtschaftlich überaus erfolgreich. Im Jahr 1881, als die Abonnentenzahl von 15 000 überschritten wurde, ging man am 12. Dezember zur dreimaligen Erscheinungsweise täglich über. Die Leistungen des Verlegers Korn und seines Redakteurs Blankenburg wurden 1882 bzw. 1885 durch die Verleihung des erblichen Adelstitels gewürdigt. Beim 150. Jubiläum der Zeitung 1892 waren der Kaiser, Bismarck und Heinrich von Treitschke unter den ersten Gratulanten. [47]

Nach Blankenburgs Ausscheiden aus der Redaktion der 'SZ' war die Suche nach einem geeigneten Nachfolger nicht leicht. Unter dem neuen Chefredakteur Dr. Georg von Falck (1889—1898) trug die Zeitung "ein gewisses Gepräge akademischer Langerweile und offiziöser Schwerfälligkeit" [48], was sich in sinkenden Abonnentenzahlen niederschlug. Erst der vielseitige Otto Roese (1898—1908) [49] brachte die 'SZ' wieder in Schwung. Dieser frühere Pariser Korrespondent der 'SZ' war Journalist mit Leib und Seele, dem es geradezu ein Vergnügen bereitete, jeden Tag eine interessante Zeitung zu machen. Er wußte sich bald von den Direktiven des Auswärtigen Amtes unabhängig zu machen, und der Zeitung einen überparteilichen Charakter zu geben. In der richtigen Erkenntnis, daß die 'SZ' nicht die Kon-

---

46) Kurt Koszyk: Deutsche Presse im 19. Jahrhundert. Geschichte der deutschen Presse, Teil II (Abhandlungen und Materialien zur Publizistik, Bd. 6), Berlin 1966, S. 255 ff. — Derselbe: Deutsche Pressepolitik im Ersten Weltkrieg, Düsseldorf 1968, S. 24 ff.

47) Die Nr. 4 der 'SZ' vom 3. Januar 1892 brachte den Festartikel: "150 Jahre Schlesische Zeitung".

48) So Otto Roese, zit. nach Hans Jessen, a.a.O., S. 339.

49) Aline Roese: Otto Roese, in: 'Schlesische Lebensbilder', Bd. 2, Breslau 1926, S. 389-395.

kurrenz mit den größten deutschen und europäischen Zeitungen suchen konnte, konzentrierte er sich mehr auf ostdeutsche Fragen und lenkte durch eine Reihe von Pressekampagnen die Aufmerksamkeit der Öffentlichkeit und der Regierung auf die inneren und äußeren Probleme Schlesiens. [50] Roese genoß dadurch viel Publizität und hatte beachtliche Erfolge, wobei ihm seine persönliche Bekanntschaft mit Reichskanzler Fürst Bülow von Nutzen war.

Roeses Wechsel zum Scherl-Verlag in Berlin (1908) erfolgte nicht lange nach dem Tode des Verlagsinhabers Heinrich von Korn (1907).[51] Der alte Korn hatte nach dem Verlust seiner beiden Söhne das Erbe der Firma Wilhelm Gottlieb Korn seinem Enkel Richard von Bergmann (1885—1945) zugedacht, der ab 1910 den Namen "von Bergmann-Korn" führte. [52] Damit der Übergang auf den jungen Erben reibungslos verlaufen würde, war rechtzeitig vorgesorgt worden: 1895 hatte Korn seine Firma in eine Offene Handelsgesellschaft umgestaltet und seine Mitarbeiter Julius Zahn (gest. 1895) und Richard Schultz-Evler (gest. 1916) zu Mitinhabern gemacht. 1902 trat schließlich noch ein Namensvetter, Dr. Wilhelm Korn, als Sozius in die Firma ein, der sich in den nächsten Jahren, vor allem in der Kriegszeit, um die Kontinuität und den Bestand des Verlages verdient machte. Auch Otto Roese kehrte als Mitinhaber (1919—1925) zur 'SZ' zurück.

Der neue Chefredakteur des Jahres 1908, Dr. Richard Schottky (1908—1930), übernahm eine Zeitung, die in stürmischer Aufwärtsentwicklung begriffen war. 1912 wurde die Auflagenhöhe von 20 000 überschritten; am Ende des turbulenten Jahres 1914 wurde — abgesehen vom Ausnahmejahr 1944 — mit einer Auflage von 32 000 der wohl höchste Stand der Zeitung überhaupt erreicht. Dann begannen die kriegsbedingten Sorgen mit der Personalnot, der Papierknappheit, dem Anzeigenverlust und der Zensur. Aber noch 1918 galt die 'SZ' nach einem Wort Schottkys als große politische Zeitung und als die führende Zeitung Schlesiens und Ostdeutschlands. [53]

Die 'SZ' hat sich selbst wie kaum eine andere als preußische Zeitung empfunden. Unter Friedrich dem Großen war sie begründet worden, die Zeit der preußischen Erhebung sah sie als ihre größte an. Erst am 20. März 1913 hatte sie mit einer Festnummer die hundertjährige Wiederkehr des Aufrufes "An Mein Volk" begangen. In Breslau eröffnete damals die berühmte Jahrhunderthalle ihre Pforten. Dieses hohenzollernsche Preußen ging mit der Abdankung des Kaisers, der Proklamierung der Republik und den Wirren der Revolution 1918/19 unter. "Wenn alle untreu werden, so bleiben wir doch treu!", rief die 'SZ' dem scheidenden

---

50) Hans Jessen, a.a.O., S. 339.
51) Otto Roese: Heinrich von Korn, in: 'Schlesische Lebensbilder', Bd. 1, Breslau 1922, S. 22-27.
52) Hermann A.L. Degener: Degeners Wer Ist's? , 10. Ausgabe, Berlin 1935, S. 105, Artikel "Bergmann-Korn".
53) Hans Jessen, a.a.O., S. 360.

Kaiser nach [54], und nach dieser Devise hat sie in den kommenden Jahren für die Wiedererrichtung der Monarchie gekämpft. Diese rückwärts gewandte Einstellung hat mit dazu beigetragen, daß die Zeitung zur jungen Weimarer Republik kein positives Verhältnis gewinnen konnte. Mit ihrer scharfen Opposition gegen das "System" von Weimar handelte sie sich alsbald — wenn auch zu Unrecht — den Vorwurf "staatsfeindlicher" Gesinnung ein. [55] Schon damals bezeichnete man die 'SZ' als deutschnational. Nach dem Kapp-Putsch, der auch in Breslau zu Wirren führte [56], verhaftete man zeitweilig den Hauptschriftleiter Dr. Schottky und den Redakteur Dr. Ernst Wagner, wie es hieß, wegen "Teilnahme an hochverräterischen Bestrebungen". [57]

Die im Versailler Frieden neu gezogenen Grenzen im Osten beschnitten das bisherige Einzugsgebiet der 'SZ' beträchtlich. Die Auflage bröckelte ab. Streiks der Breslauer Setzer (30. Mai-7. Juni 1919) und der Eisenbahner (24. Juni-1. Juli 1919) verhinderten den Druck bzw. die Auslieferung der Zeitung aus Breslau. [58] Um Kosten zu sparen, erschien das Blatt nach dem Krieg nur noch zweimal täglich. Neben dieser "Vollausgabe" brachte der Verlag ab 1922 die "Ausgabe A" zu verbilligtem Bezugspreis heraus, die täglich nur einmal erschien. Ab 1924 kam eine illustrierte Wochenbeilage hinzu. Aber die Zeitung stagnierte bei einer Auflage unter 30 000. Das Schwergewicht der Firma Wilh. Gottl. Korn verlagerte sich in den kommenden Jahren auf die Großdruckerei mit ihrer chemigraphischen Kunstanstalt.

Der Verleger der 'SZ', Dr. Richard von Bergmann-Korn, war sich bewußt, daß die Gründe für den Niedergang des Blattes auch bei der Zeitung selbst zu suchen waren; Leitung und Redaktion waren stark überaltert. [59] Als Mitte 1930 der langjährige Hauptschriftleiter Dr. Richard Schottky in den Ruhestand trat, benutzte von Bergmann-Korn die Gelegenheit zu einer gründlichen Reorganisation des Blattes. Er trennte sich von seinem bisherigen Mitinhaber, Dr. Wilhelm Korn, und nahm die Firma wieder in alleinigen Besitz. Gleichzeitig holte er das Vorstands-

---

54) 'SZ' vom 9. November 1918, zit. nach Hans Jessen, a.a.O., S. 364.
55) Daselbst, S. 365.
56) Wolfgang Jaenicke: Tagebuch während des Kapp-Putsches, in: Leben in Schlesien. Erinnerungen aus fünf Jahrzehnten, hrsgg. von Herbert Hupka, München o.J., S. 11-28.
57) Hans Jessen, a.a.O., S. 366.
58) Alfred Oehlke, a.a.O., S. 316.
59) Eine Geschichte der 'SZ' im "Dritten Reich" fehlt bisher. Für diese Zeit war der Verf. auf die Hilfe früherer Mitarbeiter oder anderer Sachkenner angewiesen. Für bereitwillig erteilte mündliche und schriftliche Auskünfte dankt er der Tochter des letzten Verlegers, Frau Thekla von Bergmann-Korn, Bonn; dem letzten Verlagsleiter der 'SZ', Dr. Werner Bornschier, München; dem früheren Schriftleiter der 'SZ', Hannes Peuckert, Bielefeld; dem Leiter des Internationalen Zeitungsmuseums der Stadt Aachen, Dr. Bernhard Poll; Frau Doris Pröschold von der Deutschen Presseforschung an der Staatsbibliothek Bremen und dem Verlagsleiter des Bergstadtverlages Wilh. Gottl. Korn München, Joachim Zeuschner.

mitglied der Vera-Verlagsanstalt Berlin, Karl Schmidt, als Generalbevollmächtigten nach Breslau sowie als dessen Stellvertreter Dr. Richard Bornschier von der August Scherl GmbH in Berlin. Mit Arvid Balk als neuem Chefredakteur wurde ein glänzender Journalist gewonnen, der bisher bei der 'Kölnischen Zeitung' und zuletzt in der Hauptredaktion der Telegraphen-Union Berlin gearbeitet hatte. Schon 1931 verstarb Generaldirektor Schmidt und an seiner statt übernahm der Verleger nun selbst die Direktion des Blattes.

Wie war die Situation der Zeitung? Noch immer genoß die 'SZ' in Schlesien hohes Ansehen, vergleichbar, wenn auch in anderen Relationen, mit der 'Frankfurter Zeitung' im Westen des Reiches. Hinsichtlich der Auflage wurde die 'SZ' vom Mittagsblatt des Huckkonzerns, 'Breslauer Neueste Nachrichten',[60] um ein vielfaches übertroffen. Eine ganze Gruppe von Blättern der schlesischen Parteipresse hatte die Auflagenmarke der 'SZ' inzwischen eingeholt, die sozialdemokratische 'Volkswacht', die kommunistische 'Arbeiter-Zeitung', das Zentrumsblatt 'Schlesische Volkszeitung' [61]. Hinzu kam ab 1932 die nationalsozialistische 'Schlesische Tageszeitung'. Die 'SZ' betrachtete sich selbst als unabhängig, als "christlich-national", stand aber in Wirklichkeit der Deutschnationalen Volkspartei sehr nahe. Nicht zufällig kam die neue Mannschaft von 1930 aus dem Hugenberg-Konzern. Die letzte Gelegenheit zur freien Selbstdarstellung war für die Zeitung das 200jährige Jubiläum des Verlages 1932. Der Leitartikel der Jubiläumsnummer fixierte den historischen Standort der Zeitung. [62] Hier fand sich das Blatt und sein Verlag auf "kulturpolitischem Grenzwachtposten im deutschen Osten als ein mächtiges Bollwerk des vaterländischen Gedankens und deutscher Sitte". Von diesem Bollwerk aus sollte das im Osten Verlorene wiedererobert werden: "Wie . . . die Degenklinge des in schlesischer Erde ruhenden Marschalls Vorwärts (Fürst Blücher starb in Krieblowitz bei Breslau, d. Verf.), so weist auch die Klinge der 'Schlesischen Zeitung' täglich den jungen und alten Preußen die Marschrichtung: Voran!" Die Glückwünsche des Kaisers und des Kronprinzen wurden "in liebevoller Ehrerbietung" entgegengenommen, ebenso wurde "den politischen Kampfkameraden in der Führung der nationalen Opposition . . . für ihre Grüße mit zuversichtlichem, hellem "Front-Heil!" geantwortet". Dieses "Front-Heil" galt den Politikern des Stahlhelm und der Deutschnationalen Volkspartei. Der Parteivorsitzende Alfred Hugenberg grüßte mit der 'SZ' eine jener "tapferen Zeitungen Schlesiens, die sich mit der Deutschnationalen Volkspartei in weitestem Umfange gesinnungsverwandt fühlen".

Ein Jahr später war dann die "grundlegende Kursänderung" erfolgt, die das Blatt herbeisehnte, allerdings anders, als man es sich vorgestellt hatte. Die Verordnung des Reichspräsidenten "zum Schutze des deutschen Volkes" vom 28. Februar

---

60) Ein Gang durch das Werden einer Großzeitung. Anläßlich des 50jährigen Jubiläums herausgegeben vom Verlage der Breslauer Neuesten Nachrichten, Breslau 1938.
61) Willy Klawitter: Die Zeitungen und Zeitschriften Schlesiens, a.a.O., S. 74, Nr. 357.
62) Jubiläumsausgabe der 'SZ' vom 6. März 1932.

1933 löschte in ganz Deutschland die Pressefreiheit aus. 63) Chefredakteur Arvid Balk, der noch 1931 durch seine Propaganda für den Volksentscheid "Landtagsauflösung" ein 14tägiges Verbot der 'SZ' ausgelöst hatte, verlor 1934 seinen Posten; er war mit einer "nichtarischen" Frau verheiratet. Der Berliner Korrespondent der 'SZ', Georg Dertinger, früher Chefredakteur des "Stahlhelm" und später DDR-Außenminister, erhielt 1935 Schreibverbot und schied 1937 aus. Der Nachfolger Balks in der Chefredaktion, Dr. Carl Ludwig Dyrssen 64), zog 1939 die Einberufung zur Wehrmacht einer möglichen Freistellung vor.

So verlief das 200jährige Jubiläum der Zeitungsgründung 1942 in gedrückter Atmosphäre. 65) Der politischen Gleichschaltung im Großen konnte sich die 'SZ' nicht entziehen, aber sie bewahrte daneben noch erstaunlich viel Eigenständigkeit und entwickelte ein bemerkenswertes Geschick, zwischen den Zeilen zu schreiben. Die Leser der 'SZ' wußten diese Haltung zu schätzen; die Auflage der Zeitung blieb auffallend stabil. Verglichen mit den anderen Breslauer Blättern war die relative Freiheit der 'SZ' so unbegreiflich, daß die Legende entstand, der Führer habe angeordnet, die 'SZ' zu schonen, weil sie wegen ihrer ruhmreichen preußischen Tradition ein wichtiges deutsches Kulturgut darstelle. Vielleicht lag der Grund aber mehr in den guten privaten Beziehungen des Verlegers von Bergmann-Korn zu dem NS-Gauverlagsleiter Dr. Fritz Rudolph.

Die Jahre des "Hindurchlavierens" gingen mit der Stillegung der drei verbliebenen nichtparteigebundenen Zeitungen am 29. Februar 1944 zu Ende. 66) Die 'Breslauer Neuesten Nachrichten', die 'SZ' und die 'Schlesische Volkszeitung' wurden nun "zusammengefaßt", um so "der Forderung des Einsatzes aller verfügbaren Arbeitskräfte zur Sicherung der Rüstung und Kriegsführung" entsprechen zu können. 67) Die ab 1. März 1944 erscheinende neue Zeitung übernahm das Format und die Aufmachung der 'Breslauer Neuesten Nachrichten', in deren Verlagshaus sie auch gedruckt wurde. Das Blatt durfte jedoch "in Fortführung der auf Friedrich den Großen zurückreichenden Tradition" den Titel 'Schlesische Zeitung' tragen, der auch äußerlich dem "Adlerbogen" der alten 'SZ' entsprach. 68) Diese Zeitung erschien in einem neugegründeten Verlag "Schlesische Zeitung KG"; ihre Auflage lag sicher deutlich unter 100 000. 69) Das Blatt wurde von einer nationalsoziali-

---

63) Kurt Koszyk: Zwischen Kaiserreich und Diktatur. Die sozialdemokratische Presse von 1914 bis 1933 (Deutsche Presseforschung, Bd. 1), Heidelberg 1958, S. 211 ff.
64) Wilhelm Kosch, a.a.O., Bd. 1, S. 268, Artikel "Dyrssen".
65) Jubiläumsausgabe der 'SZ' vom 3. Januar 1942.
66) Vgl. die Bekanntmachung "An unsere Leser" in der 'SZ' Nr. 59 vom 29. Februar 1944.
67) Artikel "Die Zeitung im Zeitgeschehen" in der 'SZ' Nr. 60 vom 1. März 1944.
68) Siehe oben Anmerkung 66.
69) Die bei Wilhelm Kosch, a.a.O., Bd. 2, S. 1077 (Artikel 'Schlesische Zeitung') genannte Zahl von 135 000 ist zu hoch, sie beruht vermutlich auf Addierung der drei Einzelauflagen von 1939.

stischen Kommanditistin, der Vera-Verlagsanstalt in Berlin, kontrolliert. Komplementäre waren der Verleger des Korn-Verlages, Dr. Richard von Bergmann-Korn, und der Verleger des auflagestarken NS-Blattes 'Schlesische Tageszeitung', Dr. Fritz Rudolph vom Gauverlag. Zum Verlagsleiter wurde der stellvertretende Betriebsführer des Korn-Verlages, Dr. Werner Bornschier, bestellt. Der bisherige Chefredakteur der 'SZ', Dr. Fritz Roßberg (1939—1944) aus Hamburg, gab sein Amt bald an Dr. Karl Weidenbach (1944—1945) ab. Diese Männer der letzten Stunde waren trotz der totalen Gleichschaltung bemüht, so gut als es eben ging, dem Stil und der Tradition der alten 'SZ' Rechnung zu tragen.

Nachdem Breslau im Herbst 1944 zur Festung erklärt worden war, mußte die Zeitung um den 20. Januar 1945 in die Zeitungsdruckerei Fernbach nach Bunzlau in Niederschlesien verlagert werden. Dort wurde die "Festungsausgabe" der 'SZ' gedruckt. Ihre letzte Nummer erschien in der ersten Februarhälfte 1945. [70] Wenige Tage später war der Belagerungsring um Breslau geschlossen. Im Breslauer Inferno wurde das alte Stammhaus der 'SZ' in der Schweidnitzer Straße ein Opfer der Zerstörung. Der langjährige Besitzer der 'SZ', von Bergmann-Korn, der nie der NSDAP angehört hatte und ein heimlicher Regime-Gegner war, wurde nach der Kapitulation festgenommen und kam auf der Deportation nach Polen um. Seine Familie ließ später den 11. Dezember 1945 als Todestag festsetzen.

---

[70] Vgl. in diesem Zusammenhang Paul Peikert: "Festung Breslau" in den Berichten eines Pfarrers, 22. Januar bis 6. Mai 1945, hrsgg. von Karol Jonca und Alfred Konieczny, Wrocław 1966. Danach wurde am 19. Januar 1945 der Räumungsbefehl für die Breslauer Zivilbevölkerung gegeben, am 12. Februar erreichte die Rote Armee Bunzlau und am 15. Februar war Breslau völlig eingeschlossen.

Christian Padrutt:

ALLGEMEINE ZEITUNG (1798 — 1929)

Mitten im revolutionär-imperialistischen Sturm der Wende vom 18. zum 19. Jahrhundert — Frankreich auf dem Wege von der Anarchie zur Diktatur, Österreich in militärischer und ideologischer Defensive, Deutschlands Fürsten durch die Parole von Freiheit, Gleichheit und Brüderlichkeit erschreckt und ihre Untertanen erregt — ließ im obrigkeitlich dirigierten Chor der deutschen Zeitungen eine ungewöhnliche Stimme allseits aufhorchen: Am 1. Januar 1798 spedierten die beiden Postämter Stuttgart und Cannstatt die aus Tübingen mit "Stafette" angelieferte erste Ausgabe der 'Neuesten Weltkunde' in den Thurn- und Taxis'schen Postsprengel zwischen Leipzig und Mainz, Bremen und Zürich. Das siebenmal in der Woche erscheinende "TagBlatt", getragen von der verlegerischen Begabung und Kraft Johann Friedrich Cottas und geleitet vom journalistischen Geschick und Talent Ernst Ludwig Posselts, fand in dem durch die Dramatik des Welttheaters aufgewühlten "Publikum" ungeteilten Beifall. Nicht allein die Erstnummer hielt, was die vom 31. Oktober 1798 datierte, umfangreiche Ankündigung der renommierten 'J. G. Cotta'schen Buchhandlung' von der Absicht, "eine Frucht gedeihen zu machen, wie das ganze übrige Europa sie nicht aufweisen kann", [1] versprochen hatte:

> ". . . ein politisches TagBlatt, das wie ein treuer Spiegel die wahre und ganze Gestalt unsrer Zeit zurükstrahle; so vollständig, als ob es der ganzen Menschheit angehörte, so untergeordnet den grosen Grundsäzen der Moral und bürgerlichen Ordnung, als ob es ganz auf das Bedürfnis einer Welt voll GährungsStoff berechnet wäre; so edel in Sprache und so unparteyisch in Darstellung, als ob es auf die Nachwelt fortdauern sollte. . .
> . . .In dieser Neuesten WeltKunde, wovon täglich ein halber Bogen in grosem QuartFormat erscheinen wird, verbürgen wir dem Publikum:
> 1. Vollständigkeit. Alle historischwichtige Facta, in allen Ländern und ErdTheilen, in so weit sie durch Correspondenz oder durch gedrukte Nachrichten zu unsrer Kenntnis gelangen, sollen darinn erzählt werden. . .
> 2. Unparteylichkeit, im weitesten Sinne des Wortes, d.h. gleiche Achtung für alle Verfassungen und für alle Länder; treue Darstellung dessen, was geschieht, ohne Hass noch Gunst. . .
> 3. Wahrheit, so weit diese bei einem Stoffe, den man schon im ersten Moment seines Werdens aufgreifen muss, nur irgend gedenkbar ist. Immer soll genau unterschieden werden, was zuverlässiges, bis zur einer bleibenden Stelle in der Geschichte erprobtes Factum; was blose Muthmasung, oder Raisonnement, oder gar nur Kannengieserei ist. . .
> 4. Eine Darstellung, die jedes Ereignis unter den Gesichtspunkt zu stellen sucht, aus dem es am richtigsten und deutlichsten aufgefasst werden kan. . . Dabei
> 5. eine Sprache, von der es zwar, unter dem Zwange der Schnelligkeit, dem Arbeiten dieser Art unterworfen sind, ungerecht seyn würde, die Vollendung zu fordern, die nur eine stete Feile geben kan; aber welche doch rein, männlich, ihres Stoffes und ihres Zwekes würdig seyn soll. . .". [2]

---

1)   Zit. nach Eduard Heyck: Die Allgemeine Zeitung 1798—1898, München 1898, S. 15.
2)   Zit. nach Heyck, a.a.O., S. 16/17.

Dieses hochgreifende, in den Eröffnungsartikeln der beiden ersten Ausgaben der 'Neuesten Weltkunde' breit paraphrasierte Programm birgt in seiner "deklamatorischen Art" — wie Friedrich Schiller den schwungvoll-begeisterten Stil Posselts gekennzeichnet hat [3] — die klug-nüchternen Vorstellungen des Herausgebers Johann Friedrich Cotta, "ein Mann von strebender Denkart und unternehmender Handlungsweise" — so urteilte Johann Wolfgang Goethe [4] — mit "viel Klarheit und Beharrlichkeit". Diese Eigenschaften bildeten die solide Grundlage für die beeindruckenden Erfolge des juristisch ausgebildeten Buchdruckersohnes im Verlagsgeschäft: 1787 hatte er die 1659 von Vorfahren in Tübingen gegründete 'J.G. Cotta'sche Buchhandlung' von seinem Vater übernehmen müssen und stand im Begriffe, die zerrüttete Firma durch die Herausgabe der Werke Schillers, Goethes und anderer hervorragender Dichter deutscher Zunge "zum bedeutendsten Verlag der ersten Hälfte des 19. Jahrhunderts" [5] auszubauen. [6] Mit sicherem Blick erkannte er die wachsenden Lesebedürfnisse der gebildeten Oberschicht und mit verlegerischer Zugriffigkeit — "voll Vertrauen auf den Sieg und Erfolg des Wertvollen" [7] — erfüllte er sie nicht allein mit Büchern, sondern auch mit Zeitungen und Zeitschriften; er schuf das tägliche 'Morgenblatt für gebildete Stände' (1807), das 'Ausland' (1828), das Tageblatt 'Inland' (1829) und den 'Thron- und Volksfreund' (1830) sowie weitere Journale, so daß er mit Recht als Begründer des "Prinzips der breitangelegten publizistischen Konzernstruktur" [8] bezeichnet werden darf.

Der "Durchbruch zum Großverlag" [9] gelang J.F. Cotta mit der 'Neuesten Weltkunde', deren Konzeption aus der im Jahre 1794 mit Friedrich Schiller angeknüpften persönlichen Beziehung erwachsen war. Die beiden Persönlichkeiten verfolgten unterschiedliche publizistische Ziele; der Dichter suchte ein literarisches Journal, der Verleger aber eine Tageszeitung zu verwirklichen. Cotta hatte seinen Plan eines solchen "Instituts", dessen "ganzes Wesen Gründlichkeit" [10] sein sollte, auf Schiller ausgerichtet, der sich jedoch der ihm zugedachten Aufgabe entzog; er wandte sich den 'Horen' (1794–1797) zu. Nach dieser Absage des Dichters bemühte sich Cotta um den Gernsbacher Juristen und Historiker Ernst Lud-

---

3) Zit. nach Heyck, a.a.O., S. 48 — Vgl. auch Wilhelm Volmer: Briefwechsel zwischen Schiller und Cotta, Stuttgart 1876.
4) Zit. nach Heyck, a.a.O., S. 13.
5) Kurt Koszyk: Deutsche Presse im 19. Jahrhundert, Berlin 1966, S. 276.
6) Vgl. neben Koszyk, a.a.O., auch Bestandesverzeichnis des Cotta-Archivs, I. Dichter und Schriftsteller, bearb. von Liselotte Lohrer, Stuttgart 1963, und Karl d'Ester: "Cotta", in: Walther Heide (Hrsg.): Handbuch der Zeitungswissenschaft, Bd. 1, Leipzig 1940, Sp. 758—63.
7) Heyck, a.a.O., S. 92
8) Koszyk, a.a.O., S. 276.
9) Koszyk, a.a.O., S. 276.
10) Heyck, a.a.O., S. 8.

wig Posselt, doch erstand aus dieser Verbindung erst die Monatsschrift 'Europäische Annalen' (1795–1820) als "eine vollständige, unparteiische, bescheiden freimütige Darstellung aller wichtigeren Begebenheiten in allen Staaten Europas". [11]

Cotta gab jedoch sein langgehegtes Vorhaben einer Tageszeitung nicht preis; auf der Basis eines neuen Vertrages mit dem überaus fähigen Posselt konnte das Konzept einer 'Allgemeinen Zeitung' endlich auf Jahresbeginn 1798 in die Tat umgesetzt werden, die "Geburtsstunde einer für Deutschland in dieser Qualität bis dahin unbekannten Art von Tageszeitung" [12] hatte geschlagen. Das Blatt, dank Cottas Beziehungen und Ruf von der württembergischen Zensur ausgenommen, zeigte den Charakter einer Zeitschrift, "eine Art in tägliche Portionen zerschnittenes Journal", [13] gewann aber durch seine zuverlässige Information, ausgreifende Darstellung und geschickte Zusammenfassung — mit Inhaltsangaben an der Spitze der Zeitung und schematischen Zeichnungen zur Erklärung strategischer Auseinandersetzungen — bald einen ansehnlichen Leserkreis; Ende Januar 1798 meldet Cotta 1400 Abonnenten, ein halbes Jahr später bereits 2000 Bezieher. [14] Von ausschlaggebender Bedeutung wurden dabei die von J.F. Cotta persönlich besorgten Berichte von Korrespondenten, die das Tübinger Blatt vom Scherenschnitt-Stil der meisten anderen zeitgenössischen Zeitungen kontrastreich abhoben. [15]

Zogen die literarischen, philosophischen und biographischen Abhandlungen das Interesse des Publikums auf sich, so richtete sich die Aufmerksamkeit der Obrigkeiten auf die politischen Nachrichten. Da entdeckte der Wiener Hof in einer Betrachtung der 'Schwäbischen Chronik' zu Österreichs Zustimmung zur Abtretung linksrheinischer Gebiete an Frankreich auf dem Rastatter Kongreß die 'Neueste Weltkunde' als Quelle, und auch der Gesandte Rußlands in Stuttgart stieß sich an weltpolitischen Darlegungen Posselts. Die erste Demarche bei Herzog Friedrich zeitigte für den Verleger keine schwerwiegenden Folgen, wohl aber eine zweite Beschwerde des Kaiserlichen Hofes im August 1798, die ihn zwang, Ludwig Ferdinand Huber, der seit Februar 1798 in der Redaktion tätig war, an die Stelle von Ernst Ludwig Posselt zu setzen, das Blatt nach Stuttgart zu verlegen und mit dem ursprünglich vorgesehenen Titel 'Allgemeine Zeitung' zu versehen. [16] Der Wechsel vollzog sich ohne jede Unterbrechung in der Auslieferung; den Lesern fiel bloß die Namensänderung auf.

---

11) Heyck, a.a.O., S. 12.
12) Koszyk, a.a.O., S. 276.
13) Heyck, a.a.O., S. 50.
14) Heyck, a.a.O., S. 47. — Vgl. auch Ludwig Salomon: Geschichte des Deutschen Zeitungswesens, Bd. 2, 2. Aufl., Oldenburg — Leipzig 1906, S. 36–51.
15) Heyck, a.a.O., S. 47.
16) Heyck, a.a.O., S. 56 f. — Über die Korrespondenz Cottas zu publizistischen Fragen vgl. vor allem Maria Fehling/Herbert Schiller (Hrsg.): Briefe an Cotta (1794–1863), 3 Bde., Stuttgart 1925–1934.

Die Zeitung — vom Weimarer Dichterfürsten im September voreilig abgeschrieben [17] — erfreute sich ungebrochener Entwicklung, wozu der neue Redaktor nicht wenig beitrug; erfahren, zuverlässig, gelassen und abwägend waltete Huber, stets Cotta an der Hand, seines Amtes, das ihm von der milden Stuttgarter Zensur nicht erschwert wurde, zumal die politische Berichterstattung über Deutschland sehr zurückhaltend war; im Vordergrund stand von Anbeginn weg Frankreich und seine auf umwälzenden Ideen abgestützte Expansionspolitik, aber auch Österreich, England und Skandinavien fanden Berücksichtigung, während die Zurückstellung Preußens bereits in den ersten Monaten unter Posselt — er halte den "preußischen Staat für zu unwichtig" [18] — die Kritik des Hamburger Korrespondenten von Bülow herausforderte. Durchaus gleichberechtigt stand dem politischen Inhalt die Darstellung wirtschaftlicher, aber auch kultureller Vorgänge zur Seite; besondere Beachtung fanden die ausführlichen Berichte über die Leipziger Messen des bemerkenswert vielseitigen, langjährigen Mitarbeiters Karl August Böttiger. [19] Eine erstaunliche Vielfalt kennzeichnet schließlich auch den Anzeigenteil, wobei sich Behörden, Buchhändler, Gewerbetreibende und selbst Heiratslustige die breite "Publizität" des angesehenen Blattes zunutze machten. Angesichts dieser publizistischen Leistung durfte J.F. Cotta mit Fug feststellen, daß kein europäischer Staat eine Zeitung wie sein Tageblatt besitze, "das mit Vollständigkeit, mit Unparteilichkeit, mit Wahrheit und in einer reinen Sprache jedes Ereignis unter einen solchen Gesichtspunkt zu stellen sucht, aus dem es am richtigsten und deutlichsten aufgefaßt werden konnte" [20]. Die Wiederholung der Programmpunkte von 1798 läßt erkennen, daß der Verleger eine erfreuliche erste Bilanz ziehen konnte.

Die sichere Grundlage des Blattes hatte sich indessen bald zu bewähren: Nachdem die 'Allgemeine Zeitung' am 10. Dezember 1799 für acht Tage verboten worden war, dann aber drei ungestörte Jahre des Ausbaues folgten, traf Cotta am 13. Oktober 1803 der Bannstrahl landesherrlichen Verbots, ausgelöst durch des Herzogs Mißfallen über des Verlegers politische und publizistische Aufgeschlossenheit. [21] Während Friedrich Schiller den obrigkeitlichen Zugriff als "günstige Gelegenheit" betrachtete, "diese Unternehmung mit Anstand abzubrechen", [22] bemühten sich mehrere Fürsten und selbst das Preußische Ministerium in Ansbach um die einflußreiche "Institution". Baden mit Heidelberg und Bayern mit Ulm standen im Vordergrund; der Herausgeber — weitsichtig überlegend und sorgsam abwägend — ent-

---

17) Heyck, a.a.O., S. 63.
18) Heyck, a.a.O., S. 298.
19) Heyck, a.a.O., S. 131 f. — Vgl. dazu Hans Friedrich Müller: Die Berichterstattung der Allgemeinen Zeitung Augsburg über Fragen der deutschen Wirtschaft 1815—1840, phil. Diss. München 1936, Berlin 1936, insbesondere der Hinweis auf einen bezahlten Text auf S. 129.
20) Heyck, a.a.O., S. 80.
21) Heyck, a.a.O., S. 79 ff.
22) Heyck, a.a.O., S. 82.

schied sich für den bayerischen Grenzort; voll Vertrauen auf die Großzügigkeit des Kurfürsten Max Joseph, voll "Hoffnung eines größeren Absatzes und künftigen Gewinns, der bisher freilich fehlte". [23] Vom 15. Oktober bis zum 16. November 1803 war die Herausgabe der Zeitung unterbrochen, aber am 17. November erschien das Blatt wieder, hergestellt in Ulm, gekennzeichnet als 288. Ausgabe und getitelt als 'Kaiserlich und Kurbayrisch privilegierte Allgemeine Zeitung'. Ihr Leitartikel kündet von Befriedigung und Stolz des Verlegers über die durch "die bedeutendsten Organe ausgesprochene öffentliche Stimme", welche die "baldigste Wiederherstellung" der Zeitung verlangt habe. [24]

Die Verpflanzung des Blattes nach Bayern tat seiner raschen Weiterentwicklung keinen Abbruch, zumal Cotta die "Institution" sowohl verlegerisch wie auch redaktionell geschickt zu führen wußte. Ein überaus glücklicher Entscheid war die Aufnahme des aus Breslau stammenden Juristen und Schriftstellers Karl Josef Stegmann in die Redaktion im Herbst 1803. Der neue Gehilfe Hubers, ein vielseitig gebildeter und weitgereister Journalist, hatte bei der 'Zürcher Zeitung' unter Heinrich Hirzel [25] gelernt, "absolute Neutralität zu beobachten" [26] und die 'Allgemeine Zeitung' — zusammen mit Paul Usteri, der bis zu seinem Tode im Jahre 1831 einer der fähigsten und beachtetsten Mitarbeiter blieb [27] — mit Meldungen und Berichten zu bedienen. Stegmann, von Cotta nach Ulm gerufen, übernahm im Dezember 1804 nach dem Tode L.F. Hubers die Herausgabe der 'Allgemeinen Zeitung', deren weithin bewunderten Ton und Charakter er mit Verstand und Redlichkeit zu prägen wußte. "Bei großen und überraschenden Ereignissen bewahrte die von ihm geleitete Zeitung ihren ruhigen Stil, der dem gebildeten und besonnenen Leser so schätzenswert war. Sie besaß jene vornehme Ausdrucksweise, die freilich auch ein Publikum voraussetzt, welches schon eine halbe Andeutung, ein Schweigen versteht. Den Parteien stand sie unnahbar, den Zeitbewegungen beobachtend, gerne den verschiedenen Auffassungen das Wort gebend und darum nicht ohne Meinung, den Regierungen mit so viel Unabhängigkeit gegenüber, als erstlich bei dem Bestreben, mit ihnen um ihrer eigenen sachlichen Ziele willen Fühlung zu halten, und zweitens in der Ära Napoleons und der heiligen Allianz überhaupt möglich war. Ein Hosianna der Masse der Zeitungsleser hat ihr nicht tönen sollen und nie getönt". [28]

---

23) Heyck, a.a.O., S. 84.
24) Zit. nach Margot Lindemann: Deutsche Presse bis 1815, Berlin 1969, S. 176.
25) Vgl. zu Hirzel insbesondere Leo Weisz: Die Redaktoren der Neuen Zürcher Zeitung bis zur Gründung des Bundesstaates 1780—1848, Zürich 1961, S. 68 ff. — Über Stegmann vgl. daselbst, S. 69/70, und Heyck, a.a.O., S. 88 ff.
26) Weisz, a.a.O., S. 69.
27) Zu Paul Usteri vgl. Weisz, a.a.O., S. 82 ff.
28) Heyck, a.a.O., S. 91, sowie Weisz, a.a.O., S. 70.

Stegmanns Maß und Besonnenheit — 33 Jahrgänge bestimmend — entsprach in jeder Beziehung den Intentionen Cottas, der mit Kompetenz und Hingabe das Blatt förderte und keine Mühe scheute, den Ruf der 'Allgemeinen Zeitung' als "eines der zuverlässigsten und unbefangensten Journale Europas" [29] zu stärken. Langfädigkeit, Rückstand in der Berichterstattung, Trockenheit im Stil und Mängel im Druck wurden der Zeitung angekreidet, weshalb die Redaktion einen Übersetzer, eine weitere Presse und einen zusätzlichen "Bogen in Folio oder 4°" verlangte. [30] Das Blatt glich in seinem Erscheinungsbild mehr einem Buch als einer Zeitung; Überschriften fehlten, ebenso Daten, die Ortsangaben standen nicht über, sondern vor der einzelnen Meldung. Die Berichte, die man oft als zu langatmig empfand, bildeten aber gerade mit ihrer Genauigkeit und Ausführlichkeit den entscheidenden Vorzug. In nahezu jeder Ausgabe fand sich ein längerer Artikel belehrenden Inhaltes, wobei biographische, geographische, ökonomische, statistische und demographische Themata vorherrschten. Der wortgetreue Abdruck von Akten und Urkunden verlieh der 'Allgemeinen Zeitung' den Charakter einer Zeit-Dokumentation.

Eine unabhängig-selbständige politische Linie einzuhalten, fiel Verleger und Redakteur nicht immer leicht. Zum einen konnte der Ursprung des Blattes im Gedankengut der französischen Revolution nicht verleugnet werden, zum andern erheischte auch der weltanschauliche Gegenpart sachliche Berücksichtigung und Bewertung. Pressionen und Lockungen der verschiedenen Potentaten ließen nicht auf sich warten. Die Regierung Napoleons versuchte es ohne Erfolg mit Wünschen und Forderungen, kam aber über ein Verbot der 'Allgemeinen Zeitung' in Frankreich zum Ziel, denn 1805 verstand sich Stegmann im Einverständnis mit Cotta zur kritischeren Behandlung der "englischen inneren Angelegenheiten ungefähr im Geist der Oppositionsblätter und des Argus", zur Übernahme der erheblicheren Artikel aus dem 'Moniteur' und dem 'Argus' und zur Lieferung eigener Beiträge, mit denen man "in Paris, wenn man dort deutsch läse, hoffentlich zufrieden sein würde. Allein in diesen eignen Artikeln kann der Redakteur, der wesentlichen Einrichtung unsrer Zeitung nach, nicht selbst reden, sondern er muß sie in die Form von Korrespondenzartikeln aus Paris, London, Hamburg etc. einkleiden". [31] Die französische Regierung versorgte in der Folge — vor allem während des Krieges von 1809 und den anschließenden Friedensverhandlungen — die Redaktion ausgiebig mit Informationen, insbesondere mit Verlautbarungen und Aktenstücken, wozu noch Einsendungen aus Bayern kamen, die eine frankreichfreundliche Haltung zeigten. Zur eigenen, den revolutionären Ideen zugeneigten Auffassung bestimmten die Furcht vor napoleonischen Gewaltmaßnahmen und der Wunsch nach offiziellen Nachrichten, aber auch die bayerische Zensur im

---

29) Otto Groth: Die Zeitung. Ein System der Zeitungskunde (Journalistik), Bd. 2, Mannheim — Berlin — Leipzig 1929, S. 50 (Brief Stegmanns an Cotta von 1805).
30) Heyck, a.a.O., S. 144/145.
31) Heyck, a.a.O., S. 174.

Dienste Frankreichs und die Napoleon-Begeisterung des im kaiserlichen Sekretariat tätigen Korrespondenten Widemann die wohlwollende, rücksichtsvolle Einstellung der 'Allgemeinen Zeitung' gegenüber dem Empereur. [32] Äußerungen Napoleons entnahm Stegmann ausschließlich dem 'Moniteur'; er ließ alle Bulletins über Festlichkeiten und Deputationen einrücken und schränkte die Berichte der verschiedenen eigenen Mitarbeiter in Paris und Straßburg sichtlich ein, ebenso orientierte er sich in der Darstellung Englands an französischen Blättern.

Unter solchen Voraussetzungen mußte die Behandlung anderer Mächte erheblich begrenzt werden, wenn auch versucht wurde, den Blick in die Welt nicht allzusehr einzuengen. Cotta hat "mit feiner Spürkraft" — so glaubt Heinrich Treitschke [33] — vorausgesehen, "daß die Entscheidung der deutschen Dinge in Oesterreichs Händen lag", weshalb er um eine zuverlässige Berichterstattung aus diesem Bereich bemüht war. Sein österreichisches Korrespondentennetz — diese redaktionelle Aufgabe behielt sich der Verleger selbst vor, so daß die Redaktion vielfach die Identität der Mitarbeiter nicht gekannt hat — setzte sich von Anbeginn weg aus führenden Persönlichkeiten in leitenden Stellungen zusammen; sie genossen die Unterstützung der Regierung und übten die Tätigkeit "in noch näherem und speziellerem Einverständnis" aus, "als sie Cotta unverhüllt sagen wollten".[34] Die Einflußmöglichkeit des Wiener Hofes sicherten dem Blatt den Zugang zum österreichischen Publikum; Ende 1804 wurde die 'Allgemeine Zeitung' ins Verzeichnis der "ganz erlaubten Zeitungen aufgenommen, welche selbst in den Kaffeehäusern gelesen werden dürfen" [35] und 1807 hatten sich beim Wiener Hofpostamt allein 300—400 Abonnenten eingeschrieben; die Zeitung werde "hier und in der ganzen Monarchie mit Begierde gelesen". [36]

Noch bevor die Befreiungskriege Deutschland erschütterten und das Ende der Herrschaft Napoleons einleiteten, verlegte Cotta sein Unternehmen nach Augsburg, nachdem Ulm im Wiener Frieden zu Württemberg geschlagen wurde. Das ertragreiche und gesicherte Verhältnis zum bayerischen Hofe gaben den Ausschlag; die Zensur hielt sich zurück und die bayerische Post gewährte dem Blatt Portofreiheit für alle an die Redaktion einlaufenden Briefe aus ihrem Bereich, zudem beförderte sie die Zeitung bis zu Bayerns Grenzen mit einem Vorzugstarif. Augsburg, ein Verkehrs- und Handelsplatz ersten Ranges, bot schließlich auch vorzügliche Postverbindungen, was beim Nachrichtenbedarf einer Tageszeitung besonders ins Gewicht fiel. Am 1. September 1810 wurde die erste Ausgabe in Augsburg hergestellt. [37]

---

32) Heyck, a.a.O., S. 177, vgl. auch Groth, a.a.O., S. 51.
33) Heinrich von Treitschke: Deutsche Geschichte im Neunzehnten Jahrhundert, 1. Teil, 10. Aufl., Leipzig 1918, S. 611.
34) Heyck, a.a.O., S. 239.
35) Heyck, a.a.O., S. 239.
36) Heyck, a.a.O., S. 241.
37) Heyck, a.a.O., S. 86/87.

Die ausgeprägte Ausrichtung der 'Allgemeinen Zeitung' auf eine möglichst sachlich-neutrale Umschau unter Verzicht auf den nationalen Standpunkt verhinderten das Eindringen des "Geistes der Befreiungskriege", der "ziemlich spurlos an den Spalten der 'A.Z.' vorübergegangen ist". [38] Die Zeitung begleitet Napoleon mit den amtlichen Bulletins nach Rußland; die Niederlage enthüllt die Dürftigkeit ihrer sonst durch Korrespondentenberichte vielfältigen Nachrichtengebung und gegen Ende des Jahres 1813 kündigt sich der Wandel leise an, indem die offizielle Publizistik Frankreichs kritisch behandelt wird. Die Redaktion suchte und fand die mittlere Linie zuverlässiger und kundiger Berichterstattung, was dem Blatt nach einem Abonnentenrückgang im Jahre 1812 wieder einen Zuwachs von 1007 auf 1801 Bezieher eingebracht hat; 1815 sind es gar 2719. [39] Minister K.A. von Hardenberg — nachdem Freiherr vom Stein zeitweise als Mitarbeiter gewirkt hatte [40] — suchte Preußens Einfluß auf die 'Allgemeine Zeitung' zu sichern, doch führten die mittelbaren und unmittelbaren Verbindungen zum Verleger nicht zu einer engen und dauerhaften Bindung. [41] Der eigensinnig-selbstherrlichen preußischen Verwaltung widerstrebte es, sich "mit einem süddeutschen Buchhändler, der für amtliche Erlasse nicht zu erreichen war, auf persönlich-urbanem Wege zu verständigen". [42] Bis zum Ende der Dreißigerjahre ergab sich unter diesen Umständen keine Änderung des Verhältnisses.

Demgegenüber gelang es den geschmeidig-wendigen Publizisten um Minister Metternich — Glave-Kolbielsky, [43] Friedrich von Gentz, [44] Joseph Anton Pilat, [45] Johann Baptist von Pfeilschifter [46] und Johann Christian von Zedlitz [47] — auf die 'Allgemeine Zeitung' erheblichen Einfluß zu gewinnen; sie war "Metternich

---

38) Heyck, a.a.O., S. 180.
39) Heyck, a.a.O., S. 185.
40) Heyck, a.a.O., S. 299/300.
41) Heyck, a.a.O., S. 300 ff, ferner Groth, a.a.O., S. 83.
42) Heyck, a.a.O., S. 305.
43) Heyck, a.a.O., S. 240/241.
44) Heyck, a.a.O., S. 243/244, ferner Walter Rasemann: Friedrich von Gentz (1764—1832), in: H.-D. Fischer (Hrsg.): Deutsche Publizisten des 15. bis 20. Jahrhunderts, München-Pullach und Berlin 1971, S. 140 ff.
45) Heyck, a.a.O., S. 245 ff., ferner Groth, a.a.O., S. 89.
46) Koszyk, a.a.O., S. 62, Groth a.a.O., S. 103.
47) Heyck, a.a.O., S. 260 ff., ferner Groth, a.a.O., S. 103 ff., Edith Castle: Zu Zedlitz Berichterstattung in der 'Augsburger Allgemeinen Zeitung'. Der Ungarische Landtag von 1839/40, phil. Diss. Wien 1933 (M.).: Charlotte zu der Luth: Joseph Christian Freiherr von Zedlitz als Offiziosus des Ministeriums Buol-Schauenstein und seine Berichterstattung in der 'Augsburger Allgemeinen Zeitung' während des Krimkrieges, 1853—1856, phil. Diss. Wien 1953 (M.); und Johann Hanousek: Die Stellung der Augsburger Allgemeinen Zeitung im vormärzlichen Österreich und die vermittelnde Tätigkeit des Freiherrn Joseph Christian von Zedlitz für dieses Blatt, phil. Diss. Wien 1949 (M.).

die wertvollste Stütze" [48] unter den außerösterreichischen Blättern, weil sie neben der restaurativen Leitidee der österreichischen Politik auch Sonderanliegen des Wiener Hofes verfocht. Allerdings ließ sich die Redaktion keineswegs völlig gleichschalten und brachte immer wieder ihre liberale Grundeinstellung zum Ausdruck, so daß die Wiener Regierung genügend Veranlassung zu Mißbehagen und Beschwerde fand. [49] Diese redaktionelle Einstellung, verbunden mit dem ungebrochenen Bemühen nach Vollständigkeit der Berichterstattung, erklärt das Lob, das Josef Görres im Jahre 1814 der 'Allgemeinen Zeitung' spendet, die an Umfang der Nachrichten von keiner anderen Zeitung in Deutschland übertroffen werde. "Nur die höchst unreine, unteutsche, französisirende Sprache, die in dem Blatte herrscht, ist gar an ihm mehr zu tadeln". [50] Deshalb hingen die kleineren deutschen Blätter stark von den Meldungen des Augsburger Blattes ab.

Mit der Knebelung der deutschen Presse durch die Karlsbader Beschlüsse von 1819, die auch in Bayern durchgesetzt werden mußten, wurde der Spielraum auch der 'Augsburger Allgemeinen' — wie das Blatt weithin genannt wurde — während des folgenden Jahrzehnts unerbittlich eingeengt. Sie bot anstelle reichhaltiger Meldungen aus Deutschland, die nunmehr in geringer Zahl am Schluß des Blattes figurierten, obrigkeitliche Dekrete und Berichte von den königlichen Höfen entfernterer Staaten, verfolgte immerhin die Sitzungen der Bundesversammlung, wagte aber höchstens in Rezensionen ihre Meinung durchblicken zu lassen. Die Reaktion zwang sie unter ihr Joch; August von Kotzebue, ihr Fürsprecher, spottete mit den Worten Jonathan Kurzrocks, sie leide an "politischer Gallsucht und Gliedergeschwulst". [51] Die besonders um 1823 sehr gestrenge Zensur in Bayern, die dem Blatt strich, was andernwärts glatt durchging, [52] bedrohte die Existenz der Zeitung, die auf Neujahr 1824 um 600 Bezieher verlor; die Auflage bewegte sich um 3000 Exemplare. [53] Die Interventionen Cottas am Münchner Hofe und die persönlichen Bemühungen Stegmanns verschafften der 'Allgemeinen Zeitung' hin und wieder etwelchen Freiraum. Tüchtige bayerische Mitarbeiter, darunter N. von Hörmann, [54] Fr. Roth, [55] Ignaz Rudhart [56] und Friedrich Thiersch, [57] ließen das Blatt für die Leser in Bayern anziehender werden.

Inmitten dieser Jahre der Bedrängnis fällt die Aufnahme Gustav Kolbs in die Redaktion der 'Allgemeinen Zeitung', der mit Karl Josef Stegmann, den er 1837 als

---

48) Groth, a.a.O., S. 104.
49) Koszyk, a.a.O., S. 47/48.
50) Zit. nach Koszyk, a.a.O., S. 23.
51) Zit. nach Koszyk, a.a.O., S. 50.
52) Heyck, a.a.O., S. 219.
53) Heyck, a.a.O., S. 223.
54) Heyck, a.a.O., S. 230.
55) Heyck, a.a.O., S. 231.
56) Heyck, a.a.O., S. 231/232.
57) Heyck, a.a.O., S. 233/234.

Leiter des renommierten Blattes ablöste, zur prägenden Gestalt geworden ist. 58)
Der aus Tübingen gebürtige Württemberger hatte sich während seiner Universitätszeit den Idealen der Burschenschaften zugewandt, kam auf dem Rückweg vom Piemont, wo er für eine Stuttgarter Zeitung über eine revolutionäre, schnell unterdrückte Erhebung hätte berichten sollen, mit dem Kreis deutscher Radikaler in der Schweiz in Berührung und büßte seine Zugehörigkeit zu diesem Geheimbund mit Festungshaft auf Hohenasperg. Als er 1826 entlassen wurde, stellte ihn Cotta auf Empfehlung des Untersuchungsrichters als Redakteur an, wobei er auch für das 'Ausland' und die 'Politischen Annalen' tätig wurde. Das Schwergewicht seiner Arbeit, die vom Willen bestimmt war, auf die Meinung des Publikums richtunggebend einzuwirken, lag jedoch bei der 'Allgemeinen Zeitung'. Gustav Kolb pflegte intensive persönliche Kontakte zu den Mitarbeitern, deren Zahl er stetig erweiterte; er gewann, allerdings auf Veranlassung Cottas, auf seiner Pariser Reise im Jahre 1831 Heinrich Heine als Mitarbeiter. Die kritisch-spöttischen Berichte des Dichters, der seine giftigen Pfeile nach allen Seiten schoß, erregten Aufsehen, vor allem aber auch den Zorn des Wiener Hofes, der durch Friedrich von Gentz die Entfernung des Pariser Korrespondenten verlangte; Cotta folgte dem Wunsch im Juli 1832. Heine lobte in der Buchausgabe seiner Artikel die 'Allgemeine Zeitung', die "ihre weltberühmte Autorität so sehr verdient und die man wohl die Allgemeine Zeitung von Europa nennen dürfte"; sie schien ihm eben "wegen ihres Ansehens und ihres unerhört großen Absatzes das geeignete Blatt für Berichterstattungen, die nur das Verständnis der Gegenwart beabsichtigen". 59)

Cotta bestimmte Kolb als verantwortlichen Redakteur für den "deutschen Artikel" mit Einschluß von Österreich und Preußen, den er zielstrebig ausbaute, so ausgreifend, daß Cotta fürchtete, er werde "die 'A.Z.' aus einer europäischen allgemein geachteten zu einer deutschen Zeitung zweiten Ranges" umwandeln. 60) Die kluge Betonung der nationalen Entwicklung im politischen, wirtschaftlichen und kulturellen Bereich, die zur Festigung der Stellung der Zeitung entscheidend beigetragen hat, 61) bleibt sein Verdienst, auch wenn der Einfluß von Friedrich List nicht

---

58) Heyck, a.a.O., S. 110 ff, ferner Walter Gebhardt: Die Deutsche Politik der Augsburger Allgemeinen Zeitung 1859–1866, phil. Diss. München 1935, Dillingen-Donau 1935, passim.

59) Heyck, a.a.O., S. 191 ff. — Vgl. dazu Karl-Hugo Pruys: Heinrich Heine (1797–1856), in: H.-D. Fischer, a.a.O., S. 205 ff.

60) Heyck, a.a.O., S. 115.

61) Heyck, a.a.O., S. 115 ff. : Vgl. zur Pflege dieser Ressorts auch Aurora Boynowska: Die Literatur im Spiegel der Beilage zur Allgemeinen Zeitung, phil. Diss. München 1948; Gabriele von der Heyden: Das Menschenbild der 'Allgemeinen Zeitung' um die Mitte des 19. Jahrhunderts, phil. Diss. München 1967; Annemarie Gerlach: Die deutsche Wirtschaft von 1851 bis 1859 im Spiegel der Augsburger Allgemeinen Zeitung, phil. Diss. München 1947; Hans Friedrich Müller: Die Berichterstattung der Allgemeinen Zeitung, Augsburg, über die Fragen der deutschen Wirtschaft 1815–1840, phil. Diss. München 1936; Donata G. Schwarzkopf: Die Struktur der Beilage der 'Allgemeinen Zeitung' im Spiegel ihrer Kunstberichterstattung, phil. Diss. München 1952

zu übersehen ist. 62) Kolb bemühte sich auch mit sicherem Kunstverstand erfolgreich um den Beizug der zahlreichen literarischen Talente des jungen Deutschland und vermittelte sie dem deutschen Publikum; er zog auch unablässig Vertreter der Wissenschafter in den weiten Kreis der Mitarbeiter: "Wessen Name in der Beilage" — Kolb hat sie zum täglichen Beiblatt kulturell-wissenschaftlichen Inhalts gemacht — "erschien oder wer gar von der Redaktion selber herangezogen wurde, sozusagen die wissenschaftliche und litterarische Feuertaufe als überstanden betrachten konnte, eingeführt galt in den anerkannten und exklusiveren Kreis der deutschen Geisteswelt". 63)

Unbestechlich und rücksichtslos — nicht zuletzt auch in der Behandlung der Manuskripte — führte Kolb bis 1865 die 'Allgemeine Zeitung', die im Jahre 1848 mit 11 155 Abonnenten den Höchststand ihrer Geschichte erreichte, dem sie jedoch im Jahre 1859 nochmals nahegekommen ist. 64) Mit Georg Cotta, der nach dem Tode seines Vaters am 29. Dezember 1832 die Leitung des Verlages mit zugriffiger Hand übernommen hatte, verstand sich Gustav Kolb ausgezeichnet; der adelsstolze und selbstbewußte Verleger hielt von seinem Stuttgarter Hauptsitz aus die Augsburger Redaktion mit einer "anfragenden, mahnenden, korrigierenden, tadelnden, händeringenden Detailaufsicht" auf brieflichem Wege in Trab. 65) Heinrich Heine traf das Verhältnis der beiden Partner vorzüglich, als er dem ebenfalls für die 'Allgemeine Zeitung' tätigen Fürsten Pückler-Muskau schrieb: "Das Maul der A.Z. ist in Augsburg, aber die Nase kommt immer von Stuttgart". 66) Georg Cotta präsentiert sich als selbstherrlicher Zeitungs-Monarch im Rund seiner Ressortminister, zu denen der knorrige Dr. Altenhöfer, 67) der gediegene C. A. Mebold, 68) der unternehmende W. H. Riehl 69) und der originelle Hermann Orges 70) als hervorstechendste Persönlichkeiten zählten.

In Georg Cotta vereinigten sich "die neuen Ideen der Einheit und Freiheit in seltsamer Mischung mit einer selbstverständlichen Achtung vor dem Altüberkommenen" 71); sein Glaube "an die politisch-geistige Überlegenheit und den deutschen

---

Fortsetzung Fußnote 61)
    und Ingelore Vogt: Die wirtschaftlichen Einigungsbestrebungen der deutschen Bundesstaaten während der Jahre 1828 bis 1834 im Spiegel der Augsburger Allgemeinen Zeitung, phil. Diss. (FU) Berlin 1958.
62) Heyck, a.a.O., S. 124.
63) Heyck, a.a.O., S. 121.
64) Heyck, a.a.O., S. 126/127.
65) Heyck, a.a.O., S. 102/103.
66) Heyck, a.a.O., S. 118.
67) Heyck, a.a.O., S. 147 ff, ferner Gebhardt, a.a.O., passim.
68) Heyck, a.a.O., S. 150 ff.
69) Heyck, a.a.O., S. 156 ff.
70) Heyck, a.a.O., S. 158 ff., ferner Gebhardt, a.a.O., passim.
71) Gebhardt, a.a.O., S. 7.

Beruf Oesterreichs" 72) stieß in der Redaktion des Blattes nicht auf ungeteilte Zustimmung, denn insbesondere August Altenhöfer erkannte die entscheidende Rolle Preußens, ohne aber damit Großpreußentum oder Österreichfeindschaft zu verbinden. 73) Aus dem Widerstreit der Meinungen, unter dem Einfluß des Verlegers mit seinen persönlichen Verbindungen und Verpflichtungen, aber auch aus der traditionellen Bindung der Zeitung an den Grundsatz der "Allparteilichkeit" 74) als ihrem Wesenszug — er trug ihr den Vorwurf der "bewußten Charakterlosigkeit" 75) ein — ergab sich in den Vierziger- und Fünfzigerjahren eine eher lavierend-taktierende Redaktionspolitik, die jedoch zu Österreich neigte; der von Cotta 1847 in einem Briefkonzept betonte Verzicht auf "leitende Artikel" mit irgendwelchen Parteinahmen gibt der 'Allgemeinen Zeitung' den "scheinbar objektiven Stil". 76)

Dem "großen Allerweltsblatt in Augsburg" wurde gerade die Darstellung des Für und Wider zum Vorwurf gemacht, wie etwa von Karl Heinzen, der den reichen Stuttgarter Baron Cotta "sein Geld und seine Verbindungen nur benutzen sieht, um durch sein weitverbreitetes Organ im Interesse der Volksfeinde in allen Welttheilen die öffentliche Meinung zu verfälschen. Denn darin liegt ein Haupttheil der verderblichen Wirkung des Augsburger Blattes, daß es, was in Teutschland gar nicht beachtet wird, in vielen Ländern fast die einzige kurrente Quelle für die Beurtheilung teutscher Zustände, Persönlichkeiten und Literaturerscheinungen bildet". 77) Das Blatt besaß neben zahlreichen Lesern in Deutschland unter seinen ca. 11.000 Beziehern einen stattlichen Harst Österreicher, fand aber auch in Frankreich, England, Italien, Sardinien, in der Levante und selbst in den Vereinigten Staaten manche Leser. 78) Der sachlich-dokumentarische Charakter der 'Allgemeinen Zeitung' im Gegensatz zur entschiedenen Parteistellung der meisten übrigen deutschen Blätter — am 11. November 1851 tadelte Cotta die Redaktion, weil sie die Präsidialbotschaft Napoleons nicht im Wortlaut publiziert hatte 79) — sicherte ihr ebenso sehr Beachtung wie ihre Abgewogenheit. Ihr Einfluß beruhte nicht auf der großen Zahl der Leser, sondern auf der "sozialen und geistigen Qualität" ihres Publikums, das sich vornehmlich aus meinungsführenden Persönlichkeiten zusammensetzte. 80)

---

72) Heyck, a.a.O., S. 105.
73) Gebhardt, a.a.O., S. 11 ff.
74) Koszyk, a.a.O., S. 91. — Vgl. auch Heyck, a.a.O., S. 272/273.
75) Koszyk, a.a.O., S. 91.
76) Koszyk, a.a.O., S. 92, sowie Heyck, a.a.O., S. 272/273.
77) Zit. nach Koszyk, a.a.O., S. 104.
78) Vgl. den aufschlußreichen Abschnitt 'Allgemeine Zeitung' im Rechenschaftsbericht des Pressleitungscomites der österreichischen Zentralverwaltung, abgedruckt bei Kurt Paupié: Handbuch der österreichischen Pressegeschichte 1848—1959, Bd. II, Wien — Stuttgart 1966, S. 23 ff.
79) Heyck, a.a.O., S. 198.
80) Heyck, a.a.O., S. 97/98.

Die publizistische Macht der 'Allgemeinen Zeitung' erreichte im Zusammenhang mit dem Krieg von 1859 nochmals eine letzte Höhe, als Hermann Orges das Blatt zielstrebig "aus einer ursprünglich vermeintlich rein deutsch-patriotischen Haltung in die eines großdeutschen Parteiorgans" hinüberführte. [81] Nach dem Frieden von Villafranca verschwand mit Orges auch die großdeutsche Parteitaktik und die Zeitung kehrte langsam zur "Sprechsaal-Theorie" zurück, ohne aber beim Problem Österreich zwischen zentralstaatlichem Regime und nationaler Freiheit festen Boden zu finden; auch die Behandlung der Frage der Bundesreform stand unter einem ungünstigen Stern. [82] Der Tod Georg Cottas am 30. Januar 1863 – sein Sohn Karl und sein Schwager Reischach entbehrten der Autorität – gaben der Redaktion fast uneingeschränkte Handlungsfreiheit. Als Folge der mangelnden Führung zerfielen Einheitlichkeit und Geschlossenheit der redaktionellen Politik, was sich in abnehmenden Abonnentenzahlen niederschlug. [83] Das Blatt zeigte im Schatten der kraftvollen Politik des preußischen Ministerpräsidenten Bismarck eine verwirrende und widerspruchsvolle Haltung, zumal am 16. März 1865 Gustav Kolb nach längerem Leiden starb. [84]

Sein Nachfolger in der Chefredaktion, August Altenhöfer, suchte nach der Entscheidung von Königsgrätz das Steuer gegen Norden zu richten, doch verlor die 'Allgemeine Zeitung' zusehends an Gewicht; die Tendenz zielte auf Vorstellungen von konstitutioneller Freiheit und nationalem Fortschritt, deren Verwirklichung noch nicht im Bereich des Möglichen lag. [85] Der hohe Abonnementspreis förderte den Verfall, ebenso die im Jahre 1882 erfolgte Umsiedlung nach München. Schließlich schadeten dem noch in gebildet-akademischen Kreisen gehaltenen Blatt die Verlagsveränderungen, denn nach dem Tode Karl Cottas im Jahr 1888 übernahmen die Brüder Adolf und Paul Kröner in Stuttgart den Verlag und 1895 wurde die 'Allgemeine Zeitung' das Eigentum einer Gesellschaft mit beschränkter Haftung, die sie im Jahre 1905 an die Bayerische Druckerei- und Verlagsanstalt weiterverkaufte. Die Zeitung wurde zum süddeutschen Blatt der nationalliberalen Partei nach 1870 und vertrat einen nationalen Liberalismus; "sie war in Haltung, Gesinnung und Form das Blatt des Bürgers, der weder den Ultramontanen noch den Sozialdemokraten Neigungen entgegenbrachte". [86]

Am 1. April 1908 verschwand die 'Allgemeine Zeitung' als Tageblatt; als Wochenblatt nationalliberaler Richtung, nach 1918 als Organ der Deutschen Volkspartei, serbelte es dahin. [87] Eine der berühmtesten und verdienstvollsten Zeitungen des

---

81) Gebhardt, a.a.O., S. 27.
82) Gebhardt, a.a.O., S. 45 ff.
83) Gebhardt, a.a.O., S. 69.
84) Gebhardt, a.a.O., S. 81.
85) Koszyk, a.a.O., S. 125.
86) Nausikaa Arbinger: Die Bedeutung der 'Allgemeinen Zeitung' für die Literatur von 1890–1914, phil. Diss. München 1936, Deggendorf 1936, S. 17.
87) Koszyk, a.a.O., S. 125; Arbinger, a.a.O., S. 17.

deutschen Sprachraumes starb dermaßen an der Krankheit der mangelnden Funktionsanpassung. Aus nationalliberaler Sicht hatte es bereits 1914 über die Zeitung geheißen: "Obwohl sie Jahrzehnte lang an Bedeutung und Leistungsfähigkeit an der Spitze der deutschen Presse stand, mußte sie sich politisch in oft beschämender Weise durchwinden, um am Leben bleiben zu dürfen; und ebenso war sie wirtschaftlich stets ein Sorgenkind ihrer Besitzer; sie hat ihnen, den Cottas und den Späteren, Millionen gekostet. Ein nationalliberales Parteiblatt im engeren Sinne ist die 'Allgemeine Zeitung' nur vorübergehend (bis 1911) gewesen; aber sie hat seit der großen deutschen Schicksalswende von 1866 und 1870 die gleichen nationalen und liberalen Ziele in gleich maßvoller Weise verfolgt wie die nationalliberale Partei. Sie darf deshalb in der Reihe der zu uns Gehörigen nicht fehlen. Jetzt hat sie sich freilich auf das Altenteil zurückgezogen und fristet als Wochenblatt (freikonservativ) ihren Lebensabend". [88] Im Jahre 1922 wurde ein letzter Versuch zur Rettung der Zeitung unternommen, indem man ihr den neuen Titel 'Allgemeine Zeitung am Abend' gab; doch auch diese Maßnahme half auf die Dauer nicht, so daß 1929 das Blatt endgültig eingestellt werden mußte. [89]

Die Zugkraft und Attraktivität des traditionsreichen Zeitungstitels machte sich nach dem 2. Weltkrieg in leicht abgewandelter Weise eine in Augsburg begründete Tageszeitung zunutze: die am 30. Oktober 1945 mit amerikanischer Lizenz entstandene 'Schwäbische Landeszeitung' — welche sich nicht auf das Cotta'sche Blatt, sondern auf den 1853 gegründeten 'Augsburger Stadt- und Landboten' zurückführen läßt — nahm am 1. November 1959 den Titel 'Augsburger Allgemeine' an und führt ihn seitdem kontinuierlich als Hauptbezeichnung. [90] Der reine Zeitungsname 'Allgemeine Zeitung' (ohne irgendwelche Zusätze) wurde nach dem Kriege allein von einem französisch-lizenzierten Blatt angenommen, das seit dem 29. November 1946 in Mainz erscheint [91] und in gewissem Sinne vorbereitende Aufgaben für die 1949 geschaffene 'Frankfurter Allgemeine' übernahm. [92] Eine direkte oder indirekte Nachfolgepublikation, die an das ehemalige Cotta'sche Blatt anknüpft, entstand nach 1945 indes nicht!

---

88) Richard Jacobi: Geschichte und Bedeutung der nationalliberalen Presse, in: 'Nationalliberale Blätter' (Berlin), 26. Jg./Nr. 19 (10. Mai 1914), S. 452 f.

89) Vgl. Dahlmann-Waitz: Quellenkunde der deutschen Geschichte. Bibliographie der Quellen und der Literatur zur deutschen Geschichte, 10. Aufl., Bd. 1, Stuttgart 1969, Abschn. 36/Nr. 119.

90) Vgl. Institut für Publizistik der Freien Universität Berlin (Hrsg.): Die Deutsche Presse 1961. Zeitungen und Zeitschriften, Berlin 1961, S. 7, Sp. 1.

91) Vgl. Nordwestdeutscher Zeitungsverleger-Verein (Hrsg.): Handbuch Deutsche Presse, 1. Aufl., Bielefeld 1947, S. 272, Sp. 1, sowie Erich Dombrowski et al. (Hrsg.): Wie es war. Mainzer Schicksalsjahre 1945—1948, Mainz 1965, S. 64 ff., ferner Nikolas Benckiser (Hrsg.): Zeitungen in Deutschland. Sechsundfünfzig Porträts von deutschen Tageszeitungen, Frankfurt a.M. 1968, S. 63 f.

92) Vgl. Heinz-Dietrich Fischer: Die großen Zeitungen. Porträts der Weltpresse, München 1966, S. 239.

Georg Potschka:

KÖLNISCHE ZEITUNG (1802 – 1945)

Die Geschichte der 'Kölnischen Zeitung' (KöZ) reicht zurück bis in das 17. Jahrhundert, als 1651 mit der 'Postzeitung' die erste regelmäßig erscheinende Zeitung in Köln herausgegeben wurde. [1] Nach einer Vielzahl von Besitzer- und Namenswechseln wurde die 'Kölner Zeitung' am 9. Juni 1802 von den "Erben Schauberg" [2], die bis dahin nur den Druck besorgt hatten, gekauft und in 'Kölnische Zeitung' umbenannt. Von einer echten Zeitungsgründung kann in diesem Zusammenhang nicht die Rede sein. Privatwirtschaftlicher, nicht publizistischer Wille war der Antrieb zur Übernahme der Zeitung durch die "Erben Schauberg". Deutlicher Beweis dafür ist das Fehlen eines Programms oder programmatischen Artikels. Gegründet wurde lediglich drei Jahre später die Firma M.DuMont Schauberg, nachdem Marcus DuMont Katharina Schauberg geheiratet hatte. [3] Diese Firma blieb bis zum Ende der 'KöZ' (1945) deren wirtschaftliche Trägerin und existiert heute noch.

Die Geschichte der 'KöZ' während der französischen Besatzung kennzeichnen Verbote, Suspendierungen und Aufhebungen der Verbote, bis 1809 ein Dekret das Blatt endgültig unterdrückt. Das Eigentumsrecht des Verlegers wurde jedoch nach langem Drängen anerkannt, Marcus DuMont eine Entschädigung von 4.000 frs. pro Jahr gewährt. [4] Mit dem Ende der französischen Besatzung begann die lange, ununterbrochene Geschichte der 'KöZ'. Im Quartformat erscheinend, hatte es die Zeitung gerade in dieser Zeit schwer, ihre Bedeutung über den stadtkölnischen Bereich [5] hinaus zu erweitern. Kleister und Schere waren die wichtigsten Werkzeuge in der Redaktion des Marcus DuMont in der Zeit der Reaktion, in der nach den Karlsbader Beschlüssen nicht einmal Totenzettel von der Zensur ausgenommen waren und in der Nachrichten aus Paris eine Woche brauchten, bis sie Köln erreichten. [6]

---

1) Zur Vorgeschichte der 'KöZ' vgl. Kurt Weinhold: Die Geschichte eines Zeitungshauses 1620–1945. Eine Chronik 1945–1970, Köln 1969, S. 21-60; Heribert Ch. Scheeben: Die relationes extraordinariae, eine Kölner Zeitung des 17. Jahrhunderts, phil. Diss. Köln 1922.

2) Zur Familiengeschichte der Hilden, Schauberg, DuMont und Neven vgl. Weinhold a.a.O., S. 23 ff., S. 46 ff; Alfred Neven DuMont (Hrsg.): Familie Neven. Geschichtliche Nachrichten und Dokumente aus sechs Jahrhunderten, sowie die Familiengeschichte Neven DuMont, Köln 1927; Leonhard Ennen: Die Familien DuMont und Schauberg in Köln, Köln 1868.

3) Ernst von der Nahmer: Beiträge zur Geschichte der Kölnischen Zeitung, ihrer Besitzer und Mitarbeiter. I. Teil: Marcus DuMont 1802–1831, Köln 1920, S. 5 ff.

4) Weinhold, a.a.O., S. 66.

5) Vgl. Justus Hashagen: Entwicklungsstufen der rheinischen Presse bis 1848, Essen 1925.

6) M.DuMont Schauberg: Kölnische Zeitung 1802–1902, Köln 1902, S. 7.

Nur einmal wurde die 'KöZ' in ganz Deutschland beachtet: Als ein Artikel für die Ausgabe vom 3. Mai 1817 von der Zensurbehörde zurückgehalten wurde, ließ Marcus DuMont, weniger um zu provozieren als aus Stoffmangel, in der Rubrik Deutschland den vorgesehenen Platz frei. Dieser "weiße Fleck" wurde von anderen Zeitungen als "auch eine Tagesnachricht und keine der unwichtigsten" freudig begrüßt und nachgeahmt. [7] Immerhin schuf Marcus DuMont 1816 das Beiblatt [8], führte 1829 die tägliche Erscheinungsweise (außer Montag) ein und vergrößerte 1830 das Format der 'KöZ'. Er sicherte dem Blatt die hervorragende Stellung unter den Zeitungen Kölns, zeitweise sogar ein Monopol und schuf so eine solide wirtschaftliche Basis für den Aufstieg der 'KöZ' unter seinem Sohn Joseph. [9] Joseph DuMont, in erster Linie Kaufmann wie sein Vater, scheute keine Investitionen, wenn es darum ging, die Schnelligkeit der Berichterstattung und damit Ansehen und Absatz der 'KöZ' zu steigern. So hielt er das Inventar der Druckerei immer auf dem neuesten Stand der technischen Entwicklung, nachdem er bereits 1833 die ersten Schnelldruckpressen von Koenig & Bauer angeschafft hatte. Durch Errichtung einer Taubenpostlinie Paris—Brüssel—Aachen (1849) erreichte er einen Vorsprung von 16 Stunden gegenüber den schnellsten Postzügen in der Übermittlung der Schlußkurse der Pariser Börse. [10]

Als erstes deutsches Blatt richtete die 'KöZ' 1838 ein Feuilleton ein, in dem "wissenschaftliche und schöngeistige" Literatur publiziert wurde. Das Feuilleton der 'KöZ' druckte zuerst das mittelmäßige Lied des Subalternbeamten Nicolaus Becker ("Sie sollen ihn nicht haben, den freien deutschen Rhein") und verhalf ihm zu ungeheurer Verbreitung. [11] Entscheidend für die weitere Entwicklung und spätere Bedeutung der 'KöZ' wurde jedoch, daß sich der Verleger immer mehr von der redaktionellen Arbeit zurückzog und bedeutende Journalisten für seine Zeitung zu gewinnen suchte. Hatten sich Karl Hermes und Karl Andree nach kurzer Zeit für Verleger und Publikum als nicht geeignet erwiesen, [12] so zeigte sich die Berufung Karl Heinrich Brüggemanns als guter Griff, durch den die Zeitung eine einheitliche politische Linie erhielt.

7) von der Nahmer, a.a.O., S. 51.

8) Das Beiblatt wurde am 3.3.1816 angekündigt. Es sollte wenigstens zweimal im Monat erscheinen und den "Literaturfreunden... eine Übersicht der neuesten Erscheinungen in Wissenschaft und Kunst liefern, mancherlei Aufsätze zur Unterhaltung, Beiträge zur vaterländischen Geschichte enthalten". Nach: v.d.Nahmer, a.a.O., S. 56.

9) Zahlenmaterial bei: v.d.Nahmer, a.a.O., S. 88 ff; Kurt Neven DuMont (Hrsg.): 150 Jahre M.DuMont Schauberg, Köln 1953, S. 11 f.

10) Karl Buchheim: Die Geschichte der Kölnischen Zeitung, ihrer Besitzer und Mitarbeiter. 2. Band: Von den Anfängen Joseph DuMonts bis zum Ausgang der bürgerlichen Revolution 1831—1850, Köln 1930, S. 24 und S. 29.

11) Zum Feuilleton insgesamt: Buchheim, a.a.O., S. 213-230.

12) Buchheim, a.a.O., S. 251-260. Hermes war zwar nicht von der preußischen Regierung bestochen worden, wollte ihr aber die 'KöZ' "zur Verfügung" stellen. Die Differenzen zwischen Joseph DuMont und dem antiklerikalen Protestanten Andree lagen vor allem auf dem Gebiet der Kulturpolitik.

Die Abonnementseinladung vom Dezember 1845 für das folgende Jahr brachte das politische Programm der 'KöZ', auf das sich der Verlag noch mehr als ein Jahrhundert später besinnen sollte. 13) Der neue Redakteur, Brüggemann war zum 1. November 1845 berufen worden, habe die 'KöZ' "zu einem Parteiorgan im edleren Sinne des Wortes immer reiner auszubilden und nach einem leitenden Grundsatze, aber fern von allen abstrakten Theorien und absoluten Leitsätzen" das öffentliche Leben zu beurteilen. "Selfgovernment, Garantien der individuellen Freiheit der Bürger und der nationalen Einheit des Volkes" sollten die den Redakteur leitenden Grundsätze sein. Das Feuilleton werde "die Haupttendenz des Blattes" stützen, wurde also dem politischen Teil untergeordnet. 14) Das Programmatische dieses Artikels geht sicher auf Brüggemanns Einfluß zurück, doch wurde durch ihn die Wendung der 'KöZ' zu liberaler Opposition von Joseph DuMont ausdrücklich bejaht, einer Opposition, die vorwiegend in wirtschaftlichen Motiven ihre Begründung fand. 15)

Karl Heinrich Brüggemann, vor seiner Berufung nach Köln Berichterstatter der 'KöZ' in Berlin, war als ehemaliger Burschenschafter und politischer Häftling scharfen Kontrollen und tiefverankerten Vorurteilen der preußischen Regierung ausgesetzt. 16) Ebenso unangenehm war der liberale Katholik dem rheinischen Klerus, so daß die Angriffe auf die 'KöZ' von dieser Seite, die während Andrees Tätigkeit begonnen hatten, fortgesetzt wurden. 17) Brüggemanns politische Konzeption setzte an die Stelle des bloß theoretischen französischen "Scheinconstitutionalismus" ein von der Ortsgemeinde bis zum Staat und "nationalen Reich" durchgeführtes "Selfgovernment". Eine solche Veränderung könne und dürfe nur erreicht werden durch Anlehnung an die bestehenden, noch lebensfähigen Zustände, so zum Beispiel durch Anknüpfen an die Stein-Hardenbergschen Reformen. Nicht Revolution, sondern beständige Evolution sei die einzig weiterführende Form politischer Entwicklung, beständige Evolution unter Wahrung des "Rechtsbodens". Die Kontinuität des Rechts war der höchste Wert in Brüggemanns politischer Haltung. Dies muß im Auge behalten werden, will man die Meinungsäußerungen der 'KöZ' im Jahre 1848 und in den Jahren danach verstehen. 18) In wirt-

---

13) Siehe 'Kölner Stadt Anzeiger' vom 25. August 1962, Nr. 197.
14) Buchheim, a.a.O., S. 58 ff.
15) Vgl. Karl Buchheim: Die Stellung der Kölnischen Zeitung im vormärzlichen rheinischen Liberalismus, phil. Diss. Leipzig 1913.
16) Karl Brüggemann: Meine Leitung der Kölnischen Zeitung und die Krisen der preußischen Politik von 1846–1855, Leipzig 1855, S. 11 f.
17) Vgl. Wilhelm Prisac: Die akatholische Tendenz der Kölnischen Zeitung, Koblenz 1844; Wilhelm Prisac: Die Fortschritte der Kölnischen Zeitung auf dem Wege der Dekatholisierung und Entchristlichung, Neuß 1846. (Prisac war Pfarrer in Rheindorf, Dekanat Solingen.)
18) K.H. Brüggemann: Meine Leitung der Kölnischen..., a.a.O., S. 14-21; K. H. Brüggemann: Preußens Beruf in der deutschen Staatsentwicklung und die nächsten Bedingungen zu seiner Erfüllung, Berlin 1843; Karl Buchheim: Geschichte der Kölnischen..., a.a.O., S. 261-272.

schaftspolitischen Fragen war Brüggemann Friedrich List und dem Schutzzoll ein engagierter Gegner. [19]

Brüggemann war in der Lage, seine politischen Vorstellungen in der 'KöZ' so weit durchzusetzen, daß es zwar keine Einheitsmeinung gab, daß aber eine politische Linie vorhanden war, deren Überschreiten nicht geduldet wurde. [20] Die neue Organisation der Zeitungsführung war kaum abgeschlossen, am 21. März 1848 zeichnete Joseph DuMont erstmals als Herausgeber und Brüggemann als Chefredakteur, als sie ihre große Bewährungsprobe zu bestehen hatte. Zur französischen Februarrevolution äußerte sich die 'KöZ' nur sehr zögernd und sprach von einer rein französischen Angelegenheit. In Deutschland dürfe man die Freiheit nicht mit fremder Hilfe erreichen, meinte das Blatt unter Anspielung auf die Ereignisse nach der Revolution von 1789. Doch trat es nun für eine entschiedene, weil zur Abwendung der Revolution in Deutschland als notwendig erkannte, Fortbildung der lediglich auf dem Papier stehenden Artikel der Bundesakte ein. Mit der Gewährung von Pressefreiheit, Versammlungsrecht und der Einräumung von Schwurgerichten müßten die Regierungen allen revolutionären Forderungen zuvorkommen. [21]

"Eine märchenhafte Wendung der Dinge" schien eingetreten zu sein, als die 'KöZ' in der letzten Nummer des März unter dieser Überschrift die Nachricht von der Berufung des liberalen Ministeriums Camphausen/Hansemann verbreiten konnte. Dem bisher an der Spitze der Opposition in Preußen stehenden rheinischen Liberalismus war damit die Staatsmacht zugefallen, eine Evolution der politischen Verhältnisse im Sinne der 'KöZ' schien möglich. [22] Parallel zur Liberalisierung der Pressegesetzgebung, die ihren Endpunkt mit dem Pressegesetz vom 30. Juni 1849 hatte, verlief eine wesentliche Steigerung des Publikumsinteresses und des Niveaus der von der Zensur befreiten Zeitungen. Beides stand in Wechselwirkung zueinander und ließ die Auflageziffern der 'KöZ' explosionsartig — von 9.000 Exemplaren Ende 1847 auf 17.388 im 2. Quartal 1848 — in die Höhe schnellen, eine Ziffer, die erst zu Beginn der sechziger Jahre wieder erreicht wurde. Eine

---

19) K.H. Brüggemann: Dr. Lists nationales System der politischen Ökonomie, kritisch beleuchtet und mit einer Begründung des gegenwärtigen Standpunktes dieser Wissenschaft begleitet, Berlin 1842; K.H. Brüggemann: Der deutsche Zollverein und das Schutzsystem. Ein Versuch zur Verständigung der Ansichten und für Ausgleichung der Interessen, Berlin 1845. — Zur Behandlung wirtschaftlicher Fragen in der 'KöZ' vgl. Hans Seysen: Die Entwicklung der wirtschaftlichen Berichterstattung in der Kölner Presse bis zur Mitte des 19. Jahrhunderts, wirtschafts- und sozialwiss. Diss. Köln 1924; Horst Beau: Die wirtschaftliche Berichterstattung bis zur Ausbildung eines Wirtschafts- und Handelsteils (um 1860) mit besonderer Berücksichtigung der Kölnischen Zeitung, Dipl.Arb. Köln 1924 (Masch.schr.).
20) Buchheim: Geschichte der Kölnischen . . ., a.a.O., S. 108 f. gibt Beispiele für Mitarbeiter, die ihre Tätigkeit einstellen mußten.
21) Daselbst, S. 114 f.
22) 'KöZ' Nr. 91 vom 31. März 1848, nach: Buchheim: Geschichte der Kölnischen. . ., a.a.O., S. 116.

solche Hausse des Leserinteresses forderte technische Veränderungen. Seit August 1848 kamen keine Montagsnummern mehr heraus, die Lücke wurde durch Extrablätter, die zur ständigen Einrichtung wurden, geschlossen. Seit Oktober 1849 erschien die 'KöZ' als Morgen- und Abendausgabe. Trotz sinkender Auflageziffern in der Zeit der Reaktion erlahmte das Bemühen um dauernde Verbesserungen nicht. Parlamentsberichterstatter wurden zur ständigen Einrichtung, Kriegsberichterstatter engagiert, das Korrespondentennetz erweitert, größter Wert auf die Informationen aus Westeuropa als Spiegel der dort herrschenden Freiheit gelegt und bei der Einführung des elektrischen Telegrafen enge Verbindungen mit den führenden Korrespondenzbüros Reuter, Wolff und Havas geknüpft. [23]

Während der Revolution sah es die 'KöZ' als ihre Aufgabe an, beruhigend zu wirken. [24] Der ehemalige Burschenschaftler Brüggemann begrüßte Schwarz-Rot-Gold, begrüßte den neuen Geist der Politik, der Deutschland befähigte, an seine eigene Freiheit zu denken. Für ihn war die absolute Monarchie auf den Straßen Wiens und Berlins verblutet. Daraus folgerte er jedoch nicht, die Monarchie zu stürzen, vielmehr wollte er sie auf einen neuen, durch die Revolution erreichten Rechtsboden gestellt sehen, dessen Fundament die Vereinbarung zwischen Volk und Monarch sein sollte. [25] Zwar begrüßte die 'KöZ' die oktroyierte Verfassung nicht gerade freudig, doch sah sie in ihr die rettende Tat der Krone. Diese Verfassung könne zum neuen Rechtsboden werden, wenn sie nachträglich durch die Zustimmung der Volksvertretung legitimiert werden würde. [26] Das Vereinbarungsprinzip war damit zur Fiktion geworden. Obwohl der Elbinger Korrespondent Büttner gegen das preußische Wahlrecht in der 'KöZ' antreten konnte, setzte sich auch in dieser Frage der kaum noch haltbare Standpunkt Brüggemanns durch, daß man das Wahlrecht ausüben solle, denn der Staatsstreich von oben garantiere wenigstens den Bestand der bürgerlichen Ordnung, "die durch eine Revolution von unten, durch einen Umsturz bedroht worden wäre." [27]

In Fragen einer deutschen Innenpolitik wandte sich die 'KöZ' bereits 1847 gegen den im 'Journal des Débats' publizierten Vorschlag der Vereinigung der süddeutschen Staaten zu einer dritten deutschen Großmacht. Diese Lösung des deutschen Problems sei lediglich eine Neuauflage des Rheinbundes und müsse am erwachten deutschen Nationalgefühl scheitern. Im März 1848 forderte das Blatt eine Umwandlung des deutschen Staatenbundes in einen "wahrhaften" deutschen Bundesstaat. Preußen möge sich an die Spitze der Bundesrevision stellen. Diese Forderung lief praktisch auf eine Bundesrevolution mit Hilfe der preußischen Staatsmacht hinaus [28] und nahm den Verlauf der Reichsgründung im Prinzip vorweg, so daß sich

---

23) Daselbst, S. 120 ff.
24) Daselbst, S. 115.
25) Daselbst, S. 126 f.
26) Daselbst, S. 132 f.
27) Daselbst, S. 134 f.
28) Daselbst, S. 140 f.: Über das Verhältnis zur Paulskirche vgl. S. 143-145.

die spätere Zustimmung zu Bismarcks Politik durchaus nicht als plötzlicher, opportunistischer Sinneswandel erweist. [29] Bereits im Mai 1849 setzte die Reaktion zum Gegenangriff an, sah sich die 'KöZ' heftigsten Angriffen der 'Neuen Preußischen (Kreuz-)Zeitung' gegenüber. Vor allen zeichnete sich Otto von Bismarck aus, der den rheinischen Liberalismus und mit ihm die 'KöZ' als "lächerliche Figuren" abtat, die zwischen "den Mühlsteinen der Reaktion und der Demokratie" den "Tod finden" müßten, es sei denn, sie vollzögen einen "schamlosen Gesinnungswechsel", um dem Untergang zu entgehen. [30]

Die 'KöZ' wehrte sich so lange sie konnte, bestritt der Regierung das Recht, Revolutionäre zu verhaften, weil sie selbst während der Wirren den Rechtsboden verlassen habe und nannte die reaktionäre Presseverordnung vom 8. Juni 1850 einen moralischen Verfassungsbruch. Bereits ein Jahr später waren derartige Äußerungen unmöglich. Als Brüggemann eine Artikelserie über die bürgerlichen Freiheiten veröffentlichen wollte, sah sich die Redaktion genötigt, statt dessen die Erklärung abzugeben: "Vera loqui timeo, dedignor dicere falsa". Die Auslandskorrespondenten wurden angewiesen, ihre Berichte ohne Anspielungen auf preußische oder deutsche Verhältnisse auskommen zu lassen. Brüggemann wurde bedeutet, er möge "den Wahn fallen lassen", daß er unter dem Gesetz stehe, er stehe unter der Verwaltung. Dies geschah noch bevor der Reaktionsausschuß 1854 die Grundrechte außer Kraft setzte, bevor die Verordnung gegen den Mißbrauch der Pressefreiheit erlassen worden war. Nachdem diese gesetzlichen Voraussetzungen geschaffen worden waren, wurde Joseph DuMont am 10. März 1855 vor die Alternative gestellt, entweder die Konzession zurückzugeben oder seinen Chefredakteur zu entlassen. Daraufhin wurde Heinrich Kruse zum Nachfolger Brüggemanns, der bis zu seinem Tod 1877 im Redaktionsverband blieb, ernannt. [31] Heinrich Kruse hatte sich bis dahin in der Redaktion der 'KöZ' dadurch hervorgetan, daß er den englischen Artikel zu der Geltung geführt hatte, wie sie vor 1848 der französische besessen hatte. Kruses Bemühen richtete sich darauf, dem deutschen Leser zu zeigen, wie in den angelsächsischen Ländern "die liberalen Institutionen die Welt" eroberten. [32]

Mit der Übernahme der Regentschaft durch Wilhelm I. verlor zwar die 'Kamarilla' ihren Einfluß am preußischen Hof, daß jedoch die erhoffte "neue Ära" eine Täuschung war, sollte sich spätestens bei der Krönung des Regenten nach dem Tod Friedrich Wilhelms IV. herausstellen. Sie fand im Oktober 1861 in Königsberg statt, und nach der Huldigung durch die Großen des Reiches sprach Wilhelm I.

---

29) Dies behauptet Franz Dieudonné: Die Kölnische Zeitung und ihre Wandlungen im Wandel der Zeiten, Berlin 1903, S. 61 ff. (Zitierweise und Kommentare dieser Schrift zeigen, daß die Polemik heutiger Publizisten keineswegs neu ist, d. Verf.)

30) Buchheim: Geschichte der Kölnischen ..., a.a.O., S. 135.

31) Vgl. K.H. Brüggemann: Meine Leitung der Kölnischen ..., a.a.O., S. 4, sowie Weinhold, a.a.O., S. 138 ff.

32) Buchheim: Geschichte der Kölnischen ..., a.a.O., S. 285-288;

expressis verbis vom Gottesgnadentum seiner Herrschaft. Immerhin bekannte er sich zu einem Rechtsstaat, wenn auch zu einem konservativen. Der Druck der Administration auf die liberale Presse wurde spürbar geringer. Die Hoffnung der 'KöZ', daß der 1859 in Frankfurt gegründete Deutsche Nationalverein mit seiner Forderung nach einer bundesstaatlichen Einheit unter preußischer Führung bei der neuen Regierung durchdringen und sie zum Handeln bewegen könnte, erfüllten sich nicht. Kruse schien dies vorausgesehen zu haben, als er zum 100. Geburtstag Schillers, sich von der allgemeinen nationalen Euphorie distanzierend, mit leichter Resignation feststellte, daß in Schiller wenigstens die geistige Einheit Deutschlands hergestellt sei. [33]

Am 3. März 1861 starb Joseph DuMont noch nicht fünfzigjährig. Er hatte die Grundlagen für den Aufstieg der 'KöZ' zum Weltblatt geschaffen, der jedoch erst nach dem Ende preußischer Polizeistaatlichkeit und in einem größeren Staatsverband vollendet werden konnte. Die Leitung des Unternehmens übernahm treuhänderisch für die Erben und als Mitinhaber Ferdinand Wilhelm Schulze, der seit 1844 in der Firma tätig war. 1872 trat der Sohn Joseph DuMonts, Ludwig, in die Geschäftsleitung ein, konnte jedoch infolge Krankheit das Werk seines Vaters nicht fortsetzen. [34] Zum Regierungsantritt Bismarcks nahm die 'KöZ' sehr kritisch Stellung. Seine außenpolitischen Vorstellungen tat sie als Schlagworte ab. Der neue Ministerpräsident sei "ungeeignet", eine "wahre liberale und nationale Politik" nach außen hin zu führen; er wünsche lediglich außenpolitische Verwicklungen, um die inneren zur Ruhe oder wenigstens zum Schweigen zu bringen. [35]

Diese "inneren Verwicklungen" sollte die 'KöZ' bald selbst zu spüren bekommen. Kruse wurde verhaftet, als er den Verfasser eines Artikels über den polnischen Aufstand nicht nennen wollte. Zwar wurde der Prozeß gegen ihn nach der Befragung auch französischer Gutachter eingestellt, doch mehrten sich die Übergriffe der Verwaltung, vor allem nach der Preßordonnanz vom 1. Mai 1863. [36]

Unmittelbar vor dem preußisch-österreichischen Krieg griff die 'KöZ' Bismarck auf das heftigste an. Bismarck das sei der Krieg, der Krieg, der Deutschland auf den Stand von 1648 zurückwerfen müsse. Immer wieder mahnte das Blatt zum Einlenken. [37] Mit dem Ende der Auseinandersetzungen von 1866 wuchs im Ausland das Interesse an der politischen Entwicklung in Deutschland. Die 'KöZ' wurde dort immer mehr beachtet und gefragt, so daß sich der Verlag entschloß, eine Wochenausgabe herauszugeben, die hauptsächlich kommentierende und unterhaltende Artikel enthielt. Nachrichten der vorangehenden Tage wurden in einer Übersicht zusammengefaßt. Die Wochenausgabe brachte zwar keinen finanziellen Gewinn,

---

33) Weinhold, a.a.O., S. 149.
34) Daselbst, S. 146 und S. 160.
35) 'KöZ' Nr. 165 vom 24.9.1862, zit. nach: Weinhold, a.a.O., S. 153.
36) Weinhold, a.a.O., S. 154.
37) Daselbst, S. 155.

erhöhte aber das Ansehen der 'KöZ' in der ganzen Welt. [38] Das Blatt schrieb jedoch nicht nur für Leser in allen Erdteilen, sondern berichtete auch bereits sehr früh aus der ganzen Welt.[39] Mit Hugo Zöller [40] wurde 1874 der berühmteste Reporter der Zeitung verpflichtet, der als erster deutscher Journalist auf Weltreisen ging, bevor er in der Ära deutscher Begeisterung für Kolonialpolitik zahlreiche Nachahmer fand. [41]

Hatte die 'KöZ' im Verfassungskonflikt einen Burgfrieden aller liberalen Gruppierungen gefordert und auch die 1861 gegründete Fortschrittspartei noch als Mitkämpferin angesehen, so fand sie 1867 mit der Gründung der Nationalliberalen Partei, die Partei, die ihre eigenen Ziele weitgehend vertrat. [42] Damit wurde sie jedoch nicht zur Parteizeitung, sie ist eher der "Parteirichtungspresse" zuzuordnen [43], das heißt, daß sie ihre geistige Unabhängigkeit gegenüber der von ihr gestützten Partei bewahrte und daher in Einzelfragen immer ein relativ selbständiges Urteil fand. [44] Die Hinwendung Bismarcks zu einer die deutsche Einigung fördernden Politik mit Konzessionen an die Liberalen machte es der 'KöZ' leicht, ihre entschiedene Opposition aufzugeben. Bestes Beispiel für das neue Verhältnis der 'KöZ' zu ihrem ehemaligen Kontrahenten in der "Kreuzzeitung" ist Kruses Aufruf vom 16. Juli 1870, in dem er von den Ostpreußen von 1813, den Hannoveranern auf der Iberischen Halbinsel, den Sachsen bei Leipzig spricht. Schließlich kämpften die Deutschen im Gegensatz zu ihren westlichen Nachbarn nicht für den Glanz eines Despoten, sondern für Haus und Hof. Auf diesen Artikel soll sich Bismarcks Wort beziehen, die 'KöZ' sei ihm ein Armeekorps am Rhein wert. [45]

Wollte die 'KöZ' nach der Reichsgründung nicht an Bedeutung verlieren, mußte sie ihre Berichterstattung aus der Hauptstadt verbessern. So entstand das Berliner Büro, das als Redaktionsfiliale für die Gestaltung des politischen Inhalts der Zeitung zeitweise bedeutsamer als die Kölner Redaktion war. Dies war vor allem da-

---

38) M.DuMont Schauberg: Kölnische . . . 1802—1902, a.a.O., S. 11.
39) Vgl. Georg Kerst: Die Anfänge der Erschließung Japans im Spiegel der zeitgenössischen Publizistik. Untersucht auf Grund der Veröffentlichung der Kölnischen Zeitung, Hamburg 1953.
40) Weinhold, a.a.O., S. 162.
41) Daselbst, S. 163.
42) Vgl. Heinrich Klinkenberg: Die Kölnische Zeitung und die preußisch-deutsche Politik Bismarcks 1866/67. Ihr Anteil an der Bidlung der nationalliberalen Partei und ihre Stellung zum preußischen Verfassungsentwurf für den Norddeutschen Bund vom 15. Dezember 1866, phil. Diss. Köln 1921.
43) Karl Freiherr von Perfall: Die Stellung der Kölnischen Zeitung zu Bismarck und der Nationalliberalen Partei in der Krise von 1878/79, phil. Diss. Köln 1936. (Trotz des Erscheinungsjahrs recht brauchbar.)
44) Vgl. Kurt Koszyk/Karl H. Pruys (Hrsg.): Wörterbuch zur Publizistik, München 1969, Stichwort Liberalismus, S. 220-225.
45) Weinhold, a.a.O., S. 158 f.

durch bedingt, daß der bisherige Chefredakteur Kruse nach Berlin ging und mit August Schmits [46] ein nicht Schreibender Chefredakteur wurde. Ein weiterer Schritt, die 'KöZ' in der ganzen Welt lesenswerter zu machen, ist die Gründung des 'Stadt-Anzeigers' 1876, der zunächst nur die Aufgabe hatte, das große politische Blatt von den städtischen Annoncen zu befreien, so daß im 'Stadt-Anzeiger' in den ersten Jahren selbst regionale Ereignisse nicht erwähnt werden durften, um der 'KöZ' im rheinischen Raum keine Konkurrenz entstehen zu lassen. [47]

Im Jahre 1880 schien die Firma M.DuMont Schauberg in ihrer Form als Familienunternehmen gefährdet, als kurz hineinander Ludwig DuMont und Ferdinand W. Schulze starben. [48] Sie blieb jedoch erhalten, weil der Schwiegersohn Joseph DuMonts, August Libert Neven, Besitzer der Firma Matieu Neven (Bergwerkserzeugnisse), bereit war, die Firmenleitung zu übernehmen, 1882 erhielt die Familie die königliche Erlaubnis, sich Neven DuMont nennen zu dürfen. August L. Neven hatte sich darum bemüht, um zu dokumentieren, daß er an die Tradition der Unternehmensführung durch die DuMonts anknüpfen wollte. [49] Ebenso bedeutungsvoll war der kurz darauf erfolgende Wechsel in der Berliner Redaktionsfiliale. Dr. Franz Fischer, aus der Verlagsleitung kommend, löste Heinrich Kruse ab. Der Jurist teilte Bismarcks Geringschätzung des Berufsjournalisten, so daß schwere Spannungen mit der Kölner Redaktion unvermeidlich waren. [50] Fischer blieb dem Publikum kaum bekannt, leistete jedoch in der Informationsbeschaffung so hervorragende Arbeit, daß die 'KöZ' bald in den Geruch der Offiziösität geriet. Sicher ist jedoch, daß das Blatt nie finanzielle Mittel der Regierung erhalten, wohl aber von dort inspirierte Beiträge aufgenommen hat.

Entscheidend für den Informationsvorsprung, den die 'KöZ' gegenüber anderen Zeitungen oft gewann, waren die guten persönlichen Kontakte zu den wichtigsten Vertretern des politischen Lebens, die Fischer zu knüpfen vermochte. So war Friedrich von Holstein nur einer seiner "hochmögenden" Freunde. [51] Nur einige der

---

46) Vgl. Johannes Lehmann: Die Außenpolitik und die Kölnische Zeitung während der Bülow-Zeit (1897–1909), phil. Diss. Leipzig 1937, S. 20 f.

47) Hermann Böhm: Der Stadt-Anzeiger für Köln und Umgebung 1876–1926. Blätter der Chronik aus fünf Jahrzehnten, Köln 1926.

48) Weinhold, a.a.O., S. 187 ff.

49) Gerade in diesem Jahr erschienen zwei Arbeiten zur Geschichte der 'KöZ': Ferdinand W. Schulze: Geschichte der Kölnischen Zeitung und ihrer Druckerei, Köln 1880; Hermann Grieben: Geschichte der Kölnischen Zeitung, Köln 1880. (Dahlmann-Waitz, 10. Aufl., Bd. 1, Abschn. 36, gibt als Verfasser nicht Ferdinand W. Schulze, sondern die Firma M.DuMont Schauberg an, was zu korrigieren ist.)

50) Hierfür und für die Arbeit Fischers insgesamt dürfte der beinahe tägliche Briefwechsel zwischen ihm und August Neven DuMont eine bedeutsame Quelle sein. Der Briefwehsel befindet sich erst seit kurzem wieder zum großen Teil im Besitz der Firma M. DuMont Schauberg.

51) Vgl. Johannes Daun: Die Innenpolitik der Kölnischen Zeitung in der Wilhelminischen Epoche. 1890–1914, phil. Diss. Köln 1964, S. 4 f.

spektakulären Erfolge Fischers seien hier angeführt: 1887 konnte er als erster den Abschluß des Defensivbündnisses zwischen Deutschland, Österreich-Ungarn und Italien melden, außerdem mit Kardinal Galimberti ein Interview über die Haltung des Vatikans zu Preußen führen. Das Blatt des Kulturkampfes wurde gegenüber seiner katholischen Konkurrenz in Köln vorgezogen. [52] Noch vor der entscheidenden Kabinettssitzung durch Herbert von Bismarck informiert, konnte Fischer die Information von der Entlassung des ersten deutschen Reichskanzlers sogar Holstein und Eulenburg als erster geben. [53]

Die politische Haltung der 'KöZ' während des Kaiserreiches wurde zum großen Teil, vor allem in innenpolitischen Fragen, durch die Stellung der Nationalliberalen Partei bestimmt, so daß es notwendig ist, diese kurz zu skizzieren. Entscheidend waren die Jahre 1878/79 als die Krisenjahre des Liberalismus überhaupt, [54] die in Deutschland die Abkehr des Reichskanzlers von der Nationalliberalen Partei, deren Spaltung und die Zertrümmerung ihrer Machtposition im politischen Kräftefeld brachten. [55] Es folgten die Jahre des aussichtslosen Kampfes um die Rückgewinnung der verlorenen Position, aussichtslos, weil die Nationalliberalen den Weg zu straff organisierten Massenpartei nicht fanden und sich unter Abschwächung des liberalen Elements zu einer konservativen Kraft, in scharfem Gegensatz zum Liberalismus Eugen Richterscher Prägung, entwickelten. Diese Lage, die auch während des "Bülow-Blocks" prinzipiell unverändert blieb, zwang die 'KöZ' zu einer wenig stetigen, oft kaum mehr liberal zu nennenden Haltung, vor allem in bezug auf die Minderheiten im Reich. [56]

Eine aktive, wenn auch wenig glückliche Rolle spielte die 'KöZ' bei der Entlassung Caprivis. Als der Gegensatz zwischen Kaiser und Kanzler bereits wieder beseitigt zu sein schien, veröffentlichte die 'KöZ' am 25. Oktober 1894 einen Artikel, der die Meinungsverschiedenheiten zwischen beiden einer breiten Öffentlichkeit bekannt machte. Der Artikel sollte Caprivis Stellung festigen, denn seinen Argumenten gegen neue Ausnahmegesetze für die Sozialdemokratie konnte sich selbst Wilhelm II. nicht verschließen. [57] Als der Kaiser den Artikel las und seine Entscheidungsfreiheit dadurch eingeengt glaubte, nahm er das Entlassungsgesuch des Reichskanzlers an. [58]

---

52) Weinhold, a.a.O., S. 206.
53) Weinhold, a.a.O., S. 216.
54) Vgl. zum wirtschaftspolitischen Aspekt Willy Genrich: Die Stellungnahme der Kölnischen Zeitung zu den handelspolitischen Strömungen der Bismarckschen Ära, wirtschafts- und sozialwiss. Diss. Köln 1931.
55) Vgl. Karl Frhr. von Perfall, a.a.O., S. 9 ff.
56) Vgl. Johannes Daun, a.a.O., S. 171-203.
57) Eine Artikelserie in der 'KöZ' vom August 1930 (Nr. 419, 423, 428, 430) befaßt sich sehr eingehend mit den Fragen, von wem und zu welchem Zweck der Beitrag verfaßt war. Zit. nach: Weinhold, a.a.O., S. 220 f.
58) Johannes Daun, a.a.O., S. 44 ff. geht auch auf die Rolle Eulenburgs und von Holsteins ein.

Zu dieser Zeit war in Berlin bereits Fischers Nachfolger tätig. Arthur von Huhn befaßte sich als ehemaliger Offizier und Berichterstatter im bulgarischen Befreiungskrieg vorwiegend mit außenpolitischen Fragen und unterhielt ausgezeichnete Kontakte zum Pressechef des Auswärtigen Amtes, so daß er den durch persönliche Differenzen mit von Holstein zu befürchtenden Verlust an Informationen aus erster Hand auffangen konnte. Im Gegensatz zu seinen Vorgängern führte er ein "großes Haus", Botschafter und Gesandte aus allen Ländern waren seine Gäste. Als Arthur von Huhn 1912 plötzlich verstarb, versammelte sich an seinem Grab die diplomatische und politische Prominenz, sogar Reichskanzler von Bethmann-Hollweg kondolierte. 59) Mit Huhns Tod kann die Sonderstellung des Berliner Büros als von Köln beinahe unabhängige Redaktion als beendet angesehen werden. Entscheidend dafür war, daß mit Dr. Ernst Posse 1901 wieder ein Journalist die Gestaltung der Zeitung übernommen hatte. 60)

Vor dem Ersten Weltkrieg erregte die 'KöZ' internationales Aufsehen, als sie am 2. März 1914 einen "Deutschland und Rußland" überschriebenen Bericht ihres Petersburger Korrespondenten Ulrich veröffentlichte. 61) Ulrich schilderte die russische, gegen den deutschen Bündnispartner Türkei gerichtete Aufrüstung und die in Rußland verbreitete antideutsche Stimmung, die ihren Grund darin hätte, daß Deutschland als Antreiber Rußlands in das verhängnisvolle japanische Abenteuer zu Beginn des Jahrhunderts gesehen wurde. Der Verfasser brachte deutlich seine Absicht zum Ausdruck, die Legende und für Deutschland gefährliche Illusion einer deutsch-russischen Freundschaft zu zerstören; er wollte jedoch weder die Unabwendbarkeit noch das Bevorstehen eines Krieges nachweisen. Die Reaktionen auf diesen Beitrag sind für die Stimmung im Vorkriegseuropa charakteristisch. Die Kurse russischer Aktien fielen an allen europäischen Börsen, mit Ausnahme von London, so daß der russische Finanzminister glaubte, den Artikel als gegen das Zarenreich gerichtetes Börsenmanöver deuten zu können. Der Reichstag forderte die Abberufung Pourtalès aus Petersburg und 'Le Temps' vermutete, daß die offiziöse 'KöZ' lediglich auf eine Heeresvermehrung vorbereiten sollte, die jedoch eher gegen Frankreich als gegen Rußland gerichtet wäre.

Josef Neven DuMont und Ernst Posse, wegen dieses Vorfalls nach Berlin zitiert, erklärten sich dem Pressechef des Auswärtigen Amtes gegenüber bereit, ähnlich brisante Artikel demnächst mit dem Zusatz zu versehen, daß sie nicht aus einem stammten. Dieser Vorfall markiert deutlich das Ende der "Offiziösität" der 'KöZ'. Gezielte Indiskretionen aus Regierungsstellen erreichten die Zeitung seitdem ebensowenig wie Artikel, die in irgendeinem Amt verfaßt waren. Zu Beginn des Ersten Weltkrieges war der Informationshunger der Bevölkerung so groß, daß der Verlag der 'KöZ' die Nachfrage aus technischen Gründen kaum bewältigen konnte, vor

---

59) Weinhold, a.a.O., S. 222 ff.
60) Daselbst, S. 230 ff.
61) Daselbst, S. 233-236.

allem weil noch eine Feldpostausgabe zusätzlich herausgegeben wurde. [62] Während des Krieges wurde die rheinische Presse als der Westfront am nächsten liegende strengen Kontrollen durch einen Militärgouverneur unterworfen; ihre Uniformität war die unvermeidliche Folge. Nur wenige Korrespondenten konnten in den neutralen Staaten bleiben und vieles, was aus Bern, Den Haag oder Stockholm als Information aus zweiter Hand über die Kriegsgegner des Reiches nach Deutschland kam, fiel der Zensur zum Opfer. [63]

Die Blüte, die die 'KöZ' zu Beginn des Krieges erlebt hatte, stellte sich bald als Schein heraus. Mit zunehmender Kriegsdauer und Not, mit immer spärlicher werdenden Siegesnachrichten, immer größerer Papierknappheit und immer magereren Informationen hatten Redaktion und Verlag des Weltblattes immer größere Schwierigkeiten zu überwinden, um das Niveau einigermaßen halten zu können. In dieser Notzeit gewann der 'Stadt-Anzeiger', mit weniger journalistischem Aufwand und geschäftlichem Risiko verbunden, immer mehr an Bedeutung. Nach Beendigung des Krieges war die Situation für die Presse in Köln unter der im Vergleich zu Franzosen und Belgiern milden Verwaltung der Engländer relativ günstig. Die 'KöZ' stellte sich, dies ist vor allem das Verdienst Ernst Posses, entschieden auf die Seite des Reiches und bekämpfte alle separatistischen Bestrebungen, deren Gefährlichkeit und Bedeutung die französische Unterstützung begründete. Während des Ruhrkampfes bewies die entschiedene Haltung des Blattes, daß Posse in ihm den Reichsgedanken endgültig durchgesetzt hatte.

Am 1. April 1923 beendete Ernst Posse seine Tätigkeit, weil er "nach eigener Aussage nicht mehr die Nerven habe, der 'Kölnischen Zeitung' vorzustehen." [64] Bis zum 1. Februar 1928 führte Anton Haßmüller, der ehemalige Chefredakteur der ebenfalls von M.DuMont Schauberg vor dem Weltkrieg herausgegebenen 'Straßburger Post', die Redaktion. Nach dessen Ausscheiden aus Gesundheitsgründen beschloß man, zu einer Kollegialverfassung überzugehen. Bereits 1932 zeichnete jedoch Hans Pinkow wieder als Chefredakteur [65], die Kollegialverfassung hatte sich nicht bewährt. [66] Als liberales, unabhängiges Blatt [67] unterstützte die 'KöZ' im wesentlichen die Politik der DVP [68]. Anfangs wie diese für die konstitutionelle

---

62) Daselbst, S. 236 ff.
63) Vgl. für die Zeit des Ersten Weltkriegs außerdem Clemens Schocke: Das Feuilleton der Kölnischen Zeitung während des Weltkrieges, 1914—1918, phil. Diss. Heidelberg 1944.
64) Weinhold, a.a.O., S. 243.
65) Vgl. Hans Pinkow: Die Weltgeltung der Kölnischen Zeitung, in: Presse und Wirtschaft. Festgabe der Kölnischen Zeitung zur Pressa, Köln 1928.
66) Vgl. Hans Rörig: Riesen und Zwerge werfen Schatten. Erinnerungen aus dreißigjähriger Tätigkeit für die Kölnische Zeitung, in: 'Der Journalist' (Bonn), 13. Jg./ Heft 8 (August 1963), S. 340 ff.
67) Eugen Foehr: Die Kölnische Zeitung im Volksstaat, in: Der Rhein ist frei. Festschrift zum 125jährigen Jubiläum der Kölnischen Zeitung, Köln 1930, S. 35.
68) Weinhold, a.a.O., S. 267 ff. geht auf das Verhältnis der 'KöZ' zur Staatspartei ein.

Monarchie eintretend, vollzog die Zeitung noch unter Posses Einfluß die Einsicht in die realpolitischen Gegebenheiten — die Monarchie erschien als nicht mehr lebensfähige Institution — und forderte alle monarchisch gesinnten Kräfte auf, "der Republik nicht unnötig Steine in den Weg zu legen". [69] Die 'KöZ' trat für die Erfüllung des Versailler Vertrages ein, um dadurch seine Absurdität zu beweisen. [70] Darüber hinaus folgte sie Stresemanns Politik der Verständigung mit den Gegnern von Versailles.

Hatte die 'KöZ' die NSDAP in den zwanziger Jahren bis auf den Münchener Putschversuch völlig ignoriert, so bezog sie nach dem Anwachsen der "Bewegung" zu einem bedeutsamen politischen Faktor entschieden gegen sie Stellung und trat allen Koalitionsspekulationen und -versuchen entgegen. [71] Sie hielt es für die dringende Aufgabe der bürgerlichen Parteien, die Anhänger der staatsfeindlichen Rechtspartei wieder auf den Boden der Republik zurückzuführen. Vor den Märzwahlen des Jahres 1933 rief sie die bürgerlichen Wähler entgegen ihrer sonstigen Gewohnheit auf, zu den Wahlurnen zu gehen, um die Nationalsozialisten nicht durch Stimmenthaltung indirekt zu stützen. [72] Während des 3. Reiches mußte natürlich auch die 'KöZ' politische Ereignisse im Sinne der herrschenden politischen Ideen kommentieren. Verbieten wollte das Regime das im Ausland hochangesehene Blatt jedoch nicht, Goebbels Taktik folgend, "neuen Wein in alte Schläuche zu füllen". Alle Versuche, die Zeitung dem NS-Organ 'Westdeutscher Beobachter' redaktionell zu unterstellen oder mindestens mit gesinnungstreuen Redakteuren zu besetzen [73], scheiterten am geschickten Widerstand des Verlegers Alfred Neven DuMont, der von der Belegschaft tatkräftig unterstützt wurde. [74]

Mit dem Beginn des Zweiten Weltkrieges kam der bürgerlichen Presse zu Gute, daß das Militär in die Verantwortung für die Presse mit einbezogen wurde. Die 'KöZ' wurde vom Oberkommando der Wehrmacht bezogen. Dies erwies sich als lebenswichtiger Gewinn, denn Vertrieb und Versand der für die Front bestimmten Zeitungen gingen zu Lasten des Oberkommandos der Wehrmacht. So konnte die 'KöZ' bis zum Einmarsch der Alliierten erscheinen. Der letzte Bombenangriff auf Köln am 3. März 1945 machte die weitere Arbeit unmöglich; die letzte Nummer

---

69) Ernst Posse, zit. nach Alfred Neven DuMont (Hrsg.): Das Haus M.DuMont Schauberg. Geschichte in Bildern, Köln 1962, Kap. Republik".
70) Ulrich Werth: Die Reparationspolitik der Kölnischen Zeitung, 1920—1924, phil. Diss. Köln 1935, S. 11 ff. (Diese äußerst linientreue Arbeit zeigt eindrucksvoll, wie das NS-Regime zur liberalen Presse stand.)
71) Vgl. Friedrich Meineckes Aufsatz in der 'KöZ' vom 21.12.1930, zit. nach Kurt Neven DuMont: 150 Jahre. . ., a.a.O., S. 30.
72) 'KöZ', Nr. 124, vom 4. März 1933.
73) Vgl. Joseph Wulf: Presse und Funk im Dritten Reich. Eine Dokumentation, Gütersloh 1964, S. 53 ff.
74) Vgl. Alfred Neven DuMont: Das Haus M.DuMont. . ., a.a.O., Kap. "Amann im Blätterwald".

der 'KöZ' erschien am 8.4.1945 in Lüdenscheid. [75] Nach dem Krieg entschloß sich der Verlag DuMont Schauberg, den 'Kölner Stadt-Anzeiger' herauszubringen, weil nach den Erfahrungen des Ersten Weltkriegs ein Neuanfang auf regionaler Basis weniger wirtschaftliche Risiken einschloß. Seit dem 25.8.1962 führt der 'Kölner Stadt-Anzeiger' den Untertitel 'Kölnische Zeitung'. Der Verleger Kurt Neven DuMont bemerkte dazu: [76]

> "Dieser Entschluß knüpft an eine Tradition an, die runde hundert Jahre des deutschen Liberalismus und 160 Jahre freien deutschen Journalismus umfaßt. Die Hineinnahme des alten Titels in den Kopf unserer Zeitung bekundet den Entschluß, auch in diesem Zeitalter der Massen den Glauben unserer Väter an Wert und Bedeutung der Persönlichkeit, den Glauben an Vernunft und Maß und den Glauben an Menschlichkeit nicht aufgeben zu wollen. . . . Wie oft haben Zensoren Napoleons I. und der Preußenkönige versucht, die Freiheit und Eigenständigkeit dieser Zeitung zu zerstören: Sie sind immer wieder gescheitert. Dieses Blatt hat sich niemals gescheut, auch gegen die Großen der Erde aufzutreten, wenn es seinen Herausgebern und Redakteuren notwendig erschien. Diese Zeitung hat sich stets für Vernunft und Mäßigung ausgesprochen, gegen menschlichen Aberwitz, gegen Krieg und gegen alles, was uns dieses Stückchen Leben auf dieser Erde verleiden könnte. Die Kölnische Zeitung hat das deutsche Schicksal bis zur letzten Minute mit durchgelitten und ist schließlich mit dem Deutschen Reich in Blut und Trümmern untergegangen. . . . Wir Herausgeber glauben daran, daß die geistigen Werte der Kölnischen Zeitung, ihr Bekenntnis zu Vernunft, Maß und Menschlichkeit, niemals überholt sein werden. Wir glauben, daß diese Art des Liberalismus niemals tot sein wird, sondern lebendig bleibt, solange sich Menschen über den Sinn ihres Wirkens in dieser Welt Gedanken machen. Diesem Liberalismus wird der Kölner Stadt-Anzeiger durch seinen zweiten, neuen und alten Titel verpflichtet sein."

---

75) Weinhold, a.a.O., S. 292 f.
76) 'Kölner Stadt-Anzeiger' Nr. 197 vom 25./26. August 1962. In derselben Ausgabe von Kurt Weinhold: "Ein kurzer Blick in die Geschichte der Kölnischen Zeitung".

Jürgen Fromme:

HAMBURGER FREMDENBLATT (1828 — 1945)

Der selbständige Buchdrucker Friedrich Wilhelm Christian Menck gründete 1817 die Wochenschrift 'Der Beobachter an der Alster — ein Bürgerliches Wochenblatt zum gesellschaftlichen Nutzen und Vergnügen'. Bereits vor seinem Eintritt in die vereinigte hamburgisch-lübeckische hanseatische Legion, in der er als Leutnant in den Freiheitskriegen Dienst tat, hatte er eine Zeitschrift herausgegeben. [1] In der ersten Nummer gibt er das Programm und den Zweck seiner neuen Wochenschrift bekannt:

> "Am anmutigen Alsterstrand, dort, wo einige von Hammonias schönsten Häuserreihen sich in der klaren Wasserfläche des seeförmigen Flusses spiegeln, dessen sanfte Wellen den vaterstädtischen Boden bespülen; da wo die goldene Abendröte die Söhne und Töchter der ehrwürdigen und weltberühmten Hansestadt zum Genusse erfrischender Kühle und zum freudigen gesellschaftlichen Zusammentreffen in die belaubten, freundlich lächelnden Bahnen einladet; dort wird unser Beobachter seine Station aufschlagen; da sich in ernsten und scherzhaften Betrachtungen verlieren... Er wird hören, aber nicht horchen; sehen, aber nicht auflauern; sprechen, aber nicht verleumden. Teilnehmend an der Glücklichen Wohl und der Bedrängten Weh mitfühlend, wird er nach dem Entstehungsgrund des Guten und des Übels forschen und durch väterliche Ratserteilung

---

[1] Alfred Herrmann: Hamburg und das Hamburger Fremdenblatt. Zum hundertjährigen Bestehen des Blattes, 1828—1928, Hamburg 1928, S. 8 ff.; Arthur Obst: Geschichte des Hamburger Fremdenblattes, Hamburg 1907, S. 16 f.; ders.: Der Beobachter an der Alster, in: 'Zeitschrift des Vereins für Hamburgische Geschichte', Hamburg 1909, Bd. 14, 1. H., S. 356 f.; ders.: Die Tagespresse. Hamburg in seiner politischen, wirtschaftlichen und kulturellen Bedeutung, Hamburg 1921, S. 151 ff.; Hundertfünfundzwanzig Jahre im Dienste der graphischen Künste 1808—1933. Eine Jubiläumsschrift der Firma Broschek & Co., Buchdruckerei und Tiefdruckanstalt Hamburg , Hamburg 1933, S. 7 ff.; vgl. den chronologischen Überblick bei Franz R. Bertheau: Kleine Chronologie zur Geschichte des Zeitungswesens in Hamburg von 1616—1913, in: 'Beilage zum Jahresbericht Ostern 1914 der Realschule vor dem Lübecker Tore zu Hamburg', Hamburg 1914, S. 50 f.; Otto Bandmann: Die deutsche Presse und die Entwicklung der deutschen Frage 1864—66, phil. Diss. Leipzig 1910, (auch in: 'Leipziger hist. Abhandlungen', H. 15), Leipzig 1910, S. 182; Rudolf Hillenbrandt: Deutsche Zeitungstitel im Wandel der Zeiten. Ein Beitrag zur Geschichte der deutschen Zeitung, rer.pol. Diss. Erlangen — Nürnberg 1963, S. 95 f.; vgl. ferner den Überblick bis 1862 bei Rudolf Gressmann: Die Entwicklung der wirtschaftlichen Berichterstattung in den deutschen Tageszeitungen, phil. Diss. Erlangen 1923 (Masch.Schr.), S. 44; ferner die Daten bei Dahlmann-Waitz: Quellenkunde der deutschen Geschichte. Bibliographie der Quellen und der Literatur zur deutschen Geschichte, 10. Aufl. 1970, Bd. 1, Abschn. 36: Öffentliche Meinung und Publizistik, Titel Nr. 119; vgl. auch A. Heskel: Hamburg und das Hamburger Fremdenblatt (Rezension der Jubiläumsschrift von Alfred Herrmann), in: 'Zeitschrift des Vereins für Hamburgische Geschichte', Bd. 30, Hamburg 1929, S. 246 ff.; N.N.: 100 Jahre Hamburger Fremdenblatt, in: 'Zeitungsverlag', Berlin, Jg. 29/ Nr. 39 (29. Sept. 1928), Sp. 2136 f.

jenes zu verbreiten und diesem abzuhelfen sich bestreben ... Er wird belehren, nicht mit finsterer Pedantenmiene, nicht im leichtfertigen, alles verkehrenden Spötterton, er wird belehren in scherz- und ernsthafter Freundschaftssprache der Vertraulichkeit, durch anmutsvolle Erzählungen, in welchen dem Schönen sowohl als dem Häßlichen mit leitender Hand der Spiegel vorgehalten werden soll, daß sie ihre eigene Gestalt sehen und erkennen mögen." [2]

Menck gibt in der Neujahrsnummer 1842 zum 25jährigen Jubiläum seiner Zeitschrift allerdings einen anderen Grund an; ein beschäftigungsloser Militär, gesteht er, suchte nach einem Lebensunterhalt und einer Aufgabe für seine Druckerei. [3] Der Redakteur seiner Zeitschrift war anfangs Salomon Jakob Cohen. Doch bereits mit der Nr. 27 des ersten Jahrganges nannte sich das Blatt 'Hamburger Beobachter'. [4] Das Publikum erfuhr plötzlich, neuer Redakteur sei August Friedrich Knüppeln. Knüppeln war ein geistig hochgebildeter Gelehrter, der, worauf Menck hinzuweisen nicht vergaß, Schiller persönlich gekannt hatte. Menck hatte sich nämlich mit Cohen überworfen. Dem Leser wurde lediglich in der Nr. 28 mitgeteilt, er möge sich nicht wundern, wenn die Redaktion die angefangenen Aufsätze nicht fortsetze. [5]

Nach Menck sollte sich die neue Wochenschrift mit Gegenständen aus dem Gebiet der Literatur und der Kunst, der Industrie und des Handels, der Aufklärung und der sittlichen Kultur befassen. Sie solle, so erklärte er, aufmuntern und die üble Laune verscheuchen, daher werde sie im Ton einer anständigen Satire und einer jovialen Freimütigkeit verkannte Wahrheiten in Umlauf bringen; Mißbräuche rügen, und eine heilsame Erschütterung des Zwerchfelles bewirken. 1826 trat ein neuer Redakteur in die Redaktion der Zeitschrift, Carl Friedrich Schoene, der jedoch nicht verantwortlich zeichnete, was sich Menck vorbehielt. Am 26. Juli 1828 wurde mit Nr. 30 verkündet: "Einem längst gefühlten Bedürfnisse abzuhelfen, erscheint jetzt täglich (Sonn- und Festtage nicht ausgenommen) eine vollständige Fremden-

---

2) Arthur Obst: Geschichte ..., a.a.O., S. 16 f.; ders. in: Hamburg vor 90 Jahren. Zum 90jährigen Bestehen des Hamburger Fremdenblattes, 1828—1918, Hamburg 1918, S. 22.

3) Klara Levy: Die inneren Kämpfe Hamburgs nach dem großen Brande im Spiegel der hamburgischen Publizistik, phil. Diss. Hamburg 1929 (1930), S. 14.

4) Nicht 1823 wie Ernst Baasch: Geschichte des Hamburgischen Zeitungswesens von den Anfängen bis 1914, Hamburg 1930, S. 55 irrtümlich meint.

5) Menck und Cohen (der eine Zeitung mit dem alten Namen herausgab) behelligten die Leser in ihren Blättern fast ausnahmslos mit ihren Streitigkeiten (Arthur Obst: Geschichte ..., a.a.O., S. 20 f.; ders.: Der Beobachter ..., a.a.O., S. 361 ff.; Franz R. Bertheau, a.a.O., S. 50 f.).

Liste. Man kann sich in Brodschrangen No. 76 mit 2 Mk. quartaliter darauf abonnieren, jedes einzelne Blatt kostet einen Schilling." 6)

Die Gründe für diese Neuerung bringt der 'Hamburger Beobachter' mit Nr. 4 von 1852: Vor mehr als 20 Jahren hätten sich die privilegierten Zeitungsherausgeber von den Wirten der Hamburger Hotels den Abdruck der Namen der bei diesen eingekehrten Fremden je nach der Größe ihrer Aufgabe quartaliter mit 25 Mk. bezahlen lassen, wobei allerdings die Namen der Gäste oftmals erst nach deren Abreise veröffentlicht worden seien. Der Bruchvogt 7) Moondientz habe nun ihn, Menck, seinen ehemaligen Kriegskameraden angeregt, täglich eine Fremdenliste herauszubringen 8). Der genaue Titel des Blattes lautete nunmehr: 'Liste der angekommenen Fremden in Hamburg'. Auf der ersten Seite wurden die Namen der angekommenen Fremden abgedruckt, es folgten der Postenlauf des betreffenden Tages und am Schluß der Theaterzettel. Später wurde die Liste durch einen Wegweiser für die Fremden erweitert 9), und mit Nr. 14 von 1831 nahm Menck auch Kirchenanzeigen in die Fremdenliste auf. Nachdem sich Menck 1827 mit Schoene entzweit hatte, besorgte Karl Schwieler die Theaterkritik.

Bis zur Revolution von 1848 huldigte Menck einem gemäßigten Fortschritt. 10) Trotz seiner maßvollen, bisweilen auch konservativen Haltung blieben Menck Konflikte mit der Hamburger Zensurbehörde nicht immer erspart. Das Interesse Mencks konzentrierte sich vor allem auf Hamburger Angelegenheiten und persönliche Nöte, wie die "parteiische Zensur", das lästige Anzeigenprivileg und die Stempelabgabe. 11)

---

6) Offenbar ist es ein Druckfehler in Julius H. Eckardts knapper Darstellung der Geschichte des Fremdenblattes, wenn es (in: Zur Geschichte des Zeitungswesens in Hamburg und Schleswig-Holstein bis zum Anfang des neunzehnten Jahrhunderts, in: 'Börsenblatt für den deutschen Buchhandel', Leipzig, Jg. 67, Nr. 230, 1900, Sp. 7434) heißt, das Fremdenblatt sei 1838 gegründet worden; Hans A. Münster: Geschichte der deutschen Presse in ihren Grundzügen dargestellt. Mit einer Zeittafel 15.-20. Jh., Leipzig 1941, S. 134; Rudolf Gressmann, a.a.O., S. 43, leitet aus dem Erscheinen der Fremdenliste die Bedeutung des Handels für Hamburg ab; Arthur Obst: Geschichte . . ., a.a.O., S. 37 f. zum Problem der Datierung; vgl. auch Alfred Herrmann, a.a.O., S. 17; Ernst Baasch, a.a.O., S. 55; Franz R. Bertheau, a.a.O., S. 59.

7) Beamter, der die Brüche (Geldstrafen) einzutreiben hatte.

8) 1830 gab es, wie Menck stolz verkündete, neben London, Paris, Wien und Frankfurt auch in Hamburg eine Fremdenliste (Arthur Obst, in: Hamburg vor . . ., a.a.O., S. 8f., 21; ders.: Geschichte . . . a.a.O., S. 40 f.).

9) Arthur Obst, a.a.O., S. 40 f.

10) Daselbst, S. 57; Ernst Baasch, a.a.O., S. 55; vgl. auch daselbst, S. 56, das abschätzige Urteil damaliger Presseorgane über das Blatt, ferner das einiger Zeitgenossen: Santo Domingo (d.i. Eduard Lehmann): Hamburg wie es ist, Leipzig 1838, S. 88 f.; Johann Wilhelm Christern: Hamburg und die Hamburger, Leipzig 1847, S. 83 f.; ähnlich S. 89; Eduard Beurmann: Skizzen aus den Hansestädten, Hanau 1836, S. 57, 183.

11) Alfred Herrmann, a.a.O., S. 23 ff.; vgl. das Petitionsgesuch angesehener Hamburger Bürger, dazu: Ernst Baasch, a.a.O., S. 55; vgl. Heinrich Gerstenberg: Die Hamburgische Zensur in den Jahren 1819—1848, in: 'Programm der Realschule an der Bismarckstraße zu Hamburg', Hamburg 1908, S. 30 ff.

Doch selbst die vaterstädtischen Probleme nahmen sich in diesem Blatt recht bescheiden aus; die große Feuersbrunst im Mai 1842 wurde unter rein restitutiven Gesichtspunkten und Vorschlägen behandelt [12]. Mit Rücksicht auf die kleinbürgerlichen Leserkreise fanden die für Hamburg so wichtigen Wirtschaftsfragen im Beobachter nur geringe Berücksichtigung. Der unterhaltende Teil beschränkte sich mehr oder weniger auf den Nachdruck der Erzählungen bekannter Dichter und Schriftsteller [13]. Das Revolutionsjahr 1848 brachte für die Wochenschrift einige Änderungen; ab 20.9. 1848 erschien sie zweimal in der Woche mit je vier statt bisher acht Seiten. Das Fremdenblatt erhielt eigens eine "Novitäten-Rubrik", so daß es gewissermaßen als die Tagesausgabe des Beobachters angesehen werden darf [14]. Der Herausgeber verfocht in der späten Revolutionsphase einen vaterstädtisch-konservativen Standpunkt, wobei er sich entschieden gegen das Repräsentativ- und für das Ständesystem einsetzte, da er gegen jede radikale Verfassungsumgestaltung eingenommen war. So blieb es nicht aus, daß Menck glaubte, sich gegen die mannigfachen Vorwürfe verteidigen zu müssen und deshalb eindringlich auf sein liberales Bekenntnis verwies [15].

Hatte Menck sein Blatt noch 1850 vergrößert, so griff er 1851 auf das kleinere Format von 1848 zurück mit der Begründung, die Jagd nach Neuigkeiten müsse in dieser an Neuigkeiten so armen Zeit von selbst aufhören. Für die aber, welche das Neueste zu erfahren wünschten, empfehle er die Fremdenliste. Doch bereits mit Nr. 4 von 1852 korrigierte der Herausgeber die Entscheidung mit der Mitteilung, der Versuch, den 'Hamburger Beobachter' in Doppelformat nur einmal in der Woche erscheinen zu lassen, habe dazu geführt, bedeutsame Begebenheiten übergehen oder nachträglich über sie berichten zu müssen, wenn sie den Reiz des Neuen bereits verloren hätten [16]. Demnach sollte der Beobachter wieder mittwochs und sonnabends erscheinen. Doch wie unsicher Menck in verlegerischen Fragen geworden war, zeigte sich bald erneut: am 31. März 1852 erschien der Beobachter täglich mit der Fremdenliste vereint in kleinerem zweiseitigen Format. Vom 6. April 1852 an brachte er die erst am 31. März desselben Jahres neugegründete 'Morgen-Zeitung' nun vereint

---

12) Allgemein wurde damals in Hamburg Unmut an den Verfassungszuständen laut, vgl. Alfred Herrmann, a.a.O., S. 20; Klara Levy, a.a.O., S. 14, 29, 44, 53; erste Nachrichten über den Brand lieferte das Blatt, nach: Carl Heinrich Schleiden: Versuch einer Geschichte des großen Brandes in Hamburg vom 5. bis 8. Mai 1842, Hamburg 1843, S. 404; lediglich Tagesneuigkeiten lieferte der Beobachter, nach: Ferdinand Lüders: Bilder aus Alt-Hamburg. Jugenderinnerungen, Hamburg 1906, S. 105.

13) Vgl. Alfred Herrmann, a.a.O., S. 45 und Arthur Obst: Geschichte ..., a.a.O., S. 51, die Vermutung über die Mitarbeit Theodor Storms.

14) Alfred Herrmann, a.a.O., S. 82; Arthur Obst, a.a.O., S. 66.

15) Arthur Obst, a.a.O., S. 63 ff.; Alfred Herrmann, a.a.O., S. 59 ff., 72 f.; Ernst Baasch, a.a.O., S. 80.

16) Alfred Herrmann, a.a.O., S. 85; Arthur Obst, a.a.O., S. 70 f., 72.

mit dem 'Hamburger Beobachter' heraus S. 17. In der Mitteilung heißt es: "Schon öfter wurde abseiten der Leser des Beobachters und der Fremden-Liste gegen den Herausgeber derselben der Wunsch ausgesprochen, beide Blätter miteinander zu verbinden, um nicht in Mitteilungen andern täglich erscheinenden Blättern nachzustehen. Vom heutigen Tage an ist dieser längst gehegte Wunsch in Erfüllung gebracht . . ." 18)

Bereits am 14. April 1852 jedoch erschien wieder der 'Hamburger Beobachter' und das seit 1823 mit diesem vereinte 'Archiv für Wissenschaften und Künste' in früherer Gestalt. Als Grund wurde angegeben, der Vertrieb sonntags sei hinderlich. Daneben erschien aber die 'Morgen-Zeitung. Hamburg-Altonaer Fremden-Liste', 24. Jhrg. weiter (die Nummer der Fremdenliste wurde gesondert neben der der Morgenzeitung geführt). Mit Nr. 111 wurde dann das Ende des Beobachters verkündet. Die Chiffren der Mitarbeiter in dieser Zeit sind nicht immer zu entschlüsseln, eine starke Fluktuation deutet auf häufigere Meinungsverschiedenheiten des Herausgebers mit seinen Mitarbeitern hin. In dieser Zeit waren Julius Andreas Henning (hauptsächlich Feuilleton), Sigismund Wallace (Politik und Feuilleton), Heinrich Meyer, H.F. Volgemann und Constantin Cotta (Schwiegersohn Rankes) als Redakteure tätig. Trotzdem blieb der Inhalt der Zeitung dürftig und löste das gegebene Versprechen nicht ein. So machte sich sehr bald ein Rückgang des 1849 aufgenommenen Anzeigengeschäftes bemerkbar. Bereits 1853 gab es zweiseitige Nummern mit nur 1/2 Seite Text oder noch weniger; besonders im Sommer, wenn die Fremdenliste zwei Seiten und mehr und der Theaterzettel eine Seite von insgesamt vier Seiten beanspruchten 19). Schließlich gab es auch Ausgaben, die sich nur noch auf den Abdruck der Fremdenliste beschränkten. 20)

---

17) Eine täglich genaue Liste aller abends zuvor angekommenen Fremden, Welttheater (Weltpolitik), Mannigfaltiges, französische Originalmoden, Notizen über Kunst und Literatur, Tagesberichte aus Hamburg, Altona und Umgegend, Technologie und Gemeinnütziges, Seeberichte, Abgangszeiten der Elb- und transatlantischen Dampfschiffe, wie auch der Eisenbahnen, Kirchenanzeigen, Geldkurse usw. sollten den Inhalt der Zeitung ausmachen (Alfred Herrmann, a.a.O., S. 85 f.; Arthur Obst, a.a.O., S. 72 f., 75 f.; ders., in: Hamburg vor . . ., a.a.O., S. 21); Franz R. Bertheau, a.a.O., S. 76; N.N.: 100 Jahre . . ., a.a.O., Sp. 2135 f.; in: 'Zeitschrift des deutschen Vereins für Buchwesen und Schrifttum', Leipzig 1920, Jg. 3, Nr. 5/6 (Mai/Juni), S. 83 wird irrtümlich mitgeteilt, Mencks Sohn Friedrich habe 1852 die Fremdenliste unter dem Titel 'Morgenblatt' herausgegeben, doch in Wahrheit gab noch F.W.Ch. Menck die 'Morgen-Zeitung' heraus; es stimmt nicht, wenn Julius H. Eckardt, a.a.O., Sp. 7434 schreibt, daß die 'Hamburg-Altonaer Fremden-Liste' in 'Hamburger Morgen-Zeitung' umbenannt wurde; tatsächlich war diese ein eigenständiges Blatt mit dem Untertitel 'Hamburg-Altonaer Fremden-Liste'; auch wurde nicht 1868, sondern 1864 das Erscheinen der Hamburger 'Morgen-Zeitung' als Morgenblatt eingestellt.
18) Arthur Obst; Geschichte . . ., a.a.O., S. 73.
19) Vgl. die Rechtfertigungsversuche Mencks, dazu: Alfred Herrmann, a.a.O., S. 100.
20) Daselbst, S. 102; vgl. auch die Auflagenhöhe, daselbst, S. 50; Arthur Obst, a.a.O., S. 47; ders. in: Hamburg vor . . ., a.a.O., S. 23; Ernst Baasch, a.a.O., S. 55, 81; Olga Herschel: Die öffentliche Meinung in Hamburg in ihrer Haltung zu Bismarck 1864–1866, phil. Diss. München 1915, S. 36.

Am 6. Januar 1862 starb F.W.Ch. Menck. Auf Grund guter Beziehungen und loyalen Verhaltens zu den Hamburger Behörden sprach der Senator für polizeiliche Angelegenheiten Carl Petersen die Herausgabe der Fremdenliste dem Sohn Friedrich Wilhelm Julius Menck zu und wies die Witwe F.W.Ch. Mencks ab; das benötigte Betriebskapital stellte der in den Offizien F.W.Ch. Mencks ausgebildete Buchdrucker Gustav Amandus Diedrich zur Verfügung. Am 1. März 1862 kam der Vertrag zustande, wonach Menck und Diedrich den Verlag und die Druckerei der Morgenzeitung übernahmen [21]. Seit dem 1. Oktober 1862 lautete der Untertitel der Zeitung: 'Fremden-Liste. Cours- und Handelsblatt' [22]. Politik und auch kommunale Angelegenheiten versah Johannes Nootbaar, den Handelsteil besorgten der Makler Zadig und die Firma N.Js. Nathan & Co. Ohne weitere Ankündigung brachte der Verlag am 10. Dezember 1863 eine zweite Ausgabe der Hamburger' Morgen-Zeitung' [23] heraus, die 'Abend-Beilage der Hamburger Morgen-Zeitung', das 'Hamburger Fremden-Blatt nebst Politik, Handels- und Coursberichten' mit nur zwei Seiten Umfang, um so den Lesern laut Erklärung die Namen der noch am Nachmittag eingetroffenen Fremden bekanntgeben zu können [24]. Am 23. September 1864 wurde die vorläufig letzte Zeitungsänderung verkündet; vom folgenden Tage an gab es nur noch die Abendzeitung 'Hamburger Fremden-Blatt'. Anstelle des bisherigen Abendblattes erschien nun das Hauptblatt abends siebenmal in der Woche.

Das 'Hamburger Fremden-Blatt' vertrat eine entschiedenere Haltung. In nationalpolitischer Hinsicht unterstützte es den großdeutschen Standpunkt, der von Mißtrauen gegen Preußen und insbesondere Bismarck gekennzeichnet war. Gerade in der schleswig-holsteinischen Frage bekundete es immer wieder seine Abneigung gegen den preußischen Ministerpräsidenten. Seine verfassungspolitischen Bedenken gegenüber Bismarck stellte das Blatt allerdings ein wenig zurück, sobald es

---

[21] Seit dem 8. April 1870 gehörte der Verlag Diedrich, in dessen Händen auch die technische und die geschäftliche Leitung lag; während Friedrich Menck aus der Firma austrat und für die Zeit seines Universitätsstudiums aus der Redaktion ausschied; 1877 trat Menck wieder in die Redaktion ein und wurde später auf Lebenszeit zum Chefredakteur ernannt (Alfred Herrmann, a.a.O., S. 108 f.), ferner S. 202; Arthur Obst: Geschichte ..., a.a.O., S. 81, S. 94 f., (anders S. 100); Franz R. Bertheau, a.a.O., S. 79.

[22] Arthur Obst, a.a.O., S. 85, ders., in: Hamburg vor ..., a.a.O., S. 21; Wilhelm Vogel: Der Handelsteil der Tagespresse, Berlin 1914, S. 195 f.

[23] Entgegen der Auffassung Alfred Herrmanns und Arthur Obsts hält Ernst Baasch, a.a.O., S. 80 f. die Zuordnung der Vorläufer des Fremdenblattes für eine "ziemlich künstliche Verfahrenschaft ..."; allerdings erschien die 2. Ausgabe der 'Morgen-Zeitung' mit dem Titel 'Fremden-Blatt' im 35. Jg. nicht 1862, wie Ernst Baasch meint, sondern 1863; auch Werner Sembritzki: Das politische Zeitungswesen in Hamburg von der Novemberrevolution bis zur nationalsozialistischen Machtübernahme. Untersuchungen zur Geschichte des liberalen Pressesystems, phil. Diss. Leipzig 1944 (Masch.Schr.), S. 93, hält die 'Morgen-Zeitung' für den eigentlichen Vorläufer des Fremdenblattes.

[24] Alfred Herrmann, a.a.O., S. 114; Arthur Obst: Geschichte ..., a.a.O., S. 87 f.; ders., in: Hamburg vor ..., a.a.O., S. 24.

Schleswig-Holstein von Dänemark losgelöst sah und Fortschritte auf dem Weg der deutschen Einigung zu erkennen glaubte. In der preußisch-österreichischen Krise von 1866 war es unschlüssig, enthielt sich weitgehend des politischen Urteils und sah in den politischen Vorgängen allenfalls eine persönliche Intrige Bismarcks [25]. Unter dem Eindruck der preußischen militärischen Erfolge von 1870 befürwortete das Blatt eine annexionistische Politik, die über das hinausging, was der Friedensvertrag dem Deutschen Reich an territorialem Zuwachs im Westen brachte [26]. In den folgenden Jahren näherte sich die Zeitung zunehmend der Fortschrittspartei und gewann einige ihrer bedeutenden Mitglieder zu Mitarbeitern. Viele Jahre verfaßte Eugen Richter Artikel für die 'Freisinnige Zeitung', die im Fremdenblatt nachgedruckt [27] wurden.

Während des Kulturkampfes der siebziger Jahre unterstützte das Blatt lebhaft Bismarcks Zivil- und Schulaufsichtsgesetze und lehnte auch später jede Abweichung von der intransigenten Haltung ab. Unversöhnlich zog es gegen die sogenannten Ultramontanen zu Felde und schreckte im Gegensatz zur Fortschrittspartei nicht davor zurück, Gesetze zu fordern, die den Jesuiten gegebenenfalls die Staatsangehörigkeit aberkennen sollten [28]. Das Sozialistengesetz wurde von der Zeitung als untaugliches Mittel abgelehnt, dagegen hoffte sie, sozialistische Gedanken mit aufklärerischen Mitteln wirkungsvoller bekämpfen zu können; so sollte etwa der volkswirtschaftliche Unterricht in den Schulen obligatorisch werden. Zwar befürwortete die Zeitung soziale Maßnahmen, jedoch seien Arbeitszeit und Arbeitslohn als Variable abhängig von der jeweiligen Wirtschaftslage [29]. Wie bei den Freisinnigen fanden die protektionistische Wirtschaftspolitik Bismarcks und die Agrarzölle nicht die Zustimmung des Fremdenblattes. Die Freisinnigen und die freihändlerischen Kreise seien nicht dafür, die Preise zugunsten irgendeiner Klasse von Produzenten oder Konsumenten zu verändern, sondern es gelte

---

25) Alfred Herrmann, a.a.O., S. 118, 123 f., 127 ff., 132 f., 136, 140, 144; Olga Herschel, a.a.O., S. 28, 36 f., 42, 61, 67, 74; Ernst Baasch, a.a.O., S. 80 f.; Otto Bandmann: Die Hamburger Zeitungen (1862—66), in: 'Zeitschrift des Vereins für Hamburgische Geschichte', Bd. 15, Hamburg 1910, S. 27f., 32f.; ders.: Die deutsche Presse..., a.a.O., S. 31, 65 f., 103, 105, 121, 144; August Bierling: Die Entscheidung von Königgrätz in der Beurteilung der deutschen Presse, phil. Diss. Leipzig 1932, S. 42, 51 f., 75; Karl Heinz Holst: Die Stellung Hamburgs zum inneren Konflikt in Preußen 1862—1866, phil. Diss. Rostock 1932, S. V verweist auf die damalige Bedeutungslosigkeit des Blattes; über dessen allgemeine Tendenz, vgl. Julius von Eckardt: Lebenserinnerungen, Bd. 1, Leipzig 1910, S. 192.
26) Alfred Herrmann, a.a.O., S. 166; Ernst Baasch, a.a.O., S. 103.
27) Alfred Herrmann, a.a.O., S. 399f.; Arthur Obst, in: Hamburg vor..., a.a.O., S. 24; Ernst Baasch, a.a.O., S. 117, 139; Erich Feldhaus: Das deutsche Zeitungswesen, Leipzig 1922, S. 94.
28) Vgl. Alfred Herrmann, a.a.O., S. 171 ff., 282, 326 f.; Ernst Baasch, a.a.O., S. 125.
29) Alfred Herrmann, a.a.O., S. 179 ff., 230; Ernst Baasch, a.a.O., S. 109, 112 ff.

vielmehr, die wirtschaftlichen Naturgesetze ohne staatliche Eingriffe walten zu lassen. Immer wieder richtete es deshalb seine Angriffe gegen die Agrarier und deren Protegierung durch Zolltarife 30).

Wie sehr es auch Bismarcks Innenpolitik mißbilligte und wegen dessen Entlassung im März 1890 nicht unglücklich war, so hegte es Wilhelm II. und seinem "Neuen Kurs" gegenüber trotz aller Hoffnungen doch Mißtrauen, aus Sorge, daß er der Ansicht der militärisch-aristokratischen Kamarilla näher stehe als den Auffassungen des verabschiedeten Staatsmannes 31). So sehr das Fremdenblatt jede Ausnahmegesetzgebung gegen die Sozialdemokraten abgelehnt hatte, fürchtete es doch deren Erstarken. Als der Hamburger Senat 1905 einen manipulativen Wahlrechtsänderungsantrag einbrachte, billigte die Zeitung die Vorlage unter Vorbehalt als Notwehrmaßnahme, wenn sie auch den ungünstigen Eindruck bedauerte, den diese auslöste 32). Der Annäherung Rußlands an Frankreich maß die Zeitung keine Bedeutung bei. Eine Anlehnung Englands an den Dreibund oder ein deutsch-englisches Bündnis gar hielt sie wegen des englisch-russischen Gegensatzes für gefährlich 33).

Nicht zuletzt auf Grund einer schnellen und eingehenden Berichterstattung über die Kriegsereignisse seit 1864, der Feldpostbriefe und persönlicher Berichte hatte die Zeitung ihre Auflage entscheidend erhöhen können. In den siebziger Jahren umfaßte die werktägliche Ausgabe allgemein sechs, sonntags acht Seiten. Allerdings waren damals Leitartikel noch nicht eine alltägliche Einrichtung, es gab dafür eine Zusammenfassung politischer Ereignisse. Was heute mit "Aufmachung" bezeichnet wird, war noch nicht gebräuchlich; es gab keine Schlagzeilen, selten Sperrungen und keine Überschriften für die einzelnen Nachrichten, lediglich die Privatdepeschen und die Reutermeldungen wurden hervorgehoben. Der Handelsteil brachte Hamburger Börsen- und Warenmarktberichte, die Börsenwochenberichte lieferte sonntags der Bremer Makler Benno Zadig, auch über Schluß- und Eröffnungskurse auswärtiger Börsen, und über Wechsel- und Geldkurse der großen Börsenplätze wurde berichtet. Allerdings erschienen manche Handelsberichte noch im Tagesbericht, im politischen Teil oder unter besonderen Rubriken. Trotz der Tatsache, daß sich die Zeitung als Handels- und Wirtschaftsblatt begriff, war sie in ihrem Handels-, Wirtschafts- und Schiffahrtsteil inhaltlich noch recht dürftig. 34)

---

30) Alfred Herrmann, a.a.O., S. 176, 184, 217, 226, 322;
Ernst Baasch, a.a.O., S. 116 f.
31) Alfred Herrmann, a.a.O., S. 272.
32) Alfred Herrmann, a.a.O., S. 311 f.; Ernst Baasch: Geschichte Hamburgs (1814—1918), 2. Bd., 1867—1918, Stuttgart—Gotha 1925, S. 98 f., 105, 115 f., 117 f., 245; ders.: Geschichte des Hamburgischen Zeitungswesens . . ., a.a.O., S. 125, 134; dagegen Arthur Obst: Geschichte . . ., a.a.O., S. 111.
33) Alfred Herrmann, a.a.O., S. 361, 365.
34) Arthur Obst: Hamburg vor . . ., a.a.O., S. 24; Alfred Herrmann, a.a.O., S. 199, 206 ff.

Ein glücklicher Einfall war es, als 1877 den "Kleinen Anzeigen" ein besonderer Stellenmarkt zu ermäßigten Sätzen (10 Pfg. Tarif) angefügt und Familiennachrichten [35] kostenlos verbreitet wurden. Immerhin gelang es dem Verlag, die Auflage des Fremdenblattes von 2500 (1865) auf ca. 10 000 Stück im Jahre 1875 zu steigern. 1884 umfaßten die Ausgaben an Werktagen bereits 10-12, an Sonntagen sogar 16-20 Seiten. 1886 betrug — nicht zuletzt auf Grund laufender technischer Verbesserungen — die Auflagenhöhe 26 000 Exemplare, ein Jahr später waren es sogar 30 000 [36]. Im Jahre 1887 gedachte der Verlag der 25. Wiederkehr des Tages der Firmenneugründung [37]. 1892 trat Arthur Obst in die Redaktion als Nachfolger Weißes ein, der Tagesberichte und die Kommunalpolitik betreut hatte; Daniel Windolf versah zu dieser Zeit den Handelsteil, und John Niclassen war für Politik, kleines Feuilleton und Musik zuständig [38]. Am 25. Juni 1894 starb der Zeitungsherausgeber und Firmeninhaber Gustav Diedrich. Als Testamentsvollstrecker für den Universalerben Amandus Diedrich wurden Dr. Friedrich Menck, der Hauptbuchhalter Heinrich Rausch und der Direktor der Volksbank Georg Bomberg eingesetzt. Nach Abwicklung der testamentarischen Bestimmungen erfolgte am 9. März 1902 die Gründung der Gustav Diedrich & Co. m.b.H.; Geschäftsführer wurden Friedrich Menck und Heinrich Rausch. [39]

Nach dem erstmaligen Impressum der Zeitung vom 1. April 1896 fungierten Friedrich Menck als Chefredakteur, Oscar Riecke als sein Stellvertreter, für die politische Übersicht und für die politischen Leitartikel zeichnete Max Neißer, für politische Nachrichten und Handelsnachrichten Paul Raché und für Tagesberichte und Kommunalpolitik Arthur Obst [40]. Die Zeitung erfuhr fortan einige Verbesserungen; so wurde der Nachrichtenstoff günstiger angeordnet, es gab nun Heraushebungen, fette Spitzmarken und Datumszeilen, aber noch bis 1905 keine Nachrichtenüberschriften [41]. Seit Oktober 1896 kam, was besonders zu Zeiten wirtschaftlicher Rezessionen werbewirksam war, täglich mittags ein "Spezialanzeiger" als billiger Stellenanzeiger für den Arbeitsmarkt zur Gratisverteilung heraus. Die Inserate

---

35) Daselbst, S. 208 ff.; Arthur Obst: Geschichte . . ., a.a.O., S. 100.
36) Alfred Herrmann, a.a.O., S. 212, 392; Horst Heenemann: Die Auflagenhöhen der deutschen Zeitungen. Ihre Entwicklung und ihre Probleme, phil. Diss. Leipzig 1930, S. 64, 80 f.; Arthur Obst, a.a.O., S. 100; Ernst Baasch, a.a.O., S. 109.
37) Alfred Herrmann, a.a.O., S. 412; Arthur Obst, a.a.O., S. 108 f.
38) Besonders beim Feuilleton machten sich eine starke Fluktuation der Mitarbeiter und häufige Umbesetzungen in den Ressorts bemerkbar (vgl. dazu Alfred Herrmann, a.a.O., S. 395 f., 398; Arthur Obst, a.a.O., S. 99, 116).
39) Alfred Herrmann, a.a.O., S. 412 f.; Arthur Obst, a.a.O., S. 114, 119 f.; ders., in: Hamburg vor . . ., a.a.O., S. 25; Franz R. Bertheau, a.a.O., S. 79.
40) Alfred Herrmann, a.a.O., S. 405 f.; Arthur Obst: Geschichte . . ., a.a.O., S. 116; eine ausführliche Liste aller redaktionellen Mitarbeiter der Zeitung einschl. deren Vorläufer bis 1918 befindet sich in der Aufsatzsammlung: Hamburg vor . . ., a.a.O., S. 45 ff.; vgl. auch Alfred Herrmann, a.a.O., S. 587 ff.
41) Alfred Herrmann, a.a.O., S. 396.

kosteten je Zeile 10 Pfg., für besonders Bedürftige noch weniger; diese Anzeigen erschienen zusätzlich noch abends kostenlos im "Kleinen Anzeiger" [42] des Fremdenblattes. Gemessen am Umfang des Anzeigenteils rangierte das Fremdenblatt 1900 unter den sechs größten deutschen Zeitungen an fünfter Stelle. Nach 1900 machten die Anzeigen 1/3 des Textteiles aus. [43]

Am 21. Februar 1907 starb Friedrich Menck [44]. So wie 1862 bedeutete auch jenes Jahr eine einschneidende Veränderung für die Zeitung. Der gelernte Setzer und erfolgreiche Zeitungsverleger Albert Broschek [45] erwarb die Hauptanteile an der Gesellschaft von Amandus Diedrich samt Verlagsgrundstück in den Großen Bleichen. Im März 1908 übernahm Broschek anstelle von Heinrich Rausch die Geschäftsführung der G.m.b.H. [46] Im gleichen Jahr wurden umfangreiche Bauten vorgenommen. Im November 1908 gedachte der Verlag des 100jährigen Bestehens der Druckerei und des 80jährigen des Blattes [47]. Die Zeitung, die von nun an völlig unter kommerziellen Gesichtspunkten geführt wurde [48], wobei eine schnelle und umfassende Nachrichtenverbreitung für einen erhöhten Absatz sorgen sollte, konnte innerhalb eines Jahres ihren Anzeigenteil erheblich erweitern. 1907 stiegen die Insertionen gegenüber dem Vorjahr um 8% und 1908 bereits um 10% an [49]. Da Broschek die Zeitung ihrem Inhalt nach dem Typ der Generalanzeigerpresse anglich [50], mußte das auch Konsequenzen für den Redaktionsstab nach sich ziehen [51]. Neuer Chefredakteur wurde Friedrich Trefz (bis 1914), der Paul Raché 1908 ab-

---

42) Daselbst, S. 410; Arthur Obst: Geschichte ..., a.a.O., S. 118.
43) Ludwig Munzinger: Die Entwicklung des Inseratenwesens in den deutschen Zeitungen. Eine hist.-wissenschaftl. Studie als Beitrag zur Geschichte des Verkehrswesens, phil. Diss. Heidelberg 1901, S. 69; Hermann Diez: Das Zeitungswesen, 2. Aufl., Leipzig — Berlin 1919, S.87 f., 91, (populärwiss.); Alfred Herrmann, a.a.O., S. 408 f.; über Inserateneinnahmen vgl. auch Joseph Eberle: Großmacht Presse. Enthüllungen für Zeitungsgläubige, Forderungen für Männer, Mergentheim 1913, S. 56 (polemisch).
44) Alfred Herrmann, a.a.O., S. 413; Arthur Obst, a.a.O., S. 123; Franz R. Bertheau, a.a.O., S. 79.
45) Alfred Herrmann, a.a.O., S. 418 ff.; in den 90er Jahren gehörte Albert Broschek bereits zum Vorstand des VDZV, dazu: Heinrich Walter (Hrsg.): Zeitung als Aufgabe. 60 Jahre Verein deutscher Zeitungsverleger, 1894—1954, Wiesbaden 1954, S. 18f.; die Würdigung seiner Leistung, daselbst, S. 76; A(nton) Betz: Der neue Verleger, in: 'Handbuch Deutsche Presse', 1. Aufl., Bielefeld 1947, S. 80.
46) Alfred Herrmann, a.a.O., S. 418 ff.; Ernst Baasch, a.a.O., S. 139.
47) Vgl. Zweite Beilage zum 'Hamburger Fremdenblatt' Nr. 282 (1. Dez. 1908) S. 9.
48) Vgl. Ernst Baasch, a.a.O., S. 139.
49) Alfred Herrmann, a.a.O., S. 429; Horst Heenemann, a.a.O., S. 103.
50) Ernst Baasch, a.a.O., S. 139; nach Horst Heenemann (a.a.O., S. 103) ergab sich die Auflagenvergrößerung auf Grund seiner bürgerlich-liberalen Haltung und einer starken Durchgeistigung des Inhalts; vgl. dagegen unten Hans W. Fischer.
51) Alfred Herrmann, a.a.O., S. 424 f.

löste [52], Karl Krause versah von 1907 bis 1910 die Tagesberichte und die Politik und Felix Hildebrandt von 1908 bis 1910 den Handelsteil [53]. Die Zahl der Redakteure stieg bis zum Jahre 1914 von 13 auf 22 an. 1909 wurde die Herausgabe der Fremdenliste eingestellt, die zuletzt 12spaltig erschien und oftmals die gesamte Seite des Formats einnahm. [54]

Am 1. Januar 1910 wurde die G.m.b.H. in die 'Hamburger Fremdenblatt Broschek & Co. K.G.' umgewandelt. Albert Broschek und seine Söhne Ludwig (seit 1908 technische Oberleitung) und Kurt (seit 1909 Leiter der Tiefdruckabteilung) wurden persönlich haftende Gesellschafter. Durch Ankauf von Kommanditistenanteilen gelangten schließlich 74% des Kapitals in Familienbesitz; der alte Aufsichtsrat der G.m.b.H. fungierte als Verwaltungsrat weiter [55]. Einen entscheidenden Wirtschaftserfolg verbürgte dem Unternehmen der Erwerb des Verwertungsrechtes der photochemigraphischen Erfindung Dr. Mertens', des Kupfertiefdruckverfahrens für die Bildwiedergabe [56]. Die politischen Beiträge der Zeitung wurden zunehmend unkritischer. Nur auf zwei Forderungen der Fortschrittlichen beharrte sie weiterhin: Die Daily Telegraph-Affäre am 28. Oktober 1908 war ihr beispielsweise Anlaß, die parlamentarische Ministerverantwortlichkeit zu fordern, und den Erfolg des Bethmann Hollwegschen Kabinetts wollte sie daran messen, ob es ihm gelänge, die preußische Wahlrechtsreform durchzusetzen [57]. In den Tagen des drohend

---

52) Nachfolger von Trefz wurde Albert Wacker, der jedoch bereits im Oktober 1915 von Felix von Eckardt abgelöst wurde (in: Hamburg vor . . ., a.a.O., S. 45 ff.; Alfred Herrmann, a.a.O., S. 499 f.; dagegen nach N.N.: 100 Jahre . . ., a.a.O., stand von Eckardt seit 1914 an der Spitze der Redaktion; vgl. auch die spöttische und nicht schmeichelhafte Darstellung von Hans W. Fischer: Hamburger Kulturbilderbogen, München — Berlin 1923, S. 355, 357 ff.; vgl. ferner Horst Heenemann, a.a.O., S. 103; Joseph Eberle, a.a.O., S. 179 diffamiert die Zeitung als "Judenblatt".

53) Seit 1909 Bezeichnung der Beilage 'Hamburger Handels- und Börsenblatt', später 'Hamburger Wirtschafts- und Börsenblatt', dazu Alfred Herrmann, a.a.O., S. 546.

54) Daselbst, S. 427 ff., 434; Philipp Berges, in: Hamburg vor . . ., a.a.O., S. 33.

55) Über die Mitarbeiter, in: daselbst, S. 45 ff.; Alfred Herrmann, a.a.O., S. 427; Ernst Baasch, a.a.O., S. 139; Arthur Obst, in: Hamburg vor . . ., a.a.O., S. 25; Franz R. Bertheau, a.a.O., S. 79.

56) Alfred Herrmann, a.a.O., S. 430 ff., 590 f.; N.N.: 100 Jahre . . ., a.a.O., Sp. 2137; Hundertfünfundzwanzig Jahre . . ., a.a.O., S. 19 ff.; Otto Groth: Die Zeitung. Ein System der Zeitungskunde (Journalistik), 1. Bd., Mannheim—Berlin—Leipzig 1928, S. 1023; Hans Fuchs: Technik im modernen Zeitungsbetrieb, phil. Diss. Heidelberg 1916, S. 119; Oswald Broschek: Wesen, Organisation und Betrieb der großen deutschen Tageszeitungen, rechts- u. staatswiss. Diss. Kiel 1919, S. 52; Kurt Broschek: Aus der Praxis des Kupfertiefdrucks, in: 'Zeitungs-Verlag', Berlin, Jg. 27/Nr. 47 (19. Nov. 1926) Sp. 2479 f. und Jg. 27/Nr. 52 (24. Dez. 1926) Sp. 2767 f.; über die täglichen Beilagen vgl. Franz R. Bertheau, a.a.O., S. 79; Werner Sembritzki, a.a.O., S. 95 ff.

57) Dazu Alfred Herrmann, a.a.O., S. 440, 446 f., 451, 455, 474, 476; Ernst Baasch, a.a.O., S. 139, 144.

bevorstehenden Krieges nach dem Ultimatum Österreichs an Serbien unterstützte sie nachdrücklich die törichte Haltung der Politiker der Mittelmächte. Eine Vermittlungsaktion Englands wollte das Blatt nur anerkannt wissen, wenn Österreich dieser zustimme: "Von uns hat Österreich keine Absage zu erwarten, die seinen Schneid lähmen könnte." Noch Anfang August schenkte das Fremdenblatt einer Mitteilung aus Berlin Glauben, die auf einer Falschmeldung des Wiener Korrespondentenbüros vom 27. Juli beruhte und die die angebliche Zusicherung der italienischen Bündnistreue beinhaltete. Selbst in den ersten Augusttagen war es noch von Englands Neutralität weiterhin überzeugt; Deutschland befinde sich keiner übermächtigen Koalition gegenüber, "keine Leisetreterei der Herren am grünen Tisch soll ihm die ernste blutige Arbeit erschweren 58)." Als dann England am 4. August 1914 nach dem deutschen Vormarsch durch Belgien Deutschland den Krieg erklärte, war das Blatt höchst verwundert. 59)

Der 1. Weltkrieg brachte eine gewaltige Auflagensteigerung. Nach Kriegsausbruch erschien die Zeitung auf Grund des großen Nachrichtenbedürfnisses täglich zweimal, in den ersten Kriegswochen erreichte die Auflage das zweite Hunderttausend, so daß ein Teil im Lohndruck anderwärts hergestellt werden mußte 60). Daneben erschienen noch eine Reihe besonderer Ausgaben des Fremdenblattes unter verschiedenen Titeln 61). Während des Krieges unterstützte die Zeitung weitgehend das, was die militärische Reichsführung für nötig hielt; sie befürwortete den unbeschränkten U-Bootkrieg 1917, verwarf die Friedensresolution des Reichstags vom 19. Juli 1917, wobei sie sich heftiger Angriffe gegen Bethmann Hollweg bediente, begrüßte dagegen aber die völlig unbefriedigende Antwort auf die Friedensbotschaft Papst Benedikts XV. und lehnte die 14 Punkte der Botschaft Wilsons an den Kongreß vom 8. Januar 1918 ab. In der Forderung nach der Wahlrechtsre-

---

58) Alfred Herrmann, a.a.O., S. 492 f.; Walter Müller: Die Stellung der deutschen Presse von der Ermordung des österreichischen Thronfolgers Franz Ferdinand am 28. Juni 1914 bis zum Ausbruch des Weltkrieges am 4. August 1914, phil. Diss. Göttingen 1924 (1925) Masch.Schr., S. 70, 79.

59) Alfred Herrmann, a.a.O., S. 493.

60) Werner Sembritzki, a.a.O., S. 95; vgl. dazu die Angaben über die Auflagenhöhe, daselbst, S. 95; Horst Heenemann, a.a.O., S. 80 f.; Oswald Broschek, a.a.O., S. 65, 67f.; Bruno Thiergarten-Schultz: Die Entwicklung des Anzeigenwesens der deutschen Tageszeitungen unter besonderer Berücksichtigung der Kriegs- und Nachkriegszeit, rechts- u. staatswiss. Diss. Würzburg 1922 (Masch.Schr.), Anlage, Tafel 2 (Graphik des Papierverbrauchs); Alfred Herrmann, Vortrag abgedruckt, in: 'Die Hundertjahrfeier des Hamburger Fremdenblattes am 29. und 30. September 1928', Hamburg 1929, S. 18 ff.; ferner daselbst S. 32; Arthur Obst, a.a.O., S. 25; vgl. auch Joseph Eberle, a.a.O., S. 158.

61) Dazu Alfred Herrmann, a.a.O., S. 495; Arthur Obst, a.a.O., S. 25; Philipp Berges, a.a.O., S. 44; Werner Sembritzki, a.a.O., S. 97 f.; Franz R. Bertheau: Das Zeitungswesen in Hamburg während des Weltkrieges, in: Verband deutscher Kriegssammlungen e.V. (Hrsg.): 'Mitteilungen', Hamburg Jg. 2/Nr. 1, 1920, S. 15 f.; Oswald Broschek, a.a.O., S. 65 ff.

form in Preußen blieb sich das Blatt treu. So begrüßte es unter Bethmann Hollweg den der kaiserlichen Osterbotschaft 1917 folgenden Wahlrechtserlaß vom 11. Juli. Selbst an die deutsche Frühjahrsoffensive 1918 knüpfte es noch optimistische Erwartungen [62]. Als dann die revolutionäre Bewegung in Kiel ihren Ausgang nahm, wußte die Zeitung das Geschehen nur als Aufruhr fehlgeleiteter Massen zu deuten, das einen für Deutschland günstigen Friedensabschluß zunichte mache, da im Ausland der Eindruck des deutschen Zusammenbruches entstehe [63].

Nach der Revolution brachte das Fremdenblatt als erste bürgerliche Zeitung am 21. November 1918, an dem Tag, an dem sich die DDP konstituierte, eine Erklärung über sein zukünftiges politisches Programm; danach wollte es alle Bestrebungen unterstützen, die auf die Einigung der liberaldemokratischen Kräfte gerichtet seien [64]. Dennoch verstärkte sich der Zug weiter hin zur Generalanzeigerpresse, bei gleichzeitigem Ausbau des Annoncenteils. Hatte der Inseratenteil 1917 schon mehr als die Hälfte, oft bis zu 2/3 des Zeitungsumfanges ausgemacht, so entfielen 1926 und 1927 nicht weniger als 58% sämtlicher Anzeigen bei der Hamburger Presse (im Jahr etwa 600 000 Einzelanzeigen) auf das Fremdenblatt [65]. Seit dem

---

62) Alfred Herrmann, a.a.O., S. 503 ff., 509 f.
63) Vgl. dazu Kurt Ahnert: Die Entwicklung der deutschen Revolution und das Kriegsende in der Zeit vom 1. Oktober bis 30. November 1918 in Leitartikeln, Extrablättern, Telegrammen, Aufrufen und Verordnungen nach den führenden deutschen Zeitungen, Nürnberg 1918, S. 169 ff.; Eberhard Buchner (Hrsg.): Revolutionsdokumente. Die Revolution in der Darstellung der zeitgenössischen Presse, Bd. 1., Berlin 1921, 'Im Zeichen der roten Fahne'.
64) Alfred Herrmann, a.a.O., S. 522 f.; Werner Sembritzki, a.a.O., 99; vgl. auch die spätere politische Haltung des Blattes, dazu Arthur Obst: Die Tagespresse..., a.a.O., S. 153; Rudolf Schlichting: Die Kriegsschuldlüge in der deutschen Presse 1918—1927, phil. Diss. Berlin 1941 (1944/45) Masch.Schr., S. 58, 115; Manfred Zahn: Öffentliche Meinung und Presse während der Kanzlerschaft von Papens, phil. Diss. Münster 1953 (Masch.Schr.), S. 127; Max Bestler: Das Absinken der parteipolitischen Führungsfähigkeit deutscher Tageszeitungen in den Jahren 1919 bis 1932. Ein Vergleich der Auflageziffern mit den Wahlziffern der Parteien, phil. Diss. Berlin 1941 (Masch.Schr.), S. 16; Günter Heidorn: Die Entwicklung des deutschen Zeitungstypus von der Weimarer Republik bis zur Gegenwart unter besonderer Berücksichtigung der Presse von neuem Typus in der DDR (Ein Beitrag zur neueren deutschen Geschichte), phil. Diss. Berlin (Humboldt-Universität) 1953, Masch.Schr., S. 104.
65) Alfred Herrmann, a.a.O., S. 538; Wolfgang Hellwig: Unternehmungsformen der deutschen Tagespresse. G.m.b.H. und A.-G., phil. Diss. Leipzig 1929, S. 48, 53 f.; Otto Meynen/Franz Reuter: Die deutsche Zeitung, Berlin 1928, S. 67 äußern sich lobend über die führende Stellung des Blattes und der liberalen Presse; vgl. Alois Wohlhaupter: Die Anzeigensteuer und ihre wirtschaftlichen Auswirkungen, staatswiss. Diss. München 1931, S. 19, 46, welche Bedeutung das Blatt einer Annoncenbesteuerung auf Grund seines umfangreichen Anzeigengeschäftes beimißt; Werner Sembritzki, a.a.O., S. 104 f.; vgl. 'Mosse Annoncen Expedition', Inserate 1926, S. 227; 1927, S. 225 und 'Ala-Zeitungskatalog' 1927, S. 171; dazu auch die Zeitungskataloge 1934, 1937; 'WESTAG', Zeitungskatalog 1938; 'Ala-Zeitungskatalog' 1938, 1939, 1941; Günter Heidorn, a.a.O., S. 65 f.

4. April 1920 erschien als Auslandsausgabe des Fremdenblattes die aus der 'Welt im Bild' hervorgegangene illustrierte 'Deutsche Übersee-Zeitung' (bis 1930), die mehrsprachig in einer Auflage von 5-7000 Stück anfangs wöchentlich und später monatlich herauskam und besonders zur Wahrnehmung deutscher Handelsinteressen in Amerika bestimmt war. Ab 19. Juni 1921 kam noch die Sportzeitung des 'Hamburger Fremdenblattes', das 'H.F. am Montag' (1928 Auflage über 40 000) mit Sportartikeln, politischen Beiträgen und Nachrichten hinzu.

Allein zehn selbständige periodische Beilagen des Fremdenblattes gab es 1928. [66]. Systematisch wurde der technische Apparat ausgebaut, so daß der Verlag 1928 über die größte Kupfertiefdruckanstalt des europäischen Festlandes verfügte. Das Unternehmen besaß darüberhinaus eine eigene Bildtelegraphenstation, und als einziges deutsches Zeitungsunternehmen hatte der Broschek-Verlag eine eigene Funkstation [67]. Der Handelsteil der Zeitung wurde in den 20er Jahren wesentlich erweitert, so vor allem die Marktberichterstattung über Hamburg, Deutschland, europäische und überseeische Länder und die Berichte über in- und ausländische Börsenplätze. So berichtete das Blatt ausführlich über Geldmärkte, über Kursnotierungen, einschließlich Anfangskurse, über den Kapital- und Warenmarkt und über den Stand und die Entwicklungsmöglichkeiten des Exporthandels [68].

---

66) Alfred Herrmann, a.a.O., S. 496, 542, 552 f.; Werner Sembritzki, a.a.O., S. 110 f.; Franz R. Bertheau: Der gegenwärtige Stand des Zeitungswesens in Hamburg (1920), in: Verband deutscher Kriegssammlungen e.V., (Hrsg.): 'Mitteilungen', Hamburg, Nr. 3, 1920, S. 82; vgl. auch Walter Krause: Der Groß- und Kleinbetrieb der deutschen Presse, rechts- u. staatswiss. Diss. Hamburg 1922 (1923) Masch.Schr., S. 83 f.; Friedrich Winkin: Der Nachrichtenschnellverkehr im Dienste von Presse und Wirtschaft, in: 'Würzburger staatswissenschaftliche Abhandlungen', Reihe A, H. 20: Wirtschafts- u. Sozialwissenschaften, (Hrsg.): Karl Brauer, Leipzig 1934, S. 15 f., 23.

67) Werner Sembritzki, a.a.O., S. 101 f., 106; N.N.: Hundertfünfundzwanzig Jahre..., a.a.O., S. 20; Arno Meyer: Die Organisation des Nachrichtendienstes der Presse. Eine Untersuchung über die Entwicklungen des Gesetzes der Massenproduktion auf die Ausgestaltung des Inhaltes der Zeitungen, staatswirtsch. Diss. München 1925 (1927), S. 61; Friedrich Winkin, a.a.O., S. 65.

68) Vgl. Alfred Herrmann, a.a.O., S. 547 f.; ferner Fritz Wirth: Die Wirtschaftsteile deutscher Tageszeitungen, staatswiss. Diss. Freiburg i.B. 1927, auch in: 'Ergänzungsbände zur Zeitschrift für Handelswissenschaftliche Forschung', Leipzig, Bd. 10, daselbst, S. 110 über die warenmarktorientierte Einstellung; Gotthard Würfel: Der Handelsteil in der modernen Presse, in: 'Deutsche Presse, Organ des Reichsverbandes der deutschen Presse e.V.', Berlin, Jg. 20/Nr. 29, 1930; ders.: Kritisches über die Zeitung von heute. Zeitungsreform. Die Zeitung als Ausdruck der Zeit, Leipzig-Köln (1930), hier insbesondere das umfangreiche statistische Material; Otto Meynen/ Franz Reuter, a.a.O., S. 173; Reinhard Maier: Die Aufgaben des Wirtschaftsteils der Tageszeitungen, phil. Diss. Erlangen 1931, S. 58, 67; Otto Groth, a.a.O., S. 979; Richard Wagner: Der Handels- und Wirtschaftsteil der Tageszeitungen, Hamburg (1921), S. 178; Arthur-Herbert Zschech: Der moderne Börsenbericht, staatswiss. Diss. Berlin 1932, S. 42, 86; die internationale Bedeutung, dazu Wilhelm Vogel, a.a.O., S. 196; Heinrich Goitsch: Entwicklung und Strukturwandlung des Wirtschaftsteils der deutschen Tageszeitungen. Ein hist.-soziol. Beitrag zum Phänomen der

Albert Broschek betrieb sein Unternehmen seit dem 15. Oktober 1920 in zwei Gesellschaften, neben der bestehenden K.G. gründete er noch eine G.m.b.H. [69]. Am 10. Juli 1925 starb Albert Broschek, die Leitung des Geschäftes lag von nun an in den Händen seines Sohnes Kurt, Max Wießners (Teilhaber der Firma seit 1924) und seit 1927 des Teilhabers der Firma, Herbert Krumbhaar. [70]

Der Verlag und der Redaktionsstab der Zeitung hatten zunächst die für viele Zeitungsunternehmungen bedrohlichen Eingriffe auf Grund der Bestimmungen des Reichskulturkammergesetzes vom 22. September 1933, des Schriftleitergesetzes vom 4. Oktober desselben Jahres und Amanns einschlägiger Verordnungen für die Presse vom 24. April 1935 ohne große personelle Veränderungen überstanden [71], als Kurt Broschek 1936 aus unerfindlichen Gründen entgegen den Bestimmungen des Schriftleitergesetzes einen bereits vom Chefredakteur Sven von Müller [72] redigierten Artikel über das Logenwesen eigenmächtig veränderte [73]. Die darauf-

---

Presse, wirtsch. u. sozialwiss. Diss. Frankfurt 1939, S. 61 hebt den Zusammenhang zwischen fachlicher Spezialisierung der Zeitung und der Titelgebung des Wirtschaftsteils hervor; die Besonderheit der großen Provinzzeitung, dazu Ernst Horwitz: Aufgaben und Bedeutung der Börsenberichterstattung, phil. Diss. Berlin 1935, S. 48; Erich Just: Die deutsche Eisenwirtschaft im Handelsteil der Tageszeitung im vornationalsozialistischen Deutschland, staatswiss. Diss. (von der phil. Fak. genehmigt) Berlin 1936, S. 29, 69; Fritz Runkel: Der Kaufmann und die Handelspresse, in: 'Gloeckners Handels-Bücherei', Bd. 114, Leipzig 1925, S. 40 f., 80 f., (populärwiss.).

69) Vgl. Manfred Rietschel: Der Familienbesitz in der deutschen politischen Tagespresse, phil. Diss. Leipzig 1928, S. 48 f., die innerbetrieblichen und steuerlichen Gesichtspunkte für die Gesellschaftsform, nach Auskunft Broschecks auf eine Anfrage; ebenso Wolfgang Hellwig, a.a.O., S. 7, die Umwandlung aus Gründen der Konzentration des Familienbesitzes; Alfred Herrmann, a.a.O., S. 555.

70) Alfred Herrmann, a.a.O., S. 555 f.; N.N.: 100 Jahre. . ., a.a.O., Sp. 2142; vgl. die Würdigung Broscheks in: 'Zeitungs-Verlag', Magdeburg, Jg. 26/ Nr. 29 (17. Juli 1925), Sp. 1950 ff.; nach Oron J. Hale: The Captive Press in the Third Reich, Princeton/New Jersey 1964, S. 210 f. hat Albert Broschek auf Grund mangelnder geschäftlicher Tüchtigkeit seines Sohnes Geschäftsführer eingesetzt; vgl. dazu auch die deutsche Übersetzung: Presse in der Zwangsjacke 1933-45, Düsseldorf 1965, S. 214 f., in der die Formulierung des Verfassers durch Weglassung gemildert worden ist.

71) Briefliche Mitteilung von Rechtsanwalt Carl Gustav Schiefler (Hamburg) an den Verfasser vom 7. Sept. 1970; vgl. die Namen der Schriftleiter anhand des Handbuches der deutschen Tagespresse, (Hrsg.): 'Deutsches Institut für Zeitungskunde Berlin', 4. Aufl., Berlin 1932, 5. Aufl. Berlin 1934; Handbuch. . ., (Hrsg.): 'Institut für Zeitungswissenschaft an der Universität Berlin', 6. Aufl., Berlin 1937.

72) Vgl. den Nachruf in: 'Die Welt' (Hamburg) vom 14. Okt. 1964; laut schriftlicher Mitteilung von Rechtsanwalt Carl Gustav Schiefler an den Verfasser vom 7. Sept. 1970 erscheint er jedoch in keinem guten Licht.

73) Nach Oron J. Hale, a.a.O., S. 210 f; (dt.) S. 214 f. handelte es sich um einen Artikel über die Zusammenkunft des Kapitelgrades einer Hamburger Loge; nach Carl Gustav Schieflers schriftlicher Mitteilung an den Verfasser vom 7. Juli 1970 hat Broschek einen Artikel des Schriftleiters Sven von Müller über einen Antifreimaurervortrag verändert und damit nach dessen Veröffentlichung die Beschwerde eines Versammlungsredners ausgelöst.

hin ausgelöste Beschwerde leitete eine Untersuchung des Reichsverbandes deutscher Zeitungsverleger ein. Da sich Broschek vor der Untersuchungskommission des R.V.d.Z. recht ungeschickt verhielt, wurde von ihm und seinem Bruder Albert verlangt, 13% der Geschäftsanteile an die NS Holding Vera-Verlagsgesellschaft abzutreten. Als Broschek auch das ablehnte, wurde die Forderung auf über 50% heraufgesetzt [74]. Die Abwicklungsverhandlung führte, wie üblich bei solch delikaten Angelegenheiten, Max Winkler im Auftrage des Stabsleiters Rolf Rienhardt vom Verwaltungsamt des Reichsleiters für die Presse der NSDAP [75]. Kurt Broschek wurde sogar eingeräumt, einen Nachfolger zu benennen, der treuhänderisch für die 'Vera' persönlich haftender Gesellschafter und Geschäftsführer der G.m.b.H. wurde. 1937 verkaufte Albert Broschek seine Anteile endgültig an die 'Vera'. [76]

Das 'Hamburger Fremdenblatt' war neben der 'Frankfurter Zeitung' im 3. Reich eine der wenigen deutschen Zeitungen, die noch ein gewisses Ansehen im Ausland besaßen [77]. Erst die letzte Stillegungsaktion Amanns auf dem Gebiet der Presse nach dem 20. Juli 1944 brachte für das Fremdenblatt das Ende [78]. Wegen der zunehmenden Kriegseinwirkungen wurden die noch erscheinenden Zeitungen zu einer Kriegsarbeitsgemeinschaft zusammengefaßt. So gelang es dem Hamburger Gauverlagsleiter Hermann Okrass, den 'Hamburger Anzeiger', das 'Hamburger Fremdenblatt' und das 'Hamburger Tageblatt' unter der Bezeichnung 'Hamburger Zeitung' zusammenzufassen. Als Kopfblatt erschien das Fremdenblatt in einem Umkreis von mehr als 100 km weiter unter dem alten Namen [79].

---

74) Carl Gustav Schieflers schriftliche Mitteilung an den Verfasser vom 7.Juli und vom 7. Sept. 1970; Oron J. Hale, a.a.O., S. 210 f.; (dt.) S. 214 f.

75) Vgl. dazu auch die Äußerung Rienhardts gegenüber Werner Stephan vom Propagandaministerium, Oron J. Hale, a.a.O., S. 223; deutsche Übers., a.a.O., S. 226 f.

76) Carl Gustav Schieflers schriftliche Mitteilung an den Verfasser vom 7. Sept. 1970; vgl. Rudolf Hillenbrandt, a.a.O., S. 150; Günter Heidorn, a.a.O., S. 139.

77) Vgl. auch die Auflagenhöhe des Fremdenblattes vor und nach 1933 anhand der Ala-Zeitungskataloge ; bis 1932 betrug die Auflage rund 150 000, danach leichter Rückgang auf etwa 110 000, Anstieg vor dem Krieg auf rund 138 000 und 1941 auf etwa 150 000 Stück; Hans A. Münster, a.a.O., S. 121; das 'Hamburger Fremdenblatt' gehörte wie die 'Frankfurter Zeitung' zu den Blättern, denen die nationalsozialistische Führung besondere Aufgaben zudachte; aus außenpolitischen Gründen erfreute sich das Blatt einer gewissen "Narrenfreiheit", vgl. dazu Jürgen Hagemann: Die Presselenkung im Dritten Reich, Bonn 1970, S. 297 und daselbst, S. 90, Anm. 259; 281, Anm. 627; 311, Anm. 46; 313, Anm. 67; das enthob die Zeitung jedoch nicht der Gefahr der Zurechtweisung, daselbst, S. 109, Anm. 434.

78) Nicht 1941 wie es im Brockhaus Enzyklopädie, Wiesbaden 1969 und in Dahlmann-Waitz, a.a.O., heißt; (Fritz Schmidt): Presse in Fesseln. Eine Schilderung des NS-Pressetrusts, Berlin o.J. (1947), S. 115 f. behauptet, der Verlag habe sich im Oktober 1944 zu 100% in Händen des NS-Pressetrusts befunden.

79) Carl Gustav Schieflers schriftliche Mitteilung an den Verfasser vom 7. Sept. 1970; Oron J. Hale, a.a.O., S. 305; deutsche Übers., a.a.O., S. 304.

Nach 1945 hatte es nicht an Versuchen gefehlt, den Druck der Zeitung wieder aufzunehmen. Seit dem Tode Kurt Broscheks am 3. Juli 1946 lähmten Besitzstreitigkeiten der Erbengemeinschaft neben den schleppenden Restitutionsverhandlungen jede sinnvolle Initiative. Hinzu kam, daß von der britischen Militärregierung ein Teil der noch halbwegs intakten Druckereimaschinen für das Organ der Militärbehörde 'Die Welt' requiriert worden war. Außerdem war es Axel Springer mit der Gründung des 'Hamburger Abendblattes' 1948 gelungen, einen Teil des qualifizierten Personals vom früheren Fremdenblatt zu gewinnen und einen Großteil des Leserstammes dieser Zeitung an sich zu ziehen, wobei er sich beim Vertrieb der bewährten Organisationsformen des Fremdenblattes bediente. [80] Die assoziativ werbewirksame Typographie des 'Hamburger Abendblattes', die dem Fremdenblatt ähnelt, veranlaßte am 14. Oktober 1948 Broscheks Erben im SPD-nahen 'Hamburger Echo' verlauten zu lassen, die Freunde des Hauses mögen nicht dem Irrtum verfallen, "Zeitungen, die etwa im Klang des Namens oder gar im Schriftzug des Titels unserem Hamburger Fremdenblatt ähneln, als dessen Nachfolger oder seinen Ersatz anzusehen." [81]

Als der frühere Angestellte Friedrich Schween und der ehemalige Anzeigenakquisiteur Herbert Stünings dem Verwaltungsrat der Firma Broschek den Plan unterbreiteten, das Fremdenblatt neu herausgeben zu wollen, wobei sie vorgaben, die nötigen Kapitalgeber gefunden zu haben, willigte schließlich das Firmenkonsortium [82] ein. Nach dem abgeschlossenen Vertrag fungierten Stünings und Schween als alleinige Gesellschafter der zu gründenden 'Hamburger Fremdenblatts-Verlagsgesellschaft m.b.H.', während die Firma Broschek gegen Lohndruckgebühren den Druck der Zeitung übernehmen sollte. Als dann am 1. September 1954 der Druck des wiedergegründeten 'Hamburger Fremdenblattes' aufgenommen wurde, erwies sich der Gründungsversuch bei bestehender starker Konkurrenz und fehlender Kapitaldecke bald als Fehlschlag [83]. Da die erhoffte Kostendeckung aus den Annonceneingängen ausblieb, versuchten die beiden Gesellschafter durch fiktive Anzeigen der Öffentlichkeit ein blühendes Annoncengeschäft vorzutäuschen, was dem Unternehmen eine einstweilige Verfügung des Landgerichts Hamburg eintrug [84]. Schließlich wurden Verhandlungen mit Axel Springer aufgenommen, da auch die Verlagsgesellschaft keine Kapitalgeber fand und erklärte, daß sie zum

---

80) Hans Dieter Müller: Der Springer-Konzern. Eine kritische Studie, München 1968, S. 67, 129 f., 149 ff., 231.
81) Daselbst, S. 67.
82) Vgl. auch 'Platow-Dienst' (Hamburg) vom 17. Dez. 1953.
83) Hans Dieter Müller, a.a.O., S. 67; Harry Pross (Hrsg.): Deutsche Presse seit 1945 (Aufsatz von Günther Gillessen: Die Tageszeitung), Bern–München–Wien 1965, S. 124; vgl. auch den Zwischenbericht 'Platow-Dienst' (Hamburg) vom 25. Sept. 1954; vgl. die Auflagenhöhe des 'Hamburger Abendblatt', in: Die Deutsche Presse 1954, (Hrsg.): 'Institut für Publizistik an der Freien Universität Berlin', Berlin 1954.
84) 'Der Spiegel' (Hamburg) vom 10.Nov. 1954; vgl. auch die den Erfolg vortäuschende Eigenanzeige der Zeitung vom 1. Okt. 1954.

31. Oktober 1954 das Erscheinen der Zeitung einstellen und einen Vergleich anstreben wolle [85]. Laut abgeschlossenem Vertrag mit Springer verzichtete der Broschek-Verlag künftig auf die weitere Herausgabe des Fremdenblattes und jeder anderen Zeitung, der alte Titel sollte Untertitel einer der Springerschen Abonnementszeitungen werden. Am 24. Dezember 1954 erschien das 'Hamburger Abendblatt' erstmals mit dem Untertitel 'Hamburger Fremdenblatt', welcher seitdem beibehalten wurde [86]. Als Abgesang für das Fremdenblatt könnte der Nachruf des ehemaligen Redakteurs beim 'Hamburger Fremdenblatt', Ernst Geigenmüller, vom selben Tage im 'Hamburger Abendblatt' angesehen werden; das 'Hamburger Abendblatt' werde weiter seine eigenen Wege gehen, es sei ein Kind der Neuzeit, der Untertitel im Kopf der Zeitung möge wie eine Plakette zur Erinnerung an Hamburgs Zeitungsgeschichte gelesen werden. [87]

---

[85] 'Hamburger Echo' (Hamburg, SPD) vom 6. Nov. 1954; vgl. auch 'Hamburger Volkszeitung' (Hamburg, KPD) vom 8. Nov. 1954.

[86] Institut für Publizistik der Freien Universität Berlin (Hrsg.): Die Deutsche Presse 1961. Zeitungen und Zeitschriften, Berlin 1961; vgl. 'Der Spiegel', a.a.O.; vgl. Hans Dieter Müller, a.a.O., S. 67; 'Die Welt' vom 1. Nov. 1954, hier wird die Abmachung als "freundschaftliche Verständigung" bezeichnet; 'Die Welt' vom 13. Nov. 1954; vgl. dazu das Urteil einiger Presseorgane über den gescheiterten Neugründungsversuch, u.a.: 'Hamburger Echo' (Hamburg, SPD) vom 1. Nov. 1954, 'Hamburger Volkszeitung' (Hamburg, KPD) vom 1. Nov. 1954, 'Cellesche Zeitung' (Celle) vom 1. Nov. 1954, 'Frankfurter Allgemeine (Zeitung)' (Frankfurt a.M.) vom 3. Nov. 1954, 'Deutsche Zeitung und Wirtschaftszeitung' (Stuttgart) vom 6. Nov. 1954, 'Sonntagsblatt' (Hamburg) vom 7. Nov. 1954.

[87] Aus Hamburgs Zeitungsgeschichte. Erinnerungen an das Hamburger Fremdenblatt, in: 'Hamburger Abendblatt' (Hamburg), Jg. 7/Nr. 299 (24. Dez. 1954), S. 9; vgl. zu Geigenmüllers Artikel auch die Stellungnahme des 'Hamburger Echo' (Hamburg, SPD) vom 27. Dez. 1954: Unsentimentaler Grabgesang.

Jürgen Kahl:
NATIONAL—ZEITUNG (1848 — 1938)

In der Jubiläumsnummer vom 1. April 1873 heißt es im Rückblick auf die Anfänge der Zeitung: "Einige deutsch und frei gesinnte Männer, die sich in den Märztagen des Jahres 1848 schnell vereinigten, um der preußischen Hauptstadt, die kaum mehr als drei oder vier Zeitungen besaß, eine neue zu geben, bezeichneten schon mit dem Namen, den sie für sie wählten, ihre Aufgabe: sie sollte eine Zeitung werden im Dienste der Einigung Deutschlands". [1]

Als die 'National-Zeitung' am 22. März 1848 in Berlin ihr Erscheinen ankündigte [2], hatte die liberale und nationale bürgerliche Bewegung nach einer kurzen revolutionären Episode ihre Märzforderungen, erstmals in der Mannheimer Adresse vom 27. Februar 1848 formuliert, gegen die deutschen Fürsten bereits durchgesetzt. Nach der Aufhebung der Zensur in Preußen und dem Versprechen, eine konstitutionelle Verfassung zu gewähren, bekannte sich Friedrich Wilhelm IV. am 21. März in seiner Proklamation 'An mein Volk und an die deutsche Nation' zu dem "deutschen Beruf" Preußens und verbündete sich, wenigstens rhetorisch, mit jenen bürgerlich-liberalen Gruppen des Nordens und Südwestens, die etwa seit 1830 ein innenpolitisch liberalisiertes Preußen zum Protagonisten der nationalen Einheitsbewegung machen wollten.

Mit der Verkündung der Pressefreiheit wurden die Zeitungen, die sich unter dem Dirigismus der Zensurbehörden im wesentlichen auf die Verbreitung kontrollierter Nachrichten und offiziöser Verlautbarungen hatten beschränken müssen, zu Trägern des politischen Meinungskampfes. Typisch für eine Reihe der zahlreichen Neugründungen, die dem schwach entwickelten Berliner Pressewesen eine "üppige Treibhausblüte" bescherten [3], war die Verbindung mit den ersten politischen Parteibildungen, "die sich, ehe sie noch selbst als Organisationen geschlossen waren, ihre Zeitungen schufen". [4]

Als ein frühes Beispiel für den neuen Typ einer parteibezogenen Presse entstand die 'National-Zeitung', die sich bereits mit ihrem Gründungsaufruf vom 22. März unter das Programm einer politisch engagierten Gruppe stellte. [5] Die zwölf Un-

---

1) Fünfundzwanzig Jahre, in: 'National-Zeitung' (Berlin), 26. Jg. /Nr. 153, 1. April 1873, S. 1.
2) Ernst Gerhard Friehe: Die Geschichte der Berliner 'National-Zeitung' in den Jahren 1848 bis 1878, phil. Diss. Leipzig 1933, S. 4 f.; Emil Dovifat: Berlin, in: Walther Heide (Hrsg.): Handbuch der Zeitungswissenschaft, Bd. 1, Leipzig 1940, Sp. 475.
3) Emil Dovifat, a.a.O., Sp. 474.
4) Emil Dovifat, a.a.O., Sp. 475; zur Definition und zur Entwicklung der Parteipresse vgl. vor allem Kurt Koszyk: Deutsche Presse im 19. Jahrhundert, Berlin 1966, S. 127 ff.
5) Vgl. die Textauszüge aus der "Ankündigung" bei Ernst G. Friehe, a.a.O., S. 4 f.

terzeichner der "Ankündigung", die sich als 'Komitee für die Redaktion der National-Zeitung' konstituiert hatten und zugleich die erste Verlegergemeinschaft bildeten [6], waren bekannte Persönlichkeiten aus dem öffentlichen Leben Berlins, Kommunalpolitiker, höhere Beamte und Schriftsteller zumeist gemäßigt liberaler Richtung. Zu ihnen gehörten u.a. der Stadtrat und spätere Abgeordnete der Deutschen Fortschrittspartei Heinrich Runge, der Pädagoge Friedrich A.W. Diesterweg, ferner der Privatdozent Karl Nauwerck, der in der Frankfurter Nationalversammlung zur demokratischen Linken um Robert Blum abschwenkte, und der Literat David Kalisch, einer der Mitbegründer des satirischen Wochenblattes 'Kladderadatsch'. [7]

Die politischen Leitlinien und Zielsetzungen, die das Redaktionskomitee im Gründungsaufruf grob skizziert hatte, erhielten in dem programmatischen Leitartikel der Probenummer vom 1. April eine vertiefende und ergänzende Fassung. Darin heißt es u.a. [8]:

> "Wir wollen den Fortschritt in jeder Beziehung, keinen Stillstand, keinen Rückschritt; wir wollen dies vom nationalen Standpunkt... Deutsche wollen wir sein im edelsten und reinsten Sinne. Unser Standpunkt ist durch den Ort unseres Erscheinens bestimmt. Die Errungenschaft Preußens ist die größte und schönste Mitgift, welche dem gemeinsamen Vaterlande, dem ganzen und freien Deutschland gebracht werden kann. Vereint mit allen Deutschen werden wir den Fluß der Bewegung fördern, indem wir feste Ziele im Auge haben. Vor allem aber glauben wir, daß man die deutsche Entwicklung nach dem Leben anpassen muß, nicht nach Systemen den äußeren Zuschnitt machen oder ändern. Um dies aber zu können, muß man den Strom der Bewegung, wie es sich von selbst versteht, nach Überzeugung und Einsicht folgen. Wir fürchten keine Konsequenz der Bewegung, solange die Macht der Vernunft sie beherrscht... Wir haben bereits wiederholt ausgesprochen, daß sich ... kein Staat grundfest darstellen läßt, außer mit den Mitteln und unter den Bedingungen irgendeines Zeitalters, außer gebunden an die Verhältnisse irgendeiner unmittelbaren Gegenwart. Diese verlangt für Deutschland, wie sich die öffentliche Meinung darüber ausgesprochen hat, die konstitutionelle Monarchie, gegründet auf die weitesten demokratischen Institutionen... Was unser Volk seit Jahrhunderten erstrebt hat, und in dessen Genuß es durch die nächste Zukunft gelangen wird, ist Preßfreiheit, ohne jede Präventivmaßregel, gebunden in ihren Überschreitungen an das Urteil von Geschworenengerichten, diese selbst ferner in Anwendung gebracht auf unser gesamtes Prozeßverfahren, Gesetzbücher aus dem Bedürfnis der Gegenwart entsprungen, Besteuerung des Volkes nach Recht und Billigkeit, Reorganisation unserer Militäreinrichtungen... Die materielle Not, die in ihrem Übermaß doppelt gefährlich ist bei gesteigertem Selbstgefühl, auszugleichen, um das Fundament der geistigen und damit wahrhaften Freiheit des Volkes zu gründen, kann nach unserer Überzeugung keinen anderen Ausweg finden, als den, welcher zum freien Völkerverkehr in Arbeit und Handel führt...".

Mit diesem Programm war eine Richtung eingeschlagen, die auf der Grundlage der eingangs skizzierten Märzerrungenschaften die nationale Einheit unter preußischer

---

6) Ernst G. Friehe, a.a.O., S. 197.

7) Vgl. die biographischen Notizen zu den Gründungsmitgliedern bei Ernst G. Friehe, a.a.O., S. 197 f.

8) Was wir wollen, in: 'National-Zeitung' (Berlin), 1. Jg., Probenummer vom 1. April 1848, S. 1.

Führung und eine konstitutionelle Verfassung auf dem Wege der Reform und der Vereinbarung zwischen Fürsten und Volk verwirklicht sehen wollte. 9) Sie veranlaßte das Blatt zur Unterstützung der liberalen Ministerien Camphausen und Auerswald 10) und führte es auf die Seite des linken Zentrums in der preußischen und in der Frankfurter Nationalversammlung. 11)

Im Unterschied zu der Masse der zumeist kurzlebigen politischen Periodika der Revolutionszeit konnte sich die 'National-Zeitung' halten, da sie finanziell solide fundiert war und außerdem über befähigte Mitarbeiter verfügte. Getragen wurde das Unternehmen von einer Aktiengesellschaft mit einem Grundkapital von 10 000 Talern. 12) Zum "Verwaltungsrat der National-Zeitungs A.G.", der sich im allgemeinen aus den Mitgliedern des Gründungskomitees zusammensetzte, gehörte auch der Berliner Verlagsbuchhändler und spätere Mitbegründer des Deutschen Nationalvereins und der Deutschen Fortschrittspartei, Franz Duncker. 13) Die wöchentlichen Zusammenkünfte des im April 1848 gegründeten 'National-Zeitungs-Clubs' gaben den Aktionären Gelegenheit, ihren Einfluß auf Gestaltung, Inhalt und Tendenz des Blattes geltend zu machen. 14)

Der Erfolg der 'National-Zeitung', die seit dem 11. Juni 1849 als erstes hauptstädtisches Blatt täglich zwei Ausgaben herausbrachte 15) und 1850 mit 10 000 Abonnenten zu den auflagenstärksten Zeitungen Berlins gehörte 16), war weitgehend das Verdienst der talentierten kaufmännischen und redaktionellen Leitung unter Bernhard Wolff und Friedrich Zabel: B. Wolff, der sich im vormärzlichen Berlin

---

9) Nach der Darstellung von P. de Mendelssohn erfolgte die Gründung der 'National-Zeitung' mit der Absicht, der radikal-demokratischen 'Berliner Zeitungs-Halle' ein Organ der gemäßigten Liberalen gegenüberzustellen, vgl. Peter de Mendelssohn: Zeitungsstadt Berlin. Menschen und Mächte in der Geschichte der deutschen Presse, Berlin 1960, S. 50.

10) Zu den offiziösen, vom preußischen Minister D. Hansemann inspirierten Leitartikeln Rudolf Hayms in der 'National-Zeitung' vgl. Hans Rosenberg: Rudolf Haym und die Anfänge des klassischen Liberalismus, in: 'Historische Zeitschrift', Beiheft 31 (1933), S. 118 ff.

11) Ernst G. Friehe, a.a.O., S. 46 f.; Emil Dovifat, a.a.O., Sp. 475.

12) Vgl. Ludwig Salomon: Geschichte des deutschen Zeitungswesens von den ersten Anfängen bis zur Wiederaufrichtung des Deutschen Reiches, Bd. 3, Oldenburg – Leipzig 1906, S. 554.

13) Ernst G. Friehe, a.a.O., S. 16 f. u. S. 100.

14) Ernst G. Friehe, a.a.O., S. 15 f; Emil Dovifat, a.a.O., Sp. 475. (Dovifat weist besonders auf die parteipolitische Funktion des 'National-Zeitungs-Clubs' hin, in dem er "einen der Anfänge der späteren Fortschrittspartei" sieht; eine direkte Verbindung dieser Art dürfte jedoch kaum nachzuweisen sein, da sich der 'National-Zeitungs-Club' bereits in der Mitte der 50er Jahre wieder auflöste, nachdem die Zeitung in den Alleinbesitz Bernhard Wolffs übergegangen war; vgl. E.G. Friehe, a.a.O., S. 16).

15) Ernst G. Friehe, a.a.O., S. 20 f.

16) Vgl. Hans-Friedrich Meyer: Zeitungspreise in Deutschland im 19. Jahrhundert und ihre gesellschaftliche Bedeutung, Münster 1969, S. 539; Kurt Koszyk, a.a.O., S. 112.

mit der Herausgabe einer wirtschaftspolitischen Zeitschrift versucht hatte, gehörte zu den Mitbegründern der 'National-Zeitung' und wurde als Geschäftsführer des Unternehmens angestellt. 1849 gründete er das erste telegraphische Nachrichtenbüro, dessen Gewinne ihn schon ein Jahr später in die Lage versetzten, die 'National-Zeitung' zu kaufen. [17] Über seine Bekanntschaft mit B. Wolff hatte sich auch F. Zabel, ehemals Berliner Korrespondent der 'Kölnischen Zeitung', dem Redaktionskomitee angeschlossen und trat noch im Gründungsjahr die Nachfolge des ersten Chefredakteurs Adolf F. Rutenberg [18] an. Ohne selbst ein sonderlich begabter Leitartikler zu sein, verstand er es, den politischen Kurs der 'National-Zeitung' flexibel zu halten und ihre Unabhängigkeit auch nach dem Anschluß an die Deutsche Fortschrittspartei bzw. später an die Nationalliberale Partei zu wahren. [19]

Die im Herbst 1848 einsetzende Gegenrevolution der monarchisch-konservativen Kräfte in Wien und Berlin bereitete dem euphorischen Gründungsoptimismus in den Spalten der 'National-Zeitung' ein ernüchterndes Ende. Mit der sich immer deutlicher abzeichnenden Niederlage der nationalen und liberalen Bewegung gewann das nach seinem Programm auf Vermittlung und Ausgleich der Gegensätze abgestimmte Blatt zunehmend an oppositioneller Schärfe, deren polemische Spitze sich vornehmlich gegen Österreich richtete. [20] Der reaktionäre Umschwung in Preußen und im Zusammenhang damit die Absage Friedrich Wilhelms IV. an das nationalpolitische Konzept der Erbkaiserpartei leiteten für die 'National-Zeitung' eine Phase existenzbedrohender Verunsicherung ein, die aus dem erneut augenscheinlichen Widerspruch zwischen den idealisierten "preußischen Traditionen" und der tatsächlichen preußischen Politik resultierte.

Als das Blatt nach einem vorübergehenden Verbot während des Belagerungszustandes in Berlin [21] Anfang Dezember 1848 sein Erscheinen wieder aufnehmen konnte, rückte es zunächst in die Nähe der linksliberalen 'Urwähler-Zeitung'. Unter Berufung auf das Prinzip der Volkssouveränität bestritten beide Blätter der Regierung das Recht zur Oktroyierung einer Verfassung und forderten nach der Auflösung des preußischen Abgeordnetenhauses im April 1849 zum Wahlboykott auf. [22] Im Gegensatz zur 'Urwähler-Zeitung', die bis zu ihrem endgültigen Verbot im März 1853 auf dem Kollisionskurs beharrte, begann sich der aggressiv polemische Ton der 'National-Zeitung' bereits mit dem Beginn der 50er Jahre wieder zu mildern. [23]

---

17) Zu B. Wolff vgl. Ernst G. Friehe, a.a.O., S. 198 ff.
18) Zu A. F. Rutenberg vgl. Ernst G. Friehe, a.a.O., S. 198.
19) Zu F. Zabel vgl. Ludwig Salomon, a.a.O., S. 555 f. u. Ernst G. Friehe, a.a.O., S. 200 ff.
20) Vgl. Ernst G. Friehe, a.a.O., S. 48 ff.
21) Vgl. Peter de Mendelssohn, a.a.O., S. 52.
22) Ernst G. Friehe, a.a.O., S. 54 ff.
23) Zur Geschichte der 'National-Zeitung' in den Jahren 1848 bis 1858 vgl. vor allem Karl August Varnhagen von Ense: Tagebücher. Aus dem Nachlaß Varnhagens von Ense, Bd. 5-6, Leipzig 1862, Bd. 7-8, Zürich 1865, Bd. 9-14, Hamburg 1868–1870.

Unter dem Druck der repressiven Pressepolitik, die auf dem Wege der Strafverfolgung und mit administrativen Maßnahmen die Existenz der Zeitung bedrohte, vollzog sie eine Schwenkung, die innenpolitisch zu resignierender Anpassung, außenpolitisch zur Unterstützung der preußischen Regierung während der Orientkrise führte. 24)

Die chronische Gefährdung der 'National-Zeitung' durch behördliche Verfolgungsmaßnahmen und später der von dem politischen Kurswechsel verursachte Abonnentenverlust 25) hatten zur Folge, daß der Aktienkurs auf 1/3 des Nennwertes sank. 26) Diese für das Zeitungsunternehmen bedrohliche Entwicklung veranlaßte den durch den Erfolg seines Nachrichtenbüros kapitalkräftigen Geschäftsführer B. Wolff, sämtliche Aktienanteile zu erwerben und die Zeitung in seinen Besitz zu übernehmen. 27)

Wenn es in den folgenden Jahren gelang, die rückläufige Tendenz der Abonnentenziffern aufzufangen, so lag das nicht zuletzt daran, daß die 'National-Zeitung' über einen qualifizierten Mitarbeiterstab verfügte, dem sie einen nicht geringen Teil ihres Rufes verdankte. Londoner Korrespondent des anglophilen Blattes war in den Jahren 1850 bis 1861 der nach England emigrierte "Achtundvierziger" Lothar Bucher, ein vielseitig begabter Journalist, der nach seiner Rückkehr aus der Emigration von Bismarck 1864 in das Auswärtige Amt berufen und zum wichtigsten publizistischen Berater des preußischen Ministerpräsidenten wurde. Für die 'National-Zeitung' kommentierte er in seinen regelmäßigen Beiträgen nicht nur mit Sachverstand und kritischem Scharfsinn die politischen Verhältnisse in England 28), sondern lieferte daneben für das Feuilleton ein geistreiches und originelles Kompendium zum britischen Kultur- und Gesellschaftsleben. 29) Als Bucher aufgrund seiner politischen Erfahrungen den legendären Charakter der damals in Deutschland weithin orthodox geltenden Vorstellungen vom englischen Regierungssystem aufzudecken und

---

24) Zur Politik der 'National-Zeitung' während des Krimkrieges vgl. Karl A. Varnhagen von Ense, a.a.O., Bd. 11, S. 218 ff; Ernst G. Friehe, a.a.O., S. 67 f.

25) Im Vergleich zu 1850 hatte sich die Zahl der Abonnenten im Jahre 1852 um die Hälfte auf 5000 verringert (vgl. Hans-Friedrich Meyer, a.a.O., S. 539).

26) Vgl. Achajus (d.i. Hermann Trescher): Der Wert der Berliner politischen Presse, Berlin 1889, S. 46.

27) Nach Ernst G. Friehe (a.a.O., S. 199) und Kurt Koszyk (a.a.O., S. 152) begann B. Wolff im Jahre 1850 mit dem Erwerb der Aktienanteile; abgeschlossen war der Kauf nach den unpräzisen Angaben in der Literatur erst "Mitte der fünfziger Jahre": vgl. Gustav Dahms (Hrsg.): Das literarische Berlin. Illustriertes Handbuch der Presse in der Reichshauptstadt, Berlin 1895, S. 37, und Ernst G. Friehe, a.a.O., S. 17 u. 198;

28) Vgl. Heinrich von Poschinger: Ein Achtundvierziger. Lothar Buchers Leben und Werke, 3 Bde., Berlin 1890—1894, passim; vgl. auch Bernhard Dammermann: Lothar Bucher in England, vor allem nach seinen Berichten an die Berliner 'National-Zeitung' von 1850—1861, phil. Diss. Göttingen 1923.

29) Vgl. Walter Lotze: Das Feuilleton der 'National-Zeitung' von 1848 bis 1910, phil. Diss. Leipzig 1933, im Auszug Würzburg 1934, S. 8.

zu korrigieren begann, kam es zu wachsenden Spannungen zwischen ihm und der Berliner Redaktion, die den Anlaß zu seinem Ausscheiden gaben. 30) Auf wirtschaftlichem Gebiet besaß die 'National-Zeitung' einen nicht minder befähigten Mitarbeiter in dem Freihändler Otto Michaelis, dem Bismarck 1876 die Leitung der Finanzabteilung im Reichskanzleramt übertrug. 31) Als Wirtschaftsredakteur der 'National-Zeitung' erweiterte er das Blatt um einen modernen Handelsteil, der als 'Berliner Börsenhalle' seit dem 15. Mai 1856 in jeder Abendausgabe erschien und "zu den führenden der Berliner Presse zählte". 32)

Als im Herbst 1858 der preußische Prinz Wilhelm endgültig die Regentschaft für seinen erkrankten Bruder übernommen und ein gemäßigt liberales Ministerium berufen hatte, wertete man das im bürgerlichen Lager vorschnell als den Beginn einer 'Neuen Ära'. Die hochgespannten Erwartungen, mit denen sich die liberale und nationale Bewegung auf das vielbeachtete Wort des Prinzregenten von den "moralischen Eroberungen", die es für Preußen in Deutschland zu machen gelte, neu formierte, fanden in der 'National-Zeitung' ein lebhaftes Echo. 33) Das Blatt, das bereits in seinem Programm von 1848 den "nationalen Standpunkt" zum leitenden politischen Prinzip erhoben hatte, konnte mit der Aussicht auf nachhaltige Resonanz wieder an das Gründungskonzept anknüpfen, als im Zusammenhang mit dem italienischen Krieg im Sommer 1859 die deutsche Frage an Aktualität gewann. Mit einer militant antihabsburgischen Tendenz machte es sich nicht nur zum Sprachrohr derer, die aus der Zwangslage Österreichs eine deutsche Politik Preußens aktivieren wollten 34), sondern nutzte darüber hinaus die populären Rückwirkungen des italienischen Unabhängigkeitskampfes auf die deutsche Öffentlichkeit, um zu einer breiten nationalen Sammlungsbewegung aufzurufen. 35)

Die Gründung des Deutschen Nationalvereins im Herbst 1859 bestärkte die 'National-Zeitung' in ihrem preußisch-kleindeutschen Kurs und verschaffte ihr zum ersten Mal Rückhalt durch eine fester gefügte politische Organisation. Das Eisenacher Programm der von Liberalen und gemäßigten Demokraten getragenen Vereinigung entsprach in seinen Grundsätzen dem des Blattes von 1848, und zu seinen Unterzeichnern gehörten Franz Duncker, ehemals Mitglied des Verwaltungsrates der 'Natio-

---

30) Vgl. Heinrich von Poschinger, a.a.O., Bd. 2, S. 30 u. S. 301.
31) Vgl. Ernst G. Friehe, a.a.O., S. 210 f.
32) Ernst G. Friehe, a.a.O., S. 74 f; zu den gelegentlichen Beiträgen von Eduard Lasker, Ludwig Bamberger und Heinrich B. Oppenheim vgl. Ernst G. Friehe, a.a.O., S. 209 u. 211 f.
33) Zur Politik der 'National-Zeitung' in der 'Neuen Ära' vgl. Ernst G. Friehe, a.a.O., S. 100 ff. und Kurt Koszyk, a.a.O., S. 151.
34) Vgl. Ernst G. Friehe, a.a.O., S. 117 ff.
35) Zur Propagierung des nationalen Gedankens trug wesentlich auch das Feuilleton der Zeitung bei, das vor allem anläßlich der Feiern zum 100. Geburtstag Friedrich Schillers eine aktuell-politische Funktion erfüllte; vgl. Ernst G. Friehe, a.a.O., S. 100 f. und Walter Lotze, a.a.O., S. 7 f. u. 9.

nal-Zeitung', sowie ihr Chefredakteur Friedrich Zabel. [36] Das parteipolitische Engagement dieser beiden Männer war erneut bestimmend, als die Zeitung zwei Jahre später den Anschluß an die im Juni 1861 gegründete und als "Exekutive des Nationalvereins in Preußen" begrüßte Deutsche Fortschrittspartei vollzog. [37] Ohne sich als offiziöses Organ der Partei zu verstehen, veröffentlichte und unterstützte sie — mit 8300 Abonnenten mittlerweile wieder eines der auflagenstärksten Blätter Berlins [38] — den Wahlaufruf vom 9. Juni 1861 und sah mit zuversichtlichem Optimismus in dem überraschenden Wahlsieg der jungen Partei im Dezember des gleichen Jahres die Durchsetzung der verzögerten innerpreußischen und nationalen Reformpolitik garantiert. [39]

Solange das Konzept der Fortschrittspartei, das die konsequente Verwirklichung des verfassungsmäßigen Rechtsstaates als Voraussetzung für die nationalpolitische Führungsrolle Preußens forderte, noch nicht an den realen Machtverhältnissen gescheitert war, bezog die 'National-Zeitung' im preußischen Verfassungskonflikt entschiedene Oppositionsstellung zum neuberufenen Ministerium Bismarck. [40] Erst im Zusammenhang mit der schleswig-holsteinischen Krise seit dem November 1863, in deren Verlauf heftige Kontroversen um den Vorrang nationaler oder verfassungspolitischer Interessen den Zusammenhalt der Fortschrittspartei gefährdeten, distanzierte sich die Redaktion allmählich von dem doktrinär liberalen Kurs. Die in den Parlamentsdebatten sichtbar gewordenen Spannungen zwischen dem linken und dem rechten Parteiflügel fanden mit der sich zuspitzenden schleswig-holsteinischen Krise ihre Entsprechung in der zunehmenden politischen Divergenz und schließlich offenen Fehde zwischen der 'National-Zeitung' und der entschieden oppositionellen 'Berliner Volks-Zeitung', die als Nachfolgerin der 'Urwähler-Zeitung' seit 1853 im Verlag Franz Duncker erschien. [41]

Nachdem sich in den Kommentaren der 'National-Zeitung' zum dänischen Krieg und zur Frage der Friedensbedingungen bereits deutliche Züge eines militanten Nationalgefühls und machtpolitisch orientierten Denkens ausgeprägt hatten [42], war die bedingungslose Bekämpfung des Ministeriums Bismarck, das man einmal als Vollzugsorgan der Nationalbewegung akzeptiert hatte, erschwert. Die bis zum

---

[36] Vgl. Ernst G. Friehe, a.a.O., S. 100 u. Rudolf Schwab: Der deutsche Nationalverein. Seine Entstehung und sein Wirken, Berlin 1902, S. 8. F. Duncker u. F. Zabel waren auch Mitarbeiter in dem Berliner Preßkomitee des Nationalvereins, vgl. dazu Paul Herrmann: Die Entstehung des Deutschen Nationalvereins und die Gründung seiner Wochenschrift, phil. Diss. Berlin 1932, S. 154.

[37] Ernst G. Friehe, a.a.O., S. 103 f. u. S. 202.

[38] Vgl. Hans-Friedrich Meyer, a.a.O., S. 539 und Kurt Koszyk, a.a.O., S. 143.

[39] Ernst G. Friehe, a.a.O., S. 114 ff.

[40] Vgl. vor allem Heinrich August Winkler: Preußischer Liberalismus und deutscher Nationalstaat. Studien zur Geschichte der Deutschen Fortschrittspartei 1861—1866, in: 'Tübinger Studien zur Geschichte und Politik', Nr. 17, Tübingen 1964, passim.

[41] Vgl. Heinrich A. Winkler, a.a.O., S. 50 ff., S. 76 ff. u. S. 84 ff.

[42] Heinrich A. Winkler, a.a.O., S. 54 f.

Ausbruch des österreichischen Krieges noch zögernde Haltung des Blattes wurde mit dem preußischen Sieg von Königgrätz im Sinne der Bismarckschen Politik entschieden. [43] Die endgültige Absage an das Gründungsprogramm der Fortschrittspartei fand in der von nationalem Pathos diktierten Rückschau des Jahres 1873 eine für die politische Wandlung der Zeitung charakteristische Würdigung: "... in der verworrenen ersten Hälfte des Jahres 1866, dessen zweite so herrlich ward, wollte gar manchen Lesern unsere Haltung zu verwegen, anderen gar abtrünnig dünken; doch danken wir es heute der inneren Stimme, die uns leitete, danken es dem stützenden und stärkenden Beifall, der uns aufrecht hielt, daß wir in dem bedeutendsten Jahre, welches wir erlebt haben, in dem Jahre der großen Wendung der deutschen Geschicke den rechten Weg nicht verfehlten, auf den rechten Weg mit hinwiesen und ihn mit schlugen". [44]

Als die zitierte Jubiläumsnummer vom 1. April 1873 mit erfolgsbetontem Selbstbewußtsein das 25jährige Bestehen der Zeitung feierte, war durch die Reichsgründung der zentrale Leitgedanke ihres Programms realisiert. In enger Anlehnung an die Nationalliberale Partei, deren Bildung sie kräftig unterstützt hatte und mit der sie durch Chefredakteur Friedrich Zabel personell verbunden war [45], machten sich in der 'National-Zeitung' künftighin zunehmend konservierende Tendenzen geltend. Unter Verzicht auf die Verfolgung der ursprünglich mit dem nationalen Gedanken verknüpften verfassungspolitischen Forderungen beschränkte sich die Redaktion im wesentlichen auf wohlwollende Kommentare zur Bismarckschen Innen- und Außenpolitik. [46]

Mit der politischen Etablierung im Bismarckreich begann für das Zeitungsunternehmen gleichzeitig eine Periode wirtschaftlicher Stabilisierung sowie technischen und redaktionellen Ausbau. [47] Das Absatzgebiet der 'National-Zeitung', bislang hauptsächlich auf Preußen beschränkt, dehnte sich auf das Deutsche Reich, Österreich und seit 1876 auch auf Frankreich aus. [48] Den größten geschäftlichen Erfolg konnte das Unternehmen im Jahre 1874 buchen: Die traditionsreiche 'Spenersche

---

43) Ernst G. Friehe, a.a.O., S. 124 ff. u. Heinrich A. Winkler, a.a.O., S. 88 f.
44) Fünfundzwanzig Jahre, in: 'National-Zeitung' (Berlin), 26. Jg./ Nr. 153, 1. April 1873, S. 1; daß die Annäherung an die Bismarcksche Politik mit der vollen Zustimmung des Besitzers der 'National-Zeitung' Bernhard Wolff erfolgte, bezeugt der langjährige Feuilletonredakteur des Blattes, Karl Frenzel: Erinnerungen und Strömungen, in: ders., Gesammelte Werke, Bd. 1, Leipzig 1890, S. 77: "... die Möglichkeit, die sich ... den politischen Leitern der National-Zeitung bot, in dem Kriege gegen Österreich für die nationale Politik Bismarcks einzutreten, war lebhaft von ihm ergriffen worden".
45) Ernst G. Friehe, a.a.O., S. 164 ff. u. S. 167.
46) Ernst G. Friehe, a.a.O., S. 157 ff. u. S. 173 ff; zur Politik der 'National-Zeitung' in den ersten Jahren nach der Reichsgründung vgl. auch: Zur Charakteristik der National-Zeitung. Sechs Leitartikel der Staatsbürgerzeitung, Berlin 1876.
47) Ernst G. Friehe, a.a.O., S. 139 ff.
48) Ernst G. Friehe, a.a.O., S. 144.

Zeitung', seit 1872 in den Händen eines nationalliberalen Konsortiums, hatte infolge einer gewaltsamen Verjüngungskur weite Kreise ihrer Leserschaft verloren und konnte von Bernhard Wolff gekauft werden. [49] Die Verschmelzung des hauptstädtischen Konkurrenzblattes [50] mit der 'National-Zeitung' brachte dieser eine bedeutende Erhöhung ihrer Abonnentenzahl, die für 1875 mit 13 000 beziffert ist und in der Folgezeit kaum vergrößert werden konnte. [51]

Für die beiden Senioren des Unternehmens war die Fusion mit der 'Spenerschen Zeitung' der letzte große Erfolg: Friedrich Zabel, der seit dem Gründungsjahr als Chefredakteur den politischen Kurs des Blattes maßgeblich bestimmt hatte, schied zu Beginn des Jahres 1875, wenige Wochen vor seinem Tod, aus dem Amt. [52] Sein Nachfolger wurde der nationalliberale Reichstagsabgeordnete Friedrich Dernburg. [53] Vier Jahre später, im Mai 1879, starb auch der geschäftstüchtige Besitzer und Verleger der 'National-Zeitung' Bernhard Wolff. [54] Sein Neffe, Ferdinand Salomon [55], trat das Erbe zu einem Zeitpunkt an, da eine folgenschwere politische Niederlage der nationalliberalen Partei auch die Entwicklung ihres führenden Berliner Organs nachhaltig zu beeinträchtigen drohte.

Daß der Bruch Bismarcks mit den Nationalliberalen in den Jahren 1878/79 auch über das Schicksal der 'National-Zeitung' entschied, war die Folge des rückhaltlosen Engagements, mit dem das Blatt in den entscheidenden Fragen des Schutzzolls und der Sozialistengesetzgebung den Parteistandpunkt vertrat. [56] Der Verzicht auf unabhängige Urteilsbildung, die sich die Redaktion unter Friedrich Zabel Parteiinteressen gegenüber vorbehalten hatte, zeigte sich besonders deutlich an den wechselnden Stellungnahmen der Zeitung zum Sozialistengesetz. Entgegen der zunächst vehementen Opposition, aus der das Blatt im Mai 1878 ein Verbot der Sozialdemokratie als "Neubelebung konservativer Grundlagen" abgelehnt hatte [57], stimmte es wenige Monate später dem Ausnahmegesetz zu, nachdem die nationalliberale Reichstagsfraktion aus parteitaktischen Erwägungen auf die Linie der Regierung eingeschwenkt war. [58]

49) Vgl. Erich Widdecke: Geschichte der Haude- und Spenerschen Zeitung 1734–1874, Berlin 1925, S. 353 ff.

50) Vgl. Richard Jacobi: Geschichte und Bedeutung der nationalliberalen Presse, in: 'Nationalliberale Blätter' (Berlin), 26. Jg./ Nr. 19, 10. Mai 1914, S. 451: die Übernahme der 'Spenerschen Zeitung' durch ein nationalliberales Konsortium war erfolgt "zu dem ausgesprochenen Zweck . . ., den rechts von der National-Zeitung stehenden Parteigenossen eine publizistische Vertretung zu schaffen".

51) Vgl. Hans-Friedrich Meyer, a.a.O., S. 539.

52) Ernst G. Friehe, a.a.O., S. 202.

53) Ernst G. Friehe, a.a.O., S. 207 f.

54) Ernst G. Friehe, a.a.O., S. 215.

55) Vgl. Walter Lotze, a.a.O., S. 3.

56) Vgl. Ernst G. Friehe, a.a.O., S. 161 ff. u. 179 ff.

57) Ernst G. Friehe, a.a.O., S. 180.

58) Vgl. vor allem Friedrich Apitzsch: Die deutsche Tagespresse unter dem Einfluß des Sozialistengesetzes, Leipzig 1928, S. 119 ff.

Im Schlepptau der Partei geriet die 'National-Zeitung' in den Sog des Auflösungsprozesses, der den Liberalismus nach dem Verlust seiner parlamentarischen Schlüsselstellung im Reich und in Preußen zersplitterte. Die Widersprüchlichkeit der Tendenzen, die sich im politischen Teil des Blattes mischten, spiegelte die Richtungskämpfe unter den einzelnen liberalen Gruppen während der 80er Jahre und veranlaßte einen zeitgenössischen Kritiker zu der charakteristischen Feststellung, "daß kein Mensch wissen könne, ob die 'National-Zeitung' heute nationalliberal, fortschrittlich, sezessionistisch oder freisinnig sei". 59) Gleichzeitig hebt er aber auch den gut organisierten und weitverzweigten Korrespondenzendienst des Blattes hervor und betont, daß "das Feuilleton dem aller übrigen Zeitungen Berlins weitaus überlegen ist". 60)

Die beträchtlichen Stimmenverluste, die die Nationalliberale Partei in der Zeit von 1881 bis 1890 erlitt, mußten sich langfristig auch auf den Abonnentenstand der 'National-Zeitung' auswirken. Zwar erzielte Ferdinand Salomon eine vorübergehende Erhöhung der Auflagenziffer, als er im Februar 1883 die nationalliberale Berliner 'Tribüne' kaufte 61), aber auf die Dauer konnte auch diese Maßnahme die Rentabilität des Unternehmens nicht mehr gewährleisten. Diese Einsicht mag den Nachfolger B. Wolffs veranlaßt haben, sich von dem Blatt zu trennen, das im Jahre 1890 in den Besitz einer von führenden Nationalliberalen mit einem Grundkapital von 750 000 Mark gegründeten Aktiengesellschaft überging. 62) Im gleichen Jahr legte Friedrich Dernburg, der 1881 aus der nationalliberalen Reichstagsfraktion ausgeschieden war, sein Amt als Chefredakteur nieder. 63) An seiner Stelle übernahm Siegfried E. Köbner, "ehemaliger Leibjournalist des Herrn von Bennigsen beim 'Hannoverschen Kurier'" 64) und seit 1881 politischer Redakteur der 'National-Zeitung' 65), mit der Verantwortung für die Redaktion auch den Vorsitz im Aufsichtsrat der Aktiengesellschaft. 66)

Der Versuch nationalliberaler Finanziers, das Blatt am Leben zu erhalten, machte bald nach der Gründung der Aktiengesellschaft immer größere Aufwendungen

---

59) Achajus, a.a.O., S. 47.
60) Achajus, a.a.O., S. 48; Die Wertschätzung, der sich das Feuilleton der 'National-Zeitung' erfreute, war weitgehend das Verdienst Karl Frenzels: seit 1862 Mitglied des Redaktionsstabes, hatte er das Feuilleton nicht nur zu einem ständigen Bestandteil der Morgenausgabe ausgebaut und seinen Stoffkreis erweitert, sondern auch eine Reihe prominenter Mitarbeiter wie Julian Schmidt und Friedrich Spielhagen verpflichtet; vgl. dazu Karl Frenzel: Zur Erinnerung an die 25jährige Tätigkeit des Herrn Dr. Karl Frenzel in der Redaktion der 'National-Zeitung', Berlin 1886; Walter Lotze, a.a.O., S. 16 ff.
61) Vgl. Walter Lotze, a.a.O., S. 3.
62) Ernst G. Friehe, a.a.O., S. 215 mit den Namen der Gründungsmitglieder.
63) Ernst G. Friehe, a.a.O., S. 215;
64) Achajus, a.a.O., S. 47.
65) Vgl. Gustav Dahms, a.a.O., S. 36.
66) Ernst G. Friehe, a.a.O., S. 215.

nötig. Sie konnten auf lange Sicht keinen Erfolg haben, da es nicht gelang, die Abwanderung der Leserschaft aufzuhalten. Bereits 1897 mußte die Aktiengesellschaft zum ersten Mal saniert werden, und zwei Jahre später erfolgte die Zusammenlegung ihres Kapitals im Verhältnis von 3 : 1. [67] Obschon wirtschaftlich von der Parteiführung abhängig und ohne deren regelmäßige Zuschüsse nicht mehr lebensfähig, verfolgte die 'National-Zeitung' einen eigenwilligen und wenig orthodoxen Kurs: Seit den 90er Jahren zählte sie vor allem wirtschaftspolitisch zum linken Parteiflügel "und wurde von den Parteiführern des öfteren mit dem Bemerken abgeschüttelt, sie hätten auf ihre Politik und auch auf ihre langfristig angestellten Redakteure keinen Einfluß". [68]

Der allmähliche Verfall des Blattes wurde noch beschleunigt durch eine verschwenderisch wirtschaftende Geschäftsführung. Nachdem Siegfried E. Köbner im Jahre 1903 ausgeschieden war [69], bemühten sich seine rasch wechselnden Nachfolger vergeblich, mit kostspieligen Modernisierungsexperimenten die Zeitung gegenüber der erdrückenden Konkurrenz der markterobernden Pressekonzerne von Mosse, Scherl und Ullstein wettbewerbsfähig zu machen. [70] Während einfallsreiche Redakteure noch mit literarischen und politischen Preisausschreiben neue Leser anzuwerben hofften [71], kursierten bereits Gerüchte vom finanziellen Niedergang der 'National-Zeitung', die sich auch bald bestätigt fanden: Nachdem der Nominalwert der Aktien von 1 000 auf 25 Mark gesunken war, mußte 1905 eine zweite Sanierung erfolgen. [72] Sie erwies sich als ebenso wirkungslos wie die letzte, die im Frühjahr 1908 mittels eines von der Nationalliberalen Partei offiziell gegründeten Sanierungsausschusses unternommen wurde [73], bzw. wie die zur gleichen Zeit vollzogene Fusion mit der Berliner Zeitung 'Die Post'. [74]

Die Erfolglosigkeit der wiederholten Stützungsmaßnahmen hatte gezeigt, daß sich die 'National-Zeitung' in ihrer alten Form gegenüber der modernen und finanzstarken Tagespresse Berlins nicht länger behaupten konnte. Diese Einsicht und das erlahmende Interesse der nationalliberalen Aktionäre machte sich der aus Wien stammende Verleger und Journalist Viktor Hahn [75] zunutze, als er im Sommer

---

67) Walter Lotze, a.a.O., S. 3.
68) Thomas Nipperdey: Die Organisation der deutschen Parteien vor 1918, Düsseldorf 1961, S. 151, Anm. 1, mit Quellen- und Literaturangaben.
69) Walter Lotze, a.a.O., S. 3.
70) Walter Lotze, a.a.O., S. 3.f.
71) Walter Lotze, a.a.O., S. 4.
72) Ernst G. Friehe, a.a.O., S. 215 und Kurt Koszyk, a.a.O., S. 152.
73) Vorsitzender des Sanierungsausschusses war das Vorstandsmitglied der nationalliberalen Reichstagsfraktion, Prinz Heinrich zu Schönaich-Carolath; vgl. Ludwig Maenner: Prinz Heinrich zu Schönaich-Carolath. Ein parlamentarisches Leben der wilhelminischen Zeit (1852–1920), Stuttgart — Berlin 1931, S. 113 f.
74) Ernst G. Friehe, a.a.O., S. 216.
75) Vgl. Peter de Mendelssohn, a.a.O., S. 268.

1910 durch eine geschickte verlegerische Initiative wider Erwarten den Fortbestand des Blattes sicherte: Am 30. Juni überraschte die 'National-Zeitung' ihre Leser mit der Ankündigung, daß sie vom folgenden Tage an nicht mehr morgens, sondern "um 8 Uhr abends als Berliner Abendzeitung großen Stils" [76] erscheinen werde. Getragen wurde die redaktionelle Umgestaltung von der 'Berliner Zeitungsverlag G.m.b.H.', die unter ihrem Geschäftsführer V. Hahn das Blatt erworben hatte. [77] Wenngleich die 'National-Zeitung' mit dem Besitzwechsel ihren Charakter als Parteiorgan verlor, so waren die neuen Verleger doch darauf bedacht, sowohl in der politischen Tendenz als auch im äußeren Erscheinungsbild den Zusammenhang mit der Tradition des Blattes zu wahren. [78] Zwar wurde es noch vor dem ersten Weltkrieg in '8 Uhr-Abendblatt' umbenannt [79], der Gründungsname blieb aber auch weiterhin als Untertitel erhalten. [80]

Als erstes Spätabendblatt der Reichshauptstadt erlebte die 'National-Zeitung' noch eine kurze Nachblüte. Die ausgefallene Erscheinungszeit wurde ihr besonders während des Krieges zum Vorteil, da sie den österreichischen Heeresbericht noch am Abend seiner Ausgabe veröffentlichen konnte und damit die Morgenzeitungen regelmäßig um ihre Sensationsmeldungen brachte. [81] Erst die Konkurrenz der von Hugenberg im Jahre 1922 gegründeten 'Nachtausgabe' verdrängte sie allmählich von ihrem Platz. [82] Die Wirtschaftskrise der ausgehenden zwanziger Jahre

---

76) 'National-Zeitung' (Berlin), 63. Jg./Nr. 300, 30. Juni 1910, S. 1, Sp. 1.
77) Vgl. Ernst G. Friehe, a.a.O., S. 216.
78) Vgl. das Redaktionsprogramm in: 'National-Zeitung', a.a.O., S. 1.
79) Vgl. Ernst G. Friehe, a.a.O., S. 216 und Walter Lotze, a.a.O., S. 5; mit Ausnahme von Friehe und Lotze werden in der Literatur zur 'NZ' als Daten für die Änderung des Haupttitels fälschlich entweder der 1. Juli 1910 (Peter de Mendelssohn, a.a.O., S. 161 und Kurt Koszyk, a.a.O., S. 152) oder die Jahre 1915 oder 1916 (Emil Dovifat, a.a.O., Sp. 489 u. Dahlmann-Waitz, 10. Aufl., Bd. 1, Abschn. 36) angegeben. Die Sichtung der entsprechenden Jahrgänge der 'NZ' im 'Institut für Zeitungsforschung' (Dortmund) ergab, daß nur (!) die Ausgabe vom 1. Juli 1910 über dem Haupttitel 'National-Zeitung' zusätzlich den Aufdruck '8 Uhr-Abendblatt' trug. In den folgenden Nummern (vom 2.7. bis Ende 1910) fiel diese Zusatzbezeichnung jedoch wieder weg. Ab 1910 ist die Zeitung in Dortmund nicht mehr in kompletter Folge vorhanden; aus den Einzelnummern geht lediglich hervor, daß die Änderung des Haupttitels irgendwann zwischen 1910 und 1914 vorgenommen wurde. Insofern sind die Angaben von Friehe u. Lotze zuverlässig (d. Verf.).
80) Vgl. Ernst H. Friehe, a.a.O., S. 216; da außerdem auch die Jahrgangszählung der 'NZ' fortgeführt wurde, erscheint es dem Verf. gerechtfertigt, die Erscheinungsdauer des '8 Uhr-Abendblattes' der Geschichte der 'NZ' zuzurechnen. Der 1. Juli 1910, mit dem P. de Mendelssohn (a.a.O., S. 161) und K. Koszyk (a.a.O., S. 152) die Geschichte der 'NZ' enden lassen, setzt eine deutliche Zäsur nur insofern, als die Zeitung seitdem nicht mehr zur Parteipresse gezählt werden kann.
81) Vgl. Peter de Mendelssohn, a.a.O., S. 269.
82) Peter de Mendelssohn, a.a.O., S. 269 f.

veranlaßte Viktor Hahn schließlich, das '8 Uhr-Abendblatt' an den Verlag Mosse zu verkaufen [83], in dem es noch bis zum 30. September 1938 erschien. [84]

Es entbehrt nicht der Ironie, daß die 'National-Zeitung' am 22. März 1948, also genau hundert Jahre nach Erscheinen ihrer Gründungsnummer und wenige Jahre nach dem Zusammenbruch des Deutschen Reiches, eine Neuauflage erlebte. [85] Zwei Tage nach dem Verlassen des Alliierten Kontrollrats durch die Sowjets wurde in Ostberlin eine neue 'National-Zeitung' gegründet, die nach ihrer Form und im Tenor an das Blatt aus dem Revolutionsjahr anknüpfte. Das Blatt wurde, wie E.M. Herrmann betont, "eigens geschaffen, um ehemalige Mitglieder der NSDAP und frühere Berufssoldaten wieder zur aktiven Mitarbeit heranzuziehen" [86]. Bereits in der ersten Nummer der 'National-Zeitung' vom 22. März 1948 befand sich mit dem Beitrag "Wer fürchtet den kleinen Pg.?" eine Rechtfertigung für die politische Aufgabe des Blattes. Gleichzeitig mit dem Blatt wurde als Sammelbecken aus früheren "deutschnationalen Kreisen und ehemaligen Militärs" [87] die 'National-Demokratische Partei Deutschlands' (NDPD) gegründet, zu deren Hauptorgan die 'National-Zeitung' am 12. September 1948 erklärt wurde. [88] Die Anfangsauflage des Blattes soll zwischen 150 000 und 200 000 Exemplaren betragen haben, [89] war bis in die frühen 1960er Jahre indes auf 50 000 bis 60 000 abgesunken. [90] Auch die der in der Bundesrepublik existierenden 'Nationaldemokratischen Partei Deutschlands' (NPD) ideologisch nahestehende 'Deutsche National-Zeitung' (München, gegr. Mai 1951), welche 1968 über eine wöchentliche Auflage von über 135 000 verfügte, [91] erinnert in der Titelgraphik in gewissem Sinne an die 1848er Pressegründung, ohne sich indes ausdrücklich darauf zu berufen. [92]

---

83) Vgl. Peter de Mendelssohn, a.a.O., S. 239.
84) Vgl. die Notiz in dem Verlegerorgan 'Zeitungs-Verlag' (Magdeburg), 39. Jg./Nr. 42, 5. Oktober 1938, S. 364.
85) Vgl. Peter de Mendelssohn, a.a.O., S. 481.
86) Elisabeth M. Herrmann: Zur Theorie und Praxis der Presse in der Sowjetischen Besatzungszone Deutschlands, Berlin 1963, S. 53.
87) N.N.: Die NDPD — Moskaus politische Reserve, in: Wochen-Spiegel-Ausgabe des 'Telegraf' (Berlin), Sonderheft Nr. 8 (November 1951), S. 2.
88) Vgl. allgemein Heinz-Dietrich Fischer: Parteien und Presse in Deutschland seit 1945, Bremen 1971, S. 81 ff.
89) Vorstand der SPD (Hrsg.): Die Presse in der sowjetischen Besatzungszone, Bonn 1954, S. 61.
90) Elisabeth M. Herrmann, a.a.O., S. 53.
91) Willy Stamm (Hrsg.): Leitfaden für Presse und Werbung, 21. Ausg., Essen-Stadtwald 1968, S. 2/74.
92) Vgl. über diese Zeitung u.a. Günter Paschner: Falsches Gewissen der Nation — Deutsche National-Zeitung und Soldaten-Zeitung, Mainz 1967, sowie Kurt Klotzbach: Profile of a paper — The Deutsche National-Zeitung, in: 'The Wiener Library Bulletin' (London), Vol. 21/No. 4 (1967), S. 17 ff.

Kurt A. Holz:

MÜNCHNER NEUESTE NACHRICHTEN (1848 – 1945)

Die revolutionären Ereignisse des Jahres 1848 in München [1] bewirkten, daß aufgrund der Märzgeschehnisse eine Zeitung erstmals erschien, die bis zum Jahre 1945 herauskam: die 'Neuesten Nachrichten aus dem Gebiete der Politik' ('NN'), [2] die späteren 'Münchner Neuesten Nachrichten' ('MNN'). [3] Die Aufhebung der Pressezensur in Bayern am 6. März 1848 [4] war nicht der direkte Grund für die Entstehung des Blattes, sondern vielmehr ein Wiener Flugblatt, 'Das Österreichische Vaterunser', [5] das in jenen Revolutionstagen in die Wolfsche Druckerei gelangte. [6] Der Faktor der Druckerei, Carl Robert Schurich, "ein spekulativer Kopf", [7] druckte dieses Flugblatt nach und ließ es durch seine Setzerlehrlinge in München verteilen. Der großen Nachfrage wegen druckte er weitere Flugschriften der Revolution nach, die er um Auszüge aus Zeitungen, besonders der Augsburger 'Allgemeine Zeitung' und der lithographierten 'Norddeutschen Korrespondenz' erweiterte. Der Schriftsteller Weil half ihm, "das Sammelsurium in Form eines Flugblattes, jedoch ohne besonderen Titel" [8] erscheinen zu lassen. Die Leser baten Schurich, das Blatt auch

---

Da es über Teilaspekte der 'MNN' eine breite Sekundärliteratur gibt, werden aus Raumersparnisgründen die publizistischen Hochschulschriften jeweils nur mit der Nummer der bibliographischen Fundstelle bei Volker Spieß (Verzeichnis deutschsprachiger Hochschulschriften zur Publizistik, 1885–1967, Berlin – München 1969) künftig nur noch mit "Spieß Nr. . . . ." angeführt.

1) Vgl. hierzu Spieß Nr. 1953, S. 1 ff. sowie Max Seitz: Die Münchner Februar- und Märzrevolution im Jahre 1848, phil. Diss. München 1923 und Veit Valentin: Geschichte der deutschen Revolution 1848–1849, zuerst 1930/31, jetzt reprogr. Nachdruck Aalen 1968 (2 Bde.).

2) In der Festschrift: 75 Jahre 'Münchner Neueste Nachrichten' (künftig: MNN-Fs.), München 1922, S. 1 heißt der Titel falsch: 'Neueste Nachrichten auf dem Gebiete der Politik'!

3) Bis in die neueste Literatur werden die 'MNN' oft falsch als 'Münchener Neueste Nachrichten' zitiert!

4) Vgl. Fritz Pfundtner (Spieß Nr. 3140), S. 14.

5) Nach Wolf Dietrich von Langen (Spieß Nr. 2397), S. 15, lautete der Titel 'Die österreichische Nachtigall'.

6) Die Geschichte der 'MNN' stützt sich z.T. auf den Aufsatz von tr(efz): Die Gründung der 'Münchner Neuesten Nachrichten' und ihre Entwicklung in: MNN-Fs., S. 1-3.

7) Als Zitat (künftig: A.Z.) bei Pfundtner, a.a.O., S. 42.

8) MNN-Fs., S. 1.

durch die Post beziehen zu können. "Hierfür wurde ein Titel erforderlich und in der reinen Bezeichnung des Inhalts, 'Neueste Nachrichten', gefunden." [9]

Die neue Zeitung erschien erstmals am Sonntag, dem 9. April 1848, zu einer Zeit, "als nur noch die letzten Ausläufer der Revolution nachzitterten." [10], [11] Das Blatt hatte kein Gründungsprogramm, es "entstand rein zufällig als reines... Informationsblatt." [12] Aus dieser Funktion erklärt sich, daß das 'Informationsblatt' zu den Problemen des Jahres 1848 überhaupt nicht Stellung bezog. [13] Schurich, Herausgeber und Redakteur in einer Person, verstand sehr genau, "diejenigen Nachrichten zu erfassen und in den Vordergrund zu stellen, die die große Masse hauptsächlich interessierte. Langatmige Erörterungen ließ er beiseite, ebenso jedes Parteigezänk." [14] Der geringe Preis von einer Krone für die Einzelausgabe und von zwei Gulden für das Jahresabonnement, [15] sowie die Aufnahme von Kleinanzeigen [16],[17] machten das Blatt allseits begehrt. So ist verständlich, daß Schurich — nach eigenen Angaben [18] — schon nach etwa drei Monaten eine tägliche Auflage von 7 000 Exemplaren drucken und von der Expedition (Knödelgasse 2) [19] ausliefern konnte. Die 'NN' verkörperten in den ersten Jahren ihres Bestehens "den Typ der Nachrichten- und Unterhaltungszeitung... wohl am reinsten." [20]

In den 'Neuesten' gab es, wie bereits geschildert, zwar politische Meldungen, jedoch ohne redaktionellen Kommentar. Verschiedene politische Ansichten prallten allein in der Leserbriefspalte aufeinander. [21] Daneben gab es "ergötzliche Streitigkeiten zwischen Nachbarn, Stadtklatsch und sonstige 'chronique scandaleuse' ", [22] so daß

---

9) Heinz Starkulla: Zur Geschichte der Presse in Bayern in: 'ZV + ZV', Nr. 18/19 vom 1.7.1961, S. 784-807; ähnlich ders. in: 50 Jahre Verband bayerischer Zeitungsverleger 1913—1963, München 1963, S. 7-47 (künftig danach zitiert); Zitat, ebd. S. 26.
10) Fritz Ihlau (Spieß Nr. 1798), S. 14.
11) Vgl. Pfundtner, a.a.O., S. 41 sowie Karl d'Ester: Zeitungswesen, Breslau 1928, S. 67, außerdem Karl Schottenloher: Flugblatt und Zeitung, Berlin 1922.
12) Anneliese Köhler (Spieß Nr. 2125), S. 23.
13) Vgl. Hermann Rau (Spieß Nr. 3286), S. 23.
14) Vgl. MNN-Fs., S. 1 und Herm. Rau, a.a.O., S. 25, der die 'NN' (Nr. 168 von 1849) zitiert: "Keiner Partei als Stützpunkt zu dienen, sondern über den Parteien zu stehen und unparteiisch den Erörterungen pro und contra freien Spielraum zu lassen."
15) Hans-Friedrich Meyer: Zeitungspreise in Deutschland im 19. Jahrhundert und ihre gesellschaftliche Bedeutung, phil. Diss. Münster 1967 (Münster 1969), S. 59.
16) Siehe Pfundtner, a.a.O., S. 102.
17) Vgl. Hans Berchtold (Spieß Nr. 273 falsch als Berchthold angegeben), S. 4; vgl. auch Hans Burggraf (Spieß Nr. 561) und von Langen, a.a.O.
18) Nach 'NN' vom 26.6.1848 (a.Z. bei Pfundtner, a.a.O., S. 102.)
19) Pfundtner, a.a.O., S. 102; die MNN-Fs., S. 1 verlegte sie in die Knödelstraße.
20) Starkulla, a.a.O., S. 28.
21) Herm. Rau, a.a.O., S. 25.
22) Starkulla, a.a.O., S. 28.

der damalige Münchner Bürgermeister die Lokalpresse des Jahres 1848 zu den "schlechten Producten unserer Zeit" [23] zählen mußte. Den ersten Jahrgang der 'NN' [24], [25] betraute Schurich allein. 1849 lag die Redaktion der 'Neuesten' bei Dr. Hermann Schmid, gedruckt wurde das Blatt im Oktavformat mit durchschnittlich 12 Seiten Umfang [26] in der Pössenbacherschen Druckerei. Im nächsten Jahr übernahm Schurich, inzwischen Druckereibesitzer in der Fürstenfelderstraße 13, die 'NN' wieder und zeichnete für den Inhalt allein verantwortlich. Die Auflage des Blattes stieg stetig, 1849 betrug sie bereits 11 000 Exemplare [27] und 1850 konnte sich Schurich — der einmal von sich selbst gesagt hatte: "Ich bin kein Theologe, kein Jurist und überhaupt kein Gelehrter, und danke Gott, daß ich keines von diesen Dreien bin" [28] — rühmen, unter "allen Journalen" in "ganz Bayern" [29] die höchste Auflage, nämlich täglich 12 000 Exemplare, zu haben. Die 'NN' erschienen weiter als sogenanntes 'Vorabendblatt'.

Das Jahr 1848, das die Freiheit der Presse gebracht hatte, [30] mit dem --wie Gustav Freytag es einmal nannte — "die wundervolle Lehrzeit des deutschen Journalismus" [31] anfing, brachte auch (am 21. September) einen Gesetzentwurf zur 'Abstellung einiger Pressemißbräuche', dem am 17. März 1850 ein 'Gesetz zum Schutz gegen Mißbräuche der Presse' [32] folgte, das Regierungsstellen unter bestimmten Voraussetzungen die Möglichkeit der Zensur gestattete. Die 'NN', die in München als halboffizielles Organ galten, überstanden die Jahre nach 1850 ohne staatliche Eingriffe, sie boten der Regierung die Möglichkeit, ihre "Ansichten. . . hier publik zu machen." [33] Das Verbreitungsgebiet war auf die nähere Umgebung Münchens beschränkt. Über die ersten Jahre des Blattes heißt es in der Festschrift der 'MNN': "Die Jugendzeit des Blattes hat die Geleise der Allgemeinheit und Mittelmäßigkeit nicht verlassen." [34]

---

23) A.Z. bei Starkulla, a.a.O., S. 25.
24) Nach Adalbert Stöckle (Spieß Nr. 4149), S. 17 (unpag.), wog der Jahrgang 1848 der 'NN' 2,6 kg., der von 1890 38 kg. und der von 1914 40 kg.
25) Nach von Langen, a.a.O., S. 17, Anm. 1 hatte der Jahrgang 1848 insgesamt 17 254 Inserate und Reklamen; vgl. dagegen Rudolf Auer (Spieß Nr. 104), S. 176, Anm. 3, der sich auf Gerd F. Heuer (Spieß Nr. 1604), S. 9 bezieht.
26) Pfundtner, a.a.O., S. 102.
27) Köhler, a.a.O., S. 24.
28) A.Z. bei Herm. Rau, a.a.O., S. 24.
29) Nach 'NN' (Nr. 342 von 1850), a.z. bei Herm. Rau, a.a.O., S. 24.
30) Am 4.6.1848 wurde das 'Edict über die Freiheit der Presse und des Buchhandels' erlassen. Vgl. dazu Schottenloher, a.a.O., S. 380.
31) A.Z. bei Heinz Rau (Spieß Nr. 3285), S. 5.
32) Starkulla, a.a.O., S. 27.
33) Köhler, a.a.O., S. 25.
34) MNN-Fs., S. 1.

Dies änderte sich grundlegend, als Julius Knorr am 16. Juli 1862 [35] die 'Neuesten Nachrichten' für 90 000 Gulden von Schurich [36] kaufte und sie "zu einer Waffe für Freiheit und nationale Einheit" [37] machte. Julius Knorr (geb. 1826) nahm aktiv an den Münchner Unruhen des Jahres 1848 teil, wo er August Napoleon Vecchioni (geb. 1826) kennenlernte, der 1865 die Redaktionsleitung von H. Albrecht übernahm. Vecchioni vertrat eine "linksradikale, speziell gegen Monarchie und Klerus gerichtete Anschauung." [38] Knorr und Vecchioni waren aktive Mitglieder der Fortschrittspartei, die Knorr von 1869 bis 1871 im Bayerischen Landtag vertrat. [39] Sie richteten die 'NN' auf den Kurs dieser Partei aus, [40] unter ihrer Leitung wurden die 'Neuesten' "das führende liberale Organ" [41] in Bayern und Süddeutschland, ohne dabei jedoch — wie in der Literatur mehrfach nachzulesen ist [42] — zu einem Parteiorgan zu werden. Es dauerte bis 1863, daß die 'NN' erstmals zu einem politischen Problem Stellung nahmen; es handelte sich um den Schleswig-Holstein-Konflikt. [43] Die Zeitung engagierte sich, jedoch fehlte noch die Durchschlagskraft für ihre Argumentation. Nach 1866 setzten sich die 'Neuesten' entschieden für die kleindeutsche Lösung der deutschen Frage ein, [44] die sie bis 1870/71 konsequent verfochten.

Unter Knorr und Vecchioni wurden die 'Neuesten', die schon 1862 eine tägliche Auflage von 20 000 [45] hatten, planmäßig ausgebaut, wobei der Verleger und sein verantwortlicher Redakteur bemüht waren, den Leser umfassender zu informieren. Nachdem am 2. Januar 1850 die erste Wirtschaftsmeldung in der Zeitung erschien, [46] brachte das Blatt seit etwa 1865 zweimal wöchentlich als Vorläufer eines Feuilletons ein Unterhaltungsblatt mit Erzählungen in Fortsetzungen und Berichten aus Kunst und Literatur. [47] Die Entwicklung zu einem in sich geschlossenen Lokalteil wurde

---

35) Nach Charlotte Harrer (Spieß Nr. 1444), S. 81 fand die Übernahme der Zeitung am 15.6.1862 statt.
36) Nur Starkulla, a.a.O., S. 26 erwähnt, daß Knorr die 'NN' von Schurich kaufte.
37) MNN-Fs., S. 1. - Vgl. auch Nachlaß Julius Knorr im DZA, Potsdam.
38) Köhler, a.a.O., S. 27; 1848 verließ er Deutschland und ging für einige Jahre in die USA.
39) Köhler, a.a.O., S. 28; vgl. auch Theodor Schieder: Die deutsche Fortschrittspartei in Bayern und die deutsche Frage 1863—1871, phil. Diss. München 1936.
40) Vgl. Hans Spielhofer (Spieß Nr. 4062), S. 10.
41) Kurt Koszyk: Deutsche Presse im 19. Jahrhundert, Berlin 1966, S. 153.
42) So Harrer, Herm. Rau und Ludwig Salomon: Geschichte des deutschen Zeitungswesens, 3 Bde., Oldenburg — Leipzig 1900/1906.
43) Köhler, a.a.O., S. 41 f. und S. 195.
44) Spielhofer, a.a.O., S. 23; vgl. Köhler, a.a.O., S. 195.
45) Vgl. die Auflagenentwicklung der 'MNN' von 1852—1900 bei H.-F. Meyer, a.a.O., S. 531; die gleichen Zahlen auch bei Horst Heenemann (Spieß Nr. 1497), S. 65 für 1852—1876.
46) Nach Stöckle, a.a.O., S. 19 (unpag.).
47) Grete Kitzinger (Spieß Nr. 2028), S. 2.

bei den 'NN' am 12. Januar 1869 beendet, als das Blatt mehrere lokale Nachrichten unter dem Obertitel 'Lokalbericht' zusammenfaßte. [48] Julius Knorr initiierte 1865 die Gründung des 'Bayerischen Journalisten- und Schriftsteller-Vereins'. [49] Trotz dauernder Angriffe des 1869 gegründeten 'Bayerischen Vaterland' [50] blieben Knorr und Vecchioni bei dem Weg, der zur deutschen Einheit führte. Sie machten aus dem Lokalblättchen eine "der bedeutendsten, konsequentesten und einflußreichsten Vorkämpferinnen des deutschen Nationalstaates mit liberalen Verfassungseinrichtungen...", die 'Neuesten' wurden unter ihnen zu einer Zeitung, die — wie es Fürst Chlodwig von Hohenlohe-Schillingsfürst einmal genannt hat — "die guten Münchener... alle zum Kaffee lesen." [51]

Das Jahr 1870/71, [52] das die deutsche Einheit brachte, stellte auch die 'NN' vor neue Aufgaben, galt es doch das Reich nach innen und außen zu festigen. Die 'Neuesten' standen unveränderlich treu zum Reich, gleichzeitig wurden bayrische Angelegenheiten "stets in königstreuer Weise unterstützt." [53] Neben dem Ausbau der Zeitung auf redaktionellem Gebiet wurden die 'NN' auch auf den neuesten technischen Stand gebracht. Bis Oktober 1872, als Knorr das Format des Blattes änderte, [54] erschien es im Oktavformat, mit dem es 1848 angefangen hatte. 1873 erhielt die Druckerei der 'NN' eine Rotationsmaschine mit einer stündlichen Kapazität von 9 000 Exemplaren. [55] 1874 kam die Expedition in die Sendlingerstraße 83. [56] Seit dem 6. Oktober 1875 wurde die Zeitung — bei gleichzeitiger Vergrößerung des Formats [57] und Beibehaltung des Preises [58] — bei der 1871 gegründeten Druckerei Knorr & Hirth hergestellt, die schon seit dem 16. Februar 1875 den Satz und die Stereotypieplatten für das Blatt lieferte.

Am 29. Juli 1881 starb Julius Knorr, sein Tod hinterließ eine kaum zu schließende Lücke für die Zeitung, aber auch für die Liberalen, denen er Zeit seines Lebens nahegestanden hatte. "Sein Tod ließ München so recht zum Bewußtsein kommen, welchen Verlust das Gemeinwesen, durch den Heimgang dieses aufrechten, vaterländisch ge-

---

48) Rudolf Gunkel (Spieß Nr. 1332), S. 43.
49) Starkulla, a.a.O., S. 35.
50) Vgl. ebd., S. 29; vgl. auch Hans Zitzelsberger (Spieß Nr. 4738).
51) Herm. Rau, a.a.O., S. 75 bzw. 78.
52) Vgl. Theodor Schieder/Ernst Deuerlein (Hrsg.): Reichsgründung 1870/71 ... Stuttgart 1970; Helmuth Böhme (Hrsg.): Probleme der Reichsgründungszeit 1848—1879, Köln 1968 und Michael Stürmer (Hrsg.): Das kaiserliche Deutschland ..., Düsseldorf 1970.
53) Harrer, a.a.O., S. 80.
54) Nach Köhler, a.a.O., S. 36 auf 23, 5 x 32 cm.
55) Starkulla, a.a.O., S. 32.
56) Köhler, a.a.O., S. 31.
57) Nach Köhler, a.a.O., S. 36 auf 23 x 36 cm.
58) Vgl. die Zeitungspreis-Entwicklung bei H.-F. Meyer, a.a.O., S. 59.

sinnten, tüchtigen und energischen Mannes erlitten." Die 'Neuesten Nachrichten' und die Druckerei gingen durch Erbteilung am 28. September 1881 an Knorrs älteste Kinder, Thomas und Elise, verheiratet mit Dr. Georg Hirth, über. [59] Die neuen Eigentümer legten das Programm der Zeitung mit den Worten fest: "Die politische Richtung unseres Blattes ist gekennzeichnet durch die Devise: 'Einigung aller ehrlich freisinnigen, wahrhaft nationalen Elemente'." Zwei Monate nach dem Tod des Freundes trat Vecchioni als Hauptschriftleiter der 'NN' zurück, sein Nachfolger wurde am 14. September 1881 Dr. Ernst Francke; Vecchioni verblieb jedoch bis zu seinem Tode (1908) in der Verlagsleitung tätig. Knorr und Hirth waren sich bei der Übernahme der Zeitung klar, "daß das Blatt der modernen Entwicklung angepaßt werden müßte." [60] Dazu war erforderlich, daß die 'NN' nicht länger Lokalblatt bleiben sollten, deren Auflage zu 6/7 in und um München abgesetzt wurde.

Thomas Knorr, dessen Stärke das Verlegerische war, und Dr. Georg Hirth, [61] sein Schwager, Leitartikler des Blattes, [62] bauten neben der Redaktion auch die Technik weiter aus. [63] Die Jahre nach 1881 sind gekennzeichnet durch eine Mäßigung des politischen Standpunkts. Hirth, anfangs ein großer Bismarck-Verehrer, wurde von der Politik des Reichskanzlers enttäuscht; gegen Ende der 80er Jahre wurden seine Leitartikel seltener. [64] Im November 1881 vergrößerten Knorr und Hirth das Format der Zeitung auf 37,5 x 50 cm, [65] wie sie überhaupt Wert darauf legten, die Zeitung zu einem der Bedeutung der bayrischen Metropole "in wirtschaftlicher, politischer und künstlerischer Beziehung" entsprechenden Organ zu machen. 1886 zog die Expedition der 'Neuesten' in den Färbergraben 23/24 um. [66] Am 14. Juni 1887 erschien die Zeitung unter neuem Namen, 'Münchner Neueste Nachrichten' ('MNN'), am gleichen Tag wurde auf die zweimal tägliche Erscheinungsweise (Morgen- und Abendausgabe) umgestellt, "was hohe Ansprüche an materielle Opfer und an eine gesteigerte Arbeit und Tätigkeit stellte." [67] In einem Extrablatt vom September 1889 verwiesen die 'MNN' mit Stolz auf die Beilagen, so auf die im November 1888 gegründete 'Wissenschaftliche Rundschau', auf die 'Alpine Zeitung', auf die 'Volkswirtschaftliche Zeitung', die 'Schachzeitung', die seit 1886 erscheinende 'Sportzeitung' und auf die 'Landwirtschaftliche Zeitung'. [68]

---

59) MNN-Fs., S. 1; nach Harrer, a.a.O., S. 175 starb Knorr am 28.7.1881.
60) Köhler, a.a.O., S. 32 u. 34.
61) Vgl. Franz Carl Endres: Georg Hirth, ein deutscher Publizist, München 1921.
62) Vgl. MNN-Fs., S. 1.
63) Im Sommer 1882 erhielten die 'NN' als erste Münchener Zeitung einen Telefonanschluß.
64) Köhler, a.a.O., S. 34; vgl. Gertrud Meyer (Spieß Nr. 2730) und Liselotte Saur (Spieß Nr. 3579).
65) Köhler, a.a.O., S. 36.
66) MNN-Fs., S. 3.
67) Köhler, a.a.O., S. 37: Das 'Morgenblatt' sollte "einen durchaus selbständigen, von dem 'Vorabendblatt' unabhängigen Inhalt haben."
68) Die einzelnen 'Zeitungen' erschienen in regelmäßigen Abständen als Zeitungsrubriken.

Am 1. September 1890 taten Knorr & Hirth einen entscheidenden Schritt nach vorn, als sie den gesamten Lokalteil [69] (Text und Anzeigen) in den dafür gegründeten 'Lokalanzeiger der Münchner Neuesten Nachrichten' zusammenzogen, der am 25. Juni 1892 den Namen 'Generalanzeiger der Münchner Neuesten Nachrichten' [70] erhielt. Dieses Lokalblatt der 'MNN' erhielten die Münchner Abonnenten kostenlos mit der Morgenausgabe der Zeitung zugestellt. Besonders stolz waren die 'Neuesten' auf ihre eigenen Korrespondenten, die von den Brennpunkten der Welt berichteten und mit dazu beitrugen, daß "in erster Linie Politik und Handelsteil bedeutend vergrößert und ausgebaut werden (konnten)." Unter der Chefredaktion von Dr. Francke errangen die 'MNN' "bald das größte Ansehen im In- und Ausland." Er verließ das Blatt 1892, das danach ein System kollektiver Redaktionsführung mit Dr. Hirth als 'primus inter pares' versuchte. 1890 brachten die 'MNN', die jetzt im gesamten süddeutschen Raum verbreitet waren, täglich zwei Ausgaben mit durchschnittlich 16 Seiten Umfang bei einer Auflage von 65 000 Exemplaren heraus. Der redaktionelle Ausbau der Zeitung ging auch auf die Erweiterung des Anzeigenteils zurück. [71], [72], [73] Am 1. Januar 1894 wurde die 'Knorr & Hirth, Buch- und Kunstdruckerei oHG' mit dem Verlag der 'MNN' vereinigt und gleichzeitig in eine GmbH unter dem Namen: 'Druck und Verlag der Münchner Neuesten Nachrichten, Knorr & Hirth GmbH' umgewandelt. Gleichberechtigte Geschäftsführer wurden Thomas Knorr und Dr. Georg Hirth, Vorsitzender des Aufsichtsrats wurde August Vecchioni. Zum 1. Januar 1897 traten die beiden Geschäftsführer zurück, alleiniger Geschäftsführer der Gesellschaft wurde der bisherige Prokurist August Helfreich; gleichzeitig wurde ein engerer Verwaltungsausschuß gebildet, dem Knorr, Hirth und Vecchioni angehörten.

Das Kollegialsystem in der Redaktion der 'MNN' bewährte sich nicht, neuer Chefredakteur wurde Regierungsrat Burkhart, den aber bald Prof. Paul Samassa ablöste. Gleichberechtigte Chefredakteure wurden zum 1. Januar 1900 A.J. Mordtmann und Dr. Friedrich Trefz. Nach Mordtmanns Ausscheiden (1902) leitete Trefz die Redaktion bis 1908, als er Chef des 'Hamburger Fremdenblatt' wurde. Bis zum Oktober 1914 war Dr. Martin Mohr Chefredakteur der 'MNN', die er "im alten Geiste" führte. Mit dem Beginn des Krieges, "in der schwersten und stürmischsten Zeit, die das Blatt seit seinem Bestehen erlebt (hat)", kam Dr. Trefz zurück an die Isar; im Juli 1917 schied er aus, als er erkennen mußte, "daß die politische Entwicklung des Blattes nicht mehr seiner Überzeugung und dem traditionellen Programm der Zeitung entsprach." Zum 1. September 1918 übernahm er abermals den Posten des Chefredakteurs bei den 'MNN', den er aber am 15. Oktober 1918 an Dr. Karl E. Müller abgab,

---

69) Gunkel, a.a.O., S. 51.
70) Vgl. Köhler, a.a.O., S. 38.
71) Stöckle, a.a.O., S. 20 und S. 14 (unpag.).
72) Vgl. Starkulla, a.a.O., S. 33
73) Vgl. die Anzeigenpreise bei H.—F. Meyer, a.a.O., S. 512; vgl. auch Elisabeth Albrecht (Spieß Nr. 31).

um in die Verlagsleitung überzuwechseln. 74) Bereits 1906 konnte der Neubau der Firma Knorr & Hirth an der Sendlingerstraße 80 bezogen werden. 75) 1908 zog sich Dr. Georg Hirth aus der Redaktion der 'MNN' zurück, arbeitete aber in der Verlagsleitung weiter. Am 14. Januar 1908 starb hochbetagt August N. Vecchioni, der zusammen mit seinem Freund Julius Knorr die frühe Entwicklung der Zeitung entscheidend geprägt hatte. 76) Nur wenige Tage nach dem Tod von Thomas Knorr wurde am 21. Dezember 1911 die KG 'Knorr & Hirth — Münchner Neueste Nachrichten' gegründet.

Anfang 1913 ging von Dr. Hirth die Initiative zur Gründung des 'Vereins bayerischer Zeitungsverleger' aus, 77) ebenso wie er 20 Jahre zuvor die Gründung des 'Vereins Deutscher Zeitungs-Verleger' (VDZV) in Leipzig angeregt hatte. 78) Am 28. März 1916 starb er. Nach dem Zusammenbruch des kaiserlichen Deutschlands kam für die Zeitung eine schwere Zeit, denn sie bot sich als der natürliche Gegner der Gruppe um Eisner an, da sie bis Anfang 1918 treu zur Monarchie gestanden hatte, dann aber in das demokratisch-republikanische Lager übergewechselt war. 79) Zwischen dem 7. April 1919, als die Räterepublik ausgerufen wurde, und der Entsetzung Münchens durch Reichswehr- und Freikorpstruppen am 2. Mai, erschienen die 'Münchner Neuesten Nachrichten' unter der Leitung des 'provisorischen revolutionären Zentralrates'. 80) Ab 3. Mai 1919 lag die Chefredaktion der 'MNN' wieder bei Dr. Müller. 81)

Im Jahre 1920 wurden die Anteile, die sich im Besitz der Erben von Georg Hirth befanden, verkauft. Ein Teil ging vorübergehend an Alfred Hugenberg und seine 'Vera-Gesellschaft' über, der aber bald wieder verkaufte; 1930 sprach man "von ihm mit

---

74) MNN-Fs., S. 2.
75) Vgl. Alois Hahn: Von Sentilo bis zur 'SZ' in: 'Süddeutsche Zeitung' (SZ), Nr. 239 vom 6.10.1970, S. 9.
76) Nach Herm. Rau, a.a.O., S. 10 ist das Archiv, das sich Vecchioni zur 'MNN'-Geschichte aufgebaut hatte, verloren.
77) Vgl. dazu Helmuth von Holstein/Philipp Riederle in: 50 Jahre Verband bayerischer Zeitungsverleger, a.a.O., S. 48-104 (ohne Titel, d. Verf.).
78) Vgl. Heinz-Dietrich Fischer: Vor- und Frühgeschichte zeitungsgeschichtlicher Organisation in Deutschland in: 'ZV + ZV', Nr. 16/17 vom 21.4.1970, S. 666-672. Der VDZV wurde am 7.5.1894 in Leipzig gegründet; Dr. Hirth war für etwa ein Jahr der erste Präsident.
79) Vgl. zur Haltung der 'MNN' in der Zeit u.a. Alan Mitchell: Revolution in Bayern 1918/19, München 1967 und Erich Matthias: Zwischen Räten und Geheimräten..., Düsseldorf 1970 sowie 'MNN', Nr. 577 vom 15.11. und Nr. 581 vom 17.11.1918.
80) Die 'MNN' hießen zu dieser Zeit: 'Mitteilungen des Vollzugsrates der Arbeiter- und Soldatenräte' [nach Wilhelmine Doebl (Spieß Nr. 710), S. 9.]
81) Vgl. dazu Klaus Piepenstock (Spieß Nr. 3148), S. 60.

offener Abneigung" im Hause der 'MNN'. 82), 83) Die Anteile übernahm in ihrer Gesamtheit rückwirkend zum 1. Januar 1920 Kommerzienrat Wilhelm Seitz, München, "für ein Konsortium von angesehenen Münchner und auswärtigen Vaterlandsfreunden . . ., die den Vorbesitzern die Gewähr für die Fortführung der guten alten Tradition boten." 84) Dies ist die Umschreibung dafür, daß der ideologische Ruck nach links, den die 'MNN' gegen Ende des Krieges vorgenommen hatten, rückgängig gemacht werden sollte. 85) Unter Seitz kam als neuer Mann und Vertrauter der 'Münchner und auswärtigen Vaterlandsfreunde' Prof. Paul Nikolaus Cossmann, Herausgeber der nationalen 'Süddeutschen Monatshefte', in das Haus der 'MNN'. 86) Neuer Chefredakteur wurde Dr. Fritz Gerlich. 87)

Am 9. April 1922 feierten die 'Münchner Neuesten Nachrichten' ihr 75jähriges Bestehen und gaben aus diesem Anlaß eine Festschrift heraus, die Dr. Friedrich Trefz besorgte. Die 'MNN' erschienen seit dem 30. September 1922 nur noch einmal täglich, bei sechs Ausgaben in der Woche. 88) Oberste Instanz im Hause der 'Neuesten' war Prof. Cossmann, den die einen die 'Graue Eminenz', die anderen den "bösen Geist der 'MNN' " 89) nannten und der bis 1933 "die Generallinie und die Personalpolitik des Hauses Knorr & Hirth . . . entscheidend" beeinflußte. 90) Die neuen Besitzer lassen sich aufgrund der Eintragung in das Handelsregister von Oktober 1925 91) nicht feststellen, sind doch hier als Hauptanteilseigner zwei süddeutsche Treuhandge-

---

82) So Dr. Anton Betz, heute Herausgeber und Verleger der 'Rheinischen Post' (Düsseldorf) an den Wirtschaftsjournalisten und Schriftsteller Günther Ohlbrecht (siehe Anm. 87) vom 23.2.1949. (Der Briefwechsel wurde d.Verf. von Dr. Betz zur Verfügung gestellt; Betz und Ohlbrecht gestatteten d. Verf., aus dem Briefwechsel zu zitieren; = Briefe vom 22.9. bzw. 7.10.1970)). Vgl. zu Hugenberg u.a. Valeska Dietrich (Spieß Nr. 692) sowie Ludwig Bernhard: Der Hugenberg-Konzern . . ., Berlin 1928 und die Aktenzusammenstellung von Hugenbergs Verteidiger in den Entnazifizierungsverfahren: Borchmeyer: Hugenbergs Ringen in deutschen Schicksalsstunden, Detmold 1951.

83) Vgl. Anton Betz: Die Tragödie der 'Münchner Neuesten Nachrichten' 1932/33 in: Emil Dovifat/Karl Bringmann (Hrsg.): Journalismus, Bd. 2, Düsseldorf 1961, S. 22-46 (künftig: Betz I), besonders S. 22.

84) MNN-Fs., S. 2.

85) Betz I, a.a.O., S. 22.

86) Vgl. dazu die Cossmann-Artikel, die Josef Hofmiller in: Paul Nikolaus Cossmann zum 60. Gebrustag am 6. April 1929, München — Berlin 1929 gesammelt hat.

87) Vgl. Günther Ohlbrecht: Ein Jahrzehnt Meinungsfabrik 'Münchner Neueste Nachrichten' 1918—1928, unveröff. Mskr. von 1929 (künftig: Ohlbrecht I) und ders.: Hitlers Sprungbrett — Bayerns Presse und Politik 1918 bis 1935, unveröff. Mskr. von 1949 (künftig: Ohlbrecht II). Beide Mskr. wurden d. Verf. freundlicherweise vom Autor zur Verfügung gestellt.

88) Vgl. hierzu Piepenstock, a.a.O., S. 139.

89) So Ohlbrecht II, a.a.O., S. 39 ff. und Piepenstock, a.a.O., S. 247-252.

90) Betz I, a.a.O., S. 23.

91) Ohlbrecht II, a.a.O., S. 11 f. und Piepenstock, a.a.O., S. 137.

sellschaften eingetragen. 92) Nach längeren Verhandlungen war es der Ruhrschwerindustrie vorher gelungen, sich bei Knorr & Hirth einzukaufen. Etwa 52 Prozent der Anteile befanden sich seitdem in Händen der Gute-Hoffnungs-Hütte (GHH), Oberhausen, fast 16 Prozent erwarb die Gelsenkirchener Bergwerks AG (GBAG), Gruppe Dortmund, eine Tochterfirma der Vereinigten Stahlwerke, Düsseldorf. Damit hatte die Ruhrindustrie "vor allem den unmittelbaren Einfluß auf eine der größten Zeitungen Deutschlands und die bedeutendste Zeitung Süddeutschlands gewonnen." 93)

An den Aufsichtsratssitzungen bei Knorr & Hirth nahmen teil: als Vorsitzender Karl Haniel, Aufsichtsratsvorsitzender der GHH, sein Stellvertreter war Paul Reusch, Generaldirektor der GHH, als Vertreter der GBAG kam deren Generaldirektor, Dr. Brandi. Geheimrat Scharrer vertrat seine Anteile selbst und Geheimrat Schulmann die Brauereianteile an dem Verlag, während Prof. Cossmann der ständige Vertreter dieses Gremiums in München war. 94) Die politische Grundhaltung der Beiratsmitglieder umschreibt Betz 95) mit 'deutschnational', 96) jedoch mit gewissen Einschränkungen. Die neuen Männer hatten für das Blatt die Losung ausgegeben, "stets auf der Höhe der Zeit zu bleiben oder ihr gar vorauszueilen." 97) Die Inflation, die die Steigerung des Papierpreises auf das 6 bis 7 000fache des Vorkriegspreises — bei gleichzeitiger Kündigung von etwa 25 bis 30 Prozent der Abonnenten und dem Rückgang der Anzeigen um etwa 50 Prozent 98) — mit sich brachte, stellte die 'MNN' vor eine schwierige Lage, aus der sich das Blatt aber befreien konnte. Auch in dieser Zeit expandierte der Verlag, seit Dezember 1923 erschien die 'Münchener Illustrierte Presse' 99), von Februar 1921 bis Mitte 1926 außerdem die 'Gaceta de Munich' in spanischer Sprache für Europa und den Überseeraum; für das Auslandsdeutschtum wurde von November 1922 bis September 1926 die Zeitschrift 'Ost und Süd' (später 'Ost und West') herausgegeben. 100)

---

92) Brief von Dr. Betz an d. Verf. vom 28.8.1970.
93) A.Z. bei Betz I, a.a.O., S. 22.
94) Nach Betz I, a.a.O., S. 24; vgl. Erich Maschke: Es entsteht ein Konzern — Paul Reusch und die GHH, Tübingen 1969. Vgl. neuerdings auch Kurt Koszyk: Paul Reusch und die 'Münchner Neuesten Nachrichten'. Zur Einflußnahme der Industrie auf die Presse in der Krise der Weimarer Republik, in: 'Vierteljahrshefte für Zeitgeschichte' (Stuttgart), 20. Jg./Heft 1 (1972), S. 75—103.
95) Betz I, a.a.O., S. 25.
96) Dies ist wohl der Grund dafür, daß Ohlbrecht in beiden Mskr. die 'MNN' mehrfach als 'Hugenberg-Blatt' bezeichnet; vgl. dazu Gustav Trampe (Spieß Nr. 4291), S. 5.
97) MNN-Fs., S. 3.
98) Starkulla, a.a.O., S. 36.
99) Gertrud Ulmer (Spieß Nr. 4344), S. 92-95.
100) Ulmer, a.a.O., S. 136 ff.; über die Auflagenhöhe unterrichtet Heenemann, a.a.O., S. 84 f. für die Jahre 1900—1929.

Besonders nachteilig für das Ansehen der 'MNN' wirkte sich der 1925 angestrengte 'Dolchstoß'-Prozeß aus, der den Nachweis erbringen sollte, die Heimat habe die kämpfende Truppe im Stich gelassen, der aber nur zur Folge hatte, "daß ... eher eine Vergiftung als eine Reinigung des politischen Lebens in Deutschland eintrat." 101), 102) Schwere Vorwürfe, die durch Zitate aus den 'MNN' belegt wurden, erhob Ohlbrecht gegen den Chefredakteur Dr. Gerlich, den er zu den geistigen Wegbereitern des Hitlerismus in Bayern zählte. 103) 1928 schied Gerlich nach heftigen persönlichen Auseinandersetzungen mit dem Verlagsdirektor Pflaum aus 104), sein Nachfolger wurde Dr. Fritz Büchner, der schon bald einen anti-nationalsozialistischen Kurs der 'MNN' einschlug. Zwischen 1925 und 1929, in der Zeit des "geborgten Wohlstandes", 105) baute Knorr & Hirth seine Verlagsgebäude in München großzügig aus. 1930 hatte der Verlag Verbindlichkeiten in Höhe von 10 Millionen Mark. In dieser kritischen Situation verstarb der Verlagsdirektor, Dr. Otto Pflaum. Zu seinem Nachfolger schlug Cossmann dem Beirat den Direktor des Manz-Verlages (München), Dr. Anton Betz, vor. 106) Betz stellte für die Annahme des Postens zwei Bedingungen: (1) müsse er der erste Mann im Haus der 'MNN' werden 107) und (2) dürfe kein Widerstand gegen die Verbreitung christlichen Gedankenguts in den Erzeugnissen des Verlags gemacht werden. 108) Betz trat seinen Posten im Juli 1930 an. 109)

Büchner, der Chefredakteur der 'MNN', hielt die Regierung Brüning für die Rettung vor der mächtig anstürmenden nationalsozialistischen Flut. Betz, Cossmann, Büchner und Erwein von Aretin, Chef des innenpolitischen Ressorts der 'MNN', 110) verfolgten

---

101) Betz I, a.a.O., S. 23.
102) Dies ist ein zentrales Thema bei Ohlbrecht II, a.a.O., S. 125-145; vgl. dazu die recht knappe Darstellung von Rudolf Hammerschmidt (Spieß Nr. 1421), S. 40-48 und Friedrich Frhr. Hiller von Gaertringen: 'Dolchstoß'-Diskussion und 'Dolchstoß'-Legende im Wandel von vier Jahrzehnten in: Geschichte und Gegenwartsbewußtsein (= Festschrift für Hans Rothfels zum 70. Geburtstag), Tübingen 1963, S. 122-160.
103) Hierzu detailliert Ohlbrecht I u. II, passim; vgl. besonders 'MNN', Nr. 237 vom 8.6.1921, Nr. 272 vom 7.10.1923, Nr. 304 vom 9.11. und Nr. 305 vom 10.11.1923, sowie Nr. 92 vom 2.4.1924. (Das Presse- und Informationsamt der Bundesregierung, Abt. Archiv, ermöglichte d. Verf. die Einsichtnahme in die 'MNN'-Filme aus der Zeit der Weimarer Republik.)
104) Vgl. Oskar Bender (Spieß Nr. 266). Im Gegensatz zu Ohlbrecht charakterisiert Oron J. Hale: Presse in der Zwangsjacke, 1933 bis 1945, Düsseldorf 1965, S. 216 Gerlich als "fanatischer Gegner des Nationalsozialismus."
105) A.Z. bei Piepenstock, a.a.O., S. 22; vgl. dazu Wilhelm Grotkopp: Die große Krise..., Düsseldorf 1954, S. 49.
106) Betz I, a.a.O., S. 24; vgl. auch ders.: 50 Jahre in der Publizistik, Düsseldorf 1970, S. 17 ff. (diese Broschüre (künftig: Betz II) veröffentlichte B. anläßlich seines 50jährigen Berufsjubiläums am 1.8.1970.)
107) Betz II, a.a.O., S. 18.
108) Betz I, a.a.O., S. 24.
109) Vgl. Betz I, a.a.O., S. 26.
110) Vgl. seine Lebenserinnerungen: Krone und Ketten ..., hrsgg. von Karl Buchheim und Karl Otmar Frhr. von Aretin, München 1955.

in dem Blatt eine Politik "gegen Hitler, gegen die Auswüchse des Parlamentarismus, für die Kräftigung der Regierung," während die Gesellschafter im Lauf des Jahres 1932 "einen stramm deutschnationalen Kurs" forderten. Haniel war gegen Hitler eingestellt, zeigte aber Sympathien für Hugenberg, Reusch war überzeugter Gegner des Nationalsozialismus, Brandi verteidigte die Harzburger Front und stand Hitler positiv gegenüber, Scharrer war für und Schulmann gegen Hitler. Zu einer Auseinandersetzung zwischen dem Beirat und der Redaktion kam es über die Frage der Reichspräsidentenwahl von 1932. Die 'MNN' hatten im Winter 1931/32 eine Testabstimmung unter ihren Lesern durchgeführt, die sich mit großer Mehrheit für Hindenburg aussprachen; dem entsprechend unterstützte die Zeitung diesen Kandidaten. Unmittelbar vor der Wahl trat Haniel an Betz heran, um ihn und die Redaktion für die Unterstützung der Kandidatur Duesterbergs zu gewinnen. Betz lehnte dies ebenso ab wie von Aretin, den Haniel vor dem zweiten Wahlgang zu beeinflussen suchte. Zwischen Beirat und Redaktion kam es nicht zum Bruch, "aber die Vertrauensbasis war zerstört." [111]

Die Gesellschafter versuchten 1932 die 'Neuesten' aus der vordersten Linie im Kampf gegen den Nationalsozialismus herauszuziehen. Ihnen schwebte vor, die 'MNN' zu einer Zeitung vom 'General-Anzeiger-Typ' umzufunktionieren. Anlaß dazu waren Artikel, die Büchner im April 1932 unter dem Titel 'Lesefrüchte für nachdenkliche Leser' [112] veröffentlichte und die aus kommentarlos nebeneinander gestellten Aussprüchen von NS-Größen zum Thema Außenpolitik bestanden; die Leser sollten sich ihr Urteil über die NSDAP selbst bilden können. Paul Reusch entschloß sich in dieser Situation, mit Hitler zusammenzutreffen, um ein Stillhalteabkommen zwischen NSDAP und 'MNN' zu vereinbaren. Reusch sicherte Hitler zu, er werde seinen Einfluß bei der Redaktion geltend machen, die persönlichen Angriffe gegen die führenden Männer dieser Partei einzustellen, während Hitler der Zeitung das Recht auf eigene Ansichten zugestand. Reusch teilte Cossmann, Büchner und Betz das Ergebnis seiner Unterhaltung mit [113] und bat gleichzeitig, sich entsprechend zu verhalten. Verlagsleitung und Redaktion konnten diese Absprache nicht billigen, worauf Reusch aus dem Beirat der Knorr & Hirth GmbH austrat und die 'MNN' abbestellte, [114] was aber die Beteiligung der GHH nicht veränderte.

1932 starb Eduard Scharrer und sein Anteil von 16 Prozent [115] wurde frei. Cossmann, Betz und Aretin wollten nicht denselben Fehler machen wie 1920, als die Anteile der Erben von Georg Hirth in fremde, außerbayrische Hände kamen. Fürst Schwarzenberg übernahm auf Vermittlung von Aretin für seinen Schwiegersohn

---

111) Betz I, a.a.O., S. 27-29.
112) 'MNN', Nr. 92 vom 5.4. und Nr. 94 vom 7.4.1932.
113) Dies nach Betz I, a.a.O., S. 30 f.
114) Damit war den Nazis klar, daß die Angriffe der 'MNN' gegen die Partei nicht durch das Kapital gestützt wurden.
115) Aretin, a.a.O., S. 50 irrt sich in Fragen der Anteilseigner.

Karl Ludwig Freiherr von und zu Guttenberg (Neustadt/Saale) einen Teil der Scharrerschen Anteile, "während der Rest in andere bayerische (katholische und monarchistische) Hände überging." [116] Guttenberg vertrat den Gesamtanteil im Beirat; er erreichte, daß sich die 'MNN' für die Regierung von Papen einsetzten, [117] obwohl es Büchner "bei der ganzen Sache nicht wohl" war. [118] Durch die Besitzverhältnisse an den 'MNN' waren den politischen Äußerungen der Redaktion enge Grenzen gezogen. [119] Die Ruhrindustriellen, die Hauptanteilseigner, hatten "ungefähr den Weitblick der Generäle." Sie hatten als Kapitalgeber das Recht auf Vertretung ihrer (schwerindustriellen) Interessen durch die 'Neuesten'. "Im übrigen lebten sie", wie von Aretin mitteilt, "in der großen braunen Sauce: Hitler war 'national', also nur mit Glacéhandschuhen anzurühren, und alles 'Schwarze', wohl mich inklusive, war nicht 'national' und hatte nur aus Münchner lokalen Geschäftsrücksichten Schonzeit." [120]

An dieser Stelle, unmittelbar vor der Machtübernahme durch die Partei Adolf Hitlers, sei ein geraffter Überblick über die Geschichte der einzelnen Zeitungsparten in der Weimarer Zeit eingeschaltet: Mit dem weiteren Anwachsen der Auflage der 'MNN' ging Hand in Hand ein weiterer Ausbau der Redaktion. Systematisch wurde das Feuilleton der Zeitung erweitert, worüber mehrere Dissertationen [121] erschöpfend Auskunft geben, so daß hier auf weitere Einzelheiten verzichtet werden kann. "Im Zeitungsleben der Stadt München nahmen die 'Münchner Neuesten Nachrichten' mit ihrem Kulturteil den ersten Platz ein," hieß es. [122] Leider kann in diesem Beitrag auch nicht auf die einzelnen Beilagen des Blattes eingegangen werden, [123] deren wichtigste aber wenigstens genannt werden soll: es war die seit 1921 erscheinende Wochenbeilage, die 'Musikrundschau'. [124], [125] Über die 'Alpine Zeitung' ist schon kurz gesprochen worden, sie wird in der Zeit zwischen den Weltkriegen zu einem hervorragenden Insertionsorgan ausgebaut. [126] Es sei hier auch auf das Ansteigen des Pressefotos in den Seiten der 'MNN' hingewiesen. [127] Es fehlen allerdings Monographien über den Wirtschafts- und Handelsteil der Zeitung.

116) Aretin, ebd.
117) Betz I, a.a.O., S. 34.
118) Nach einem Brief von Dr. Betz an d. Verf. vom 27.7.1970.
119) Vgl. Aretin, a.a.O., S. 50.
120) Aretin, a.a.O., S. 49.
121) Über das Feuilleton der 'MNN' allgemein unterrichten Doebl (Spieß Nr. 710) und Kitzinger (Spieß Nr. 2028), zur Musikberichterstattung der 'MNN' vgl. Paul Beckers (Spieß Nr. 239), Walter Eichner (Spieß Nr. 807) und Paschen-Friedrich von Flotow (Spieß Nr. 964), sowie Otto Pfauntsch (Spieß Nr. 3133).
122) Doebl, a.a.O., S. 2.
123) Vgl. dazu Eichner, a.a.O., S. 98 ff.
124) Zu den verschiedenen Beilagen siehe Kitzinger, a.a.O., S. 6 ff.
125) Zu dem sogenannten 'Kritikerprozeß' vgl. Eichner, a.a.O., S. 175 f. und 184 ff.
126) Vgl. dazu Berchtold, a.a.O., passim.
127) Vgl. Ulmer, a.a.O., S. 132 ff.

Auf der ersten Beiratssitzung nach Hitlers Machtübernahme, am 11. Februar 1933, stand der Jahresbericht des Unternehmens für 1932 zur Debatte; Brandi und Haniel sympathisierten mit der neuen Regierung, Cossmann erwartete von ihr, sie werde die Arbeiterschaft "vaterländisch" ausrichten, Schulmann lehnte Hitler ab, Guttenberg hatte keine Meinung. Betz und Büchner "warnten vor Hoffnungen auf die Vernunft Hitlers." Die Anteilseigner wollten aber die heraufkommende Gefahr nicht erkennen. Nachdem Gerlichs 'Der Gerade Weg' am 9. März 1933 von braunen Horden gestürmt worden war, war es nur noch eine Frage der Zeit, wann sich die 'MNN' dem selben Terror beugen mußten, nachdem sie sich geweigert hatten, Hitler in der Wahl vom 5. März 1933 zu unterstützen. Am 10. März (in Nr. 68) hatte Büchner einen kritischen Artikel zur Machtergreifung der Nazis in Bayern unter dem Titel "War das nötig?" veröffentlicht. Er erschien aber nur in einem Teil der Auflage, da er während des Druckvorgangs z.T. unleserlich gemacht worden war. Büchner wurde wegen dieses Artikels am 13. März verhaftet, ebenso von Aretin. Cossmann schrieb daraufhin in einem Brief an den Reichsstatthalter, Ritter von Epp: "Ich war verantwortlich für die Politik des Hauses Knorr & Hirth. Ich bitte die Verhafteten freizulassen und mich an deren Stelle zu verhaften."

Am 26. März 1933 gingen Betz und Haniel zu den neuen Herren, zuerst zu dem für die Presse verantwortlichen Hermann Esser, der das Blatt als "jüdische Journaille" bezeichnete. Haniel bot daraufhin Himmler an, die 'MNN', die bisher immer regierungstreu gewesen seien, würden auch treu zu dieser Regierung stehen; Himmler lehnte ab. Röhm, dem Haniel und Betz an diesem Tag ebenfalls einen Besuch abstatteten, ließ sich von dem Industriellen berichten, er und seine Kollegen seien schon lange nicht mehr mit dem Kurs der Zeitung einverstanden gewesen, sie hätten vielmehr auf einer 'nationalen' Linie des Blattes bestanden. Obwohl Röhm Betz seinen persönlichen Schutz zugesagt hatte, wurde er am Abend dieses Tages verhaftet. Im Polizeigefängnis traf er die anderen Verhafteten der 'MNN'; Büchner begrüßte ihn mit den Worten: "Ist das nicht schöner, daß wir uns hier treffen, als daß wir unser 25jähriges Dienstjubiläum bei den 'MNN' feiern würden?" Anfang April wurde Professor Cossmann verhaftet, andere Redaktionsmitglieder fristlos entlassen. Damit "waren die 'Münchner Neuesten Nachrichten' alter Prägung zu Grabe getragen worden. Die Zeitung hatte in den 85 Jahren ihres Bestehens wiederholt Richtung und Farbe gewechselt. Sie galt als Blatt liberalen Bürgertums und hatte alle Vorteile und Nachteile dieser Art. Im Geruch konsequenter Politik stand sie nicht." [128]

Die Gleichschaltung der Presse [129] machte auch vor den 'MNN' nicht halt. Neuer Verlagsleiter wurde Friedrich Leo Hausleiter, ein Heß- und Himmler-Protegé, wäh-

---

128) Dies nach Betz I, a.a.O., S. 34-40.
129) Vgl. Hale, a.a.O., S. 215-217 und (Fritz Schmidt): Presse in Fesseln..., Berlin 1948.

rend die Chefredakteure schnell wechselten. 130) Das Kapital wurde weiterhin durch Haniel vertreten. Die Einsetzung von Hausleiter war gegen den ausdrücklichen Willen von Max Amann, Direktor des parteieigenen 'Eher-Verlag', durchgeführt worden. Nach seiner Berufung zum Präsidenten der Reichspressekammer zwang er Hausleiter zum Rücktritt. Neuer Chefredakteur wurde "Giselher Wirsing, ein ebenso ehrgeiziger wie 'anpassungsfähiger' Publizist...". "Vielleicht könnte manches, was sich im Frühjahr 1933 in den 'Münchner Neuesten Nachrichten' abspielte, Pluspunkte für die Geschichtsschreibung der Presse jener Zeit abgeben," 131) schreibt Betz. Mit dem 'Schriftleiter-Gesetz' vom 4. Oktober 1933, also noch in der Phase der Konsolidierung des Regimes, 132) gelang es der Partei, alle ihr unliebsamen Journalisten und Redakteure aus den Zeitungen zu verbannen. Die Gleichschaltung machte vor keiner Zeitung und vor keiner Zeitungssparte halt. Im Dezember 1935 gelang Amann sein Vorhaben, den Verlag Knorr & Hirth mit den 'MNN' und den anderen Verlagsobjekten ohne Zwischenschaltung von Holdinggesellschaften, wie sie Amann und seine rechte Hand, Max Winkler, 133) für den Fall gegründet hatten, in 'Not' geratenen Zeitungsverlagen zu helfen, unmittelbar in den Besitz des Eher-Verlags zu bringen. Knorr & Hirth wurde für 3,5 Millionen Mark, die bar gezahlt worden sein sollen, 134), 135) gekauft. Haniel wurde mit dem Posten eines verantwortlichen Verlegers in die Reichspressekammer aufgenommen, aus der er aber bald wegen anderer wirtschaftlicher Interessen ausschied. 136)

Bis 1935 ist die Geschichte der 'Münchner Neuesten Nachrichten' aufgrund des vorhandenen Materials nachzuzeichnen, während die folgenden Jahre "bis zum bitteren Ende" (Gisevius) in Dunkel gehüllt sind. Der letzte Teil einer Denkschrift mit dem Titel 'Die Münchner Neuesten Nachrichten — ihre Vergangenheit und Gegenwart' vom 3. Juli 1935, die für diese Darstellung vorlag, ist das letzte Dokument zur Geschichte des Blattes, während sich verschiedene Zeitungssparten sogar bis 1945 nachzeichnen lassen. Die Denkschrift wurde aller Wahrscheinlichkeit nach von Dr. Friedrich Trefz verfaßt. In ihr heißt es:

> "Seit dem April 1933 ist die Zeitung vollständig im Sinn des Führers geführt und Herr Leo Hausleiter hat in dieser Zeit als Hauptschriftleiter und Verlagsleiter gemeinsam mit Herrn Landrat Haniel dem Blatt das politische Gepräge gegeben und den Beweis erbracht, daß die 'Münchner Neuesten Nachrichten' in dieser Zeit nicht nur dem Führer und der Bewe-

---

130) Chefredakteure waren nach 1933 Leo F. Hausleiter, Dr. Ernst Hohenstatter und Giselher Wirsing.
131) Betz I, a.a.O., S. 42 und 46.
132) Kurt Koszyk: Das Ende des Rechtsstaates 1933/34 und die deutsche Presse in: Journalismus (vgl. Anm. 83), Bd. 1, Düsseldorf 1960, S. 49-66; vgl. auch Jürgen Hagemann: Die Presselenkung im Dritten Reich, Bonn 1970.
133) Zu Winkler vgl. Winfried B. Lerg: Max Winkler, der Finanztechniker der Gleichschaltung in: 'ZV + ZV', Nr. 13 vom 1.5.1963, S. 610-612.
134) Hale, a.a.O., S. 217.
135) Vgl. Starkulla, a.a.O., S. 42, sowie dagegen Hale, a.a.O., S. 217 und 340.
136) Hale, a.a.O., S. 216 f.; im Register (S. 342) führt Hale Franz, statt Karl Haniel auf!

gung großen Nutzen gebracht haben, sondern gewissermaßen als ein ausgezeichneter Transformator der öffentlichen Meinung sich hat bestätigen können".
Die Denkschrift schließt mit den Worten: "Die Gründer der Firma Knorr & Hirth, die vielen Mitarbeiter haben sich selbst ein Denkmal gesetzt, aere perennius, und dieses Denkmal ist das Blatt, an dem heute noch Hunderttausende in alter Anhänglichkeit hängen, das Blatt, das auch den Weg zum dritten Reich gefunden hat und in den 2 1/2 Jahren zuverlässigen und tüchtigen Schaffens den Beweis dafür gegeben hat, daß es auch in dieser Zeit seiner Aufgabe gerecht wird". 137)

Die Männer, die der Zeitung in den letzten Jahren vor 1933 vorgestanden hatten, erlitten die verschiedensten Schicksale. 138) Fritz Büchner schrieb nach seiner Haftentlassung im Auftrag von Reusch die 'Geschichte der Gute-Hoffnungs-Hütte' (Oberhausen 1935) und ging anschließend zur 'Frankfurter Zeitung', er fiel im Krieg. Erwein von Aretin wollten die Nationalsozialisten wegen Hochverrat den Prozeß machen, weil er in Bayern angeblich die Monarchie wieder einführen wollte. 1934 aus dem Konzentrationslager Dachau entlassen, 1944 nach dem fehlgeschlagenen Putsch erneut verhaftet, dann aber endgültig freigelassen, beabsichtigte nach dem Krieg mit amerikanischer Lizenz eine Zeitung zu gründen; er war aber der Besatzungsmacht "zu bayerisch und zu katholisch". 139) Am 25. Februar 1952 starb er in völliger Armut. Haniel starb 1940, Reusch 1956. Dr. Brandi hatte die Zeichen der Zeit rechtzeitig erkannt und sich mit dem neuen System arrangiert. Schulmann nahm vor seiner Verhaftung Gift, Guttenberg, der sich 1932/33 nicht für und nicht gegen den Nationalsozialismus entscheiden konnte, wurde nach dem 20. Juli 1944 verhaftet und schwer mißhandelt; er fiel wahrscheinlich während der letzten Kriegstage in Berlin. Professor Cossmann blieb bis 1934 in Haft, er starb 1942 im Konzentrationslager Theresienstadt. 140)

Unmittelbar vor dem Zusammenbruch 1945 gab es in München noch drei große Zeitungen, die trotz aller Schwierigkeiten erscheinen konnten: der 'Völkische Beobachter', die 'München-Augsburger Abendzeitung' und die 'Münchner Neuesten Nachrichten, 141) deren letzte Ausgabe, die Nummer 101, am Samstag, dem

---

137) MNN-Denkschrift, S. 21 f.
138) Das Folgende nach Betz I, a.a.O., S. 42-44.
139) Dies schreibt Betz ebd., S. 24.
140) Zu Cossmanns Tod vgl. Karl Alexander von Müller: Über Paul Nikolaus Cossmanns Ende in: 'Hochland' 43. Jg. (1950), S. 368 ff.; Ohlbrecht irrt, wenn er (I, S. 7a) schreibt, Cossmann sei zusammen mit Gerlich im Juni 1934 "auf brutale Weise umgebracht" worden.
141) Die 'MNN', eine 'Lieblingszeitung' Hitlers, hatten nach Eichner, a.a.O., S. 252 "einen Redaktionsstab, der dem VB ('Völkischer Beobachter', d.Verf.) an 'Linientreue bis zum Untergang' nicht nachstand."

28. April 1945, in einem Umfang von vier Seiten erschien. Die 'MNN' erreichten zuletzt eine Auflage von 198 000 Exemplaren täglich. 142) Danach begann für Süddeutschland eine mehrmonatige zeitungslose Zeit — sieht man von den deutschsprachigen Blättern der Amerikaner ab —, bis am 6. Oktober 1945 die Lizenz Nr. 1 143) an Edmund Goldschagg, Dr. Franz Schöningh und August Schwingenstein zur Herausgabe der 'Süddeutschen Zeitung' erteilt wurde. 144), 145)

---

142) Vgl. Bert Apel (Spieß Nr. 77), S. 145.
143) Siehe dazu die Abbildung der 'License No. 1' bei Holstein/Riederle, a.a.O., S. 83.
144) Vgl. dazu auch die Jubiläumsnummer der 'SZ' vom 6.10.1970, besonders den Artikel des im Juli 1970 verstorbenen Chefredakteurs der 'SZ', Hermann Proebst: Idee und Weg einer Zeitung, ebd., S. 1 f. und 11 f.
145) D. Verf. hat sich an das Archiv der 'SZ' gewandt, um Material für die Geschichte der 'MNN' nach 1933 zu erhalten. Aus einem Brief der 'SZ' vom 12.10.1970 erfuhr er, daß "die 'Süddeutsche Zeitung' rechtlich gesehen nicht die Nachfolgezeitung der 'MNN' (ist). Die 'SZ' wird lediglich im selben Haus gemacht wie vorher die 'MNN'. In unseren Beständen ist über die Geschichte der 'MNN' so gut wie nichts." (Dann wundert es aber, daß die 'SZ' seit dem 20.12.1951 den Untertitel 'Münchner Neueste Nachrichten' führt! d. Verf.) Der 'Verlag Knorr & Hirth', der die 'MNN' während 73 Jahren (1862—1935) selbständig herausgegeben hatte, existiert noch; er verlegte Anfang 1972 seinen Sitz von München nach Ahrbeck bei Hannover.

Meinolf Rohleder / Burkhard Treude:

NEUE PREUSSISCHE (KREUZ—) ZEITUNG (1848 — 1939)

Es waren die Stürme der Märzrevolution des Jahres 1848, die den führenden konservativen Kreisen in Preußen endgültig die Bedeutung einer eigenen Presse bewußt machten. Schon nach der Julirevolution von 1830 hatte es mehrere Versuche zur Gründung eines konservativen Organs gegeben, [1] die, so sie verwirklicht wurden, entweder kaum die von ihren Initiatoren erhoffte Wirkung zeigten oder aber bereits in ihrem Anfangsstadium scheiterten. [2] Der wohl bekannteste Versuch dieser Art stammt aus dem Sommer 1847: Zur Zeit des vereinigten Landtages regte Otto v. Bismarck im Verein mit anderen Gesinnungsgenossen — als Gegengewicht zu der seit dem 1. Juli 1847 vom Historiker Gervinus herausgegebenen liberalen 'Deutschen Zeitung' — die Gründung eines großen konservativen Blattes an. [3]

Bismarcks Gedanke führte dazu, daß im Juli 1847 ein Aufruf bei preußischen Konservativen kursierte, in dem "zur Zeichnung von Aktien zu einer ständischen Zeitung auf der Basis religiöser Neutralität" aufgefordert wurde. [4] Der 'Einladung zur Unterzeichnung' lag ein 'Programm' bei, das "die Tendenzen dieses Organs in den allgemeinsten Umrissen" bezeichnete. Die Aufgaben des neuzugründenden Blattes charakterisierte das 'Programm' folgendermaßen: [5]

". . . Anknüpfend in praktischer Richtung an das Bestehende ist, mit besonderer Beziehung auf Preußen, Aufgabe des Blattes:
1. Erhaltung der Unabhängigkeit des Königthums, sowohl in seinen Beziehungen nach Außen, als auch auf dem Gebiete der Gesetzgebung, und der Verfügung über die herkömmlichen Staats-Einnahmen.
2. In ständischer Beziehung Förderung der Entwicklung der ständischen Freiheit und Selbständigkeit in Beziehung auf die verfassungsmäßige Einwirkung der Stände auf alle Angelegenheiten, im Wege der Petition; . . ."

---

1) Vgl. Paul Merbach: Die Kreuzzeitung 1848—1923. Ein geschichtlicher Rückblick, in: Beilage zur 'Neuen Preußischen Zeitung' (NPZ), Nr. 274 vom 16.6.1923, S. 1; außerdem: Kurt Danneberg: Die Anfänge der Neuen Preußischen (Kreuz-) Zeitung unter Hermann Wagener 1848—1852, phil. Diss. Berlin 1943, S. 13 ff.

2) Als wichtigste gelungene Gründungen sind hier zu nennen: das 'Berliner Politische Wochenblatt' (Oktober 1831— Ende 1841) und der von Viktor A. Huber halbmonatlich herausgegebene 'Janus' (April 1844— März 1848).

3) Die vom 5.7.1847 datierte 'Einladung' unterschrieben neben Bismarck noch Fürst Radziwill und der Geheime Regierungsrat von Werdeck; vgl. dazu: Hermann von Petersdorff: Ein Programm Bismarcks zur Gründung einer konservativen Zeitung, in: 'Forschungen zur Brandenburgischen und Preußischen Geschichte', XVII, 1904, S. 240—246; und An der Wiege der Kreuzzeitung. Erinnerungen aus den Tagen ihrer Vorgeschichte und Gründung aus Anlaß ihres 60jährigen Bestehens, Berlin 1908, S. 10 ff.

4) Hermann von Petersdorff, a.a.O., S. 241.

5) Daselbst, S. 242 ff.

Das Scheitern dieses Unternehmens von 1847, bei dem Bismarck sicherlich als die führende Kraft angesehen werden kann, ist neben Bedenken finanzieller Art darauf zurückzuführen, daß das 'Programm' nicht nur auf jegliche religiöse Grundsätze verzichtete, sondern sogar zur Vermeidung von allen "Einmischungen religiöser und konfessioneller dogmatischer Tendenzen, die nicht durch die rechtlich-politischen Beziehungen der anerkannten Kirchen bedingt sind", aufrief.[6] Diese Grundsätze mußten daher gerade den pietistischen Kreis um die Gebrüder v. Gerlach wie auch andere kirchlich gesinnte Konservative des preußischen Adels davon abhalten, das Vorhaben zu unterstützen. Die Episode von 1847 'an der Wiege der Kreuzzeitung' "bleibt aber als Beweis für die Tatsache bestehen, daß die Konservativen erst unter dem Druck der Revolution zu einer Aktionsgemeinschaft und einer Partei zusammenfanden, und daß der Keim der Aufspaltung von Anfang an in den konservativen Gruppen angelegt war."[7]

So griff unter dem Eindruck der Märzrevolution der Präsident des Oberlandesgerichts in Magdeburg Ludwig v. Gerlach Ende März 1848 den Gedanken an eine Zeitungsgründung wieder auf, "denn auch Gegner der Revolution müßten sich der gewährten Preßfreiheit zur Vertretung ihrer Politik bedienen."[8] Nach einer Unterredung mit dem ihm unterstellten Gerichtsassessor Hermann Wagener, der durch seine gelegentliche Mitarbeit im konservativen 'Rheinischen Beobachter' und im 'Janus' erste journalistische Erfahrungen gesammelt hatte, entschlossen sich beide Anfang April 1848 zur Gründung eines Blattes und begannen eifrig mit Werbetätigkeiten. Anfänglicher Widerstand bei einigen Konservativen [9] konnte schnell überwunden werden, so daß am 10. April 1848 eine 'Einladung zur Unterzeichnung mit Programm' verschickt werden konnte. Die benötigten 20 000 Taler sollten durch Aktien à 100 Taler aufgebracht werden. Es mußten etwa 3000 Abonnenten gewonnen werden, wenn das Vorhaben gelingen sollte. Mitte April einigte man sich auf den Namen "Neue Preußische Zeitung" mit der Devise "Vorwärts mit Gott für König und Vaterland" für das neue Blatt; der von Gerlach vorgeschlagene Titel 'Das Eiserne Kreuz' wurde als zu auffallend empfunden. Das Kreuz wurde dann aber als Vignette in den Kopf der Zeitung gesetzt.[10]

Am 16. Juni 1848 erschien die erste Probenummer der 'Neuen Preußischen Zeitung', in der auf der ersten Seite das Programm für das Blatt zu finden war. Hatte bereits die 'Einladung' die Notwendigkeit einer konservativen Presse eindringlich herausgestellt, so bemühte sich das 'Programm', eine möglichst breite programma-

---

6) Hermann von Petersdorff, a.a.O., S. 243.
7) Wolfgang Saile: Hermann Wagener und sein Verhältnis zu Bismarck, Tübingen 1958, S. 20.
8) Zit. nach Paul A. Merbach, a.a.O., S. 2.
9) Vgl. An der Wiege..., a.a.O., S. 23 ff.
10) Daselbst, S. 25; die Bezeichnung 'Kreuzzeitung' bürgerte sich schnell ein, wurde aber erst am 1.1.1911 in Klammern gesetzt in den Titel der Zeitung aufgenommen.

tische Basis zu schaffen, um die konservativen Gesinnungsgenossen im Kampf gegen die 'zersetzenden Kräfte der Revolution' zu sammeln. Wörtlich heißt es dort: 11)

"Die reißende Gewalt, mit welcher sich die Revolution in unserem Vaterlande Bahn gebrochen, die Veränderungen, welche sie uns gebracht hat und mit welchen sie uns noch bedroht, die Lehren, aus welchen dies alles geboren worden ist, machen es zur unabweislichen Pflicht, den entfesselten Geistern der Empörung mit Kraft und Nachdruck entgegenzutreten. Jedoch hiermit allein, mit dem bloßen Bekämpfen und Bestreiten, ists nicht getan, vielmehr gilt es, neben dem Kampfe gegen die Revolution und ihre verderblichen Grundsätze und Konsequenzen zugleich eine positive Stellung zu der neuen Ordnung der Dinge einzunehmen; denn nur dem gehört die Zukunft, der auf die bewegenden Gedanken der Gegenwart positiv einzugehen vermag.

In dieser doppelten Richtung auf dem Gebiet der Tagespresse wirksam zu sein, ist Zweck und Aufgabe des unter dem Namen: "Neue Preußische Zeitung" und unter dem Zeichen des Eisernen Kreuzes neu zu begründenden Blattes. Wir wollen demnach mit diesem Blatte kein mechanisches Reagieren, kein prinziploses Repristinieren eines früheren Zustands, kein bloßes Hemmen und Negieren der neuen Entwicklung. Wir wollen aber auch nicht, daß die Revolution, die als Tatsache nicht ungeschehen zu machen ist, *sich als Prinzip öffentlichen Lebens festsetzte*, daß dem deutschen Volke im Namen der Freiheit und des Fortschritts fremde und undeutsche Institutionen aufgedrungen werden, die uns mit dem Verluste wie der heiligsten sittlichen Güter, so auch der ganzen Summa an Recht, Gesittung und Bildung bedrohen, die ein kostbares Erbe unserer geschichtlichen Vorzeit, der Schmuck unseres deutschen Vaterlandes sind. Diesen Tendenzen und dem zerstörenden Nivellierungstriebe der Zeit gegenüber werden wir die wahren und geschichtlichen Grundlagen unseres Staats- und Rechtslebens geltend machen. Wir werden das Recht von oben gegen die willkürliche Rechtsbildung von unten nach einem nirgend dargetanen, bloß vorgeschützten Volkswillen, die Obrigkeit von Gottes Gnaden gegen selbstzusetzende und selbstzuentsetzende Machthaber vertreten, die geltende Rechtsordnung und die dadurch geschützten Interessen gegen offene und versteckte Gewalt, gegen das Andrängen eines alle Ungleichheit nicht aufhebenden, sondern umkehrenden Radikalismus verteidigen. Zugleich werden wir aber in der neuen Ordnung der Dinge, diejenigen Elemente aufweisen, welche wahre Realität und Inhalt haben, die lebensfähigen Triebe (unter organischer Anknüpfung an das geschichtlich Gegebene) zu positiven Bildungen und wirklichen Lebensmächten zu entwickeln, und so zu zeigen suchen, wo *wahre Freiheit und wahrer Fortschritt liegt.*

Wir stellen uns deshalb mit unserem Blatt unter das Panier: *"Vorwärts mit Gott für König und Vaterland!"*, unter dasselbe Panier, unter welchem Preußen schon einmal durch sein tapferes, auch jetzt als treu und unbefleckt bewährtes Heer die Freiheit Deutschlands von revolutionärer Knechtschaft erkämpft hat, womit wir zugleich aussprechen, daß wir nur in der Stärke und Macht Preußens die Macht und Selbständigkeit des deutschen Gesamtvaterlandes nach Innen wie nach Außen gesichert sehen. Den politischen und sozialen Fragen hauptsächlich zugewendet, werden wir doch zugleich das Recht und die Freiheit der christlichen Kirche in allen ihren Konfessionen heilig halten und, so oft es die Umstände erfordern, verteidigen. Innerhalb dieses Kreises werden wir uns mit möglichster Freiheit und Weite bewegen, jedoch überall von unseren Freunden und Mitarbeitern Wahrheit und Wahrhaftigkeit verlangen. Namentlich werden wir es als unseren Beruf ansehen, den jetzt mehr als je hervortretenden Lügen und Verleumdungen zu begegnen, und unsere Leser bitten, uns hierin kräftig zu unterstützen. Im übrigen gedenken wir, niemanden von unserer Gemeinschaft auszuschließen, der uns nicht als seine Gegner betrachtet, und mit Vorbehalt unserer Erwiderung selbst Gegnern das Wort zu gestatten.

---

11)   Erste Probenummer der 'NPZ' vom 16.6.1848.

Die innere Entwicklung Preußens und Deutschlands wird der nächste Gegenstand unserer Tätigkeit sein; aber das Ausland ist vom Inlande jetzt weniger als je zu trennen; wir werden daher auch in dieser Beziehung, während wir nach möglichster Vollständigkeit und Gründlichkeit der Nachrichten streben, die oben angedeuteten Gesichtspunkte festhalten."

Es erschienen im Laufe des Juni noch zwei weitere Probenummern; die reguläre Nummer 1 der 'Neuen Preußischen Zeitung' datiert vom 30. Juni 1948. Vom 4. Juli an konnte man zur täglichen Erscheinungsweise — außer an Sonn- und Feiertagen — übergehen. Bis zum 30. September 1849 wurde eine bis zur Seite 1834 reichende durchlaufende Paginierung vorgenommen, die dann aber mit der Formatsänderung vom 1. Oktober 1849, welche die äußere Form der 'Kreuzzeitung' bis 1923 bestimmen sollte, eingestellt wurde. Obwohl das Blatt in der ersten Zeit mit vielfältigen Schwierigkeiten [12] zu kämpfen hatte, konnte mit der als notwendig angesehenen Auflage von 3000 Abonnenten begonnen werden. Am 18. Juli 1848 meldete die Redaktion stolz, daß die 'Kreuzzeitung' "in mehr als 300 Städten des In- und Auslandes und namentlich auf dem Lande und unter den Herren Gutsbesitzern" [13] verbreitet sei. Bis Ende der 50er Jahre konnte das Blatt seine Auflage auf über 6500 steigern; mehr als 10 000 Bezieher dürfte es jedoch nie erreicht haben. [14] Unter den Aktionären waren neben den Gebrüdern von Gerlach und dem als Hauptgeldgeber angesehenen Grafen von Voß-Buch weitere hohe Adelige wie Alexander Prinz von Hessen, Marie Großherzogin von Mecklenburg-Strelitz, Prinz Waldemar von Preußen, Herzog Wilhelm von Braunschweig, der spätere Kriegsminister von Roon, Graf von Brandenburg und General von Rauch zu finden. Auch Bismarck, der sich im Sommer 1848 während der Vorbereitungszeit des Blattes sehr zurückgehalten hatte, war Aktionär der 'Kreuzzeitung' — als eigentlicher Mitgründer ist er nicht in Erscheinung getreten.

Die wirtschaftlichen Geschicke der 'NPZ' hatte ein aus den Gebrüdern von Gerlach, dem Grafen Voß-Buch, von Bethmann-Hollweg, dem Grafen von Finckenstein und dem Baron von Pilsach bestehendes 'leitendes Komitee' in Händen. Die Stellung des Chefredakteurs gegenüber dem Komitee regelte eine besondere Vereinbarung, in der es [15] u.a. hieß: "Das Komitee ist nicht berechtigt, Wagener, so lange er Redakteur bleiben kann und will, die Redaktion abzunehmen." Sie bestätigte damit den bereits in der 'Einladung' festgelegten Grundsatz: "Die Stellung des Redakteurs ist, wie es die Natur der Sache mit sich bringt, auf besonderes Vertrauen gegründet und daher eine selbständige, unter moralischer Verantwort-

---

12) Hermann Wagener berichtet, daß "auf der Straße den Boten die Exemplare gewaltsam entrissen, zerrissen und in den Rinnstein geworfen wurden;..." Er selbst mußte dreimal wegen Morddrohungen mit seiner Familie nach Potsdam fliehen. Vgl. dazu: Hermann Wagener: Erlebtes I, II, Berlin 1884, Bd. I, S. 16.
13) Kurt Danneberg, a.a.O., S. 55.
14) Vgl. dazu die bei Merbach aufgeführten Statistiken der Auflagenhöhe verschiedener Zeitungen, Paul A. Merbach, a.a.O., S. 3.
15) Hermann Wagener, a.a.O., Bd. I, S. 9.

lichkeit gegen die Aktionäre." 16) Diese ungewöhnlich unabhängige Stellung des Chefredakteurs ermöglichte es einem so fähigen Publizisten wie Hermann Wagener, einen entscheidenden Einfluß auf die konservative Sammlungsbewegung und Parteibildung zu nehmen. Die 'Kreuzzeitung' wurde unter seiner Leitung in kurzer Zeit zum führenden Blatt des preußischen Junkertums.

Wageners journalistischer Ruf gründete "sich hauptsächlich auf den Kurzartikel, den er zu hoher Wirksamkeit ausgebildet hatte." 17) Diese berühmten, höchst wirkungsvollen kurzen Leitartikel, fast immer ohne Überschrift, nahmen, in wenigen Zeilen zusammengefaßt, auf der ersten Seite der 'Kreuzzeitung' zum tagespolitischen Geschehen Stellung. Sie legten in "fast monotoner Wiederholung" die Grundsätze des konservativen Prinzips klar und mobilisierten die "Gesinnungskräfte konservativer Haltung." 18) Ein weiteres charakteristisches Merkmal der 'NPZ' waren bis 1857 die zuerst monatlichen, dann vierteljährlichen 'Rundschauen' Ludwig von Gerlachs, in denen der 'politische Bußprediger' unerbittlich die Unveränderlichkeit seines Standpunktes feststellte und "in weitgespanntem Bogen einer geradezu kosmopolitischen Betrachtungsweise eine Summe europäischen monatlichen Geschehens geben" 19) wollte. Zu den bestgehaßten und umstrittensten Artikeln gehörten ohne Zweifel die Beiträge des 'Berliner Zuschauers' 20), von Hermann Goedsche, alias 'Sir John Retcliffe' bis 1874 betreut, den der 'Kladderadatsch' als das "unermüdliche Klein-gewehrfeuer eines notizenspeienden Feuilletons" 21) bezeichnete.

Weitere Mitarbeiter waren Georg Hesekiel, der bis 1874 den 'französischen Artikel' redigierte, der Pariser Korrespondent Alexander Weil, der Theaterkritiker Friedrich Adami, der Hallenser Historiker Heinrich Leo, der Literaturhistoriker Viktor Aimé Huber sowie Friedrich Julius Stahl, neben Gerlach der bedeutendste konservative Theoretiker, der übrigens als einer der wenigen nicht anonym schrieb, und bis zu seiner Übersiedlung nach Frankfurt im Mai 1851 auch Bismarck. Es "erschien während der parlamentarischen Verhandlungen" nach Wageners Erinnerung 22) "kaum eine Nummer der 'Kreuzzeitung', welche nicht einen längeren oder kürzeren Artikel des Herrn v. Bismarck enthalten hätte", ebenso weiß der Kreuzzeitungsredakteur zu berichten, daß "ein nicht unerheblicher Teil der damaligen Scherze des 'Berliner Zuschauers', und zwar nicht die schlechtesten, auf sein Konto" kom-

---

16) Daselbst, S. 8.
17) Kurt Dannenberg, a.a.O., S. 120.
18) Daselbst, S. 144.
19) Paul A. Merbach, a.a.O., S. 5.
20) Vgl. dazu: Paul A. Merbach: Der 'Zuschauer' der Kreuzzeitung, in: Beilage zur 'NPZ', Nr. 162 vom 1.4.1923; außerdem: Hans Becker: Das Feuilleton der Berliner Tagespresse von 1848–1852, Würzburg 1938, S. 88 ff.
21) Vgl. 'Kladderadatsch' vom 17.12.1848;
22) Hermann Wagener, a.a.O., Bd. I, S. 20, 55.

me. Dennoch sind Bismarcks Artikel schwer nachzuweisen, und die meisten, die ihm zugeschrieben werden, stammen vermutlich aus der Feder Wageners. [23]

Von Anfang an bildete die 'Kreuzzeitung' "den Kristallisationskern, um den sich die royalistische Widerstandsgruppe sammeln konnte" [24], und der von der liberalen Presse 'als die kleine, aber mächtige Partei' charakterisiert wurde. Die 'Kölnische Zeitung' prägte im September das Wort von der "Kreuzzeitungs-Kamarilla", nachdem sich bereits im Dezember 1848 ein oppositioneller Flügel unter von Bethmann-Hollweg herausgebildet hatte, der ab 1851 als 'Wochenblattpartei' bekannt wurde. [25] Dadurch kam die 'Kreuzzeitung' in eine außerordentlich schwierige Lage, denn "sie hatte nicht nur die Revolution und deren Folgen zu bekämpfen, sondern auch Stellung zu nehmen gegen manche Irrungen und Unklarheiten der Freunde"; dies um so mehr, als durch ihre Verbindung mit der Hof-Kamarilla "ein nicht geringer Teil der Bedeutung der Zeitung darin bestand, daß man überall daran festhielt, die 'Kreuzzeitung' als das Organ der Krone zu betrachten und ihren wesentlichen Inhalt als vom König sanktioniert zu würdigen", [26] so daß sich die Redaktion genötigt sah, auf ihre Unabhängigkeit von der preußischen Regierung hinzuweisen.

Im Dezember 1848 konnte die 'NPZ' ihren Wirkungskreis durch die Herausgabe des 'Neuen Preußischen Sonntagsblattes' entscheidend vergrößern. Diese Schöpfung Wageners sollte vor allem "konservative und patriotische Gesinnungen bei der einfachen ländlichen Bevölkerung wecken und fördern." [27] Das Sonntagsblatt erschien mit einer Auflage von 3000, 'bei ungewöhnlichen Ereignissen' sogar von 15 000 als wöchentliche Zugabe der 'Kreuzzeitung' und ging im Juli 1859 im 'Preußischen Volksblatt' auf.

Im Jahre 1849 begannen die Auseinandersetzungen der 'Kreuzzeitung' mit der bürokratisch-absolutistischen "Minister-Kamarilla", [28] die Wagener in der Regierung Manteuffel, in der Zentralstelle für Preßangelegenheiten und deren Leiter

---

23) Zu diesem Fragenkomplex vgl. Bernhard Studt: Bismarck als Mitarbeiter der Kreuzzeitung in den Jahren 1848 und 1849, phil. Diss. Bonn 1903; Horst Kohl: Herr von Bismarck-Schönhausen als Mitarbeiter der Kreuzzeitung, in: 'Bismarck-Jahrbuch' hrsgg. von Horst Kohl, 1. Band, 1894, S. 469-483; Hermann von Petersdorff: Bismarck und die Kreuzzeitung, in: 'NPZ', Nr. 351-355 vom 30.7.-2.8.1921; Max Morris: Bismarck als Journalist, in: Wissenschaftliche Beilage der 'Vossischen Zeitung' (Berlin) Nr. 52 vom 25.12.1915 und Nr. 1 vom 2.1.1916; Eberhard Naujoks: Bismarck, in: Heinz-Dietrich Fischer (Hrsg.): Deutsche Publizisten des 15.—20. Jahrhunderts, München-Pullach 1971, S. 253 ff.
24) Wolfgang Saile, a.a.O., S. 21.
25) Der Name rührte von dem 1851 in Berlin gegründeten 'Preußischen Wochenblatt zur Besprechung politischer Tagesfragen' her.
26) Paul A. Merbach, a.a.O., S. 7.
27) Paul A. Merbach, a.a.O., S. 7
28) Vgl. Kurt Danneberg, a.a.O., S. 174 ff.

Dr. Quehl im besonderen vertreten sah. Waren es 1849 und 1850 innerpreußische und deutsche Angelegenheiten, die Wagener auf Veranlassung von König oder Manteuffel Verwarnungen, Beleidigungsklagen und Verurteilungen zu Gefängnisstrafen einbrachten, so standen ab Mitte des Jahres 1850 in verstärktem Maße außenpolitische Probleme im Mittelpunkt des schwelenden Konflikts. Die 'NPZ' stellte sich im Sommer 1850 in offenen Widerspruch zur preußischen Regierung, als diese durch die zweite Presseverordnung versuchte, die Pressefreiheit erheblich zu beschränken. Wagener lehnte diese Verordnungen in scharfer Form ab, was die erste Beschlagnahme der 'NPZ' am 23. Juni durch die Berliner Polizei zur Folge hatte. Zugleich griff das Blatt den Minister Radowitz und dessen Unionspolitik an, so daß Wagener im Oktober erneut durch den Berliner Polizeipräsidenten Hinckeldey verwarnt wurde. Als sich im Jahre 1851 die Auseinandersetzungen mit der Bürokratie zu häufen begannen, dachte Wagener mehrmals an seinen Rücktritt, konnte aber durch seine Freunde davon abgehalten werden. [29]

Im Frühjahr 1852 mehrten sich die anti-bonapartischen Artikel derart, daß die 'NPZ' nicht nur im April des Jahres in Frankreich verboten wurde [30], sondern daß das Polizeiregime Manteuffel zum entscheidenden Schlag gegen die 'Kreuzzeitung' und ihren Leiter auszuholen gedachte: Als das Blatt die Regierung wegen der Nachgiebigkeit in den Zollvereinsverhandlungen brandmarkte, wurden im Juli 1852 mehrere Nummern hintereinander beschlagnahmt. Die Redaktion antwortete mit einem aufsehenerregenden Schritt; statt einer Zeitungsnummer veröffentlichte sie am 16. Juli eine Erklärung gegen das 'System Manteuffel-Quehl' [31] und unterbrach ihr Erscheinen bis zum 20. Juli. Dieses Vorgehen bezeichnete die 'Kölnische Zeitung' als ein für die 'Kreuzzeitung' "ehrenvolles Ereignis"; die 'Augsburger Zeitung' bescheinigte ihr "politischen Mut". [32] Im Frühjahr 1853 wurde die 'Kreuzzeitung' sogar für staatsgefährdend erklärt, und nur eine Intervention Leopold von Gerlachs beim König konnte verhindern, daß dem Blatt die Konzession entzogen wurde. Im Juli nahm die 'NPZ' im Gegensatz zur neutralen Haltung Preußens in der orientalischen Frage Partei für Rußland, was der Zeitung während des Krimkrieges nicht nur den Beinamen 'Neue Russische Zeitung', sondern ihrem leitenden Redakteur eine erneute Vorladung auf das Berliner Polizeipräsidium einbrachte. Wagener benutzte diese Gelegenheit dazu, am 13. Juli 1853 die Schriftleitung des Blattes offiziell niederzulegen.

Am 30. September übernahm der schon seit 1849 in der Redaktion arbeitende Dr. Thuiskon Beutner vorübergehend die Leitung des Blattes. Wagener blieb während dieser Zeit in der Redaktion, übernahm Anfang Februar noch einmal selbst das Amt des Chefredakteurs, legte aber nach erneuten Aktionen gegen das Blatt

---

29) Daselbst, S. 181.
30) Vgl. 'NPZ' Nr. 87 vom 14.4.1852.
31) Vgl. 'NPZ', Nr. 164 vom 16.7.1852.
32) Zit. nach Kurt Danneberg, a.a.O., S. 190.

von seiten Quehls und Hinckeldeys Ende Oktober endgültig seinen Redaktionsposten nieder. "Obwohl er auf seine Nachfolger 'mit sardonischem Lächeln' herabsah" 33), arbeitete Hermann Wagener bis Ende der 1850er Jahre regelmäßig, bis Anfang der 70er Jahre gelegentlich an der Zeitung mit und unterstützte in dieser Zeit die Bismarcksche Politik. Im übrigen wandte er sich stärker als vorher sozialpolitischen Problemen zu. In der antiliberalistisch ausgerichteten 'Kreuzzeitung' und in den kaum an sozialen Fragen interessierten konservativen Kreisen konnten seine Ideen jedoch wenig zum Tragen kommen. 34)

Die Beschlagnahmungen durch Manteuffel hörten in der ersten Zeit auch unter Wageners Nachfolger Beutner nicht auf. In Österreich wurde das Blatt nach Verurteilung der Reformen des Ministers Bach durch diesen für einige Zeit verboten. 35) Der 'Zuschauer' mäßigte seine Angriffe, und die 'Kreuzzeitung' wurde "matt und stumpf und ließ sich von den Ereignissen treiben, ohne besonders Stellung zu nehmen." 36) Als 1859 mit dem österreichisch-italienischen Feldzug eine neue Bewegung der deutschen Einheitsbestrebungen eingeleitet wurde, trat die 'NPZ' für ein Bündnis mit Österreich gegen Frankreich ein. Gerlach erhob die Parole 'Einheit und Eintracht' zum Programm. Das Blatt stellte sich gegen den deutschen Reformverein von 1862 und nahm in der schleswig-holsteinischen Frage eine schwankende Mittelstellung ein. Hatte die Zeitung zuerst eine Annexion Schleswigs scharf abgelehnt und mit Bismarck ein Interim zur Klärung der rechtlichen Fragen empfohlen, so trat sie ab 1864 mehr und mehr für die preußische Annexionspolitik ein. Sie brachte sich dadurch in einen schroffen Gegensatz zu einem großen Teil der protestantischen Öffentlichkeit und wurde aus dieser Richtung sogar als "das Parteiblatt des Pharisäertums" 37) beschimpft. Beutner stellte sich mit seiner Unterstützung der Politik Bismarcks offen gegen Gerlach, der eine Annexion ablehnte und als einer der entschiedensten Verfechter der Heiligen Allianz galt.38) Als die 'Kreuzzeitung' im Winter 1865 von Bismarck dazu ausersehen wurde, Österreich zu warnen 39) und für eine preußische Gegenrüstung eintrat, wurde der Ge-

---

33) Wolfgang Saile, a.a.O., S. 74.
34) Vgl. zu diesem Problem: Fritz Eberhardt: Friedrich Wilhelm Hermann Wagener. Die ideellen Grundlagen seines Konservatismus und Sozialismus, phil. Diss. Leipzig 1922; Hans-Joachim Schoeps: Hermann Wagener. Ein konservativer Sozialist. Ein Beitrag zur Ideengeschichte des Sozialismus, in: 'Zeitschrift für Religion und Geistesgeschichte', VIII, 1956, Heft 3; Siegfried Christoph: Hermann Wagener als Sozialpolitiker, phil. Diss. Erlangen 1950.
35) Vgl. Ludwig Salomon: Geschichte des Deutschen Zeitungswesens, 3 Bde., Leipzig 1906, Bd. III, S. 565.
36) Paul A. Merbach, a.a.O., S. 13.
37) H. Rendtorff: Die Kreuzzeitung und die Holsteinische Geistlichkeit, Kiel 1864, S. 56; vgl. auch: A. Ebrard: Wider die Kreuzzeitung an die schriftgläubigen Geistlichen Preußens, Erlangen 1864 (Flugschrift).
38) Vgl. dazu: Kurt Koszyk: Deutsche Presse im 19. Jahrhundert, Berlin 1966, S. 236.
39) Vgl. Paul Merbach, a.a.O., S. 14.

gensatz zwischen Gerlach und der 'Kreuzzeitung' immer schärfer. Am 4. Juni 1866 fand noch eine Konferenz von Konservativen in Berlin statt, die das Verhältnis zwischen Gerlach und der 'NPZ' durch ein Abkommen regeln wollte, doch bereits am 16. Juni 1866 verwarf Gerlach die ausgehandelte Möglichkeit, gegen Beutner schreiben zu können und trennte sich von seiner Zeitung.

Nach dem Ausscheiden Gerlachs war die Haltung der 'Kreuzzeitung' nicht immer der Außenpolitik Bismarcks förderlich, insbesondere was das Verhältnis zu Frankreich und Rußland anbelangte. Sie schien Bismarck jedoch im Herbst 1868 besser als die offiziöse 'Norddeutsche Allgemeine Zeitung' geeignet, die Pressekampagne gegen Beust zu tragen. [40] Während des Kriegssommers galt die 'Kreuzzeitung' neben der 'Spenerschen Zeitung' als das halb-offiziöse Blatt Bismarcks. [41] Als bekanntesten Mitarbeiter konnte Beutner 1860 Theodor Fontane gewinnen, der bereits Anfang der 50er Jahre für die 'NPZ' als Korrespondent in London gearbeitet hatte. Fontane redigierte bis zu seinem Ausscheiden 1870 die 'englischen Artikel' und veröffentlichte manche seiner Balladen und Vorstudien zu den 'Wanderungen' in der 'Kreuzzeitung'. [42]

Allerdings wurde das Blatt in dieser Zeit manchen neuauftauchenden Problemen nicht gerecht. Wagener beklagte das mangelnde Verständnis für soziale und wirtschaftliche Fragen, das er auf die "fehlenden politischen Fähigkeiten Beutners" zurückführte. [43] "Mit der Reichsgründung hatte die Auseinandersetzung zwischen Altpreußentum und Deutschtum, konservativer und Bismarckscher Politik, die in der 'Kreuzzeitung' so manches Mal zum Austrag gekommen war, noch nicht ihren Abschluß gefunden, die kommenden Jahre sollten noch manchen Zwist und schärfere Konflikte bringen." [44] Der nächste Konflikt bahnte sich an, als der 30jährige Philipp von Nathusius-Ludom 1872 die Leitung der 'Kreuzzeitung' von Beutner übernahm. Er war ein Schüler Gerlachs, vertrat in radikaler Form die Parteidoktrin vom christlichen Ständetum und war ein Gegner der sozialen Ideen Wageners. Nathusius-Ludom konnte nicht nur die Finanzlage der 'Kreuzzeitung' außerordentlich günstig gestalten, er gründete außerdem mit dem 'Reichsboten' ein volkstümliches Tochterblatt der 'Kreuzzeitung', das sich an die Massen wenden sollte. Als Chefredakteur berief Nathusius-Ludom den hessischen Pfarrer Heinrich Engel, der den 'Reichsboten' zu einer Volkszeitung für den bürgerlichen Mittelstand, im besonde-

---

40) Vgl. Eberhard Naujoks: Bismarcks auswärtige Pressepolitik und die Reichsgründung (1865—1871), Wiesbaden 1968, S. 227, 231.
41) Vgl. Otto Groth: Die Zeitung. Ein System der Zeitungskunde (Journalistik), 4 Bde., Mannheim — Berlin — Leipzig 1928—1930, Bd. II, S. 202 f.
42) Vgl. dazu: Theodor Fontane: Von Zwanzig bis Dreissig, 2. Aufl. Berlin 1899; Paul A. Merbach: Theodor Fontanes Mitarbeit an der Kreuzzeitung, in: Beilage zur 'NPZ', Nr. 579 und 587 vom 24. und 31. 12. 1922; Günter Kieslich: Theodor Fontane, in: Heinz-Dietrich Fischer, a.a.O., S. 273 ff.
43) Paul A. Merbach, a.a.O., S. 15.
44) Daselbst.

ren für Pastoren machte. Nachdem 'NPZ' und 'Reichsbote' gemeinsam die preußische Schulpolitik kritisiert hatten, kam der wachsende Konflikt mit Bismarck zu seinem Höhepunkt, als Nathusius-Ludom in voller Absicht und nach eingehender Prüfung den von Franz Perrot geschriebenen Aufsatz "Die Aera Delbrück-Camphausen-Bleichröder" in den "Aera-Artikeln" vom 29.6. bis 3.7.1875 veröffentlichte. Diese stark antisemitisch gefärbte Artikelserie bezeichnete den jüdischen Bankier Bleichröder als 'Unglück Deutschlands' und rechnete mit der liberalen Wirtschaftspolitik Bismarcks ab, schonte aber die Person des Kanzlers.

Bismarck war durch diesen Angriff empfindlich getroffen, wartete allerdings mit einer Antwort über ein halbes Jahr. Bei der Beratung der Strafgesetz-Novelle am 9. Februar 1876 nahm er im Reichstag die Gelegenheit wahr, mehrfach zu Fragen des Pressewesens Stellung zu nehmen. Dabei warf der Kanzler der 'Kreuzzeitung' und ihren Abonnenten vor: [45)]

> "Wenn ein Blatt, wie die 'Kreuzzeitung', die für das Organ einer weit verbreiteten Partei gilt, sich nicht entblödet, die schändlichsten und lügenhaftesten Verleumdungen über hochgestellte Männer in die Welt zu bringen, in einer solchen Form, daß sie nach dem Urteil der höchsten juristischen Autoritäten nicht zu fassen ist, aber doch derjenige, der sie gelesen hat, den Eindruck hat: hier wird den Ministern vorgeworfen, daß sie unredlich gehandelt haben — wenn ein solches Blatt so handelt, und in monatelangem Stillschweigen verharrt, trotzdem das alles Lügen sind, und nicht ein peccavi oder erravi spricht, so ist das eine ehrlose Verleumdung, gegen die wir alle Front machen sollten, und niemand sollte mit einem Abonnement sich indirekt daran beteiligen. Von einem solchen Blatte muß man sich lossagen, wenn das Unrecht nicht gesühnt wird. Jeder der es hält, beteiligt sich indirekt an Lüge und Verleumdung."

Mit gleicher Heftigkeit beantworteten die Altkonservativen die Bevormundung Bismarcks. In einer Erklärung, die am 26. Februar 1876 in der 'Kreuzzeitung' erschien, [46)] hieß es:

> "... Als treue Anhänger der königlichen und konservativen Fahne weisen wir diese Anschuldigungen gegen die 'Kreuzzeitung' und die gesamte durch sie vertretene Partei auf das entschiedenste zurück. Wir bedauern, daß der erste Diener der Krone zu derartigen Mitteln greift, um eine Partei zu bekämpfen, die er jahrelang als zuverlässigste Stütze des Thrones anerkannt hat.
>
> So wenig wie die schmerzlichen Erfahrungen der letzten Jahre vermocht haben uns in unserer Königstreue und in unseren Grundsätzen zu erschüttern, so wenig wird auch der letzte und verletzendste Angriff gegen die Partei und ihr Organ imstande sein uns von der Zeitung zu trennen, welche furchtlos und treu stets ihren Wahlspruch 'Mit Gott für König und Vaterland' verfochten und alle Versuche ihr beizukommen erfolgreich abgeschlagen hat.
>
> Wenn aber der Herr Reichskanzler im Anschluß an den oben angeführten Ausspruch die Aufrichtigkeit unserer christlichen Gesinnung in Zweifel zieht, so verschmähen wir es ebenso mit ihm darüber zu rechten, wie wir es zurückweisen die gegebenen Belehrungen über Ehre und Anstand anzunehmen."

---

45) Horst Kohl: Bismarck Regesten, 2 Bde., Leipzig 1892, Bd. 2, S. 122.
46) Vgl. 'NPZ', Nr. 48 vom 26.2.1876.

Den 'Deklaranten', unter denen mit Hans von Kleist-Retzow und Adolf von Thadden-Trieglaff zwei von Bismarck sehr geschätzte Persönlichkeiten waren, schlossen sich bis zum 21. März 1876 viele Adelige aus der Mark, aus Pommern und Schlesien, sowie zahlreiche Geistliche und Industrielle an. Nathusius-Ludom freilich, der im Sommer bei der Gründung der Deutschkonservativen Partei [47] den Kreuzzeitungsflügel vertrat, mußte seinen Abschied von der 'NPZ' nehmen. Benno von Niebelschütz, Nathusius-Ludoms Nachfolger bis November 1881, kam aus dem preußischen Staatsdienst. "Er schien den Rock des preußischen Bürokraten auch als politischer Journalist nicht ausgezogen zu haben: gelehrige juristische Erörterungen über Steuer- und Verwaltungsfragen beherrschten die Spalten der 'Kreuzzeitung', die fast einem Fachblatt für Regierungsräte zu ähneln begann." [48] Erst bei der Verabschiedung des Schutzzollgesetzes im Juli 1879 gab die 'Kreuzzeitung' die Position des Freihandels auf, trat dann allerdings nur noch im Interesse der preußischen Junker für alle Bestrebungen zugunsten der Landwirtschaft ein. Niebelschütz wagte weder eine klare Entscheidung für den konservativen Teil des Zentrums noch für eine Verständigung mit dem rechten Flügel der Nationalliberalen.

Das Blatt gab seine schwankende Stellung auf, als es unter der Leitung seines neuen Chefredakteurs Wilhelm Freiherr von Hammerstein-Schwartow, der am 28. November 1881 die Leitung der 'NPZ' übernahm, wieder ganz entschieden konservativklerikale Politik vertrat. Hammerstein, einer der 'Deklaranten', brachte bereits am 14. Dezember 1881 in der 'Kreuzzeitung' eine Erklärung Perrots, der darin sein über Bismarck gefälltes Urteil öffentlich zurücknahm, nachdem Hammerstein selbst im Mai 1881 ein Entschuldigungsschreiben an den Kanzler gerichtet hatte. Die Hauptangriffe der 'Kreuzzeitung' richteten sich gegen das von den Regierungskonservativen gegründete 'Deutsche Tageblatt', für das man den Leiter der 'NPZ' 1880 als ersten politischen Redakteur vorgeschlagen hatte.

Die 'Kreuzzeitung' unter Hammerstein zeigte sich bestens über interne Vorgänge in Hof- und Regierungskreisen, über außenpolitische und militärische Details informiert. Das Blatt, das eine "antikapitalistisch-korporative Sozialpolitik für den Kern der sozialen Frage" [49] erklärte und einen gemäßigten Antisemitismus befürwortete, wurde dank der politischen Begabung ihres Chefredakteurs, "auf die Höhe eines in der damaligen Presse kaum erreichten Einflusses gehoben." [50] Dabei kam Hammerstein die unabhängige Stellung des Chefredakteurs ebenso entgegen wie die wirtschaftliche Verquickung der Redaktion mit der Zeitung. Das Blatt war im Laufe der Zeit nämlich in der Lage gewesen, eine große Zahl der Aktien ihres Gründungs-

---

[47] Zur Geschichte der Deutschkonservativen Partei vgl. Hans Booms: Die Deutschkonservative Partei, Düsseldorf 1954.
[48] Heinrich Heffter: Die Opposition der Kreuzzeitungspartei gegen die Bismarcksche Kartellpolitik in den Jahren 1887—1890; phil. Diss. Leipzig 1927, S. 15.
[49] Daselbst, S. 55.
[50] Daselbst, S. 15.

kapitals von den ursprünglichen Besitzern zurückzukaufen; in der Verwaltung der 'Kreuzzeitung', die durch ein Komitee von Aktienbesitzern und hinzugezogene Vertrauensmänner erfolgte, vertrat der jeweilige Chefredakteur den Aktienbesitz der Zeitung. Dadurch wurde die redaktionelle Selbständigkeit, die bereits Wageners Stellung gekennzeichnet hatte, auch auf seine Nachfolger übertragen. Äußerlich zeigte sich der Aufschwung des Blattes daran, daß seit dem 1. April 1888 täglich zwei Ausgaben der 'Kreuzzeitung' erschienen. 51)

Trotz der Aussöhnung Hammersteins mit Bismarck, verübelte der Leiter der 'NPZ' dem Kanzler das Bündnis mit den Liberalen im Kulturkampf. Zuerst richtete sich deshalb der Kampf des 'evangelischen Zentrums', wie Bismarck die Deutschkonservativen nannte, gegen die Kirchenpolitik. Gemeinsam mit den Christlich-Sozialen, die sich 1881 unter der Führung des Hofpredigers Stoecker der Deutschkonservativen Partei angeschlossen und in der 'Berliner Bewegung' ihre agitatorische Basis hatten, vertrat die Kreuzzeitungsgruppe sozialkonservative Ideen. 52) Die 'Kreuzzeitung' sah den Markstein des gesamten Parteiwesens "in der vom Christentum und einem sozialen Königtum getragenen Sozialreform, als deren Programm sie die kaiserliche Botschaft von 1881 verehrte." 53) Der Kartellpolitik Bismarcks stand das Blatt sehr widersprüchlich gegenüber; es verstand sie lediglich "als ein Zusammengehen der drei Parteien." 54) So bekämpfte die 'NPZ' auch während des Kartells die Nationalliberalen und trat in der Septennatsfrage für das Äternat ein, wodurch die Kreuzzeitungsgruppe nach 1887 an den Rand der konservativen Partei gedrängt wurde. Hammerstein setzte sich daraufhin heftig gegen den Kartellgedanken ein, kam aber dadurch gleichzeitig in Opposition zur Fraktionsführung, die ihn in den folgenden Jahren erfolglos zu isolieren versuchte.

Während der 99 Tage der Regentschaft Friedrichs III. legte sich das Blatt "strenge politische Zurückhaltung" auf, 55) setzte sich für die Rückkehr Robert von Puttkamers in die Regierung und für ein Bündnis mit dem Zentrum ein. Hammerstein war nicht unmaßgeblich am Sturz Bismarcks beteiligt. Davon zeugt der 'Scheiterhaufenbrief' Stoeckers vom 14. August 1888, in dem dieser dem Kreuzzeitungsredakteur den Rat erteilte, man müsse dem Kaiser eher indirekt den Gegensatz zu Bismarck zeigen, als gegen den Kanzler zu polemisieren; dieser Gegensatz zu Bismarck sollte die 'unabhängigen' Konservativen, die 'Kreuzzeitung' und ihren Leiter später auch mit dem Kaiser verfeinden.

So blieben denn auch am Anfang des Jahres 1889 Beschlagnahmungen nicht aus, was die 'NPZ' aber nicht hinderte, weiter gegen die Mittelparteien zu kämpfen.

---

51) Heinrich Heffter, a.a.O., S. 16 und Paul A. Merbach, a.a.O., S. 13.
52) Vgl. dazu: Die bürgerlichen Parteien in Deutschland von 1830—1945, 2 Bde., Leipzig 1968, Bd. 1, S. 681.
53) Heinrich Heffter, a.a.O., S. 60.
54) Daselbst, S. 88.
55) Daselbst, S. 131.

Nach Bismarcks Sturz lösten sich die Gegensätze in der Deutschkonservativen Partei im Kampf gegen Caprivis Handelsvertrags-Politik, die sich gegen die großagrarischen Schutzzölle richtete. Im März 1891 kaufte Hammerstein mit dem 'Deutschen Tageblatt' die noch am Anfang des Jahres bekämpfte lästige Nebenbuhlerin auf und verstärkte gemeinsam mit Stoecker seinen Einfluß auf die Deutschkonservativen. Mit dem Tivoliparteitag von 1892 konnte die Kreuzzeitungsgruppe die Führung der Partei gänzlich übernehmen. Unter Hammersteins Parteiherrschaft trat sie zusammen mit dem 1893 gegründeten 'Bund der Landwirte' für höhere Agrarzölle ein und unterstützte — im Gegensatz zu ihrer sonstigen Haltung dem zweiten Kanzler gegenüber — Caprivis 'milden Polenkurs', um der Landwirtschaft billige Arbeitskräfte weiterhin zu sichern. Nachdem man ihm Unterschlagungen nachgewiesen hatte, mußte Hammerstein 1896 das Blatt verlassen. "Seine 'Fälschung' hatte darin bestanden, daß er vom Papierlieferanten der 'Kreuzzeitung' eine hohe Summe erlangt hatte, gegen einen Vertrag, der dem Lieferanten einen erheblich den Marktpreis übersteigenden Preis für das zu liefernde Papier bewilligte." 56)

Durch diese Affäre wurde der bereits seit 1883 für die 'Kreuzzeitung' tätige Dr. Hermann Kropatschek Leiter des Blattes. Unter ihm folgte für die Zeitung eine ruhigere Periode. Kropatschek, Mitglied der Kommission für Schulpolitik, bemühte sich, kulturpolitische Fragen in den Vordergrund der Berichterstattung der 'NPZ' zu bringen. So war das Blatt um die Jahrhundertwende führend in Fragen der Gymnasialpädagogik und des Bibliothekswesens. Nachfolger Kropatscheks wurde Justus Hermes, unter dem die 'Kreuzzeitung' "in etwas bürokratische Bahnen geriet." 57) In seiner Zeit wurde auch die seit der Gründung bestehende Verbindung der Redaktion mit dem Verwaltungsgeschäft gelöst. Bereits am 16. März 1899 war durch Vertrag die 'Neue Preußische (Kreuz-) Zeitungs GmbH' gegründet worden. Im Oktober 1912 wurde das Kapital erweitert und die Organisationsform geändert. Einflußreichste Mitglieder in der Verwaltung des Blattes wurden Dr. Ernst von Heydebrand und der Lasa und Karl Stackmann, beide Mitglieder des die Deutschkonservative Partei führenden Dreimännerkollegiums sowie Graf Kuno von Westarp, Vorsitzender der deutschkonservativen Reichstagsfraktion, der im Herbst 1921 das Amt des Geschäftsführers übernahm.

Nach dem Ausscheiden von Hermes übernahm für nur kurze Zeit der bisherige Leiter des Feuilletons Dr. Müller-Fürer das Amt des Chefredakteurs. Nach dessen frühem Tod wurde zum erstenmal in der Geschichte der 'Kreuzzeitung' am 1. März 1913 eine Hauptschriftleitung gegründet, der Hans Wendland und Georg Foertsch angehörten. Foertsch, vorher beim Scherl-Verlag tätig, wurde mit Kriegsbeginn Offizier und arbeitete im Kriegspresseamt. So war während der Kriegsjahre Wendland allein verantwortlicher Redakteur, mußte aber am 12. April 1918 aus Krank-

---

56) Hans Leuss: Wilhelm Freiherr von Hammerstein. 1881—1895 Chefredakteur der Kreuzzeitung, Berlin 1903, S. 122.
57) Paul A. Merbach, a.a.O., S. 17.

heitsgründen die Leitung an Foertsch abgeben. Wendland blieb der 'Kreuzzeitung' bis zu seinem Tode (1923) treu und redigierte das seit 1920 neubelebte Sonntagsblatt. Graf Westarp, der seit 1908 bereits gelegentlich an der 'NPZ' mitgearbeitet hatte, schrieb seit den ersten Kriegsjahren die innenpolitischen Wochenübersichten; für die außenpolitischen Kommentare waren die Professoren Theodor Schiemann und Otto Hoetzsch verantwortlich.

Den Sturz der Monarchie kommentierte die 'Kreuzzeitung' am 10. November 1918 mit: "Der deutsche Kaisertraum ist ausgeträumt, des Deutschen Reiches Herrlichkeit und Weltstellung ist vernichtet." 58) Zwei Tage später verschwand bis zum 20. Februar 1921 die Devise 'Vorwärts mit Gott für König und Vaterland' aus dem Kopf der Zeitung und wurde dann vom 14. Dezember 1918 bis zum 19. Februar 1921 durch 'Gott mit uns' ersetzt. Den Grund für diese Maßnahmen erfuhren die Leser der 'Kreuzzeitung' erst aus einer Mitteilung der Verlags- und Schriftleitung am 20. Februar 1921: 59) "Wir . . . erachteten (es in erster Linie als unsere Pflicht), in jenen ereignisvollen Tagen nicht auch noch Erscheinungsschwierigkeiten heraufzubeschwören, wodurch unsere bekanntlich meist außerhalb Berlins 60) wohnenden Leser darüber ohne Nachricht geblieben wären, was am Herde der Revolution vor sich ging, so entschlossen wir uns zur Weglassung der Initiale. Wir glaubten dies um so eher tun zu können, als der Inhalt unseres Blattes keinen Augenblick einen berechtigten Zweifel darüber auflassen konnte, daß wir an der monarchischen Richtung unbedingt festhalten." So blieb die 'Kreuzzeitung' nach 1918 weiterhin das Organ der Konservativen, obwohl diese nicht mehr als selbständige Partei bei den Wahlen auftraten. Das Blatt bekämpfte immer wieder 'den Geist der Novemberrevolution' und erlebte die Republik als Zeit des deutschen Unterganges. War es im 19. Jahrhundert der 'kurzsichtige' Liberalismus gewesen, den es entschieden zu bekämpfen galt, so war es jetzt die selbstverständliche Aufgabe, "den verhängnisvollen undeutschen Lehren des Juden Marx mit aller Kraft entgegenzutreten." 61) In diesem Sinne hetzte die 'Kreuzzeitung' gegen die Sozialdemokratie, insbesondere gegen Ebert und Erzberger, 62) und verschmähte den Versailler Vertrag.

Durch die Eigentümer der 'Kreuzzeitung' bedingt, stand das Blatt bis zur Abspaltung des Westarp-Flügels im Juli 1930 der DNVP sehr nahe und vertrat in erster

---

58) 'NPZ' Nr. 575 vom 10.11.1918.
59) 'NPZ' Nr. 85 vom 20.2.1921.
60) Die 'Kreuzzeitung' hatte in Berlin eine so geringe Verbreitung, daß sie von den meisten Straßenhändlern überhaupt nicht geführt wurde; vgl. dazu: Wilhelm Carlé: Weltanschauung und Presse. Eine Untersuchung an zehn Tageszeitungen, Diss. Frankfurt 1931, S. 122-124.
61) So Foertsch im Leitartikel: 'Semper Talis' in der 'NPZ', Nr. 274 vom 16.6.1923.
62) Vgl. dazu: Karl Helfferich: Fort mit Erzberger, Berlin 1919 (Flugschriften des 'Tag' Nr. 8). Diese Flugschrift enthält eine Sammlung von Hetzartikeln gegen Erzberger, die im Juli 1919 in der NPZ erschienen.

Linie die großagrarischen Interessen. 63) Im Juni 1925 wurde die Aktiengesellschaft der 'Kreuzzeitung' neu gegründet; 64) das Aktienkapital wurde auf eine Million Mark festgesetzt. Davon zeichnete der spätere Parteiführer der DNVP, Graf Westarp, 255 000 Mark und die Gebrüder von Alvensleben, hinter denen die Interessen des Kalikonzerns Wintershall standen, 605 000 Mark; den Rest brachten 22 andere Persönlichkeiten, meist hohe Adelige, auf. Nach einem Konflikt mit Westarp, der seine Zusagen in Bezug auf die auswärtige Politik, vor allem jedoch auf die Zustimmung zu den Verträgen von Locarno, nicht einhielt, wurden die Aktien des Wintershall-Konzerns von der 'Deutschen Tageszeitungs AG' übernommen. Diese von der 'Kreuzzeitung' so genannte "Interessengemeinschaft mit der Deutschen Tageszeitung" 65) verstärkte den großagrarischen Einfluß auf das Blatt erheblich. Dennoch versicherte die 'NPZ' immer wieder ihre Unabhängigkeit von Wirtschaftsunternehmen und auch von den Deutschnationalen.

Durch die enge Verbindung der DNVP mit dem Stahlhelm geriet die 'Kreuzzeitung' Ende der 20er Jahre in eine schwierige Lage, als die Auseinandersetzungen der extremen Rechten ihren Höhepunkt erreichten. Hatte sich Foertsch nach der Gründung der Konservativen Volkspartei im Juli 1930 mit der Aussage: "Unser Blatt ist dem Grafen Westarp gefolgt, es hat damit seine Beziehungen zur DNVP gelöst" auf die Seite der Volkskonservativen gestellt, so mußte er sich bereits am 20. August dem politischen Beirat der 'Kreuzzeitung' beugen, der die Richtlinien des Blattes neu festlegte. 66) Hier wurde die 'Kreuzzeitung' nicht mehr als das Organ irgendeiner Partei gesehen, sie sollte vielmehr als 'unabhängiges Blatt' "sowohl das in der Deutschnationalen Volkspartei wie auch das in der Konservativen Volkspartei vorhandene konservative Gedankengut pflegen." 67) Die für die Öffentlichkeit überraschende Mitarbeit des Stahlhelmführers Seldte an diesen Richtlinien deutete den Kurs an, den das Blatt in den nächsten Jahren bis zur Einstellung gehen sollte.

Es scheint, daß die 'NPZ' einer grundsätzlichen Auseinandersetzung mit dem Nationalsozialismus ausgewichen ist. 68) Bis 1930 wurde das Aufkommen der NSDAP im allgemeinen als Stärkung der nationalen Bewegung begrüßt. Als die September-

---

63) Zur Verbindung der 'NPZ' zur DNVP vgl.: Werner Liebe: Die DNVP 1918–1924, Düsseldorf 1956; Manfred Dörr: Die DNVP 1925–1928, Gelsenkirchen 1964; Erasmus Jonas: Die Volkskonservativen 1928–1933, Düsseldorf 1965.
64) Vgl. Otto Groth, a.a.O., Bd. II, S. 462, 597.
65) Vgl. 'Frankfurter Zeitung', Nr. 58 vom 22.1.1926 und 'Berliner Tageblatt', Nr. 36 vom gleichen Tage.
66) Vgl. dazu: 'Frankfurter Zeitung', Nr. 563 vom 31.7.1930 und Nr. 623 vom 22.8.1930.
67) 'NPZ', Nr. 236 vom 22.8.1930.
68) Bisher unveröffentlichtes Ergebnis einer Inhaltsanalyse der Berichterstattung der 'NPZ' über den Nationalsozialismus, die im Rahmen eines Seminars an der Sektion für Publizistik und Kommunikation der Ruhr-Universität Bochum im WS 1969/70 vorgenommen wurde.

wahlen 1930 Gewinne der Nationalsozialisten auf Kosten der Deutschnationalen brachten, setzte eine gewisse Distanzierung ein. Die 'Kreuzzeitung' befaßte sich nur in geringem Maße mit den Grundsätzen des Nationalsozialismus; man verfolgte nur die sozialpolitischen Programmpunkte kritisch und befürchtete insbesondere ein Abwandern nach links. Einer Beteiligung Hitlers an der Regierung im Jahre 1932 stand die 'Kreuzzeitung' eher abneigend gegenüber; einer der Gründe dürfte Hitlers undurchsichtiges Paktieren gewesen sein. Foertsch befürwortete die Verbindung der Zeitung mit dem Stahlhelm, dessen vermehrter Einfluß auf das Blatt sich durch das Erscheinen des Stahlhelms im Titel der Zeitung von März bis Oktober 1932 auch äußerlich zeigte. Die 'Kreuzzeitung' unterstützte nach dem Tode von Foertsch im April 1932 die Anstrengungen Seldtes und Hugenbergs, die Eigenständigkeit ihrer Bewegungen neben dem Nationalsozialismus zu erhalten.

Die 'Kreuzzeitung' überlebte den Rücktritt Hugenbergs aus der Hitler-Regierung und die schrittweise Auflösung seiner Bewegung wie auch des Stahlhelms, mit denen das Schicksal der Zeitung eng verbunden gewesen war. Nach einer Vielzahl von Änderungen der Redaktion und ihrer Leitung [69] wußten die etwa 5000 verbliebenen Bezieher der Zeitung jedoch spätestens am 29. August 1937, daß die Tage des Blattes gezählt waren; in einer Mitteilung der Schriftleitung hieß es lapidar: [70] "Mit dem heutigen Tage haben *wir* die 'Kreuzzeitung' übernommen." Am 31. Juli 1939 stellte die 'Kreuzzeitung', wie sie seit Juni 1932 auch im Haupttitel hieß, ihr Erscheinen ein. Nur der Hinweis "Gegründet im Jahre 1848 unter Mitwirkung Otto v. Bismarcks" hatte bis dahin noch an die über 90jährige Tradition des konservativen Blattes erinnert, das bereits seit 1932 großspurig die Devise: "Wir Deutsche fürchten Gott, aber sonst nichts in der Welt" verkündet hatte.

---

[69] Bis zur Übernahme der 'Kreuzzeitung' durch die Nationalsozialisten wechselte die Schriftleitung des Blattes seit April 1932 mindestens achtmal.

[70] 'NPZ', Nr. 201 vom 29.8.1937.

Adam Wandruszka:

NEUE FREIE PRESSE (1848 — 1939)

Man pflegt die Geschichte von Zeitungen wie die anderer Phänomene und Institutionen des gesellschaftlichen Lebens nach dem Modell der Geschichte von Lebewesen darzustellen, denen zwischen den beiden Polen von Geburt und Tod vom Schicksal eine kürzere oder längere Lebensspanne zugeteilt ist. Manchmal jedoch, und das trifft gerade in unserem Falle in besonderem Ausmaße zu, ist nicht von vornherein klar, wann diese beiden Daten von Geburt und Tod — im Falle der Zeitung von Gründung und Einstellung — anzusetzen sind. Streng genommen, im presserechtlichen Sinn, war die 'Neue Freie Presse' eine Zeitung, die in Wien, der Hauptstadt des "Kaisertums Österreich" am 1. September 1864 zu erscheinen begann, die dann den Untergang der Donaumonarchie und, allerdings nur kurz, auch den der ersten Republik Österreich überlebte, und dann Ende Januar 1939, weniger als ein Jahr nach dem "Anschluß" Österreichs ihr Erscheinen einstellen mußte. Wenn aber die in Wien erscheinende Tageszeitung 'Die Presse' im Titelkopf jeder Nummer die Angabe "Gegründet 1848" trägt und damit die Geschichte der alten 'Presse' von 1848 bis 1864, jene der 'Neuen Freien Presse' von 1864 bis 1939 und wieder jene der 1946 zunächst als Wochenzeitung und ab Oktober 1949 als Tageszeitung erscheinenden 'Presse' in gleichsam ungebrochener Kontinuität als Geschichte des eigenen Blattes in Anspruch nimmt, so tut sie dies mit gutem Grund, da man gewiß das Schicksal der 'Presse', der 'Neuen Freien Presse' und wiederum der 'Presse' von 1848 bis zur Gegenwart als "Geschichte *einer* Zeitung" [1] bezeichnen kann.

Der Gründer des Blattes war der am 2. August 1807 in Wien geborene August Zang, [2] einziger Sohn des aus Frickenhausen bei Würzburg stammenden Professors der Chirurgie und Oberstabsarztes Dr. Christoph Bonifaz Zang, der mit unter die Begründer der Wiener chirurgischen Schule gezählt werden kann. Nachdem August Zang ohne sonderlichen Erfolg sechs Klassen Gymnasium besucht hatte, trat er 1824, wie es heißt, gegen den Willen seines Vaters, ins Pionierkorps ein, nahm aber 1836, als er durch den Tod seines Vaters in den Besitz eines beträchtlichen Vermögens gekommen war, als Leutnant seinen Abschied, obwohl er für eine von ihm vorgeschlagene Verbesserung eines "Perkussionsgewehres" (die allerdings dann in der Armee doch nicht eingeführt wurde,) als "talentvoller Erfinder"

---

1) Vgl. Adam Wandruszka: Geschichte einer Zeitung. Das Schicksal der 'Presse' und der 'Neuen Freien Presse' von 1848 bis zur Zweiten Republik, Wien 1958; Heinz-Dietrich Fischer: Die großen Zeitungen. Porträts der Weltpresse, München 1966; Kurt Paupié: Handbuch der Österreichischen Pressegeschichte 1848—1959, Bd. I, Wien 1960; John C. Merrill: The Elite Press. Great Newspapers of the World, New York — Toronto — London 1968, S. 102-105.

2) Vgl. Hertha Gottscheer: Studien über August Zang, phil. Diss. Wien 1938.

belobt und remuneriert worden war. Nach ausgedehnten Reisen, Besuch von Vorlesungen am Wiener Polytechnikum und einer nur teilweise erfolgreichen Tätigkeit auf dem Gebiet der Bauspekulation, verfiel er auf die Idee, in Paris das vielgerühmte Wiener Gebäck einzuführen, studierte die Einrichtungen verschiedener Wiener Bäckereien, löste seinen aufwendigen Wiener Haushalt auf, vermehrte sein Kapital durch die Heirat mit einem vermögenden Wiener Bürgermädchen und zog mit seiner jungen Frau nach Paris. Dort gründete er, mit einem anderen ehemaligen Offizier, dem späteren Arbeitsminister des Jahres 1848, Ernst von Schwarzer, als Kompagnon und sechs Wiener Bäckergesellen, deren Zahl bald auf vierzehn stieg, eine Wiener Bäckerei. Der sich nach Anfangsschwierigkeiten einstellende große Erfolg des "Pain Viennois" öffnete Zang die Pariser Salons und brachte ihm auch die Bekanntschaft des Pariser Zeitungskönigs Emile de Girardin [3], dessen 1836 gegründete Zeitung 'La Presse' dadurch, daß sie um den halben Preis das Doppelte bot, alle anderen französischen Zeitungen überflügelt hatte. Girardin wurde Zangs Vorbild und wie er vorher in Wien die Bäckereien studiert hatte, so machte er sich jetzt mit Betrieb, Herstellung und wirtschaftlichen Grundlagen von 'La Presse' eingehend vertraut.

Auf die Nachricht vom Sieg der Wiener Märzrevolution 1848 [4] entschloß sich Zang, in seiner Vaterstadt eine Zeitung nach dem Vorbild von 'La Presse' zu gründen, eilte nach Wien, stürzte sich dort zunächst mit Flugblättern sogleich in den Streit der Meinungen, kehrte dann Anfang Mai nach Paris zurück, verkaufte in aller Eile sein Bäckereiunternehmen und übersiedelte mit seiner Familie nach Wien. Als "Hauptredakteur" für sein geplantes Blatt gewann er den ihm schon aus Paris als Korrespondent deutscher Zeitungen bekannten österreichischen Journalisten Dr. Leopold Landsteiner – dessen Sohn Karl dann der weltberühmte Entdecker der Blutgruppen und Nobelpreisträger wurde. Landsteiner war schon vor Zang nach Wien zurückgekehrt und arbeitete hier als Gehilfe des schon seit längerer Zeit journalistisch tätigen Ernst von Schwarzer an der Umgestaltung des bisher offiziösen 'Österreichischen Beobachters' zur 'Allgemeinen Österreichischen Zeitung'. Für das Feuilleton, das bereits in 'La Presse' eine wichtige Rolle gespielt hatte, in den besonderen damaligen Wiener Verhältnissen aber vor allem dem starken Bedürfnis des gebildeten Wiener Bürgertums nach gepflegter und auch literarisch wertvoller Literatur entsprach, gewann Zang in der Person des Schriftstellers

---

[3] Vgl. Irmgard Buck: Der Begründer der französischen Massenpresse Emile de Girardin. Persönlichkeit und Werk. Ein Beitrag zur Pressegeschichte Frankreichs im 19. Jahrhundert, phil. Diss. München 1952; Alphons Schauseil: Emile de Girardin. Studien über Grundzüge und das Werden eines publizistischen Charakters, phil. Diss. (FU) Berlin 1958.

[4] Vgl. zur politischen und Presse-Situation u.a. E(rnst) V(iktor) Zenker: Geschichte der Wiener Journalistik während des Jahres 1848, Wien – Leipzig 1893; J. Alexander Freiherr von Helfert: Die Wiener Journalistik im Jahre 1848, Wien 1877.

Hieronymus Lorm (Pseudonym für Heinrich Landesmann) eine hervorragende Kraft. Zwei junge Beamte und Mitarbeiter des damaligen Reichstagsabgeordneten und späteren Innenministers, des Grafen Franz Stadion, Eduard von Lackenbacher und Karl von Lewinsky, sowie ein Graf Heinrich Clam-Martinic gehörten zu den ersten ständigen Mitarbeitern. Eine offenbar sehr wichtige, wenngleich konkret nur schwer faßbare Rolle spielte bei der Zeitungsgründung der erwähnte Graf Franz Stadion, der dann als Innenminister im Kabinett des Fürsten Felix Schwarzenberg einen entscheidenden Anteil an der Modernisierung der österreichischen Verwaltung nach der Revolution von 1848 hatte.

Am Montag, dem 3. Juli 1848, erschien die erste Nummer der Tageszeitung 'Die Presse' [5] mit einem programmatischen Artikel, der sich zu den Idealen der Märzrevolution, zu Demokratie, Freiheit und Fortschritt bekannte, entsprechend dem Motto "Gleiches Recht für Alle", das die Zeitung auf ihrer Stirne trug, sowie, bereits auf der ersten Seite "unter dem Strich" beginnend, mit einem Feuilleton Lorms, das den gleichfalls programmatischen Titel "Der Beruf des Feuilleton's" trug. [6] Andere hervorragende Mitarbeiter der ersten Nummern waren Karl Eduard Bauernschmid, der in den folgenden Jahrzehnten die von Lorm geprägte "kleine Form" des Feuilletons weiterentwickelte. Ferdinand Kürnberger, Ludwig von Löhner, die Dichterin Betty Paoli und, mit einem Zeitgedicht "Der Mensch und die Erde", Friedrich Hebbel. Dem großen Anklang, den das sich von den übrigen Presseerzeugnissen durch Ruhe und Seriosität wohltuend unterscheidende Blatt sogleich beim gebildeten Bürgertum fand, entsprach die erbitterte Feindschaft der Radikalen und die Gegnerschaft der Reaktion gegenüber einem Blatt, in dem es am 22. Juli hieß: "Es gibt drei Meinungen: eine ultraradikale, eine der äußersten Rechten, und eine dritte, daß im gegebenen Augenblick die Ultras beider Richtungen nur durch einen Irrtum oder durch Gewalt zu regieren imstande sind, daß die Zeit sie bald richtet und daß im Ruin des Ganzen sie das eigene Grab sich graben. Diese Meinung ist die unsere".

Die Ereignisse der Wiener Oktoberrevolution bestätigten die Richtigkeit dieser Vorhersage. Die zweimal täglich erscheinende 'Presse' wurde am 28. Oktober mit Nr. 105 eingestellt und erschien ab 7. November wieder mit Nr. 106. Das Blatt, das im Sommer und Herbst des Revolutionsjahres von den radikalen Blättern als "schwarz-geld", "servil" und "reaktionär" angegriffen worden war, geriet aber nunmehr, da Wien nach den Worten des Schriftstellers Eduard von Bauernfeld von "Reaktionären" bevölkert schien, "die nur fürs Erschießen und Aufhängen schwärmen", immer mehr in Opposition zur Regierung, da es für Milde gegenüber den besiegten Revolutionären in Wien wie später in Ungarn eintrat. Das Aus-

---

[5] Vgl. Walter Pasteyrik: Die alte 'Presse', 1848—1864, 2 Bde., phil. Diss. Wien 1848; Karl Bauer: Die Wiener Presse der Jahre 1848—1849 und Rußland, phil. Diss. Wien 1948.

[6] Auszüge hieraus bei Heinz-Dietrich Fischer, a.a.O., S. 87.

scheiden des erkrankten Innenministers Stadion aus der Regierung, die Aufrichtung des "Neoabsolutismus" sowie das Ausscheiden Landsteiners, dessen Nachfolger Otto Hübner ein scharfer Gegner der Regierung war, verschärften den Konflikt, der mit dem von der Regierung beantragten Verbot der Zeitung im "Belagerungsrayon Wien" am 8. Dezember 1849 endete. Schon ab 27. Dezember ließ Zang sein Blatt außerhalb des Belagerungsbereichs in Brünn erscheinen, doch zwangen ihn die Behörden in einem mit Schikanen erfüllten Kleinkrieg, zuerst das Abendblatt und schließlich am 4. Dezember 1850 auch das Morgenblatt einzustellen. [7]

Aber schon im Frühjahr des folgenden Jahres war Zang, der inzwischen auf Reisen durch Deutschland und England das dortige Zeitungswesen studiert hatte, mit Hilfe seines alten Bekannten und Gönners, des Polizeiministers Johann Freiherr Kempen von Fichtenstamm bemüht, die Wiederzulassung der 'Presse' in Wien zu erreichen. In ihrem äußeren Erscheinungsbild nun ebenso den englischen Zeitungen angenähert, wie sie 1848 das französische Vorbild hatte erkennen lassen, erschien 'Die Presse' ab 25. September 1851 wieder als Morgenblatt, ab 11. Juli 1853 auch wieder mit einem Abendblatt. Die vor der Unterdrückung 1849 erreichte Abonnentenzahl von 15.000 konnte zur Zeit des Krimkriegs (1854–1856) bereits verdoppelt werden. Da Zang, der sein Blatt ja stets primär als Mittel zum Gelderwerb betrachtet hatte, sich gegen Mitte der fünfziger Jahre immer mehr Finanz- und Börsenspekulationen zuwandte und außerdem 1861 in den Wiener Gemeinderat gewählt wurde (die Schaffung und Ausgestaltung des Wiener Stadtparks in seiner heutigen Form ist wesentlich sein Verdienst), fiel seinen Mitarbeitern Friedrich Uhl, dem späteren Herausgeber des offiziösen 'Botschafters', sowie Michael Etienne und Max Friedländer, hinsichtlich der Organisation und Verwaltung Adolf Werthner, die eigentliche Leitung des Blattes zu. Friedländer gelang es, durch Vermittlung seines Vetters Ferdinand Lassalle als Londoner Korrespondenten der 'Presse' Karl Marx zu gewinnen, der in der Zeit von Oktober 1861 bis Dezember 1862 mindestens 44 Artikel (von denen einige eventuell auch Engels zum Verfasser haben könnten) über Probleme der englischen Innen- und Außenpolitik, wirtschaftliche Probleme und besonders über den amerikanischen Bürgerkrieg und seine Auswirkungen auf England veröffentlichte. Die Auflösung der Beziehungen scheint im beiderseitigen Interesse erfolgt zu sein, da die Artikel von Marx der Redaktion zu lang und zu schwierig erschienen und sie in Julius Rodenberg, dem späteren Herausgeber der 'Deutschen Rundschau' einen den Bedürfnissen des Blattes besser entsprechenden Korrespondenten gewann, während wohl auch Marx auf die Dauer keine Freude an der Mitarbeit für eine liberale bürgerliche Zeitung hatte [8]. Übrigens hatte auch Lassalle 1859 aus Berlin Korrespondenzen über die preußische Politik für die 'Presse' geschrieben, bevor er sich aus

---

7) Vgl. Walter Pasteyrik, a.a.O.
8) Nikolaj Rjasanoff: Karl Marx und die Wiener 'Presse', in: 'Der Kampf. Sozialdemokratische Monatsschrift' (Wien), 6. Jg./ Nr. 6 (März 1913).

politischen Gründen mit seinem den österreichischen Standpunkt in der deutschen Frage vertretenden Vetter Friedländer überwarf.

Zangs schroffer, selbstherrlicher Charakter und seine Weigerung, die Leistungen seiner Mitarbeiter so zu honorieren, wie sie beanspruchen zu können glaubten, führte dazu, daß ihm, wie 1849 Landsteiner, nunmehr 1861 Friedrich Uhl von der Regierung zur Leitung eines offiziösen Blattes wegengagiert wurde. 9) 1864 kam es dann zum Bruch mit Friedländer und Etienne, denen sich Werthner und fast das ganze redaktionelle und administrative Personal der 'Presse' anschlossen. Da Zang, um das Erscheinen eines Blattes mit ähnlichem Titel zu verhindern, um Konzessionen für Zeitungen unter dem Titel 'Die Freie Presse', 'Die Neue Presse' und 'Die Wiener Presse' angesucht hatte, wählten Friedländer und Etienne für ihre Neugründung den etwas schleppenden, aber, wie sich dann herausstellte, doch recht wirksamen Titel 'Neue Freie Presse'. Der Name, der schließlich ein Weltbegriff wurde, ist so das Zufallsprodukt einer Zeitungsfehde. Noch einmal erwies Zang sein hervorragendes Organisationstalent und brachte innerhalb von drei Monaten einen neuen brauchbaren Mitarbeiterstab für sein Blatt zusammen, das bald im Volksmund, zur Unterscheidung von der Neugründung, die "alte Presse" hieß. Aber schon 1867 verkaufte er die Zeitung samt dem Haus und der ganzen Einrichtung an die Regierung, die sie zu einem wesentlich niedrigeren Preis an ein Konsortium weitergab, das die Zeitung im Regierungssinne leitete. Unter verschiedenen Eigentümern lebte die "alte Presse" noch mehr als drei Jahrzehnte nach der Sezession weiter und wurde erst 1896 eingestellt.

Mit Recht wurde gesagt, daß die "alte Presse" nach der Sezession von 1864 eigentlich ein völlig neues Blatt war, während die 'Neue Freie Presse', deren erste Nummer am Donnerstag, dem 1. September 1964, erschien, in allem außer dem Titel und den Eigentumsverhältnissen die geradlinige Fortsetzung der alten 'Presse' war. 10) Die angesehenen Feuilletonisten des Blattes, Bauernschmid, Ludwig Speidel, Edmund Reitlinger und der Musikkritiker Eduard Hanslick (der berühmte Freund von Brahms und Gegner Richard Wagners) garantierten die Wahrung und Hebung des kulturellen und schriftstellerischen Niveaus und stolz konnten Friedländer und Etienne auf die versprochene Mitarbeit der beliebten deutschen Schriftsteller Auerbach, Dingelstedt, Fränzel, Meissner, Rodenberg und Temme verweisen. Während in der alten 'Presse' wie in den meisten Blättern des deutschen Sprachgebiets vorwiegend französische und englische Zeitungsromane, teilweise in schlechten Übersetzungen, abgedruckt wurden, begann die 'Neue Freie Presse' bereits am 1. September 1864 "mit der Veröffentlichung der neuesten Arbeit eines der populärsten deutschen Dichter", Berthold Auerbachs "Auf der Höhe".

---

9) Vgl. Zygmund Holy: Die Wiener Journalistik in der absolutistischen Ära, 1848 bis 1862, phil. Diss. Wien 1949.

10) Vgl. Oskar Wiktora: Die politische Haltung der 'Neuen Freien Presse' in der liberalen Ära, phil. Diss. Wien 1948.

Die Neuerung fand lebhaften Beifall und so folgten als Romanautoren Julius Rodenberg mit "Die neue Sündflut" und der als Kriminalschriftsteller und 'Gartenlaube'-Autor dem ganzen deutschsprachigen Publikum wohlbekannte J.D.H. Temme mit dem eigens für die 'Neue Freie Presse' geschriebenen Roman "Die Heimat". Auf Otto Ludwigs "Busch-Novelle" folgte dann Friedrich Spielhagens "In Reih und Glied", das unter den ersten fünfzahn Romanen der 'Neuen Freien Presse' nach der Aussage der Redaktion den stärksten Widerhall fand, während der nächste Roman, "Ein Goldkind" von Leo Wolfram, ein Schlüsselroman aus der Wiener Aristokratie, wegen seiner heftigen Gesellschaftskritik großes Aufsehen erregte. Unter den weiteren Autoren sind Friedrich Gerstäcker ("Die Frau des Missionärs"), wieder Spielhagen ("Hammer und Amboß"), Karl Gutzkow ("Durch Nacht zum Licht"), Paul Heyse und Leopold von Sacher-Masoch erwähnenswert. Mit der im März 1870 publizierten Erzählung von Ivan S. Turgenjeff, "Eine seltsame Geschichte" wurde der Kreis der deutschen Romane zum erstenmal überschritten. [11]

Die wohldosierte Verbindung von Gewohntem und Neuem, Tradition und Fortschritt, der auf dem Gebiet des Feuilleton und des Zeitungsromans in der 'Neuen Freien Presse' ein so durchschlagender Erfolg beschieden war, bewährte sich auch in allen anderen Sparten. Hier sind vor allem die "Fachblätter" zu nennen, die meist auf der vierten Seite des Abendblattes erschienen. Sowohl in dem das Erscheinen der Zeitung ankündigenden Flugblatt wie in dem ersten programmatischen Artikel am 1. September 1864 wurde darauf besonders hingewiesen: "So werden wir daselbst eine landwirtschaftliche, eine naturwissenschaftliche, eine Unterrichts-, eine Gerichts-, eine Turner- und Sänger-, eine Bücher- und eine Theaterzeitung publizieren." Durch die von Friedländer stammende Idee dieser "Fachblätter" erwarb die Zeitung einerseits auch Leser, die mit ihrer politischen Linie keineswegs übereinstimmen mußten, andererseits aber auch Kontakt mit den führenden Kapazitäten auf allen Wissensgebieten, mit den Professoren der österreichischen Hochschulen, mit Forschern und Entdeckern, die für diese "Fachblätter" gerne Beiträge zur Verfügung stellten.

Die politische Linie des neuen Blattes blieb die einst schon im Revolutionsjahr 1848 von Zang und Landsteiner bezogene eines österreichisch-gesamtstaatlichen, deutschen Liberalismus, der sich ebenso entschieden gegenüber reaktionären wie gegenüber radikal-demokratischen Tendenzen abgrenzte. So erklärten Friedländer und Etienne schon in dem ersten programmatischen Leitartikel, sie würden den nicht befriedigen, der da meine, die 'Neue Freie Presse' werde "Opposition um jeden Preis treiben" oder das Interesse für das Blatt durch Presseprozesse warmzuerhalten suchen (ein deutlicher Seitenhieb auf den so prozeßfreudigen Zang). "Wer jedoch darauf rechnet, daß die 'Neue Freie Presse' ein unabhängiges Organ

---

11) Vgl. Robert Karl: Der Kulturteil der 'Neuen Freien Presse' bis zum Jahre 1874, phil. Diss. Wien 1949, sowie Wilmont Haacke: Handbuch des Feuilletons, 3 Bde., Emsdetten 1951—1953.

derjenigen konstitutionellen Partei, welche die bestehende Verfassung wahrhaftig durchführen will, sein wird; wer sich von diesem Blatte verspricht, daß es unerschrocken, soweit die gesetzliche Freiheit es gestattet, allen Gegnern eines aufrichtigen Konstitutionalismus die Maske vom Gesicht reißen wird, und daß es sich weder fürchten wird, wenn's not tut, Minister zu tadeln, noch sich schämen wird, wenn sie' s verdienen, Minister zu loben; wer von unserem Organe erwartet, daß es für die Herstellung einer segensvollen ökonomischen Ordnung im Lande eintreten, den Interessen des Bürgertums, dem Schutz der Arbeit, der Volksbildung das Wort reden wird; wer von der neuen Zeitung hofft, daß sie ihm ein unverfälschtes Bild der Tagesgeschichte liefern und auf den verschiedensten Gebieten neben gebildeter Unterhaltung auch die mannigfachste Anregung bieten wird: den wünschen wir zu befriedigen." [12]

Die nun folgenden Jahre des Aufstiegs der neuen Zeitung waren zugleich die Jahre des erfolgreichen Durchbruchs und Sieges des vom deutschsprachigen Bürgertum in der westlichen Reichshälfte getragenen Liberalismus, eines Sieges, der gleichwohl mit der Niederlage von 1866 und dem ungarischen Ausgleich von 1867 in unlöslicher Verbindung und Wechselwirkung stand. Es waren zugleich die "Gründerjahre", die "sieben fetten Jahre" [13] zwischen 1866 und 1873, in denen die österreichische Wirtschaft, der schweren Belastungen durch die Aufrechterhaltung der deutschen und der italienischen Stellung und durch den Konflikt mit Ungarn nun endlich ledig, einen stürmischen Aufschwung erlebte. An diesem wirtschaftlichen Aufschwung nahm die 'Neue Freie Presse' als Nutznießerin wie als Anregerin der wirtschaftlichen Expansion einen starken Anteil.

War 1864 die finanzielle Unabhängigkeit des Blattes zunächst durch eine Viertelmillion Gulden garantiert, die ein Verwandter Friedländers, Konsul Friedland, zur Verfügung stellte ("Nacht muß es sein, wenn Friedlands Sterne leuchten", spottete Zangs 'Presse'), so sicherte bald der durchschlagende Erfolg die materielle Basis. Schon vor seinem Erscheinen hatte das Blatt mit 4000 von der alten 'Presse' übernommenen Abonnenten rechnen können. Innerhalb von drei Monaten stieg der Abonnentenstand auf 8000 und dann in rascher Folge auf 30.000. 1873 betrug die Auflage 35.000. Am 1. September 1869, dem fünften Jahrestag des Bestehens des Blattes, erfolgte der Einzug in das neue, von dem Architekten Karl Tietz erbaute und eingerichtete Haus ("ein Etablissement, wie es deren kaum mehrere in Europa geben wird", wie die Herausgeber den Lesern stolz erklärten) in der Fichtegasse, an der Ecke des Kolowrat-Ringes, wo Redaktion, Administration und Druckerei vereinigt waren, tatsächlich in jener Zeit eines der modernsten

---

12) 'Neue Freie Presse' (Wien), No. 1 vom 1. September 1864, S. 1 (Faksimile-Abb. bei Adam Wandruszka, a.a.O., S. 66/67, Textauszüge des Programms auch bei Heinz-Dietrich Fischer, a.a.O., S. 90 ff.)

13) Heinrich Benedikt: Die wirtschaftliche Entwicklung in der Franz-Joseph-Zeit, Wien 1958, S. 79.

Zeitungshäuser der Welt, ein echter "Arbeitspalast" in der Reihe der damals entstehenden Ringstraßenbauten, der bis zu ihrer Einstellung im Jahre 1939 das Heim der 'Neuen Freien Presse' blieb. Die "Fichtegasse" wurde bald in der österreichischen Innenpolitik und im europäischen Zeitungswesen ein fester Begriff. Im Jahr der Wiener Weltausstellung (1873) erhielt die Zeitung als erstes Wiener Blatt eine direkte Depeschenleitung zwischen der Hauptpost und der Fichtegasse.

Aus Anlaß der Weltausstellung veröffentlichten die Herausgeber "Geschichtliche und statistische Skizzen" über die Gründung und die technischen Einrichtungen der 'Neuen Freien Presse', die Beschäftigtenzahl — "ständig 500 bis 600 Personen, darunter 40 bis 50 interne Redaktionsmitglieder, 80 bis 100 Korrespondenten im Ausland, 100 bis 120 Korrespondenten im Inland und 150 Mitarbeiter und Berichterstatter für die verschiedenen Rubriken des Blattes, 21 Administrationsbeamte, 10 Diener, 100 bis 150 technische Gehilfen und Arbeiter (Schriftsetzer, Metteure, Korrektoren, Stereotypeure, Maschinisten, Hausknechte und Handlanger) und 50 andere Arbeiter (Expedit)" — über Einnahmen und Ausgaben, Abonnements- und Herstellungspreis — die Erzeugungskosten eines Exemplars pro Jahr 30 Gulden, das Jahresabonnement 18 Gulden, wobei die Differenz von 12 Gulden pro Exemplar durch das Inseratenerträgnis gedeckt werde — über den Verbrauch von Papier, Druckfarbe, Steinkohle, Koks und Gasmenge zur Beleuchtung. [14] In ihrem Pavillon auf dem Weltausstellungsgelände im Wiener Prater wurde vor den Augen der Besucher eine Beilage des Blattes, die 'Internationale Ausstellungszeitung' geschrieben, gesetzt und auf einer Rotationsmaschine gedruckt.

Damals weilte Max Friedländer nicht mehr unter den Lebenden. In der Nacht zum 20. April 1872 war er im 43. Lebensjahr gestorben. Seinem testamentarischen Wunsch entsprechend übernahm Michael Etienne allein die Leitung des Blattes. Aber auch er, der zwei Jahre älter war als Friedländer, starb bereits im Jahre 1879 im Alter von 52 Jahren. Es gibt keinen überzeugenderen Beweis für die Größe der von beiden sehr ungleichen, einander aber trefflich ergänzenden Vollblutjournalisten vollbrachten Leistung, als die Tatsache, daß ihre Gründung weder durch den frühen Tod beider Herausgeber noch durch den Börsenkrach von 1873 und den darauf folgenden rapiden Niedergang des politischen Liberalismus in Österreich ernsthaft in ihrer führenden Stellung erschüttert wurde. [15] Ein höchst eindrucksvolles Doppelporträt der beiden "Dioskuren", des aus Preußisch-Schlesien stammenden Friedländer und des als Sohn eines französischen Emigranten und einer Wienerin geborenen Etienne — hat der bedeutendste Feuilletonist der 'Neuen

---

14) Adam Wandruszka, a.a.O., S. 78 ff.

15) Vgl. zur politischen Stellung des Blattes in diesem Zeitraum Friedrich Fexer: Die 'Neue Freie Presse' und die österreichische Sozialdemokratie 1867—1879, phil. Diss. Wien 1948.

Freien Presse', der aus Ulm stammende Ludwig Speidel, in der Festnummer zum 25jährigen Jubiläum des Blattes vom 1. September 1889 entworfen. 16)

Wenige Monate vor der tödlichen Erkrankung Friedländers war der junge, am 7. März 1846 in Postelberg in Böhmen geborene Eduard Bacher in die Redaktion des Blattes eingetreten. Er hatte in Prag und Wien Rechtswissenschaften studiert, war in Prag schon während des Studiums als Stenograph im Böhmischen Landtag tätig gewesen und hatte in Wien, nach dem Abschluß seiner Studien zunächst als Revisor im Stenographenbüro des Reichsrats eine Anstellung gefunden. Wie damals und später zahlreiche österreichische Journalisten kam er so von der Parlamentsberichterstattung her zum Zeitungswesen. Seine Spezialität blieb auch nach seinem Eintritt in die Redaktion der 'Neuen Freien Presse' die Abfassung der Parlamentsberichte, wobei er vor allem bei der Formulierung der zusammenfassenden Einleitungen zu den Berichten über die Reichsratssitzungen einen eigenen Stil entwickelte. Etienne war auf den begabten jungen Mann aufmerksam geworden und hatte ihm die Stellvertretung in der Leitung des Blattes anvertraut. Nach Etiennes Tod im Frühjahr 1879 wurde Bacher, der eben erst das 33. Lebensjahr vollendet hatte, Chefredakteur und ein Jahr später Herausgeber des Blattes. Durch drei Jahrzehnte stand er dann, zumindest nominell, an der Spitze der Zeitung, der er seine ganze Arbeitsenergie widmete, wenngleich seine zurückhaltende und bescheidene Persönlichkeit im Laufe der Jahre immer mehr von der brillanteren und dynamischeren Gestalt seines Mitarbeiters Moriz Benedikt 17) überstrahlt wurde, der wenige Monate nach Bacher, 1872, im Todesjahr Friedländers, kaum 23jährig, in den Verband des Blattes eingetreten war.

Moriz Benedikt, der wie Bacher aus dem deutschliberalen Judentum der Länder der Wenzelskrone stammte, war am 27. Mai 1849 in Kwassitz bei Hradisch in Mähren als Sohn eines kleinen Kaufmannes geboren worden und hatte in Wien das traditionsreiche Schottengymnasium besucht. Zu seinen Mitschülern gehörten die späteren Leuchten der Wiener nationalökonomischen Schule, Friedrich von Wieser und Eugen von Böhm-Bawerk. Die Verbindung, namentlich zu Böhm-Bawerk, blieb zeitlebens bestehen und hat sich durch die harmonische Ergänzung des Praktikers und des Theoretikers auf nationalökonomischem Gebiet für beide Teile fruchtbar ausgewirkt. Wie Bacher verdankte auch er seinen Aufstieg der besonderen Menschenkenntnis und dem journalistischen Spürsinn Michael Etiennes, der dem jugendlichen Neuling die Abfassung eines Leitartikels über Wiener Gemeindefragen anvertraute. So hatte Etienne, der ja einst schon das Talent Friedländers als erster erkannt hatte, das entscheidende Verdienst auch an der "Entdeckung" der beiden Männer, die nunmehr nach dem frühen Tod der beiden

---

16) 'Neue Freie Presse' (Wien) vom 1. September 1889, im Auszug wiedergegeben bei Adam Wandruszka, a.a.O., S. 83 ff.

17) Vgl. Ingrid Walter: Moriz Benedikt und die 'Neue Freie Presse', phil. Diss. Wien 1950.

Gründer mit dem aus der "Gründerzeit" überlebenden Leiter der Verwaltung, Adolf Werthner, das neue Triumvirat an der Spitze des Blattes in der nun anhebenden Epoche eines neuerlichen Kampfes mit der Regierung bildeten.

Denn das Jahr 1879, das durch den Tod von Miachel Etienne für die innere Geschichte der 'Neuen Freien Presse' eine Zäsur bedeutete, war auch für den Liberalismus in Österreich ein Wendepunkt. Die entschiedene Opposition der Deutschliberalen gegen eine expansionistische Balkanpolitik, an der noch der leidenschaftliche Kämpfer Etienne in seinem letzten Lebensjahr einen wesentlichen Anteil gehabt hatte, führte zum Bruch zwischen der Krone und den Liberalen und damit zum Ende der Herrschaft der deutschliberalen Verfassungspartei in Österreich. Die Ära der Regierung des "Kaiserministers", des Grafen Eduard Taaffe, der sich auf den "Eisernen Ring" der Konservativen, Klerikalen und der slavischen Nationalitäten der cisleithanischen Reichshälfte stützte, brach an, die Verfassungspartei und mit ihr die 'Neue Freie Presse' gingen in eine zwar gemäßigte und loyale, aber lange während Opposition, während auch im Wiener Rathaus mit dem Ende der Amtszeit des großen liberalen Bürgermeisters Dr. Cajetan Felder die Glanzzeit der liberalen Kommunalpolitik zu Ende gegangen war.

Im Kampf mit der Regierung, die nun nicht mehr so sehr durch das direkte brutale Mittel von Verbot und Konfiskation, sondern durch die raffiniertere Methode wirtschaftlicher Pressionen der Zeitung das Wasser abzugraben oder sie sogar durch die Erwerbung der Aktienmehrheit in den Besitz von der Regierung nahestehenden Persönlichkeiten oder Institutionen zu bringen suchte, hat sich Moriz Benedikt seine journalistischen Sporen verdient. Durch ständige Verbesserung der technischen Einrichtung, immer reichere Ausgestaltung des Inhalts, den Ausbau des telegraphischen Nachrichtendienstes, konnte er die führende Stellung des Blattes nicht nur behaupten, sondern den Abstand zwischen ihm und den anderen Zeitungen der Monarchie immer mehr erweitern. Zudem ermöglichten ihm seine gründlichen Kenntnisse auf volkswirtschaftlichem Gebiet und seine guten Verbindungen zu den führenden Persönlichkeiten der Finanz und des Wirtschaftswesens, den Versuch des Ministerpräsidenten Taaffe zu vereiteln, die Aktienmehrheit der 'Neuen Freien Presse' zu erlangen. (1871/72 war im Zuge technischer Verbesserungen und des Kaufs modernster Maschinen aus den USA die finanzielle Basis des Unternehmens durch Umwandlung in eine Aktiengesellschaft unter Beteiligung führender Banken, zuerst der Anglo-Österreichischen Bank und der Union-Bank, dann der Börsenbank und später auch der Länderbank erweitert und gesichert worden. Jetzt erwarben, wie es heißt, mit Hilfe eines vom Berliner Bankhaus Mendelssohn gewährten Kredits, Bacher und Benedikt die Besitzanteile.)

Das Aufwachsen antiliberaler, demokratischer Massenbewegungen in den beiden letzten Jahrzehnten des 19. Jahrhunderts, der antisemitischen Christlichsozialen, der Sozialdemokraten und der Deutschnationalen beraubte allerdings die große liberale Wiener Presse und an deren Spitze eben die 'Neue Freie Presse' auch von der Basis her ihres politischen Rückhalts, so daß sie zur gleichen Zeit, da sie zum im In- und Ausland anerkannten Weltblatt der Donaumonarchie, zur "österreichischen Times" aufstieg, bereits einen Teil ihres politischen Einflusses im Innern zu verlieren begann, da sie sich nach dem rapiden Niedergang der Verfassungspartei nicht mehr auf eine breite politische Gruppierung stützen konnte. [18] Die wegen der hervorragenden Qualität und des Informationsreichtums des Blattes weiterhin ständig steigende Leserzahl verschleierte zunächst diese Tatsache, die allerdings etwa darin zum Ausdruck kam, daß der Anteil der ins Ausland gehenden Exemplare von 10% im Jahre 1873 bis zum Ausbruch des Ersten Weltkriegs auf 20 bis 25% stieg. (Von der Auflage von 112.000 Exemplaren im Jahre 1914 blieben etwa 45% in Wien, während 30 bis 35% in die übrigen Teile der Monarchie versandt wurden.)

Journalistische Meisterleistungen und Sensationen wie das berühmte Interview Benedikts mit dem Fürsten Bismarck in der Nummer vom 24. Juni 1892, [19] im gleichen Jahr seine entscheidende Mitwirkung an der Währungsreform mit der Umstellung auf die Goldwährung durch sein Gutachten in der Valutaenquête, sechs Jahre später sein Beitrag in der Enquete über das Regulativ der Aktiengesellschaften und schließlich, als Krönung dieser seiner, die Regierenden beratenden Tätigkeit, die "Benedikt'sche Bankformel", der von ihm formulierte Kompromiß in der Bankenfrage, wodurch 1907 das Scheitern der Ausgleichsverhandlungen mit Ungarn verhindert wurde; [20] all' das zeigt, daß das berühmte geflügelte Wort des Grafen Franz Thun, man könne in Österreich nicht gegen die 'Neue Freie Presse' regieren, seine Berechtigung hatte. Besondere Erwähnung verdient auch der erfolgreiche Kampf Benedikts und der 'Neuen Freien Presse' für die Verstaatlichung der Eisenbahnen, zumal er bewies, daß das Blatt keineswegs in allen Fragen einem doktrinären Manchesterliberalismus huldigte; wie ja etwa auch die Vorstellung, der Liberalismus im allgemeinen und die liberale Presse im besonderen hätten für die soziale Frage kein Verständnis gehabt, gerade am Beispiel der 'Neuen Freien Presse' mit ihren vorbildlichen sozialen Einrichtungen für ihre Mitarbeiter und ihrem entschiedenen Eintreten für alle Belange der Volksbildung und die sozialreformerischen Ideen, die aus den Kreisen des österreichischen Liberalismus hervorgingen, leicht widerlegt werden kann.

Doch wie einst die alte 'Presse' schon in den Wochen ihrer Gründung 1848 vom Wiener Radikalismus angegriffen worden war, so wählte nunmehr die antiliberale demokratische Volksbewegung in ihren drei einander heftig befehdenden Gruppen der Christlichsozialen, der Sozialdemokraten und der Deutschnationalen die 'Neue Freie Presse' als Organ des Großbürgertums und des "jüdischen Bank- und Finanzkapitals" zum Ziel ihrer Angriffe. Die sich daraus für die Zeitung ergebende

---

18) Vgl. zur Zeit allgemein H.M. Richter: Die Wiener Presse, in: Wien 1848–1888. Gedenkschrift des Wiener Gemeinderates, 2. Band, Wien 1888.
19) Faksimile-Abb. der Ausgabe der 'Neuen Freien Presse' (Wien), No. 9997 vom 24. Juni 1892 bei Adam Wandruszka, a.a.O., S. 108/109.
20) Vgl. Heinrich Benedikt, a.a.O.

Erkenntnis kam in den stolzen und doch zugleich ernsten und besorgten Worten im Jubiläumsartikel zum 25jährigen Bestand des Blattes zum Ausdruck, wo es unter Anspielung auf das Versprechen in der Gründungsnummer heißt: "Wir haben im Laufe der Jahre gelernt, daß die Unabhängigkeit eines Blattes nicht darin allein besteht, einen Minister, wenn es sein muß, zu tadeln, oder auch sich nicht zu schämen, ihn zu loben, wenn er es verdient. Wir haben die Erfahrung gemacht, daß mitunter ein viel größerer Mut dazu gehört, der Herdennatur der Menschen sich entgegenzustellen, die nur zu leicht geneigt sind, einer glitzernden Phrase zu folgen, den Gott, den sie gestern noch angebetet, morgen vom Altare zu stürzen; wir haben empfunden, daß unabhängig sein mitunter auch heißt, der Verfolgung, dem allgemeinen Tadel, ja der Verleumdung zu trotzen." [21]

Auch die Niederlagen, die das Blatt in dem aufreibenden Mehrfrontenkrieg der letzten Jahrzehnte vor dem Ersten Weltkrieg erleiden mußte, ja selbst die offenkundigen Fehler und Mißgriffe bewiesen zumindest indirekt die Größe und Bedeutung der 'Neuen Freien Presse'. Hier ist etwa der tiefe und unüberwindliche Gegensatz zu erwähnen, der Bacher und vor allem Benedikt als deutschliberale Anhänger des Gedankens der jüdischen Assimilation von den Ideen ihres hochbegabten Feuilleton-Redakteurs Theodor Herzl trennte, der als Korrespondent der 'Neuen Freien Presse' in Paris den Beginn der Dreyfus-Affäre miterlebt hatte und auf Grund dieses Erlebnisses der Gründer und Führer der zionistischen Weltbewegung wurde; [22] oder die Veröffentlichung des unglückseligen Briefes des greisen Theodor Mommsen: "An die Deutschen in Österreich" in den Tagen der Badeni-Krise [23]; oder die peinliche Niederlage des Historikers Heinrich Friedjung im sogenannten "Friedjung-Prozeß" im Zusammenhang mit einem von ihm 1909 in der 'Neuen Freien Presse' veröffentlichten Artikel, in dem er auf Grund von gefälschten Materialien, die er aus dem Außenministerium erhalten hatte, schwere Anschuldigungen gegen die serbische Regierung, aber auch gegen serbische und kroatische Abgeordnete des österreichischen Reichsrats erhoben hatte. Auch der ätzende Spott, mit dem der geistvolle Herausgeber der 'Fackel', Karl Kraus, mit unbarmherziger Beharrlichkeit unter dem Beifall vor allem der jüngeren Generation den getragenen und pathetischen, nunmehr als antiquiert und unzeitgemäß

---

[21] 'Neue Freie Presse' (Wien) vom 1. September 1889, zit. bei Adam Wandruszka, a.a.O., S. 105.

[22] Über die Spannungen, die sich aus der Gegnerschaft Bachers und Benedikts gegenüber dem Zionismus ergaben, berichtet ausführlich Theodor Herzl: Tagebücher, 3 Bde., Berlin 1922/23; in dem langen Nachruf der 'Neuen Freien Presse' auf ihren Mitarbeiter Herzl im Jahre 1904 wurde nur ganz zum Schluß in einem Satz erwähnt, daß er der Gründer und Führer der zionistischen Weltbewegung gewesen sei, in einem ihm gewidmeten Beitrag in der Jubiläumsausgabe 1914 sein Wirken für den Zionismus überhaupt nicht mehr erwähnt.

[23] 'Neue Freie Presse' (Wien) vom 31. Oktober 1897, dazu Berthold Sutter: Theodor Mommsens Brief "An die Deutschen in Österreich", in: 'Ostdeutsche Wissenschaft', 10/1963.

empfundenen Stil Benedikts verfolgte, [24)] trug vielfach Züge des Schulbubenschabernacks gegenüber einem gefürchteten Lehrer und zeugte so wider Willen doch auch für die einmalige Autorität der 'Neuen Freien Presse'.

Die Fünfzigjahrfeier am 1. September 1914, zu der sich wieder, ja fast mehr noch als ein Vierteljahrhundert früher, alle führenden Persönlichkeiten und Vereinigungen der Donaumonarchie als Gratulanten drängten — die 'Neue Freie Presse' brachte durch mehr als eine Woche mehrere Spalten täglich mit Gratulationsschreiben und Glückwunschtelegrammen und die Jubiläumsnummer enthielt bogenlange Inserate der großen Aktiengesellschaften — war schon vom großen Ringen an der Front überschattet, und jene Nummern wiesen bereits die fatalen weißen Flecken auf, die das Walten der Kriegszensur [25)] anzeigten. Während des Krieges erlebte Moriz Benedikt noch die Genugtuung, daß er vom Kaiser als erster und einziger österreichischer Journalist ins Herrenhaus berufen wurde. Die darin zum Ausdruck kommende Anerkennung für die Stellung der 'Neuen Freien Presse' wurde dann ungewollt auch von ganz entgegengesetzter Seite erwiesen, als am 12. November 1918, am Tag der Ausrufung der Republik, die "Rote Garde" das Haus in der Fichtegasse für einige Stunden besetzte und zwei kommunistische Flugblätter herausgab.

Es war ein schweres Erbe, das nach dem am 18. Februar 1920 erfolgten Tod von Moriz Benedikt dessen damals 38jähriger Sohn, Dr. Ernst Benedikt, übernehmen mußte, der schon 1906 in die Redaktion eingetreten und bisher vor allem als Leitartikler tätig gewesen war. Seine sehr stark ausgeprägte musische Ader befähigte ihn zwar, dem Blatt, das durch die Zerstückelung der Donaumonarchie die politische und wirtschaftliche Basis weitgehend eingebüßt hatte, wenigstens auf dem Gebiet des Künstlerischen und Geistigen den führenden Rang zu wahren und eine große Tradition unter schwierigen Umständen fortzuführen. Aus der großen Fülle der bedeutenden Mitarbeiter des Blattes in der Zeit zwischen den beiden Weltkriegen seien nur der angesehene Historiker und Publizist Richard Charmatz sowie Dr. Ernst Molden genannt, der 1921 in die Redaktion eintrat und schon drei Jahre später stellvertretender Chefredakteur wurde. Im Feuilleton wirkten zunächst noch der von 1872 bis 1923 in der 'Neuen Freien Presse' tätige, die große Tradition des Wiener Feuilletons verkörpernde Hugo Wittmann, ferner Raoul Auernheimer, Felix Salten, Ernst Lothar, Hans Müller, Hermine Cloeter, Felix Braun, in der Musikkritik Julius Korngold. Neben den führenden Schriftstellern des Auslands erschienen im Fortsetzungsroman wie in den großen literarischen Sonntags- und Feiertagsbeilagen die angesehensten österreichischen Schriftsteller, so Hugo von Hofmannsthal, Arthur Schnitzler, Stefan Zweig, Karl

---

24) Vgl. über Karl Kraus u.a. Hansheinz Reinprecht: Karl Kraus und die Presse, phil. Diss. Wien 1948; Gertrude Schartner: Karl Kraus und die politischen Ereignisse bis 1914, phil. Diss. Wien 1952; Christel Heidemann: Satirische und polemische Formen in der Publizistik von Karl Kraus, phil. Diss. (FU) Berlin 1958.
25) Vgl. Kurt Koszyk: Deutsche Pressepolitik im Ersten Weltkrieg, Düsseldorf 1968.

Schönherr, Franz Karl Ginzkey, Max Mell. 1926/27 erschienen in der 'Neuen Freien Presse' auch Beiträge des mit Charmatz befreundeten Theodor Heuss.

Der Rückgang der Auflage (1934 betrug die Auflage nur mehr 43.000, an Sonntagen 60.000 Exemplare) und die wirtschaftliche Not der Dreißigerjahre zwangen Ernst Benedikt 1931, die Hälfte der Anteile des seit Bachers Tod (1908) im Alleinbesitz der Familie Benedikt befindlichen Blattes an den bisherigen Wirtschaftsredakteur Dr. Stephan von Müller zu verkaufen, hinter dem die österreichische Regierung stand. 1934 ging dann auch die andere Hälfte in den Besitz Müllers über. Für die nun zum Regierungsblatt gewordene 'Neue Freie Presse' schien sich eine neue Chance zu eröffnen, als die Regierung Schuschnigg im Abkommen vom 11. Juli 1936 die Zulassung der 'Neuen Freien Presse' im Deutschen Reich als Gegenleistung für die Zulassung der Essener 'Nationalzeitung' in Österreich erwirkte. Dr. von Müller blieb Chefredakteur. 1938 beging er Selbstmord. Nach dem "Anschluß" wurde die 'Neue Freie Presse' unter kommissarische Leitung gestellt und schließlich mit Ende Januar 1939 mit dem 'Neuen Wiener Tagblatt' und dem 'Neuen Wiener Journal' vereinigt. [26] Wie es heißt, ging die Einstellung des traditionsreichen Blattes auf eine persönliche Anordnung Hitlers wegen seiner noch aus der Wiener Jugendzeit gehegten Abneigung gegen das Blatt zurück, während Reichsaußenminister von Ribbentrop und Reichswirtschaftsminister Funk es wegen seiner Geltung im Ausland und seines bis zuletzt bewahrten Ranges als Wirtschaftsblatt erhalten wollten.

Nach 1945 unternahm der einstige stellvertretende Chefredakteur, Dr. Ernst Molden — der während des "Dritten Reichs" zuerst bei Wirtschaftsblättern wie dem 'Südost-Echo' und dann beim 'Europakabel' in Amsterdam gearbeitet hatte und das Kriegsende ebenso wie seine Gattin, die Dichterin Paula von Preradovic, wegen Zugehörigkeit zur österreichischen Widerstandsbewegung im Polizeigefängnis erlebt hatte — die Wiederbegründung der Zeitung unter dem alten Namen 'Die Presse', ab 26. Januar 1946 wegen der Ungunst der Verhältnisse zuerst als Wochenzeitung. [27] Ab 19. Oktober 1949 erschien 'Die Presse' täglich, daneben aber auch noch das wöchentlich erscheinende Blatt, das inzwischen einen großen Leserkreis gewonnen hatte, als 'Presse-Wochenausgabe' (ab 1954 'Wochen-Presse'). Herausgeber und Chefredakteur war bis zu seinem am 11. August 1953 erfolgten Tod Dr. Ernst Molden. Nach einer kurzen interimistischen Leitung des Blattes durch den bisherigen stellvertretenden Chefredakteur, Dr. Oskar Stanglauer, wurde der bisherige Leiter der Lokal- und Kulturredaktion, Milan Dubrovic, Chefredakteur, Dr. Otto Schulmeister stellvertretender Chefredakteur. Herausgeber

---

26) Vgl. Kurt Paupié, a.a.O.
27) Vgl. die Faksimile-Abb. der Titelseite der ersten Nummer bei Adam Wandruszka, a.a.O., S. 148/149.

wurde Ernst Moldens Sohn, Fritz Molden, der 1961 für kurze Zeit auch selbst die Leitung der Redaktion übernahm, dann aber das Blatt an eine der Österreichischen Volkspartei nahestehende Finanzgruppe unter Leitung des Kommerzialrats Fred Ungart verkaufte. Chefredakteur wurde im Oktober 1961 Dr. Otto Schulmeister. [28]

---

[28] Vgl. Adam Wandruszka, a.a.O., S. 148 ff.; Heinz-Dietrich Fischer, a.a.O., S. 97 ff.; John C. Merrill, a.a.O., S. 102 ff.; vgl. zur Nachkriegs-Pressegeschichte Österreichs u.a. Kurt Paupié: Die österreichischen Tageszeitungen seit 1945, in: 'Publizistik' (München), 1. Jg./Heft 4 (Juli-August 1956), S. 222-228; Kurt Paupié: Österreich, in: Handbuch der Weltpresse, hrsgg. vom Institut für Publizistik der Universität Münster, Bd. 1, Köln — Opladen 1970, S. 404-413 (daselbst ausführliche Bibliographie).

Kurt Paupié:

FRANKFURTER ZEITUNG (1856 — 1943)

Die zweite Hälfte des 19. Jahrhunderts ist durch neue Formen der Kapitalverwertung gekennzeichnet. Insbesondere nehmen Banken, Börsen und Aktiengesellschaften dominierende Positionen im öffentlichen Leben ein. Mit ihrer Hilfe erfolgt der rasante Aufschwung zum Hochkapitalismus. Bevölkerungsschichten, bisher abseits und desinteressiert am ökonomischen Geschenen, partizipieren und spekulieren in täglich neu geschaffenen Werten oder werden durch die Industrialisierung an die Peripherie der Gesellschaft gedrängt.

Die wirtschaftliche und soziale Umwälzung findet das Pressewesen völlig unvorbereitet. Die politischen Tagesblätter befassen sich primär mit Problemen der zwischenstaatlichen Beziehungen und des nationalen Selbstbewußtseins. Die innere Organisation des Zeitungsinhalts ist noch wenig ausgeprägt, bestenfalls im Feuilleton erkennbar. Wirtschafts- und Handelsteil fehlen fast völlig, politische Aussagen sind im Veröffentlichungsraum verteilt. Die Zeitschriften, als sachorientierte Organe, vermögen den Anforderungen nach umfassender Information und größerer Aktualität nicht gerecht zu werden. Der Publikumsbedarf bedingt das Entstehen einer repräsentativen Handels- und Börsenpresse und eines Politik unter dem Blickwinkel der Wirtschaft betrachtenden Zeitungstyps. [1]

In diesem Sinne gibt der Frankfurter Bankier Heinrich Bernhard Rosenthal an jedem Börsentag seit 1853 einen 'Geschäftsbericht' heraus. Nach drei Jahren wendet sich Rosenthal an seinen Bankierkollegen Leopold Sonnemann, um ein Informationsblatt für Geschäftsfreunde und Kunden herauszugeben. Ab 21. Juli 1856 kommt ein täglich erscheinender 'Frankfurter Geschäftsbericht' an die Interessenten, etwas über ein Monat später, am 27. August, wird dieses Blatt zeitungsähnlicher gestaltet, ihm ein neuer Name gegeben; es heißt nun 'Frankfurter Handelszeitung' [2] und erstmals wird hauptamtlich ein Redakteur bestellt. Es ist Max Wirth [3];

---

1) Zur Gesamtsituation der Presse in diesem Zeitraum vgl. Kurt Koszyk: Deutsche Presse im 19. Jahrhundert, Berlin 1966.

2) Zur chronologischen Entwicklung ihrer Vorgängerblätter sowie zur Geschichte der 'Frankfurter Zeitung' bis ins frühe 20. Jahrhundert vgl. vor allem Verlag der Frankfurter Zeitung (Hrsg.): Geschichte der Frankfurter Zeitung. Volksausgabe, Frankfurt a.M. 1911, S. 15 ff.

3) Max Wirth (geb. am 27. 1. 1822 in Breslau, gest. am 18. 7. 1900 in Wien) redigierte nach seinem Jura-Studium von 1852—53 die 'Westfälische Zeitung' in Dortmund; von 1953—56 ist er Redakteur der 'Mittelrheinischen Zeitung' in Wiesbaden. In Frankfurt gründet er das Wochenblatt 'Arbeitgeber' als Instrument der Nachfrageregelung am Arbeitsmarkt. Wie Sonnemann gehört er dem Vorstand des 'Volkswirtschaftlichen Kongresses' an. 1864 bis 1873 Direktor des Statistischen Büros der Schweiz in Bern, ab 1874 Redaktionsmitglied der 'Neuen Freien Presse' in Wien und zugleich Korrespondent des Londoner 'Economist' (vgl. Bettina Wirth: Max Wirth, in: 'Biographisches Jahrbuch', Bd. 5, 1903; außerdem Otmar Frühauf: Bürgerlich-liberale Sozialpolitik 1856—1865. Aus dem Frankfurter 'Arbeitgeber' von Max und Franz Wirth, phil. Diss. München 1966, München 1966).

unter ihm wird die Wirtschaftsberichterstattung aktualisiert und aus der regionalen bzw. lokalen Gebundenheit gelöst: das Börsengeschehen wird mit Hilfe telegraphischer Depeschen aus deutschen und den wichtigsten europäischen Börsen erweitert. Über die Strömungen auf dem Kapitalmarkt wird ausführlich berichtet; die Gründe, welche das Geschäft bestimmen und beherrschen, werden dargestellt. Das ist für Frankfurt am Main neu, neu ist auch die wöchentlich erscheinende kritisch gehaltene Wirtschaftsübersicht. Wörtlich heißt es in der "Einladung zum Abonnement" vom 1. September 1856: [4]

> "Ein Blatt, das vom hiesigen Platze aus *täglich* die Interessen der Bewohner der deutschen Bundesstaaten, insbesondere aber die der immer zahlreicher werdenden Classe der Actien-Besitzer unparteiisch und sorgsam vertritt, das zugleich die Interessen der Landwirthschaft, der Fabrikindustrie und des Handels in gründlicher Weise berücksichtigt und täglich ein getreues Bild der Frankfurter Börse auf dem raschesten Wege gibt, ist ein schon länger gefühltes Bedürfniß. Die 'Frankfurter Handelszeitung' hat sich diese Aufgabe gestellt. Sie wird die deutschen Actiengesellschaften besonders ins Auge fassen, den Fortgang ihrer Unternehmungen kritisch beleuchten und soweit als möglich die inneren und äußeren Ursachen würdigen, welche auf deren Werth Einfluß haben". Das Blatt werde "unmittelbar nach der Börse zur Presse gehen und stets die letzten Course bringen".
>
> Weiter wurden in zehn Punkten die wesentlichen Gegenstände aufgezählt, die das Blatt enthalten sollte, darunter neben den Berichten der verschiedenen Börsen auch solche über Warenmärkte, ferner "Berichte und Besprechungen über die meisten Unternehmungen und Projecte der Börsen-, Finanz-, Handels- und Industriewelt, über alle Generalversammlungen von Actien- und Commandit-Gesellschaften, über den Stand der Banken und die Betriebseinnahmen der Eisenbahnen usw.", auch einen "zweckentsprechenden Briefkasten. Bei einem Handelsorgane", das fügte die Einladung hinzu, "welches sich eine so verantwortungsvolle Aufgabe gestellt hat, wird das Publikum einen besonderen Werth auf den Charakter seiner *Leitung* legen". Den geschäftlichen Teil werde Herr H. B. Rosenthal, dessen Unparteilichkeit und richtiger Blick sich schon Vertrauen erworben hätten, "in Verbindung mit mehreren erfahrenen Geschäftsleuten der hiesigen Stadt" leiten, den volkswirtschaftlichen Teil übernehme Herr Max Wirth, "der im Begriffe steht, die Redaktion der 'Mittelrheinischen Zeitung' niederzulegen, und in seinen nationalökonomischen Schriften hinlänglich als der Aufgabe gewachsen sich bewiesen" habe.

Der Zeitpunkt für die Herausgabe des Blattes war aber auch aus anderen Gründen nicht ungünstig gewählt: Der Krimkrieg fördert das Interesse am außenpolitischen Geschehen, der Machtkampf um die Vorherrschaft in Deutschland zwischen Österreich und Preußen vermehrt das Interesse an einer kontinuierlichen Interpretation und Information über nationale "Belange". In diesem Sinne zentralisiert sich die politische Berichterstattung immer mehr auf die Haltung des preußischen Bundestagsgesandten Otto von Bismarck, der ganz im Geist einer kleindeutschen Staatsraison in Österreich einen unliebsamen Konkurrenten sieht, den es auszuschalten gilt. [5] Als politischer Redakteur fungiert Georg Kolb [6], im Zusammenhang mit

---

[4] Abgedruckt in Verlag der Frankfurter Zeitung (Hrsg.): Geschichte . . ., a.a.O., S. 19 f.

[5] Vgl. Karl Stoll: Die politische Stellung der Frankfurter Zeitung (Neue Frankfurter Zeitung, Frankfurter Handelszeitung) in den Jahren 1859 bis 1871, phil. Diss. Frankfurt a.M. 1932, Teildruck Frankfurt a.M. 1932.

[6] Georg Kolb (geb. am 14.9.1808 in Speyer, gest. am 16.5.1884) wird 1848 als Bürgermeister Speyers ins Frankfurter Parlament gewählt. 1849 Abgeordneter des bayerischen

dem Kriegsgeschehen in Oberitalien baut er geschickt die aktuelle Berichterstattung aus. Das Feuilleton findet seinen festen Platz auf der Titelseite.

Das Blatt erscheint nun zweimal und schließlich dreimal täglich. Ab 1. September 1859 ändert es seinen Namen in 'Neue Frankfurter Zeitung' und teilte in einer neuen programmatischen Äußerung den Lesern mit: 7)

> "Frei und unabhängig dienen wir nur der Sache des Vaterlandes und des entschiedenen Fortschritts. Ungehemmte Entwicklung des Volksgeistes ohne Nachäffung fremder Vorbilder, eine starke und durch innere Freiheit nur noch mehr gekräftigte Einheit Deutschlands, festes treues Zusammenhalten gegen das Ausland, rasch entschlossene, unnachgiebige und ihrer Zwecke sich wohlbewußte Feindschaft gegen den Feind, das sind die Ziele unseres Strebens. Nach Innen frei und offen, für die freisinnigste Staatsgestaltung kämpfend, kennen wir im Kampf nach Außen keine Partei und verfechten keine Sache als die Eine große der deutschen Nation. Unser Programm ist: Deutschland sei so mächtig nach Außen als frei nach Innen".

Ab 1. Januar 1860 nennt sich die Firma 'Frankfurter Societätsdruckerei', hier wird ab 1863 ein 'Börsenkalender' herausgegeben. Leopold Sonnemanns Einfluß macht sich in den folgenden Jahren zunehmend bemerkbar. 8) Selbst in der Tendenz von den Idealen des Jahres 1848 beeinflußt, der parlamentarischen Demokratie zugewandt, großdeutsch, liberal, überträgt er seine Haltung auf die des Blattes und gerät in Opposition zur Politik des "Konfliktministers" Bismarck. Sonnemann als überzeugter Demokrat hatte Verbindung zum 'Deutschen Arbeiterverein' und bejahte die frühen Bestrebungen August Bebels. Vehement wird die Diskussion "Staatshilfe" (Lassalle) oder "Selbsthilfe" (Schulze-Delitzsch) in dem Frankfurter Blatt geführt. Aber "niemand hat", sagt Gustav Mayer in seiner Ausgabe der Briefe Lassalles, 9) "energischer, aktiver... und erfolgreicher (Lassalle) entgegengearbeitet als der Bankier und Politiker Sonnemann...". Sonnemann

---

Forts. Anm 6)
  Landtages, gibt im gleichen Jahr sein Bürgermeisteramt auf, um die 'Neue Speyrer Zeitung' herauszugeben, die 1853 verboten wird. 1853–1860 in Zürich, danach in Frankfurt; er gilt als Verfechter des Föderalismus, tritt gegen die Schaffung eines deutschen Bundesstaates ein und verwendet bei publizistischen Arbeiten das Pseudonym F. K. Broch (vgl. Elmar Krautkrämer: Georg Friedrich Kolb, 1808–1848. Würdigung eines journalistischen und parlamentarischen Wirkens im Vormärz und in der deutschen Revolution, phil. Diss. Mainz 1959, Mainz 1959).

7) Abgedruckt in Verlag der Frankfurter Zeitung (Hrsg.): Geschichte..., a.a.O., S. 43 f.
8) Zur politisch-publizistischen Tätigkeit Sonnemanns vgl. u.a. Friedrich Naumann: Leopold Sonnemann — ein alter Demokrat, in: 'Süddeutsche Monatshefte' (München), Januar 1910, S. 66–69; Heinrich Simon: Leopold Sonnemann. Seine Jugendgeschichte bis zur Entstehung der Frankfurter Zeitung. Zum 29. Oktober 1931, Frankfurt a.M. 1931 (Privatdruck); Willi Emrich: Bildnisse Frankfurter Demokraten, Frankfurt a.M. 1956; Klaus Gerteis: Leopold Sonnemann. Ein Beitrag zur Geschichte des demokratischen Nationalstaatsgedankens in Deutschland, Frankfurt a.M. 1970.
9) Gustav Mayer (Hrsg.): Ferdinand Lassalle. Nachgelassene Briefe und Schriften, 6 Bde., Stuttgart—Berlin 1921–1925 (Zitat aus Bd. 5). Vgl. auch Michael Freund: Die Zeitung und Lassalle, in: Ein Jahrhundert Frankfurter Zeitung, 1856–1956, Sonderheft der 'Gegenwart' (Frankfurt a.M.) 1956, S. 11 ff.; Hans Ebeling: Der Kampf der Frankfurter

selbst war aktiv in Arbeiterbildungsvereinen tätig und öffnete die von ihm geleitete Zeitung zur Darstellung der sozialen Frage. Da Sonnemann aber in Lassalles Agitation ein Instrument Bismarcks zur Spaltung der Fortschrittspartei sah, wandte er sich gegen diesen und gegen die Bestrebungen zur Gründung einer eigenen Arbeiterpartei. Im 20. Jahrhundert jedoch hat die 'Frankfurter Zeitung' ihre Animosität gegen die Arbeiterparteien verloren: sie wendet sich gegen die Diffamierung der Sozialdemokratie und wirbt bei dieser für ein Verantwortungsbewußtsein zum Deutschen Staat.

Das siebente Jahrzehnt des 19. Jahrhunderts ist gekennzeichnet durch großzügigen Ausbau des Korrespondentennetzes, einer umfangreichen personellen Erweiterung des Redaktions- und Mitarbeiterstabes und einer Expansion des Feuilleton und Beilagenteiles. Doch wird diese Entwicklung, welche wesentlich der Ausprägung der Zeitungsindividualität dient, jäh unterbrochen. Am 17. Juli 1866 kommt es zu einer kriegsbedingten Einstellung der 'Neuen Frankfurter Zeitung': die im Zusammenhang mit dem Deutschen Krieg in Frankfurt einmarschierenden preußischen Truppen bereiten dem Blatt ein plötzliches Ende. Redaktion und Druckerei werden besetzt, zwei Redakteure verhaftet. Sonnemann und Kolb setzen sich mit zwei Mitarbeitern nach Stuttgart ab und gründen als "Ersatzorgan" die ab 2. August erscheinende 'Neue Deutsche Zeitung'. 10) In Format und Aufmachung gleicht sie, aus naheliegenden Gründen, der 'Neuen Frankfurter Zeitung'.

Da man vorsorglich die Abonnentenkartei mitgenommen hat, kann das exiliierte Blatt den Beziehern zugestellt werden. Die Auflage steigt auf durchschnittlich 8 000 Exemplare an. In Frankfurt wird indessen die Beschlagnahmung der Druckerei wieder rückgängig gemacht, doch Sonnemann, sich der Aussichtslosigkeit bewußt, versucht gar nicht erst, das Verbot seiner Zeitung aufheben zu lassen. Vielmehr erlegt er die vorgeschriebene Kaution zur Herausgabe einer neuen Zeitung. Nach der Genehmigung erscheint diese ab 16. November 1866 als 'Frankfurter Zeitung und Handelsblatt'. Vorerst wird sogar die in Stuttgart erscheinende 'Neue Deutsche Zeitung' noch am Leben erhalten, dann am 1. Dezember 1866 eingestellt und den Abonnenten fortan die 'Frankfurter Zeitung' zugestellt. 11) Damit ist die Gründungsphase des Blattes abgeschlossen, mit Hilfe der preußischen Truppen die Verbreitung der Bismarck unliebsamen Zeitung im süddeutschen Raum aber begründet worden. Die Ära der Konsolidierung und der Ausbau zum Weltblatt hat begonnen.

Forts. Anm. 9)
    Zeitung gegen Ferdinand Lassalle und die Gründung einer selbständigen Arbeiterpartei, phil. Diss. Gießen 1930, Stuttgart 1930: Sonnemann fürchtete weniger die "Diktatur des Proletariats" als vielmehr die Diktatur des "Erwählten der Millionen", die Lassalle, nach Meinung Sonnemanns, nach dem Beispiel Napoleons III. anzustreben schien.

10) Vgl. Verlag der Frankfurter Zeitung (Hrsg.): Geschichte..., a.a.O., S. 135 ff.
11) Vgl. daselbst, S. 144 f.

Am 17. November 1866 wird "das" Berliner Büro errichtet, es gewährleistet die ständige und unmittelbare Verbindung zu den zentralen Regierungsstellen, dem Reichstag, den kulturtragenden Einrichtungen und zu all jenen Persönlichkeiten, die Schicksal und Zeitgespräch der Gesellschaft national und international bestimmten. Die Redaktion des Blattes wird dreigeteilt in eine politische Redaktion, den Handelsteil und das Feuilleton. Nur noch einmal wird ein Chefredakteur bestellt: es ist der bis 1873 agierende Karl Volkhausen. Nach ihm erfolgt die Abwicklung der redaktionellen Belange kollegial durch eine Redaktionskonferenz, nur ein "primus inter pares" führt den Vorsitz. Erst 1934 wird man, um dem Schriftleitergesetz genüge zu tun, einen Hauptschriftleiter bestellen, intern aber das System nicht ändern. Am 1. Januar 1885 wird ein illustriertes Blatt, die 'Kleine Presse' gegründet, es sollte den Bedürfnissen nach einer umfassenderen Lokalberichterstattung genügen und die Redaktion der 'Frankfurter Zeitung' ('FZ') in diesem Bereich entlasten. [12] Die Auflage der 'FZ' wird für 1875 mit 20 000 Exemplaren angegeben.

In den Jahren bis zum Ersten Weltkrieg entwickelt sich die Individualität des Blattes: sorgfältig werden Mitarbeiter und Redakteure ausgewählt und erst nach einem langen Reifungsprozeß in die Redaktionsgemeinschaft aufgenommen. [13] So wirkt etwa im Bereich der Sozialpolitik u.a. Dr. Karl Bücher, der Vater der modernen Zeitungskunde, der sich für die Auffassung einsetzt, nur durch eine moderne Sozialgesetzgebung könne der Arbeiterschaft geholfen werden, in die Gesellschaft zu integrieren. Überhaupt ist die 'Frankfurter Zeitung' bemüht, die Verbindung zur Arbeiterbewegung nicht abreißen zu lassen. So unterstützt sie sie in diesem Sinne im Kampf gegen das Sozialistengesetz vom Jahre 1878; [14] und sie kann als wesentlichen Anteil für sich beanspruchen, die revolutionären Tendenzen in der deutschen Arbeiterschaft zurückgedrängt zu haben. Das Engagement in diesem Bereich der politisch-publizistischen Ausgleichsarbeit trug aber erst nach dem Waffenstillstand 1918 zu Beginn der Weimarer Republik Früchte, als es wesentlich half, das Zustandekommen einer regierungsfähigen Mehrheit im Reichstag zu sichern. [15]

---

12) Bereits am 4. Januar 1874 wurde ein 'Wochenblatt der Frankfurter Zeitung' gegründet, welches von einem Redakteur des politischen Ressorts geleitet wurde, um das wöchentliche Zeitgeschehen zusammenzufassen und kritisch zu würdigen. Ab 1. Oktober 1877 erschien ein 'Stadtanzeiger mit Fremdenblatt', aus dem sich dann die oben erwähnte 'Kleine Presse' entwickelte.

13) Einen vollständigen Überblick über die Redakteure und Mitarbeiter bis zum Jahre 1911 findet sich im Verlag der Frankfurter Zeitung (Hrsg.): Geschichte..., a.a.O.; eine Zusammenstellung von Mitarbeitern nach 1918 findet sich in: Ein Jahrhundert Frankfurter Zeitung, a.a.O.

14) Kurt Koszyk (Deutsche Presse im 19. Jahrhundert, a.a.O., S. 197) teilt mit, daß auf dem Gothaer Kongreß von 1876 ein Vorstandsmitglied der sozialdemokratischen Partei, Julius Vahlteich, "sich der zeitweiligen Mitarbeit an der 'Frankfurter Zeitung'" rühmte und die Ansicht vertrat, " 'daß ohne dies Blatt unsere Parteipresse lange nicht so entwickelt wäre, wie es in der Tat der Fall' sei".

15) Vgl. Bernhard Guttmann: Die Zeitung und das Reich, in: Ein Jahrhundert Frankfurter Zeitung, a.a.O., S. 4.

Die politische Aktivität des Blattes war an sich groß; so beteiligt sich die 'Frankfurter Zeitung' 1868 an der Gründung einer 'Deutschen Volkspartei', der politischen Organisation des liberalen süddeutschen Bürgertums. 16) Doch "so entschieden die 'Frankfurter Zeitung'... in der Verfechtung ihrer politischen Gesinnung auch gewesen ist, in der Form hielt sie sich meist in einem beinahe akademischen Rahmen, im deutlichen Bemühen, niemals die agitatorische, sondern die sachliche Begründung in den Vordergrund zu rücken, oder doch so scheinen zu lassen. Auch die durch den (Ersten) Weltkrieg und seinen Nachrichtenüberfluß hervorgerufene Umformung des äußeren Zeitungsbildes hat das Frankfurter Blatt, in dessen journalistischer Arbeit sich formell ein stark konservativer Zug zeigt, nicht mitgemacht...", 17) — lautet die Meinung Dovifats. Noch aber stand der Kampf gegen die Reichspolitik Bismarcks und die imperialistische Außenpolitik im Mittelpunkt der politischen Berichterstattung und Kommentierung. Ganz im Sinne Sonnemanns entwickelte sich die 'Frankfurter Zeitung': als Nachrichtenblatt weltweit, umfassend und aktuell informierend, in ihrer Eigenschaft als politisches Organ bildet sie sich als Instrument einer außerparlamentarischen Opposition zum Gewissen Deutschlands heraus und schließlich, als Handelsblatt, verfolgt sie kritisch und unabhängig das Wirtschaftsgeschehen.

Knapp vor seinem 60. Geburtstag regelt der Gründer der 'Frankfurter Societätsdruckerei', Leopold Sonnemann, die Eigentumsverhältnisse neu. Er wandelt seinen Alleinbesitz in eine "G.m.b.H. in Familienbesitz" um, bleibt aber bis 1902 noch Aufsichtsratsvorsitzender. Dr. Theodor Curti übernimmt für die folgenden sieben Jahre die Verlagsleitung. 18) Einen Tag nach seinem 78. Geburtstag, am

---

16) Vgl. Max Quarck: Zur Naturgeschichte der Frankfurter Zeitung und der bürgerlichen Demokratie, Frankfurt a.M. 1896. — Die Deutsche Volkspartei existierte zwischen 1868 und 1910; die Anfänge dieser "altliberalen" Partei Süddeutschlands reichen bis 1848 zurück. Sie hatte hauptsächlich in Württemberg, Baden und Bayern Anhänger. Ihre publizistischen Hauptorgane waren die 'Frankfurter Zeitung' und der 'Stuttgarter Beobachter'. Das Zustandekommen dieser Partei ist auf das Bemühen Sonnemanns und seiner Zeitung zurückzuführen, entscheidend gegen die Grundsatzlosigkeit und die interessengebundene Politik des Nationalliberalismus und seine parteipolitischen Organisationen aufzutreten. Die Deutsche Volkspartei wurde daher nicht aus separatistischen Motiven heraus, sondern aus den Absichten der Zeitung und ihres Herausgebers gegründet, eine große gesamtdeutsche demokratische Partei zu schaffen, in der, Bürger und Arbeiter vereint, ihre Interessen gewahrt haben sollten. Diese Bestrebungen scheiterten einerseits am Abschwenken der norddeutschen Nationalliberalen zu Bismarck bzw. andererseits der Zuwendung der klassenbewußt werdenden Arbeiterschaft zur Sozialdemokratie (vgl. Karl Stoll, a.a.O.).

17) Emil Dovifat: Die Zeitungen, Gotha 1925, S. 63.

18) Theodor Curti (geb. am 24. 12. 1848 in Rapperswil, gest. am 13. 12. 1914 in Thun) war nach medizinischen und juristischen Studien in Genf, Zürich und Würzburg seit 1870 als Journalist Mitarbeiter vor allem der 'Frankfurter Zeitung'. 1881—1902 eidgenössischer Nationalrat, danach Publizist, Dichter und Dramatiker unter dem Pseudonym Karl Schönburg (vgl. Oskar Wettstein: Theodor Curti, in: 'Frankfurter Zeitung' vom 22. Januar 1915; Josef Ammann: Theodor Curti, der Politiker und Publizist, phil. Diss. Zürich 1930, Rapperswil 1930).

30. Oktober 1909, stirbt Leopold Sonnemann. [19] Wenige Monate später, ab 14. Februar 1910, werden seine Enkel Heinrich und Kurt Simon Geschäftsführer des Verlags, sie übernehmen 1914 auch die Verantwortung für die politische Haltung des Blattes. [20]

Die Zeitung besteht 1906 ein halbes Jahrhundert. Wie eindrucksvoll die Entwicklung verlaufen ist, zeigt sich bei einer Gegenüberstellung des Veröffentlichungsraumes von 1856 mit 1680 Seiten und 91 m^2 bedruckter Fläche, zu dem des Jubeljahres: über 7000 Seiten mit 1300m^2. Karl d'Ester [21] zitiert eine Untersuchung Groths, [22] wonach zwischen Juli 1911 und Juni 1912 die Berichterstattung der 'Frankfurter Zeitung' in der Breite einer Spalte dieses Blattes im Handelsteil 4205 m, der auswärtigen gleich 1225 m und der deutschen Politik 1871 m, im Feuilleton 1926 m, Lokalem 318 m, Sport 141 m sowie Wetter 108 m betrug. Etwa im gleichen Jahr kostete die dreimal täglich erscheinende Zeitung 36 Mark im Jahresabonnement, d.h. 46,5 kg 'Frankfurter Zeitung' per anno wurden per Post ins Haus geliefert, wie Paul Roth mitteilt. [23] Seit 1904 erscheint das 'Literaturblatt' als ständige Beilage der 'Frankfurter Zeitung', seit 1. Juli 1913 'Das illustrierte Blatt' als Vorläufer der 'Frankfurter Illustrierten'.

Bereits knapp nach der Ermordung des österreichischen Thronfolgerpaares äußert die 'Frankfurter Zeitung' Bedenken über die Möglichkeiten, einen Konflikt auf

---

[19] Leopold Sonnemann (geb. am 29.10.1831 in Höchberg/Unterfranken, gest. am 30. Oktober 1909 in Frankfurt a.M.) erlernte als Sohn jüdischer Eltern den Kaufmannsberuf. 1856 gründete er die 'Frankfurter Zeitung' und ist Mitbegründer des 'Volkswirtschaftlichen Kongresses', als dessen Berichterstatter über das Bankwesen er lange Zeit bei dessen Tagungen mitwirkte. Er gehörte 1871–1876 und 1878–1884 dem Deutschen Reichstag an, half die Deutsche Volkspartei begründen und war einflußreiches Mitglied der Frankfurter Stadtverordnetenversammlung. Seine Reichstagsreden erschienen u.d.T. Alexander Giesen (Hrsg.): Leopold Sonnemann — 12 Jahre im Reichstage. Reichstagsreden 1871–1876 und 1878–1884. Festgabe zu seinem 70. Geburtstag, Frankfurt a.M. 1901; vgl. auch Friedrich Salomon: Leopold Sonnemann und die deutsche Arbeiterbewegung, in: 'Arbeiterzeitung' (Wien), Nr. 298 vom 29. Oktober 1931, außerdem über L. Sonnemann die in Anmkg. 8 nachgewiesene Literatur.

[20] Heinrich Simon (geb. 30.7.1880 in Berlin, gest. 6.5.1941 in Washington), ein Enkel Sonnemanns, studierte Germanistik in Erlangen, Freiburg und Berlin. Er arbeitete als Redakteur des Feuilletonteils der 'Frankfurter Zeitung', wurde 1906 Prokurist des 'Frankfurter Societätsverlages'; 1934 emigrierte er nach London, Washington und gründete mit Toscanini und Hubermann die Symphonieorchester in Tel Aviv, Jerusalem, Kairo. Er verfaßte zahlreiche Glossen, Betrachtungen und Essays, wobei er die Chiffre "H.S." benutzte. Sein Bruder war Dr. jur. Kurt Simon (geb. 1881, gest. 1947).

[21] Vgl. Karl d'Ester: Zeitungswesen, Breslau 1928, S. 86 f.

[22] Gemeint ist die Doktorarbeit von Otto Groth: Die politische Presse Württembergs, staatswiss. Diss. Tübingen 1913, Stuttgart 1915.

[23] Paul Roth: Das Zeitungswesen in Deutschland von 1848 bis zur Gegenwart, Halle/Saale 1912, S. 52.

den Balkan begrenzen zu können, 24) für Rußland, Frankreich und England werde es selbstverständlich sein, Bündnispflichten zu erfüllen, eine globale Konfrontation drohe. Man müsse trotz des österreichischen Vorgehens in Serbien noch versuchen, den Frieden zu retten, — das Blatt liefert sogar Vermittlungsvorschläge. 25) Es bleibt Rufer in der Wüste, die Fortsetzung der Politik mit anderen Mitteln setzt weltweit ein: der Erste Weltkrieg hat begonnen. Die folgenden Jahre verteidigt die 'Frankfurter Zeitung' die Meinungsfreiheit vor den militärischen Instanzen.

Ist man versucht, für die Zeit des Ersten Weltkriegs eine Systematik der Arbeit der 'Frankfurter Zeitung' zu erstellen, so ergäbe sich etwa folgendes: die Zeit der "Julikrise" wird gekennzeichnet durch das Bemühen, den Frieden unter allen Umständen zu bewahren; die, nach der Erkenntnis, der Krieg sei nicht mehr aufzuhalten, und während der folgenden vier Jahre, abgelöst wird durch die Versuche, den Frieden wieder zu gewinnen. Dieses kontinuierlich vorgebrachte publizistische Anliegen erfährt einen Höhepunkt im Zusammenhang mit dem Ende 1916 (12. Dezember) erlassenen Friedensangebot an die Ententemächte und dem, durch die Ablehnung ausgelösten, uneingeschränkten U-Bootkrieg (1. Februar 1917). Der von der 'Frankfurter Zeitung' vehement geführte Kampf gegen Tirpitz fand hier seine Ergänzung zum Furioso. 26) Als weiteres Kriterium der Tätigkeit wären die Versuche, den dirigistischen Einfluß kommunikationspolitischer Einrichtungen abzuwehren und die Individualität zu bewahren, kennzeichnend. Schließlich zeichnen sich deutlich Bemühungen ab, programmatisch auf Staat und Gesellschaft für die Gestaltung einer kommenden Friedenszeit einzuwirken. Es war naheliegend, daß aus diesen publizistischen Verhaltensformen Schwierigkeiten für das Blatt entstehen mußten, einerseits mit Institutionen und andererseits mit Personen. 27)

Im vorletzten Kriegsjahr 1917 erreicht die 'Frankfurter Zeitung' die bisher höchste Auflage ihrer Geschichte: 170 000 Exemplare finden täglich, hauptsächlich

---

24) Kurt Koszyk: Deutsche Pressepolitik im Ersten Weltkrieg, Düsseldorf 1968, S. 98.

25) Daselbst, S. 101.

26) Vgl. Franz Collasius: Die Außenpolitik der Frankfurter Zeitung im Weltkrieg, phil. Diss. Greifswald 1921 (Masch.Schr.); August Eigenbrodt: Berliner Tageblatt und Frankfurter Zeitung in ihrem Verhalten zu den nationalen Fragen 1887—1914. Ein geschichtlicher Rückblick, Berlin 1917.

27) Details hierzu bei Kurt Koszyk (Deutsche Pressepolitik..., a.a.O.), außerdem die problemträchtige Publikation von Walter Nicolai: Nachrichtendienst, Presse und Volksstimmung im Weltkrieg, Berlin 1920. — Hier wird vom einflußreichen ehemaligen Chef der Nachrichtenabteilung (III B) der Obersten Heeresleitung der Vorwurf erhoben, die bürgerlichen, "vor allem die ausgesprochen jüdischen Blätter 'Berliner Tageblatt' und 'Frankfurter Zeitung' " hätten "dem inneren Feind Vorschub geleistet und mitgeholfen zur Niederlage Deutschlands. Diese 'innere Dolchstoßlegende' sollte in den Ausführungen Hitlers noch ein verhängnisvolles Echo finden. An der Front scheint jedoch der Einfluß der 'Frankfurter Zeitung' nur relativ groß gewesen zu sein, denn Max von Gallwitz, Führer der 5. Armee vor Verdun zwischen 1916 und 1918, schreibt in seinem Memoirenwerk (Erleben im Westen 1916—1918, Berlin 1932, S. 300): "Die 'Frankfurter Zeitung' hatte 5 500 Bezieher in der Armee..."

durch Abonnement, ihre Verbreitung. 28) Bald wird auch Leopold Sonnemanns Ziel posthum verwirklicht: am 9. November 1918 ruft in Berlin der sozialdemokratische Abgeordnete Scheidemann die Republik aus. Schon in den ersten Jahren exponiert sich die 'Frankfurter Zeitung', sie setzt sich für die Annahme und Unterzeichnung des Versailler Vertrags ein, 29) befürwortet jede politische Lösung, die Deutschland vor einem neuen Krieg bewahre, bekämpft die Dolchstoßlegende, 30) unterstützt die Politik Stresemanns und begrüßt den Locarnovertrag als Friedensinstrument. 31) Bemerkenswert ist die Reichstagsberichterstattung während der Weimarer Republik. Für die deutsche Publizistik jener Zeit wird die parlamentarische Berichterstattung aus Berlin vom 'Nachrichtenbüro des Vereins Deutscher Zeitungsverleger' einheitlich durchgeführt, lediglich die kommentierenden Ergänzungen werden von den jeweiligen Redaktionen vorgenommen. Die 'Frankfurter Zeitung' führt eine eigenständige Berichterstattung qualifiziertester Art durch, besonders aus ihr ergeben sich jene Spannungen zur nationalen Opposition (Hugenberg), die nach 1933 wirksam werden. Die genaue, direkte, sachliche, manchmal distanzierte und unpersönliche Aussagepraxis sichert dem Blatt "die größte außen- und innenpolitische Wirksamkeit. Es erlangt europäische, ja Weltbedeutung...". 32) Der Verzicht auf eine Parteibindung oder Subventionierung erleichtert nicht den Schicksalsweg, den die 'Frankfurter Zeitung', gelegentlich recht einsam, beschreitet. Sie bleibt korrekter und beharrlicher Werber für die Demokratie und die Erhaltung der Rechtsstaatlichkeit, — auch dann noch, als schon länst erkennbar wird, daß die nationale Revolution nicht aufzuhalten ist. 33)

"Wir haben in diesem Augenblick, in dem Herrn Hitler die Kanzlerschaft des Deutschen Reiches übertragen worden ist, offen auszusprechen, daß er bis zur

---

28) Vgl. Ingrid Gräfin Lynar: Die Geschichte der Frankfurter Zeitung, in: Ingrid Gräfin Lynar (Hrsg.): Facsimile Querschnitt durch die Frankfurter Zeitung, Bern — München — Wien 1964, S. 14.

29) Oskar Stark: Im Reichstag der Weimarer Zeit, in: Ein Jahrhundert Frankfurter Zeitung, a.a.O., S. 17; vgl. vor allem auch Werner Becker: Demokratie des sozialen Rechts. Die politische Haltung der 'Frankfurter Zeitung', der 'Vossischen Zeitung' und des 'Berliner Tageblatts', 1918—1924, phil. Diss. München 1965, Göttingen — Zürich — Frankfurt 1971, S. 97 ff.

30) Benno Reifenberg: Die zehn Jahre, in: Ein Jahrhundert Frankfurter Zeitung, a.a.O. S. 47.

31) Wolf von Dewall: Stresemann und Locarno, in: Ein Jahrhundert Frankfurter Zeitung, a.a.O., S. 20 ff.

32) Ingrid Gräfin Lynar, a.a.O., S. 13.

33) Vgl. vor allem Michael Krejci: Die Frankfurter Zeitung und der Nationalsozialismus, 1923—1933, phil. Diss. Würzburg 1967, Würzburg 1967; Gustav Trampe: Reichswehr und Presse. Das Wehrproblem der Weimarer Republik im Spiegel von 'Frankfurter Zeitung', 'Münchner Neueste Nachrichten' und 'Vorwärts', phil. Diss. München 1962, München 1962; Klaus Vieweg: Der Funktionswandel der sogenannten seriösen bürgerlichen Presse. Dargestellt an einem Vergleich zwischen der 'Frankfurter Zeitung' der Weimarer Republik und der 'Frankfurter Allgemeinen Zeitung' in Westdeutschland, journ. Diss. Leipzig 1964 (Masch.Schr. verv.).

Stunde den Beweis menschlicher Qualifikation für dieses hohe Amt der Nation schuldig geblieben ist..." [34], so heißt es in jenem bekannten Artikel in der 'Frankfurter Zeitung' zur Machtergreifung vom 30. Januar 1933. Die befürchtete Einstellung des Blattes erfolgte nicht, die Ursachen hierfür sind sicherlich vielfältig und zum Teil auch heute noch unbekannt. [35] Nicht geklärt ist auch bis dato, warum man in die Personalzusammensetzung der Redaktion und des Verlags nicht, bzw. nur unüblich gemäßigt, eingegriffen hat. [36] Diese Zeitung, in welcher "der Verleger... nichts, gar nichts im Bereich der redaktionellen Arbeit zu sagen" hatte, [37] war künftig mancherlei Reglementierungs-Versuchen ausgesetzt. Dennoch wurden 1934 immer noch über 100 000 Stück verkauft, [38] noch 1937/1938 beträgt die Auflage wochentags etwa 75 000, am Wochenende 95 000. Während des Krieges können am Sonnabend sogar bis zu 200 000 Exemplare gedruckt und vertrieben werden. Im letzten Jahr des Erscheinens sind jedoch nur mehr 30 000 Auflage verzeichnet: das Publikum fehlt, es ist tot oder unerreichbar.

---

[34]   N.N.: Der Zweifel, in: 'Frankfurter Zeitung' (Frankfurt a.M.), 77. Jg./Nr. 76 (31. Januar 1933), S. 3, Sp. 2.

[35]   Oron J(ames) Hale: Presse in der Zwangsjacke 1933—1945, Düsseldorf 1965, S. 289; Benno Reifenberg: Die zehn Jahre, a.a.O., S. 47; Walter Hagemann (Publizistik im Dritten Reich. Ein Beitrag zur Methodik der Massenführung, Hamburg 1948, S. 320) bemerkt, daß Hitler "von seiner Umgebung niemals die 'Frankfurter Zeitung' vorgelegt" wurde, "die ihm besonders verhaßt war, und die nur durch wiederholte Interventionen des Propagandaministers und des Außenministers vor einem viel früheren Verbot bewahrt worden ist". Louis P. Lochner (Goebbels Tagebücher aus den Jahren 1942/43, Zürich 1948, S. 334 f) und Werner Stephan (Joseph Goebbels. Dämon einer Diktatur, Stuttgart 1949, S. 163) erwähnen, daß Goebbels selbst sich dem Verbot entgegengestellt habe.

[36]   Das Schriftleitergesetz vom 4. Oktober 1933 (vgl. hierzu H. Schmidt-Leonhardt/ H. Gast: Das Schriftleitergesetz vom 4. Oktober 1933 nebst den einschlägigen Bestimmungen, 2. Aufl., Berlin 1938), welches mit Wirkung vom 1. Januar 1934 in Kraft trat, gliedert die jüdischen Redakteure aus und legt die Bestellung eines Hauptschriftleiters fest; dementsprechend wurden drei ältere innenpolitische Redakteure sofort, neun weitere (4 aus dem Innen-, 3 aus dem Handelsressort und 2 Korrespondenten) später entlassen. Doch verblieben bis 1937 zwei halbjüdische Redakteure und bis 1943 zwei jüdisch verheiratete Mitarbeiter bei der 'Frankfurter Zeitung'.

[37]   Elisabeth Noelle-Neumann: Die FZ und die innere Pressefreiheit, in Josef Knecht/ Heinrich Rombach/ Adolf Poppen (Hrsg.): Oskar Stark zu seinem achtzigsten Geburtstag, Freiburg i.Br. 1970, S. 56.

[38]   Für 1932 findet sich auch eine Aufstellung der sozialen Struktur der Leserschaft der 'Frankfurter Zeitung'. Diese — "wenn auch oberflächliche" — Statistik gliedert die regelmäßigen Bezieher der 'FZ' folgendermaßen: "36,9% Geschäftsinhaber und Firmen; 14,5% Finanz; 13,2% freie Berufe; 9,5% Klubs, Hotels, Reisebüros, 9,3% Behörden, höhere Beamte; 6,9% Syndizi, Kaufleute, Angestellte; 4,7% Rentner und Privatiers; 5,0% verschiedene Berufe".

International ein Begriff, wurde das Blatt "nach 1933 für das Ausland zum Fragezeichen...". 39) In der Zeitung selbst überlegt man, ähnlich wie 1866, als die Preußen kamen, zu übersiedeln. Doch nicht mehr in eine Stadt in Deutschland, sondern, entsprechend der Reichweite und der Totalität der Politik, an ein Domizil in der Schweiz wird gedacht. In einer Beratung lehnen die Mitarbeiter ab. Die Mission des Blattes, seine öffentliche Aufgabe, sei nur von seiner bisherigen Position aus erfüllbar. Deutsches Schicksal sei nur von Deutschland aus voll begreifbar und glaubhaft darzustellen. Das Blatt hätte, wie Reifenberg betont, außerhalb der deutschen Grenzen notwendig die Sprache der Emigration gesprochen und das war — nach geschichtlicher Erfahrung — eine taube Sprache...". 40) So blieb man in Deutschland und tröstete sich, es werde schon nicht so arg werden.

Bereits 1921 hatte Heinrich Simon den 'Societätsverlag' als Buchverlag des Unternehmens gegründet, um aus dessen Erlös die 'Frankfurter Zeitung' zu finanzieren. Diese Lösung hält gerade noch bis Ende des Dezenniums, dann hat sich die wirtschaftliche Lage so verschlechtert, daß Heinrich und Kurt Simon ihr persönliches Vermögen einsetzen, um dem Unternehmen zu helfen. Dennoch sind Einschränkungen notwendig, die Bezüge der Mitarbeiter müssen teilweise bis zu 60% gekürzt werden: aber die Treue zum Haus hält, niemand wandert ab. Es wird in den Jahren nach der "Machtergreifung" wesentlich werden, dieser Gemeinschaft sicher zu sein. Am 18. April 1931 gründen die Brüder Simon ein für Frankfurt am Main neues Massenblatt, 'Die Neueste Zeitung', sie wirft tatsächlich Gewinn ab. Doch im Mai 1934 müssen sich die Brüder Simon von ihrer Lebensarbeit trennen und emigrieren, mit ihnen zusammen verlassen insgesamt 13 Redakteure von insgesamt 80 die 'Frankfurter Zeitung'. 41) Das Schriftleitergesetz wirkt sich aus. IG-Farben übernimmt die Mehrheitsanteile der Familie Sonnemann. Carl Bosch, der Repräsentant der neuen Inhaber, beseitigt nicht nur die finanzielle Sorge um das Unternehmen endgültig, sondern hilft auch in Bereichen, wo es um die nackte Existenz der Mitarbeiter geht, bei rassischen und politischen Schwierigkeiten. 42)

Dem suspekten liberal-demokratischen Organ mit überwiegend jüdischen Mitarbeitern, dem Hitler in seinem grundlegenden Werk eine negative Bewertung zuteil werden läßt, 43) glaubte niemand eine Überlebenschance einräumen zu können.

---

39) Wilhelm Rey: Die 'Frankfurter Zeitung' nach 1933. Maske und Gesicht, in: 'Neue Zürcher Zeitung' (Zürich), 168. Jg./Nr. 65 vom 12. Januar 1947.

40) Benno Reifenberg: Die zehn Jahre, a.a.O., S. 41.

41) Vgl. Oron J(ames) Hale, a.a.O., S. 288 ff; Benno Reifenberg, a.a.O., S. 40 ff; (Fritz Schmidt): Presse in Fesseln. Eine Schilderung des NS-Pressetrusts, Berlin o.J. (1947), S. 94 ff.

42) Benno Reifenberg, a.a.O., S. 47; Oron J(ames) Hale, a.a.O., S. 290.

43) Nach Adolf Hitler (Mein Kampf, 209.—210. Aufl., München 1936, S. 267 f) verstanden es angeblich "die bürgerlich-demokratischen Judenblätter, sich den Anschein der berühmten Objektivität zu geben,... genau wissend,... daß... der Wert einer Sache nach... Äußerem bemessen wird statt nach dem Inhalt... Für diese Leute war und ist freilich die 'Frankfurter Zeitung' der Inbegriff aller Anständigkeit... Indem sie alle

Doch das erwartete Verbot erfolgte nicht, lediglich in Frankfurt selbstherrlich agierende Kräfte verhafteten Redakteure, veranstalteten Hausdurchsuchungen und zogen sich, offensichtlich auf Weisung, wieder zurück. Die 'Frankfurter Zeitung' wurde zu einer "exterritorialen Erscheinung im deutschen Journalismus..."[44] Die Ursachen für das Weiterbestehen dieses Blattes sind primär außenpolitischer Natur gewesen. [45] Es hat sich um eine "Alibipresse" gehandelt, d.h. um eine Publikation, deren Bestand dem Ausland bewußt machen sollte, "man sei gar nicht so böse", die NS-Politiker seien toleranter als ihr Ruf. Man suchte offensichtlich zu dokumentieren, wie stark man sei, indem man die Opposition dulde. Unter diesen Prämissen mußte allerdings für die 'Frankfurter Zeitung' eine kritische Situation entstehen, sobald zwischenstaatliche Verbindungen nicht mehr praktiziert werden konnten. Diese Lage entstand, als sich das Kriegsgeschehen zu ungunsten des Dritten Reiches entwickelte, nach Stalingrad im Jahre 1943.

In diesen Jahren entsteht eine besondere Kunst des Zeitungsmachens und Zeitungslesens. Man schuf sich eine eigene "Hauszensur"; alles, was veröffentlicht werden sollte, wurde gegengelesen und zwar "unter zweierlei Gesichtspunkten: inwieweit man Gefahr lief, mit den neuen Machthabern in Konflikt zu kommen und inwieweit man das zum Teil aufgezwungene Material in eine genügend distanzierte Form gebracht hatte...". [46] Eine eigenwillige Sprachbehandlung ermöglichte, Unausgesprochenes im Sinne erkennbar zu machen, — es blieb als hervorstechendstes Merkmal traditioneller publizistischer Verpflichtung dem Publikum gegenüber nur mehr der *Stil*. Die Bewältigung der Sprache blieb den Redakteuren der 'Frankfurter Zeitung' als letztes Mittel der Opposition, sie hob hervor "aus der Vulgärsprachlichkeit der Anpassungs- und Überlebenspresse...".[47] Die Methoden der 'Frankfurter Zeitung', "zwischen den Zeilen" zu schreiben,

---

Forts. Anm. 43)
scheinbar äußerlich rohen Formen auf das sorgfältigste vermeiden, gießen sie das Gift aus anderen Gefäßen dennoch in die Herzen ihrer Leser... Denn indem die einen vor Anstand triefen, glauben ihnen alle Schwachköpfe um so lieber, daß es sich... nur um leichte Auswüchse handle, die aber niemals zu einer Verletzung der Pressefreiheit — wie man den Unfug dieser straflosen Volksbelügung und Volksvergiftung bezeichnen — führen dürften. So scheut man sich, gegen dieses Banditentum vorzugehen, fürchtet man doch, in einem solchen Falle auch sofort die 'anständige' Presse gegen sich zu haben...".

44) Bei Benno Reifenberg (a.a.O., S. 42) heißt es dann ferner: "Über die Redaktion und deren Arbeit gingen die Nationalsozialisten... wie über eine verhaßte, aber nun einmal expatriierte Erscheinung hinweg...".

45) Ganz deutlich wurde dies in einem von Hitler abgezeichneten Dokument ausgedrückt, wo es hieß: "Aus außenpolitischen Gründen werden Zeitungen wie... die 'Frankfurter Zeitung' auf meinen Wunsch weitergeführt. Die inneren Verhältnisse (des Blattes) sind einwandfrei geregelt" (nach Parteikanzlei der NSDAP, Hrsg.: Veröffentlichungen — Anordnungen — Bekanntgaben, München um 1942, S. 442).

46) Benno Reifenberg, a.a.O., S. 45.

47) Max von der Brück: Bastion der Sprache, in: Ein Jahrhundert Frankfurter Zeitung, a.a.O. S. 27 ff.

waren vielgestaltig. 48) Da gab es das sogenannte "Kontrastverfahren": in einer scheinbaren Flucht in die Vergangenheit wurde ein tristes Heute einem grandiosen Gestern gegenübergestellt. 49) Durch scheinbare Kollaboration vermittelte man den Eindruck einer gleichartigen Auffassung, entwickelte aber überraschend "die" andere, bessere Möglichkeit. 50)

Es gab bewußt belassene oder künstlich erzeugte Druckfehler, die in vorher berechneter Weise den Sinn einer Aussage veränderten. 51) Die 'Frankfurter Zeitung' ging hier so weit, daß sie, um die Leser auf die Praktiken aufmerksam zu machen und um sich vor Eventualitäten abzusichern, auf die Unvermeidbarkeit von Druckfehlern an Hand des Reichsgesetzblattes hinwies. In einer Art Eulenspiegelei machte sie zugleich auf die verschiedenen Möglichkeiten und Folgen aufmerksam. Es gab ferner die Methode der Gegendarstellungen: empört wurde eine parteifeindliche Meinung zitiert. Hierbei wurde diese in normaler Druckschrift, die Gegendarstellung in kleinstmöglichen Lettern gebracht. 52) Es gab die kritische Würdigung autoritärer Regime und Diktatoren, vergangener und gegenwärtiger Zeiten, unter nützlicher Ausklammerung deutscher Verhältnisse, wobei *die* Ereignisse und Meinungen in den Darstellungen herausgestrichen wurden, die Parallelen zur zeitgenössischen Situation erzwangen. 53) Es gab die Methode des Totschweigens 54) und die des Distanzschaffens, 55) und es wurden natürlich umbruchtechnische Praktiken 56) angewandt, um meinungsführend zu wirken.

---

48) Vgl. hierzu Rudolf Werber: Die 'Frankfurter Zeitung' und ihr Verhältnis zum Nationalsozialismus. Untersucht an Hand von Beispielen aus den Jahren 1932–1943. Ein Beitrag zur Methodik der publizistischen Camouflage im 3. Reich, phil. Diss. Bonn 1964, Bonn 1964. — Die folgenden Beispiele wurden unter Heranziehung dieser Doktorarbeit zusammengestellt.

49) Z.B. der Beitrag: Schiller heute, in: 'Frankfurter Zeitung' vom November 1934, oder der Aufsatz: Erbe der Geschichte, in: 'Frankfurter Zeitung' vom 11. Oktober 1936.

50) Rudolf Kircher: Das Unvergängliche, in: 'Frankfurter Zeitung' vom 1. April 1934.

51) Vgl. den Beitrag: Verschiedene Folgen von Druckfehlern, in: 'Frankfurter Zeitung' vom 1. April 1934. (Man beachte auch das geschickt gewählte Datum der Veröffentlichung!)

52) Hier wurden meist Aussagen prominenter Persönlichkeiten, die außerhalb der Reichweite der politischen Polizei lagen, herangezogen, so z.B. eine Papenrede in: 'Frankfurter Zeitung' vom 18. Juni 1934.

53) Z.B. Paul Sethe: Warum unterlag Napoleon, in: 'Frankfurter Zeitung' vom 19. Oktober 1937.

54) Die "Nürnberger Rassegesetzgebung", das berüchtigte "Gesetz zum Schutze des deutschen Blutes und der deutschen Ehre vom 15. September 1935", wurde nie in der 'Frankfurter Zeitung' erwähnt.

55) Es war dies die kommentarlose Übernahme unvermeidlicher Aussagen, die mit krasser Hervorhebung der Herkunft als "artfremd" kenntlich gemacht wurden, z.B.: "Die 'Nationalsozialistische Parteikorrespondenz' teilt mit: Die Feier des 30. Januar", in: 'Frankfurter Zeitung' vom 31. Januar 1938.

56) Plazierung oder Aufmachung der jeweiligen Aussage an einer Stelle, die dem Nachrichtenwert nicht entsprach.

Doch dreimal täglich empfing die 'Frankfurter Zeitung' aus dem Berliner Büro die Weisungen, wie das Tagesmaterial zu behandeln sei; [57] man befolgte diese Anordnungen und vermochte dennoch den Aussagen jenes Timbre zu geben, das die Eigenständigkeit des Blattes erkennen ließ.

Die innere Kontinuität der 'Frankfurter Zeitung' wurde im übrigen gesichert durch eine langwierige und gewissenhafte Überprüfung neu eintretender Mitarbeiter. "Niemals... gelang es, der Redaktion von außen einen Nationalsozialisten aufzuzwingen...". [58] Doch das Schriftleitergesetz forderte kategorisch die Bestellung eines Hauptschriftleiters, "der für den Gesamtinhalt der Zeitung verantwortlich zeichnete, und der ... für einen zuständigen, also in kleinerem Rahmen verantwortlichen, Redakteur der jeweiligen Ressorts zu garantieren hatte. Die damit aufgezwungene Hierarchie konnte nur eine Formale bedeuten, denn die Verfassung... der Redaktion gipfelte in einer rein demokratischen Praxis...". [59] Rudolf Kircher, der langjährige Londoner Korrespondent und zeitweilige Leiter des Berliner Büros der 'Frankfurter Zeitung', wurde nach außen hin, also formal, als Hauptschriftleiter bestellt; die innerredaktionelle Praxis des "primus inter pares" und die Redaktionskonferenzen, abgeführt nach diesem System, wurden beibehalten. [60]

Die verlegerischen Veränderungen — es wurde bereits an anderer Stelle von ihnen gesprochen — des Jahres 1934 bedingten, daß die Verlagsleitung an Wendelin Hecht [61] übergeben wurde. Es geschah dieses auf Weisung von Carl Bosch. [62] Die Zeitung blieb unter ihm ein Ort der unabhängigen Meinungsbildung, sie wurde für manchen Refugium, [63] der aus politischen oder rassischen Gründen seine

---

57) Wie dies im einzelnen geschah, vgl. bei Walter Hagemann (a.a.O., S. 316 ff) im Kapitel "Die Presselenkung".
58) Benno Reifenberg, a.a.O., S. 44.
59) Daselbst.
60) Bis 1939 war Robert Drill Leiter der Redaktionskonferenz, danach waren es Benno Reifenberg, Oskar Stark, Erich Welter.
61) Lakonisch findet sich in der 'Frankfurter Zeitung' vom 1. Juni 1934 folgende Notiz: "Der Verlag ist in das Eigentum des langjährigen Inhabers der Minderheit der Anteile übergegangen". Der neue Inhaber hieß 'Imprimatur Ges. m.b.H.'; als Leiter fungierte Carl Bosch, Aufsichtsratsvorsitzender der IG-Farben; mit diesem war der ehemalige badische Staatspräsident Hummel befreundet und dieser wiederum mit Wendelin Hecht.
62) Vgl. Benno Reifenberg: Grabrede auf Wendelin Hecht, in: Ein Jahrhundert Frankfurter Zeitung, a.a.O., S. 35 ff.
63) U.a. Heinz-Dietrich Fischer: Theodor Heuss (1884—1963), in: Heinz-Dietrich Fischer (Hrsg.): Deutsche Publizisten des 15. bis 20. Jahrhunderts, München — Berlin 1971, S. 361 f. — Weitere Literatur zur 'Frankfurter Zeitung' während des Zeitraumes von 1933—1943: Helmut Diel: Grenzen der Presselenkung und Pressefreiheit im Dritten Reich. Untersucht am Beispiel der 'Frankfurter Zeitung', phil. Diss. Freiburg i.Br. 1960 (Masch.Schr. verv.); Wolff Heinrichsdorff: Die liberale Opposition in Deutschland seit dem 30. Januar 1933 (dargestellt an der Entwicklung der 'Frankfurter Zeitung'). Versuch einer Systematik der politischen Kritik, phil. Diss. Hamburg 1937,

Stellung verloren hatte und in seinem Metier nicht mehr tätig sein durfte. In der letzten Phase ihres Bestandes gehörten der Redaktion, neben dem Stammpersonal früherer Zeiten, Leute verschiedenster Richtungen an, sie wurden nach dem Kriege in zwei Richtungen bedeutsam, einmal weil sie entscheidend mithalfen, das publizistische System neu aufzubauen und es Gesellschaft und Staat gleichermaßen nützlich zu machen; zum anderen weil sie in der Welt beitrugen, Ressentiments abzubauen und neue Beziehungen zu Deutschland zu schaffen.

Der Niedergang des Blattes setzte faktisch schon kurz vor dem Beginn des Zweiten Weltkrieges ein: am 21. April 1939 mußte Carl Bosch die 'Frankfurter Societätsdruckerei' mit allen ihren Publikationen in eine, die gesamte "Nichtparteipresse" umfassende Holding-Gesellschaft, die 'Herold-Verlagsgesellschaft m.b.H.',64) überführen. Die Einführung der "Tagesparole" im Jahre 1940 erwies sich als ein entscheidendes taktisches Mittel, mit dem der 'Reichspressechef' Otto Dietrich einen stärkeren Einfluß auf alle Zeitungen, und somit auch auf die 'FZ', auszuüben vermochte. 65) Bereits 1936 hatte die 'Frankfurter Zeitung' darauf hingewiesen, daß zunehmende staatliche Bevormundung der Presse einen Schwund der Leserschaft nach sich ziehen würde, denn die Hauptursache des Massenstreiks der Leser liege im "Mißverhältnis zwischen Pressepolitik und Wirklichkeit". 66) Die Diskrepanz zwischen publizistischer Aussage und der politischen Realität wurde zunehmend deutlicher.

Nach zunehmenden Kontroversen wird schließlich am 10. August 1943 das Erscheinungsverbot über die 'Frankfurter Zeitung' ausgesprochen, die am 31. August dieses Jahres mit ihrer letzten Nummer erscheint. Herbert Küsel führt das Verbot auf folgenden Umstand zurück: Als am 23. März 1943 des 75. Geburtstages des verstorbenen nationalsozialistischen Kämpfers Dietrich Eckart in offiziellem Auftrag gedacht werden mußte, beschrieb ihn die 'Frankfurter Zeitung' als Bohemien, trinkfreudigen und rauflustigen Studenten und zudem als Morphinisten; dadurch scheint das Blatt das besondere Mißfallen der NS-Machthaber erregt zu haben. 67) Man motivierte das Verbot der Zeitung mit kriegsbedingten Gründen, und am 29. August teilte das Blatt seinen Lesern mit: 68)

Forts. Anm. 63)
    Hamburg 1937; Fred Hepp: Der geistige Widerstand im Kulturteil der 'Frankfurter Zeitung' gegen die Diktatur des totalen Staates, 1933 bis 1943, phil. Diss. München 1950 (Masch.Schr.); Heidi Lösch: Friedrich Sieburg, phil. Diss. Wien 1968 (Masch. Schr.).

64) Vgl. hierzu ausführlich (Fritz Schmidt), a.a.O., S. 94 ff.
65) Karl-Dietrich Abel: Presselenkung im NS-Staat. Eine Studie zur Geschichte der Publizistik in der nationalsozialistischen Zeit, Berlin 1968, S. 51.
66) Zit. nach Willi Münzenberg: Propaganda als Waffe, Paris 1937, S. 261.
67) Vgl. Herbert Küsel: Corpus delicti, in: Ein Jahrhundert Frankfurter Zeitung, a.a.O., S. 36 ff.
68) Nach: 'Frankfurter Zeitung' (Frankfurt a.M.), 87. Jg./Sonntags-Nr. 35 (29. August 1943), S. 1.

"Im Zuge der kriegswirtschaftlichen Maßnahmen wird die 'Frankfurter Zeitung' am 31. August 1943 ihr Erscheinen einstellen. Den Lesern, die weiterhin eine Reichszeitung zu lesen wünschen, wird empfohlen, den 'Völkischen Beobachter', die 'Berliner Börsenzeitung' oder die 'Deutsche Allgemeine Zeitung' zu beziehen".

Theodor Heuss vertrat die Ansicht, daß "das Blatt an seiner Qualität gestorben" [69] war, da es dem gesunkenen Niveau der Zeit nicht mehr zu entsprechen schien. Und ein ehemaliger Mitarbeiter der 'FZ' schrieb nach dem Kriege: "Mit dem Verbot erkannte der Führer an, daß die 'Frankfurter Zeitung' nicht kapituliert hatte, sondern trotz allen Zugeständnissen ein potentieller Gegner war". [70] Nach dem Verbot des Blattes ging ein Teil der Redakteure zu der seit Mai 1940 existierenden Wochenzeitung 'Das Reich', [71] welche an profilierten Publizisten interessiert war. Nach Kriegsende fand sich zunächst ein Teil der ehemaligen Mitarbeiter der 'Frankfurter Zeitung' in der am 24. Dezember 1945 in Freiburg im Breisgau gegründeten Zeitschrift 'Die Gegenwart' zusammen. Von diesem Kreis gingen auch Initiativen aus, die nach dem Fortfall der alliierten Lizenzpflicht am 1. November 1949 zur Entstehung der 'Frankfurter Allgemeinen (Zeitung)' führten, welche in modifizierter Form die Tradition der 'Frankfurter Zeitung' fortzusetzen bemüht ist. [72]

---

69) Theodor Heuss: Erinnerungen, in: Ein Jahrhundert..., a.a.O., S. 20.
70) Wilhelm Rey: Die 'Frankfurter Zeitung'..., a.a.O.
71) Vgl. Karl-Dietrich Abel, a.a.O., S. 86, Anmkg. 46.
72) Zur Traditionsverknüpfung von 'Frankfurter Zeitung' und 'Frankfurter Allgemeine (Zeitung)' vgl. ausführlich Heinz-Dietrich Fischer: Die großen Zeitungen. Porträts der Weltpresse, München 1966, S. 234—254.

Rolf Kramer:

KÖLNISCHE VOLKSZEITUNG (1860 – 1941)

Die Anfänge der 'Kölnischen Volkszeitung', die 1860 nach mehreren vergeblichen Anläufen von Josef Bachem in Köln gegründet wurde und die bis zum Jahre 1941 — Verbot durch die Nationalsozialisten — ununterbrochen erschien, gehen zurück bis in die vierziger Jahre des 19. Jahrhunderts. Die vorwiegend katholischen Rheinlande, durch den Reichsdeputationshauptschluß von 1803 schwer getroffen, wurden auf dem Wiener Kongreß dem preußischen Staatsgebiet zugeschlagen. Die Gegensätze zwischen den Konfessionen prallten in der Folgezeit hart aufeinander. Die sogenannten 'Kölner Wirren' der Jahre 1837 bis 1840 um die gemischt-konfessionelle Ehe forderten überall in Deutschland publizistische Protestaktionen der Katholiken heraus. Vor diesem Hintergrund muß man die Vorläufer der 'Kölnischen Volkszeitung' einordnen.

Am 17. März 1848 wurde die Zensur aufgehoben; am 1. Oktober 1848 wurde die 'Rheinische Volkshalle', eine der beiden Vorläuferinnen der 'Kölnischen Volkszeitung', gegründet. Zelle für die Zeitungsgründung war der Verein vom Hl. Karl Borromäus, der schon vier Jahre zuvor von dem späteren Zentrumspolitiker August Reichensperger, dem Bonner Professor Dieringer und dem Kölner Weihbischof Baudri ins Leben gerufen worden war. Am 11.4.1848 wurde auf einer Vorstandssitzung in Bonn einstimmig die Gründung einer großen katholischen überregionalen Zeitung beschlossen. Herausgeber war eine Aktien-Kommanditgesellschaft unter der Fa. Stienen & Co., Geschäftsführer der damals 27jährige Josef Bachem, der, wie so viele bekannte Publizisten jener Jahre, die 48er Revolution in Paris miterlebt hatte. Finanzielle Schwierigkeiten, da die Abonnentenzahl nicht über 2500 hinauskam, und eine für die katholischen Leser zu liberale Linie führten am 12.9.1849 zur Auflösung der Gesellschaft und zum Einstellen des Blattes am 30.9.1849. [1]

Aber noch am gleichen Tag wurde unter Vorsitz von August Reichensperger eine neue Kommanditgesellschaft gegründet und zwar unter der Fa. J.P. Bachem & Co., die am 2.10.1849 die erste Nummer der 'Deutschen Volkshalle' herausgab. Die politischen Grundsätze der neuen Zeitung: ein großes mächtiges Deutschland unter Führung Österreichs, Unabhängigkeit der Kirche vom Staat und Friede zwischen den Konfessionen — das waren die wichtigsten Punkte.

Das neue Blatt, das in den folgenden Jahren schwer unter der Kautionspflicht — seit 1850 in Preußen — und unter der Stempelsteuer — seit 1852 — zu leiden

---

[1] Vgl. dazu Georg Hölscher: 100 Jahre J.P. Bachem, Köln 1918, S. 47 ff. bzw. Karl Bachem: Josef Bachem — ein Altmeister der Presse, 3. Bd., Köln 1938, S. 15 ff.

hatte, wurde finanziell gestützt von einem 1852 gegründeten katholisch-konservativen Preßverein, sowie vom österreichischen (!) und rheinisch-westfälischen Adel (Großgrundbesitzer). 2) Die Zeitung erreichte 1852 eine Auflage von knapp 4000, davon wurden nur 200 in Köln vertrieben. Sie war damit nach der alteingesessenen liberalen 'Kölner Zeitung' (gegr. 1802) das stärkste Blatt in den preußischen Westprovinzen. Da die 'Deutsche Volkshalle' entschieden die sogenannte 'großdeutsche Lösung' unter Führung des katholischen Österreichs vertrat, kam es am 10.7.1855 nach vielen Verwarnungen und Verurteilungen zum Verbot des Blattes. Eine genaue Aufstellung über die wirtschaftliche Entwicklung und die Auflagenhöhe findet sich bei Karl Bachem. 3)

Mehrmals hat Josef Bachem in den folgenden fünf Jahren nach dem Verbot der 'Deutschen Volkshalle' versucht, bei der preußischen Regierung eine Konzession für eine Zeitungs-Neugründung zu erlangen, aber erst 1860 hatte er Erfolg. 4) Die Kautionssumme für die Neugründung — 5000 Taler — wurde von fünf wohlhabenden Kölner Bürgern hinterlegt, die auch den Zeitungstitel bestimmten: 'Kölnische Blätter'. Der von Josef Bachem vorgeschlagene Name 'Kölnische Volkszeitung' erschien ihnen "zu demokratisch". Die erste Nummer erschien am 1.4.1860; es ist die Geburtsstunde der 'Kölnischen Volkszeitung'. Im Programm hieß es u.a.: "Wir stehen im Dienste keiner Partei und keiner Person. Wir wollen der Wahrheit dienen. Wir sind katholisch, konservativ und patriotisch."

Das Blatt erschien täglich außer montags (keine Sonntagsarbeit) mit vier Seiten im Format 40 mal 28 cm. Der Preis betrug vierteljährlich 1 Taler und 10 Silbergroschen. — Die 'Kölnischen Blätter' vertraten ebenfalls, wenn auch vorsichtiger im Ton, eine großdeutsche Politik unter Führung Österreichs. 5) So kam es zu zahlreichen Verwarnungen, namentlich unter Bismarck. Die Leserschaft der Zeitung stieg 1861 auf 2500, ein Jahr später auf 4300 (am Kopf der Zeitung laufend angegeben) und erreichte 1866 mit 5400 einen vorläufigen Höchststand. Nach dem Prager Frieden vom 23.8.1866, der den preußisch-österreichischen Krieg beendete, gaben auch die 'Kölnischen Blätter' ihre großdeutsche Linie auf. Das Format der Zeitung wurde auf 45 mal 30 cm vergrößert, der Umfang und die Beilagen stark erweitert.

Am Freitag, dem 1. Januar 1869, erschien die Zeitung ohne vorherige Ankündigung unter dem neuen Titel 'Kölnische Volkszeitung'. 6) Im Untertitel führte sie ihren alten Namen noch einige Wochen weiter. Ihr Programm blieb unverändert. Josef

---

2)   Vgl. dazu Georg Hölscher, a.a.O., S. 50 ff.
3)   Karl Bachem, a.a.O., S. 32 ff.
4)   Karl Bachem, a.a.O., S. 49 ff.
5)   Vgl. Rudolf Renkl: Die Entwicklung der deutschen Frage im Urteil der 'Kölnischen Volkszeitung' von 1860 bis zum Frankfurter Frieden, phil. Diss. München 1954 (Masch.Schr.).
6)   'Kölnische Volkszeitung' im folgenden abgekürzt: 'KV'.

Bachem hatte eine unverhoffte Erbschaft dazu benutzt, um seine Teilhaber auszuzahlen, so daß die 'Kölnische Volkszeitung' nun vollständig in Bachemschen Familienbesitz überging. Das Format des Blattes wurde erneut vergrößert (57 x 31 cm), dennoch blieb die Zeitung in ihrer Bedeutung weiter hinter der 'Kölnischen Zeitung', dem großen Konkurrenzblatt, zurück.

Die folgenden Jahre bis zum Vatikanischen Konzil 1870 brachten in Deutschland die Auseinandersetzung um die sogenannte konziliare Idee, die bis in höchste Kirchenkreise hineinreichte und auch in der Redaktion der 'Kölnischen Volkszeitung' zu einschneidenden Veränderungen führte. Die Redakteure der 'KV' gehörten durchweg zur kritisch-historischen (deutschen) Schule, die im Gegensatz zur dogmatisch-scholastischen (römischen) Schule dem allgemeinen Konzil die Oberhoheit über den Papst zuerkannte. Es kam zu scharfen Auseinandersetzungen zwischen Verleger und Redaktion. Bachem trennte sich schließlich von seinen Redakteuren, da er der Auffassung war, man müsse die Entscheidung des Konzils abwarten und dürfe ihr nicht vorgreifen. Die ehemaligen Redakteure der 'KV' gehörten nach 1870 zu den führenden Köpfen der sogenannten altkatholischen Bewegung, die u.a. von den Liberalen und von der preußischen Regierung unterstützt wurde. Zum ersten Mal war vor dem Hintergrund dieser Auseinandersetzung die überragende Bedeutung der Zeitung für den deutschen Katholizismus sichtbar geworden. 7)

Es folgten die Jahre des Kulturkampfes. 8) Die 'KV' war allzeit bemüht, ihrem Motto "fortiter in re, suaviter in modo", das seit dem 1.4.1885 auch im Titelkopf erschien, gerecht zu werden. In demselben Maße wie der politische Charakter der neuen Zentrumspartei sich herausbildete, folgte hierin auch die Ausbildung des politischen Charakters der 'KV'. Sie wurde so das allgemein anerkannte repräsentative Presseorgan der neuen Partei. Trotz steigender publizistischer Bedeutung blieb die 'KV' wirtschaftlich schwach. Die Leserzahl stieg zwar im Zeitraum 1872 bis 1874 von 7200 auf 8600, ging aber in den nächsten Jahren wieder um ca. 2000 zurück; Grund hierfür waren die zahlreichen Neugründungen katholischer Lokalblätter im Rheinland und in Westfalen, dem Hauptverbreitungsgebiet der 'KV', als Reaktion auf den Kulturkampf. 9)

Seit März 1872 erschien die 'KV' täglich zweimal mit Morgen- und Abendausgabe (seit März 1898 täglich dreimal). Der eigentliche Durchbruch gelang der 'KV' aber erst 1888, als der Nachrichtendienst und das Korrespondentennetz bedeutend erweitert wurden. Entscheidend war jedoch der umfangreiche neue Handelsteil, der die Zeitung schlagartig in den Kreis der großen handelspolitischen Blätter

---

7) Karl Bachem, a.a.O., S. 86.
8) Vgl. Hans Joachim Reiber: Die katholische deutsche Tagespresse unter dem Einfluß des Kulturkampfes, phil. Diss. Leipzig o.J. (1930), Görlitz 1930.
9) Rheinprovinz = 1871: 30 Zg., 1881: 66; 1890: 83; 1903: 107.
   Westfalen   = 1871: 14 Zg., 1881: 28; 1890: 38, 1903: 51.
   (vgl. Bachem und Hölscher, a.a.O., S. 130 bzw. 79)

('Frankfurt Zeitung', 'Berliner Börsen-Courir') aufsteigen ließ und vor allem den Anzeigeneinnahmen zugute kam. Seit 1887 erschien die Zeitung mit dem Untertitel 'und Handelsblatt'. 10) Die Zahl der Leser stieg bis 1892 auf 12 000, kletterte nach der Jahrhundertwende auf über 20 000 und erreichte bis 1914 eine Auflage von knapp 30 000.

Im Gegensatz zur Berliner 'Germania', die erst als Antwort auf den Kulturkampf der preußischen Regierung ins Leben gerufen wurde, war die 'KV' lange Jahre die "Avantgarde" des politischen Katholizismus im Rheinland und in Westfalen. 11) Durch ihre Querverbindungen nach Berlin, u.a. zu Windthorst, und ihre mannigfachen kirchlichen Beziehungen, u.a. zu Bischof Ketteler in Mainz, hat die 'KV' den Boden für die Neugründung der Zentrumspartei mitvorbereitet. 12)
Daß die Zeitung auch nach 1870 nicht in Abhängigkeit zur Partei geriet, davon zeugt vor allem folgendes Beispiel: Seit 1901 unterschied man in der deutschen Zentrumspartei eine Berliner und eine Kölnische Richtung, auch Bachemsche Richtung genannt. Am 1.3.1901 hatte Julius Bachem, der zusammen mit Hermann Cardauns der bedeutendste "KV"-Redakteur der Vorkriegszeit war, einen Leitartikel geschrieben mit dem Titel: "Heraus aus dem Turm". Fünf Jahre später erschien Bachems ähnlich betitelter berühmt gewordener Beitrag in den 'Historisch-Politischen Blättern für das katholische Deutschland'. 13)

Dieser Beitrag wurde Anlaß zum Streit um den zukünftigen Charakter der Zentrumspartei. Julius Bachem vertrat darin die Ansicht, das Zentrum müsse in erster Linie eine politische und nicht eine konfessionelle Partei sein. Die Berliner Seite, der rechte Flügel des Zentrums, antwortete mit der Parole "Köln — eine innere Gefahr für den Katholizismus". Schließlich hat sich die Bachemsche Richtung noch vor Ausbruch des Weltkrieges als richtungsweisend für die Zentrumspartei durchgesetzt.

Die 'KV' war bei Kriegsausbruch die bedeutendste überregionale katholische Tageszeitung. Sie erschien dreimal täglich mit einer Auflage von annähernd 30 000 Exemplaren. Die 'KV' war im Jahre 1914, was sie schon 1860 im Programm publiziert

---

10) Die Entwicklung des Handelsteils wurde weiter gefördert durch den am 16.2.1890 erfolgten Ankauf des in Köln erscheinenden "Allgemeinen Anzeigers für Rheinland und Westfalen (Kölnische Handelszeitung)". Der Name wurde fortan bis zum Einstellen der "KV" im Mai 1941 im Titelkopf weitergeführt. Vgl. Hermann Cardauns: Fünfzig Jahre 'Kölnische Volkszeitung'. Ein Rückblick zum goldenen Jubiläum der Zeitung am 1. April 1910, Köln 1910.

11) Dr. Peter Josef Hasenberg bezeichnet die 'KV' als "publizistischen Ausweis" für die staatsbürgerliche Gleichberechtigung der Katholiken in Preußen. (Interview mit dem Verf. in Köln).

12) Die Anfänge der Zentrumspartei liegen in den 40er und 50er Jahren, 1866 eingegangen, 1870 Neugründung. Anstoß war ein Aufruf von Peter Reichensperger in der 'KV' am 11.6.1870.

13) Vgl. Julius Bachem: Wir müssen aus dem Turm heraus!, in: 'Historisch-Politische Blätter' (München), Bd. 137/Heft 5 (1. März 1906), S. 376 ff.–Vgl. zu den voraufgegangenen Bemühungen in dieser Richtung: Depositum Bachem, Nr. 1006/254 b im Historischen Archiv der Stadt Köln.

hatte: katholisch, konservativ und patriotisch. Allerdings hatten die drei Programmpunkte im Laufe eines halben Jahrhunderts eine ganz spezifische Ausprägung erfahren. Man war katholisch, trat aber für den Einfluß und die Mitarbeit der Protestanten im Zentrum ein. Man war konservativ, aber im fortschrittlichen Sinne und man vergaß über allem Patriotismus nicht, die Eigenständigkeit Rheinland-Westfalens zu betonen. Die 'KV' blieb stets Exponent des rheinisch-westfälischen Zentrumsflügels, der sich u.a. für christliche Gewerkschaften einsetzte und im Gegensatz zu Berlin ('Germania') links stand.

Während des Krieges stellte sich die 'KV' rückhaltlos hinter die von der Reichsregierung und Oberster Heeresleitung (OHL) propagierte Kriegszielpolitik. [14] Die Zeitung trat für den sogenannten Hindenburgfrieden ein. In der 'KV'-Redaktion galt der Wahlspruch: "Wer an das Recht glaubt, hat die Pflicht, den Sieg zu wünschen". [15] In den Rückblicken der 20er Jahre wird die redaktionelle Linie der Kriegszeit als "allzu optimistisch" und "bedauerlich" bezeichnet. [16] Im übrigen finden sich allenthalben Klagen über die drakonischen Zensurmaßnahmen der Dienststellen der OHL, die die "Äußerung jeglicher freien Meinung unmöglich machten". [17]

Wichtig für die weitere Entwicklung der Zeitung war die Gründung der 'Kriegsausgabe der Kölnischen Volkszeitung', deren erste Nummer am 28. November 1914 ins Feld verschickt wurde. Die 'KV' war die erste deutsche Zeitung, die eine regelmäßige, täglich erscheinende Ausgabe für das Frontgebiet druckte. Die Ausgabe hatte während der vier Kriegsjahre eine tägliche Auflage von über 130 000 Exemplaren. [18] Auf die 'Kriegsausgabe', die sich im Felde einer großen Beliebtheit erfreute, führt es Max Horndasch zurück, daß die Auflage der 'KV' nach 1918 mit rund 40 000 Exemplaren ihren Höchststand erreichte. [19] Am 9. Dezember 1918 zog die 2. britische Armee in Köln ein. [20] Als sichtbares Zeichen der britischen

---

14) Vgl. Ernst Heinen: Zentrumspresse und Kriegszieldiskussion. Unter besonderer Berücksichtigung der 'Kölnischen Volkszeitung' und der 'Germania', phil. Diss. Köln 1963, Köln 1963.

15) Max Horndasch schreibt diesen Ausspruch F.X. Bachem, einem Sohn Josef Bachems, zu.

16) Vgl. hierzu vor allem die Jubiläumsausgaben der 'KV' anläßlich des Umzugs am 1.4.1927 und des 75-jährigen Bestehens am 1.4.1935.

17) Verbote der 'KV' während des Krieges: 10.9.1914 und 12.3.1916.

18) Vgl. Walter Ebel: Das Feuilleton einer Tageszeitung als Spiegel der kulturellen und politischen Verhältnisse einer Zeit. Dargestellt am Feuilleton der 'Kölnischen Volkszeitung' während des Krieges 1914–1918, phil. Diss. München 1953 (Masch.Schr.).

19) Mündliche Auskunft von Max Horndasch, dem letzten Chefredakteur der 'KV', an den Verfasser.

20) Vgl. über die 'KV' zum Kriegsausgang Hubert Thomann: Die 'Kölnische Volkszeitung' im Kampf um die Gesellschaftsordnung in Krieg und Revolution, rechts- und staatswiss. Diss. Münster 1921 (Masch.Schr.), sowie Hans Illich: Über die Haltung der Zentrumspresse zur Parlamentarisierung 1917/18, mit besonderer Berücksichtigung der 'Kölnischen Volkszeitung', phil. Diss. Würzburg 1932, Würzburg 1932.

Militäraufsicht führte die 'KV' vom 27. Dezember 1918 bis zum 16. Januar 1920 den Zusatz im Titel: "Erscheint mit Erlaubnis der britischen Militärbehörde". [21] Wiederholt erschien in diesen Jahren auf den ersten Seiten der 'KV' die lapidare Mitteilung: "Die 'KV' kann am nächsten Tage nicht erscheinen". Das längste Verbot dauerte vom 16.-21.6.1919.

Das einschneidendste Datum in der Geschichte der 'KV' seit ihrer Gründung im Jahre 1860 war der 30. Juni 1920. Die Zeitung schied an diesem Tag aus dem Familienbesitz der Fa. J.P. Bachem aus und wurde von einem finanzkräftigen Zentrumskonsortium, der "Kölnischen Volkszeitung G.m.b.H.", übernommen. Grund für den Besitzerwechsel war die gespannte finanzielle Lage der Fa. Bachem. Die Firma, die im Zeitungsgeschäft stets mit Zuschüssen gearbeitet und die 'KV' nur aus Idealismus für die Sache des Zentrums weitergeführt hatte, hatte während des Krieges über eine Million Mark an Kriegsanleihen gezeichnet, die in der nun einsetzenden Inflation schnell an Wert verloren. Außerdem drohte der Druckerei in den ersten Nachkriegsjahren ständig Besetzung und Zerstörung durch sozialistische Revolutionäre, die ihr rheinisches Hauptquartier unmittelbar neben dem Bachem-Verlag aufgeschlagen hatten.

Durch Vertrag vom 30. Juni ging die 'KV' und die unter dem Namen "Deutsche Zukunft" erscheinende Auslands-Wochenausgabe formell an die zu diesem Zweck gegründete "Kölnische Volkszeitung G.m.b.H." über. Der Kaufpreis war nahezu 3 Millionen Papiermark, später 287 000 Goldmark. Träger des Konsortiums waren Justizrat Hugo Mönnig, gleichzeitig Vorsitzender der Kölner und der Rheinischen Zentrumspartei, Konsul Heinrich Maus und Landesökonomierat Bollig, ebenfalls ein führender rheinischer Zentrumspolitiker. [22] Am 1.4.1923 trat ebenfalls aus dem Zentrum kommend Dr. Julius Stocky der Gesellschaft bei. Bald übernahm das Konsortium auch sämtliche Anteile des 'Kölner Localanzeigers' (gegründet 1887 für den Stadtkreis Köln), der schon am 1.1.1919 an ein finanzkräftiges, dem Zentrum nahestehendes Konsortium abgestoßen worden war und unter dem Namen 'Rheinische Volkswacht' von da ab erschien. Erst als die "KV G.m.b.H." am 1.4.1927 in ihr neues Gebäude umzog, erschien das Lokalblatt wieder unter dem alten Namen 'Kölner Localanzeiger'.

Äußerlich unterschied sich die 'KV' nach dem Besitzerwechsel lediglich dadurch, daß im Titel statt "J.P. Bachem" von nun ab die "Kölnische Volkszeitung G.m.b.H." erschien. Die Redaktionsbesetzung der Kriegszeit wurde von den neuen Besitzern vollständig übernommen. Die Redaktion blieb bis zum Jahre 1926 — von wenigen Ausnahmen abgesehen — konstant. Hauptredakteur war vom 1.12.1907 bis zum 31.12.1932 Dr. Karl Hoeber. Auch im äußeren Erscheinungsbild der Zeitung änderte sich nichts: vier Seiten im Format 58 x 42 cm, vierspaltig, typographisch ruhig

---

[21] Lediglich vom 22.-27.12.1919 fehlte der Vermerk ohne Begründung.

[22] Vgl. allgemein zur Partei- und Pressesituation in diesem Zeitraum: Rudolf Morsey: Die Zentrumspartei 1917–1923, Düsseldorf 1966.

und ausgewogen, ohne Illustrationen, auf der ersten Seite Politik und Weltnachrichten, die sich auf der zweiten Seite fortsetzten. Unter dem Strich auf Seite eins das klassische Feuilleton, Seite drei Wirtschaft und Buntes, Seite vier Anzeigen. Die Zeitung erschien nach wie vor dreimal täglich bis zum Januar 1930, als sie zum zweimaligen Erscheinen überging. Seit Ende 1932 wurde die 'KV' dann nur noch einmal täglich herausgebracht — ein allgemeiner Trend im deutschen Zeitungswesen, der vor allem wohl auf die Weltwirtschaftskrise und das Aufkommen des Rundfunks zurückzuführen ist.

Die 'KV' hatte von 1919 bis 1923, wie die gesamte deutsche Presse, schwere Krisenjahre zu durchstehen. Neben den Problemen, die sich durch den politischen Umsturz ergaben, drückte vor allem die wirtschaftliche Notlage, insbesondere die Papierknappheit. Immer häufiger erschienen statt drei nur noch zwei Tagesausgaben. 1920 waren es jährlich 1027 Nummern, im darauffolgenden Jahr nur noch 989, dann 956, 1929 schließlich 949. Die wirtschaftliche Notlage der Presse wurde umso drückender, nachdem die Regierung in Weimar am 18. Dezember 1919 für Anzeigen die Einführung einer Art Luxussteuer beschlossen hatte, um ihre Finanznot zu dämpfen. Nach einer Aufstellung der Zeitung vom 18.1.1920 waren seit der Vorkriegszeit die Preise bei Stereotypmaterial um 1 800%, bei Papier um 1000% und für Löhne und Gehälter um 300% gestiegen. Der jahrelang gehaltene Preis von monatlich 3 Mark kletterte Ende 1920 auf 12,50 Mark; im April 1923 kostete eine 'KV'-Nummer gar 250 Mark.

Ähnlich wie in den 80er Jahren des vorigen Jahrhunderts wurden in den Jahren 1924/25, als die größten wirtschaftlichen Nöte überstanden waren, [23] der Nachrichtendienst und der Mitarbeiterkreis der Zeitung wieder systematisch ausgebaut. Statt der lange Jahre üblichen Pressestimmen aus Amerika, England und Frankreich gab es jetzt wieder eigene Korrespondentenberichte. Die Berliner-Redaktion der 'KV' wurde beträchtlich erweitert (auf drei Redakteure), dazu neue Außenbüros mit ständigen Mitarbeitern in Rom, Wien, Paris und London eingerichtet.

Mitte der 20er Jahre gab es in Köln und darüberhinaus in der rheinisch-westfälischen Zentrumspartei Tendenzen, die "KV G.m.b.H." zum führenden deutschen Zentrums-Verlag auszubauen. So wurde schließlich Anfang April 1926 unter Einbringung der alten Verlagsobjekte die "Görreshaus G.m.b.H." gegründet, über deren Firmenschild der Name des bedeutendsten deutschen katholischen Publizisten stand. Die Umwandlung der "KV-G.m.b.H." (gegr. 1920) in die "Görreshaus-G.m.b.H." war nur ein äußerlicher Vorgang, der die bisherigen Besitzverhältnisse in keiner Weise berührte. Am 1.4.1926 bezog man das neue großartig ausgestattete Verlagshaus am Neumarkt. Offenbar verschlangen Mieten und Anlagekosten beträchtliche Summen. Die neuen Maschinen konnten in der Folgezeit auch nur teilweise ausgelastet werden. Die "Görreshaus-G.m.b.H." versuchte daher — allerdings

---

[23] Vgl. allgemein zur Pressesituation in der Weimarer Zeit: Kurt Koszyk: Deutsche Presse 1914—1945, Berlin 1972.

vergeblich —, dem Bachem-Verlag die kirchlichen Aufträge (Kirchenzeitung, Gebetbücher, Vereinszeitschriften etc.) zu entziehen. Man gab außerdem eine Reihe repräsentativer und aufwendiger katholischer Publikationen heraus, so die große Gesamtausgabe der Werke von Josef Görres, die 1928 anlief. Zugleich wurde auch der Vertrieb der 'KV' auf alle nur mögliche Art forciert; die Werbeaktionen im Sommer und Herbst 1926 zeugen davon. Darüberhinaus waren die Gesellschafter Maus, Mönnig und Stocky mit 2000 von 6000 Anteilen an der 'Germania' beteiligt, mit der im November 1927 eine Interessengemeinschaft eingegangen wurde, um eine einheitliche Vertretung des Zentrum-Programms zu gewährleisten. [24] Maus und Stocky gehörten dem Aufsichtsrat der 'Germania' an; außerdem tauschte man zeitweise sogar Redakteure aus.

Wer nun von den führenden Persönlichkeiten des Unternehmens — Maus, Stocky oder Mönnig — den Anstoß für die verlegerische Expansion nach 1926 gab, war nicht exakt zu klären. Die geschäftliche Vorsicht und Redlichkeit des früheren Familienbetriebs wich im Laufe der folgenden Jahre einem Wagemut, der einen allzu phantasievollen Optimismus zum Grundsatz machte. 1929 stellten sich erste finanzielle Schwierigkeiten ein. Am 11. September wurde das Unternehmen in eine A.G. umgewandelt. Exakte Auskünfte über die finanziellen Transaktionen jener Jahre waren nicht zu erhalten, zumal die privaten Unterlagen bisher noch nicht veröffentlicht wurden bzw. im 2. Weltkrieg verlorengingen. Der wirtschaftliche Abstieg der 'KV' spielte dann bei der publizistischen Kraftprobe zu Beginn der 30er Jahre eine bedeutsame Rolle.

Drei große Themenkreise lassen sich in der 'KV' während der Weimarer Republik unterscheiden: das Verhalten der Zeitung zum neu entstehenden Staatsgebilde, ihr Verhältnis zur Zentrumspartei und ihre Auseinandersetzung mit den radikalen Gruppen der Weimarer Zeit. — In Opposition zum preußischen Staat groß geworden, jahrzehntelang reglementiert und in Abwehrstellung "gegen Berlin", wurde die Zeitung zum Exponent einer Partei, die mit geringen Unterbrechungen bis zur Machtübernahme Hitlers 1933 Regierungsverantwortung trug. Frühzeitig schon wurde die Verantwortlichkeit des Zentrums für die Gestaltung der Nachkriegszeit in der 'KV' herausgestellt. Überschwenglich, beinahe emphatisch, wurde der Umbruch begrüßt. Dem alten monarchischen System, das das Zentrum bestenfalls geduldet hatte, wurde kaum ein Wort des Gedenkens nachgeschickt: "Niemals ist

---

[24] Der Grund für die Interessengemeinschaft: Der spätere Reichskanzler von Papen hatte die Inflationszeit benutzt, um sich die Aktienmehrheit der 'Germania' zu verschaffen. Er versuchte jahrelang, den republikanischen Kurs der Zeitung im Sinne einer Unterstützung der deutsch-nationalen Rechten zu verändern. Erst 1933 gelang es von Papen, E. Ritter, einen Papen-Anhänger in die 'Germania'-Redaktion einzuschleusen. Der Kampf der 'Germania' um ihre Unabhängigkeit erregte damals großes Aufsehen. Vgl. die nachträglichen Darlegungen von Franz von Papen: Der Wahrheit eine Gasse, Düsseldorf 1958; außerdem Otto Groth: Die Zeitung. Ein System der Zeitungskunde (Journalistik), Bd. 2, Mannheim—Berlin—Leipzig 1928.

unserer Partei eine gewaltigere, lockendere und dankenswertere Aufgabe gestellt worden als jetzt . . ." 25). "Die Losung muß sein: Zentrum an Bord!" 26)

Seit Mitte der 20er Jahre deckten sich die Ansichten von Partei und Zeitung in allen wesentlichen Punkten. Noch im November 1918 hatte die 'KV' die Konstituierung einer christlich-demokratischen Volkspartei gefordert 27) — eine Forderung, die erst nach 1945 verwirklicht wurde. Bereits im Januar 1919 gab die Zeitung ihre Bemühungen in dieser Hinsicht resignierend auf. 28) Auch die Europa-Idee, offensichtlich inspiriert von Coudenhoven-Kalerghis Schrift "Pan-Europa", wurde in diesen Jahren stark propagiert. Länger hielt sich eine weitere Bachemsche Traditionslinie, nämlich die Forderung nach einer selbständigen "rheinisch-westfälischen Republik". 1924 schwenkte die 'KV' auch in diesem Punkt auf die offizielle Parteilinie ein. 29)

Deutlich zeigte sich der Wandel im Verhältnis zur Zentrumspartei vor allem in Wahlzeiten. Ganz gleich, ob bei Reichstagswahlen, Volksentscheiden, Volksbegehren oder Kommunalwahlen, immer stellte sich die 'KV' ganz auf die offizielle Parteilinie, verzichtete tagelang auf der ersten Seite auf jegliche Nachrichtenübermittlung und brachte nur Parteiaufrufe, Spendenappelle und dergleichen. Eine so verläßliche Zeitung wie die 'Frankfurter Zeitung', die der 'KV' gewiß nicht nahestand, schrieb 1933: "Es ist zum Verständnis der Pressepolitik des Zentrums wichtig, daß die Partei, ganz anders als die SPD, niemals als Verleger auftrat, sondern ihren Einfluß nur über Parteimitglieder und Geldgeber wirksam machte. Im Falle der "KV" geschah das durch die am 30. Juni 1920 gegründete G.m.b.H. Die Redaktion behielt jedoch ihre Unabhängigkeit!" 30)

In den ersten Jahren der Weimarer Republik beherrschte die Furcht vor einer erneuten Revolution von links die Appelle der Zeitung an die beiden christlichen Konfessionen. Später ist die Skepsis gegen die "sozialistische Verbrüderung" lange in den Leitartikeln der 'KV' wach geblieben. Der rechtsradikalen Entwicklung wurde kaum Aufmerksamkeit geschenkt; kennzeichnend ist ein Bekenntnis vom Oktober 1930: "Der einzige Fehler, den wir uns schuldig bekennen müssen, ist, daß wir den Nationalsozialismus in katholischen Gegenden als Quantité négligeable ansehen." 31)

Die 'KV' konnte während der Weimarer Republik ihre Stellung als bedeutendste überregionale katholische Tageszeitung halten; ihre Auflage lag bei knapp 30 000. Die Übernahme der Zeitung durch ein Zentrumskonsortium rückte die 'KV' näher an die offizielle Parteilinie heran. War sie früher Exponent des linken rheinisch-

---

25) 'KV' vom 16.11.1918.
26) 'KV' vom 15.11.1918.
27) 'KV' vom 18.11.1918.
28) 'KV' vom 1.1.1919.
29) 'KV' vom 26.1.1924.
30) 'Frankfurter Zeitung' vom 23.8.1933.
31) 'KV' vom 26.10.1930.

westfälischen Flügels, so stellte sie sich nach dem Zusammenbruch ganz in den Dienst der Partei. Darin lag ihre Bedeutung während der 20er Jahre: die 'KV' war bewußt staatserhaltend und staatstragend, eine Zeitung der Mitte, des Maßes und des Ausgleichs.

Nicht erst 1933, sondern schon beinahe ein ganzes Jahr früher erfolgte der große Umbruch. Seit 1929 kündigte sich in der 'KV' die zunehmende Radikalisierung der deutschen Verhältnisse an. Die Aufputschung der Straße beherrschte die Schlagzeilen; es bürgerte sich eine neue Sparte ein, betitelt, "der Terror in der Politik". — Zwei bedeutende Ereignisse, die in ursächlichem Zusammenhang stehen, leiteten die zweite große Wende in der Entwicklung der 'KV' ein. Es begann am 30. Mai 1932 mit dem Sturz Brünings, des letzten Zentrum-Kanzlers. Die 'KV' stand fortan in schärfster Opposition zu den Brüning-Nachfolgern. Es war das Ende einer Linie, die konsequent trotz aller Rückschläge der Weimarer Republik verfolgt worden war: das Eintreten für den Aufbau eines demokratischen Staatswesens.

Die 'KV' geriet in den folgenden Wochen immer mehr in Gegensatz zur Regierung Papen, den sie als "Katastrophen-Kanzler" bezeichnete. [32] Am 6. Juli wurde die 'KV' für drei Tage verboten. [33] Das Urteil des Berliner Senats erregte in der deutschen Öffentlichkeit großes Aufsehen, zumal der 'Vorwärts' kurz darauf ebenfalls verboten wurde. Der Kampf zwischen Zentrum und Nationalsozialismus verschärfte sich sprunghaft, als Hitler in einer Rundfunkrede am 2. Februar 1933 das Zentrum als "Novemberpartei" bezeichnete, die zusammen mit den Sozialisten Deutschland in den vierzehn Weimarer Jahren ruiniert habe. Die Dolchstoß-Legende, jahrelang gegen die Sozialisten ins Feld geführt, verletzte die Partei und die 'KV' aufs tiefste und machte sie zum erbitterten Feind des Nationalsozialismus. [34]

Am 18. Februar 1933 erfolgte dann der erste große Schlag der Nationalsozialisten gegen die Zentrumspresse. Die Regierung verbot grundsätzlich die Verbreitung von Aufrufen katholischer Verbände und Vereinigungen in den Zentrumszeitungen, da in diesen Appellen die Regierung beleidigt und verunglimpft werde. Bei Zuwiderhandlung wurde ein dreitägiges Verbot angedroht. [35] Am 19. Februar verfügte Göring nach einer persönlichen Unterredung mit dem ehemaligen Reichskanzler Marx die Aufhebung des angedrohten Verbots.

Je näher der Wahltermin am 5. März 1933 rückte, desto mehr verschärften sich die Repressalien gegen die 'KV'. Drei Tage vor der Wahl berichtete die Zeitung über eine Haussuchung in ihren Redaktionsräumen und die Beschlagnahme von Zentrumsplakaten; abschließend hieß es: "Die 'KV' vermerkt, daß sie nichts zu vermerken hat." [36] Der letzte Appell gegen den Terror der Nationalsozialisten erschien am Wahltag, am

---

32) 'KV' vom 26.7.1932.
33) 'KV' vom 7.-9.7.1932.
34) 'KV' vom 5.2.1933.
35) Vgl. Erich Matthias/ Rudolf Morsey (Hrsg.): Das Ende der Parteien 1933, Düsseldorf 1960.
36) 'KV' vom 2.3.1933.

5. März. Er war überschrieben mit der Schlagzeile "Das steinerne Antlitz". 37) Mitte März, aus Anlaß der Wahlen zum preußischen Landtag, wurde die 'KV' erneut für drei Tage verboten. 38) Das Ende kam dann schnell: die Konkurserklärung der "Görreshaus A.G." am 1. Mai 1933 und das Verbot der Zentrumspartei am 1. Juli 1933 erschütterten ihre wirtschaftliche Substanz und ihre geistige Widerstandskraft. 39)

Durch gewagte verlegerische Expansionen in der zweiten Hälfte der 20er Jahre war der wirtschaftliche Niedergang der 'KV' nicht mehr aufzuhalten; am 9. April kündigte die Zeitung die Eröffnung des Liquidationsverfahrens an. Die letzte Nummer der 'KV' in Köln wurde in der Nacht vom 29. auf den 30. April gedruckt. Der Reichstagsabgeordnete Hackelsberger, ein süddeutscher Großindustrieller, erwarb aus der Konkursmasse das Verlagsrecht und gab die 'KV' an den Essener Verlag Fredebeul & Coenen in Druckauftrag, wo u.a. auch die 'Essener Volkszeitung' erschien. Schon am 2. Mai wurde die erste Nummer im Essener Verlag herausgegeben, zunächst im kleineren Format der 'Essener Volkszeitung', vom 4. Juni 1933 an, als der technische Apparat aus Köln in Essen installiert worden war, wieder im alten Gewande.

Die 'KV' führte nach ihrem Umzug nach Essen, der zeitlich mit der Auflösung der Zentrumspartei zusammenfiel, nur noch ein Schattendasein. Die Zeitung sank schnell zum bloßen Nachrichtenblatt herab, das die vom Wolffschen Telegraphenbüro, dem späteren Deutschen Nachrichtenbüro, verbreiteten offiziellen Nachrichten abdruckte, aber keine eigene Meinung mehr vertreten konnte. 40) Von Januar 1937 an wurde das Format der 'KV' auf 50 x 38 cm verkleinert, seit Frühjahr 1940 erschien die Zeitung nur noch mit durchschnittlich vier Seiten. Als ihr Hauptschriftleiter, Max Horndasch, im Februar 1941, drei Monate vor Einstellung der Zeitung, im Essener Gestapo-Gefängnis eine Woche inhaftiert wurde, erschien im Impressum hinter seinem Namen der Vermerk "verreist". Die letzte Ausgabe der 'KV' erschien am 31. Mai 1941. Es war die 150. Nummer des 82. Jahrgangs. Die 'KV' hat nach 1945 — trotz entsprechender Pläne — kein Nachfolgeorgan gefunden. 41) Für eine Neugründung fehlte das Geld, da man mit einem Anfangskapital von 50 bis 60 Millionen Mark rechnete. Die Verlagsrechte der 'KV' liegen noch beim Essener Verlagshaus von Chamier.

---

37) 'KV' vom 5.3.1933.
38) 'KV' vom 11.-13.3.1933.
39) Vgl. allgemein Kurt Koszyk: Das Ende des Rechtsstaates 1933/34 und die deutsche Presse, in: Emil Dovifat/Karl Bringmann (Hrsg.): Journalismus, Bd. 1, Düsseldorf 1960, S. 49 ff.
40) Vgl. u.a. Karl Aloys Altmeyer: Katholische Presse unter NS-Diktatur, Berlin 1962 sowie (Fritz Schmidt): Presse in Fesseln. Eine Schilderung des NS-Pressetrusts, Berlin 1948; — Oron J. Hale: The Captive Press in the Third Reich, Princeton, N.J. 1964 (dt. u.d.T. Presse in der Zwangsjacke, 1933—1945, Düsseldorf 1965).
41) Vgl. Heinz-Dietrich Fischer: CDU-nahe Lizenzzeitungen (IV.): 'Kölnische Rundschau', in: 'Communicatio Socialis' (Emsdetten), 2. Jg./ Nr. 4 (Oktober-Dezember 1969), S. 328-334; zur Gründungssituation für ein bikonfessionell orientiertes Blatt in Köln siehe auch Heinz-Dietrich Fischer: Parteien und Presse in Deutschland seit 1945, Bremen 1971, S. 129 f.

Heinz-Dietrich Fischer:

DEUTSCHE ALLGEMEINE ZEITUNG (1861 — 1945)

Man muß bis 1855 zurückgreifen, um die Entstehung der 'Norddeutschen Allgemeinen Zeitung', welche als Vorgängerblatt der 'Deutschen Allgemeinen Zeitung' erschien, zu veranschaulichen. In diesem Jahr gründeten der profilierte Publizist Adolf Glassbrenner [1] und der Buchdrucker Rudolf Gensch die Wochenschrift 'Montagszeitung Berlin'. Glassbrenner schied im Dezember 1860 aus diesem Sozietätsverhältnis aus und gab — zusammen mit dem Buchhändler Janke — als Konkurrenzorgan die 'Berliner Montagszeitung' heraus. Gensch ließ die 'Montagszeitung Berlin' weiter erscheinen und änderte ihren Titel ab 1. Juli 1861 zunächst in 'Norddeutsches Wochenblatt' um. Als das Blatt dann am 1. Oktober des gleichen Jahres zum täglichen Erscheinen überging, nahm es die Bezeichnung 'Norddeutsche Allgemeine Zeitung' an. Zum Chefredakteur wurde Dr. August Heinrich Braß ernannt, der zudem Wilhelm Liebknecht zum Mitarbeiter gewinnen konnte. [2]

Nur wenige Politiker der Konservativen oder Royalisten erkannten bis dahin die Bedeutung einer konservativen Presse. Diesem kleinen Kreis war Braß, der bei der Übernahme der Chefredaktion der 'Norddeutschen Allgemeinen Zeitung' die Fahne des Kämpfers von 1848 mit derjenigen Bismarcks vertauschte, ein besonders willkommener Journalist, dem man vor allem wegen seiner publizistischen Befähigung die Leitung des Blattes übertrug. Die anläßlich der Thronbesteigung von Wilhelm I. erlassene Amnestie hatte Braß die Rückkehr aus der schweizer Emigration nach Deutschland ermöglicht. Durch die Vermittlung des Kriegsministers Albrecht von Roon war Braß bald der offiziellen Politik Preußens dermaßen nahegebracht worden, daß er sich künftig für sie zu engagieren bereit war. Die von Braß verfaßten redaktionellen Grundsätze der 'Norddeutschen Allgemeinen Zeitung' vom 1. Oktober 1861 waren deutlich auf Preußens äußere Geltung unter Ablehnung eines Parteistandpunktes in innenpolitischen Fragen abgestellt. Trotzdem vertrat das Programm zugleich den großdeutschen Gedanken, wenn es ausführte: "Preu-

---

1) Vgl. Emil Dovifat: Adolf Glassbrenner, in: Walther Heide (Hrsg.): Handbuch der Zeitungswissenschaft, Bd. 1, Leipzig 1940, Sp. 1313—1316, sowie Waltraud Dübner: Adolf Glassbrenner als sozialer Publizist, phil. Diss. Berlin 1942 (Masch.Schr.); Heinz Gebhardt: Glassbrenners Berlinisch, phil. Diss. Greifswald 1933; Robert Rodenhauser: Adolf Glassbrenners Leben und schriftstellerische Laufbahn, phil. Diss. Bonn 1912, Berlin 1912.

2) Otmar Best: Die Geschichte der 'Deutschen Allgemeinen Zeitung', in: 75 Jahre Deutsche Allgemeine Zeitung, Sonderdruck aus der 'DAZ' vom 1. Oktober 1936, S. 5. — Vgl. außerdem: Joachim Boehmer: Die Norddeutsche Allgemeine Zeitung. Beiträge zu ihrer Entstehung und Entwicklung, in: 'Zeitungswissenschaft' (Berlin), 1. Jg./Nr. 4 (15. April 1926), S. 56 ff; Nr. 5 (15. Mai 1926), S. 73 ff; Nr. 6 (15. Juni 1926), S. 92 ff; Nr. 7 (15. Juli 1926), S. 103 ff.

ßens und Österreichs Interessen müssen zu Deutschlands Interessen werden". Wörtlich führte das Programm 3) u.a. aus:

> "Wir hätten wohl nicht nötig, noch ein besonderes Programm für die 'Norddeutsche Allgemeine Zeitung' zu schreiben, nachdem wir drei Monate hindurch ohne Rückhalt in dem 'Norddeutschen Wochenblatt' die Prinzipien dargelegt, die uns bei der Anschauung der politischen Lage Europas leiten. Es gibt dazu wenige Dinge, mit denen im politischen Leben mehr Mißbrauch getrieben wird, als mit den sogenannten Programmen. Denn nichts ist trügerischer als diese Programme, die sich aus allgemeinen Redensarten und Schlagwörtern zusammensetzen, und die deshalb alles und auch wieder nichts bedeuten, da sie auf jeden besonderen Fall eine verschiedene Anwendung finden können... Alles kommt eben bei einem politischen Programm darauf an, wie man die gegebenen Verhältnisse des Augenblicks ansieht. Wir halten es für mehr als gewagt, wenn man erklärt, wie man sich zu der Zukunft stellen wolle; aber wir halten es für angemessen, daß man sagt, wie man zu der Gegenwart steht. Dies wollen wir ohne Rückhalt tun und dies halten wir für die einzige mögliche Art, ein *ehrliches* Programm aufzustellen... Was... Preußens Stellung zu Deutschland anbetrifft, so wollen wir hoffen, wünschen, wollen aus allen Kräften dahin arbeiten, daß Preußen im nächsten Jahrhundert und weiter hinaus, wie heut', durch seine geistige Entwicklung, durch seine freisinnigen Institutionen, durch seinen wachsenden Wohlstand zuerst genannt werde, wenn man von den deutschen Staaten spricht; aber es ist eine hohle Anmaßung, es ist eine verderbliche Vermessenheit, dies mit Sicherheit behaupten zu wollen... Wir wollen weder den gewerblichen noch den politischen Zunftzwang. Wir wollen die Konföderation für Deutschland, diese einzige Quelle der Freiheit, des Wohlstandes, der geistigen und materiellen Entwicklung. Wir wollen nicht, daß man dem deutschen Volke statt des Brotes der Freiheit den Stein der Einheit gebe, wir wollen nun und nimmer diese Einheit, die zur Despotie und zu dem Cäsarentum führt, wir wollen sie nicht, diese Einheit, gleichviel ob man ihr eine schwarzweiße oder eine schwarz-rot-goldene Fahne vorauftragt. Dann wird auch diese deutsche Politik Preußens und Österreichs aufhören, welche Deutschland stets als das Objekt betrachtete, diese Politik, welche Österreich zu Schaden gebracht, Preußen nicht gefördert hat. Die deutschen Interessen Preußens und Österreichs werden dann die gleichen sein, anstatt sich, wie bisher, feindlich zu begegnen. Denn Preußens und Österreichs Interessen werden dann die Interessen des gesamten Deutschlands sein. Preußen hat nicht die Mission, seine Macht dadurch zu mehren, daß es die Macht Deutschlands *verringert*. Aber eine große, hochherrliche Zukunft liegt in einer Politik, welche Preußens Größe mehrt und mit ihr gleichzeitig die Größe Deutschlands. Dann wird man auch begreifen, daß, wenn Österreich am Mincio oder an der Donau geschwächt wird, auch Deutschland geschwächt wird. Und dann wird, wenn Preußen das schwarz-weiße Banner am Rhein oder an der Eider aufpflanzt, die schwarz-rot-goldene Fahne an seiner Seite nicht fehlen".

Braß selbst war es auch, der durch einen für die damaligen Verhältnisse relativ umfangreichen Auslandsdienst ('Neueste Posten' aus verschiedenen Hauptstädten des Auslandes) für internationale Nachrichtengebung sorgte, was später zu einem Faktor für die europäische und globale Geltung der Zeitung werden sollte. 4) Das Blatt litt anfangs unter starker polizeilicher Kontrolle und wurde mehrfach zu

---

3) (August Heinrich Braß): Von dem Programm unserer Zeitung, in: 'Norddeutsche Allgemeine Zeitung' (Berlin), 6. Jg. (offensichtlich sind die Jahrgänge der 'Montagszeitung Berlin' seit 1855 mitgezählt worden, d.Verf.), Probenummer vom 1. Oktober 1861, S. 1.

4) Vgl. Otmar Best, a.a.O., S. 6.

Geldstrafen verurteilt. Am 23. September 1862 brachte die 'Norddeutsche Allgemeine Zeitung' die Meldung von Bismarcks Ernennung zum Staatsminister und interimistischen Vorsitzenden des Staatsministeriums. Fortan vertrat das Blatt innenpolitisch besonders die Rechte der Krone und die Stärkung des Heeres. Schon kurz nach Eintritt in das Ministerium äußerte sich Bismarck in einem Brief an Graf Bernstorff über seine Absicht, "das Braßsche Organ... zu benutzen und ihm Vorteile zu gewähren, welche es von anderen Bindungen freimachen". [5] In der Folgezeit arbeitete Bismarck mit Braß für die Zeitung zusammen, zeigte sich jedoch oft verärgert über die "voreiligen Stellungnahmen" Braß' zu innen- und außenpolitischen Fragen. So ging Bismarck mehr und mehr dazu über, der Redaktion der 'Norddeutschen Allgemeinen Zeitung' satzfertige Manuskripte zu senden, während er sich anfangs meist auf Anhaltspunkte beschränkt und die weitere Ausarbeitung der Beiträge der Redaktion unter Braß überlassen hatte. [6]

In einer Studie über die Pressepolitik Bismarcks heißt es im Hinblick auf die Stellung und Taktik des Blattes: "Entweder wurde der jeweils an der Spitze des Blattes stehende, vom Auswärtigen Amt oder vom Kanzler inspirierte politische Leitartikel durch ein Kreuz oder eine entsprechende Wendung wie etwa: 'von Berlin', 'von besonderer Seite' oder 'von sehr hochstehender Stelle', d.h. als von einer amtlichen Stelle herrührend, offen gekennzeichnet, oder der amtliche Ursprung wurde zweifelhaft gelassen und konnte notfalls abgestritten werden. Auf alle Fälle aber wurde das Augenmerk des Lesers darauf gerichtet. Dadurch sicherte sich Bismarck die Möglichkeit, auf gegnerische, auch ausländische Kreise zu wirken... In dieser Form der lockeren Vereinigung von amtlichen Erklärungen und freien Stellungnahmen konnte die 'NAZ' auch dem Ausland vieles sagen, was der diplomatische Verkehr nicht gestattete. Denn sie war nicht streng auf Ausdruck und Inhalt festgelegt, und bei ihr stand es Bismarck frei, gelegentliche Veröffentlichungen, die eine unerwünschte Wirkung hatten, zu desavouieren..." [7].

Die 'Emser Depesche' (1870) in ihrer berühmten Redigierung durch Bismarck sollte in besonderem Maße Schicksal für die 'Norddeutsche Allgemeine Zeitung' spielen, und zwar durch ein Mißgeschick: In der Eile hatten die Redakteure der Zeitung es versäumt, von den Extrablättern ein Pflichtexemplar an die Polizei zu schicken, die daraufhin eine Reihe von Exemplaren wegen unbefugten Vertriebs beschlagnahmte. Braß erhob dagegen Einspruch und wies darauf hin, daß die schnelle Verbreitung der 'Emser Depesche' überaus wichtig war und zudem 'auf

---

5) Vgl. Heinz Schulze: Die Presse im Urteil Bismarcks, Leipzig 1931, S. 240.
6) Vgl. Otmar Best, a.a.O., S. 6. — Zum gesamten Fragenkomplex vgl. vor allem: Eberhard Naujoks: Bismarcks auswärtige Pressepolitik und die Reichsgründung (1865—1871), Wiesbaden 1968; auch Kurt Forstreuter: Zu Bismarcks Journalistik. Bismarck und die 'Norddeutsche Allgemeine Zeitung', in: 'Jahrbuch für die Geschichte Mittel- und Ostdeutschlands' (Tübingen), 2. Jg./1953, S. 191 ff.
7) Irene Fischer-Frauendienst: Bismarcks Pressepolitik, Münster i.W. 1963, S. 63 f.

höheren Befehl' hin vorgenommen worden sei. Mit diesem Argument erregte Braß einiges Aufsehen, und fortan genoß die 'Norddeutsche Allgemeine Zeitung' in mancherlei Hinsicht eine ausgesprochene Sonderstellung vor allen anderen regierungsnahen Blättern. Dies war der Anfang zu der über Deutschlands Grenzen weit hinausreichenden Bedeutung des Blattes, das bald als offiziöses Sprachrohr Bismarcks zu den im Ausland meistbeachteten deutschen Blättern zählte [8] und maßgeblichen Anteil bei der publizistischen Vorbereitung des Reichsgründungsgedankens erlangte. [9]

Bismarck ließ sich häufig Bürstenabzüge von den Leitartikeln der 'Norddeutschen Allgemeinen Zeitung' aus der Redaktion schicken, um sie durchzusehen und in manchen Fällen zu korrigieren. Das erregte auf die Dauer das Mißfallen August Braß'. Ein Konflikt mit dem Auswärtigen Amt führte schließlich dazu, daß Braß den 1865 mit Regierungstiteln errichteten Verlag, sämtliche Eigentumsrechte und das gesamte Material an die Norddeutsche Bank in Hamburg sowie an die Hamburger Kaufleute Albertus und Heinrich Ohlendorff für einen Preis von 300 000 Talern veräußerte. In dem Kaufvertrag verpflichteten sich die neuen Besitzer, daß das Unternehmen im Einklang mit der Politik Bismarcks, im Sinne der nationalen Weiterentwicklung des Vaterlandes "unabhängig nach außen, im Innern ein treuer Freund der Regierung und frei von allen Sonderinteressen" [10] geführt werden sollte.

Braß' Nachfolger in der Leitung des Blattes wurde der älteste Redakteur der 'Norddeutschen Allgemeinen Zeitung', Emil Pindter. Er hatte die schwierige Aufgabe, fortan ein Blatt redaktionell zu leiten, das jahrelang ein jährliches Defizit von 8 000 Talern aufgewiesen hatte und nur durch Aktienzeichnungen der Regierung am Leben erhalten worden war. [11] Unter Emil Pindters Chefredaktion sank die Auflage der Zeitung um die Hälfte auf 5 000 tägliche Exemplare ab, [12] da ein Mangel an "geistiger Originalität" zu verzeichnen war. Auch fand das Leserpublikum "an dem langweiligen, gemessenen, unbeweglichen, unsensationellen Charakter des Blattes" wenig Gefallen, so daß die Bedeutung der Zeitung in dieser Zeit maßgeblich in ihrer Funktion "als Informationsblatt für politische Kreise" gesehen werden muß. [13] Diese Aufgabe wurde von dem loyal mit der Regierung

---

8) Otto Groth: Die Zeitung. Ein System der Zeitungskunde (Journalistik), Bd. 2, Mannheim – Berlin – Leipzig 1929, S. 202.

9) Vgl. Eberhard Naujoks, a.a.O.; vgl. allgemein auch Theodor Schieder/Ernst Deuerlein (Hrsg.): Reichsgründung 1870/71. Tatsachen, Kontroversen, Interpretationen, Stuttgart 1970; Manfred Overesch: Die 'Norddeutsche Allgemeine Zeitung' und die Außenpolitik Bismarcks in den 1870er Jahren, phil. Diss. Tübingen (in Vorb.).

10) Peter de Mendelssohn: Zeitungsstadt Berlin. Menschen und Mächte in der Geschichte der deutschen Presse, Berlin 1960, S. 210 f.

11) Kurt Koszyk: Deutsche Presse im 19. Jahrhundert, Berlin 1966, S. 235.

12) Daselbst, S. 137.

13) Irene Fischer-Frauendienst, a.a.O., S. 62.

kooperierenden Pindter, der sich als äußerst gewandter Leiter der Zeitung mit viel Sinn für äußere Repräsentation zeigte, bestens erfüllt. Unter Pindters Chefredaktion geriet das Blatt 1880 in gefährliche Meinungskämpfe, als es im Sinne Bismarcks für den Anschluß Hamburgs an den Zollverein eintrat. Sowohl die Norddeutsche Bank als auch die Ohlendorffs wurden deshalb in dieser Zeit in ihrer Eigenschaft als Besitzer der Zeitung häufig angegriffen. Als die 'Norddeutsche Allgemeine Zeitung' am 1. Oktober 1886 ihr 25jähriges Bestehen feierte, überbrachte beim Festmahl im Kaiserhof Graf Herbert von Bismarck, seinerzeitiger Staatssekretär des Auswärtigen Amtes, die Glückwünsche des Hofes und des von seinem Vater geleiteten Kabinetts.

Nach Bismarcks Ausscheiden aus dem Reichskanzleramt folgte für die 'Norddeutsche Allgemeine Zeitung' eine schwierige Periode, denn die 'Hamburger Nachrichten' wurden von Bismarcks Ruhestand in Friedrichsruh aus sein künftiges Sprachrohr, [14] und die 'Norddeutsche Allgemeine Zeitung' war genötigt, sich anderwärts ein politisches Engagement zu suchen. Nach seiner Entlassung hatte Bismarck noch am 29. März 1890 eine Unterredung mit dem Chefredakteur der Zeitung, Emil Pindter, wobei dieser, wie er berichtete, den Dank Bismarcks für die bisherige Hilfeleistung seitens der 'Norddeutschen Allgemeinen Zeitung' ausgesprochen bekam und den Rat erhielt, mit der Konservativen Partei Kontakte aufzunehmen. Die aufsehenerregenden Veröffentlichungen, die die 'Norddeutsche Allgemeine Zeitung' in der Folgezeit als Organ der neuen Regierung Caprivi und des 'Neuen Kurses' bringen mußte, [15] verursachten in der gesamten deutschen Großpresse leidenschaftliche Stellungnahmen für und wider Bismarck. Einen Höhepunkt erreichten die Auseinandersetzungen, als sich die 'Norddeutsche Allgemeine Zeitung' am 29. Juni 1892 deutlich gegen Bismarcks Attacken auf Caprivi wandte, doch der Angriff steigerte nur Bismarcks publizistische Aktivität. [16] Die mit viel Polemik geführten Auseinandersetzungen mit Bismarck waren den Ohlendorffs, die nach wie vor zur Grundhaltung Bismarcks standen, überaus peinlich und führten schließlich zur Kündigung Pindters. [17]

Pindters Nachfolger wurde am 1. Oktober 1895 Martin Griesemann, der vorher in leitender Stellung an der 'Deutschen Tageszeitung', dem Organ des Bundes der Landwirte, tätig gewesen und zugleich auch Mitglied der Presseabteilung des Auswärtigen Amtes war. [18] Der damals 49jährige Griesemann war auf Veranlassung

---

14) Vgl. Fürst Bismarck und die 'Hamburger Nachrichten'. Authentische Tagebuchblätter von einem Eingeweihten, 3. Aufl., Berlin 1884, sowie Johannes Penzler: Bismarck und die 'Hamburger Nachrichten', Berlin 1907.
15) Vgl. u.a. Heinrich Otto Meisner: Der Reichskanzler Caprivi. Eine biographische Skizze, Darmstadt 1969.
16) Kurt Koszyk, a.a.O., S. 252 f.
17) Otmar Best, a.a.O., S. 8.
18) Kurt Koszyk, a.a.O., S. 138.

Bülows Journalist geworden. Unter Griesemanns Leitung nahm Fürst Hohenlohe-Schillingsfürst, der 1894 Reichskanzler geworden war, die 'Norddeutsche Allgemeine Zeitung' als offiziöses Blatt stark in Anspruch. Auf Grund einer Verfügung des Polizeipräsidiums mußten künftig sogar sämtliche polizeilichen Anmeldungen durch die Spalten der 'Norddeutschen Allgemeinen Zeitung' gehen. Griesemann bemühte sich, das Blatt trotz seiner Offiziösität beweglich und lebendig zu gestalten. Nachdem Griesemann am 16. Mai 1897 unerwartet verstarb, übernahm Graf Westarp vorübergehend die Redaktionsleitung der Zeitung. Im Oktober des gleichen Jahres wurde unter Mitwirkung von Kiderlen-Wächters dessen schwäbischer Landsmann Wilhelm Lauser, der zuvor in Wien tätig gewesen war, zum Leiter des Blattes ernannt. Lauser galt als gewandter Feuilletonist, [19] und eine seiner ersten Reformen bestand in der Vergrößerung und Verbesserung des Unterhaltungsteiles der Zeitung, der zuvor recht dürftig gewesen war.

Während der Amtszeit des späteren Fürsten Bülow als Staatssekretär des Auswärtigen Amtes büßte die 'Norddeutsche Allgemeine Zeitung' diesen Drang nach Verlebendigung ihrer Spalten jedoch immer mehr ein. Bülow hatte sich vom Reichskanzler die Berechtigung zur Überwachung der Außenpolitik des Blattes erwirkt und hielt es im engen Rahmen eines offiziösen Nachrichtenblattes. Als Bülow 1900 Reichskanzler wurde, verschärfte sich der Druck auf die Zeitung noch weiter. Unter diesen Bedingungen sah Lauser schließlich keine Möglichkeit mehr für eine weitere redaktionelle Führung des Blattes und quittierte 1902 den Dienst. [20] Lausers Nachfolger wurde Otto Runge, der zuvor am 'Wolffschen Telegraphenbüro' tätig gewesen war und über Bülows Kontrolle völlig andere Ansichten als sein Vorgänger vertrat. In einem Aufsatz, den er zum 80. Geburtstag Bülows als Gast der 'DAZ' schrieb, führte er später u.a. aus, die 'Norddeutsche Allgemeine Zeitung' in ihrer alten Gestalt habe sich niemals so frei bewegen können wie unter der Kanzlerschaft Bülows.

Als die Zeitung am 1. Oktober 1911 ihr 50jähriges Jubiläum feiern konnte, hielt der inzwischen geadelte Freiherr von Ohlendorff beim Festbankett im Berliner Hotel Adlon im Namen der Direktion der 'Norddeutschen Allgemeinen Zeitung' eine Ansprache. Der Leiter des Auswärtigen Amtes, Staatssekretär von Kiderlen-Wächter, dankte in seinem Trinkspruch den Ohlendorffs, daß sie "niemals Opfer gescheut haben, ihr patriotisches Werk durchzuführen und hochzuhalten". [21] Ordensverleihungen unterstrichen anschließend die Bedeutung der Zeitung als offiziöses Organ der Reichsregierung; zahlreiche an diesem Tage eingegangene Glückwunschschreiben aus dem In- und Auslande bezeugten außerdem das An-

---

[19] Joachim Boehmer, a.a.O.; vgl. u.a. Wilmont Haacke: Handbuch des Feuilletons, 3 Bde., Emsdetten 1951–1953.
[20] Vgl. Otmar Best, a.a.O., S. 8 ff.
[21] Daselbst, S. 10.

sehen sowie die internationale Geltung des Blattes. [22] Mit dem Kriegsausbruch 1914 erfuhr die Zeitung noch einmal eine gesteigerte Bedeutung. In zunehmendem Maße ergab sich im Laufe des Krieges, der in besonderem Maße auch ein Presse- und Propagandakrieg war, [23] für die Reichsleitung die Notwendigkeit, das Blatt zu modernisieren und damit seine nationale und internationale Resonanz zu verstärken. Mehr und mehr wich der Charakter des Staatsanzeigers einer freieren inhaltlichen Gestaltung, doch mußten jährlich weiter rund 40 000 Mark an Subventionen in das Blatt hineingesteckt werden.

Im Zuge dieses Umstrukturierungsprozesses erwarb Ende 1917 der Berliner Verlagsbuchhändler Reimar Hobbing den Verlag der 'Norddeutschen Allgemeinen Zeitung'. Hobbing verzichtete auf direkte Regierungszuwendungen, erwirkte jedoch in einem Vertrag mit der preußischen Regierung, daß diese sich zu einem dauernden Abonnement auf 5 000 Exemplare für die Regierungsstellen und Behörden verpflichtete, was eine finanzielle Absicherung des Blattes von rund 720 000 Mark bedeutete. Hinzu kamen für Hobbing eine erhöhte Papierzuteilung während des Krieges sowie offizielle Druckaufträge in beträchtlichem Ausmaße. Durch eine Vereinbarung mit der preußischen Eisenbahnverwaltung erreichte Hobbing für seine Zeitung ein weiteres Zwangsabonnement von 5 000 Exemplaren, so daß täglich mindestens 10 000 Stück bereits im voraus einen festen Bezieherkreis aufwiesen. [24] Der redaktionelle Ausbau des Blattes machte von da an bedeutende Fortschritte. Die Anzahl der Redaktionsmitglieder wurde von sieben auf zwanzig Personen erweitert, der Korrespondentenstab konnte Schritt um Schritt ausgebaut werden, und im Juli 1918 sandte die 'Norddeutsche Allgemeine Zeitung' den Leutnant und späteren Historiker Egmont Zechlin als Kriegsberichterstatter ins Große Hauptquartier. Vor allem der von Hobbing ausgewählte neue Chefredakteur Otto Stollberg, der nach dem Ausscheiden Runges die Leitung des Blattes übernommen hatte, betrieb den permanenten redaktionellen Ausbau der Zeitung. Neben der Ausweitung des Korrespondentennetzes achtete Stollberg vor allem auf den Ausbau des Wirtschaftsteiles, was die Zeitung künftig auch für Finanz- und Wirtschaftskreise zunehmend attraktiv werden ließ. [25] Kurze Zeit vor dem Zusammenbruch meldete sich auch der Historiker Friedrich Meinecke in den Spalten zu Wort. [26]

---

22) Vgl. daselbst.
23) Vgl. Isolde Rieger: Die Wilhelminische Presse im Überblick, 1888–1918, München 1957, S. 173 ff. — Vgl. zu dem Problemkreis auch die detaillierte Studie von Kurt Koszyk: Deutsche Pressepolitik im Ersten Weltkrieg, Düsseldorf 1968; zu den verschiedenen kommunikationspolitischen Kontrollmaßnahmen vgl. außerdem Oberzensurstelle des Kriegspresseamts (Hrsg.): Zensurbuch für die deutsche Presse, Berlin 1917 (vertraul. Druck), und Die 'Norddeutsche Allgemeine Zeitung' im Weltkriege. Aktenstücke und Kundgebungen in der Zeit vom 3. August 1914 bis 1. März 1916, Berlin o.J.
24) Peter de Mendelssohn, a.a.O., S. 214 f.
25) Otmar Best, a.a.O., S. 10.
26) Vgl. Friedrich Meinecke: Zur nationalen Selbstkritik, in: 'Norddeutsche Allgemeine Zeitung' (Berlin), 58. Jg./Nr. 550 (27. Oktober 1918), S. 1.

Am 9. November 1918 wurden Redaktion und Druckerei der Zeitung von Spartakisten besetzt. Sie zwangen die Verlagsleitung, sich der Gewalt zu fügen und brachten am darauffolgenden Morgen — Sonntag, 10. November 1918 — die Nummer 576 des laufenden Jahrganges unter dem Titel 'Die Internationale', mit der Unterzeile 'früher: Norddeutsche Allgemeine Zeitung', heraus. Das oppositionelle Verhalten der gesamten Zeitungsbelegschaft verhinderte eine Wiederholung dieses Ereignisse. Bereits am Dienstag — 12. November 1918 — erschien die Zeitung wieder unter der Leitung Stollbergs, führte ab jetzt jedoch den Titel 'Deutsche Allgemeine Zeitung'. 27) Die Namensänderung wurde in einer von Verlag und Redaktion unterzeichneten Notiz 'In eigener Sache' begründet, in der es u.a. hieß: "... Die Schriftleitung... wird... alle geistigen Kräfte aufrufen zur Mitarbeit an dem neuen Deutschland, die nicht brachliegen dürfen. Als äußeres Kennzeichen des neuen Abschnitts in der Geschichte unserer Zeitung wird sie von heute den bereits seit ihrer Übernahme durch den neuen Verlag geplanten Namen tragen...: 'Deutsche Allgemeine Zeitung' ". 28) Rund ein Jahr später, im Dezember 1919, verstarb der Verleger Reimar Hobbing völlig unerwartet.

Mit dem 4. Juni 1920 ging das gesamte Verlagsunternehmen in die Hände des Großindustriellen Hugo Stinnes über, 29) dessen politisches Hervortreten in der Öffentlichkeit erst zuvor bei der Reichstagswahl erfolgt war, als er für die Deutsche Volkspartei kandidiert hatte. Die Übernahme der Zeitung durch Stinnes bedeutete eine entscheidende Zäsur in der Geschichte des Blattes, 30) denn von diesem Zeitpunkt an wurde neben der internationalen Geltung, die die Zeitung schon längere Zeit besaß, auch eine nationale Verbreitung größeren Ausmaßes angestrebt. Unter der Verlagsleitung des Fregattenkapitäns a.D. Hans Humann konnte der ehemalige Chefredakteur der 'Berliner Morgenpost' und damalige Referent in der Presseabtei-

---

27) Der Titel 'Deutsche Allgemeine Zeitung' war bereits von dem Verleger Friedrich Arnold Brockhaus ab 1843 für das zunächst unter dem Namen 'Leipziger Allgemeine Zeitung' (gegr. 1837) erschienene Blatt bis zu dessen Einstellung im Jahre 1879 geführt worden; die Leipziger 'Deutsche Allgemeine Zeitung' war ein Organ der sächsischen Nationalliberalen (Wilhelm Klutentreter: Friedrich Arnold Brockhaus, in Walther Heide (Hrsg.): Handbuch der Zeitungswissenschaft, Bd. 1, Leipzig 1940, Sp. 684 ff.; außerdem Kurt Koszyk: Deutsche Presse..., a.a.O., S. 152).

28) Otmar Best, a.a.O., S. 10.

29) Richard Lewinsohn (Das Geld in der Politik, Berlin 1930, S. 220 f) schreibt hierüber: "Der Verkauf ging ebenso schnell wie heimlich, sogar hinter dem Rücken der Redaktion vor sich... Einige widerstandsfähige Redakteure verließen die 'DAZ', die Mehrzahl unterwarf sich ihrem neuen Herrn... Stinnes, der Oppositionspolitiker, erhielt ... weiter Subventionen der Reichsregierung und der preußischen Regierung... Obwohl also Stinnes zum Teil mit Regierungsgeld arbeitete, begann er in seinem Blatt sofort auf der ganzen Linie einen Kampf gegen die innere und äußere Politik des Reiches und Preußens, so daß der preußischen Regierung, nach längerem Zögern auch der Reichsregierung, nichts anderes übrig blieb, als sich in aller Form von den Veröffentlichungen der 'Deutschen Allgemeinen Zeitung' loszusagen...".

30) Vgl. u.a. G.: Stinnes und die Presse, in: 'Die deutsche Nation' (Berlin), 2. Jg./1920, S. 381 f.

lung der Reichsregierung, Rudolf Cuno, als Redaktionsleiter gewonnen werden. In einem programmatischen Aufsatz Cunos wurde anläßlich des Übergehens der 'Deutschen Allgemeinen Zeitung' auf ein Großformat ausgesprochen, die künftige Zielsetzung der 'DAZ', wie sie bald landläufig bezeichnet wurde, sei die "Sammlung des deutschen Bürgertums für die Arbeit am Wiederaufbau dessen, was durch den verlorenen Krieg und all das Unglück, das er im Gefolge hatte, zerstört ward". Hugo Stinnes stellte der Zeitung, die sich im Wettbewerb mit zahlreichen zum Teil von Parteien bezuschußten anderen Blättern befand, beträchtliche Mittel zur Verfügung. Was schon Hobbing vorgeschwebt hatte und nunmehr auch Stinnes als Ziel erschien, wurde gelegentlich als eine 'deutsche Times' bezeichnet, die über dem Streite der Parteien und der Wirtschaftsinteressen stehen und allein, wie es hieß, "das Wohl der Nation im Auge haben" sollte. In den ersten Nachkriegsjahren wandte sich die Zeitung besonders gegen den Versailler Vertrag. Bereits seit 1917 waren die offiziösen Bindungen zu Reichsregierungsstellen gelockert worden, und fortan verfocht die Zeitung eine, wie sie es nannte, "gesamtnationale Opposition". Um diesen publizistischen Zielen besonders nahe zu kommen, wurde ab September 1922 eine spezielle Reichsausgabe der 'DAZ' herausgegeben, die infolge ihres vorverlagerten Redaktionsschlusses bereits am folgenden Morgen überall im Reichsgebiet erhältlich war. [31] Chefredakteur vom Juli 1922 bis Oktober 1925 war der vormalige Sozialdemokrat und Berliner Universitätsprofessor Dr. Paul Lensch.

Nicht lange vermochte sich die 'DAZ' dieser im In- und Ausland mit regem Interesse registrierten Kraftentfaltung erfreuen, da Hugo Stinnes im April 1924 verstarb. [32] Seine Erben zeigten sich außerstande, den Stinnes-Konzern vor finanziellen Schwierigkeiten zu schützen, so daß bald im Zuge der Liquidation der Graphische Konzern und damit die 'DAZ' verpfändet werden mußten. [33] Die Zeitung gelangte an ein Banken-Konsortium, das unter der Leitung der Danat-Bank stand. Damit befand sich die 'DAZ' vor der Existenzfrage, und in der Morgenausgabe vom 22. August 1925 erschien unter der Rubrik 'In eigener Sache' die Mitteilung, daß die Zeitung zu einem Kaufpreis von 3 Millionen Mark verkauft worden sei. [34] In derselben Erklärung legte die Redaktion eigenmächtig die neuen Besitzer der Zeitung auf den alten Kurs des Blattes fest, [35] — eine bis dahin sehr ungewöhnliche Erschei-

31) Vgl. Otmar Best, a.a.O., S. 10 ff.
32) Vgl. zu Stinnes u.a. Gaston Raphael: Hugo Stinnes — der Mensch, sein Werk, sein Wirken, Berlin 1925; Paul Ufermann/Karl Hüglin: Stinnes und seine Konzerne, Berlin 1924; N.N.: Die Stinnesierung der Journalisten, in: 'Das Tage-Buch', 4. Jg./2. Halbjahr 1923, S. 1034 f.
33) Vgl. Friedrich Graß: Die Liquidation des Stinnes-Konzerns und ihre Behandlung in der Presse, phil. Diss. Heidelberg 1928, Kaiserslautern 1928.
34) Vgl. Otmar Best, a.a.O., S. 16.
35) In der Erklärung "In eigener Sache" ('DAZ' vom 22. August 1925, Morgenausgabe) hieß es u.a.: "Der Redaktion der 'DAZ' ist . . . wiederholt versichert worden, daß die politische Richtung des Blattes . . . nicht geändert werde. . . Im Bewußtsein ihrer Verantwortung gegenüber der nationalen Aufgabe der 'DAZ' und gegenüber ihrer Lesergemeinde wird die Redaktion ihr Verhalten von der Durchführung dieser Absichten abhängig machen".

nung in der neueren Pressegeschichte. Unter den Mitbesitzern der 'DAZ' befand sich später auch der Verein für die Bergbaulichen Interessen aus Essen. [36]

Im Zusammenhang mit Angriffen, die die Schriftleitung der 'DAZ' in den darauffolgenden Wochen gegen die preußische Regierung richtete, ließ dann der preußische Finanzminister Hermann Höpker-Aschoff der Redaktion der 'DAZ' mitteilen, daß zwei in der Leitung des Blattes befindliche Personen Strohmänner der preußischen Regierung seien und daß diese über das gesamte Verlagsunternehmen der 'DAZ' verfüge. So schien schließlich die Redaktion dem Regierungseinfluß nachzugeben. Der preußische Ministerpräsident Otto Braun erklärte jedoch vor dem Hauptausschuß des Preußischen Landtages, die preußische Regierung habe zwar durch bestimmte Manipulationen eine Macht über den Verlag erworben, sei indes aber an einer direkten Beeinflussung der 'DAZ' nicht interessiert. Als maßgeblicher Finanzier unter der Führung der Danat-Bank galt, was nicht lange ein Geheimnis bleiben konnte, das Auswärtige Amt, das mit Hilfe seines Dispositionsfonds Verlagsrechte an der Zeitung erworben hatte. Reichsaußenminister Dr. Stresemann hatte sich den Gründen nicht verschlossen, die ihm vorgetragen worden waren und sich dahin entschieden, daß ein solch wichtiges außenpolitisches Instrument wie die 'Deutsche Allgemeine Zeitung' nicht eingestellt werden dürfe, obwohl gerade aus den Reihen der preußischen Regierung nicht wenige für das Verschwinden des unbequemen Blattes plädiert hatten. Die Verbindung mit dem Auswärtigen Amt währte nur rund 11 Monate, da die Redaktion kaum den von der Verlagsleitung gewünschten Kurs der Regierung verfolgte. Großadmiral von Tirpitz erklärte einmal gegenüber der Chefredaktion der 'DAZ', er sei verwundert über das konsequente Verfolgen des alten Programms der Zeitung, und ein hoher Beamter meinte zu Stresemann, daß man mit der 'DAZ' ein Auto erworben habe, in dem man nicht fahren dürfe. [37]

So gab es bereits seit dem Herbst 1926 interfraktionelle Besprechungen über die Zeitung im Parlament. Das Auswärtige Amt erhielt den Rat, sich schnellstens von diesem unbequemen politischen Instrument, der 'DAZ', zu trennen. [38] Und bereits im Januar 1927 erging ein Angebot eines neuen Finanzkonsortiums an das Auswärtige Amt, ihm die Aktien der Zeitung abzutreten. Schließlich wurde die Rheinisch-Westfälische Industrie-Finanzgruppe Hauptaktionär der Zeitung. Unter der Chefredaktion von Fritz Klein, der seit dem 1. November 1925 amtierte, trat die Zeitung weiterhin in ihrer außenpolitischen Haltung "für die Macht und Ehre des Reiches" ein, konnte aber allmählich ihre Weltgeltung infolge ihres entschiedenen Rechtskurses nicht mehr deutlich behaupten. [39] Chefredakteur Klein, der

---

[36] Einzelheiten hierüber bei August Heinrichsbauer: Schwerindustrie und Politik, Essen — Kettwig 1948, S. 19 f.
[37] Vgl. Otmar Best, a.a.O., S. 18.
[38] Vgl. aus dem Presseecho u.a. Richard Bahr: Der Fall 'DAZ', in: 'Münchner Zeitung', Nr. 324 (24. November 1926); Fritz Wolter: 'DAZ', in: 'Die Weltbühne' (Berlin), 23. Jg./1926, Bd. 2, S. 859 ff.; N.N.: 'Deutsche Allgemeine Zeitung', in: 'Die Hilfe' (Berlin), 31. Jg./1926, S. 499.
[39] Vgl. daselbst, S. 18 f.

journalistischen Ruf durch seine Berichterstattung von den Konferenzen in Genf, Locarno und Den Haag erlangte, trat in der Zeitung seit den späten zwanziger Jahren für die Überzeugung ein, daß die Hitler-Bewegung zur Macht kommen müsse. Unter den Zuschriften einer Weihnachtsumfrage der 'DAZ' zu der Fragestellung "Was halten Sie von einer Regierungsbeteiligung Hitlers?" veröffentlichte die Zeitung Ende 1930 u.a. das "uneingeschränkte Ja" [40] des Generalobersten von Seeckt. Dem Chefredakteur Fritz Klein oblagen bereits seit 1928 auf Wunsch des Auswärtigen Amtes inoffizielle Kontaktaufnahmen mit dem österreichischen Bundeskanzler Seipel sowie mit Mussolini. Der Verlag der 'DAZ' finanzierte auch die Repräsentations-Wohnung des Chefredakteurs "mit... riesigen Gesellschaftsräumen", die einen beliebten Treffpunkt für maßgebliche Politiker und Wirtschaftsleute darstellte. [41] Während dieser Zeit gewann die 'DAZ' an Prestige, und auch der Absatz stieg allmählich, so daß die Zuschüsse in Höhe von 1,8 Millionen Mark (1929) ein Jahr später nur noch knapp 1 Mio. betrugen und — nach faktenbezogenen Schätzungen — etwa eine Abonnentenzahl von 31 500 vorhanden war. [42]

Nach dem Regierungsantritt Brünings stellte sich die 'DAZ' sogleich hinter das neue Kabinett, und "in ihren Äußerungen zur Regierungsumbildung kam die Genugtuung darüber zum Ausdruck, daß es nun endlich gelungen sei, den verhängnisvollen Einfluß der Reichstagsfraktionen, und damit der Parteien, entscheidend zurückzuweisen", [43] heißt es in einer Analyse der Pressepolitik der 'DAZ' für jene Periode. Die antiparlamentarischen Tendenzen des Blattes traten in der Folgezeit immer deutlicher hervor. Schon bald nach der Reichstagswahl vom 31. Juli 1932, die für die NSDAP den gewaltigen Aufschwung brachte, erhob die 'DAZ' die massive Forderung nach einer Regierungsbeteiligung Hitlers, ein Begehren, das ständig dringender gestellt wurde. Chefredakteur Fritz Klein amtierte auch noch in der Zeit der Schleicher-Regierung und wenige Monate nach Hitlers Machtübernahme. Als er sich jedoch in der Abendausgabe der 'DAZ' vom 29. Mai 1933 in einem Beitrag unter dem Titel "Bruderzwist" mit dem äußerst gespannten Verhältnis Hitler — Dollfuß beschäftigte und damit einen "Wutausbruch Hitlers" auslöste, [44] war er zum Rücktritt gezwungen. Die Zeitung wurde für die Dauer von drei Monaten verboten, erschien jedoch bereits wieder ab 18. Juni wegen ihres für die NS-Machthaber nützlichen Prestigecharakters. Das Verbot war jedoch ein schwerer Schlag für das wirtschaftlich ohnehin nicht sonderlich gut fundierte Blatt. Max Winkler, Reichsbeauf-

---

40) Hans von Seeckt: Der Keil, in: 'Deutsche Allgemeine Zeitung' (Berlin), 69. Jg./Nr. 599-600 (Reichsausgabe vom 25. Dezember 1930), S. 3, Sp. 1.
41) Paul Fechter: Menschen und Zeiten, Berlin — Darmstadt 1951, S. 339.
42) Vgl. die aus Aktenmaterial der 'DAZ' gewonnenen Zahlenangaben bei Wolfgang Ruge: Die 'Deutsche Allgemeine Zeitung' und die Brüning-Regierung, in: 'Zeitschrift für Geschichtswissenschaft' (Berlin-Ost), 16. Jg./Heft 1 (1968) S. 20 f.
43) Siegfried Gnichwitz: Die Presse der bürgerlichen Rechten in der Ära Brüning, phil. Diss. Münster 1956, S. 28 (Masch.Schr.).
44) Paul Fechter, a.a.O., S. 339.

tragter für die Gleichschaltung der Presse, [45] war sogleich zur Stelle, erbot sich, das gefährdete Unternehmen zu stützen und erwarb durch seine anonyme 'Cautio GmbH' eine Minderheitsbeteiligung.

Im Juni 1933 übernahm Karl Silex, der bereits im Oktober 1922 in die politische Redaktion der 'DAZ' eingetreten und später zeitweilig Londoner Korrespondent des Blattes gewesen war, die Chefredaktion. [46] Hitler war während all der Jahre seiner Herrschaft bemüht, aus dem internationalen Ruf der 'DAZ' außenpolitisches Kapital zu schlagen, und in einem persönlichen Erlaß hieß es wörtlich: "Aus außenpolitischen Gründen werden Zeitungen wie das 'Berliner Tageblatt', die 'Deutsche Allgemeine Zeitung', die 'Frankfurter Zeitung' auf meinen Wunsch weitergeführt. Die inneren Verhältnisse dieser Verlage sind einwandfrei geregelt". [47] Als die Zeitung im Oktober 1936 ihr 75jähriges Bestehen feierte und Göring in einer Grußbotschaft "die publizistischen Leistungen der 'DAZ' für den Wiederaufbau Deutschlands" [48] würdigte und von Papen das Blatt als "Quelle deutschen Volkstums diesseits und jenseits der Grenzen" [49] pries, führte die 'DAZ' in gewisser Weise bereits ein Veteranendasein, das kaum noch an die Bedeutung früherer Zeiten erinnerte, da das Propagandaministerium ihr doch gewisse Fesseln auferlegt hatte. Trotz des Prestiges, zu den "Blättern mit umfassender Reichs- und Auslandsgeltung" zu zählen, [50] gab es auch für die 'DAZ' zwar Beschränkungen mancherlei Art, doch auch Vorteile. Schon bald nach dem Juli-Abkommen mit Österreich vom Jahre 1936, welches die Zeitung publizistisch befürwortet hatte, [51] zählte die 'DAZ' zu den wenigen Blättern, die sogleich für Österreich Verbreitungserlaubnis erhielten [52] und nie zuvor gekannte Auflagen erzielten.

1938 schließlich wurde die 'DAZ' vom Eher-Verlag, dem parteieigenen Unternehmen der NSDAP, erworben. "Während der Kriegszeit", so heißt es in einer Studie

---

45) Vgl. Winfried B. Lerg: Max Winkler, der Finanztechniker der Gleichschaltung, in: 'Zeitungs-Verlag und Zeitschriften-Verlag' (Bad Godesberg), Nr. 13 (1. Mai 1963), S. 610 ff.

46) Vgl. die Autobiographie von Karl Silex: Mit Kommentar. Lebensbericht eines Journalisten, Frankfurt a.M. 1968.

47) Parteikanzlei der NSDAP (Hrsg.): Veröffentlichungen — Anordnungen — Bekanntgaben, München (1942), S. 442.

48) Zu unserem heutigen Jubiläum, in: 'Deutsche Allgemeine Zeitung' (Berlin), 75. Jg./ Nr. 458-459 (1. Oktober 1936), S. 1.

49) Daselbst, S. 2.

50) (Fritz Schmidt): Presse in Fesseln. Eine Schilderung des NS-Pressetrusts, Berlin 1948, S. 125.

51) Vgl. Ralf Richard Koerner: So haben sie es damals gemacht... Die Propagandavorbereitungen zum Österreich-Anschluß durch das Hitler-Regime, 1933 bis 1938, Wien 1958, S. 33.

52) Vgl. Wolfgang Schöpker: Die 'Deutsche Allgemeine Zeitung' 1918—1945, Seminarausarbeitung am Institut für Publizistik der Universität Münster, Wintersemester 1963/64, S. 13 (unveröff.).

über die nationalsozialistische Pressepolitik, "war sie (die 'DAZ', d.Verf.) von den in Berlin erscheinenden Zeitungen die weitaus beste; sie bewahrte ihre Eigenart, war nach wie vor gut redigiert und geschrieben und brachte mitunter Nachrichten und Ansichten, die man in den NS-Massenblättern vergebens suchte" [53]. Der Chefredakteur Karl Silex schied im Jahre 1944 aus, nachdem er wiederholt mit dem Propagandaministerium in Berlin in Konflikt gekommen war. [54] Im gleichen Jahr bemerkte Max Amann, [55] Treuhänder des Eher-Verlages in München: "Den reichsdeutschen Zeitungen mit Auslandswirkung wies das Wachstum der deutschen Macht gesteigerte Verantwortung zu", denn gerade sie hatten "das Reich in erster Linie zu repräsentieren", so etwa auch die 'DAZ', der "ein großzügiger Ausbau im Sinne dieser Aufgaben zugedacht" gewesen sei. [56] Unter den wenigen Blättern dieser Zeitungs-Sondergruppe "mit Auslandsgeltung" wies die 'DAZ' im Oktober 1944, nachdem sie kurz zuvor mit der 'Berliner Börsen-Zeitung' fusioniert worden war, mit 331 000 täglichen Exemplaren die beiweitem höchste Auflageziffer auf. [57] Anfang 1945, als sowjetische Truppen bereits in der Mark Brandenburg standen und täglich näher gegen die Reichshauptstadt rückten, gehörte die 'DAZ' zu den letzten fünf in Berlin überhaupt noch erschienenen Tageszeitungen, [58] bevor auch sie am 24. April ihr Erscheinen endgültig einstellen mußte. [59] Noch bis in die letzten Erscheinungstage hinein hatte die 'DAZ' im Impressum diesen Hinweis geführt: " 'Deutsche Allgemeine Zeitung' (während der Kriegsdauer vereinigt mit der 'Berliner Börsen-Zeitung')" [60]. Mit der 'DAZ' verschwand gleichzeitig eine der profiliertesten deutschen Zeitungen der neueren deutschen Pressegeschichte. Einige nach 1945 unternommene Versuche, das traditionsreiche Blatt wiederzugründen, scheiterten. [61]

---

53) Oron J(ames) Hale: Presse in der Zwangsjacke, 1933—1945, Düsseldorf 1965, S. 259.
54) Vgl. Karl Silex, a.a.O.
55) Vgl. über ihn vor allem Karl-Dietrich Abel: Presselenkung im NS-Staat. Eine Studie zur Geschichte der Publizistik in der nationalsozialistischen Zeit, Berlin 1968, S. 5 ff.
56) Max Amann: Die deutsche Presse im Kriege, in: Handbuch der Deutschen Tagespresse, hrsgg. vom Institut für Zeitungswissenschaft an der Universität Berlin, 7. Aufl., Leipzig 1944, S. XVII f.
57) (Fritz Schmidt), a.a.O., S. 125.
58) Peter de Mendelssohn, a.a.O., S. 416.
59) Daselbst, S. 509.
60) Aus 'Deutsche Allgemeine Zeitung' (Berlin), 84. Jg./Nr. 95 (21. April 1945), S. 2, Sp. 4.
61) Über die verschiedenen diesbezüglichen Neugründungsversuche vgl. Heinz-Dietrich Fischer: The 'Deutsche Allgemeine Zeitung' (1861—1945) — a portrait of a famous German newspaper, in: 'Gazette — International Journal for Mass Communication Studies' (Leiden), Vol. XIII/No. 1 (1967), S. 43 ff., sowie: Heinz-Dietrich Fischer: CDU-nahe Lizenzzeitungen. V: 'Hamburger Allgemeine', in: 'Communicatio Socialis' (Emsdetten), 3. Jg./ Nr. 1 (Januar — März 1970), S. 40 ff.

Ulla C. Lerg-Kill:

BERLINER BÖRSEN—COURIER (1868 — 1933)

> In eigenen Dingen lassen wir uns Zeit,
> bis es zu spät ist. (Emil Faktor)

Wo in der Geschichte der deutschen Presse der Platz für eine der lebendigsten, farbigsten Zeitungen reserviert sein sollte, gähnt ein grauer Fleck. Der 'Berliner Börsen-Courier' ist dort nur als Schattenexistenz registriert. Ein Titel, der aus den Annalen der Zeitungshistorie nicht wegzudenken ist, eine Erscheinung, die im berliner Zeitungswald zwischen Kaiserreich und Ns-Diktatur durch intellektuelles Niveau und innovatorische Vitalität Maßstäbe für die Entwicklung der modernen Tageszeitung setzte, hat bislang ihren Monographen nicht gefunden. Kein Presse-, Verlags- oder Wirtschaftshistoriker, der sich mit ihr beschäftigt hätte. Bibliographien und Nachschlagewerke bestätigen den Negativbefund. Die Chiffre 'B.B.-C.', in den zwanziger Jahren das Kennzeichen für die "populärste Berliner Tageszeitung", [1] unvergessen in Vergessenheit geraten, ist bis heute nicht entschlüsselt worden.

Zur Erklärung, wenn auch nicht zum Verständnis dieses Sachverhalts läßt sich ein Bündel von Gründen anführen. Die Todesstunde des 'B.B.-C.', zum Jahreswechsel 1933/34, löschte nicht nur seine Zukunft sondern auch, für die Dauer des Dritten Reiches, seine Vergangenheit aus. Später ließ es sich nicht einmal Peter de Mendelssohn, dessen Werk 'Zeitungsstadt Berlin' [2] sich vorwiegend mit den Erscheinungen der großen Pressekonzerne, insbesondere mit dem Haus Ullstein, beschäftigt, angelegen sein, den 'Berliner Börsen-Courier' aus der geschichtlichen Verbannung zurückzuholen. Mit einigen, vordergründig wohlmeinenden Erinnerungszeilen ist er für den Historiographen der Berliner Presse — gleichsam im Schnellverfahren — erledigt. Zu seiner Selbstdarstellung hat der 'B.B.-C.', im Gegensatz zur 'Berliner Börsen-Zeitung' ('B.B.-Z.'), die zu ihrem 75jährigen Bestehen eine aufschlußreiche Monographie [3] veröffentlichte, keinen umfassenden Beitrag geliefert. Für die Geschichte der politischen deutschen Presse [4] hat der 'B.B.-C.' wenig Relevanz. Und die Geschichtsschreibung der deutschen Handels- und Wirtschaftspresse steht bislang noch aus.

Mit der vorliegenden Darstellung war die Zielsetzung verbunden, zum ersten Mal die Geschichte des 'B.B.-C.' im Umriß zu rekonstruieren und seine Stellung in der

---

1) Vgl. Ludwig Sochaczewer: Der Berliner Börsen-Courier, in: 'Zeitungs-Verlag' (Berlin), 29. Jg./ Nr. 40 (5.10.1928), (=Sonderausgabe zur HV des VDZV), S. 97.
2) Peter de Mendelssohn: Zeitungsstadt Berlin. Menschen und Mächte in der Geschichte der deutschen Presse, Berlin 1960.
3) 75 Jahre Börsen-Zeitung, Berlin 1930.
4) Vgl. Kurt Koszyk: Deutsche Presse im 19. Jahrhundert, Berlin 1966, passim.

Pressehistorie zu befestigen. Wegen fehlender Teiluntersuchungen und -darstellungen, Sammlungen und Archivmaterialien und der Schwerzugänglichkeit bzw. Unvollständigkeit der Primärquellen [5] mußten dabei notwendigerweise größere Lücken in Kauf genommen werden. Ihre Auffüllung bleibt einer breiter angelegten Forschungsarbeit vorbehalten.

Die Geschichte des 'Berliner Börsen-Courier' begann, wo sie 65 Jahre später endete: bei der 'Berliner Börsen-Zeitung'. [6] Im Sommer 1868 machte in den Haußmannschen Weinstuben, ein Treffpunkt berlinischer Prominenz aus Politik, Wissenschaft, Theater, Literatur und Journalismus, eine aufsehenerregende Neuigkeit die Runde: George Davidsohn, einer der "hervorragenderen Mitarbeiter" [7] der 'B.B.-Z.' — er arbeitete für den Handelsteil und die Unterhaltungsbeilage — hatte ihrem Besitzer, H. Killisch von Horn, den Vertrag gekündigt. Einem Kollegen war es gelungen ausfindig zu machen, warum der begabte Redakteur auf seine gesicherte Position verzichtete: er bereitete die Gründung eines Konkurrenzblatts vor.

Ort und Zeitpunkt zur Herausgabe einer neuen Handelszeitung waren nicht ungünstig gewählt. Die staatlichen Beschränkungen des Pressewesens, die unter dem Einfluß der Reaktion in den 50er Jahren zu einem rapiden Zeitungssterben geführt hatten, wichen in den 60er Jahren den, durch die fortschreitende Industrialisierung, den zunehmenden Verkehr und die Umschichtungen in der Bevölkerungsstruktur bedingten, Liberalisierungstendenzen. Berlin war von der Hauptstadt Preußens zur Metropole des Norddeutschen Bundes, eine Vorstufe der späteren Reichshauptstadt, aufgerückt. Mit der wachsenden Zahl seiner Einwohner steigerten sich, in der politisch bewegten Neuen Ära, die Erwartungen an das Informationsangebot aus Innen- und Außenpolitik. Gleichzeitig wurde, als Folge des erstarkenden urbanen Bewußtseins, das vitale Interesse an Nachrichten aus dem kulturellen und lokalpolitischen Bereich spürbar.

Abgesehen von diesen sozialen und politischen Voraussetzungen war es jedoch vor allem der beginnende wirtschaftliche Aufstieg und die ihn begleitende, zunehmende Komplexität des Börsenhandels und Geldmarkts, der das Erscheinen des 'Berliner Börsen-Couriers' begünstigte. Als publizistische Konsequenz der Gründung des Zollvereins trat die Wirtschaftspolitik in den 40er Jahren des 19. Jahrhunderts den

---

5) Für diese Studie lagen — leider nicht ganz vollständige — wichtige Ausgaben des 'B.B.-C.' (Probenummer, Jubiläumsausgaben) aus dem Bestand der Deutschen Staatsbibliothek der DDR, Berlin, vor. Für die spätere Zeit konnte die Sammlung des 'B.B.-C.' im Institut für Publizistik, Münster, umfassend die Jahre 1923–1933, eingesehen werden. — Neuerdings wird eine Mikroverfilmung der Jahrgänge 1926–1933 vorbereitet; vgl. Mikrofilmarchiv der deutschsprachigen Presse (Hrsg.): Bestandsverzeichnis 1970, Bonn-Bad Godesberg o.J. (1970), S. 34.

6) Unter dem Einfluß Bismarcks hatte Hermann Killisch von Horn die 'Berliner Börsen-Zeitung' als erste Tageszeitung für die Interessen der Börsen- und Finanzkreise, am 1. Juni 1855 herausgebracht.

7) I(sidor) Kastan: Berlin wie es war, Berlin 1925; hier zit. nach: 75 Jahre Berliner Börsen-Zeitung, a.a.O., S. I, 14.

Weg in die Öffentlichkeit an. Sie wurde zum Gegenstand kontinuierlicher Erörterung in den Spalten der deutschen Zeitungen und kristallisierte sich schließlich als "Handelsteil" aus dem allgemeinen redaktionellen Angebot aus. 1853, im Jahr, in dem die 'Bank für Handel und Industrie', die erste Einrichtung des öffentlichen Kapitalmarkts auf deutschem Boden, gegründet wurde, erschienen die zwei ältesten deutschen Finanzblätter, die 'Bank- und Handelszeitung' (Berlin) und 'Der Aktionär' (Frankfurt/Main). Den beiden Wochenschriften gelang es jedoch nicht, den zeitlichen Vorsprung, den sie, gegenüber den später gegründeten Handelstageszeitungen hätten ins Feld führen können, zu nutzen. 1855 erschien die schon erwähnte 'Berliner Börsen-Zeitung', 1856 die von Leopold Sonnemann gegründete 'Frankfurter Zeitung' und — zwölf Jahre später — am 1. Oktober 1868 der 'Berliner Börsen-Courier'.

Der Titel der publizistischen Neuerscheinung war in der Presse der 700 000 Einwohnerstadt kein Novum. George Davidsohn hatte ihn seiner journalistischen Herkunftsstätte entliehen. Die 'Berliner Börsen-Zeitung' führte seit dem 2. April 1856 eine Wochenbeilage unter der identischen Bezeichnung 'Berliner Börsen-Courier' [8]. Die Auswertung von Namen und Bekanntheitsgrad des älteren, renommierten Konkurrenzorgans, war nicht zu übersehen. [9] Sonderbarerweise haben sich beide Zeitungen über den, immerhin bemerkenswerten, Abspaltungsvorgang ausgeschwiegen. Über Auseinandersetzungen oder Vereinbarungen liegen von keiner Seite Äußerungen vor. [10] Der Nr. 1 des 'Berliner Börsen-Courier' war am 12. September 1868, einem Sonnabend, eine Probenummer vorausgegangen. Ihr erster Beitrag umreißt das redaktionelle Konzept des neuen Mediums. Als programmatische Erklärung über sein Vorhaben, seine Grundhaltung, seine Zielvorstellungen, hat es dokumentarischen Wert: [11]

> "An die Leser! Der *Berliner Börsen-Courier*, dessen Probenummer wir hiermit der Oeffentlichkeit übergeben, wird vom 1. October d.J. ab täglich erscheinen. Eine streng sachliche und unparteiische Vertretung der Interessen des deutschen Handels und der deutschen Industrie, eine allseitige Förderung der volkswirthschaftlichen Entwickelung unseres Vaterlandes ist die Aufgabe, welche wir uns bei der Gründung dieser neuen Zeitschrift stellen. Wir werden durch eingehende Besprechungen, die sich auf alle commerciellen und indu-

---

8) Geändert wurde lediglich der Umbruch des Titels. Über der 'B.B.-Z.'-Beilage einzeilig verlaufend, erschien er als 'B.B.-C.'-Titel zweizeilig abgesetzt: 'Berliner/Börsen-Courier', ebenfalls eine nicht zu übersehende Nachempfindung des 'B.B.Z.'-Titels.

9) Schmalenbach bezeichnet den 'B.B.-C.' als der 'B.B.-Z.' "sehr ähnlich". Vgl. E(ugen). Schmalenbach: Die deutsche Finanzpresse, in: 'Zeitschrift für handelswissenschaftliche Forschung' (Köln), 1. Jg./ 1906—07, H. 8, S. 282.

10) In der Jubiläumsmonographie der 'B.B.-Z.' ist lediglich vermerkt: "Welchen Anklang der Typ des täglich erscheinenden Börsenblatts gefunden hatte, dafür zeugen die später einsetzenden Konkurrenzgründungen. Deren erfolgreichste war in Berlin die Begründung des 'Berliner Börsen-Courier' durch George Davidsohn im Jahre 1868... Historisch bemerkenswert ist dabei, daß die neue Zeitung sich den Titel beilegte, unter dem die 'Berliner Börsen-Zeitung' im April 1856 bereits eine Wochenbeilage herausgegeben hatte." (Friedrich Bertkau: 75 Jahre Berliner Börsen-Zeitung, in: 75 Jahre Berliner Börsen-Zeitung, a.a.O., S. I, 14.).

11) 'Berliner Börsen-Courier', Probenummer vom 12. September 1868, S. 1.

striellen Gebiete, mit besonderer Berücksichtigung der an der Börse vertretenen, erstrecken sollen, diese Aufgabe zu lösen suchen und zweifeln nicht daran, dass unserem Streben die regste Theilnahme und allseitige Förderung werden wird.

Neben selbstständigen Besprechungen wird der 'Berliner Börsen-Courier' seinen Lesern ein getreues und ausführliches Bild derjenigen Bewegungen darbieten, die sich in allen Sphären des wirthschaftlichen Lebens vollziehen. Wir werden hierbei dem Capital-, wie dem Waarenmarkte die gleiche Berücksichtigung zu Theil werden lassen, die Course und Preise der Fonds und Effecten, der Cerealien, der Fabrikate und Rohstoffe auf allen Plätzen zu schneller und zuverlässiger Notiz bringen.

Besondere Sorgfalt werden wir einem Gebiete zuwenden, das bisher in der periodischen Presse geringe Berücksichtigung gefunden hat, dem *Immobilienwesen* nämlich, dem wir eine wöchentlich erscheinende besondere Beilage zu widmen gedenken, die über die Verhältnisse von Angebot und Nachfrage im Grundstück- und Hypothekenverkehr erschöpfende Auskunft geben soll. Wir empfehlen die beiliegende Probenummer dieser Beilage der Aufmerksamkeit unserer Leser.

Obwohl das wirthschaftliche Leben unsere Thätigkeit vorwiegend beanspruchen wird, so sind wir bei dem engen Zusammenhang desselben mit der politischen Entwickelung doch auch genöthigt, der letzteren so weit zu folgen, als dies zur Orientirung unserer Leser und zur Erkenntniss jenes innigen Zusammenhanges nothwendig erscheint. Wir werden hierbei liberale Grundsätze mit Entschiedenheit vertreten, während wir in der grossen socialen Frage bestrebt sein werden, zwischen den Interessen von Capital und Arbeit eine vermittelnde Stellung einzunehmen.

Die am Sonntag Abend zur Versendung, am Montag früh in Berlin zur Ausgabe gelangende Nummer wird ein reichhaltiges Feuilleton in Originalartikeln enthalten, die sich in fesselnder Weise über alle Interessen des literarischen, künstlerischen und wissenschaftlichen Lebens verbreiten werden. Es soll dieses Blatt unter dem besonderen Titel: *'Die Station'* zur Ausgabe gelangen und neben der rastlos den Aufgaben des Tages zugewandten Thätigkeit des Hauptblattes einen wöchentlichen Ruhepunkt bilden, durch den Phantasie und Gemüth jene Anregung erhalten, deren sie in der steten Sorge für materielle Interessen so sehr bedürfen.

Die vorliegende Probenummer sowohl der täglich erscheinenden Zeitung, als ihres feuilletonistischen Wochenblattes, wird den Lesern ein Bild der Art und Weise geben, wie wir unsere Aufgaben zu lösen gedenken, allein sie kann hierin auf erschöpfende Vollständigkeit keinen Anspruch machen, da der Raum einer einzelnen Nummer in keiner Weise ausreicht, das weite Gebiet unserer Thätigkeit nach allen Richtungen zu durchmessen.

Möge denn diese Probenummer nachsichtige Beurtheilung, unser Unternehmen aber Anerkennung und rege Förderung finden.

Wir bitten um möglichst frühzeitige Bestellungen, die von allen Postämtern und in Berlin von der Expedition und sämmtlichen Zeitungs-Spediteuren angenommen werden. Die Redaction des *'Berliner Börsen-Courier'*.''

Aus diesem Dokument geht hervor, daß der 'Berliner Börsen-Courier', wie schon sein Titel zu erkennen gibt, seine Leser vorwiegend in den Kreisen der Finanziers und Börsianer, aber auch des Handels, der Industriellen und der Grundstücksmakler mit einem breiten und kritisch gesichteten Informationsangebot zu werben suchte. Politik war für ihn in erster Linie Wirtschaftspolitik; sie sollte allerdings nicht ausschließlich dem Interesse bestimmter kapitalistischer Gruppen und Kreise sondern, darüber hinaus, der Förderung volkswirtschaftlicher Gesamtentwicklungen unterstellt sein. Die zunächst offensichtlich als sekundär eingestufte Berücksichtigung allgemeiner politischer Zusammenhänge wurde in der Folgezeit zurückgenommen.

Freilich blieb die Tendenz, Politik durch das Prisma der Ökonomie zu betrachten, für die redaktionelle Einstellung des 'B.B.-C.' charakteristisch.

"Mit Entschiedenheit" — eine Formulierung, die möglicherweise die Distanzierung von der als nationalliberal geltenden 'Berliner Börsen-Zeitung' markierte — legte sich der 'Berliner Börsen-Courier' von vorn herein auf einen "liberalen" Kurs fest. Dieser Kurs, auch als "freisinnig" bezeichnet, 12) erhielt eine besondere Färbung durch die Absicht, in der "großen socialen Frage" vermittelnd "zwischen den Interessen von Capital und Arbeit" eintreten zu wollen. Trotz dieser Festlegung auf eine fortschrittlich-liberale Grundlinie bewahrte sich der 'B.B.-C.' parteipolitische Unabhängigkeit und ließ sich, auch in späteren Jahren, nicht in das Fahrwasser bestimmter Gruppierungen manövrieren: "Politisch ist der 'Berliner Börsen=Courier' stets freisinnig gewesen. Er war es in einer Zeit, in welcher dieser Name noch keine Parteibezeichnung bildete, und er hat unverändert in derselben Richtung ausgeharrt, auch nachdem die freisinnige Etikette die Aufschrift bildete für zwei getrennte Lager 13). Er wollte auch auf politischen Gebiete nicht einer Fraction dienen, sondern eine Anschauung vertreten. Darum konnte er in Einzelfragen eine Sonderhaltung einnehmen, ohne jemals in Gefahr zu geraten, daß er gegen die freisinnigen Grundsätze verstieß. Gerade weil ihm die Unterstützung freiheitlicher Bestrebungen unbedingtes Gebot war, wahrte er sich die eigene Freiheit der Meinung." 14) Die Grundsatzerklärung hat das Profil des 'Berliner Börsen-Courier' geprägt. Es ist, unter den Bedingungen des sozialen und kulturellen Wandels, von den Generationen seiner Redakteure tradiert, erkennbar geblieben, bis zu jenem Tag, an dem sie sich von ihren Lesern verabschiedeten mit den endgültigen Worten: "Unsere Arbeit ist getan".

Die Neuerscheinung, die ab Oktober 1868 den berliner Pressemarkt bereicherte, war ein vollentwickeltes publizistisches Organ. Schon die Probenummer verriet den sicheren Zugriff des versierten Redakteurs. Unter dem freigestellten Titel folgten

---

12) Schmalenbach, a.a.O.. Kastans Äußerung, daß sich der "junge Berliner Börsen-Courier" entschieden den Anschauungen der Fortschrittspartei zugewandt habe (vgl. I(sidor). Kastan: Berlin wie es war. Berlin 1925, S. 196) ist nicht als parteipolitische Ausrichtung auszulegen. Dahms deutet den 'B.B.-C.' unmißverständlicher als "seit seinem Bestehen fortschrittlich, bzw. freisinnig, ohne blind fraktionell zu sein." 'Berliner Börsenkurier' (sic!), in: Gustav Dahms (Hrsg.): Das Litterarische Berlin, Berlin o.J. (ca. 1895), S. 55.

13) Die 1884 durch Fusion der 'Deutschen Fortschrittspartei' und der 'Liberalen Vereinigung' entstandene 'Deutsche freisinnige Partei' spaltete sich 1893 durch Kontroversen über die im Reichstag verhandelte Militärvorlage in die 'Freisinnige Vereinigung' und die von Eugen Richter geführte 'Freisinnige Volkspartei'. In der von ihm 1885 gegründeten 'Freisinnigen Zeitung' bezichtigte Richter den 'B.B.-C.' im November 1902, zur Presse der 'Freisinnigen Vereinigung' zu gehören. Vgl. Koszyk, a.a.O., S. 156.

14) Fünfundzwanzig Jahre, in: 'Berliner Börsen-Courier', Jubiläumsbeilage vom 1. Oktober 1893, S. 1.

im Titelkopf die Angaben zur Erscheinungsweise: ''. . . täglich in den Nachmittagsstunden. Die Sonntagabend-Nummer erscheint unter dem Titel 'Die Station' als feuilletonistisches Wochenblatt''; zur Insertionsgebühr: ''die dreigespaltene Petitzeile oder deren Raum 2 Sgr.'' und zum Abonnement: ''Vierteljährlich für ganz Deutschland und Oesterreich 2 Thlr.; für Berlin incl. Bringerlohn 21/4 Thlr.''. Der redaktionelle Hauptteil, dreispaltig in Antiqua gesetzt, mit einer überlaufenden, unter den Titelkopf placierten Inhaltsübersicht versehen, umfaßte vier Seiten: eine Seite Politik, drei Seiten wirtschaftspolitische Nachrichten und Berichte. Hinzu kamen vier Beilagen: der 'Courszettel', eine 'Beilage mit Inseraten', die ''feuilletonistische'' Wochenbeilage 'Die Station' und eine Wochenbeilage 'Central-Organ für den Immobilien-Verkehr'. Das Blatt erschien im ''Verlag der Expedition des 'Berliner Börsen-Courier' (F. Schmidt)'' [15]. Die Herstellung besorgte die Druckerei W. Büxenstein (Berlin).

Nur kurze Zeit blieb der 'B.B.-C.' ein reines Wirtschaftsblatt. Schon ein Vierteljahr später, am 1. Januar 1869, wurde der vom Anfang her bestehende Plan, die Zeitung zweimal täglich erscheinen zu lassen, realisiert. Die Abendausgabe blieb der ursprünglichen Aufgabenstellung, der Handelsberichterstattung, vorbehalten, während die Morgenausgabe mit Politik, Kultur und Unterhaltung universell ausgerichtet wurde. Beide Ausgaben unterschieden sich auch äußerlich voneinander: das Abendblatt wurde weiterhin in Antiqua, das Morgenblatt in Fraktur gesetzt. In späteren Jahren, als die Tageszeitungen allgemein dazu übergingen, Handelsteile einzurichten, wurde die Abendausgabe mit einer umfangreichen Beilage für Politik, Kultur und Lokales ausgestattet und der politische Teil in der Morgenausgabe weiter ausgebaut.

Das neue Zeitungsunternehmen, von den Mitbewerbern argwöhnisch beobachtet, hatte Mühe, die Anfangsschwierigkeiten zu überstehen. Daß es trotzdem gelang, ist dem journalistischen und gesellschaftlichen Geschick seines Gründers zu verdanken. George Davidsohn, ein Wirtschaftsfachmann mit ausgeprägten schöngeistigen Neigungen, der vom Bankfach in den Journalismus übergewechselt war, hatte sich mit dem 'Berliner Börsen-Courier' das Organ geschaffen, das es ihm ermöglichte, seine Doppelbegabung in jeder Richtung zu nutzen. Während seiner Tätigkeit bei der 'Berliner Börsen-Zeitung' war es ihm gelungen, Kontakte zu einflußreichen Persönlichkeiten in Finanz- aber auch Literaten- und Musikerkreisen zu knüpfen, auf die er sich für seine Zeitungsgründung stützen konnte. Die damit vorgegebene Verbindung von Kommerz und Kultur war es schließlich, die den Stil des 'B.B.-C.' prägte und, bei gleichbleibend hohem Leistungsniveau in beiden Bereichen, verbunden mit schrittmachenden Neuerungen in der Schnelligkeit der

---

[15] ''Franz Schmidt in Berlin'' zeichnete auch für die Redaktion verantwortlich. Dazu ist anzumerken, daß die Verantwortlichkeit für die Redaktion und die Leitung der Redaktion beim 'B.B.-C.' — wie auch bei anderen Zeitungen — bei verschiedenen Personen liegen konnte. Aus der Verlagsangabe geht im übrigen auch nicht hervor, daß George Davidsohn der Verleger der Zeitung war. Einen entsprechenden Hinweis gibt I. Kastan (a.a.O., S. 198).

Berichterstattung, seinen andauernden publizistischen Erfolg sicherte. "George Davidsohn war nicht nur der Gründer einer neuen Zeitung, er war ein Reformator der Berliner Journalistik," kommentierte Ludwig Sochaczewer das Werk des passionierten Verleger-Journalisten. 16)

Mit dem wirtschaftlichen Aufschwung nach dem deutsch-französischen Krieg, in den Gründerjahren, als sich Berlin von der Spreeresidenz zur Millionenmetropole des deutschen Reichs entwickelte, wuchs und kräftigte sich das junge Unternehmen. Seine Position war aber nicht stark genug, um den jähen Abfall in den Jahren 1875/77 ungefährdet zu überstehen. Als es in eine existenzielle Krise zu steuern drohte, geriet es unter den Einfluß von Robert Davidsohn 17), Georges jüngerem Bruder. 1876 riß er vorübergehend die Leitung des Verlags an sich, nicht gerade zum Nachteil seiner wirtschaftlichen Stabilisierung. 1884 wurde der "Verlag des Berliner Börsen-Courier" in eine Aktiengesellschaft umgewandelt. 18) Die Herstellung der Zeitung übernahm 1888 die Druckerei H. S. Hermann. 19)

Während seiner fast drei Jahrzehnte langen publizistischen Leitung des 'B.B.-C.' 20) hatte George Davidsohn es verstanden, ausgezeichnete Köpfe für seine Redaktion zu gewinnen. Obwohl die Zeitung eine straffe Führung verriet 21), war er tolerant und weitsichtig genug, seinen Mitarbeitern — vor allem in den Ressorts Politik und Kultur — größtmöglichen Spielraum zu lassen. Ein Zugeständnis, das sich durch ein, dem mondänen Geschmack vor allem jener Finanz- und Wirtschaftskreise, deren enge Verbindung zu Theater, Literatur und Kunst dem kulturellen Leben der Me-

---

16) L. Sochaczewer, a.a.O. Das Eigenlob, das sich der 'B.B.-C.' zum 25jährigen Bestehen spendete, war nicht ganz unberechtigt: "Der 'Berliner Börsen-Courier' darf sich rühmen, in der deutschen Presse für die Schnelligkeit der Berichterstattung bahnbrechend gewesen zu sein. Sein Muster hat Nachahmung gefunden, in diesem Falle gewiß ein Beweis dafür, daß das Muster gut war und ... einem Bedürfnis entsprang" (Fünfundzwanzig Jahre, a.a.O.).

17) Robert Davidsohn (geb. in Danzig, 26.4.1853, gest. in Florenz 18.9.1937) wurde 1876 zeitweilig Verleger des 'B.B.-C.'. Die Verwicklung in einen gesellschaftlichen Skandal veranlaßte ihn, Berlin zu verlassen. Er lebte später, mit historischen Forschungen beschäftigt, in Florenz. Zwischen 1896 und 1924 veröffentlichte er eine Geschichte der Stadt Florenz in vier Bänden.

18) Als Direktoren zeichneten George Davidsohn und Ulrich Levysohn.

19) Die Firma H.S. Hermann erwarb 1924 aus der Stinnes-Masse die vormalige Büxensteinsche Druckerei.

20) George Davidsohn (geb. in Danzig 19.12.1835, gest. in Berlin 6.2.1897) verstarb plötzlich, von einer Opernpremiere in Hamburg nach Berlin zurückgekehrt. Sein letztes Manuskript war eine halbfertige Kritik der Aufführung.

21) "Daß der 'Berliner Börsen-Courier' eine so stetige Haltung bewahren konnte, verdankt er dem glücklichen Umstande, daß seine Leitung heute noch in den Händen seines Begründers ruht, der in diesen fünfundzwanzig Jahren den Anschauungen treu geblieben ist, die ihn beseelten, als die erste Nummer der Zeitung erschien. Und diese Anschauungen werden auch fernerhin die Richtschnur für die Leitung des 'Berliner Börsen-Courier' bilden. Sie waren die Grundlage seiner bisherigen Erfolge, sie werden ihm künftige erringen helfen" — (Fünfundzwanzig Jahre, a.a.O.).

tropole zur Entfaltung verhalfen, schmeichelndes, snobistisches Flair bezahlt machte. [22] An den Schreibtischen des 'B.B.-C.' wurde mit den konventionellen Methoden der "Tagesschriftstellerei" gebrochen. Der Wettlauf mit der Zeit, das Rennen um die aktuellsten Nachrichten, bestimmten den neuen journalistischen Stil. Die Bürostunden wichen der gleitenden Arbeitszeit. Der 'B.B.-C.' führte die Nachtredaktion und die Nachtkritik ein — ein Überraschungscoup, dem die übrigen Berliner Zeitungen zögernd folgten. Es war nicht das einzige Mal, das sie der "unterhaltendsten, interessantesten Zeitung Berlins" [23] auf der Spur bleiben mußten.

Der Handelsteil des 'Berliner Börsen-Courier' war von Anfang an auf eine umfassende, gründliche Berichterstattung über die Vorgänge an der Berliner Börse, auf dem Berliner Effektenmarkt, ausgerichtet. [24] Das Informationsmaterial, das als lückenlos vollständig galt, wurde so bearbeitet und durch statistische Angaben aufbereitet, daß es seinen Lesern, vorwiegend Bankiers, Industriellen, Kaufleuten und Großkapitalisten eine zuverlässige Grundlage zur Beurteilung der Börsentendenz, der Lage der einzelnen Aktiengesellschaften, der Entwicklung auf dem Warenmarkt und anderen wirtschaftlichen Prozessen bot. Die Nachrichtengebung wurde als "objektiv" bewertet. [25]

Als die New Yorker und die Londoner Börse für die Interessen des deutschen Kapitals auf dem Weltmarkt zunehmend Bedeutung erlangten, richtete der 'B.B.-C.' für die Berichterstattung aus beiden Weltstädten telegraphische Dienste ein. Eine Neuerung, die sehr schnell Schule machte. Mit der fortschreitenden Industrialisierung Deutschlands in den 80er Jahren stieg der Informationsbedarf weiter an. Der 'Börsen-Courier' baute seine Berichterstattung aus den Industrierevieren in Westdeutschland und Oberschlesien aus. Allgemeine volkswirtschaftliche Entwicklungen fanden

---

[22] Ein auffallend gehässiges Urteil über den 'B.B.-C.' stammt aus der Feder des "Comte Paul Vasili", ein Pseudonym, hinter dem sich, nach Ermittlungen von Winfried B. Lerg, die Publizistin Katharina Gräfin von Radziwill (1858—1941) verbarg; (vgl. W.B. Lerg: Die Anfänge der Zeitung für alle, in: Massenpresse und Volkszeitung, hrsgg. von W.B. Lerg und M. Schmolke, Assen 1968, S. 43, Anm. 13): "Le journal peut-être le plus lu à Berlin, parmi ceux de cette catégorie ("les feuilles consacrées au récit des faits divers et des scandales du grand monde"), est le Boersen Courier (courrier de la Bourse), organe de la coulisse et des agioteurs; c'est une feuille dont les rédacteurs sont continuellement en prison. On y lit des récits tantôt amèrement vrais, tantôt cruellement faux. Les opinions de ce journal sont nulles en toute autre matière que celle de l'argent" (Comte Paul Vasili (Pseudonym): La société de Berlin, Paris 1884, S. 246 f.).

[23] Slogan aus einem Anzeigentext des 'B.B.-C.', in: Das Litterarische Berlin, a.a.O., ungez. Inseratenanhang.

[24] Vgl. hierzu Wilhelm Vogel: Der Handelsteil der Tagespresse, Berlin 1914, S. 188—191.

[25] Vogel erwähnt, daß sich der 'B.B.-C.' bemühte, "in seinem Betriebe jene moralischen Garantien der Integrität zu bieten, die das moderne deutsche Zeitungswesen zu seinem Vorteile auszeichnen" (a.a.O., S. 189). Demgegenüber behauptet Schmalenbach: "Übrigens wird in der Redaktion des Börsencourier nicht nur redigiert, sondern auch spekuliert. Das Spekulieren ist zwar keine Sünde, aber ein Handelsredakteur tut es besser nicht, man deutet sonst vieles falsch oder richtig, je nachdem, jedenfalls man deutet" (a.a.O., S. 282 f.).

in eingehenden Besprechungen ihren Niederschlag. Für wirtschaftliche Sonderinteressen richtete er täglich erscheinende Beilagen: den 'Kuxenmarkt', den 'Colonial-Courier' und den 'Versicherungs-Markt' (mittwochs in Form und Umfang einer Fachzeitschrift) ein. Der Integration der deutschen Wirtschaft in die Weltwirtschaft wurde durch die Ausweitung der Auslandsberichterstattung Rechnung getragen. Der 'B.B.-C.' hatte sich zum führenden Handels-, Finanz- und Wirtschaftsorgan entwickelt.

Mit der literarischen Sonntagsbeilage 'Die Station' hatte George Davidsohn sich den Ort geschaffen, an dem er sein Engagement für Literatur, Theater, Musik — vor allem aber für das Musiktheater — publizistische Ausstrahlung verschaffte. Er konnte auch in diesem Fall auf seine Erfahrungen und Kenntnisse aus der 'Berliner Börsen-Zeitung', für die er eine ähnliche Beilage, die 'Börse des Lebens' eingerichtet und redigiert hatte, zurückgreifen. Die 'Station' war damit zwar keine eigenständige Neuerung, aber als Unterhaltungsbeilage hatte sie immerhin noch den Reiz der Seltenheit und erregte überdies durch das Eintreten für fortschrittliche Kunstrichtungen einiges Aufsehen. Zweifellos war sie die Ausgangsbasis für die Entwicklung und den hervorragenden Ruf, die den Kulturteil des 'Berliner Börsen-Couriers' auszeichneten. Was sich an bedeutenden Ereignissen in der Berliner Theater- und Musikwelt abspielte, war in den Wochenüberblicken der 'Station' zusammengefaßt. [26] Der aktuelle Teil wurde ergänzt durch Berichte über außergewöhnliche kulturelle Ereignisse aus anderen Großstädten.

Zu der 'Station' gesellte sich später noch eine zweite Wochenbeilage, die 'Berliner Wespen', aus der humoresken Feder von Julius Stettenheim. [27] Die 'Station' blieb jedoch das Musterstück der Redaktion, auch als nach dem 1. Januar 1869 das Morgenblatt mit den Schwerpunkten Politik und Unterhaltung erschien. Zunächst beherrschte die Unterhaltung die Spalten. Das mit Politik durchsetzte Feuilleton 'Der Reporter' nahm durchschnittlich Dreiviertel des redaktionellen Raums ein, während politische Nachrichten sich "unter dem Strich" mit wenig Platz begnügen mußten. Das Verhältnis änderte sich, als, mit steigendem Informationsbedarf, die aktuelle Berichterstattung erweitert wurde. Politische Nachrichten und Berichte eroberten den Vorrang. Das Feuilleton wanderte "unter den Strich", mit ihm aber auch das "politische Feuilleton" — eine Besonderheit des 'B.B.-C.' [28] 1882 führte

---

[26] Die Schauspielkritik schrieb lange Zeit Hans Herrig, die Opernkritik zeichnete ein Anonymus als "Eusebius". Noch in den 90er Jahren konnte sich der 'B.B.-C.' nicht entschließen, dieses Pseudonym, hinter dem sich George Davidsohn verbarg, zu lüften (vgl. Fünfundzwanzig Jahre, a.a.O.).

[27] Der humoristisch-satirische Publizist Julius Stettenheim (1831—1916) gab bereits 1869 eine Sammlung seiner Beiträge unter dem Titel 'Berliner Wespen' heraus.

[28] In seinem Beitrag zum 50jährigen Bestehen des 'B.B.-C.' notiert Isidor Landau: "Bei Erwähnung der Reichstagsberichte sei im übrigen noch hervorgehoben, daß der 'B.B.C.' das erste Blatt in Berlin war, das den Parlamentsverhandlungen eine ständige kritische Begleitung und feuilletonistische Schilderung widmete" (I(sidor). Landau: 50 Jahre 'Berliner Börsen-Courier', in: Jubiläumsausgabe des Berliner Börsen-Courier vom 1. Oktober 1918).

er, als erste berliner Zeitung, eine Sportrubrik ein — 1885 wurde für sie der erste Sportredakteur engagiert — und noch im gleichen Jahr folgten die Rubriken Mode und, geleitet von Dr. Wilhelm Fließ, Medizin.

Vom Tage seines Bestehens an hatte sich der 'B.B.-C.' für einen umstrittenen Außenseiter des Musiktheaters eingesetzt: Richard Wagner. Davidsohns passioniertes Engagement für den "Meister von Bayreuth" 29) förderte Wagners Erfolg und seine Geltung in jenen Kreisen der Gesellschaft, zu denen ihm der Zutritt erschwert worden war. 30) Aber es blieb nicht allein bei dem berühmten Fall Wagner. Durch seine Theaterkritiken und -berichte, eines der bestgeführten Ressorts, wurde und blieb der 'B.B.-C.' in Fachkreisen eines der meistgelesenen Blätter der deutschen Presse: "Jedes Theaterbüro hat den 'Berliner Börsen-Courier' abonniert. Jeder Schauspieler liest ihn im Café oder bekommt wichtige Nachrichten daraus von einem Kollegen in der Garderobe mitgeteilt. Dramatische Dichter, Komponisten, Verleger, Agenten, Redakteure — niemand kann ihn entbehren. Der 'Berliner Börsen-Courier' hat den umfangreichsten und am besten unterrichteten Theaterteil in der ganzen deutschen Tagespresse. Keine Premiere entgeht ihm, kein Jubiläum der Theatergeschichte bleibt unberücksichtigt, kein irgendwie bedeutsames Bühnenereignis persönlicher oder gesellschaftlicher Art unbesprochen," urteilte Carl Hagemann 31), eine der kompetenten Stimmen unter den zahlreichen Gratulanten zum 50jährigen Bestehen des 'B.B.-C.'.

In der zwar vom Wesen her gegensätzlichen, im sozialen Raum jedoch, durch die "Ausbalancierung" materieller und geistiger Anforderungen, miteinander korrespondierenden "inneren Bedingungen" von "Börse und Bühne" sah Hagemann im übrigen die, im kritischen Herbst 1918 möglicherweise angezweifelten, Überlebenschancen des 'B.B.-C.'. Auch der linksorientierte Schriftsteller Kurt Hiller warf sein Wort für ihn ein: "Es scheint in Deutschland Vorschrift zu sein, daß linksliberale Zeitungen ein konservatives Feuilleton haben. . . . Heute bildet, soweit ich sehe, der 'Börsen=Courier' von der scheußlichen Regel die einzige, rühmliche Ausnahme. Und dies, obwohl man gerade ihm, dem Finanzblatt eine sozusagen börsianische Betrachtung geistiger Dinge weniger würde zu verdenken haben. . . Meine Freunde wissen, und auch schätzenswerte Nichtfreunde wissen: Im 'Börsen=Courier' hat von jeher, was sie bewegte und was als Kunstwerk, was als Denkwerk aus ihnen heraustrat, sachliche Würdigung gefunden. Als man noch allerseits höhnte oder höhnisch schwieg, tat der 'Börsen=Courier' den Mund auf

---

29) U.a. gründete D. den 'Richard Wagner-Verein'. Er setzte sich für das Zustandekommen der Patronats-Vereinigung zum Bau des Bayreuther Festspielhauses und für die Aufführung des Nibelungenrings ein. Davidsohns Verdienste um Wagner hatten eine freundschaftliche Verbindung zwischen beiden aufkommen lassen.

30) Vgl. Kastan, a.a.O., S. 197.

31) Dr. Carl Hagemann (unter: "Bekenntnisse und Glückwünsche deutscher Bühnenleiter, Dichter und Tonsetzer"), in: 'Literatur-Beilage zur Jubiläumsausgabe des Berliner Börsen-Couriers', a.a.O., S. 12.

und teilte (oft ablehnend, immer ohne Feixen) dem Leser mit, daß wir dasind... der 'Börsen=Courier' (schuf), auf seine Art und aus Neigung an der Zeit selber mit. Das möge ihm von der Geschichte ... vergolten werden; sie nenne ihn, mit Achtung! Als einen Hort echter alter Liberalität und Urbanität verzeichne sie ihn... gerade auch dann, wenn sie gestehen muß, daß Radikalität aus seinen Spalten kaum zuckte, sprühte, spritzte. Der Wunsch zum fünfzigsten Geburtstag kann nur lauten: Hochanständiger 'Courier', bleib der alte und werde noch jünger!" [32]

Und der 'B.B.-C.' verjüngte sich in den 20er Jahren noch einmal. Er hatte Berliner Format angenommen, nannte sich, seit dem 25. August 1924 im Untertitel 'Moderne Tageszeitung für alle Gebiete' (das modische Adjektiv wurde später wieder fallen gelassen), führte seit dem 28. März 1924 eine — zunächst täglich, dann wöchentlich erscheinende — Kupfertiefdruckbeilage, den 'Bilder-Courier' [33] und später kamen noch der 'Reise-Courier', eine wöchentliche Bäderbeilage sowie eine Autobeilage hinzu. Für die Buchkritik, unter dem Titel 'Der Bücherkarren' [34] (sonntags), Kunst und Kunstmarkt (mittwochs), Musik (donnerstags), Mode (sonntags) sowie 'Staat und Beamte' (sonnabends) wurden eigene Sparten eingerichtet. Nach einem zeitgenössischen Urteil war der 'Börsen-Courier' auf "vielen Gebieten gewachsen" und eines der "modernsten Berliner Blätter" geworden. [35] Moderne Prinzipien bestimmten den Ausbau der Lokal- und Sportberichterstattung. Bedeutende Fachleute aus dem In- und Ausland wurden zur Mitwirkung am Wirtschaftsteil herangezogen. Der Kulturteil entwickelte sich zum Forum einer Avantgarde von Bühne, Konzertsaal und Literatur. Der 'B.B.-C.' förderte, wie keine andere deutsche Zeitung, die Arbeiten Bertolt Brechts, seit September 1922, einem Zeitpunkt, an dem sein Name noch so gut wie unbekannt war.

Während seiner 65jährigen Lebenszeit lösten sich im 'Berliner Börsen-Courier' fünf Generationen von Chefredakteuren ab. [36] Nach dem plötzlichen Tod Davidsohns, 1897, wurde die Chefredaktion der beiden Ausgaben zunächst geteilt. Die Leitung des Abendblatts übernahm der Wirtschaftsredakteur Dr. Julius Salomon, die des

---

[32]   Dr. Kurt Hiller (unter: "Bekenntnisse..."), in: 'Literatur-Beilage zur Jubiläumsausgabe des Berliner Börsen-Courier', a.a.O., S. 13.

[33]   Den 'Bilder-Courier' redigierte 1926—27 Stefan Lorant, 1927—33 Redakteur der Münchner Illustrierten Presse'. Er emigrierte 1933 nach England, wo er u.a. die 'Picture Post' gründete und leitete. 1940 übersiedelte er in die Vereinigten Staaten.

[34]   Der Schriftsteller Oskar Loerke (1884—1941), seit 1917 Lektor im S. Fischer-Verlag, Berlin, schrieb 1920—28 regelmäßig Rezensionen für die Sparte 'Der Bücherkarren', die inzwischen gesammelt erschienen sind; vgl. Oskar Loerke: Der Bücherkarren. Besprechungen im Berliner Börsen-Courier 1920—1928. Unter Mitarbeit von Reinhard Tgahrt hrsgg. von Hermann Kasack, Heidelberg 1965.

[35]   Vgl. Ludwig Sochaczewer, a.a.O.

[36]   Auf eine vollständige Rekonstruktion der redaktionellen Besetzung des 'B.B.-C.' muß im Rahmen dieser Studie verzichtet werden. Die genannten Namen sollen lediglich als erste Orientierung verstanden werden.

Morgenblatts Isidor Landau, der seit 1877 — mit einer Unterbrechung 1881 — das Feuilleton des 'B.B.-C.' redigierte. 37) Nach dem Ausscheiden Salomons, 1910, wurde Dr. Albert Haas zunächst die Abendausgabe, und nach dem Ausscheiden Landaus, 1912, auch die Morgenausgabe und damit die Chefredaktion des ganzen Blattes übertragen. 38) Albert Haas leitete die Zeitung vier Jahre. Von 1916 bis 1931 hieß der Chefredakteur Dr. Emil Faktor, der 1912 die Feuilletonredaktion von Landau übernommen hatte. 39) Als letzter folgte ihm an der Spitze des 'B.B.-C.' Dr. Hans Baumgarten, seit 1923 Mitglied der Wirtschaftsredaktion. 40) In der Endphase zeichnete Baumgarten gemeinsam mit Dr. Karl Bartz (geb. 1900), vormals bei der 'Rheinisch-Westfälischen Zeitung', Essen, für die Chefredaktion.

Zu den Mitarbeitern der ersten Jahre zählten u.a. Hans Herrig (Theaterkritik), der genannte Humorist Julius Stettenheim (Humoresken, Tageschronik, Wochenbeilage), Hans von Bülow (Literaturfeuilletons), Hans Hopfen (Literaturkritik), Isidor Kastan (Politik- und Literaturfeuilletons), der Publizist und Theaterleiter Paul Lindau, der Schriftsteller Ernst von Wildenbruch, der Publizist Eugen Richter, bis zur Gründung seiner eigenen Zeitung. 41)

Kurz vor der Jahrhundertwende redigierten den Handelsteil — außer Davidsohn und Julius Salomon — Alfred Schütze (geb. 1852) und Paul Bormann. Im Kulturteil arbeiteten zur gleichen Zeit neben Landau vor allem Benno Jacobson (Theaterkritik,

---

37) Über Dr. Julius Salomon waren bislang keine Lebensdaten zu ermitteln. Er ist wahrscheinlich zwischen 1922 und 1928 in Berlin gestorben.
Isidor ("Isi") Landau, geb. in Zbaraz 20.9.1851, war Journalist in Hamburg und Dresden und seit 1877 Redakteur, seit 1897 Chefredakteur des 'B.B.-C.' Er lebte wahrscheinlich noch 1934 in Frankfurt a.M. Als Selbstzeugnis vgl. I. Landau: Journalistenleben, in: 'Deutsche Presse' (Berlin), 21. Jg./Nr. 39 (26.9.1931), S. 548—549.

38) Dr. Albert Haas (Pseudonym: Harry A. Fiedler), geb. in Herzberg 23.3.1873, gest. in Buenos Aires 1935, war 1905—07 Redakteur am 'Berliner Tageblatt', 1907—10 an der 'Neuen Hamburger Börsen-Halle' und 1910—16 Chefredakteur des 'B.B.-C.', 1916—19 leitete er den 'Transocean-Nachrichtendienst' und ging anschließend als Generalvertreter dieser Agentur nach Südamerika. In Buenos Aires leitete er kurze Zeit die 'Buenos Aires Handels-Zeitung' und wurde 1924 Attaché an der deutschen Gesandtschaft in Buenos Aires. Er veröffentlichte in einer Schriftenreihe der Volkswirtschaftlichen Gesellschaft in Berlin die Broschüre: Das moderne Zeitungswesen in Deutschland (Berlin 1914, 35 S.).

39) Dr. Emil Faktor, geb. in Prag 31.8.1876, gest. in Lodz 1942, war seit 1900 Redakteur am Prager 'Montagsblatt aus Böhmen', seit 1902 an der 'Bohemia' in Prag, bevor er nach Berlin kam. 1931 wurde er zum Ersten Vorsitzenden des Verbands Berliner Theaterkritiker gewählt.

40) Dr. Hans Baumgarten, geb. in Berlin 4.1.1900, gest. in Frankfurt a.M. 24.3.1968, volontierte 1922 bei dem Wirtschaftsnachrichtendienst 'Korrespondenz Gelb', wurde nach seiner Zeit beim 'B.B.-C.' 1934 zunächst stellvertretender Chefredakteur, 1935 Chefredakteur des "Deutschen Volkswirt". 1946. war er Mitgründer und Redakteur der "Wirtschafts-Zeitung", Stuttgart, 1948 Redakteur der "Allgemeinen Zeitung" in Mainz, 1949 Mitgründer und Mitherausgeber der "Frankfurter Allgemeinen Zeitung".

41) Vgl. Leopold Ullstein: Eugen Richter als Publizist und Herausgeber. Ein Beitrag zum Thema 'Parteipresse', Leipzig 1930.

Reiseberichte, die berliner Lokalglossen 'Fritz Ahle-Interviews'), Oskar Bie (1864—1938), der Leiter der 'Neuen (deutschen) Rundschau' (Kunstberichte), Oskar Eichberg (1845—1898): (Musikkritik). Nach dem Ausscheiden der Redakteure Emil Freystadt (1840—1892) und Max Adolf Klausner (1848—1910), waren Erich Salzmann (1840—1903) und — seit 1898 — Dr. Wilhelm Streit (geb. 1852) als politische Redakteure tätig. Den Lokalteil leitete Manuel Schnitzer (1861—1941), der aber kurze Zeit später von Richard Wilde (geb. 1872) abgelöst wurde; erst 1923 gab er sein Ressort an Felix Joachimson (geb. 1902) ab.

Vor dem Ersten Weltkrieg waren in der Handelsredaktion Max Marcuse, Dr. Max Neustädter (1851—1910), vormals beim 'Berliner Tageblatt', und — als dessen Nachfolger — Georg Horwitz (geb. 1874) tätig, der 1912 das Ressort übernahm. Sein Nachfolger wiederum wurde 1914 Bernhard Schuetz (geb. 1876). Verantwortlich für 'Kuxenmarkt' und den 'Kolonial-Courier' war zur selben Zeit Hans Hirschstein (geb. 1879), später beim 'Hamburger Fremdenblatt', ferner waren Willy Steneberg ('Versicherungs-Markt'), Siegfried Lewinsohn u.a. als Handelsredakteure beim 'B.B.-C.' Mitglieder der politischen Redaktion waren Martin Wenck (1862—1931) und von 1916—1918 Wilhelm Schwedler (1872—1936), der 1919 die Chefredaktion des 'Transocean-Nachrichtendienstes' übernahm.

In den 20er Jahren, bis zum Ende des 'B.B.-C.' ist ein verstärkter Wechsel der Ressortleiter zu beobachten. Zweifellos waren es jedoch in erster Linie die Redakteure Dr. Josef Adolf Bondy und Dr. Heinrich Friedemann (geb. 1872) in der Politik, Dr. Hans Baumgarten (Handelsteil, Wirtschaftspolitik), Dr. Emil Faktor und Herbert Ihering (Feuilleton, Theater, Musik, Film), Dr. Paul J. Bloch (geb. 1904) für Lokales, deren fachliche Qualifikation und journalistische Leistung das publizistische Format des 'B.B.-C.' jener Jahre bestimmten. [42] Die zeitweilig "populärste Berliner Tageszeitung" war zugleich auch, wegen ihres anerkannt hohen sachlichen und sprachlichen Niveaus, eine bevorzugte Schule für den journalistischen Nachwuchs. [43]

Auflagenzahlen aus der Zeit vor 1900 waren nicht zu ermitteln. Für 1914 wird die Auflage des 'B.B.-C.' mit 11.000 Exemplaren angegeben. Dieselbe Quelle nennt

---

42) Zu Herbert Ihering (geb. in Springe 29.2.1888) vgl. die biographische Studie von Edith Krull: Herbert Ihering, Berlin 1964; eine Sammlung seiner kritischen Arbeiten erschien als: Von Reinhardt bis Brecht, Bde. 1-3, Berlin 1958—61, eine Auswahl in einem Band, ebenda 1967. Autobiographisches enthält: Begegnungen mit Zeit und Menschen, Berlin 1963.

43) "Der 'Berliner Börsen-Courier' erwarb sich bald eine besondere Stellung innerhalb der Berliner Zeitungswelt und gewann einen Einfluß nicht nur auf wirtschaftlichem, sondern auch, und vor allem, auf kulturellem Gebiet. . . . Die Zeitung hatte einen ungewöhnlichen Chefredakteur, nämlich keinen Politik- oder Wirtschaftsfachmann, sondern den ausgezeichneten Feuilletonisten und angesehenen Theaterkritiker Dr. Emil Faktor, und dieses Kuriosum bewirkte unter anderem, daß der 'Börsen-Courier' in allen Sparten ungewöhnlich lebendig und in ungewöhnlich gutem, geschliffenen Stil geschrieben war" (Peter de Mendelssohn, a.a.O., S. 392).

für 1923 eine Auflage von 50-60.000 Exemplaren, für 1925—1927 wieder eine Zahl von 40.000; bei aller Unsicherheit der Auflagenennungen aus jener Zeit läßt sich vielleicht behaupten, daß beide berliner Wirtschaftsblätter, der 'Berliner Börsen-Courier' und die 'Berliner Börsen-Zeitung' in der Perspektive gesehen durchweg eine ähnliche Auflage gehabt haben. 44)

Das aufkommende NS-Regime entzog dem anspruchsvollen, vor allem in seinem Kulturteil linksliberal engagierten, Blatt sehr schnell den Boden. Eine merkwürdige, schon 1932 zu beobachtende, forcierte Orientierung nach rechts konnte das drohende Ende nicht aufhalten. Am 24. Dezember 1933 meldete die 'Berliner Börsen-Zeitung' 45), daß sie die Aktien der 'B.B.-C.'-A.G. erworben habe. Der 'Berliner Börsen-Courier' teilte in der Nr. 609 seines 66. Jahrgangs, der Morgenausgabe vom 31. Dezember 1933, seinen Lesern die bittere Nachricht mit: "Durch die Übernahme der Aktien der Berliner Börsen-Courier A.-G. durch die Berliner Börsen-Zeitung stellt mit dem heutigen Tage der Berliner Börsen-Courier sein Erscheinen als selbständige Zeitung ein und wird nur als Wirtschaftsteil der Berliner Börsen-Zeitung weitergeführt werden." Ein außergewöhnliches Zeitungsschicksal war besiegelt, der Kreis geschlossen. Der 'Berliner Börsen-Courier' wurde, was er ursprünglich war, ein Teil der 'Berliner Börsen-Zeitung'. Mit ihrem Nachruf setzten seine Redakteure einen Denkstein in der Geschichte der deutschen Presse: 46)

> "Mit dem heutigen Tage nimmt der 'Berliner Börsen-Courier' Abschied von seinen Lesern. Ein im Rückerinnern nicht wegdenkbarer Bestandteil fünfundsechzigjähriger Zeitungsgeschichte, samt allen politischen, wirtschaftlichen, kulturellen, beruflichen, sozialen und menschlichen Ausstrahlungen eines im Leben der Reichshauptstadt tief verwurzelten Unternehmens, findet ein wider alle Hoffnungen frühes Ende.
> Denen, die durch lange oder kürzere Zeit ihre Kräfte in den Dienst dieses Blattes gestellt haben, mag es nicht anstehen, über die Leistungssumme zweier entwicklungsreicher Menschenalter ein Werturteil abzugeben. Das aber können sie sagen, was gewollt, erstrebt — und durch die Wirkung bestätigt wurde. Aus Zehntausenden von Einzelausgaben entsteht ein geistiges Bild: vielgestaltig, wie es im Wandel der deutschen Schicksale sein mußte, und doch in den Grundzügen einheitlich. Weil es, in allem Wechsel der Zeiten, Ausdruck eines niemals erlöschenden Willens war, der sich mit einem einfachen Wort bezeichnen läßt: Niveau zu halten.

---

44) Sperlings Zeitschriften- und Zeitungs-Adreßbuch, Stuttgart — Leipzig nennt in verschiedenen Ausgaben diese Auflageziffern für 'B.B.-C.' bzw. 'B.B.-Z.':
48. Ausg. 1914: 'B.B.-C.' : 11.000
50. Ausg. 1923: 'B.B.-C.' : ca. 50—60.000; 'B.B.-Z.' : 36.000
51. Ausg. 1925: 'B.B.-C.' : 40.000
52. Ausg. 1926: 'B.B.-C.' : 40.000
53. Ausg. 1927: 'B.B.-C.' : 40.000; 'B.B.-Z.': 42.000
Die Angabe von Peter de Mendelssohn (a.a.O., S. 392 f.): "Der 'Börsen-Courier' hatte in seiner besten Zeit eine Auflage von nur 25.000, die 'Börsen-Zeitung' von rund 42.000 Exemplaren gehabt", wird damit zweifelhaft.

45) Die 'Berliner Börsen-Zeitung' erschien bis 1944. Ihre Handelsredaktion hatte in den zwanziger Jahren zeitweilig Walther Funk, der spätere Reichswirtschaftsminister, geleitet.

46) B.B.-C., in: 'Berliner Börsen-Courier', 66. Jg./Nr. 609 vom 31. Dezember 1933 (letzte Ausgabe des 'Berliner Börsen-Courier').

Der 'Berliner Börsen-Courier', als selbständiges Blatt, entstand in der Werdezeit und unter den Voraussetzungen des staatlich geeinigten Deutschland: 1868, zwischen der norddeutschen Vorform des Reiches und der Krönung des Werkes Bismarcks.

Diese Entstehungszeit gab dem Courier das Gesetz, nach dem er angetreten. Das Zeitalter der langersehnten, eine Fülle von Unternehmungsgeist, nationalem Selbstvertrauen und Schaffenskraft befreienden politischen Einigung war zugleich, sogar in besonders sinnfälliger Art, der Beginn eines wirtschaftlichen Aufstiegs, der sich, obwohl von Rückschlägen unterbrochen, bis an die Schwelle des Weltkriegs fortsetzte.

Der 'Berliner Börsen-Courier', sein Name sagt es, entstand als Wirtschaftsblatt. Ihm lag ob, in den immer feinern, immer vielfältiger zusammengesetzten und dabei rasch sich ausdehnenden Mechanismus einer jungen Industrie-, Wirtschafts- und Handelsmacht aufzeichnend, beurteilend, ratgebend einzudringen. Er hat diese Pflicht erfüllt. Er war ein Abbild der wachsenden Wirtschaft an ihrer Beobachtungsstelle, dort, wo sie sich in Zahlen auflöst und zugleich zu genau feststellbaren Ergebnissen verdichtet. Er maß den Strom des Geldes, der doch selbst nichts anderes ist als das zählbare, meßbare Gleichnis des millionenfälligen Lebensgeschehens, das wir Wirtschaft nennen. Er spiegelte, auf dem Gebiet seiner nächsten Aufgaben, das Auf und Ab, den Kräftereichtum und auch die Unzulänglichkeiten einer Entwicklung, die den wirtschaftenden deutschen Menschen durch die Zusammenbrüche der Gründerzeit, durch die alle sieben Jahre regelmäßig wiederkehrenden Krisen, durch berauschenden Aufschwung, durch Weltkrieg, Inflation, erborgtem Nachkriegsglanz und neue Notjahre geführt hat. Er verlor den Ueberblick nicht, als das Geld gespenstig wurde. Er zeigte sich dem Verständnis neuer Wirtschaftsformen, neuer Wirtschaftsgedanken offen, frei von reaktionärem Vorurteil auch auf diesem Gebiet. — Aber er begnügte sich nicht damit, die Dinge aus dem Gesichtspunkt der *Wirtschaft* zu sehen.

Zeitig wurde gerade hier erkannt, daß die Beschäftigung mit Bilanzen und Tabellen, sogar mit der Gesamtschöpfung stofflicher Werte, eines Gegengewichts bedarf. Wie die angestrengt arbeitende, ihren Erfolg oft zu hastig genießende, von Einseitigkeit bedrohte deutsche Wirtschaft als Ganzes dessen bedurfte. Der 'Börsen-Courier' wandte seine Aufmerksamkeit der Erscheinung zu, in der selbst während der vergleichsweise unfruchtbaren ersten Jahrzehnte des Kaiserreiches die deutsche Kultur am sichtbarsten und am reichhaltigsten ihre Lebenskraft erwies: der Bühne. Er pflegte die Theater-, Kunst- und Literaturbetrachtung; er tat es in einer Zeit, in deren betriebsamer Stoffbefangenheit diese Dinge zwar nicht die Tiefe, aber doch die Buntheit und Fülle des Lebens erschlossen. Es versteht sich von selbst, daß der Börsen-Courier, neben den wirtschaftlichen, kein Gebiet außer acht ließ, das für die Leser einer Tageszeitung etwas bedeutet, und daß mit ihrer Bedeutung im Dasein des Volkes auch diese Sparten wuchsen: Politik (nicht parteigebundene), örtliche Ereignisse, allgemeine Lebensschilderung, Sport, Reisen, Abbild der Welt. . . Aber im Vordergrund, neben dem *Handel*, standen Bühne, Kunst, Schrifttum. Und das bedeutete, zumindest in einer noch nicht so fernen Vergangenheit: Wahrung einer oft vom Absinken bedrohten geistgen Ebene.

Gewiß, auch das Kulturbestreben des 'Berliner Börsen-Courier' trug die Züge der Zeit. Aber indem er dem Gesetz der Generationen folgte, das den Betrachtern und Beurteilern des geistigen, künstlerischen Lebens streckenweise nur unzulänglichen Stoff darbot, blieben seine Mitarbeiter sich in allen Epochen des entscheidenden Wertes kultureller Höhe, der Verantwortung geistiger Menschen bewußt. Vor allem hat darum der 'Börsen-Courier' das kostbarste, im Getriebe des Tagesschrifttums am meisten gefährdete Gut gepflegt: die Sprache. Bis zum letzten Tag waren seine Mitarbeiter bestrebt, an den neuen Lebensinhalten, gerade an ihnen, nicht die deutsche Sprache verwildern zu lassen. Wieweit es ihnen gelang, mögen andere sagen. Wir hoffen, unseren Platz, im neuen Deutschland wie im alten, nicht ohne Nutzen für die deutsche Gesamtheit ausgefüllt zu haben. Unsere Arbeit ist getan."

Mit dem 'Berliner Börsen-Courier' war eine Zeitung erloschen, die in zwei Epochen deutscher Geschichte, Kaiserreich und Weimarer Republik, mit der Tradition des Liberalismus verbunden war. Den Anspruch auf seine Nachfolge konnte keine der nach 1945 unter den veränderten politischen, wirtschaftlichen und gesellschaftlichen Verhältnissen in Berlin erfolgten Zeitungsgründungen zu Recht vertreten. [47]

---

[47] Die 'Berliner Börsen-Zeitung', in die der 'Berliner Börsen-Courier' eingegangen war, wurde 1944 mit der 'Deutschen Allgemeinen Zeitung' (Berlin) fusioniert. Die Titeltradition der 'B.B.-Z.', im Impressum der 'DAZ' weitergeführt, endete im April 1945 mit der Einstellung der 'DAZ' (vgl. hierzu Heinz-Dietrich Fischer: Deutsche Allgemeine Zeitung (1861—1945) in diesem Band). Nach 1945 entstand in Berlin kein direktes Nachfolgeblatt des 'Berliner Börsen-Courier'. Allerdings machte sich die am 12. November 1945 mit französischer Lizenz Nr. 2904 gegründete Tageszeitung 'Der Kurier' Elemente des traditionsreichen Titels zunutze (vgl. Nordwestdeutscher Zeitungsverleger-Verein, Hrsg.: Handbuch Deutsche Presse, 1. Aufl., Bielefeld 1947, S. 269). Schon bald wurde der 'Kurier' 'Amtsblatt des Berliner Handelsregisters' (vgl. Handbuch Deutsche Presse, 2. Ausg., Bielefeld 1951, S. 633) und später Pflichtblatt der Berliner Börse (vgl. Willy Stamm, Hrsg.: Leitfaden für Presse und Werbung, 10. Ausg., Essen 1957, S. 42). Seine Auflage betrug 1954/55 rd. 37 000 Exemplare. Seit Beginn der 60er Jahre verringerte sie sich ständig. Am 31. März 1965 wurde das Blatt schließlich mit dem CDU-nahen westberliner 'Tag' zusammengelegt. Aber auch diese Sanierungsmaßnahme konnte den 'Kurier' — der Titel wurde mit dem fusionierten Organ weitergeführt — nicht retten. Ende 1966 stellte die Zeitung endgültig ihr Erscheinen ein (vgl. Heinz-Dietrich Fischer: Parteien und Presse in Deutschland seit 1945, Bremen 1971, S. 113).

Klaus Martin Stiegler:

GERMANIA (1871 — 1938)

Die 'Germania', hauptstädtisches "Zentralorgan der deutschen Katholiken" [1], überlebte zwei Reiche; doch das dritte wurde ihr — wie vielen anderen deutschen Zeitungen — zum Verhängnis. Mutig und streitbar war sie auf dem Feld der publizistischen Auseinandersetzungen erschienen; beinahe lautlos, zermürbt und ihrer wirtschaftlichen Basis beraubt, trat die 'Germania' wieder ab — sie war, fast auf den Tag genau, 68 Jahre alt geworden.

Die Gründung der 'Germania' fiel zeitlich mit der Konstituierung der "Fraction des Centrums (Verfassungspartei)" im preußischen Abgeordnetenhaus (Dezember 1870) und im Reichstag (Frühjahr 1871) zusammen. [2] Dennoch wurde sie nicht — wie vielfach angenommen — als Parteiorgan durch das Zentrum gegründet. Die 'Germania' entstand vielmehr aus dem lokalen Bedürfnis katholischer Vereine heraus, sich im überwiegend protestantischen Berlin gegen die Angriffe der Hauptstadtpresse angemessen zur Wehr setzen zu können.

Immerhin befand man sich am Anfang des "Kulturkampfes" unter Bismarck, der sich zwar schon im Lauf des Jahres 1870 entfacht hatte, [3] der aber dann im Juli 1871 mit der Auflösung der Abteilung für katholische Angelegenheiten im preußischen Kultusministerium voll einsetzte. Ohne direkten Zusammenhang mit der preußischen Zentrumsfraktion hatte sich Mitte 1870 ein Komitee der Berliner Katholiken gebildet. An seiner Spitze standen der Abgeordnete und Legationsrat a.D. Friedrich von Kehler (übrigens ein Konvertit), der Kaufmann Edmund Eirund und der Abgeordnete und Geistliche Rat Eduard Müller. Zusammen mit dem Schlossermeister Strobel gründeten diese Männer in Berlin eine Sozietät, von der am 17. Dezember 1870 die erste Probenummer jener Zeitung herausgebracht wurde, die ab 1. Januar 1871 als 'Germania' jeden Morgen in der Reichshauptstadt erschien. Druck und Vertrieb besorgte der Buchdrucker G. Jansen, der auch das 'Märkische

---

1) Laut einer Eigenanzeige in der 'Germania' (Berlin) vom 13. Januar 1934, als die Deutsche Zentrumspartei als politische Gruppierung kaum noch eine Rolle spielte und Franz von Papen versuchte, eine 'Arbeitsgemeinschaft Katholischer Deutscher — AKD' ins Leben zu rufen. — Im Untertitel nannte sich die 'Germania' allerdings stets 'Zeitung für das deutsche Volk', zeitweise — in den 80er Jahren des 19. Jahrhunderts — auch 'Zeitung für das deutsche Volk und Handelszeitung'. Als 'Parteiorgan des Zentrums' bezeichnete sich die Zeitung nur in ihren Meinungsbeiträgen.

2) Vgl. Karl Bachem: Vorgeschichte, Geschichte und Politik der Deutschen Zentrumspartei. Zugleich ein Beitrag zur Geschichte der katholischen Bewegung sowie zur allgemeinen Geschichte des neueren und neuesten Deutschlands, 1815–1914, 9 Bde., Köln 1927–1932, sowie Ludwig Bergsträsser: Studien zur Vorgeschichte der Zentrumspartei, Tübingen 1910.

3) Vgl. Thomas Nipperdey: Die Organisation der deutschen Parteien vor 1918. Düsseldorf 1961, S. 265 ff.

Kirchenblatt' (die spätere 'Märkische Volkszeitung') herstellte. Sein Betrieb wurde 1873 von der ein Jahr zuvor gegründeten 'Germania Aktiengesellschaft für Druck und Verlag', in der Kehler Vorsitzender des Aufsichtsrats und Eirund Vorstandsvorsitzender waren, aufgekauft. 4)

Erster Redakteur war Friedrich Pilgram, 5) ein Jugendfreund Kehlers und 1846 zum katholischen Glauben übergetreten. Der Name 'Germania' stammte von Pilgram, der als begeisterter Patriot den deutschen Kaiser als den Schutzherrn der Kirche und das deutsche Volk zum Erneuerer des Christentums berufen sah. Doch als romantischer Schwärmer und zudem durch eine Augenkrankheit stark behindert, war Pilgram zum Leiter eines Kampfblattes wenig geeignet. Sein Ausruf "In einem der glücklichsten Momente der deutschen Geschichte seit vielen Jahrhunderten beginnt unsere Zeitung", war der erste gedruckte Satz in der 'Germania' 6) und zugleich ein schlagender Beweis dafür, wie sehr Friedrich Pilgram die Aufgabe seiner Zeitung zu jener Zeit verkannte.

Schon am 21. März 1871 übernahm daher der Kaplan Paul Majunke die Redaktion der 'Germania'. Majunke stammte aus Schlesien und war Redakteur bei der 'Kölnischen Volkszeitung', bevor er nach Berlin kam. Als "streitbarer Preßkaplan" 7) verhalf er der 'Germania' zu erster Beachtung unter den Blättern der Hauptstadt des deutschen Kaiserreiches. Er war ein militanter Repräsentant des Kirchenkampfes, und seine Tonart paßte so recht in den damaligen Stil der polemischen Auseinandersetzungen in der Öffentlichkeit 8). Am 1. Juli 1871 wurde Christoph Cremer (vorher beim 'Westfälischen Merkur' in Münster) als zweiter Redakteur eingestellt. Kurz darauf kam Fritz Nienkemper, der erste Parlamentsberichterstatter des Zentrums, in die Redaktion der 'Germania'. Nachfolger Majunkes wurde im Jahre 1878 Adolf Franz, der bis 1873 die 'Schlesische Volkszeitung' und 1875 bis 1878 das 'Schlesische Kirchenblatt' in Breslau redigiert

---

4) Vgl. Hermann Orth: 50 Jahre 'Germania', in: Jubiläumsausgabe der 'Germania' (Berlin) vom 17. Dezember 1920.

5) Über ihn vgl. u.a. Michael Schmolke: Die schlechte Presse. Katholiken und Publizistik zwischen 'Katholik' und 'Publik', 1821–1968, Münster i.W. 1971, S. 182.

6) Vgl. "Weltlage", in: 'Germania' (Berlin), 1. Jg./Nr. 1 (Probenummer) vom 17. Dezember 1870, S. 1. — Klemens Löffler (Geschichte der katholischen Presse Deutschlands, Mönchen-Gladbach 1924, S. 53) überliefert das Zitat in leicht von der Originalquelle abweichender Form.

7) Hermann Orth, a.a.O., S. 10 ff.

8) Paul Majunke wurde 1874 Abgeordneter des Reichstags und gehörte von 1878 bis 1884 auch dem preußischen Abgeordnetenhaus an; 1878 schied er, zermürbt durch die publizistischen Auseinandersetzungen, aus der Redaktion der 'Germania' aus und gab die 'Korrespondenz für Zentrumsblätter' heraus; 1884 ging er als Pfarrer nach Hofkirch in seine schlesische Heimat zurück, wo er eine "Geschichte des Kulturkampfes" schrieb, die 1886 herauskam.

hatte. 9) Franz blieb nur drei Jahre. Danach übernahmen Fritz Nienkemper und Theodor Stahl die Redaktion 10).

Ab 1. Oktober 1881 erschien die 'Germania' täglich zweimal. Diese Erweiterung der Periodizität war eine Folge des Ausbaus der 'Germania' zum Zentralorgan. Sie war zu einer in Berlin und einigen Teilen des Reiches akzeptierten Tageszeitung geworden, die die Aktivitäten der preußischen und der Reichstagsfraktion des Zentrums publizistisch wirksam unterstützte. Der Verlag der 'Germania' entwickelte sich in dieser Zeit zu einem Pressezentrum für den politischen Katholizismus im Herzen Deutschlands. So gab er besonders für die Diaspora-Gebiete weitere Zeitungen heraus: den 'Deutschen Volksfreund', die 'Nordische Volkszeitung', das 'Sächsische Tageblatt' und die 'Märkische Volkszeitung', die ab 1901 als Berliner Lokalblatt erschien. Als politische Wochenschrift kam aus dem Germania-Verlag 1877 das 'Schwarze Blatt', das sofort satirisch in den Kulturkampf eingriff und bald so populär wurde, daß es bereits ein Jahr später in einer Auflage von 20 000 Exemplaren gedruckt werden mußte; die 'Germania' dürfte zu diesem Zeitpunkt — genaue Angaben fehlen — höchstens 8 000 Exemplare je Ausgabe gehabt haben; zudem war die 'Germania' Ende 1871 bis Ende 1879, weil "staatsgefährdend" und "suvsersiv", im okkupierten Elsaß-Lothringen verboten. Mannigfache Repressalien gegen das Blatt, vor allem zahlreiche Zensurlücken, prägten das Bild der Zeitung während des Kulturkampfes. 11)

Im Jahre 1891 übernahm Eduard Marcour die Leitung der 'Germania'-Redaktion; er war von 1880 bis 1888 Auslandsredakteur der 'Kölnischen Volkszeitung' gewesen. Ihm folgte 1894 Hermann ten Brink, der 22 Jahre hindurch Chefredakteur der Zeitung blieb. Um die Jahrhundertwende war dann die große Zeit der 'Germania' einstweilen vorbei. 12) Ihre Auflage war auf etwa 4 000 Exemplare je Ausgabe zurückgegangen; und ihre Bedeutung lag nun mehr in der Funktion als Sprachrohr der Zentrumsfraktion im Reichstag und weniger in der Resonanz beim Publikum. Mit einer Auflage von 18 000 Exemplaren und dreimaligem Erscheinen am Tag sowie mit einer besonderen Wochenausgabe war die 'Kölnische Volkszeitung' der 'Germania' an publizistischer Wirksamkeit weit überlegen. Der Zusammenhalt der Zentrumsanhänger war nach dem Ende des Kulturkampfes lockerer geworden. 13) Die Führungsfunktion in der katholischen Publizistik verlagerte sich mehr

---

9) Adolf Franz war außerdem seit 1875 Mitglied des preußischen Abgeordnetenhauses und von 1876 bis 1892 auch Abgeordneter im Reichstag; 1881 wurde er Domkapitular in Breslau.

10) Hermann Orth; a.a.O., S. 11. — Vgl. auch Hermann Orth: Der Kulturkampf. Die Feuerprobe der 'Germania', in: Das Werden der katholischen Presse, Sondernummer der 'Germania' (Berlin) vom 16. Juni 1928.

11) Vgl. allgemein Hans-Joachim Reiber: Die katholische deutsche Tagespresse unter dem Einfluß des Kulturkampfes, phil. Diss. Leipzig 1930, Görlitz 1930.

12) Kurt Koszyk: Deutsche Presse im 19. Jahrhundert, Berlin 1966, S. 181.

13) Vgl. Wilhelm Kisky: Der Augustinus-Verein zur Pflege der katholischen Presse von 1878 bis 1928, Düsseldorf 1928.

und mehr wieder in die Provinz, und außer 'Germania' und 'Kölnischer Volkszeitung' war kein Zentrumsblatt eigentlich "modern gemacht" [14]. Und dort wurden dann auch in der Hauptsache die 1909 ausbrechenden "Richtungskämpfe" ausgetragen, in denen es im Kern um die Frage ging, ob sich die parlamentarische Aktivität des Zentrums grundsätzlich im Einklang mit der katholischen Kirche zu halten habe oder ob sich die Basis des Zentrums zu einer allgemein-christlichen Partei ausweiten solle. [15]

Erst die November-Ereignisse des Jahres 1918 verhalfen der 'Germania' zu neuer überregionaler Publizität. Denn nun war diese Zeitung plötzlich zum Organ einer regierungsbildenden Partei geworden. Unter ihrem Chefredakteur August Hommerich, der 1916 als Nachfolger ten Brinks von der 'Kölnischen Volkszeitung' nach Berlin gekommen war, erlebte die 'Germania' den Umbruch vom Kaiserreich zur Republik als Teil jener Presse, die auf eine gute Tradition fester Gesinnungsbildung zurückblicken konnte, aber nicht den wirtschaftlich erfolgreicheren Weg der seit den 80er Jahren aufgekommenen Massenpresse gegangen war. [16]

Die durch die "Burgfriedenspolitik" der deutschen Parteien und durch die militärische Pressezensur in einer Richtung wirkende Geschlossenheit der Presse des späten Kaiserreichs [17] fiel nach dem Krieg in eine Vielzahl von Richtungen und Gesinnungen auseinander. Fand jetzt eine umfangreiche politische Neuorientierung mit sich anbahnender Entpolitisierung zugunsten des wirtschaftlichen Erfolgs bei den meisten anderen gesinnungsbildenden Zeitungen statt, so blieb die 'Germania' ihrem alten publizistischen Bekenntnis treu. Dieses Bekenntnis war bereits am 2. Dezember 1871 abgelegt worden [18], als sich die Redaktion gegen den Vorwurf zur Wehr setzte, nur ein Ableger der Partei zu sein:

> "Unser Blatt ist ein durchaus selbständiges, und für den Inhalt desselben ist nur das Gewissen des unterzeichneten Redakteurs verantwortlich. Dieses Gewissen gebietet ihm aber, gewissen Herrn so lange ein Dorn im Auge zu sein, bis diese klar zu sehen anfangen, d.h. sehen, welches Unheil sie selber im Lande anrichten."

Erklärungen der Redaktion in eigener Sache sind im redaktionellen Teil sonst äußerst selten gemacht worden. Es muß daher auf eine nicht minder aufschlußreiche Eigenanzeige in der Jubiläumsnummer zum 50jährigen Bestehen der 'Germania' zurückgegriffen werden:

---

14) Pilatus (= Viktor Naumann): Die katholische Presse. Eine kritische Studie, 2. Aufl., Wiesbaden 1907, S. 16.
15) Vgl. Kurt Koszyk, a.a.O., S. 183.
16) Vgl. Emil Dovifat: Journalistische Kämpfe um die Freiheit der Presse in der Weimarer Republik, in: 'Publizistik' (Bremen), 8. Jg./Heft 4 (Juli–August 1963), S. 216 ff.
17) Vgl. Ernst Heinen: Zentrumspresse und Kriegszieldiskussion. Unter besonderer Berücksichtigung der 'Kölnischen Volkszeitung' und der 'Germania', phil. Diss. Köln 1963.
18) Vgl. Hermann Orth: 50 Jahre ..., a.a.O., S. 11.

"Die Zeitung 'Germania' sieht ihre vornehmste Aufgabe darin: der Einkehr von Ruhe, Ordnung und Wohlfahrt im unterwühlten deutschen Vaterlande die Wege zu ebnen, die Gesundung der deutschen Volkswirtschaft zu fördern, die Gegensätze im Existenzkampf der einzelnen Standesgruppen zu überbrücken. Wer einer, von nüchternen Erwägungen getragenen, auf christlicher Grundlage beruhenden Politik huldigt, findet in der 'Germania' sein Blatt."

Die Formel "Ruhe-Ordnung-Wohlfahrt" und "von nüchternen Erwägungen getragene, auf christlicher Grundlage beruhende Politik" kennzeichnen die Art des publizistischen Kampfes dieser Zeitung: kein revolutionärer Ausbruch sondern stetiges Ringen um ein geschlossenes Weltbild [19] oder — um es konkreter zu sagen — alles und jeden auf seine Brauchbarkeit prüfen, ehe man sich von ihm distanziert, und Einsicht in eine gesetzlich geregelte Notwendigkeit. Noch während des militärischen Zusammenbruchs 1918 gab es im Zentrum die ersten ernsten Meinungsverschiedenheiten über die Art der notwendigen Kontakte des Deutschen Reiches zur Entente. Der Zentrumsabgeordnete Matthias Erzberger [20] trat für einen Frieden um jeden Preis mit den Kriegsgegnern ein, um der neuen deutschen Regierung die Hand zur Wiederherstellung der Ordnung im Reich freizumachen. Der 'Germania', die Erzberger dabei publizistisch unterstützte, [21] brachte das von Seiten des rechtsstehenden Flügels der Zentrumspartei und besonders von Seiten der Alldeutschen den Ruf ein, "links" zu stehen. [22] Tatsächlich aber glich die 'Germania' ihr Programm vielmehr den Zeitverhältnissen an, ohne dabei jemals von einer Änderung der bestehenden Gesellschaftsordnung zu sprechen. Ja sie unterstützte schließlich die Taktik der Zentrumspartei, mit den Rechtsparteien in die Wahlen zur Nationalversammlung in Weimar zu gehen. [23]

Von der Besetzung des Berliner Zeitungsviertels durch die Spartakisten blieb die 'Germania' in der Zeit vom 5. bis 12. Januar 1919 verschont, da sich Redaktion und Technik in der Stralauer Straße, also in beträchtlicher Entfernung zum Ort des Geschehens, befanden. [24] Für die Revolten im Berliner Stadtgebiet machte die 'Germania' nicht zuletzt auch den sozialdemokratischen 'Vorwärts' verantwortlich. Die zum Teil an Kulturkampfzeiten erinnernden Polemiken wurden allerdings hauptsächlich im Lokalteil ausgetragen. Sie gipfelten im Vorwurf der 'Germania', der 'Vorwärts' habe eine einseitige Berichterstattung betrieben und damit publizistische Verantwortungslosigkeit bewiesen. Als schließlich Zentrum und Sozialdemo-

---

19) Vgl. Karl Buchheim: Ultramontanismus und Demokratie, München 1963.
20) Matthias Erzberger (1875–1921), Mitglied des Reichstages, 1918 Staatssekretär, stand am linken (republikanischen) Flügel der Zentrumspartei. Vgl. dazu Karl Bachem: Vorgeschichte . . ., a.a.O., Bd. II, Köln 1927, S. 133 ff.
21) Vgl. Klaus Epstein: Matthias Erzberger und das Dilemma der deutschen Demokratie, Berlin 1962.
22) Klemens Löffler, a.a.O., S. 85.
23) Ludwig Bergsträsser: Geschichte der politischen Parteien, Berlin 1921, S. 122.
24) Vgl. Karin Herrmann: Der Zusammenbruch 1918 in der deutschen Tagespresse, phil. Diss. Münster 1958 (Masch.Schr.).

kraten im Februar 1919 zur Regierungskoalition ("Weimarer Koalition") zusammenfanden, versuchte die 'Germania', publizistisch das beste daraus zu machen. Am 12. Februar 1919 schrieb sie:

> Man wolle unter die Streitigkeiten zwischen Zentrum und Sozialdemokraten insofern einen Strich ziehen, ". . . als Herr Ebert schließlich angesichts der erfolgten Wahl ein Recht darauf hat, für die Zukunft nach der Art und Weise behandelt zu werden, in der er sein soeben entwickeltes Programm hält. Er hat, wie von ihm erwartet werden mußte, mit voller Klarheit versprochen, als der Mann des deutschen Volkes und nicht als der Vormann einer Partei sich bewähren zu wollen."

In den folgenden Jahren erhob die 'Germania' immer mehr ihre Stimme als die eines staatstragenden und verfassungsüberwachenden Organs. [25] Es mag dahingestellt bleiben, ob sie zu diesem Zeitpunkt bereits erkannte, welche Gefahren der Republik vor allem von Seiten der Rechtsparteien bzw. ihrer militanten Organisationen erwuchsen. Immerhin bekämpfte sie Extremismus, wo auch immer sie ihn zu erblicken glaubte. Den Münchner Putsch Adolf Hitlers und seiner Gefolgsleute kommentierte die 'Germania' am 9. November 1923 unter der Überschrift "Der Rummel im Bürgerbräu":

> "Es kann für uns nichts anderes geben, als strikte Ablehnung aller gewaltsamen Umsturzversuche und energische Gegenwirkung gegen die verhetzende Propaganda, die die Not des Volkes ausbeutet und die Stimmung schafft für den Kampf aller gegen alles."

Der Artikel schloß mit einem Hirtenbriefzitat, in dem Hitler und Ludendorff als "Gemeinschädlinge" verdammt wurden.

Der große im November 1923 sich über ganz Deutschland erstreckende Streik zwang auch die 'Germania', ihr Erscheinen vom 10. bis zum 15. November 1923 einzustellen. Ihrem Mißmut darüber gab sie dann am 16. November prompt Ausdruck:

> "Da die Streikenden teilweise staatliche Anordnungen und Schutzmaßnahmen nicht beachteten, wurde der Ausstand mit staatlichen Mitteln bekämpft. Das sind Notwendigkeiten, die man bedauern kann, die aber doch vorauszusehen waren, und die Veranlassung geben sollten, die Lösung der Lohnfragen auf friedlichen Verhandlungswegen zu suchen."

Die Zeit März/April 1925 stand auch bei der 'Germania' ganz im Zeichen der durch den plötzlichen Tod Eberts notwendig gewordenen Reichspräsidentenwahl. Daß sie dabei den Präsidentschaftskandidaten der Zentrumspartei, Wilhelm Marx [26], mit allen Mitteln publizistisch unterstützte, war selbstverständlich. Und daß sie auf die unerwartete Nominierung Hindenburgs seitens der Deutschnationalen äußerst scharf reagierte, nimmt nicht wunder. Immerhin brachte sie in einem ihrer Artikel eine hervorragende, wenn auch taktvolle Umschreibung für Hindenburgs Unvermögen, im Falle einer Präsidentschaft die komplizierte innenpolitische Situation im Deutschen Reich der 20er Jahre überschauen zu können. Am 9. April 1925 hieß es in der 'Germania':

---

[25] Vgl. u.a. Rudolf Morsey: Die Deutsche Zentrumspartei 1917–1923, Düsseldorf 1966.

[26] Wilhelm Marx (1863–1946), Zentrumspolitiker, Mitglied des Reichstages, 1923 bis 1925 und 1926 bis 1928 Reichskanzler.

> "All das, was eintreten wird, wenn Hindenburg Präsident werden sollte, muß sich das deutsche Volk reiflich überlegen. Und da wir daran nicht zweifeln, wird Hindenburg am 26. April nicht gewählt werden. Es ist jammerschade, daß dem verdienten General und sympathischen Menschen diese Niederlage nicht erspart bleibt. Die Schuld daran trifft lediglich die, die selbst das Ruhebedürfnis eines achtzigjährigen Greises nicht achten, um im Trüben fischen zu können."

Der dann doch erfolgten Wahl Hindenburgs konnte am Tag danach nur noch ein bitterer kurzer Kommentar über den "Sieg der Unvernunft" gewidmet werden. Nachdem sie mit wachsendem Mißtrauen das Wiedererstarken der rechtsstehenden und rechtsradikalen Parteien und Gruppierungen beobachtet hatte, wobei sie ihren Befürchtungen über die Mißachtung der Verfassung durch die Regierung unmißverständlich Ausdruck verlieh, blieb der 'Germania' am 31. Januar 1933 nichts anderes und Wirksameres, als gegen Hitlers Machtübernahme in aller Form zu protestieren:

> "Die Zentrumspartei nimmt gegenüber dieser ohne ihr Wissen und ohne ihr Zutun vollzogenenen Kabinettsbildung eine eiskalte Haltung ein. Sie trägt, da man sie über die Voraussetzungen dieser Regierungsbildung, über die Ziele, Methoden und das Programm in keiner Weise orientiert und ihr auch keinerlei Gelegenheit zu einer Meinungsäußerung gegeben hat, für die jetzt beginnende Entwicklung nicht die geringste Verantwortung... Aber wir halten es für unsere Pflicht, den Reichspräsidenten daran zu erinnern, daß er nun mehr als jemals zuvor zum Sachwalter des ganzen Volkes geworden ist."

Hier wurde die Resignation der Zentrumsführer über ihre durch die allmähliche Abwanderung der Wähler zu den Rechtsparteien bedingte politische Schwäche deutlich. 27) Grotesk erscheint in diesem Zusammenhang, daß gerade ein Zentrumspolitiker, Franz von Papen nämlich, diesem neuen Kabinett Hitler den Weg geebnet hatte.

Am 5. März 1933 fanden die letzten parlamentarischen Wahlen im Deutschen Reich statt. Die neue nationalsozialistische Regierung, die sich durch ihre ersten Regierungspraktiken als antidemokratisch und diktatorisch zu erkennen gegeben hatte, sah ihre Existenz besonders vom politisch durchaus noch relevanten bürgerlich-demokratischen Lager her gefährdet. 28) Ihre eigene Presse war zu schwach entwickelt, um einen publizistischen Kampf mit den großen bürgerlichen Zeitungen wagen zu können. Die Maßnahmen der Regierung, mit denen die in Opposition zu ihr stehenden Parteien für den bevorstehenden Wahlkampf ihrer publizistischen Mittel beraubt werden sollten, machten auch vor der Zentrumspresse nicht halt. Unter dem Vorwand, führende Regierungsmitglieder verunglimpft zu haben, wurden die auflagenstärksten katholischen Tageszeitungen und Zentrumsblätter in der zweiten Februarhälfte des Jahres 1933 vorübergehend verboten. Am 19. Februar 1933 erschien die 'Germania' mit nur einem Blatt, auf dem den Lesern lapidar mitgeteilt wurde:

---

27) Vgl. zum Problem vor allem Max Bestler: Das Absinken der parteipolitischen Führungsfähigkeit deutscher Tageszeitungen in den Jahren 1919 bis 1932. Ein Vergleich der Auflageziffern mit den Wahlziffern der Parteien, phil. Diss. Berlin 1941 (Masch. Schr.).

28) Vgl. Erich Matthias/Rudolf Morsey (Hrsg.): Das Ende der Parteien 1933. Darstellungen und Dokumente, Düsseldorf 1960.

"Drei Tage verboten! Der Berliner Polizeipräsident hat auf Grund des § 9, Absatz 1, Ziffer 5 der 'Verordnung des Reichspräsidenten zum Schutze des deutschen Volkes' die 'Germania' mit sofortiger Wirkung bis zum 21. Februar 1933, d.h. bis zum Dienstag einschließlich verboten."

Sofortige massive Proteste katholischer Verbände und vor allem der Kirchen zwangen die Regierung, das Verbot nach einem Tag wieder aufzuheben. Am 20. Februar hieß es in der 'Germania':

"Aus der an anderer Stelle veröffentlichten Mitteilung über die Aufhebung des Verbots geht für die Öffentlichkeit hervor, daß sie mit dem am Donnerstag verbreiteten Aufruf der großen katholischen Organisationen begründet wurde. Zu dieser Angelegenheit wäre manches zu sagen. Aber unter den obwaltenden Verhältnissen empfiehlt es sich, manches nicht zu sagen, und wir möchten deshalb darauf verzichten, uns mit der politischen und materiellen Seite des Verbotes nachträglich noch zu befassen."

Das waren die ersten Schritte zur "inneren Emigration", in die sich die Redaktion der 'Germania' bis zur Gleichschaltung ihres politischen Teils zurückzog. Doch der publizistische Kampf [29] war damit noch nicht aufgegeben, obwohl die Partei, als deren "Helferin" die 'Germania' sich einst bezeichnet hatte, vom politischen Leben ausgeschlossen war. Noch am 25. Februar 1933 wurde auf der zweiten Seite, geschickt versteckt, eine scharfe Spitze gegen die NS-Propaganda veröffentlicht. Unter der arglosen Überschrift "Hitler über Propaganda" hieß es dort unter Hinweis auf Hitlers Buch 'Mein Kampf':

"Wir kennen die Waffen, mit welchen sie (die NS-Propaganda, d. Verf.) kämpft, wenn sie von Geschichte oder Weltanschauung redet. Ihre Absage an den sogenannten 'Objektivitätsfimmel' dokumentiert zur Genüge, wie ihre Behauptungen, ihre 'Beweise' und vor allem ihre 'kritischen' Waffengänge einzuschätzen sind."

Da die 'Germania' eine Parteizeitung war, bewahrte die Redaktion für den Leser das Bild eines Gemeinschaftswerkes. [30] In den Meinungsäußerungen der Redaktion (Leitartikel, Glosse, Entrefilet oder Spitze) war, wenn die Sprache auf das Subjekt, den Urheber der Aussage kam, stets von "wir" und "uns" die Rede, oder man ließ den Leser mittels unpersönlicher Konstruktionen mit "man weiß" oder "es dürfte jedem nun klar sein", d.h. über einen Appell an seine Vernunft, scheinbar an der Aussage teilhaben. Die Artikel wurden nie mit vollem Namen gezeichnet, selten mit Initialen und meist mit im Druckereiwesen üblichen Symbolen (Pfeil, Doppelkreuz, Kreis, Stern etc.). Nur Fremdbeiträge erhielten unter ihrer Überschrift den Namen ihrer Autoren, oft unter Hinzufügung von Beruf und Stellung im öffentlichen Leben. Diese "Namenlosigkeit" der Aussagen ließ einen persönlichen Kontakt zwischen Kommunikator und Rezipient vermutlich nie zustandekommen. Der Stil dieser Aussagen läßt erkennen, daß zum großen Teil gerade die Meinungsartikel

---

29) Vgl. zur Situation allgemein Kurt Koszyk: Das Ende des Rechtsstaates 1933/34 und die deutsche Presse, in: Emil Dovifat/ Karl Bringmann (Hrsg.): Journalismus, Bd. 1, Düsseldorf 1960, S. 49 ff.

30) Vgl. über die voraufgegangene Informationspolitik des Blattes die Arbeit von Inge Jander: Die nachrichtenpolitische Haltung der 'Germania' von 1917 bis zum Zusammenbruch des Zweiten Reiches, phil. Diss. Königsberg 1942 (Masch.Schr.).

Produkte mehrerer waren, mit dem Zeichen dessen versehen, der ihnen die Endfassung gab.

Bis zum Juli 1925 erschien in der 'Germania' kein vollständiges, ja nicht einmal ein regelmäßiges Impressum. Bis dahin waren lediglich die Namen der für die einzelnen Seiten verantwortlichen Redakteure in die Textspalten eingeblockt. Aus den verschiedenen Symbolen konnte der findige Leser seit etwa 1924 schließen, daß die 'Germania' eigene Korrespondenten in Rom, Paris und London hatte. Aus einem am 1. Juli 1925 veröffentlichten Impressum ließ sich dann zum erstenmal entnehmen, wie die Ressorts damals verteilt waren: Chefredakteur: Hermann Orth (seit 1922 Nachfolger Hommerichs), verantwortliche Redakteure: Heinrich Teipel (Innenpolitik), Otto Fecher (Außenpolitik), Fritz Kühr (Wirtschaft und Handel), Hans Heinrich Bormann (Theater, Kunst und Wissenschaft), Maria Regina Jünemann (Frauenfragen, Unterhaltung, Roman und Film), Gottfried Brunner (Kultur und Kirche), Lorenz Zach (Kommunalpolitik). 31)

Seit ihrem ersten Erscheinen war die 'Germania' eine Tageszeitung, die sich — bedingt durch ihren Einsatz für die Interessen des Zentrums — zunächst nur mit politischen oder politisch-verwandten Themen befaßte. Die Hauptaufgabe, Parteipolitik zu treiben, machte das Blatt vorwiegend zu einem innengerichteten Organ: Zentrumsangelegenheiten hatten immer den ersten Platz. Die eigentliche "Meinungs"-Ausgabe war die Morgenausgabe — sie brachte fast nur Politik und war im redaktionellen Teil um nahezu die Hälfte schwächer als die Abendausgabe. Die "Informations"-Ausgabe kam am Abend heraus. In ihr dominierten die während des Tages eingelaufenen Nachrichten, Berichte und Kurzkommentare. Die 'Germania', einst Kampfblatt, bediente sich in den Jahren der "Weimarer" Republik eines nüchternen, fast abgeklärten Stils voller Überzeugung und Ernsthaftigkeit. 32) Maßnahmen der Regierung stets unterstützend — die Zentrumspartei war an allen Regierungen zwischen 1919 und 1933 beteiligt —, erzeugten die Aussagen dieser Zeitung einen etwas väterlichen Ton und entbehrten zumeist jeglicher Originalität.

Der Handels- und Wirtschaftsteil war bereits seit Gründung der 'Germania' unter dem Titelkopf als 'Industrie- und Handelszeitung' angekündigt. Man hatte diesem Ressort schon in den 80er Jahren des 19. Jahrhunderts so viel Bedeutung beigemessen, daß man den Untertitel der 'Germania' zeitweise dem der 'Kölnischen Volkszeitung' anglich: 'Zeitung für das deutsche Volk und Handelszeitung'; diesem Anspruch aber dürfte das Blatt wohl nie ganz gerecht geworden sein. Kultur, Feuilleton und Unterhaltung waren vor und während des Weltkrieges von der 'Germania'

---

31) Ermittlungen d. Verf. aufgrund der stichprobenartigen Durchsicht der 'Germania'-Bestände im Institut für Zeitungsforschung der Stadt Dortmund. — Die Zeitung ist neuerdings nahezu komplett verfilmt; vgl. dazu Mikrofilmarchiv der deutschsprachigen Presse e.V. (Hrsg.): Bestandsverzeichnis 1970, Bonn-Bad Godesberg o.J. (1970), S. 16.

32) Vgl. Helga Mohaupt: Der Kampf um die Weimarer Republik 1932/1933 in der Berliner demokratischen Presse "Für und wider das System", 'Berliner Tageblatt', 'Vossische Zeitung', 'Germania' und 'Vorwärts', phil. Diss. Wien 1962.

recht stiefmütterlich behandelt worden. Anfangs wurden diese Gebiete in gesonderten Beilagen gebracht, die erst monatlich und später wöchentlich eingelegt wurden. Nach 1918 wurden sie allmählich als feste Bestandteile in die Zeitung integriert.

Der Sportteil war bei der 'Germania' sehr klein. Als eigenes Ressort scheint er sich erst nach dem Weltkrieg langsam in der Redaktion durchgesetzt zu haben. Zunächst brachte die 'Germania' nur wöchentlich eine Meldung mit Vorschauen und Ergebnissen von Pferderennen. Später kamen über den Lokalteil Rad- und Schwimmsport und auch Leichtathletik hinzu, weil Berlin immer mehr zum Mittelpunkt überlokaler und nationaler Sportwettkämpfe wurde. Die 'Germania' gab nur für Berlin einen Lokalteil heraus, da sie hier über den dichtesten Leserstamm verfügte und um den direkten Kontakt zu wenigstens einem Teil der Leserschaft aufrechterhalten zu können. Der 'Groß-Berliner Anzeiger', oft bis zu zwei Seiten stark, erschien in der Abendausgabe. An eine Konkurrenz mit den anderen Berliner Lokalzeitungen war wohl auf diesem Sektor nicht gedacht; der Lokalteil dürfte vielmehr in wirtschaftlicher Hinsicht eine Rolle gespielt haben, denn schließlich war er der Schlüssel zum recht ergiebigen lokalen Anzeigengeschäft. 33)

Die 'Germania' war, was die äußere Form betrifft, in ihrem Erscheinungsbild konservativ und starr. Sie gab sich auch nach außen hin "deutsch". Die Grundschrift war die Fraktur, eine Schriftart, die für den Text von der Zeitung auch nach 1933 weiter beibehalten wurde. Am 28. Juni 1919 wurde die Form der 'Germania' das einzige Mal während ihres Bestehens geändert: Der Titelkopf wurde "ausgepackt", d.h. er wurde von den seit den 80er Jahren üblichen Angaben über Verlag, Erscheinungsweise, Bezugsbedingungen und Anzeigenpreise befreit. Und diese geringfügige Änderung glaubte die Redaktion mit einer großartigen Erklärung verbinden zu müssen:

> "In neuem Gewande tritt die 'Germania' heute vor ihre Leser hin. Die Umänderung trifft mit der Unterzeichnung des Friedensvertrages zusammen. Es soll ein Symbol sein, daß die 'Germania' gern ihr bestes hergibt, um beim Wiederaufbau Deutschlands behilflich zu sein. Wir erinnern uns an die Zeit der Entstehung unseres Blattes. Damals hat es auch Waffengeklirr und blutige Schlachten gegeben, aber das Spiel endete anders als heute, es war der Anfang zu dem gewaltigen Aufstieg des Reiches, zu einem der überraschendsten, den je die Weltgeschichte gesehen hat."

Hier wie damals im Jahre 1870 hatte man sich zu einem Pathos hinreißen lassen, das angesichts der Realität alles andere als angebracht erscheinen mußte. Übrigens: Wie fast alle bürgerlichen Blätter, die etwas auf ihre Tradition hielten, war die 'Germania' in ihrem politische, Wirtschafts- und Lokalteil bilderlos und im Kulturteil bilderarm. Nur während der Wahlkämpfe wurde dieses Prinzip gelegentlich durchbrochen. Wenn das Bild nach 1933 auch hin und wieder bis in den Lokalteil vordrang, so erschien es doch nie auf einer der drei ersten Seiten.

---

33) Über die historische Entwicklung von Zeitungssparten allgemein vgl. Otto Groth: Die Zeitung. Ein System der Zeitungskunde (Journalistik), Bd. 1, Mannheim — Berlin — Leipzig 1928, S. 579 ff.

Die 'Germania A.G. für Verlag und Druckerei' wurde in den Jahren 1920 bis 1930 zum Forum zäher Auseinandersetzungen zwischen dem konservativen aristokratischen und dem fortschrittlichen republikanischen Flügel des Zentrums. 34) Um die Macht über die republikanisch eingestellte 'Germania' zu gewinnen, kaufte der konservative Industrielle Florian Klöckner 1921 einen großen Teil der Aktien vom damaligen Direktor der Handels- und Diskontbank, Karl Semer, und wurde damit Vorsitzender des Aufsichtsrats. 35) Er schied allerdings bald wieder aus diesem Gremium aus, weil er gegen die "Linksrichtung" der Zeitung nichts unternehmen konnte. Semer hatte bei der Erhöhung des Aktienkapitals der 'Germania A.G.' Ende 1920 im Auftrag Erzbergers seine Anteile erworben, weil Erzberger das Blatt "auf einer christlich-demokratischen Zentrumspolitik der mittleren Linie" halten wollte. 36) Deshalb wurde die Vereinbarung getroffen, daß die Vertreter von Aktienpaketen auch bei Abstimmungen stets eine Einheit bilden sollten. Darüberhinaus sicherte man sich gegenseitig das Vorkaufsrecht auf die Aktien der anderen. Trotzdem brach Semer aus dem linken Flügel aus und schloß sich 1923 dem rechten an. Verhandlungen über den Verkauf seiner Aktien an den linken Flügel, die Spiekker, der Pressechef des damaligen Zentrums-Reichskanzlers Marx, mit Semer führte, zerschlugen sich.

Semer verkaufte sogar an den äußersten rechten Flügelmann Franz von Papen. Damit erhielten die Konservativen die Aktienmehrheit in der 'Germania A.G.' Von nun an brachte jede Generalversammlung eine Stärkung des rechten Flügels, 37) was wohl nicht zuletzt der Rührigkeit von Papens zu verdanken gewesen sein dürfte. Spiecker, der sich nun nicht mehr durchsetzen konnte, verkaufte die ehemals Erzbergerschen Aktien an die ihm am ungefährlichsten erscheinenden Gesellschafter der 'Kölnischen Volkszeitung'. Im Herbst 1927 wurden einige Aufsichtsratsmitglieder und auch einige Redakteure durch Mehrheitsbeschluß zum Austritt gezwungen. Franz von Papen versuchte sogar, einen rechtsstehenden Redakteur von der 'Telegraphen-Union' neben den Chefredakteur der 'Germania' zu setzen. Aber der Versuch schlug fehl und konnte die bisherige Linie der Redaktion nicht beeinflussen. 38)

Durch das Anwachsen der Massenpresse und die immer mehr um sich greifenden Pressekonzentrationen gerieten die katholischen Zeitungen allmählich in eine schwierige Situation. 39) Zwar hatte sich auch bei ihnen der Inseratenanteil um

---

34)   Vgl. Karl Buchheim: Germania, in: 'Staatslexikon', hrsgg. von der Görres-Gesellschaft, 6. Aufl., Bd. 3, Freiburg 1959, Sp. 796.
35)   Otto Groth: Die Zeitung..., Bd. 2, Mannheim — Berlin — Leipzig 1929, S. 441.
36)   Daselbst.
37)   Vgl. hierzu u.a. Richard Lewinsohn (Morus): Das Geld in der Politik, Berlin 1930, S. 206 f.
38)   Vgl. dagegen die Darstellung von Franz von Papen: Der Wahrheit eine Gasse, München 1952, S. 136 f.
39)   Vgl. Klemens Löffler, a.a.O., S. 86.

das Sechs- bis Zehnfache erhöht, doch ging die Zahl der Bezieher um 20 bis 25 Prozent zurück. So begannen auch die katholischen Zeitungen, sich der allgemeinen Konzentrationstendenz durch Interessengemeinschaften anzuschließen. [40] Eine solche Interessengemeinschaft wurde im November 1927 zwischen den Verlagen der beiden führenden deutschen Zentrumsblätter geschlossen. [41] Zwischen der Kölner 'Görreshaus GmbH' und der 'Germania A.G.' in Berlin, "um eine einheitliche Vertretung des Zentrumsgedankens und der Interessen des katholischen Volksteils zu erreichen". Beide Blätter, die 'Germania' und die 'Kölnische Volkszeitung', blieben redaktionell selbständig. Es sollte allerdings "sowohl in außen- wie in innenpolitischen Fragen eine enge Fühlungsnahme zwischen beiden Blättern erreicht werden". Diese "enge Fühlungsnahme" bedeutete organisatorisch: Der bisherige Chefredakteur der 'Germania' übernahm das Berliner Büro der 'Kölnischen Volkszeitung', während der Chefredakteur der 'Kölnischen Volkszeitung' auf die Stelle eines Chefredakteurs der 'Germania' kam.

Nach dem Abschluß dieser Interessengemeinschaft wurde zwischen ihr und dem Lensing-Konzern in Dortmund ('Tremonia'), dessen führender Kopf ebenfalls rechts stand, und mit zahlreichen anderen rheinisch-westfälischen Zentrumsblättern ein Abkommen getroffen. Dieses Abkommen sah die räumliche Vereinigung der Berliner Vertretungen dieser Zeitungen mit der Redaktion der 'Germania' vor, was den Verzicht auf einen Teil der Eigenständigkeit bedeutete. [42] Die Zentrumsblätter und besonders die 'Germania' waren nicht aus einer Massenbewegung heraus entstanden; sie waren vielmehr "Unternehmungen Einzelner und Schöpfungen Führender". [43] Durch die Verknüpfung der westdeutschen kleineren Zentrumsblätter mit den beiden größten, der 'Kölnischen Volkszeitung' [44] und der 'Germania', wurden die Verleger in ihrer Selbständigkeit stark eingeschränkt und in Abhängigkeit zur Partei gebracht und wurden die Redakteure praktisch zu Angestellten eines Trusts. Der Aufsichtsrat der 'Germania A.G.' hatte sich damit zu einer Art Kontrollkommission der Partei über die ihr zur Verfügung stehende Presse entwickelt. Dieser Sieg des rechten Flügels der Zentrumspartei gab Franz von Papen später die Möglichkeit, sich nach dem Reichstagsbrand zum "Retter" der 'Germania' aufzuschwingen. Der Reichstag brannte in der Nacht zum 28. Februar 1933. Noch am gleichen Tag erließ die nationalsozialistische Regierung die "Verordnung zum Schutze von Volk und Staat", die die Freiheit der Meinungsäußerung aufhob. [45] Die Stellungnahme

---

40) Eine der bedeutendsten entstand von Münster aus, vgl. dazu die Studie von Rudolf Großkopff: Die Zeitungsverlagsgesellschaft Nordwestdeutschland GmbH, 1922–1940. Beispiel einer Konzentration in der deutschen Provinzpresse, Dortmund 1963.
41) Otto Groth, a.a.O., Bd. 2, S. 442.
42) Vgl. Kurt Koszyk: Deutsche Presse 1914–1945, Berlin 1972.
43) Otto Groth, a.a.O., Bd. 2, S. 443.
44) Vgl. hierüber Rolf Kramer: Kölnische Volkszeitung (1860–1941) in diesem Bande.
45) Vgl. Karl Dietrich Bracher et al.: Die nationalsozialistische Machtergreifung. Studien zur Errichtung des totalitären Herrschaftssystems in Deutschland 1933/34, Köln-Opladen 1960.

der 'Germania' zum Reichstagsbrand war daher äußerst zurückhaltend. Unter der Überschrift "Nerven bewahren!" hieß es am 1. März 1933 in ihrem Leitartikel:

> "Das deutsche Volk wird in seiner überwältigenden Mehrheit die Reichsregierung in allen Maßnahmen unterstützen, die zur Aufrechterhaltung der Ordnung in diesen kritischen Stunden geeignet sind."

Das Risiko dessen, was durch die Konsequenzen einer freien und direkten Meinungsäußerung auf dem Spiel stand, war ihr zu hoch. Zur Regierungserklärung Adolf Hitlers hieß es am 24. März 1933 in der 'Germania':

> "Als der Kanzler seine Rede beendet hatte, sang man das Deutschlandlied. Man mag zu den Einzelheiten seiner Ausführungen stehen, wie man will, der Eindruck war allgemein: die Rede Hitlers hatte Format. Sie hat eine Epoche der Unsicherheit und Unklarheit aller politischen Grundbegriffe beendet und für die politische Arbeit an der Zukunft einen neuen, allerdings noch sehr ausbaubedürftigen Ausgangspunkt geschaffen."

Die Nationalsozialisten hatten recht bald erkannt, daß es sinnlos, ja fast schädlich war, mit den eigenen Presseerzeugnissen aus der sogenannten Kampfzeit um Vertrauen zu werben. Sie bedienten sich daher mit Vorliebe noch bestehender bürgerlicher Zeitungen, die aus früheren Zeiten einen geachteten Namen besaßen. Blätter wie die 'Germania' verdankten diesem Umstand "gewisse Freiheiten und lange Zeit die Bewahrung vor der publizistischen Guillotine", [46] zumal das Blatt unter Emil Ritters Redaktionsleitung "Kurskorrekturen in nationalem Sinne" vornahm. [47] Und während die NS-Regierung der 'Germania' vorerst noch die Existenz erlaubte, unternahm Franz von Papen den Versuch, mit seiner 'Arbeitsgemeinschaft Katholischer Deutscher' (AKD) die Katholiken zu einer "rückhaltlosen" Mitarbeit am Nationalsozialismus zu gewinnen. [48] Mit Hilfe der AKD gelang es ihm, Katholiken, die gleichzeitig Nationalsozialisten waren, in die Redaktionen einiger angesehener katholischer Tageszeitungen zu schleusen, um den Kurs dieser Zeitungen mit dem der Regierung in Übereinstimmung zu bringen und sie so vor dem Untergang zu "retten". Deshalb wurde Emil Ritter am 1. Juli 1934 Chefredakteur — oder wie es nun hieß: Hauptschriftleiter — der 'Germania'. Doch Ende 1934 wurde die AKD wieder aufgelöst, weil ihr die Unterstützung seitens der deutschen Katholiken versagt blieb. Emil Ritter wurde am 1. April 1935 von Walter Hagemann [49] abgelöst.

Am 17. Mai 1935 begannen in Berlin die "Devisenprozesse" gegen einige katholische Orden. Die katholische Presse mußte alle Berichte und Meldungen des regierungseigenen 'Deutschen Nachrichten-Büros' (DNB) wörtlich übernehmen und

---

[46] Walter Hagemann: Publizistik im Dritten Reich. Ein Beitrag zur Methodik der Massenführung, Hamburg 1948, S. 235.

[47] Michael Schmolke, a.a.O., S. 252.

[48] Karl Aloys Altmeyer: Katholische Presse unter NS-Diktatur. Die katholischen Zeitungen und Zeitschriften Deutschlands in den Jahren 1933 bis 1945, Berlin 1962, S. 29.

[49] Vgl. über seine gesamte journalistische Tätigkeit für die Zeitung Konrad Kuschel: Walter Hagemann. Artikel in der 'Germania', 1925–1938, Münster o.J. (Masch.Schr. in der Bibliothek des Instituts für Publizistik der Westfälischen Wilhelms-Universität).

durfte nichts zur Entlastung der Angeklagten beitragen. Als die 'Germania' am 1. Juni 1935 eine Protesterklärung des erzbischöflichen Ordinariats Breslau abdruckte, mußte sie sich zur Veröffentlichung einer "Richtigstellung" der Justizpressestelle bereiterklären und erhielt obendrein noch eine scharfe Verwarnung durch das Ministerium für Volksaufklärung und Propaganda. 50)

Äußerlich machte die 'Germania' von nun an wie viele Zeitungen alter publizistischer Tradition den Eindruck eines Organs, das den Eigencharakter verloren hatte, also "gleichgeschaltet" war. Besser ist es, im Fall 'Germania' von Ausschaltung zu sprechen. Dieser Zustand mußte nämlich unweigerlich zum Tode der Zeitung führen. Denn ihre kümmerliche Existenz war nur solange gesichert, als sie genug Leser hatte. Die Aufgabe des katholischen Charakters aber führte zum Abfall dieser letzten Leser, also zum wirtschaftlichen Ruin. Das Festhalten an diesem Eigencharakter dagegen hätte gegen das immer enger werdende Netz der amtlichen Verordnungen gestoßen und damit zum Verbot geführt. 51) Es gab hier keinen Ausweg mehr. An Versuchen, doch noch einen zu finden, hat es nicht gemangelt: "Selbst Tageszeitungen, wie ... die 'Germania' haben bis zu ihrer Einstellung sich einer Sprache der Tarnung bedient, die, nur von Eingeweihten völlig verstanden, wie ein Signal und Sammelruf wirkte und zu ... (einer) Form der illegalen Publizistik gerechnet werden muß". 52) Freilich, dieser Kreis von "Eingeweihten" war bald zu klein, um eine Tageszeitung vom Format der 'Germania' wirtschaftlich noch tragen zu können. Am 5. November 1938 verließ Walter Hagemann die Redaktion wieder, an seine Stelle trat Alexander Drenker, der letzte Chefredakteur der 'Germania'. Und im Dezember entschloß sich der Verlag zum "wirtschaftlichen Tod" und stellte das Erscheinen der 'Germania' mit dem 31. Dezember 1938 ein.

Franz von Papen ließ es sich nicht nehmen, in der letzten Ausgabe unter der zweispaltigen Überschrift "Abschied von der Germania" eine vaterländisch-völkische Grabrede zu halten:

> "Wenn ich — als einer der vielen, die ihre Kräfte der 'Germania' in diesen Jahren widmeten — heute dies Abschiedswort schreibe, dann tue ich es, um ihnen allen zu danken. Denn über der zeitgebundenen Kritik steht ihr aller Wollen um Deutschland und seine Größe. In einem solchen Geiste hatte auch ich vor 15 Jahren begonnen, das damals führende Organ der Deutschen Zentrumspartei zu einer Zelle nationaler Sammlung und Wiedergeburt zu machen. Der parteipolitisch eng umgrenzten Auffassung ihrer Zeit verhaftet, haben viele diesen Weg bekämpft ... Wir stellen diese Arbeit heute ein. Wenn damit auch ein Stück von uns selbst zu Grabe getragen wird, so bleibt unser Vorsatz unerschütterlich, auch weiterhin alle von uns aus säkularer Tradition wachsenden Kräfte in den Dienst der großen Harmonie des neuerstandenen, in allen Stämmen und Klassen geeinten Vaterlandes zu stellen.
> Vivat Germania aeterna."

---

50) Walter Hagemann, a.a.O., S. 342.
51) Vgl. z.B. über die sogen. Amann-Anordnungen Oron J(ames) Hale: Presse in der Zwangsjacke, 1933—1945, Düsseldorf 1965, S. 153 ff.
52) Walter Hagemann, a.a.O., S. 194.

An der Stelle, wo sonst der Leitartikel stand, verabschiedete sich die Redaktion in sehr viel bescheidenerem Ton unter der einspaltigen Überschrift "An unsere Leser!":

> "Die 'Germania' wäre morgen in ihren 69. Jahrgang eingetreten. Das Schicksal hat es anders gewollt. Der Verlag sah sich gezwungen, die Zeitung mit dem letzten Tag dieses Jahres einzustellen... Es war eigentlich für niemand ein Geheimnis, daß sich die 'Germania' in einer Krise befand, und das einzig Verwunderliche an ihrer Einstellung ist — nüchtern betrachtet — der Umstand, daß das Ende so lange hinausgeschoben werden konnte. Dennoch ist es nur ein scheinbarer Widerspruch, wenn wir bekennen, daß uns der Beschluß, die Zeitung aufzugeben, überrascht hat. Wir waren mit der Zeit ein wenig wundergläubig geworden und, weil wir immer wieder einen Ausweg gefunden und schon so oft durch vermehrte Anstrengungen ersetzt hatten, was uns an materiellen Hilfsmitteln abging, waren wir auch diesmal überzeugt, im neuen Jahr trotz allem noch 'dabei zu sein'. Es ist anders gekommen."

Nach 1945 konnte die wiedergegründete Zentrumspartei, die faktisch nur in Teilen Nordrhein-Westfalens und Niedersachsens vorübergehend eine politische Potenz darstellte, [53] keine Zeitung vom Rang der 'Germania' entstehen lassen. Auch blieb der Titel für eine Tageszeitung ungenutzt; unter der Bezeichnung 'Germania' erscheint lediglich ein Anzeiger der Römisch-Germanischen Kommission des deutschen Archäologischen Instituts in Berlin. [54]

---

53) Vgl. Hans Georg Wieck: Die Entstehung der CDU und die Wiedergründung des Zentrums im Jahre 1945, Düsseldorf 1953.
54) Vgl. Willy Stamm: Leitfaden für Presse und Werbung, 21. Ausg., Essen-Stadtwald 1968, S. 3/96.

Gotthart Schwarz:

BERLINER TAGEBLATT (1872 — 1939)

Die Vorgeschichte des 'Berliner Tageblatt' beginnt fünf Jahre vor Erscheinen seiner ersten Ausgabe mit einem Inserat, das der damals 23jährige Rudolf Mosse am 1. Januar 1867 in den führenden Zeitungen Deutschlands veröffentlichen ließ. In ihm teilte er der Geschäftswelt seinen Entschluß mit, "in Berlin, der Metropole Deutschlands, eine Annoncen-Expedition für alle in- und ausländischen Zeitungen und Lokalblätter, Fachzeitschriften, insgesamt für alle Erscheinungen auf diesem Gebiet, welche Bekanntmachungen gegen Gebühren aufnehmen, zu errichten." [1]

Der Zeitpunkt, zu dem Mosse sein Unternehmen dem Kundenkreis in Handel und Industrie vorstellte, war günstig gewählt. Der Sieg Preussens über Österreich 1866 war auch "ein Sieg des Talers über den Gulden" [2] gewesen und leitete einen wirtschaftlich-industriellen Aufschwung ein, der ebenso das Ergebnis unternehmerischer Privatinitiative wie einer liberalisierten staatlichen Wirtschaftspolitik in der Ära Delbrück war. Während die sozialrevolutionären Ansprüche des Proletariats administrativ unterdrückt und teilweise entschärft wurden, schuf der preußische Staat durch Aufhebung der Zulassungspflicht und Zusicherung der Gewerbefreiheit die gesetzliche Basis für den Wirtschaftsboom der 'Gründerjahre' und "überließ die Initiative der produktiv-kapitalistischen Wirtschaftsführung dem Fabrikanten, Bankier und Großkaufmann". [3] Rudolf Mosse erkannte, welche wirtschaftlichen und finanziellen Entwicklungsmöglichkeiten sich der Presse und dem noch weithin unorganisierten Anzeigenwesen in der Industrialisierungsphase mit ihrer wachsenden Interdependenz von Produktionssteigerung, Konsumsteigerung und Marktbearbeitung boten. [4] Vom Buchhandel hatte er sich nach Beendigung seiner Lehrzeit bald der Zeitung zugewandt, war in die Geschäftsleitung des Leipziger 'Telegraf' eingetreten und hatte den Aufbau des Anzeigenteils für die weitverbreitete Familienzeitschrift 'Die Gartenlaube' begonnen. [5] Dabei hatte er die Probleme der unzureichenden Kooperation zwischen Presse und Geschäftswelt studieren können.

---

1) Festschrift zur Feier des fünfzigjährigen Bestehens der Annoncen-Expedition Rudolf Mosse, Berlin 1917, S. 12 (künftig als "Festschrift" zitiert). Seinen Kunden bot Mosse an: porto- und spesenfreie Insertion zum Original-Anzeigenpreis, Rabatt bei größeren Aufträgen, kostenfreie Übersetzungen, Gratisbeilage von Reklamen, Franco-Correspondenz etc.
2) Helmut Böhme: Prolegomena zu einer Sozial- und Wirtschaftsgeschichte im 19. und 20. Jahrhundert, Frankfurt 1968, S. 61.
3) Daselbst, S. 63.
4) Allgemein über die Entstehung der Annoncen-Expeditionen und Mosses Anteil an dieser Entwicklung vgl. Otto Groth: Die Zeitung. Ein System der Zeitungskunde (Journalistik), Bd. 3. Mannheim — Berlin — Leipzig 1930, S. 276 ff.
5) Festschrift, a.a.O., S. 11.

Die kommerzielle Geschäftswerbung war noch unbekannt, entsprechend gering die Bedeutung der Anzeige als Finanzquelle für die Zeitungen, die vornehmlich von ihren Bezugsgebühren lebten und bei geringen Auflagen hohe Kosten verursachten. Eine geregelte geschäftliche Verbindung zwischen Unternehmern und Zeitungsverlegern würde Vorteile für beide Seiten bringen. Dazu mußte das Vorurteil gegen die Anzeige abgebaut, die Chiffre-Anzeige eingeführt, ein rationelles Pachtsystem für ganze Anzeigenteile entwickelt und die Anzeige werbewirksam gestaltet und plaziert werden. Statt in die Leipziger Firma Robert Apitsch als Teilhaber einzutreten, gab Mosse die Gründung seines eigenen Anzeigenunternehmens bekannt. In rascher Folge wurden Filialen in München, Nürnberg, Hamburg, Wien, Frankfurt, Breslau und Stuttgart errichtet. Zu den bald überflügelten Konkurrenten gehörte die 1855 gegründete Expedition Haasenstein & Vogler und die seit 1864 bestehende Expedition Leonhard Daube. 1871 trat Mosses Schwager Emil Cohn in den Betrieb ein und übernahm die innere Organisation, dem jüngeren Bruder Emil Mosse wurde die Leitung der süd- und westdeutschen sowie der Schweizer Filialen übertragen, ehe er 1884 zum Teilhaber der Firma avancierte. [6]

Damit war das wirtschaftliche Fundament gelegt; der Schritt vom Anzeigenkaufmann zum Zeitungsverleger konnte gewagt werden. [7] Der äußere Anlaß der Gründung des 'Berliner Tageblatt' ist unbekannt, doch darf angenommen werden, daß die wirtschaftlichen Vorteile, die eine Verbindung der Annoncen-Expedition mit einem eigenen Blatt bieten konnte, den Ausschlag gaben.[8] Wiederum war, nach dem Sieg über Frankreich, der Zeitpunkt für die Gründung einer Zeitung gut gewählt. Durch die Vereinigung mit Süd- und Westdeutschland glaubte man die "historische Enge" Preußens und des Nordens überwunden, mit der Schaffung des Deutschen Reiches wuchs das Empfinden, daß "der Schlußstein einer kleineren Vergangenheit und der Markstein einer größeren Zukunft" [9] gesetzt war. Das liberale, in Handel

---

[6] Bei seinem fünfzigjährigen Bestehen verfügte das Unternehmen über ca. 250 Filialen u.a. in Warschau, Stockholm, Sofia, Lodz, die Anzeigen von über 100 Tageszeitungen und Fachzeitschriften entgegennahmen. Festschrift, a.a.O., S. 14 ff. Vgl. auch Richard Hamburger: Zeitungsverlag und Annoncen-Expedition Rudolf Mosse Berlin. Musterbetriebe deutscher Wirtschaft, Bd. 3: Das Zeitungs- und Anzeigenwesen, Berlin o.J., S. 13 ff.

[7] Der 1867 von Mosse in russischer Sprache herausgegebene 'Courier nach Rußland', der für die Interessen der deutschen Wirtschaft werben sollte, wurde bald von der zaristischen Zensur verboten.

[8] Vgl. Johannes Fischart (d.i. Erich Dombrowski) in: 'Europäische Staats- und Wirtschaftszeitung', 5. Jg. 1920, S. 463 ff. Eine andere Version lautet, die Weigerung des Herausgebers der 'Vossischen Zeitung', Carl Robert Lessing, für die Anzeigen Provision zu gewähren, habe in Mosse den Entschluß zur eigenen Zeitung geweckt. Vgl. Isidor Landau: Ein Jahrhundert Berliner Presse, in: Unser Berlin. Ein Jahrbuch von Berliner Art und Arbeit, hrsgg. von Alfred Weise, Berlin 1928. So auch Peter de Mendelssohn: Zeitungsstadt Berlin. Menschen und Mächte in der Geschichte der deutschen Presse, Berlin 1960, S. 68.

[9] Festschrift, a.a.O., S. 118.

und Industrie engagierte Bürgertum der Städte schloß seinen Frieden mit Bismarcks Nationalstaat, [10] sah das Ende des "Obrigkeitsstaates" und einen neuen Aufschwung des politischen Liberalismus voraus. Die französischen Milliarden der Kriegsentschädigung leiteten eine Epoche des wirtschaftlichen Aufstiegs mit revolutionären Veränderungen zu eng gewordener Lebensformen durch Wissenschaft und Technik ein, Fortschrittsglaube und Zukunftsoptimismus regierten. Das wachsende Informationsbedürfnis der Menschen erhöhte den Nachrichten- und Unterhaltungswert der Zeitungen, die Tage einer anachronistischen staatlichen Pressepolitik mit Stempelsteuer und Zeugniszwang schienen gezählt. Berlin, das soeben von einer "Parvenustadt" zur Hauptstadt der jüngsten europäischen Großmacht avanciert war, mußte zu einem Zentrum des geistigen und politischen Lebens werden, wollte es seiner neuen Aufgabe gerecht werden. Neben der alteingeführten 'Vossischen Zeitung' und der dem preußischen Hofe nahestehenden 'Haude-Spenerschen' Zeitung fehlte es an einem liberalen, weltoffenen und unterhaltenden Lokalblatt. Die Redaktion formulierte die Grundsätze der Mosseschen Zeitungsneugründung in der Probenummer Ende 1871: [11]

"In der Zeit, da die Augen der Welt auf Berlin gerichtet sind, treten wir mit dem 'Berliner Tageblatt' vor die Öffentlichkeit. Preußens Hauptstadt ist Deutschlands Hauptstadt geworden, die preußische Königsstadt deutsche Kaiserstadt. Wie — ohne sonstigen Vergleich — Paris Frankreich war, so will und wird Berlin Deutschland und die Großstadt Weltstadt werden.

Auf diesem Wege Berlins zur Weltstadt soll ihm unser Blatt ein vertrauter Begleiter, ein Ratgeber und Mitstrebender sein, der, bald anfeuernd, bald warnend und zurückhaltend, bald beistimend, bald opponierend, den Pfad ebnen, ihn abkürzen hilft.

Unser Ziel ist darauf gerichtet, nicht ein Lokalblatt mehr zu den übrigen zu schaffen, sondern im *eigentlichen* und *echten*, im *vollen* und *erschöpfenden Sinne des Wortes* das *Berliner Lokalblatt*. Inhalt und Form sollen den hochgesteigerten Bedürfnissen der Gegenwart entsprechen, hinter welchen die Anforderungen einer noch nahen Vergangenheit weit zurückbleiben.

Wir sind uns hierbei bewußt, daß neben der Beherrschung und Bewältigung des Stoffes dessen Durchdringung mit einem leitenden Grundgedanken Hauptsache sein wird. Unsere Tendenz ist: zu zeigen, wo überall, entsprechend dem Schillerschen Wort: 'Es wächst der Mensch mit seinen höh'ren Zwecken', jetzt auch Berlin den Beruf und die Verpflichtung in sich trägt, zu wachsen, und *nicht bloß räumlich!* Das Material soll in weltstädtischem Sinne redigiert werden. Es muß das Bewußtsein uns beseelen: *Für die zivilisierte Welt schreibt, wer für Berlin schreibt!*

Wir verkennen nicht die Größe unserer Aufgabe, aber ein ehrlicher und fester Wille vermag viel, ist er besonders in der Lage, über materielle Mittel bedingungslos verfügen zu können."

Schon die Ankündigung macht deutlich, daß das 'BT' weder ein reines Geschäftsblatt, noch ein reines Gesinnungsblatt werden sollte, sondern, wie Klippel meint, [12] eine Kombination von beidem und damit ein "durchaus ungewohnter Typ, aber ein Typ,

---

10) Vgl. Heinrich A. Winkler: Preußischer Liberalismus und Deutscher Nationalstaat, Tübingen 1964.
11) Festschrift, a.a.O., S. 119.
12) Joachim Klippel: Geschichte des Berliner Tageblatt, 1872—1880, Dresden 1935, S. 34 f. Klippels Darstellung wird durch die uneingeschränkte Übernahme der nationalsozialistischen Polemik gegen "jüdische" Presseorgane erheblich entwertet.

dem die Zukunft offenstand". Mosse ging, wie später auch Ullstein und Scherl, von der Erkenntnis aus, daß die Tage der Parteipresse alten Stils vorüber seien. Der neue, geschäftlich erfolgreiche und für den Großstadtleser attraktive Zeitungstyp mußte von Inhalt und Auswahl der Nachrichten, von der Aufmachung und Zubereitung des Stoffes durch die Redaktion eine heterogene, in ihrer Interessenlage und ihrem Informationsbedürfnis zunehmend differenzierte Leserschaft ansprechen. Lokalpolitik und Weltnachrichten, Handel, Wirtschaft und Technik, aber auch ein informatives und unterhaltendes Feuilleton wurden so zur Voraussetzung einer erfolgreichen Zeitung. Um der Konkurrenz der großen preußischen Blätter aus dem Wege zu gehen und gleichzeitig die lokale Basis zu sichern, bestimmten in den ersten Jahren seines Erscheinens vorrangig der umfangreiche Lokalteil und das kritische Feuilleton das Gesicht des 'BT'. Ihnen gegenüber traten Politik und Wirtschaft noch wenig hervor, ein Umstand, der auch durch die personelle Zusammensetzung der ersten Redaktion bedingt war. Mit Ausnahme von Adolf Streckfuß, der der Fortschrittspartei angehörte, wies sie keinen ausgesprochenen Politiker auf. 13)

Das änderte sich, als Rudolf Mosse Mitte 1875 Menger und eine Reihe leitender Redakteure entließ, vermutlich wegen der Parteinahme des 'BT' im Kulturkampf auf Seiten Bismarcks und der Nationalliberalen. 14) Der neue Chefredakteur, Ludwig Behrendt, war ebenfalls kein Politiker, sondern Klassischer Philologe, und so gewann der für die Außenpolitik verantwortlich zeichnende Arthur Levysohn rasch an Einfluß. Er war ein Mann von starkem politischen und journalistischen Temperament, außerdem vom Fach. Als Auslandskorrespondent hatte er für Wiener Blätter und für die 'Kölnische Zeitung' gearbeitet, während des deutsch-französischen Krieges im Auftrage des Generalstabs den 'Moniteur officiel', eine Feldzeitung, herausgegeben, war als außenpolitischer Ressortleiter an das 'Neue Wiener Tagblatt' zurückgekehrt und 1876 wegen "destruktiver Tendenzen seiner Korrespondenzen" aus Österreich ausgewiesen worden. Im gleichen Jahr trat er in die Redaktion des 'BT' ein, 1880 wurde er Nachfolger Behrendts als Chefredakteur. Levysohn hat, bei der Beschränkung Mosses auf die Funktion des Verlegers, maßgeblich das politische Profil der Zeitung geformt. Unter seiner Leitung stieg das 'BT' vom Lokalblatt zu einem führenden "Meinungsblatt" Deutschlands auf. 15)

---

13) Emil Kneschke und Rudolf Menger kamen von der Philosophie, Literatur und Theaterkritik. Adolf Streckfuß (1823–1895), ursprünglich Dozent für Landwirtschaft, hatte an der Revolution auf 1848 teilgenommen und wurde 1851 von der Anklage des Hochverrats freigesprochen. Er veröffentlichte zahlreiche Romane und Novellen, außerdem eine Geschichte Berlins und vertrat von 1872–1884 die Fortschrittspartei im Berliner Stadtrat.

14) Menger und seine Kollegen gründeten zwei Monate später das 'Neue Berliner Tageblatt', erzielten im scharfen Konkurrenzkampf gegen das 'BT' und als Parteizeitung des Fortschritts auch einige Anfangserfolge, mußten aber Mitte 1876 das Blatt einstellen. Vgl. Klippel, a.a.O., S. 91 ff.

15) Vgl. Emil Dovifat: Die Zeitungen, Gotha 1925, S. 67 ff.; Klippel, a.a.O., S. 99; ferner die Schrift: Dr. Arthur Levysohn zu seinem 25jährigen Jubiläum am 'Berliner Tageblatt', gewidmet von Freunden und Mitarbeitern, Berlin 1901.

Die publizistische Stellungnahme des 'BT' zur Politik des Deutschen Reiches in der Bismarck-Ära läßt sich in der Formel zusammenfassen: Befürwortung der Außen- und Bündnispolitik im Grundsatz bei gelegentlicher taktischer Meinungsverschiedenheit; im scharfen Kontrast hierzu wachsende Kritik an der innenpolitischen Entwicklung, die sich nach dem Bruch Bismarcks mit dem Liberalismus zur offenen Ablehnung steigerte und in der mehrfach erhobenen Forderung nach dem Rücktritt des Reichskanzlers gipfelte. 16) Die Reichsgründung wurde von der Zeitung als notwendige Stabilisierung der Mitte Europas begrüßt und der deutschen Außenpolitik die Aufgabe gestellt, europäische Friedenspolitik zu sein. Sorgsam wurde das labile Gleichgewicht zwischen den fünf europäischen Großmächten verfolgt und kommentiert: das Schwanken Frankreichs zwischen Revanchismus und vorsichtiger Kooperation, die steigenden Spannungen mit England ab 1880 als Folge der Burenkriege, der Kolonial- und Flottenrivalität, der fragwürdige Wert Österreichs als Bündnispartner des Reiches und die unberechenbare Entwicklung Rußlands. Der Berliner Kongreß (1878) hatte die Stabilität des europäischen Gleichgewichts in den Augen des 'BT' nicht erhöhen können und die besondere Verantwortung der deutschen Politik offenbart, der nach Bismarcks Entlassung keiner seiner Nachfolger gewachsen war.

In der Innenpolitik trat das 'BT' unter dem Motto "Unsere Sonne ist die Vernunft" ein für: Meinungs- und Pressefreiheit, Trennung von Kirche und Staat, Freihandel und Steuerreform, begrenze Abrüstung, Ausbau der Selbstverwaltung und parlamentarisches System. Auf dem Wege der permanenten Reform, nicht durch Revolution, wollte es den konstitutionellen Staat durch eine parlamentarische Republik ersetzt sehen. Ursprünglich dem linken Flügel der Nationalliberalen um Eduard Lasker nahestehend, unterstützte es nach 1875 die Fortschrittspartei, betonte aber gleichzeitig seine parteipolitische Unabhängigkeit. In Wahlzeiten forderte es seine Leser nicht zur Stimmabgabe für eine Partei, sondern allgemein für liberale Kandidaten auf. Die Kritik an der satten Selbstzufriedenheit der Nationalliberalen und an der doktrinären Einseitigkeit der Fortschrittspartei war begleitet von der wiederholt vorgebrachten Anregung, alle liberalen Kräfte in einer "Nationaldemokratischen Partei" zu vereinigen. Der Liberalismus, dessen politische Kraft nicht zuletzt Bismarck gebrochen hatte, mußte seine Zersplitterung, Bequemlichkeit und sterile Prinzipienreiterei, Personenkult und Exklusivität überwinden, wenn er wieder ein politischer Faktor werden wollte. Ungeachtet aller Enttäuschungen und Rückschläge trat das 'BT' für einen erneuerten politischen Liberalismus ein und kämpfte gegen die innenpolitische Reaktion der Konservativen ebenso wie gegen das Zentrum und den "Ultramontanismus". Im Kulturkampf ergriff es die Partei Bismarcks und der Nationalliberalen, während es trotz seiner Ablehnung des Sozialismus als politisches Prinzip das Sozialistenge-

---

16) Vgl. hierzu und zum folgenden Gotthart Schwarz: Theodor Wolff und das 'Berliner Tageblatt'. Eine liberale Stimme in der deutschen Politik 1906–1933, Tübingen 1968; Klippel, a.a.O., S. 42 ff., 98 ff.; ferner die Jubiläumsschrift Fünfundzwanzig Jahre Deutscher Zeitgeschichte 1872–1897 (mit Beiträgen von A. Levysohn, H. Nicolai, Th. Wolff u.a.), Berlin 1897.

setz scharf verurteilte. Als Blatt für ein bürgerliches "Kapitalistenpublikum" 17) lehnte das 'BT' die Abschaffung des Privateigentums an Produktionsmitteln und sozialistische Planwirtschaft ebenso ab, wie den staatlichen Dirigismus der Konservativen durch Schutzzölle, Steuern und Agrarsubventionen.

Die in den Anfangsjahren mehr beiläufige Behandlung wirtschafts- und handelspolitischer Probleme (Börsenbericht, Kurstabelle) wurde 1886 durch die Einrichtung der vom übrigen Inhalt abgetrennten "Handels-Zeitung" reformiert. Jacob Wiener und ab 1904 Artur Norden bauten ein System der Wirtschaftsberichterstattung auf, das der expansiven und intensiven Entwicklung von Wirtschaft und Handel gerecht werden konnte. Der Nachrichten- und Börsendienst wurde erweitert, ein Archiv für die vergleichende statistische Berichterstattung geschaffen, besondere Beilagen für Grundstücks-, Hypotheken- und Geldverkehr wurden angegliedert, ein fester Stamm von Spezialredakteuren und freien Mitarbeitern informierte über Entwicklungen im Binnen- und Außenhandel, in der Schiffahrt, über Investitionen, Kontentration, Kolonialpolitik etc.

Auch in den übrigen Sparten der Zeitung erfolgten quantitative und qualitative Verbesserungen des Nachrichten- und Informationsangebots. Ein ausgedehntes Korrespondentennetz wurde aufgebaut, der Kreis der freien Mitarbeiter aus Politik, Diplomatie, Technik, Wissenschaft und Kultur wuchs. Oscar Blumenthal, ein bekannter und gefürchteter Theaterkritiker aus der Wiener Schule Saphirs, leitete das Feuilleton, an dem seit 1895 auch Fritz Mauthner mitarbeitete. Fünf Beilagen wurden im Laufe der Jahre der Zeitung angegliedert: der humoristische 'Ulk' (1874), die 'Deutsche Lesehalle', die seit 1902 zweimal wöchentlich als 'Weltspiegel' erschien, 'Der Zeitgeist' als Organ für die junge literarische Generation, 'Haus Hof Garten' (1878) und die 'Technische Rundschau' (1895). Seit 1912 erschien die 'Wochen-Ausgabe des Berliner Tageblatts für Ausland und Übersee', die einmal die Auslandsdeutschen über Fortschritte der heimischen Industrie und Technik informierte, durch ihre Sondernummern aber auch das deutsche Publikum über fremde Länder unterrichtete. Die Abonnentenzahl des 'BT' stieg von 10 000 im Jahre 1872 auf rund 75 000 im Jahre 1878. Unter den Einwirkungen der Krise des Liberalismus stagnierte sie seit 1879 und fiel 1895 auf den Tiefpunkt von 55 000 zurück. Seit 1900 erfolgte ein neuer, kontinuierlicher Aufstieg bis zu 245 000 Abonnenten im Jahre 1916. 18) Das 'BT' erschien jetzt in zwölf Ausgaben pro Woche, die Zentralredaktion zählte über fünfzig Redakteure.

Inzwischen hatte Rudolf Mosse zum 'BT' weitere Zeitungen hinzuerworben und war zum Großverleger geworden. 1889 begründete er die 'Berliner-Morgen-Zeitung', die ein "liberales Volksblatt im besten Sinne des Wortes" werden sollte. 19) 1890 über-

---

17) Festschrift, a.a.O., S. 125.
18) Daselbst, S. 121.
19) Daselbst, S. 129.

nahm er die alteingeführte 'Allgemeine Zeitung des Judentums'. Der Erwerb von zwei Fachzeitschriften ('Zeitschrift für Dampfkessel und Maschinenbetrieb' und 'Gießerei-Zeitung'), vor allem aber der Kauf der 'Berliner-Volks-Zeitung' von seinem Schwager Emil Cohn [20] im Jahre 1904 festigte Mosses Stellung als Verleger. Eine eigene Druckerei hatte er schon 1872 erworben und sie 1877 mit Rotationsmaschinen ausgestattet. Das 1874 in der Jerusalemerstraße im Berliner Zeitungsviertel bezogene Stammhaus wurde mehrfach erweitert, der 1912 errichtete Neubau vereinigte alle Mosseschen Geschäftsunternehmungen, Annoncen-Expedition, Zeitungs- und Buchverlag, Druckerei, Redaktionen und Vertriebsabteilungen unter einem Dach. Das Unternehmen verfügte über eine geschäftlich äußerst solide Basis. Die Annoncen-Expedition versorgte über 100 in- und ausländische Zeitschriften von der großen Tageszeitung bis zur Familien-, Mode- und Fachzeitschrift, im Zeitungsverlag erschienen vier eigene Blätter mit zahlreichen Beilagen, im Buchverlag die für Industrie, Handel und Gewerbe wichtigen Kurs- und Adreßbücher, Zeitungskataloge, Fachbücher aller Art, Bäderalmanache und illustrierte Jahrbücher. Der Normal-Zeilenmesser wurde entwickelt, die künstlerische Zeitungsreklame gefördert, ein spezieller Nachrichten-Code geschaffen, eine Pensions-, Witwen- und Waisenkasse für die Verlagsangestellten eingerichtet. [21]

Als 1906 Arthur Levysohn wegen Krankheit die Chefredaktion des 'BT' niederlegte, ernannte Mosse seinen Neffen Theodor Wolff zu dessen Nachfolger. [22] Was Levysohn begonnen hatte, setzte Wolff fort und machte das 'BT' zur gleichrangigen Zeitung neben der 'Frankfurter Zeitung' und der 'Vossischen Zeitung'. [23] 1868 in Berlin geboren, hatte er nach dem Einjährigen-Examen in der Anzeigenabteilung des Verlags begonnen, war durch literarische Neigungen und stilistisches Talent aufgefallen und in die Redaktion versetzt worden. Nach gründlicher Ausbildung arbeitete er als Kunst- und Theaterkritiker, der sich besonders für die zeitgenössische Moderne (Edward Munch, Gerhart Hauptmann) einsetzte. Frank Wedekind

---

20) Das als 'Urwähler-Zeitung' im preußischen Nachmärz gegründete, als 'Volks-Zeitung' von Bernstein, Duncker, Mehring, Vollbracht und Nuschke geführte Blatt stieg innerhalb von 10 Jahren von knapp 30 000 Abonnenten auf rund 300 000 an und folgte dem Programm: "Individualismus, gebändigt durch die sozialen Notwendigkeiten des Volks- und Staatswohls". Festschrift, a.a.O., S. 128 ff. Vgl. auch Kurt Koszyk: Deutsche Presse im 19. Jahrhundert. Geschichte der deutschen Presse, Teil II, Berlin 1966, S. 282 f.

21) Mosse und seine Frau, die kinderlos blieben und eine Tochter adoptiert hatten, gründeten und unterhielten eine Stiftung für Waisenkinder. Vgl. Rudolf Mosse zum 70. Geburtstag am 8. Mai 1913. Rudolf Mosse-Almanach, Berlin 1922.

22) Mosses Geschäftspolitik war es, das Unternehmen auch in der zweiten Generation der Familie zu erhalten. 1907 trat Dr. Martin Carbe, der Sohn des Mitbegründers Emil Cohn, als Generalbevollmächtigter in die Firma ein, 1910 wurde der Schwiegersohn Hans Lachmann-Mosse an Stelle des Bruders Emil Mosse zum Teilhaber ernannt.

23) Hermann Sinsheimer: Gelebt im Paradies. Erinnerungen und Begegnungen, München 1953, S. 258 über T.W. "er leitete nicht etwa, sondern er war geradezu das 'Berliner Tageblatt'".

nannte ihn "Mosses junger Mann für Literatur und Kunst." [24] 1893 ging Wolff als ständiger Berichterstatter der 'BT' nach Paris, wo er, ausgelöst durch die Dreyfus-Affäre, der politischen Berichterstattung sich zuwandte. Die Pariser Jahre formten seine politische Einstellung als Europäer, als Anwalt der deutsch-französischen Verständigung und seinen journalistischen Stil, der in seiner Klarheit und Eleganz deutlich französische Vorbilder und literarische Einflüsse verriet. [25] Dovifat hat ihn einen Journalisten "ästhetisierender Form" genannt [26] und ihm andeutungsweise ein unpolitisches Temperament unterstellt.

Tatsächlich repräsentierte Wolff auch in seinen politischen Beiträgen den Typ des geisteswissenschaftlich-literarischen, "gesinnungsethisch" liberalen Publizisten, aber er war nicht unpolitisch. Mehr als auf die ökonomisch-technischen Kräfte der Gesellschaft, deren Bedeutung er freilich niemals verkannte, kam es ihm auf ihre geistig-intellektuellen Energien und Impulse an. Er war Moralist im Sinne der europäischen Aufklärung und liberaler Demokrat. Seine wöchentlichen Montagsartikel, unverkennbar in Stil und Inhalt, wurden bald zu einer Art nationaler Einrichtung und setzten für weite Kreise im In- und Ausland liberale Akzente zum politischen Zeitgeschehen. In der Außenpolitik des "Neuen Kurses" erkannte Wolff frühzeitig das "Vorspiel" zur Isolierung Deutschlands in Europa und warnte vor schroffer Rechthaberei, doktrinärer Kurzsichtigkeit und psychologischem Unverständnis. [27] Wie er vor 1914 die forcierte Rüstungs- und Flottenpolitik, Chauvinismus und Nationalismus ablehnte, so trat er während des Weltkrieges für einen europäischen Verständigungsfrieden ein. [28] Mehrfache Verbote der Zeitung waren die Folge, wurden aber durch einflußreiche Fürsprache kurzfristig wieder aufgehoben. [29] In der Innenpolitik traten Theodor Wolff und das 'BT' verstärkt für den Zusammenschluß aller linksdemokratischen Kräfte in Preußen und im Reich, für die Abschaffung des preußischen Drei-Klassen-Wahlrechts, die Einführung des parlamentarischen Systems und einen sozialen Ausgleich zwischen den Klassen ein. [30] In dem ersten parlamentarisch gebildeten Kabinett des Prinzen Max von Baden begrüßte das 'BT' die demokratische Regierung des "neuen Deutschland", sah aber auch die Gefahr, die der politischen Erneuerung des Reiches im Augenblick der militärischen Niederlage durch Revolution und nationalistische Reaktion drohten. Revolutionärer Um-

---

24) Daselbst, S. 259. Vgl. auch Gotthart Schwarz, a.a.O., S. 18 ff.
25) Theodor Wolff: Pariser Tagebuch, München 1908.
26) Emil Dovifat, a.a.O., S. 70.
27) Vgl. Gotthart Schwarz, a.a.O., S. 24 ff.; Theodor Wolff: Das Vorspiel, München 1924; ders.: Der Krieg des Pontius Pilatus, Zürich 1934.
28) Gotthart Schwarz, a.a.O., S. 42 ff.
29) Daselbst, S. 51.
30) Daselbst, S. 52 ff.

sturz und konservative Reaktion wurden von dem bürgerlich-demokratischen 'BT' mit jener gleichen Vehemenz abgelehnt, mit der es von den Alliierten Siegermächten einen im europäischen Interesse liegenden Friedensvertrag forderte. 31)

Für Theodor Wolff brachten die Ereignisse den Eintritt in die aktive Politik mit sich. Er wurde zum Mitbegründer der Deutschen Demokratischen Partei (DDP), deren Gründungsaufruf er formulierte und am 16. November 1918 im 'BT' veröffentlichte: 32)

"Wir wünschen die Vereinigung all' derjenigen Kreise, der Männer und Frauen, die heute nicht in Untätigkeit verharren, sondern die neu geschaffenen Tatsachen anerkennen und ihr Recht zur Mitwirkung betonen wollen. Was aus solcher Vereinigung hervorgehen muß, ist eine *große demokratische Partei für das einige Reich*. Wir stellen heute kein Programm auf, aber durch gemeinsame Grundsätze müssen diejenigen, die sich uns anschließen wollen, verbunden sein. Der erste Grundsatz besagt, daß wir uns auf den Boden der republikanischen Staatsform stellen, sie bei Wahlen vertreten und den neuen Staat gegen jede Reaktion verteidigen wollen, daß aber eine unter allen nötigen Garantien gewählte Nationalversammlung die Entscheidung über die Verfassung treffen muß. Der zweite Grundsatz besagt, daß wir die Freiheit nicht von der Ordnung der Gesetzmäßigkeit und der politischen Gleichberechtigung aller Staatsangehörigen zu trennen vermögen, und daß wir jeden bolschewistischen, reaktionären oder sonstigen Terror bekämpfen, dessen Sieg nichts anderes bedeuten würde, als grauenvollstes Elend und die Feindschaft der ganzen zivilisierten, vom Rechtsgedanken erfüllten Welt...

Die Zeit erfordert die Gestaltung einer neuen sozialen und wirtschaftlichen Politik. Sie erfordert, für monopolistisch entwickelte Wirtschaftsgebiete die Idee der Sozialisierung aufzunehmen, die Staatsdomänen aufzuteilen und zur Einschränkung des Großgrundbesitzes zu schreiten, damit das Bauerntum gestärkt und vermehrt werden kann. Notwendig sind stärkste Erfassung des Kriegsgewinnes, einmalige progressive Vermögensabgabe, andere tiefgreifende Steuermaßnahmen, gesetzliche Garantierung der Arbeiter-, Angestellten- und Beamtenrechte, Sicherung der Ansprüche der Kriegsteilnehmer, ihrer Witwen und Waisen, Stützung der selbständigen Mittelschicht, Freiheit für den Wiederaufstieg der Tüchtigen und die internationale Durchführung eines sozialistischen Mindestprogramms. Wir verwerfen den lebensfremden, tötenden Doktrinarismus und sind überzeugt, daß alle Stände, Arbeiter wie Bürger und Bauern sich nur dann wieder emporraffen können, wenn man die deutsche Wirtschaftspolitik vor bolschewistischen und bürokratischen Experimenten bewahrt...

Wir fordern zu den Vorbereitungen für die Nationalversammlung den Zusammenschluß aller derjenigen, die eine Gewähr dafür bieten, daß sie durch die Gleichheit der Grundsätze uns nahestehen. Zur Mitarbeit an den großen Aufgaben der Zukunft, zur Sicherung der neuen Freiheit und zur Abwehr jeder Reaktion und jeder terroristischen Vergewaltigung rufen wir Deutschlands Männer und Frauen auf: Schließt Euch an!" 33)

---

31) Daselbst, S. 73 ff., 96 ff., 112 ff., 124 ff.
32) Theodor Wolff: Der Marsch durch zwei Jahrzehnte, Amsterdam 1936, S. 203 ff.; Otto Nuschke: Wie die Deutsche Demokratische Partei wurde, was sie leistete und was sie ist, in: Anton Erkelenz (Hrsg.): Zehn Jahre deutsche Republik. Ein Handbuch für republikanische Politik, Berlin 1928, S. 27.
33) Vollständiger Text abgedr. bei Gotthart Schwarz, a.a.O., S. 79 f.
Unterzeichnet hatten etwa 60 Persönlichkeiten aus Politik, Verwaltung, Wirtschaft, Handel, Wissenschaft und Kultur, unter ihnen führende Mitglieder der Fortschrittlichen Volkspartei, linke Nationalliberale, Jungliberale und parteipolitisch ungebundene Demokraten.

In den gescheiterten Verhandlungen zwischen Fortschrittlern, Nationalliberalen und Demokraten über die Fusion der liberalen Kräfte zu einer Gesamtpartei, spielte die "Tageblatt-Gruppe" um Theodor Wolff eine entscheidende Rolle, als sie die politische Zusammenarbeit mit Gustav Stresemann wegen dessen nationalistischer Einstellung im Weltkrieg ablehnte. 34) Es kam zu getrennten Gründungen der DDP und DVP. Den Wahlkampf für die Nationalversammlung führte das 'BT' mit scharfen Stellungnahmen gegen die Rechtsparteien (vor allem die DNVP) und die Unabhängigen. Der DDP als "Partei der demokratischen Republik, der Reichseinheit, der sozialen, wirtschaftlichen und politischen entschiedenen Reformen" wurde die politische Verständigung mit der Sozialdemokratie und dem katholischen Zentrum nahegelegt. Schon vor der Bildung der ersten "Weimarer Koalition" hatte somit das 'BT' seine innenpolitische Position bezogen, von der aus es in den folgenden Jahren die Regierungen der Mittelparteien im Grundsatz unterstützte bei häufiger Kritik an ihren Einzelentscheidungen. Die demokratisch-liberale Linie, die das 'BT' vertrat, trug ihm die Gegnerschaft linker und rechter Gruppen ein. Während der Kämpfe um das Berliner Zeitungsviertel wurde neben Scherl und Ullstein auch der Mosse-Verlag von Spartakisten besetzt, seine Zeitungen konnten vom 5. bis 11. Januar 1919 nicht erscheinen. 35) Die ständigen Angriffe der Rechtspresse auf das "Weimarer System" erstreckten sich auch auf demokratische "Gesinnungszeitungen" wie das 'BT' und zunehmend auf seine "jüdischen" Mitarbeiter. 36)

Theodor Wolff wurde in der antisemitischen und nationalistischen Agitation der Rechten gegen den Staat von Weimar geradezu zu einer negativen Symbolfigur. 37) Neben ihm bestimmten Erich Dombrowski (bis 1926) und Ernst Feder (seit 1919) die liberal-demokratische engagierte Haltung der Zeitung. 38) Vom ersten Auftakt der Gegenrevolution, dem Kapp-Putsch, an hat sie bei jeder Reichspräsidenten-, Reichstags- oder Landtagswahl sich für die demokratischen Parteien, eine Regierungskoalition der Mitte und die Stärkung des demokratisch-parlamentarischen Rechts- und Verfassungsstaates eingesetzt. 39) Mit unbezweifelbarer demokrati-

---

34) Gotthart Schwarz, a.a.O., S. 90 ff. Vgl. Wolfgang Hartenstein: Die Anfänge der Deutschen Volkspartei, 1918—1920, Düsseldorf 1962, S. 15 ff.

35) Gotthart Schwarz, a.a.O., S. 97. Peter de Mendelssohn, a.a.O., S. 215 ff.

36) Gotthart Schwarz, a.a.O., S. 132 ff. Vgl. Rudolf Hammerschmidt: Die Polemik der bürgerlichen Rechtspresse gegen das 'System', phil. Diss. Wien 1966 (Masch.Schr.).

37) Vgl. August Eigenbrodt: 'Berliner Tageblatt' und 'Frankfurter Zeitung' in ihrem Verhalten zu den nationalen Fragen 1887—1914, Berlin 1917; Gustav Blume: Herr Theodor Wolff und das Ressentiment. Offener Brief an den Chefredakteur des 'Berliner Tageblattes', Berlin 1920; A. Herold: Die Sünden des 'Berliner Tageblattes'. Eine Mahnung an Christen und Juden, Hannover 1920; Alfred Rosenberg: Dreißig Novemberköpfe, Berlin 1927, S. 203 ff.

38) Vgl. Arnold Paucker (Hrsg.): Searchlight on the Decline of the Weimar Republic. The Diaries of Ernst Feder, in: Year Book XIII of the Leo Baeck Institute, London 1968.

39) Gotthart Schwarz, a.a.O., S. 124 ff., 142 ff., 208 ff.

scher Gesinnung und einem bemerkenswerten journalistischen Niveau kämpfte das 'BT' in der Innen- und Gesellschaftspolitik gegen wirtschaftliche, soziale und politische Reaktion und alle parteipolitischen Schattierungen einer antidemokratischen Diktaturdrohung von rechts oder links; in der Außenpolitik für die europäische Friedensordnung, die schon immer seine Zielvorstellung gewesen war. 40)

Unter den Redakteuren und Korrespondenten von Rang waren Rudolf Olden, Helmut Sarwey, Paul Steinborn, Josef Schwab (Außenpolitik), Fritz Engel, Hermann Sinsheimer (Feuilleton), Alfred Kerr (Theater), Alfred Einstein (Musik), Paul Block (Paris), Paul Scheffer (Moskau) u.a. Die Handelsredaktion leitete seit 1913 Felix Pinner, nach A. Goldschmidt einer der "besten und erfolgreichsten Organisatoren der deutschen Wirtschaftspresse", 41) der den Wirtschaftsteil durch Einführung der Kleinstatistik, Gesellschafts-, Bank- und Warenstatistik ausbaute. Die liberale und demokratische Presse in Weimar verfügte nicht über eine dem Hugenberg-Konzern und der Rechtspresse vergleichbare Finanzkraft, organisatorische und parteipolitische Geschlossenheit, 42) aber sie zählte in ihren Reihen die hervorragendsten Vertreter des deutschen Journalismus zwischen 1918 und 1933. Parteipolitisch stand das 'BT' der DDP zwar nahe, war aber niemals deren offizielles oder inoffizielles Organ. Als unter dem Eindruck des Verfalls der demokratischen Mitte die DDP ihren politischen Kurs nach rechts verlagerte, trat Theodor Wolff aus der Partei aus, 43) kritisierte die opportunistische Konzessionsbereitschaft führender DDP-Politiker und schlug 1928 erneut die Fusion von DDP und DVP zu einer großen demokratisch-republikanischen Mittelpartei unter Führung Gustav Stresemanns vor. 44)
Das kurzlebige Wahlbündnis der Rest-DDP mit dem national-konservativen "Jungdeutschen Orden" Artur Mahrauns im Jahre 1930 haben Wolff und das 'BT' energisch abgelehnt. 45) In der innenpolitischen Krise des parlamentarischen Systems, die sich unter den Auswirkungen der großen Wirtschaftskrise täglich verschärfte, unterstützte die Zeitung nach anfänglichem Zögern schließlich die Politik des Reichskanzlers Brüning als ein vorübergehendes "autoritäres Experiment" zur Verhinderung der nationalsozialistischen Machtergreifung. 46)

Die publizistische Stellungnahme des 'BT' gegen den Nationalsozialismus war scharf und unbeirrbar. Der pauschale Vorwurf, die demokratische Presse habe angesichts

---

40) Daselbst, S. 157 ff.
41) Alfons Goldschmidt: Felix Pinner (zum 50. Gebrustatsg) in: 'Die Weltbühne' (Berlin), XXVI Jg./Nr. 9, 25.2.1930, S. 306. Pinner nahm sich nach seiner Emigration 1935 in New York das Leben.
42) Vgl. Ludwig Bernhard: Der Hugenberg-Konzern. Psychologie und Technik einer Großorganisation der Presse, Berlin 1928; Otto Groth, a.a.O., Bd. 2, S. 454 ff.
43) Gotthart Schwarz, a.a.O., S. 216 ff.
44) Daselbst S. 221 ff.
45) Daselbst S. 228 ff.
46) Daselbst S. 236 ff.

des Nationalsozialismus versagt, trifft in dieser Härte für das 'BT' nicht zu. [47] Was die Zeitung als Ursachen der nationalsozialistischen "Krankheit" analysierte, blieb allerdings unzureichend und unvollständig, weil sie sich auf die moralische Verurteilung der Oberflächenphänomene beschränkte und nicht zu einer Strukturanalyse der gesellschaftlichen, ökonomischen und politischen Faktoren der Staats- und Gesellschaftskrise vordrang. Hinzukam, daß die großen demokratischen und liberalen Zeitungen der antidemokratischen Massenpresse Hugenbergs und der radikalen Kampfpresse propagandistisch nicht gewachsen waren. Im 'BT' häuften sich die Auseinandersetzungen der Redaktion mit Lachmann-Mosse, dem Schwiegersohn des 1920 verstorbenen Rudolf Mosse. Unter dem Zwang zu finanziellen Sparmaßnahmen versuchte Lachmann-Mosse seit etwa 1930, das 'BT' der Generalanzeigerpresse anzugleichen, es an die Rechtsparteien heranzuführen und jüdischen Mitarbeitern zu kündigen. [48] Carbe und Feder kündigten von sich aus, Steinborn, Olden, Engel wurden entlassen. Theodor Wolff blieb aus Treue zur Zeitung, aber auch er hatte resigniert. Das Nachlassen seiner Autorität wirkte sich negativ auf den geschlossenen Zusammenhalt der Redaktion und die einheitliche politische Linie der Zeitung aus. Bis zuletzt mochte Wolff an den Sieg der Nationalsozialisten nicht glauben. Sein Kommentar zur Ernennung Hitlers zum Reichskanzler war noch von vager Hoffnung auf eine baldige Wendung erfüllt, wie auch sein letzter Beitrag im 'BT', ein Wahlaufruf zum 5. März 1933. Als er erschien, hatte Theodor Wolff Berlin schon verlassen. In der Emigration veröffentlichte er nur wenige Artikel, die er durch eine Londoner Agentur verbreiten ließ. Im Mai 1943 wurde Theodor Wolff von der italienischen faschistischen Polizei verhaftet und an die Gestapo ausgeliefert. Nach Konzentrationslager und einer Operation starb er am 23. September 1943 im Jüdischen Krankenhaus in Berlin. [49]

Wirtschaftliche und zeitbedingte politische Krisen kennzeichnen die Entwicklung des Rudolf-Mosse-Konzerns im letzten Jahrzehnt seines Bestehens. Seit 1931 kam der Verlag seinen Zahlungsverpflichtungen nur schleppend nach, bereits 1932 mußten Fusionsgerüchte dementiert werden. Der durch die Wirtschaftskrise bedingte Rückgang des Anzeigengeschäfts, die starke Konkurrenz der ALA und der wachsende Boycott jüdischer Unternehmen trieben den Konzern an den Rand der Illiquidität. [50] Dem Dementi über Verkaufsgerüchte am 26. März 1933 folgte am 9. April die Ankündigung über die Geschäftsniederlegung des Verlegers Lachmann-Mosse und die Umwandlung des Unternehmens in eine Stiftung. Im September 1933 wur-

---

47) Vgl. Emil Dovifat: Die Presse am Ende des Weimarstaats, in: 'Das Parlament', (Hamburg) Nr. 38, 15.9.1954, S. 2; Hans-Joachim Schoeps: Das letzte Vierteljahr der Weimarer Republik im Zeitschriftenecho, in: 'Geschichte in Wissenschaft und Unterricht' (Stuttgart), 7. Jg./1956, S. 464 ff.
S. 464 ff.
48) Vgl. Margret Boveri: Wir lügen alle. Eine Hauptstadtzeitung unter Hitler, Olten/Freiburg 1965, S. 30 ff.; Arnold Paucker (Hrsg.): The Feder Diaries, a.a.O., S. 196, 201 ff.
49) Gotthart Schwarz, a.a.O., S. 280 ff.
50) Vgl. Oron J. Hale: Presse in der Zwangsjacke 1933–1945, Düsseldorf 1965, S. 144.

de das Vergleichsverfahren eröffnet, eine Reihe von Auffanggesellschaften gegründet und der Verlag in eine "Buch- und Tiefdruck GmbH" umgewandelt. [51] Einem kurzfristigen Aufschwung folgten erneut Fusionsverhandlungen mit der 'DAZ' und einem Schweizer Bankkonsortium, die sich aber zerschlugen. Ende 1934 übernahm, angeblich nach einer Zusage Hitlers und Goebbels', das Unternehmen dürfe "die gleiche politische Richtung" fortführen, [52] die Cautio-Treuhand GmbH des Dr. Max Winkler den Zeitungsverlag, der nach einer "Neuordnung im Konzern" als "Berliner Druck- und Zeitungsbetriebe AG" in den Besitz eines Bankkonsortiums unter Führung der Dresdener Bank überging. Nicht viel besser erging es dem 'BT' in diesen von massiven politischen Eingriffen nationalsozialistischer Stellen erfüllten Wochen und Monaten. Bereits am 10. März 1933 wurde die Zeitung durch den Berliner Polizeipräsidenten verboten. An ihr Wiedererscheinen waren politische und personelle Auflagen geknüpft, die in der Folgezeit ständige Veränderungen und Schwierigkeiten in der Redaktion mit sich brachten. [53]

Einem ersten Konsolidierungsversuch unter dem "Hauptschriftleiter" Erich Haeuber (bis März 1934) folgte als Übergangsphase der Versuch einer Normalisierung in der Ära Scheffer. Paul Scheffer, der langjährige Korrespondent des 'BT' in Moskau, Washington und London, glaubte, gestützt auf das internationale Renommee der Zeitung und auf eine Zusage Goebbels [54], "auf dem Boden des Dritten Reiches eine Gegenposition schaffen" zu können, [55] mußte aber allen Hoffnungen und Bemühungen zum Trotz Ende 1936 resigniert aufgeben. Sein Nachfolger als Chefredakteur wurde der frühere Hugenberg-Journalist und SS-Sturmführer Erich Schwarzer, der seine Aufgabe in der rigorosen Gleichschaltung des 'BT' sah. [56] Die Phase der inneren Distanzierung von dem NS-Regime war vorüber. Unter dem letzten Chefredakteur, Eugen Mündler (früher 'Rheinisch-Westfälische Zeitung'), der aufgrund der Zusage des Reichspressechefs Otto Dietrich, aus dem 'BT' die "deutsche Times" zu machen, die Leitung im Mai 1938 übernahm, wurde das ramponierte journalistische Niveau der Zeitung zwar verbessert, aber Abhängigkeit und Unselbständigkeit blieben. Die Rivalität zwischen den NS-Pressegrößen Otto Dietrich, Max Amann, Rolf Rienhardt u.a. führte zu einer Verschmelzung des 'BT' mit der 'DAZ' und zur Überführung in den "Deutschen Verlag", d.h. in den Besitz der NSDAP. [57] In seiner letzten Ausgabe vom 31. Januar 1939 verabschiedete sich das 'BT' von seinen Lesern in dem Bewußtsein, wie Mündler formulierte, "dem Volk und Führer nach besten Kräften gedient zu haben." [58] Es ist nach der Niederlage des Dritten Reiches nicht wieder erschienen.

51) Margret Boveri, a.a.O., S. 214 ff.
52) Daselbst, S. 234.
53) Vgl. die Schilderung der ehemaligen 'BT'-Redakteurin Margret Boveri, a.a.O., S. 76 ff.
54) Daselbst, S. 162 f.
55) Daselbst, S. 192.
56) Daselbst, S. 596.
57) Daselbst, S. 605 ff., Dokumentation S. 614 ff.
58) Gotthart Schwarz, a.a.O., S. 283.

Volker Schulze:

VORWÄRTS (1876 – 1933)

Die Geschichte des Berliner 'Vorwärts' reicht zurück in die Frühzeit der sozialdemokratischen Parteientwicklung und der Presse, die sie begleitet hat. Schon die Vorläufer der Sozialdemokratischen Partei Deutschlands, Lassalles 'Allgemeiner Deutscher Arbeiter-Verein' von 1863 und die von Bebel und Liebknecht 1869 in Eisenach gegründete 'Sozial-demokratische Arbeiterpartei', hatten sich eigene offizielle Presseorgane geschaffen: Sprachrohr der Lassalleaner war seit dem 15. Dezember 1864 der 'Social-Demokrat' (Berlin), Gründung und Eigentum der beiden Redakteure Johann Baptist von Hofstetten und Johann Baptist von Schweitzer [1], die sich vertraglich verpflichtet hatten, "die ganze politische und soziale Richtung ihres Blattes derjenigen des (Allgemeinen Deutschen Arbeiter-)Vereins anzupassen" [2]. 1871 ging das Organ unter dem Titel 'Neuer Social-Demokrat' [3] in das Eigentum des 'Allgemeinen Deutschen Arbeiter-Vereins' über, diente zugleich aber auch als offizielles Mitteilungsblatt des 'Arbeiter-Unterstützungsverbandes' und des 'Allgemeinen Deutschen Maurer-Vereins'.

Die Interessen der Marxisten vertrat der Leipziger 'Volksstaat'. Das 'Organ der sozial-demokratischen Arbeiterpartei und der Gewerksgenossenschaften', wie sich die Zeitung im Untertitel nannte, war am 2. Oktober 1869 aus dem 'Demokratischen Wochenblatt', Leipzig, hervorgegangen, dessen bisheriger Herausgeber, Wilhelm Liebknecht, nun die redaktionelle Leitung des 'Volksstaat' übernahm. [4] Nachdem sich auf dem Kongreß zu Gotha 1875 die beiden politischen Bewegungen zur 'Sozialistischen Arbeiterpartei Deutschlands' vereinigt hatten [5], erschienen ihre alten Presseorgane zunächst weiter; gut ein Jahr später verschmolzen sie – unter dem beziehungsreichen Titel 'Vorwärts' – zum 'Central-Organ der Sozialdemokratie Deutschlands'.

---

1) Vgl. Heinz-Dietrich Fischer: . . . und der Vorwärts ergriff die Fahne. Vor hundert Jahren erschien erstmals der 'Social-Demokrat', in: 'Vorwärts', Bad Godesberg, 88. Jg. / Nr. 52/53 (23.12.1964), S. 27.
2) Zit. nach Kurt Koszyk: Zwischen Kaiserreich und Diktatur. Die sozialdemokratische Presse von 1914 bis 1933, Heidelberg 1958, S. 11. (Klammer vom Verf.)
3) Zu Namen und Daten vgl. Kurt Koszyk / Gerhard Eisfeld: Die Presse der deutschen Sozialdemokratie. Eine Bibliographie, im Namen des Vorstandes der Friedrich-Ebert-Stiftung herausgegeben von Fritz Heine, Hannover 1966, S. 63.
4) Vgl. daselbst, S. 130.
5) Vgl. Ludwig Bergsträsser: Geschichte der politischen Parteien in Deutschland, 11. Aufl., bearb. von Wilhelm Mommsen, München – Wien 1965, S. 138 ff.

Die Genealogie dieses Titels beginnt in der Zeit des Vormärz. 6) 1819 waren in Weimar 'Flugschriften politischen und wissenschaftlichen Inhalts' erschienen, die im Kopf den Aufruf 'Vorwärts!' trugen. 1843 hatte Robert Blum sein Volkstaschenbuch 'Vorwärts' benannt. 'Vorwärts' hießen auch ein 1844 in Paris herausgegebenes Emigrantenblatt mit dem Untertitel 'Pariser Signale aus Kunst, Wissenschaft, Theater und Musik' (an dem u.a. Heinrich Heine, Georg Herwegh und Karl Marx mitgewirkt haben) 7) sowie — etwa gleichzeitig — eine 'Unterhaltende und dem Gemeinwohl dienende Monatsschrift für Potsdam'. 1848 sagte Franz Ludwig Sensburg mit einem 'Vorwärts', Organ des 'Münchener demokratischen Vereins', Philistertum und deutscher Kleinstaaterei den Kampf an. 8) 'Vorwärts!' schrieb schließlich auch die wachsende Arbeiterbewegung auf ihre Fahnen. ". . . vorwärts! trotz Verfolgungen, trotz des Hases, vorwärts zum gemeinsamen Ziele!", hieß es in einem Aufruf des Vorstandes der 'Sozialistischen Arbeiterpartei Deutschlands' an "Arbeiter, Parteigenossen", wenige Tage nach dem Gothaer Einigungswerk. 9) "Und wie leicht wird jetzt das Vorwärtsschreiten sein, wie wohlthuend wird der Gedanke anregen, nur wirkliche Feinde vor sich zu haben und keine vermeintlichen; jetzt marschieren alle aufgeklärten Arbeiter Deutschlands Schulter an Schulter. Vor diesem bewußten, einheitlichen Vorwärtsschreiten werden die Hauptvesten der heutigen Gesellschaft bald zusammenbrechen, die Ausbeutung des Menschen und der Unverstand der Massen." 10)

Seit dem 1. Oktober 1876 führte das nunmehr 'einzige offizielle Parteiorgan' 11) der in Gotha vereinigten Sozialisten den Titel 'Vorwärts'. Es erschien wöchentlich dreimal, verlegt und gedruckt bei der Genossenschaftsbuchdruckerei in Leipzig. 12) Die redaktionelle Leitung hatte der Parteikongreß den beiden Verfassern des Gothaer Programms, Wilhelm Liebknecht und Wilhelm Hasenclever, dem letzten Präsidenten des 'Allgemeinen Deutschen Arbeiter-Vereins' und Redakteur des 'Neuen Social-Demokrat', übertragen. Liebknecht und Hasenclever übernahmen die schwere Aufgabe, die durch Kompromisse erzielte Einheit der deutschen Sozialdemokratie publizistisch zu wahren. Belastet mit dieser Bürde, entwickelte sich das Zentralorgan zunehmend zu einem Forum der Theorie, was ihm bei einem Teil der Leserschaft den Vorwurf

---

6) Vgl. nachfolgend Kurt Koszyk: Deutsche Presse im 19. Jahrhundert, Geschichte der deutschen Presse, Teil II, Berlin 1966, S. 42; 100; 114, sowie Kurt Koszyk: Vorwärts, in: 'Staatslexikon — Recht — Wirtschaft — Gesellschaft', hrsgg. von der Görres-Gesellschaft, 6. Aufl., Bd. 6, Freiburg 1963, Spalte 391.

7) Vgl. Friedrich Hirth: Zur Geschichte des Pariser 'Vorwärts', in: 'Archiv für die Geschichte des Sozialismus und der Arbeiterbewegung', Leipzig, 5. Jg. 1915, S. 200-206.

8) Kurt Koszyk: Franz Ludwig Sensburg und der Münchner 'Vorwärts' von 1848/49, in: 'Archiv für Sozialgeschichte', Bd. 2; Hannover 1962, S. 31-54.

9) 'Der Volksstaat', Nr. 65, 11. Juni 1875, S. 1.

10) Daselbst.

11) 'Vorwärts', Nr. 1, 1. Oktober 1876, S. 1.

12) Vgl. Kurt Koszyk: 'Vorwärts' a.a.O., Sp. 391.

eintrug, zu wissenschaftlich zu sein; andere hingegen fanden das Blatt nicht wissenschaftlich genug. [13] So sank die Auflage der Zeitung innerhalb von zwei Jahren von 12 000 auf 7 000 Exemplare. [14] Aber bevor sich zeigen konnte, ob der 'Vorwärts' seine Bewährungsprobe bestehen würde, fiel er, der übrigen sozialdemokratischen Presse voran, dem von Bismarck erwirkten 'Gesetz gegen die gemeingefährlichen Bestrebungen der Sozialdemokratie' zum Opfer. [15] Die letzte Nummer des Leipziger Zentralorgans trägt das Datum vom 26. Oktober 1878.

Wenige Wochen vor Erlaß des Sozialistengesetzes hatte der 'Vorwärts' in Erwartung drohender Gefahr für die deutsche Sozialdemokratie 'Gedanken über unsere künftige Agitation' eines ungenannten Parteimitglieds aus Schwaben veröffentlicht. [16] In diesem Beitrag waren bereits Maßnahmen bezeichnet, wie sie für die publizistische Arbeit im Untergrund notwendig werden sollten. Fast genau ein Jahr später, am 28. September 1879, gab der nach Zürich emigrierte Parteivorstand das Wochenblatt 'Der Sozialdemokrat' heraus, das für die Dauer des Ausnahmegesetzes die Funktion des Zentralorgans erfüllen mußte. [17] In Deutschland wurde das Blatt illegal verbreitet, gelangte aber hauptsächlich in die Hände von Funktionären. [18] Einfache Parteimitglieder und Sympathisanten waren auf die "unter demokratischer Tarnflagge segelnde(n)" lokalen Parteiblätter angewiesen, die "sich mit der Zeit in einigen größeren Städten" hervorwagten. [19] Als eine lokale Tageszeitung war auch das 'Berliner Volksblatt' konzipiert, das seit dem 1. April 1884 im Verlag Max Bading, Berlin, erschien. [20] Gründer des Blattes war ein Beauftragter der Parteileitung, Paul Singer [21], der sich schon um die Herausgabe des Zürcher 'Sozialdemokrat' verdient gemacht hatte. [22]

---

13) Vgl. Kurt Koszyk: Deutsche Presse im 19. Jahrhundert, a.a.O., S. 197.
14) Vgl. Kurt Koszyk: 'Vorwärts', a.a.O., Sp. 391.
15) Vgl. Kurt Koszyk: Deutsche Presse im 19. Jahrhundert, a.a.O., S. 199; sowie Kurt Koszyk: Zwischen Kaiserreich und Diktatur, a.a.O., S. 13.
16) 'Vorwärts', Nr. 105, 6.9. 1878, S. 1.
17) Vgl. Kurt Koszyk: Deutsche Presse im 19. Jahrhundert, a.a.O., S. 199. Über die Rolle des Zürcher 'Sozialdemokrat' in der Periode des Sozialistengesetzes vgl. Kurt Koszyk/ Gerhard Eisfeld, a.a.O., Nr. 1226 und 1788.
18) Vgl. Paul Mayer: Viel Bruderzwist im Hause Vorwärts. Ein bißchen 'Vorwärts'-Geschichte, in: Vorwärts gestern — heute — morgen. 1876—1966. 90 Jahre. Aus dem neuen Haus einen Gruß an alle Freunde, Bad Godesberg 1966, S. 25.
19) Daselbst.
20) Vgl. Kurt Koszyk / Gerhard Eisfeld, a.a.O., S. 65; Kurt Koszyk: 'Vorwärts', a.a.O., Sp. 391-392.
21) Zu Singer vgl.: Singer, in: Hans Herzfeld (Hrsg.): Geschichte in Gestalten, Bd. 4 (R-Z), Frankfurt 1963, S. 129-130; Paul Singer, in: Franz Osterroth: Biographisches Lexikon des Sozialismus, Bd. 1, Hannover 1960, S. 291/92 (falsche Datenangaben).
22) Vgl. Kurt Koszyk / Gerhard Eisfeld, a.a.O., S. 169.

Schon die Vorankündigung des 'Berliner Volksblatts' umriß ziemlich eindeutig die künftige publizistische Aufgabe der Zeitung, vermied es aber, mit den Bestimmungen des Sozialistengesetzes zu kollidieren 23):

> "Den Arbeitern, der zahlreichsten Klasse der Bevölkerung, fehlt ein eigenes Organ gänzlich. Die zweifelhafte und gleisnerische 'Freundschaft' einiger fortschrittlicher, konservativer und anderer Tageblätter hat die Massen der aufgeklärten Arbeiter von Berlin niemals darüber täuschen können, und wir wissen ganz genau, daß wir einem längst rege gewordenen Wunsche entgegenkommen, indem wir mit einem ausgesprochenen Arbeiterblatt, dem 'Berliner Volksblatt', auf dem Plan erscheinen. Die Berliner Arbeiter wollen und müssen ein Organ haben, das für sie spricht und in dem sie sprechen können. 24)

Das eigentliche Programm der Zeitung — mehr als eine Sammlung redaktioneller Grundsätze: ein sozialpolitisches Manifest — war in der Probenummer des 'Berliner Volksblatts' vom 30. März und der Nummer 1 vom 1. April 1884 abgedruckt. 25) Ausgehend von einer Bestandsaufnahme und schonungslosen Analyse der wirtschaftlichen Verhältnisse in Deutschland um die Mitte der achtziger Jahre stellte es die Forderung nach einer Wirtschaftspolitik, die der Arbeiterschaft gerecht werden sollte. Das vom liberalen Manchestertum vertretene "System der freien Konkurrenz", das den Starken stärke und den Schwachen noch mehr schwäche, sei als Basis der Wirtschaftspolitik abzulehnen. "Als Gegenstoß auf die von dem manchesterlichen Liberalismus angerichtete Verwüstung ist der Gedanke sozialer Reformen aufgetaucht. Indem man sich nach einem festen Angelpunkt für diese Reformen umsah, mußte der Staat als ein solcher erscheinen. Jawohl, der Staat, wenn auch nicht ein jeder Staat."

Der Staat, so hieß es weiter in dem Text, sei berufen, "ordnend und schützend in die wirthschaftlichen Verhältnisse einzugreifen" 26). Seine Aufgabe sei es, eine umfassende Sozialreform anzubahnen — allerdings nicht, wie das "Junker- und Großgrundbesitzerthum" sie verstehe, "als eine Reihe von Polizeimaßregeln..., die ausschließlich darin gipfeln, daß den arbeitenden Klassen kleine, aber sehr kleine Concessionen, und zwar auf Kosten der arbeitenden Klasse selbst gemacht werden, während als Äquivalent für diese kleinen Concessionen die staatliche Bevormundung über die arbeitenden Klassen dermaßen ausgedehnt werden soll, daß von Selbständigkeit und freier Bewegung keine Rede mehr sein kann... Man irrt sich, wenn man glaubt, mit dieser Art von Sozialreform sich die Sympathie der arbeitenden

---

23) Die Bestimmungen lauteten u.a.: "Druckschriften, in welchen sozialdemokratische, sozialistische oder kommunistische auf den Umsturz der bestehenden Staats- oder Gesellschaftsordnung gerichtete Bestrebungen in einer den öffentlichen Frieden, insbesondere die Eintracht der Bevölkerungsklassen gefährdenden Weise zutage treten, sind zu verbieten." Zit. nach Karl Schottenloher: Flugblatt und Zeitung. Ein Wegweiser durch das gedruckte Tagesschrifttum, Berlin 1922, S. 418.
24) Zit. nach Karl Schottenloher, a.a.O., S. 419.
25) Was wir wollen, in: 'Berliner Volksblatt', Probenummer vom 30. März 1884 und Nr. 1 vom 1. April 1884.
26) Was wir wollen, I, in: 'Berliner Volksblatt' vom 30.3.1884, S. 1.

Klassen zu erwerben... Wenn man Seitens der Regierung wirklich zu erfahren bestrebt ist, wie sich die Arbeiter die Sozialreform wünschen, so wird diese Sache keine großen Schwierigkeiten machen. Warum sollte man unter den Arbeitern nicht Umfrage halten können über das, was sie am Meisten drückt und wie sie sich denken, daß man ihnen helfen könne?" [27] Soviel stehe fest: Wichtiger als die unter dem Stichwort "Sozialreform" derzeit von der Regierung in Aussicht gestellte Organisation der Versicherung gegen Unfall und Krankheit sowie einer geregelten Altersversorgung seien Verkürzung der Arbeitszeit, Verbot der Kinder- und Einschränkung der Frauenarbeit, vor allem aber eine durchgreifende Anhebung des Volkseinkommens:

"So wünschten wir eine Sozialreform angebahnt zu haben... Indem wir dabei nochmals betonen, daß eine wirkliche Sozialreform nur aus dem fruchtbaren Boden politischer Freiheit emporsprießen kann, sind wir uns wohl bewußt, daß ein solches Ziel, wie wir es dargelegt, nicht von heute auf morgen zu erreichen ist. Allein wir stehen auch vor der Thatsache, daß heute die ganze politische Welt diese Fragen diskutirt und das ist für uns von größerem Werth, als es vielleicht Manchem auf den ersten Blick scheinen möchte. Wir sind fest überzeugt, daß, wenn ein ganzes Volk unausgesetzt seine dringendsten Wünsche diskutirt, diese Wünsche auch zur Erfüllung gelangen werden und müssen.

Das englische Volk diskutirte die Korngesetze so lange, bis sie beseitigt wurden. Warum sollte das bei uns anders sein? Warum sollten wir nicht über eine volksthümliche Sozialreform so lange diskutiren, bis sie Thatsache wird? Eine solche Diskussion durchdringt Staat und Gesellschaft allmählig mit dem Geiste des Volkes, dessen Wünsche sich geltend machen, und das Durchdrungensein mit diesem Geiste stellt sich schließlich dar in volksthümlichen Institutionen.

Indem wir so ein klares und erreichbares Ziel vor uns sehen, unterscheiden wir uns natürlich von jenen feurigen Schwarmgeistern, die mit einem 'kühnen Griff' Staat und Gesellschaft umgestalten zu können glauben. Wir wollen Niemand hindern, Luftschlösser zu bauen, allein wir bleiben auf der festen und sichern Erkenntniß stehen, daß dauerhafte soziale Umgestaltungen sich nur auf dem Boden einer organischen Entwicklung vollziehen können. Die Geschichte machte Theorien zu Liebe keine Sprünge und sie sträubt sich um so spröder, je höher die Theorien in den Wolken wandeln.

Damit haben wir uns unsere Aufgabe vorgezeichnet. Dieses Blatt soll für das arbeitende Volk und mit demselben an der Diskussion der großen Zeitfragen theilnehmen, Verständniß für dieselben erwecken und die Geister regsam erhalten. Je mehr die Arbeiter an der Diskussion der Arbeiterfrage Theil nehmen, desto leichter wird es, eine glückliche Lösung dieses großen und schwierigen Problems anzubahnen. Und indem wir die Arbeiter zur Diskussion anregen, thun wir Nichts als unsere politische Pflicht und Schuldigkeit." [28]

Der Redaktion des 'Berliner Volksblatts' — ihr gehörten Wilhelm Blos, Rödiger, I.F. Guttzeit, R. Cronheim und vorübergehend Max Schippel an [29] — gelang es mit Geschick, das Blatt durch die Maschen des Sozialistengesetzes zu laviren und die Lesergemeinde langsam, aber stetig, zu erweitern: Von 1884 bis 1890 stieg die

---

27) Was wir wollen, II, in: 'Berliner Volksblatt' vom 1.4.1884, S. 1.
28) Daselbst.
29) Vgl. Kurt Koszyk / Gerhard Eisfeld, a.a.O., S. 65.

Auflage von anfangs 2 400 Exemplaren auf 10 000 Exemplare pro Tag. 30) Nach dem Erlöschen des Sozialistengesetzes bestimmte der Parteitag der 'Sozialistischen Arbeiterpartei' (die sich fortan 'Sozialdemokratische Partei Deutschlands' nannte) vom 12. Oktober 1890 zu Halle das 'Berliner Volksblatt' zum 'offiziellen Parteiorgan' der SPD. 31) Die redaktionelle Leitung übertrug der Parteitag dem Redakteur des alten Leipziger Zentralorgans, Wilhelm Liebknecht — "mit dem Zusatz, daß dieser mit den Mitgliedern des Parteivorstandes gleiches Recht haben solle" 32). Am 1. Januar 1891 nahm das Zentralorgan wieder den traditionsreichen Titel 'Vorwärts' an; die Bezeichnung 'Berliner Volksblatt', dessen Programm nach wie vor verbindlich blieb 33), wurde im Untertitel des Zeitungskopfes weitergeführt. In seiner Jahrgangsrechnung schloß der 'Vorwärts' an die Erscheinungsjahre des Leipziger Zentralorgans und des 'Berliner Volksblatts' an, wobei jedoch die Lücken nicht mitgerechnet wurden. 34). Bis 1890 hatten Paul Singer und Max Bading die Zeitung wirtschaftlich getragen; dann übernahm die Gesamtpartei den 'Vorwärts', und Bading wurde Treuhänder. 35)

Schon in den ersten Erscheinungsjahren des 'Berliner Volksblatts' hatte sich die lokale Berliner Parteiorganisation — obgleich finanziell unbeteiligt — um Einfluß auf die Zeitung bemüht und schließlich das Vorschlagsrecht bei der Besetzung der Stellen in Redaktion und Expedition erwirkt. 36) Dieses Recht wurde den Berlinern nach der Umwandlung des 'Volksblatts' belassen. Der Parteitag zu Erfurt 1891 gestand der Berliner Organisation noch weitere Befugnisse zu, indem er einer von ihr zu wählenden Pressekommission die Kontrolle über den lokalen Teil der Zeitung bewilligte. 37) Sie hatte darauf zu achten, daß die Meinung der Berliner Parteigenossen hinreichend vertreten wurde. Doch bei diesen Befugnissen blieb es nicht: "Stillschweigend begann sie . . ., das Recht in Anspruch zu nehmen, die Haltung des Blattes bei der Agitation zu kontrollieren und insbesondere auch auf die Verwaltung des Zentralorgans Einfluß auszuüben." 38) Der Parteitag zu Hamburg 1897

---

30) Daselbst.
31) Protokoll der Verhandlungen des Parteitages der Sozialdemokratischen Partei Deutschlands zu Halle 1890, Berlin 1890, S. 8.
32) Eduard Bernstein: Die Berliner Arbeiterbewegung von 1890 bis 1905, Berlin 1924, S. 401.
33) In seiner ersten Nummer vom 1. Januar 1891 wiederholte der 'Vorwärts' auf der 4. Seite in faksimilierter Form das Programm "Was wir wollen", Teil I, aus der Probenummer des 'Berliner Volksblatts' vom 30. März 1884.
34) 1891 zählte als 8. Jahrgang.
35) Vgl. Kurt Koszyk: Deutsche Presse im 19. Jahrhundert, a.a.O., S. 204.
36) Parteivorstand der SPD (Hrsg.): Zum Vorwärtskonflikt. Eine Darstellung auf Grund der vorliegenden Dokumente und Protokolle, Berlin 1916, S. 5.
37) Eduard Bernstein, a.a.O., S. 401.
38) Curt Schön: Der 'Vorwärts' und die Kriegserklärung. Vom Fürstenmord in Serajewo bis zur Marneschlacht 1914, Berlin-Charlottenburg 1929, S. 8.

sanktionierte diesen Übergriff und definierte im Parteistatut die Stellung der Pressekommission neu:

> "Zur Kontrolle der prinzipiellen und taktischen Haltung des Zentralorgans, sowie der Verwaltung desselben, wählen die Parteigenossen Berlins und der Vororte eine Preßkommission, welche aus höchstens zwei Mitgliedern für jeden beteiligten Reichstagswahlkreis bestehen darf. Einwände der Preßkommission sind dem Parteivorstand zur Erledigung zu unterbreiten. Von Anstellungen und Entlassungen im Personal der Redaktion und Expedition ist der Preßkommission vor der Entscheidung Mitteilung zu machen und ihre Ansicht einzuholen." 39)

Auf Beschluß des Parteitags von Hannover 1899 erhielt die Pressekommission bei der Berufung der Redakteure gleiche Rechte wie der Parteivorstand. Für den Fall, daß es zwischen Parteivorstand und Pressekommission zu Meinungsverschiedenheiten kommen sollte, war eine Kontrollkommission, die der Parteitag zu wählen hatte, als Vermittlungsinstanz vorgesehen. 40) "Der Doppelcharakter des 'Vorwärts' als Zentralorgan der Partei und Berliner Lokalblatt" 41) hatte zahllose Kompetenzstreitigkeiten und Auseinandersetzungen um die politische Richtung zur Folge, die zeitweise Fortbestand und innere Kontinuität der Zeitung ernsthaft bedrohten. 42)

In der innerparteilichen Diskussion über Methodenfragen sowie über Kampf- und Organisationsformen hatten sich um die Jahrhundertwende zwei divergierende Richtungen herausgebildet, die schon deutlich durch die getrennte Parteientwicklung bis 1875 vorgezeichnet waren: zum einen die orthodoxen Marxisten, als deren Vertreter Wilhelm Liebknecht selbst "jede Beteiligung an der parlamentarischen Arbeit ablehnte" 43); zum anderen die von Lassalle herkommende, um Reformen durch Mitarbeit bestrebte Gruppe. 44) Auf den 'Vorwärts' wirkte sich diese ideologische Kluft insofern unglücklich aus, als die beiden Kontrollgremien unterschiedlich verpflichtet waren: Während die Pressekommission ziemlich eindeutig den Linkskurs der Berliner Parteigenossen vertrat, nahm der Parteivorstand überwiegend eine gemäßigte Position ein. Trotz seines persönlichen Engagements bemühte sich Wilhelm Liebknecht, unterstützt von sechs Redakteuren 45) und einer großen Zahl gelegentlicher Mitarbeiter 46), um eine den verschiedenen Strömungen innerhalb der Partei

---

39) Protokoll der Verhandlungen des Parteitages der SPD, Hamburg 1897, Berlin 1897, S. 176.
40) Vgl. Parteivorstand der SPD (Hrsg.): Zum Vorwärtskonflikt, a.a.O., S. 7; vgl. dazu Eduard Bernstein, a.a.O., S. 402.
41) Parteivorstand der SPD (Hrsg.): Zum Vorwärtskonflikt, a.a.O., S. 7.
42) Vgl. Kurt Koszyk: 'Vorwärts', a.a.O., Sp. 392; Paul Mayer, a.a.O., S. 25 ff.
43) Ludwig Bergsträsser, a.a.O., S. 165.
44) Vgl. Ludwig Bergsträsser, a.a.O., S. 165-169.
45) Es waren dies u.a. Ignaz Auer, Adolf Braun, Enders, Georg Gradnauer, August Jacobey, Bruno Schoenlank und Kurt Eisner. Einige der Redakteure wirkten nur kurze Zeit beim 'Vorwärts' mit. (vgl. Kurt Koszyk / Gerhard Eisfeld, a.a.O., S. 66).
46) Genannt seien: Bebel, Bernstein, Engels, Richard Fischer, Kautsky, Franz Mehring, Molkenbuhr, Singer. 1895 gehörte auch W.I. Lenin zu den freien Mitarbeitern. (vgl. G.S. Schuikow: Lenins Mitarbeit an der deutschen sozialdemokratischen Zeitung 'Vorwärts' (1895), in: 'Sowjetwissenschaft. Gesellschaftswissenschaftliche Beiträge', Berlin 1960, Heft 11, Seite 1243-1251).

gerecht werdende Berichterstattung und Meinungsbildung. Er habe es stets für seine Pflicht gehalten, "abweichende Meinungen nicht vom Redaktionsstuhl herab zu verdammen oder gar zu exkommunizieren" [47], erklärte er auf dem Parteitag zu Gotha 1896.

Nach dem Tode Liebknechts im Jahre 1900 blieb der Stuhl des Chefredakteurs unbesetzt, und die Leitung des Blattes ging an eine Kollegialredaktion über. [48] Tonangebend in der Redaktion wurde jedoch bald der Leiter des politischen Ressorts, Kurt Eisner [49], ein philosophischer Kopf, der sich auf Kant und Rousseau berief. Parteipolitisch tendierte er zum reformerischen Sozialismus, einer Richtung, wie Eduard Bernstein sie wies. [50] Die Mehrzahl der Redaktionsmitglieder teilte die politischen Auffassungen Eisners, während sich eine Minderheit strikt gegen den "Revisionismus" wandte. Da die Meinungsverschiedenheiten zwischen beiden Gruppen nicht nur redaktionsintern, sondern zunehmend in den Spalten des 'Vorwärts' ausgetragen wurden, sahen sich Parteivorstand und Pressekommission genötigt einzugreifen. Am 6. Oktober 1905 schlug der Parteivorstand der Pressekommission vor, die beiden "revisionistischen" Redakteure Büttner und Kaliski zu entlassen und mit A. Fülle einen Vertreter der "Radikalen" anzustellen. Außerdem sollte Rosa Luxemburg als feste Mitarbeiterin für wöchentlich zwei Leitartikel gewonnen werden. Dieser Vorschlag reichte freilich der Pressekommission nicht aus. Nach längeren Beratungen kamen schließlich die Gremien überein, allen 'Vorwärts'-Redakteuren zu kündigen, ihnen aber gleichzeitig anheimzustellen, sich um Wiedereinstellung zu bewerben. Auf diesen Beschluß hin reichte die hinter Eisner stehende Redaktionsmehrheit, die von den Beratungen über den 'Vorwärts'-Konflikt ausgeschlossen war, demonstrativ die Kündigung ein. [51] Gleichzeitig wandten sich die Redakteure an die Parteiöffentlichkeit, indem sie im 'Vorwärts' den Sachverhalt aus ihrer Perspektive schilderten. [52]

Parteivorstand und Pressekommission nahmen dieses eigenwillige Vorgehen zum Anlaß, allen sechs Redakteuren fristlos zu kündigen. [53] Dieser Beschluß fand in

---

47) Zit. nach: Parteivorstand der SPD (Hrsg.): Zum Vorwärtskonflikt, a.a.O., S. 8.

48) Neue Redaktionsmitglieder wurden: Paul John, Heinrich Ströbel, Ludwig Lessen, später Leid, C. Schmidt, Wilhelm Schröder (vgl. Kurt Koszyk/ Gerhard Eisfeld, a.a.O., S. 66).

49) Zu Eisner allgemein: Franz Schade: Kurt Eisner und die bayerische Sozialdemokratie, Hannover 1961.

50) Eduard Bernstein: Die Voraussetzungen des Sozialismus und die Aufgaben der Sozialdemokratie, Berlin 1899.

51) Vgl. die von Büttner, Eisner, Gradnauer, Kaliski, Schröder und Wetzker verfaßte "Aufklärung", in: 'Vorwärts', Nr. 251 vom 26.10.1905, S. 1.

52) Daselbst. Zu dem Konflikt des Jahres 1905 vgl. auch: Hans J.L. Adolph: Otto Wels und die Politik der deutschen Sozialdemokratie 1894-1939. Eine politische Biographie, Berlin 1971, S. 17-23.

53) Vgl. Der Parteivorstand (der SPD)/ Die Pressekommission: An die Parteigenossen!, in: 'Vorwärts', Nr. 255 vom 31.10.1905, S. 1-2.

Parteikreisen zwar überwiegend Zustimmung, doch wurden auch zahlreiche kritische Stimmen lauf. So mißbilligte beispielsweise die Mitgliederversammlung des SPD-Wahlkreises München das "Verhalten" von Vorstand und Pressekommission "als den demokratischen Grundsätzen direkt ins Gesicht schlagend"; zugleich machte sie auf die "taktischen Fehler" der Redakteure aufmerksam, denen "auf Grund des § 24 des Organisationsstatuts der Weg der Beschwerde offengestanden" 54) hätte. Die Erregung innerhalb der Partei erlebte ihren Höhepunkt, als die gemaßregelten und ausgeschlossenen Redakteure Anfang Dezember 1905 eine umfangreiche Dokumentation in Umlauf setzten, "die sie als unschuldige Opfer unternehmerischer Willkür erscheinen lassen sollte" 55). Inzwischen waren die vakanten Stellen wieder besetzt worden. 56) Nachfolger Eisners als leitender politischer Redakteur wurde Heinrich Ströbel 57), der bereits seit 1900 'Vorwärts'-Mitarbeiter war. 58)

Der 'Vorwärts'-Konflikt, so sehr er die Gemüter beschäftigt hatte, blieb ohne Nachteil auf die wirtschaftliche Entwicklung des Blattes. Seit 1902 erschien das Zentralorgan der SPD in parteieigenem Verlag, der 'Vorwärts-Buchdruckerei und Verlagsanstalt Paul Singer & Co." ', die der Parteivorstand auf Anregung der Berliner Parteimitglieder ins Leben gerufen hatte. 59) Das Unternehmen war als Offene Handelsgesellschaft gegründet; Paul Singer, August Bebel und Eugen Ernst zeichneten als Inhaber. Der Gewinn — so bestimmte das Gesellschaftsstatut ausdrücklich — mußte an die Partei abgeführt werden. 60) Innerhalb von vier Jahren gelang es Verlag und Redaktion, die Auflage des 'Vorwärts' von 56 000 (1902) auf 112 000 (1906) Exemplare zu verdoppeln. 1912 wurden täglich 165 000 Exemplare gedruckt. 61) (Dieser Leserzuwachs muß allerdings im Zusammenhang mit dem enormen Aufschwung der SPD seit der Jahrhundertwende gesehen werden). 62) Die

---

54) 'Vorwärts', Nr. 275 vom 24. November 1905.
55) Paul Mayer, a.a.O., S. 26. Die Dokumentation trägt den Titel: "Der Vorwärts-Konflikt. Gesammelte Aktenstücke", München 1905.
56) Am 29. Oktober 1905 traten in die Redaktion ein: H. Block, Georg Davidsohn, W. Düwell, A. Stadthagen, Wermuth (vgl. Kurt Koszyk/ Gerhard Eisfeld, a.a.O., S. 66.).
57) Vgl. Kurt Koszyk: Zwischen Kaiserreich und Diktatur, a.a.O., S. 219, Anm. 10.
58) Vgl. Kurt Koszyk / Gerhard Eisfeld, a.a.O., S. 66.
59) Parteivorstand der SPD (Hrsg.): Zum Vorwärtskonflikt, a.a.O., S. 6.
60) Die Mittel zur Gründung waren durch Darlehen aufgebracht worden. Rd. 125 000 Mark hatten Parteimitglieder zur Verfügung gestellt, 320 000 Mark die Berliner Gewerkschaftsorganisationen, 63 000 Mark drei vermögende Berliner Parteimitglieder. Die Darlehen wurden mit vier Prozent verzinst "und konnten nach einigen Jahren infolge der günstigen Entwicklung der Druckerei sämtlich zurückgezahlt werden". (Parteivorstand der SPD [Hrsg.]: Zum Vorwärtskonflikt, a.a.O., S. 6).
61) Auflagendaten aus: Kurt Koszyk / Gerhard Eisfeld, a.a.O., S. 66.
62) Von 1906 bis 1914 stieg die Mitgliederzahl der SPD von rd. 400 000 auf 1,1 Millionen; zugleich stieg die Zahl der Wähler von 3 auf 4,25 Millionen. (vgl. Kurt Koszyk: Deutsche Presse im 19. Jahrhundert, a.a.O., S. 206.).

'Vorwärts'-Druckerei erzielte beträchtliche Überschüsse, mit denen die Partei, zusammen mit Geldmitteln einiger Gewerkschaftsorganisationen, durch eine Aktiengesellschaft ein Grundstück an der Lindenstraße in Berlin erwarb. Im Sommer 1914 konnte der 'Vorwärts' hier ein neues Haus beziehen. [63]

In den wirtschaftlichen Blütejahren des 'Vorwärts' vor dem I. Weltkrieg hatten die Auseinandersetzungen um die politische Linie des Zentralorgans angedauert. Hinter diesen Streitigkeiten standen nach wie vor die alten ideologischen Gegensätze innerhalb der Partei. Die anläßlich des 'Vorwärts'-Konflikts 1905 neu besetzte Redaktion schwankte zwischen beiden Hauptrichtungen, neigte aber schließlich in ihrer Mehrheit, bestimmt durch den Einfluß von Rudolf Hilferding [64], zur "gemäßigten Linken". Hilferding hatte 1907 von Ströbel das politische Ressort übernommen. [65]
In der Redaktion fand er, der führende Theoretiker des Marxismus, schnell eine starke Anhängerschaft. Unter der Führung Hilferdings wandte sich bei Ausbruch des Weltkriegs 1914 die 'Vorwärts'-Redaktion nahezu geschlossen gegen die Zustimmung der sozialdemokratischen Reichstagsfraktion zu den von der Reichsregierung geforderten Kriegskrediten. [66] Die Redakteure konnten sich dabei auf zahlreiche vom Parteivorstand der SPD vor dem drohenden Kriegsausbruch initiierte Friedenskundgebungen berufen. [67] In einer Erklärung an Parteivorstand und Pressekommission, die bis Kriegsende unveröffentlicht blieb [68], bezeichneten sie die Kreditbewilligung als "inkonsequent, in ihren Folgen für die Partei schädigend" [69]. Die deutsche Sozialdemokratie habe durch diese Entscheidung eine gewisse Mitverantwortung für den Krieg und seine Folgen übernommen.

Mit der Erklärung stellte sich die 'Vorwärts'-Redaktion in klaren Gegensatz zu der Politik von Parteileitung und Reichstagsfraktion, die den Krieg — nunmehr — als "Verteidigungskrieg" bezeichneten und daher bereit waren, die Regierung zu unterstützen. [70] Ein neuer 'Vorwärts'-Konflikt, weitaus folgenschwerer als die Ereignisse im Jahre 1905, kündigte sich an. Schon bald nach Kriegsausbruch trafen das Zentralorgan die ersten Verbote. Zunächst gelang es dem Parteivorstand, durch

---

63) Parteivorstand der SPD (Hrsg.): Zum Vorwärtskonflikt, a.a.O., S. 6.
64) Zu Hilferding vgl. Alexander Stein: Rudolf Hilferding und die deutsche Arbeiterbewegung, Hamburg 1946.
65) Vgl. Kurt Koszyk: Zwischen Kaiserreich und Diktatur, a.a.O., S. 219, Anm. 10.
66) Am 3. August 1914 hatte sich die Fraktion gegen eine Minderheit von 14 Stimmen für die Kreditbewilligung ausgesprochen. Bei der Abstimmung im Reichstag am 4. August fügte sich die Minderheit dem Fraktionszwang. (Vgl. Ludwig Bergsträsser, a.a. O., S. 179; Kurt Koszyk: Zwischen Kaiserreich und Diktatur, a.a.O., S. 44 ff.).
67) Vgl. Ludwig Bergsträsser, a.a.O., S. 178 ff; Kurt Koszyk: Zwischen Kaiserreich und Diktatur, a.a.O., S. 25 f.
68) Vgl. Kurt Koszyk: Zwischen Kaiserreich und Diktatur, a.a.O., S. 45.
69) Zit. nach Otto Groth: Die Zeitung. Ein System der Zeitungskunde (Journalistik), Bd. 2, Mannheim — Berlin — Leipzig 1929, S. 416.
70) Vgl. Anm. 67.

Intervention bei der militärischen Zensurbehörde die baldige Freigabe der Zeitung zu erwirken. 71) Seine gleichzeitigen Bemühungen, die Redaktion im Sinne der Parteimehrheit umzustimmen, blieben indes ohne Erfolg, zumal die Berliner Pressekommission den Redakteuren den Rücken stärkte. 72) Als sich aber die 'Vorwärts'-Redaktion 1916 ohne Rücksicht auf den offiziellen Kurs der Partei offen zu den Kreditverweigerern — jenen aus der SPD-Reichstagsfraktion ausgeschlossenen Parlamentariern, die sich am 24. März 1916 zur 'Sozialdemokratischen Arbeitsgemeinschaft' zusammenschlossen 73) — bekannte, griff der Parteivorstand ein: er bestellte einen eigenen Zensor, dem sämtliche Druckfahnen vorgelegt werden mußten. Zeitweise übte Hermann Müller (-Franken) dieses Amt aus.

Diese Maßnahme des Parteivorstandes, die bei der sozialdemokratischen Minderheit auf schafen Protest stieß (und die im 'Vorwärts' offen kritisiert wurde 74)), war auf die Dauer ebenso wirkungslos wie der Versuch, "den 'Vorwärts', das Zentralorgan der Partei, vom 'Berliner Volksblatt' zu trennen, um beiden Teilen, nämlich der Gesamtpartei und den Berliner Genossen, zu ihrem Recht zu verhelfen" 75). Einen entsprechenden Plan des Parteivorstandes lehnten die Pressekommission und der Berliner Geschäftsführende Ausschuß Mitte August 1916 ab: d.h. sie entstellten ihn dergestalt, daß sie den 'Vorwärts' für sich allein beanspruchten. 76) Ende 1916 nahm der Parteivorstand schließlich ein abermaliges Verbot des 'Vorwärts' durch das Oberkommando in den Marken zum Anlaß, die Redaktion des Zentralorgans unter seine Kontrolle zu bringen: er entließ — gegen den Widerstand der Berliner Genossen, die zum Boykott des Zentralorgans aufriefen — die Mehrzahl der insgesamt 12 Redakteure und berief eine neue Redaktion. Dabei griff er auf einen Vorschlag aus dem Jahre 1913 zurück 77): löste die seit Liebknechts Tod im Jahre 1900 bestehende Form der Kollegialredaktion auf und stellte an die Spitze der Redaktion — um der "dringend erforderlichen einheitlichen Leitung" 78) willen — einen Chefredakteur.

Am 9. November 1916 übertrug der Parteivorstand dieses Amt dem 42 Jahre alten Journalisten Friedrich Stampfer, dem Gründer einer sozialdemokratischen Presse-

---

71) Parteivorstand der SPD (Hrsg.): Zum Vorwärtskonflikt, a.a.O., S. 16 ff. Vgl. zu dem gesamten Komplex auch: Curt Schön, a.a.O.; Hans Trautmann: Die innenpolitische Auseinandersetzung des 'Vorwärts' und der Staatsgewalt im Weltkriege, phil. Diss. Heidelberg 1939, Heidelberg 1940.
72) Parteivorstand der SPD (Hrsg.): Zum Vorwärtskonflikt, a.a.O., S. 12 u.ö.
73) Vgl. Ludwig Bergsträsser, a.a.O., S. 183-184.
74) Vgl. Kurt Koszyk: Zwischen Kaiserreich und Diktatur, a.a.O., S. 81.
75) Parteivorstand der SPD (Hrsg.): Zum Vorwärtskonflikt, a.a.O., S. 13.
76) Vgl. daselbst, S. 13-16.
77) Vgl. daselbst, S. 8-9.
78) Daselbst, S. 9.

korrespondenz für Provinzzeitungen und Mitbegründer eines Leitartikeldienstes. [79] Stampfer, der bei Ausbruch des Weltkriegs in einem vielbeachteten Leitartikel für die Kreditbewilligung eingetreten war [80], galt als loyaler Verfechter des Kurses der Parteimehrheit. Dem Chefredakteur zur Seite traten als verantwortliche Redakteure zunächst abwechselnd Hermann Müller und Dr. Franz Diederich, der langjährige Feuilletonleiter des 'Vorwärts'. Später zeichnete Erich Kuttner, Journalist und ausgebildeter Jurist, verantwortlich. [81] Der neugebildeten Redaktion stellte sich die Aufgabe, die Masse der sozialdemokratischen Mitglieder und Wähler im Sinne der Parteimehrheit zu unterrichten [82] und eine Vertrauensbasis für das Zentralorgan, das von August 1914 bis Oktober 1916 mehr als 70 000 Abonnenten verloren hatte [83], wiederzugewinnen.

Unterdessen löste sich die sozialdemokratische Minderheit, deren Möglichkeit, auf den 'Vorwärts' Einfluß zu nehmen, gänzlich unterbunden war, aus der Gesamtpartei und formierte sich zu mehr oder weniger festen eigenen Organisationen: die äußerste (revolutionäre) Linke hatte sich bereits 1916 unter dem Namen 'Spartacus' zusammengeschlossen; im April 1917 bildete sich unter Haase und Kautsky — mit der 'Sozialdemokratischen Arbeitsgemeinschaft' als Kern — die 'Unabhängige Sozialdemokratische Partei Deutschland' (USPD). [84] Der 'Vorwärts', schon sehr früh Objekt der ideologischen und methodischen Auseinandersetzungen, die schließlich zur Spaltung der Partei führten, war nach seiner "Umfunktionierung" von einem Organ der Gesamtpartei zum Sprachrohr der Parteimehrheit schweren Anfechtungen durch die beiden aus der sozialdemokratischen Mutterpartei ausgeschiedenen Gruppen ausgesetzt.

Als sich die Redaktion des 'Vorwärts' nach dem militärischen Zusammenbruch im November 1918 nach wie vor eindeutig zu den Mehrheitssozialisten bekannte, reagierten 'Spartakisten' und 'Unabhängige' mit heftigen Attacken in ihren neu geschaffenen Organen 'Die Rote Fahne' [85] und 'Die Freiheit' [86]. Doch bei Pressekam-

---

79) Zu Stampfer vgl. Friedrich Stampfer: Erfahrungen und Erkenntnisse. Aufzeichnungen aus meinem Leben, Köln 1957; Erich Matthias (Hrsg.) Mit dem Gesicht nach Deutschland. Eine Dokumentation über die sozialdemokratische Emigration. Aus dem Nachlaß von Friedrich Stampfer, ergänzt durch andere Überlieferungen, bearb. von Werner Link, Düsseldorf 1968; Kurt Koszyk, Gerhard Eisfeld, a.a.O., Nr. 1821 u. 1855.
80) Vgl. Erich Matthias (Hrsg.), a.a.O., S. 11.
81) Vgl. Kurt Koszyk: Zwischen Kaiserreich und Diktatur, a.a.O., S. 86.
82) Vgl. Parteivorstand der SPD (Hrsg.): Zum Vorwärtskonflikt, a.a.O., S. 36 ff.
83) Vgl. Kurt Koszyk: Zwischen Kaiserreich und Diktatur, a.a.O., S. 85.
84) Vgl. Ludwig Bergsträsser, a.a.O., S. 184.
85) Vgl. Kurt Koszyk: 'Die Rote Fahne' (in diesem Band).
86) 'Die Freiheit' erschien seit dem 15. November 1918 als Blatt der 'Unabhängigen' in Berlin. Die Zeitung wurde von ehemaligen Mitarbeitern des 'Vorwärts' redigiert. Leitender Redakteur war Rudolf Hilferding (vgl. Kurt Koszyk: Zwischen Kaiserreich und Diktatur, a.a.O., S. 115; vgl. auch Eugen Prager: Geschichte der USPD. Entstehung und Entwicklung der USPD, Berlin 1921).

pagnen blieb es nicht: Am 25. Dezember 1918 besetzten linksradikale Kräfte, unterstützt von meuternden Arbeitern und Matrosen, das 'Vorwärts'-Gebäude an der Lindenstraße und forderten das Blatt "zurück". Friedrich Stampfer, der sich den Unwillen der Putschisten mit einer Veröffentlichung in der Abendausgabe des Zentralorgans vom Vortage zugezogen hatte [87], wurde von ihnen vorübergehend festgenommen. Die Aufständischen zwangen die Redakteure bekanntzugeben, der 'Vorwärts' habe das "Vertrauen der Arbeiterschaft" verloren. Nicht etwa "revolutionäre Obleute und Vertrauensmänner", sondern enttäuschte "Arbeitermassen" hätten "die Besetzung des Gebäudes" veranlaßt. [88] Mit dieser erzwungenen Erklärung erschien das Zentralorgan wieder am 27. Dezember. Eine am 28. Dezember veröffentlichte Mitteilung der "sozialdemokratischen Obleute und Vertrauensleute" bezeichnete jedoch die Erklärung als "Lüge und Verleumdung". Sie warnte die radikale "Minderheit vor jedem Versuch, die Meinungsfreiheit des 'Vorwärts' anzutasten". [89] Diese Warnung blieb jedoch unbeachtet: Eine Woche später besetzten Spartakisten das Gebäude und verhinderten Herstellung und Verbreitung des Zentralorgans. Am 11. Januar 1919 gelang es Regierungstruppen, Druckerei und Verlagsgebäude "im Sturm zu nehmen" [90] und dem rechtmäßigen Eigentümer zu übergeben [91]. Die Okkupanten wurden gefangengenommen.

Gemeinsamkeiten zwischen Mehrheitssozialisten und Kommunisten — am 1. Januar 1919 hatten Spartakisten und ihnen nahestehende Kräfte die 'Kommunistische Partei Deutschlands' gegründet [92] — gab es nach Auffassung der 'Vorwärts'-Redaktion endgültig nicht mehr, zumal die KPD sogleich zum Kampf gegen den werdenden, von den Sozialdemokraten mitverantworteten parlamentarisch-demokratischen Staat aufrief. Umso entschiedener bemühte sich das MSPD-Zentralorgan um eine Annäherung von Mehrheitssozialisten und Unabhängigen [93], zwischen denen in zahlreichen Fragen von grundsätzlicher Bedeutung keine wesentlichen Meinungsverschiedenheiten bestanden.

Nachdem die USPD 1920 ihren radikalen Flügel an die KPD verloren hatte, söhnten sich schließlich 1922 die beiden sozialdemokratischen Parteien wieder aus. [94] Der 'Vorwärts', jetzt 'Zentralorgan der Vereinigten Sozialdemokratischen Partei Deutschlands', konnte die Leserschaft der eingestellten USPD-Zeitung 'Die Freiheit' überneh-

---

87) 'Vorwärts', Nr. 353a, 24. Dezember 1918, S. 1.
88) 'Vorwärts', Nr. 355, 27. Dezember 1918, Morgenausgabe, S. 1.
89) 'Vorwärts', Nr. 356, 28. Dezember 1918, Morgenausgabe, S. 1.
90) Protokoll der Verhandlungen des Parteitags der SPD Weimar 1919, Berlin 1919, S. 35.
91) Vgl. die Erlebnisschilderung von Arno Scholz: Als Reporter in bewegter Zeit beim alten 'Vorwärts' in Berlin. Erinnerungen an die Zeit vor 1933, in: 'Vorwärts' (Bad Godesberg), Nr. 41 (Zum 90jährigen Jubiläum), 5. Oktober 1966, S. 41.
92) Vgl. Ludwig Bergsträsser, a.a.O., S. 200.
93) Vgl. Kurt Koszyk: Zwischen Kaiserreich und Diktatur, a.a.O., S. 140 ff.
94) Vgl. daselbst, S. 152-156.

men, was seine weitere Entwicklung — vor allem nach der Stabilisierung der Währung Ende 1923 — begünstigte. Von nun an kam das Zentralorgan der SPD, das bereits seit dem 15. November 1918 täglich zweimal erschienen war, in einer Auflage von mehr als 300 000 Exemplaren pro Morgen- und Abendausgabe heraus. [95] In die inzwischen mehrmals erweiterte Redaktion [96] traten nach der Liquidation der "Freiheit" Ernst Reuter (der nachmalige erste Regierende Bürgermeister von Berlin) und Alexander Stein ein. [97] 1925 folgte aus dem Lager der Unabhängigen Dr. Curt Geyer. Leiter der Redaktion blieb — von einer kurzen Unterbrechung 1919/20 abgesehen [98] — Friedrich Stampfer, der auch seit 1920 als SPD-Abgeordneter im Reichstag saß. Sein Stellvertreter war seit 1921 Franz Klühs. [99]

Im Jahre 1925 schloß sich der 'Vorwärts'-Verlag der vom Parteivorstand gegründeten 'Konzentrations-Aktiengesellschaft' an. [100] Diese von der Partei getragene Gesellschaft — ihr Vorläufer war eine 1920 ins Leben gerufene Revisions- und Einkaufszentrale — diente der "Durchorganisierung der geschäftlichen Unternehmungen . . . durch weiteren Ausbau der bisherigen Einrichtungen, durch technische und kaufmännische Beratung und Revisionen. . ., ebenfalls aber auch durch Beratung in steuerrechtlichen Fragen, durch eine bessere Organisation des Einkaufs, der Rohstoffe, der Maschinen und der sonstigen Materialien. . ." [101] Die wirtschaftlichen Hilfestellungen sollten vor allem dazu beitragen, die Zeitungen zu modernisieren und äußerlich dem Geschmack breiter Leserschichten anzupassen. Dem 'Vorwärts' gelang es, diese Wandlung mitzuvollziehen: Die Zahl der Textseiten wurde vermehrt; Nachrichtenbilder und Karikaturen drangen in das bislang nahezu illustrationslose Blatt ein. 1928 gab der Verlag zusätzlich zu den beiden Ausgaben des 'Vorwärts' ein zum Boulevardtyp tendierendes Nachrichtenblatt mit dem Titel 'Der Abend' heraus.

---

95) Vgl. Paul Mayer, a.a.O., S. 28.
96) Vom 1. Januar 1919 bis zum 1. Februar 1920 kamen nachfolgende sechs Redakteure neu zum Vorwärts: Richard Bernstein, Arthur Saternus, Fritz Karstädt, Franz Klühs, Herbert Lepère und Victor Schilf. 1921 folgten Willy Möbus, E.W. Trojan und Friedrich Etzkorn (vgl. die Angaben im Handbuch des Vereins Arbeiterpresse, hrsgg. vom Vorstand des Vereins Arbeiterpresse, 4. Folge 1927, Berlin 1927, S. 145, 153, 170, 171, 182, 193, 194, 204).
97) Vgl. Kurt Koszyk: Zwischen Kaiserreich und Diktatur, a.a.O., S. 156.
98) Aus Unzufriedenheit über die Haltung seiner Partei zur Frage des Friedensvertrages war Stampfer am 21. Juni 1919 von seinem Posten als 'Vorwärts'-Chefredakteur zurückgetreten. Am 1. Februar 1920 kehrte er in die Chefredaktion zurück. Über die Gründe vgl. Kurt Koszyk: Zwischen Kaiserreich und Diktatur, a.a.O., S. 131-132.
99) Vgl. Kurt Koszyk / Gerhard Eisfeld, a.a.O., S. 66.
100) Zur Konzentrations-A.G. vgl. Walther G. Oschilewski: 10 Jahre Konzentration. Vom Werden und Wirken einer Interessengemeinschaft sozialistischer Wirtschaftsunternehmungen, Bonn 1956 (o.S.) sowie die in Kurt Koszyk/Gerhard Eisfeld (a.a.O., Nr. 887, 929, 1000, 1056) angegebene Literatur.
101) Protokoll der Verhandlungen des Parteitages der SPD zu Heidelberg 1925, Berlin 1925, S. 54.

Trotz dieses äußeren Wandels blieb der 'Vorwärts' Gesinnungspresse, eine weltanschaulich ausgerichtete, kämpferische Presse: das Zentralorgan der Sozialdemokratischen Partei, das dank Stampfers umsichtiger und taktisch geschickter Redaktionsführung — ohne sich in Richtungsstreitigkeiten zu verlieren — entschlossen die Ziele der Gesamtpartei verfolgte.

Mit großer Besorgnis beobachtete der 'Vorwärts' die seit Beginn der dreißiger Jahre immer deutlicher werdenden Anzeichen einer drohenden Auflösung des demokratischen Systems in Deutschland. 102) Angesichts der politischen Verhältnisse — Radikalisierung des öffentlichen Lebens; breite Vertretung gegen den Parlamentarismus gerichteter Parteien, vor allem der Nationalsozialisten, im Reichstag; durch Wahlniederlagen bedingtes Unvermögen der demokratischen Mittelparteien, eine regierungsfähige Mehrheit zu bilden; auf Notverordnungen gestützte Präsidialregierungen — hatte die sozialdemokratische Presse "praktisch nur eine Aufgabe: Vorbereiterin der zahllosen Wahlschlachten zu sein" 103). Zugleich galt es, mit allen Mitteln den Nationalsozialisten entgegenzutreten, vor denen insbesondere der 'Vorwärts' schon in den frühen zwanziger Jahren nachdrücklich gewarnt hatte. Das Zeichen der 'Eisernen Front', drei nach unten gerichtete Pfeile, im Titelkopf, mobilisierte er zum Kampf gegen die Feinde der Demokratie. Unter der Kanzlerschaft von Papens, die er als einen Schritt "in die Richtung der Diktatur" 104) bezeichnete, wurde der 'Vorwärts' wegen seiner massiven Kritik an der Wiederzulassung von SA und SS und seines scharfen Urteils über eine programmatische Rede des Kanzlers zweimal für mehrere Tage verboten. 105)

Ein halbes Jahr später war Hitler Reichskanzler. Wie Koszyk, gestützt auf Aussagen damals führender Sozialdemokraten, darlegt, hat "die Parteileitung der SPD für den Fall der Machtübernahme Hitlers mit einer kurzen Dauer seines Regimes und im schlimmsten Falle mit einer Art Sozialistengesetzgebung" 106) gerechnet. So glaubten Partei und Presse auch nicht, ihre Taktik ändern zu müssen: in aller Offenheit führten sie ihren Kampf fort. Bereits vier Tage nach der "Machtergreifung" wurde der 'Vorwärts' wegen eines "klassenkämpferischen" Aufrufs der Parteileitung für einige Tage verboten. 107) Ein neuerliches Verbot, diesmal für eine Woche, traf den 'Vorwärts' am 14. Februar. Anlaß war ein Artikel Stampfers über nationalsozialistische Ausschreitungen gegen kommunistische Einrichtungen in Eisleben. 108) Für

---

102) Vgl. Helga Mohaupt: Der Kampf um die Weimarer Republik 1932/33 in der Berliner demokratischen Presse. 'Für und wider das System': Berliner Tageblatt, Vossische Zeitung, Germania und Vorwärts, phil. Diss. Wien 1962.
103) Kurt Koszyk: Zwischen Kaiserreich und Diktatur, a.a.O., S. 189.
104) 'Vorwärts', zit. nach Kurt Koszyk: Zwischen Kaiserreich und Diktatur, a.a.O., S. 200'.
105) Vgl. Kurt Koszyk: Zwischen Kaiserreich und Diktatur, a.a.O., S. 200 und 204.
106) Daselbst, S. 210.
107) Verbot abgedruckt in der Sonderausgabe des 'Vorwärts' vom 4. Februar 1933.
108) Vgl. Kurt Koszyk: Zwischen Kaiserreich und Diktatur, a.a.O., S. 212.

wenige Tage durfte das Zentralorgan wiedererscheinen, dann schlugen die Nationalsozialisten zu: Als am 27. Februar 1933, auf dem Höhepunkt der Kampagne zu den Reichstagswahlen, das Berliner Parlamentsgebäude in Flammen aufging, mußte das vorgebliche Geständnis eines verhafteten Tatverdächtigen, er habe vor der Brandlegung in Verbindung mit der SPD gestanden, für ein auf 14 Tage angesetztes Verbot der gesamten sozialdemokratischen Presse in Preußen herhalten. 109) In der Nacht zum 28. Februar ließen Beamte der Schutzpolizei die Rotationsmaschine der 'Vorwärts'-Druckerei anhalten; die bereits gedruckten Exemplare des Zentralorgans beschlagnahmten sie. 110)

Gegen eine Reihe sozialdemokratischer Journalisten, auch gegen den 'Vorwärts'-Chefredakteur, wurde Haftbefehl erlassen; allerdings gelang es Stampfer, sich frühzeitig bei Freunden zu verbergen. Nach seiner Wiederwahl in den Reichstag am 5. März wurde der Haftbefehl gegen ihn aufgehoben. 111) Zur selben Zeit wandte sich der 'Vorwärts'-Verlag brieflich an die Leser des Zentralorgans mit der dringenden Bitte, die Abonnements aufrechtzuerhalten: "Der 'Vorwärts' tut alles mögliche, um die Dauer des Verbotes abzukürzen. Ob ihm das gelingen wird, hängt in erster Linie von der Entwicklung der politischen Verhältnisse in den allernächsten Tagen ab. Auf alle Fälle werden unsere Freunde das größte Gewicht darauf legen, den 'Vorwärts', wenn er wieder erscheint, sogleich auch wieder ins Haus geliefert zu bekommen... Der 'Vorwärts' hat nicht die Absicht, Abonnementsgelder einzuziehen, ohne einen Gegenwert zu liefern. Da die Verbreitung einer periodischen Druckschrift verboten ist, wird er versuchen, die Leserinnen und Leser durch Lieferung nichtperiodischer Druckschriften zu entschädigen..." 112) Der in diesem Schreiben enthaltene vorsichtige Optimismus erwies sich als unbegründet: Am 13. März wurden die Zeitungsverbote in Preußen um weitere 14 Tage, dann am 27. März noch einmal verlängert — schließlich gar nicht mehr aufgehoben. Die SPD-Organe im übrigen Reichsgebiet verstummten Mitte März. In den ersten Maitagen des Jahres 1933 beschlagnahmten die Nationalsozialisten das gesamte Vermögen der SPD und liquidierten auch das 'Vorwärts'-Unternehmen. 113)

---

109) Vgl. Karl Dietrich Erdmann: Die Zeit der Weltkriege, in: Bruno Gebhardt (Hrsg.): Handbuch der deutschen Geschichte, Bd. IV, 8. Aufl., hrsgg. von Herbert Grundmann, Stuttgart 1965, S. 191 sowie die unter Anm. 1 angegebene Lit.; Kurt Koszyk: Zwischen Kaiserreich und Diktatur, a.a.O., S. 213.

110) Vgl. Georg Mischke: Die Nacht, als der Vorhang fiel: Die letzte Ausgabe für den Omnisbus. Reichstagsband und Vorwärts-Verbot, in: 'Vorwärts' (Bad Godesberg), Nr. 41 (Zum 90jährigen Jubiläum), 5. Oktober 1966, S. 48.

111) Friedrich Stampfer, a.a.O., S. 265-266.

112) Abgedruckt in Fritz Heine (Hrsg.): Zeitgeschichte im Zeitungsbild, Hannover 1964, o.S.

113) Vgl. Erich Matthias: Sozialdemokratie und Nation. Ein Beitrag zur Ideengeschichte der sozialdemokratischen Emigration in der Prager Zeit des Parteivorstandes 1933-38, Stuttgart 1952, S. 17; Kurt Koszyk: Zwischen Kaiserreich und Diktatur, a.a.O., S. 217.

Inzwischen hatte der Vorstand der SPD, der ein Verbot der Partei voraussah, beschlossen, einige seiner Mitglieder ins Ausland zu entsenden. 114) Zu diesen zählte neben Otto Wels, Siegmund Crummenerl, Dr. Paul Hertz und Hans Vogel auch Friedrich Stampfer. Als Sitz für den Exilvorstand hatte man sich nach einigem Schwanken für Prag entschieden. Hier eröffneten die sozialdemokratischen Politiker im Frühsommer 1933 ein Büro. Gleichzeitig erneuerten sie eine 1932 hergestellte Verbindung zu der Karlsbader Druckerei "Graphia", mit der sie den "Graphia"-Verlag für die Herausgabe von Broschüren, Zeitschriften, Zeitungen und Kleindrucken zur heimlichen Verbreitung in Deutschland gründeten. Als erste Publikation erschien am 18. Juni 1933 als Fortsetzung des Berliner SPD-Zentralorgans das Wochenblatt 'Neuer Vorwärts', redigiert von Friedrich Stampfer. 115) (Ursprünglich sollte das Parteiorgan im Exil auch 'Vorwärts' heißen, doch existierte in der Tschechoslowakei bereits ein KP-Blatt mit demselben Titel 116)).

Als Herausgeber zeichnete Ernst Sattler, der Generalsekretär der 'Deutschen Sozialdemokratischen Partei' in der CSR. Der 'Neue Vorwärts' war, wie Curt Geyer später schrieb, "von vornherein Organ der schärfsten Kampfansage an das Naziverbrechen" 117). Da sich das Berliner Format der Zeitung für eine illegale Verbreitung in Deutschland als zu groß erwies, wurde eine von Paul Hertz redigierte Kleinausgabe auf Dünndruckpapier mit dem Titel 'Sozialistische Aktion' zusätzlich zu dem in der Tschechoslowakei erscheinenden 'Neuen Vorwärts' herausgebracht. 118) Das Blatt wurde "unter ungeheuren Opfern über die bewaldeten Grenzen Böhmens nach Bayern, Sachsen, Schlesien und weiter hinein nach Deutschland geschmuggelt. Und das hörte nicht auf, selbst als Hitler für die Einführung 'staatsfeindlicher Schriften' aus dem Ausland die Todesstrafe dekretierte." 119) Unter dem Druck der Deutschen, die von der englischen konservativen Regierung Chamberlain unterstützt wurden, untersagte die tschechoslowakische Regierung den Emigranten Ende 1937 jegliche politische Betätigung und sprach ein "Kolportageverbot" gegen den 'Neuen Vorwärts' aus. 120) Als daraufhin der Parteivorstand der SPD seinen Sitz nach Paris verlegte, übersiedelte der 'Neue Vorwärts' mit. Redaktionell von Curt Geyer betreut, setzte er seit Anfang Januar 1938 seinen Kampf gegen den nationalsozialistischen

---

114) Vgl. im folgenden Erich Matthias (Hrsg.): Mit dem Gesichs nach Deutschland, a.a.O., S. 69-79.
115) Daselbst, S. 79.
116) Daselbst, S. 80.
117) K(!)urt Geyer: Verboten — doch nicht verstummt. Der Vorwärts in der Emigration, in: 'Vorwärts' (Bad Godesberg), Nr. 41 (Zum 90-jährigen Jubiläum), a.a.O., S. 49.
118) Daselbst.
119) Friedrich Stampfer: 'Neuer Vorwärts' — alter Streit!, in: 'Neuer Vorwärts' (Hannover), Nr. 1 vom 11. September 1948. Stampfer schreibt an dieser Stelle jedoch nicht, daß die Dünndruckausgabe den Titel 'Sozialistische Aktion' trug.
120) Vgl. Erich Matthias (Hrsg.): Mit dem Gesicht nach Deutschland, a.a.O., S. 100.

Staat fort, bis im Mai 1940 der Marsch deutscher Truppen auf Paris das Parteiorgan zum Schweigen brachte. 121)

Wenige Wochen nach dem Zusammenbruch des Hitlerregimes bildeten sich, auf den Resten ihrer Organisationen aufbauend, von neuem Ortsvereine der SPD, bald schon Landesbezirke in den Besatzungszonen. Am 17. Juni 1945 trat die SPD in Berlin zu ihrer Gründungsversammlung zusammen. Drei Wochen später, am 7. Juli 1945, erschien in Berlin, mit sowjetischer Lizenz, die Tageszeitung 'Das Volk' als Organ des Zentralausschusses der SPD in der Sowjetischen Besatzungszone. 122) Einen Tag vor dem Zwangszusammenschluß von Kommunisten und Sozialdemokraten zur 'Sozialistischen Einheitspartei Deutschlands' (22. April 1946) stellte 'Das Volk' sein Erscheinen ein. Kurz zuvor hatte der Berliner Bezirksvorstand der SPD von der sowjetischen Militärregierung die Erlaubnis erhalten, eine sozialdemokratische Abendzeitung mit dem Titel 'Vorwärts' herauszugeben. Das Blatt, das bald "in das Fahrwasser der SED" 123)geriet, wurde am 1. Januar 1950 mit dem Zentralorgan der Sozialistischen Einheitspartei 'Neues Deutschland' vereinigt, erschien jedoch einmal wöchentlich: montags, unter seinem ursprünglichen Titel. 124) In den Westzonen stand zunächst keine Zeitung zur Verfügung, die geeignet gewesen wäre, "die politische Meinung des Parteivorstandes" 125) der SPD zu veröffentlichen.

Erst am 11. September 1948 kam, hergestellt unter den dürftigsten Bedingungen 126), in Hannover (am Sitz des Parteivorstandes) das Wochenblatt 'Neuer Vorwärts' als Zentralorgan der Partei heraus. Kurt Schumacher schrieb in einem programmatischen Geleitwort: "Daß die Zeitung sich 'Vorwärts' nennt, ist ein Bekenntnis zur geistigen und politischen Geschichte. Daß es ein 'Neuer Vorwärts' ist, bedeutet, daß die Periode des Kaiserreiches und der Weimarer Republik endgültig vorüber ist. Das ist eine Feststellung, die frei von jeder Wertung ist. Es ist aber auch eine Forderung an diese Zeitung, sich ernsthaft darum zu bemühen, den neuen Aufgaben mit allen Mitteln gerecht zu werden." 127) Als der Vorstand der SPD seinen Sitz nach Bonn verlegte,

---

121) Vom 17. Januar 1938 bis zum 12. Mai 1940 erschien der 'Neue Vorwärts' in Paris. Redaktion und Verlag: 30. Rue des Ecoles, Paris -5. (Angabe laut Titelkopf).

122) Vgl. Peter de Mendelssohn: Zeitungsstadt Berlin. Menschen und Mächte in der Geschichte der deutschen Presse", Berlin 1960, S. 442, 445, 476, 510; vgl. Kurt Koszyk: German Newspapers with Socialist Tendency, since 1945, in:'Gazette' (Leyden), Vol. 5 /No. 1 (1959), S. 41-55.

123) Peter de Mendelssohn, a.a.O., S. 476.

124) Institut für Publizistik der Freien Universität Berlin (Hrsg.): Die deutsche Presse 1954. Zeitungen und Zeitschriften, Berlin 1954, S. 151.

125) Kurt Schumacher: Das Zentralorgan der Partei, in: 'Neuer Vorwärts' (Hannover), Nr. 1, a.a.O., S. 3.

126) Franz Barsig: Wochenzeitung aus dem Hinterhof. Nach dem Krieg fing der Vorwärts in Hannover neu an, in: 'Vorwärts' (Bad Godesberg), Nr. 41 (Zum 90jährigen Jubiläum), a.a.O., S. 50.

127) Kurt Schumacher, a.a.O.

ging das Zentralorgan mit und ließ sich im angrenzenden Bad Godesberg nieder. Der 'Neue Vorwärts-Verlag Nau & Co.' (Alfred Nau, Mitglied des Parteivorstandes, ist Treuhänder für die SPD), der sich der 1946 neu ins Leben gerufenen 'Konzentrations-G.m.b.H.' anschloß, konnte 1966 in Bad Godesberg, Kölner Straße 108-112, ein eigenes modernes Haus beziehen. [128] Die Auflage der Zeitung betrug 1970 wöchentlich 65 800 Exemplare. [129]

Erster Chefredakteur nach dem Kriege war Gerhard Gleissberg. Als dieser im April 1955 das Blatt verließ (weil er die Haltung der SPD zu den Wehrgesetzen mißbilligte) [130], wurde Josef Felder zu seinem Nachfolger bestellt. An seine Stelle trat 1958 Horst Flügge. Inzwischen war — am 7. Januar 1955 — das Parteiorgan umbenannt worden: es hatte wieder den traditionsreichen Namen 'Vorwärts' erhalten, allerdings mit dem Untertitel 'Sozialdemokratisches Wochenblatt', der nicht so verbindlich sein sollte wie die Bezeichnung 'Zentralorgan der SPD'. Jesco von Puttkamer, dem 1959 die Leitung des Blattes übertragen wurde, gelang es, dem 'Vorwärts' das Gepräge einer intellektuell anspruchsvollen Zeitschrift zu geben, ohne ihr dabei den Charakter einer offiziellen Organs der Partei zu nehmen. Im April 1971 entsandte die Bundesregierung den stets um Ausgleich bemühten Publizisten Jesco von Puttkamer als Botschafter der Bundesrepublik Deutschland nach Israel. Zu seinem Nachfolger berief am 19. Juni 1971 der Parteivorstand auf Vorschlag des Präsidiums den bisherigen politischen Sonderkorrespondenten der Illustrierten 'stern', Gerhard E. Gründler, der nach Aufnahme seiner Tätigkeit am 1. September 1971 in einem programmatischen Kommentar sein Konzept für den 'Vorwärts' u.a. wie folgt umriß: "Die Parteizeitung wird ihrem Auftrag nur gerecht werden, wenn sie das uniforme Denken überwindet und dadurch mithilft, den eigenen Apparat, die Organisation, die Partei menschlicher zu machen. . ." [131].

---

128) Vgl. Vorwärts gestern — heute — morgen, a.a.O., S. 3 ff.
129) Vgl. Willy Stamm (Hrsg.): Leitfaden für Presse und Werbung, Essen 1971, Abt. 2, S. 13.
130) Vgl. Theo Pirker: Die SPD nach Hitler. Die Geschichte der Sozialdemokratischen Partei Deutschlands 1945—1964, München 1965, S. 216. Zum Nachkriegs-'Vorwärts' vgl. Heinz-Dietrich Fischer: Parteien und Presse in Deutschland seit 1945, Bremen 1971, S. 328-346, 598.
131) Gerhard E. Gründler: Die Partei und ihre Zeitung, in: 'Vorwärts' (Bonn-Bad Godesberg), Nr. 36 (2. September 1971), S. 2.

Joachim Pöhls:

TÄGLICHE RUNDSCHAU (1881 — 1933)

Zu Beginn der zweiten Dekade nach der Reichsgründung 1871 tragen sich zwei Berliner Verleger, Leopold Ullstein und Bernhard Brigl, zunächst jeder für sich mit dem Plan einer Zeitungsneugründung. Die beiden Männer, die miteinander geschäftliche Beziehungen unterhalten, verständigen sich: Ullstein verzichtet auf eine eigene Neugründung aufgrund der Zusage Brigls, aus dessen Verlag gerade 'Die Tribüne' in den Besitz der "Sezessionisten"-Partei wechselt [1], sein neues Blatt bei ihm drucken zu lassen. [2] Die erste Ausgabe der 'Täglichen Rundschau' ('T.R.' ist schon bald der gebräuchliche Kurztitel) erscheint am 1. September 1881. [3] Der Untertitel des Blattes: "Zeitung für Nichtpolitiker, zugleich Ergänzungsblatt zu den Organen jeder Partei" umreißt schon schlagwortartig die wesentlichen Punkte des Programms, unter das die Zeitung gestellt wird: [4]

"Unser Programm stützt sich auf die Ansicht, daß in allen Zeitungen der Politik — besonders auch in ereignisarmen Zeiten — ein zu großer Raum geboten wird. 100 000 von Zeitungslesern ist mehr gedient, wenn nur die wirklich wichtigen und interessanten politischen Ereignisse rechtzeitig zu ihrer Kenntnis gelangen und sie von dem unfruchtbaren Parteistreit verschont bleiben. Dem Bedürfnis dieser Hunderttausende kommt die 'Tägliche Rundschau', . . ., entgegen. Sie befleißigt sich, ihre Leser auch über alle politischen Tagesvorkommnisse sowie die Börsen- und Handelsbewegungen in schnellster, zuverlässigster und leicht faßlicher Weise zu unterrichten, so daß sie Allen, welche nicht Berufspolitiker sind, das Halten einer anderen politischen Zeitung überflüssig macht, für jeden Zeitungsleser aber wegen ihres eigenartigen und reichhaltigen Unterhaltungsstoffes ein willkommenes Ergänzungsblatt bleibt. Da die 'Tägliche Rundschau' grundsätzlich bestrebt ist, nur die tatsächlichen Vorgänge mitzuteilen, das Urteil über dieselben aber, namentlich,

---

[1] Isidor Landau: Ein Jahrhundert Berliner Presse, in: Unser Berlin. Ein Jahrbuch von Berliner Art und Arbeit, hrsgg. von Alfred Weise, Berlin 1928, S. 85.

[2] Peter de Mendelssohn: Zeitungsstadt Berlin. Menschen und Mächte in der Geschichte der deutschen Presse, Berlin 1960, S. 96.

[3] Vgl. Lotte Adam: Geschichte der 'Täglichen Rundschau', phil. Diss. Berlin 1934, Berlin 1934, S. 9; *nicht* wie bei Wilhelm Kosch: Biographisches Staatshandbuch. Lexikon der Politik, Presse und Publizistik, fortgeführt von Eugen Kuri, Bd. 2, München — Bern 1963, S. 1143 und 'Der Große Herder', 4. Aufl., Bd. 11, Freiburg/Breisgau 1935, Sp. 896, angegeben: 1880; auch 'Der Große Brockhaus', 15. Aufl., Bd. 18, Leipzig 1934, S. 426, irrt mit der Angabe: Oktober 1880 — einem Datum, das aus der 'T.R.' selbst entnommen sein wird: vgl. 50 Jahre 'Tägliche Rundschau'. Walther Müller-Schöll: Geschichte und Entwicklung einer Zeitung, in: 'Tägliche Rundschau' (Berlin), 50. Jg./Nr. 232 (4.10.1931), S. 1.

[4] Vgl. Lotte Adam, a.a.O., S. 7/8; das eigentliche Programm der 'T.R.' — ein Prospekt — ist nicht mehr vorhanden, es wird aber in den wesentlichsten Punkten im Inhaltsverzeichnis der 'T.R.' September — Dezember 1881 wiederholt; vgl. auch Werner Henske: Das Feuilleton der 'Täglichen Rundschau' (betrachtet im Zeitabschnitt 1881–1905), phil. Diss. Berlin 1940, Bleicherode/Harz 1940, S. 8, Anm. 1.

soweit es sich um innerpolitische Zeitfragen handelt, den Lesern selbst zu überlassen, sie sich somit der Leitartikel-Raisonnements, insbesondere aber des leidigen Zeitungsgezänks (auch in religiösen und sozialpolitischen Fragen) völlig enthält, so ist sie auf dem dadurch gewonnenen Raume imstande, um so ausführlicher alles, was auf den übrigen zahlreichen Gebieten des modernen Lebens von Interessse sein kann, ihren Lesern mitzuteilen".

Gut ein Jahr später ergänzt die 'T.R.' dieses Programm, indem sie es auch als ihre Aufgabe bezeichnet, die Leser "immer mehr in der Überzeugung zu festigen, daß wahre Vaterlandsliebe und deutsche Gesinnung bei unparteiischer Betrachtung der politischen Ereignisse nicht zu kurz kommen, sondern vielmehr recht erweckt und gestärkt werden." Im übrigen solle der Maßstab der Sachlichkeit den gesamten Zeitungsinhalt bestimmen. Auf Sensationelles und Frivoles werde bewußt und konsequent verzichtet. [5] In dieser Zielsetzung sieht Werner Henske den Unterschied zwischen der 'T.R.' und Zeitungen vom Typ des 'Berliner Lokal-Anzeigers' — beide ja anfangs partei-ungebunden, "nicht-politische" Tageszeitungen —: hinter der Betonung des "Unpolitischen" habe bei der 'Rundschau' "nicht die heimliche Spekulation eines neuen Geschäftsprinzips (gestanden), mit dem die eben emporblühenden Generalanzeiger die Massen des Volkes um sich zu sammeln begannen." [6]

Den Verlag der 'T.R.' leitet der Buchhändler Bernhard Brigl, der übrigens in dem zur Gründung der Zeitung herausgegebenen Prospekt den Satz "Die Politik verdirbt den Charakter" geprägt haben soll. [7] Herausgeber des Blattes ist der Schriftsteller Friedrich Bodenstedt — Herausgeber jedoch nur mit seinem "für gutes Geld" geliehenen Namen, da seine Tätigkeit bei der 'Rundschau' sich recht eigentlich in seiner literarischen Mitarbeit an der Zeitung erschöpft. Chefredakteur ist zunächst — bis 1890 — der 'parteilose Politiker' Eugen Siercke. [8] Bis zum Jahre 1886 wird die 'T.R.' in Druckerei-Gemeinschaft mit Ullstein hergestellt. Durch eine besondere Versandmethode — schon in der Druckerei werden die Zeitungsbündel mit Streifbändern versehen und dann vom Verlag selbst zur Bahn gebracht, dem Postzeitungsamt wird damit eine kostspielige und zeitraubende Arbeit abgenommen —

---

5)   Vgl. Werner Henske, a.a.O., S. 8/9.

6)   Vgl. daselbst, S. 7 u. 9 — Zitat: S. 7; vgl. auch Otto Groth: Die Zeitung. Ein System der Zeitungskunde (Journalistik), Bd. 2, Mannheim — Berlin — Leipzig 1929, S. 536; Ernst Meunier: Der Aufstieg einer Zeitung. 40 Jahre Hannoverscher Anzeiger, Hannover 1933, S. 22/23 u. 27.

7)   Vgl. (Reinhard) Mumm: Verdirbt Politik den Charakter? , in: 'Tägliche Rundschau' (Berlin), 51. Jg./Nr. 121 (26.5.1932), S. 5/1. Beilage.

8)   Vgl. Lotte Adam, a.a.O., S. 9 ff.; Werner Henske, a.a.O., S. 11 ff.; Ludwig Fränkel: Bodenstedt, in: 'Allgemeine Deutsche Biographie' ... Bd. 47 (Nachträge bis 1899), Leipzig 1903, S. 52.

können Redaktionsschluß und Andruck hinausgeschoben werden, wodurch eine erhöhte Aktualität der Zeitung ermöglicht wird. 9)

"Von 1881 bis 1890", so charakterisiert Lotte Adam die 'T.R.' für das erste Jahrzehnt ihres Erscheinens, "unter der Leitung Sierckes, war sie ein reines Unterhaltungsblatt, das auf Grund seines Programms unpolitisch war und nur gegen den Willen des Chefredakteurs politisiert wurde." 10) Politisiert wird die Zeitung während Sierckes Hauptschriftleitung von Friedrich Lange, der erst freier Mitarbeiter ist, dann Redakteur des unpolitischen Tagesberichts und mit Oktober 1883 verantwortlicher Redakteur des Unterhaltungsteiles wird. Im September 1890 wird Lange die Herausgabe der 'Rundschau' übertragen. 11) Daß der "warme Drang des Herzens" die 'T.R.' auch bald zum Verlassen der 'unparteiischen' Linie geführt habe, vermerkt schon 1889 der demokratische Journalist Hermann Trescher: "heute plätschert das Blatt wie nur Eines lustig im Kielwasser des Kartells umher". 12) Die schrittweise verstärkte, ab 1883 immer deutlicher werdende Politisierung der Zeitung manifestiert sich auch jeweils in den Änderungen des Untertitels der 'Rundschau': 13)

September 1881 — 'Zeitung für Nichtpolitiker, zugleich Ergänzungsblatt zu den Organen jeder Partei';
Februar 1882 — 'Zeitung für Nichtpolitiker. Parteiloses Organ für Leser jeder politischen Richtung';
September 1883 — 'Zeitung für unparteiische Politik. Unterhaltungsorgan für die Gebildeten aller Stände' (genau zwei Jahre später wird im Zuge einer "Desinfektion" der Zeitung vom "Bazillus" der Fremdwörter das 'Unterhaltungsorgan' in 'Unterhaltungsblatt' geändert);
Februar 1893 — 'unparteiische Zeitung für nationale Politik mit Unterhaltungsblatt für die gebildeten aller Stände'.

Die von Friedrich Lange seit 1883 immer stärker in der 'T.R.' entwickelten politischen Ideen beziehen sich vor allem auf die Förderung der Kolonialpolitik, der

---

9) Vgl. 50 Jahre Ullstein. 1877—1927, hrsgg. von Max Osborn, Berlin 1927, S. 30 ff.; Kurt Koszyk: Deutsche Presse im 19. Jahrhundert. Geschichte der deutschen Presse, Teil 2, Berlin 1966, S. 285; dazu auch Isolde Rieger: Die wilhelminische Presse im Überblick, 1888—1918, München 1957, S. 68 u. 72 — für eine Beteiligung Ullsteins an der Redaktion der 'T.R.' oder eine Übernahme der Zeitung gar, wie Rieger, a.a.O., behauptet, hat der Verf. anderwärts keine Hinweise gefunden.
10) Lotte Adam, a.a.O., S. 46; vgl. auch Werner Henske, a.a.O., S. 31 ff.
11) Vgl. Lotte Adam, a.a.O., S. 11; zu Friedrich Lange vgl. auch Rudolf Craemer: Lange, Friedrich, in: 'Deutsches biographisches Jahrbuch', Überleitungs-Bd. 2 (1917—1920), Berlin — Leipzig 1928, S. 94-99; Arnold Leinemann: Friedrich Lange und die 'Deutsche Zeitung', phil. Diss. Berlin 1938, Berlin 1938.
12) Vgl. Achajus (d.i.: Hermann Trescher): Der Werth der Berliner politischen Presse, Berlin 1889, S. 42; das "Kartell" bildeten die Konservativen, die Nationalliberalen und die Reichspartei.
13) Vgl. Lotte Adam, a.a.O., S. 9, 10, 13/14, 37.

Schulreform und des 'Deutschtums'. 14) Lange ist zudem Rassen-Antisemit und Gegner der Sozialdemokratie. Neben seiner publizistischen Tätigkeit in der 'T.R.' gründet er Vereine zur Propagierung seiner politischen Vorstellungen und Ziele, schließlich gar eine weitere Zeitung, die 'Volksrundschau', mit der er größere Kreise ansprechen will. Zunächst kann Lange den Verleger Brigl für seine Pläne gewinnen. Als er jedoch immer radikaler um die Durchsetzung seiner Ansichten kämpft, kommt es insbesondere über die fanatische Form dieses Kampfes zum Bruch mit Paul Hempel, einem Schwiegersohn Brigls und nach dessen Tod 1892 Verlagsleiter in Prokura. Am 24. Dezember 1895 ist der Name Friedrich Langes aus der 'T.R.' verschwunden. "Von 1890 bis 1896", kennzeichnet Lotte Adam die Zeit Langes in der Geschichte der 'Rundschau', "war sie hochpolitisch und stand so sehr unter dem persönlichen Einfluß Friedrich Langes, daß ihre allgemein kulturelle Bedeutung daneben verblaßte." 15)

Nach Langes Ausscheiden ist die Zeitung zunächst ohne eigentliche Leitung. 16) Im März 1896 wird sie dem erst 30-jährigen Heinrich Rippler — Mitglied der 'T.R.'-Redaktion schon seit 1892 — übertragen. Die 'Rundschau' bleibt zwar erklärtermaßen ein politisches Blatt, geht jedoch von der Linie Friedrich Langes insoweit zum Gründungsprogramm zurück, als wieder 'Sachlichkeit' und 'Unparteilichkeit' den Inhalt und die Form politischer Auseinandersetzungen bestimmen sollen. Im Gegensatz zum Programm von 1881/1882 soll die 'T.R.' aber nicht als unpolitisches Unterhaltungsblatt, sondern als eine politisch bedeutende, nationalbewußte, doch parteimäßig nicht gebundene Zeitung herausgegeben werden. Besonders setzt sich die 'Rundschau' wieder für eine planmäßige Kolonialpolitik ein und beginnt im Zusammenhang damit eine publizistische Kampagne um Ausbau und Erweiterung der deutschen Flotte. Auf dem Gebiet der Innenpolitik bekämpft die 'T.R.' nun in besonderem Maße den "Ultramontanismus". Das findet Ausdruck auch in einer vorübergehenden Mit-Herausgeberschaft und Mit-Leitung der Zeitung durch den Grafen Paul von Hoensbroech, einen zum Protestantismus übergetretenen Jesuiten und seitdem militanten Gegner des politischen Katholizismus. 17) Es lassen sich ebenfalls Beziehungen der 'Rundschau' zum "Evangelischen Bund zur Wahrung der deutsch-protestantischen Interessen" nachweisen, der u.a. gleichfalls dem Zweck diente, eine Abwehr gegen den im Verlauf des Kulturkampfes stark gewordenen politischen Katholizismus — den "Ultramontanismus" — zu schaf-

---

14) Vgl. hierzu und zum folgenden daselbst, S. 22 ff.; Werner Henske, a.a.O., S. 34 ff.; zur Kolonialpolitik der 'T.R.' und Friedrich Langes vgl. auch Adolf Dresler: Die deutschen Kolonien und die Presse, Würzburg 1942, S. 8/9.
15) Vgl. Lotte Adam, a.a.O., S. 46; vgl. auch Isolde Rieger, a.a.O., S. 138.
16) Vgl. dazu und zum folgenden Lotte Adam, a.a.O., S. 37 ff.; vgl. auch Werner Henske, a.a.O., S. 127 ff.; Isolde Rieger, a.a.O., S. 138.
17) Vgl. Werner Henske, a.a.O., S. 139/140; vgl. auch Lotte Adam, a.a.O., S. 40/41.

fen. 18) Der Antisemitismus tritt unter Ripplers Leitung in der 'T.R.' zurück, die Gegnerschaft zur Sozialdemokratie bleibt. 19)

Als Paul Hempel 1897 stirbt, folgt ihm in der Verlagsleitung zunächst Otto Brigl junior. 20) Nachdem das "Bibliographische Institut" zu Leipzig die in wirtschaftliche Schwierigkeiten geratene Zeitung im Sommer 1900 übernommen hat, erfolgt am 1. Oktober dieses Jahres erneut eine Änderung des Untertitels der 'Rundschau', indem das Wort "unparteiisch" durch "unabhängig" ersetzt wird: "Unabhängige Zeitung für nationale Politik". Zugleich erscheint das Blatt von diesem Tage an zweimal täglich und ist außerdem nun auch im Straßenverkauf erhältlich. Trotz des großen Aufschwungs, den die 'T.R.' in den folgenden Jahren nimmt, wird sie — vorwiegend aufgrund verlagstechnischer Schwierigkeiten — im Januar 1910 vom "Bibliographischen Institut" wieder an ihr Stammhaus zurückverkauft, das jetzt den Namen "Hempel und Co G.m.b.H." trägt. Während der ganzen Zeit bleibt die Leitung der Zeitung in den Händen Heinrich Ripplers. Verantwortlicher Redakteur für den innenpolitischen Teil wird Anfang 1910 Friedrich Hussong, der schon seit mehreren Jahren an der 'Rundschau' mitarbeitet.

Von ihrer Gründung 1881 bis zum Kriegsbeginn 1914 bekennt sich die 'T.R.' zu einer betont "nationalen Gesinnung" — Otto Groth behauptet, die Zeitung habe sich der Nationalliberalen Partei angeschlossen 21) — und seit der Politisierung des

18) Vgl. Werner Henske, a.a.O., S. 139/140; auch Isolde Rieger, a.a.O., S. 78 u. 112; Isolde Rieger ist jedoch ungenau: die 'T.R.' ist nicht Organ der von Hofprediger Doehring initiierten "Deutsch-Evangelischen Korrespondenz" (Isolde Rieger, a.a.O., S. 78), sondern eine dem "Evangelischen Bund" nahestehende Zeitung (vgl. auch Otto Groth, a.a.O., Bd. 2, S. 555); Isolde Rieger bezeichnet die 'T.R.' als "die einzige Tageszeitung von Bedeutung der evangelischen Weltanschauungspresse überhaupt..., zumal die Nationalsozialen nach dem Verlust ihrer einzigen Tageszeitung die 'Zeit' 1897 ihren Leserbestand der 'Täglichen Rundschau' zuführten". (a.a.O., S. 112) Leider belegt Isolde Rieger ihre Angaben nur sporadisch und dann ohne genaue Seitenzahlen, so daß ihre Darlegungen kaum oder nur schwer überprüfbar sind.

19) Vgl. Lotte Adam, a.a.O., S. 41/42; Werner Henske, a.a.O., S. 128.

20) Vgl. dazu und zum folgenden Lotte Adam, a.a.O., S. 43 ff.; auch Johannes Hohlfeld: Das Bibliographische Institut. Festschrift zu seiner Jahrhundertfeier, Leipzig 1926, S. 264/265.

21) Vgl. Otto Groth, a.a.O., Bd. 2, S. 536; Jürgen Kuczynski: Studien zur Geschichte des deutschen Imperialismus, Bd. 2: Propagandaorganisationen des Monopolkapitals, Berlin 1950, S. 18, konstatiert, daß zeitweilig Besitzer bzw. Chefredakteur der 'T.R.' im geschäftsführenden Ausschuß und Hauptvorstand des Alldeutschen Verbandes gesessen haben; Isolde Rieger, a.a.O., S. 112, rechnet die 'Rundschau' für die Wilhelminische Zeit der "konservativen Richtungspresse" zu; Isidor Kastan: Berlin wie es war, 2. Aufl., Berlin 1919, S. 226, bezeichnet die 'T.R.' als das "Mundstück der neukonservativen bürgerlichen Weltanschauung"; von anderen wird die Zeitung als 'mittelparteilich-deutschchauvinistisch' eingestuft (so Ludwig Fränkel, a.a.O., S. 52) oder als unter Lange für eine 'deutschnationale Aufgabe' eingesetzt (so Rudolf Craemer, a.a.O., S. 95); in den Zeitungskatalogen wird die 'Rundschau' als 'unabhängig-national' etikettiert; in einer Anzeige 1914 betont das Blatt selbst seine 'kernhaft nationale Gesinnung', vgl. Sperlings Zeitschriften-Adressbuch...., hrsgg. von H.O. Sperling, 48. Ausgabe 1914, Stuttgart 1914, Umschlagseite vorne innen links.

Blattes durch Friedrich Lange wird auch immer wieder der 'soziale Gedanke' diskutiert, ob nun Lange seine 'nationalen und sozialen' Ideen in der Auseinandersetzung mit Adolf Stoeckers 'christlich-sozialen' Gedankengängen entwickelt 22) oder Rippler der 'national-sozialen' Bewegung um Friedrich Naumann besondere Beachtung schenkt. 23) Die Zeitung verfolgt eine pro-bismarckische Einstellung über die Entlassung und den Tod des Reichskanzlers hinaus und steht zugleich Kaiser Wilhelm II. kritisch gegenüber. 24)

Der erste Weltkrieg bringt der 'Rundschau' — wie fast allen Zeitungen — wirtschaftliche Schwierigkeiten; Heinrich Rippler allerdings bleibt auch während der Kriegszeit und in den nachfolgenden Jahren ihr Herausgeber und Leiter. Nach dem Zusammenbruch der Monarchie in Deutschland und nach der Abdankung des Kaisers 1918 tritt Rippler zwar für die Erhaltung der Monarchie ein, "lehnt aber nicht unbedingt den neuen Kanzler Ebert ab, auf dessen sachliche Politik er vertraut". 25) Der betont nationale Standpunkt ist weiterhin bestimmend in der 'T.R.'. In dieser Hinsicht stellt Heinz Mudrich für den Unterhaltungsteil der Zeitung nach dem Krieg fest, daß die politische Position der Theaterkritik sich aus der Tradition des Blattes ergeben habe: "Man begegnete der Republik als der ungerufenen Nachfolgerin des Kaiserreiches mit eisigem Mißtrauen, oft sogar mit Verächtlichkeit." 26)

Rippler tritt nach der November-Revolution wieder in nähere Beziehungen zu dem Führer der Deutschen Volkspartei (DVP), Gustav Stresemann — einem seiner "Kampfgefährten" aus dem alldeutschen Lager — und läßt sich als Kandidat der DVP in den ersten Reichstag (1920—1924) wählen. 27) Am 1. Oktober 1921 verschwindet Ripplers Name aus der 'Rundschau'. Als parteimäßig gebundener Mann, so wird erklärt, sei er nicht mehr geeignet, die Zeitung weiterhin zu leiten. Nicht,

---

22) Vgl. Lotte Adam, a.a.O., S. 25 ff.

23) Vgl. daselbst, S. 42; Werner Henske, a.a.O., S. 134; Isolde Rieger, a.a.O., S. 112.

24) Vgl. Lotte Adam, a.a.O., S. 21, 30, 42, 48; auch Isolde Rieger, a.a.O., S. 94/95.

25) Vgl. Lotte Adam, a.a.O., S. 47; für die Jahre 1918—1925 vgl. außerdem Ute Döser: Das bolschewistische Russland in der deutschen Rechtspresse 1918—1925. Eine Studie zum publizistischen Kampf in der Weimarer Republik, phil. Diss. (FU) Berlin 1961, Berlin 1961, S. 23; auch Heinz Starkulla: Organisation und Technik der Pressepolitik des Staatsmannes Gustav Stresemann (1923 bis 1929). Ein Beitrag zur Pressegeschichte der Weimarer Republik, phil. Diss. München 1952, S. 42 ff. (Masch.Schr.).

26) Heinz Mudrich: Die Berliner Tagespresse der Weimarer Republik und das politische Zeitstück, phil. Diss. (FU) Berlin 1955, S. 105 (Masch.Schr.); zur Theaterkritik der 'T.R.' während der Weimarer Republik vgl. auch Günther Rühle: Theater für die Republik. 1917—1933. Im Spiegel der Kritik, Frankfurt/Main 1967, S. 43, 164, 791, 1159/1160, 1166, 1176.

27) Vgl. Heinz Starkulla, a.a.O., S. 42; Ute Döser, a.a.O., S. 23; Henry Ashby Turner jr.: Stresemann — Republikaner aus Vernunft, Berlin — Frankfurt/Main 1968 (Titel der Originalausgabe: Stresemann and the Politics of the Weimar Republic, Princeton/N.J. 1963, autorisierte deutsche Übersetzung von Robert u. Adriane Gottwald), S. 33 u. 99.

wie Lotte Adam vermutet, Unstimmigkeiten in der Redaktion sind die eigentliche Ursache für Ripplers Ausscheiden aus der 'T.R.', sondern, das weist Heinz Starkulla aufgrund zeitgenössischer Pressemeldungen nach, Differenzen zwischen dem DVP-Mitglied und -Abgeordneten Rippler und einem der Teilhaber der Zeitung, von denen ein Redaktionsmitglied später berichtet, daß sie die 'Rundschau' mit einem sehr geringen Stammkapital betrieben und — was allerdings bestritten werden muß — 'parteipolitisch und wirtschafts-verbändlerisch uninteressierte Berliner Privatleute' seien. 28) Der gegen Rippler eingenommene Teilhaber ist der Schriftsteller Dr. Paul Mahn, dem ein großer Teil des Aktienkapitals der 'T.R.' gehört und der der Deutschnationalen Volkspartei (DNVP) nahesteht. Die 'Rundschau' enthält sich jeder redaktionellen Stellungnahme zu diesen Vorgängen.

Fast alle leitenden Redakteure und Mitarbeiter verlassen mit Rippler die Zeitung. Einen Monat später, am 3. November 1921, übernimmt Friedrich Hussong, bislang Leiter des innenpolitischen Ressorts, die Leitung der 'T.R.'; Innenpolitiker wird Dr. Gerhard Schultze-Pfaelzer. Eine erste Folge dieser redaktionellen Veränderungen in der 'Rundschau', die Starkulla als "eindeutige deutsch-nationale Wendung" bezeichnet 29), ist ein Verbot des Blattes. Am 25. November 1921 verbietet der preußische Innenminister Severing die Zeitung für drei Tage wegen "Verunglimpfung des Reichskanzlers". 30) Friedrich Hussong hatte mit einem Artikel in der Morgen-Ausgabe vom 23. November die "Erfüllungspolitik" Reichskanzler Wirths angegriffen. Das Verbot wird auf Beschwerde der 'T.R.' aber schon nach zwei Tagen — am 27. November — wieder aufgehoben.

Hugo Stinnes erwirbt am 1. September 1922 die 'Rundschau' von ihren in wirtschaftliche Schwierigkeiten geratenen Verlegern Breithaupt und Mahn, die an den Verlag der 'Deutschen Allgemeinen Zeitung' ('DAZ') herangetreten sind. "Ein typisches Inflationsgeschäft", urteilt Emil Dovifat.31) Auf einer Besprechung beim Finanzdirektor von Hugo Stinnes, dem Generaldirektor Minoux, am 31. August 1922, wird beschlossen, daß die 'T.R.' ab 1. September als zweimal täglich erscheinende Zeitung im Format der 'DAZ' ohne einige Beilagen dieses Blattes im Verlag Schmidt-Dumont & Co. erscheinen und ab 1. Oktober des Jahres in der 'DAZ' gegebenenfalls unter Übernahme des Unterhaltungsteils der 'Rundschau' aufgehen soll. Da sich aber herausstellt, daß der damalige Chefredakteur der 'T.R.', Friedrich Hussong, von dem Verkauf der Zeitung vorher nicht unterrichtet worden ist, kann

---

28) Vgl. hierzu und zum folgenden Heinz Starkulla, a.a.O., S. 42/43; auch Lotte Adam, a.a.O., S. 48.
29) Vgl. Heinz Starkulla, a.a.O., S. 43.
30) Vgl. Handbuch der Zeitungswissenschaft, hrsgg. von Walther Heide, Bd. 1, Leipzig 1940, Sp. 497/498; zum folgenden vgl. auch Lotte Adam, a.a.O., S. 48.
31) Vgl. Emil Dovifat: Die Zeitungen, in: Die deutsche Wirtschaft und ihre Führer, Bd. 3, Gotha 1925, S. 73/74; auch Lotte Adam, a.a.O., S. 48/49; Heinz Starkulla, a.a.O., S. 43.

die geplante Regelung nicht durchgeführt werden. 32) Im Kopf der dem Stinnes-Konzern gehörenden 'DAZ' erscheint vom 1. Oktober 1922 an über ein Jahr lang der Untertitel 'Tägliche Rundschau'; er fällt später jedoch wieder fort. Mit der Übernahme in den Stinnes-Konzern hört das Bestehen der 'Rundschau' also zunächst auf.

Ab 1. Dezember 1924 wird eine Zeitung mit dem Titel 'Neue Tägliche Rundschau. Unabhängige Zeitung für nationale Politik' herausgegeben; sie soll das Werk der "alten" 'Täglichen Rundschau' weiterführen. Sie ist als "Interimsblatt" gedacht, nachdem Verhandlungen zwischen Rippler und dem Verlag der 'DAZ' über eine Wiederbegründung der 'T.R.' schon im Winter 1923/1924 begonnen worden, aber gescheitert sind. 33) Neben Heinrich Rippler ist Bruno Doehring, der Präsident des "Evangelischen Bundes" Mit-Herausgeber der 'Neuen Täglichen Rundschau' ('NTR'). Zum Titel wird noch als Wahlspruch das Lutherwort in den Zeitungskopf aufgenommen: "Meinem Deutschland will ich dienen". 34) Das Blatt, das jetzt im Verlag von Paß und Garleb erscheint, stellt sich wiederum ein Programm: es will aufrechte, bewußt deutsche Gesinnung propagieren und unabhängig von allen Parteien und Interessentengruppen nationale Politik betreiben. Die Zeitung kennzeichnet sich selbst als 'auf dem Boden der Reformation stehendes Familien- und Gesinnungsblatt'. Die enge Verbindung zum "Evangelischen Bund" läßt allerdings die 'NTR' nicht als so unabhängig von Interessentengruppen erscheinen, wie sie es in ihrem Programm zu sein vorgibt. Der Präsident des Bundes zeichnet als Mit-Herausgeber des Blattes, die Verbindung zwischen Zeitung und Bund ist also diesmal stärker als in den Vorkriegsjahren. Auch die evangelische Note der 'NTR' ist deutlicher betont als in der "alten" 'T.R.'.

Zu Beginn des Jahres 1925 — am 15. Januar 35) — kann die 'NTR' Verlagsrecht und Titel der 'Rundschau' von der 'DAZ' zurückerwerben, und seit dem 1. Februar trägt die Zeitung wieder das traditionelle Kopfbild, aber mit dem hinzugefügten bisherigen Titel 'Neue Tägliche Rundschau'. Im Juli desselben Jahres kommt noch der Titel des Blattes 'Die Zeit' dazu, die Rippler Ende 1921 auf Bestreben Strese-

---

32) Vgl. Otmar Best: Die Geschichte der 'Deutschen Allgemeinen Zeitung', in: 75 Jahre Deutsche Allgemeine Zeitung (DAZ), Sonderdruck aus der 'DAZ' vom 1. Oktober 1936, hrsgg. von Verlag u. Schriftleitung der 'DAZ', Hermann Wolters u. Karl Silex, Berlin 1936, (S. 16:) "Gastrolle der 'Täglichen Rundschau' ".
33) Vgl. daselbst.
34) Vgl. dazu und zum folgenden Lotte Adam, a.a.O., S. 49/50; zum Zeitraum 1923-1928 und zur Stresemann-Offiziösität der 'T.R.' vgl. Heinz Starkulla, a.a.O., S. 42/43, 49 ff. u. 72 ff.
35) Vgl. Politischer Almanach 1925. Jahrbuch des öffentlichen Lebens, der Wirtschaft und Organisation, hrsgg. von Maximilian Müller-Jabusch, 2. Jg., Berlin — Leipzig 1925, S. 528; zur Gründung der 'Zeit' vgl. 'Zeitungsverlag' (Berlin), 22. Jg./Nr. 46 (18.11.1921), Sp. 1603; zur 'Zeit' vgl. auch Heinz Starkulla, a.a.O., S. 43 ff.; Henry Ashby Turner jr., a.a.O., S. 99, 158, 192/193.

manns gegründet hat und die nun mit der 'T.R.' vereinigt wird. Der Zusammenschluß beider Organe erfolgt in der Weise, daß 'Die Zeit' für den Monat Juni 1925 noch als Kopfblatt der 'Rundschau' erscheint — mit eigenem Kopf, aber wörtlich gleichem Inhalt von derselben Redaktion. Seit dem 1. Juli wird nur noch die 'T.R.' herausgegeben. 36) Die beiden zusätzlichen Titel fallen im November 1925 fort, die 'Rundschau' hat seitdem wieder den gleichen Titelkopf wie vor ihrem Verkauf an Stinnes.

'Die Zeit' hat dem Reichskanzler Stresemann vom 23. September 1923 an zu offiziösen Verlautbarungen gedient. Nach ihrer Vereinigung mit der 'T.R.' stellt sich nun diese Zeitung dem Außenminister Stresemann insoweit zur Verfügung, als sie, wie Stresemann selbst erklärt, "Aufsätze und Erklärungen, die er dem Blatte schicke, eventuell unter dem Vorbehalte besonderer Kenntlichmachung bringe. Im übrigen sei die 'Tägliche Rundschau' nicht in höherem Grade sein Organ als andere Blätter seiner Partei. Er habe von dem Entgegenkommen der Täglichen Rundschau Gebrauch gemacht, um in *außenpolitischen* Dingen seine Anschauungen zum Ausdruck zu bringen". 37) Die 'T.R.' habe, so betont Starkulla, dem Außenminister sich allerdings nicht mit ihrem Ressort 'Außenpolitik' zur Verfügung gestellt, sondern lediglich gelegentlich Stellungnahmen Stresemanns abgedruckt. 38) So sei die 'Rundschau' — entgegen landläufigen Behauptungen in der Öffentlichkeit 39) — kein Organ der DVP gewesen: 40) "Trotz der politischen Bindung ihres Chefredakteurs und Herausgebers an Stresemann und seine Partei konnte von einer publizistischen Bindung keine Rede sein." Eine solche Bindung sei auch wegen der Eigentumsverhältnisse in der Zeitung nicht möglich, da deutschnationale und rechts-volksparteiliche Besitzanteile überwögen. Heinz Mudrich konstatiert in seiner Untersuchung über die literarische Kritik am politischen Theater für diese Jahre bezüglich der 'Rundschau', daß ein Widerstand gegen die Politisierung des Theaters sich abzeichne, soweit derartige Intentionen von links her erfolgten, während das Blatt andererseits ein betont nationales, rechtsgerichtetes Theater gegründet wissen wolle. 41) Starkulla stellt ganz allgemein ein Einschwenken schon der 'NTR' in "alldeutsches Fahrwasser" fest. Von einem Einfluß Stresemanns über Rippler sei wenig zu spüren, Doehrings Radikalismus herrsche vor. 42)

36) Vgl. Heinz Starkulla, a.a.O., S. 50.
37) Vgl. Otto Groth, a.a.O., Bd. 2, S. 268 — Zitat: daselbst in Anm. 382: Die Genfer Stellenbesetzung. Auswärtiger Ausschuß des Reichstags, in: 'Frankfurter Zeitung' (1. Morgenblatt), Nr. 24 (10.1.1926) — es handelt sich hier um eine Mitteilung Stresemanns im Auswärtigen Ausschuß des Reichstags am 9.1.1926; vgl. auch Heinz Starkulla, a.a.O., S. 51/52.
38) Vgl. Heinz Starkulla, a.a.O., S. 51.
39) Vgl. daselbst; vgl. auch Zeitungssterben, in: 'Pressekunde' (Essen), 1. Jg./Nr. 21 (1.7.1928), S. 217; zum Verhältnis 'T.R.' — DVP vgl. auch Henry Ashby Turner jr., a.a.O., S. 33 u. 99.
40) Vgl. Heinz Starkulla, a.a.O., S. 51.
41) Vgl. Heinz Mudrich, a.a.O., S. 107 ff. u. 144 ff.
42) Vgl. Heinz Starkulla, a.a.O., S. 49/50.

Im Spätherbst 1926 wird die 'T.R.' erneut von einer finanziellen Krise erschüttert. Ein Millionen-Kredit von Jacob Goldschmidt, dem Geschäftsinhaber der "Darmstädter- und Nationalbank" (Danatbank) soll sie aber saniert haben. In einer publizistischen Polemik auf Presseangriffe wegen dieser Vorgänge gibt die 'Rundschau' selbst die Höhe des gesamten Gesellschafterkapitals mit nur wenig mehr als 1 Million RM an. 43) Nicht so sehr wegen seiner radikalen und haßvollen Gegnerschaft zum politischen Liberalismus und zum Katholizismus, als vielmehr aufgrund der in seiner selbstherrlichen und undisziplinierten Persönlichkeit liegenden Schwierigkeiten, die vom Präsidium des "Evangelischen Bundes" "immer mehr als unerträglich empfunden" werden 44), wird Doehring 1927 gezwungen, das Präsidium des Bundes niederzulegen und die Mit-Herausgeberschaft der 'Rundschau' aufzugeben. Am Verhältnis der Zeitung zum "Evangelischen Bund" werde dadurch – wie erklärt wird – nichts geändert. 45) Auf Wunsch Stresemanns soll aber – das weiß Heinz Starkulla zu berichten – die Danatbank den Bund aus dem Verlag der 'T.R.' ganz oder teilweise herausgekauft haben. 46)

Ein weiteres aus der nunmehr sehr wechselhaften Geschichte der 'Rundschau' herausragendes Ereignis stellt der Versuch dar, die Zeitung an Hugenberg zu verkaufen. Ende 1927, schreibt Starkulla, sei " 'einer der Hauptbesitzer von Anteilen des Blattes' – nominell die Firma Paß und Garleb, tatsächlich vermutlich Hofprediger Doehring oder seine politischen Freunde – in aller Stille bewogen worden, seine Anteile an Hugenberg abzutreten. Der Plan war schon so weit gediehen, daß die Verträge aller Redakteure und Angestellten bereits zum Oktober gekündigt worden waren, da Hugenberg die ihm unangenehme Zeitung nicht fortzuführen, sondern in einigen Monaten stillzulegen gedachte. Erst im letzten Augenblick waren diese Machenschaften verraten worden, so daß der zum Verkauf stehende Aktienbesitz doch noch in für Stresemann günstige Hände gelangte und die Kündigungsbriefe hinfällig wurden. Die im Besitz von Paß & Garleb befindlichen Anteile gingen auf die anderen Gesellschafter über, und die 'TR' erschien fortab im neuetablierten 'Deutschen Volks-Dienst-Verlag'." 47)

Die Ankündigung der 'Rundschau' am 30. Juni 1928, daß der Verlag mit diesem Tage in Liquidation trete und die Zeitung zugleich vorübergehend ihr Erscheinen einstelle, kommt so für die Öffentlichkeit und die Redaktion dann sehr überraschend. 48) Im Mai 1930 wird per Extrablatt das Wiedererscheinen der 'Rundschau'

---

43) Vgl. daselbst, S. 72/73.
44) Vgl. Heinrich Hermelink: Vom Katholizismus der Gegenwart, in: 'Die Christliche Welt' (Gotha), 41. Jg./Nr. 4 (17.2.1927), Sp. 186/187 – Zitat: Sp. 187; vgl. auch Heinz Starkulla, a.a.O., S. 53.
45) Vgl. Otto Groth, a.a.O., Bd. 2, S. 555; Heinz Starkulla, a.a.O., S. 50 u. 52/53.
46) Vgl. Heinz Starkulla, a.a.O., S. 73.
47) Vgl. daselbst, S. 76.
48) Vgl. daselbst; vgl. auch Zeitungssterben, a.a.O.

angekündigt, und am 21.5. gibt es auch wieder eine 'T.R.', allerdings mit neuem Untertitel 'Tageszeitung für Staatsgesinnung und Reichsgesundung' und zunächst ohne, dann mit neuer Jahrgangs-Zählung. [49] Herausgeber und Chefredakteur ist Dr. Gerhard Schultze-Pfaelzer, schon unter Friedrich Hussong Mitarbeiter der 'Rundschau'. Als vornehmliches politisches Ziel der 'T.R.' wird die Mitarbeit an den Voraussetzungen für eine neue Sammlung des deutschen Bürgertums und für eine Reichs- und Staats-Reform deklariert. [50] Aufgrund von Urheberrechtsprozessen, die seit der Ankündigung der Wiederbegründung um den Titel der Zeitung geführt werden, wird eine Titeländerung notwendig: [51] ab Mitte Juli 1930 heißt das Blatt 'Tägliche Rundschau über Reich, Staat und Volk'. Als Geldgeber sollen nach Angaben Schultze-Pfaelzers verschiedene Gruppen hinter der Zeitung stehen: der "Bund zur Erneuerung des Reiches" (Lutherbund), die Reichsbahn und der Christlich-soziale Volksdienst (CSVD). Schultze-Pfaelzer — 1930 Mitglied der Deutschen Staatspartei — verläßt Ende August des Jahres die 'Rundschau' wieder wegen ungeklärter Zahlungsverhältnisse, wie er dem 'Lutherbund' vorwirft, und eines Anbiederungsversuchs bei einer politischen Partei — vermutlich der DVP. [52]

Anfang Oktober 1930 übernimmt der CSVD, eine erst im Dezember 1929 gegründete protestantische Partei, die 'T.R.'. Gustav Hülser aus dem Vorstand des Volksdienstes wird Herausgeber der Zeitung, als verantwortliche Hauptschriftleiter nennt das Impressum Martin G. Sommerfeldt und Dr. Wolfgang Peters. Im Verlauf des Oktobers kann der CSVD auch die alten Titelrechte erwerben, zugleich geht die 'Rundschau' wieder auf die traditionelle Jahrgangs-Zählung zurück. Bevor der Volksdienst jedoch die Zeitung zu seinem Organ ausbauen kann, kommt es mit dem Verleger, Heinrich Lindner, dem der CSVD den Zeitungstitel leihweise zur Verfügung gestellt hatte, zu Konflikten, in deren Verlauf Martin G. Sommerfeldt aus der Redaktion ausscheidet und deren Höhepunkt am 17. und 18. Januar 1931 erreicht wird, als die 'T.R.' "in doppelter Ausführung erscheint", eine von Lindner,

---

49) Eine eingehende und befriedigende Untersuchung und Darstellung der Geschichte der 'T.R.' für die Jahre 1930—1933 liegt noch nicht vor. Da die Angaben der in den folgenden Anmerkungen verzeichneten Literatur nicht immer in allen Punkten zutreffen bzw. dem Verfasser als unzutreffend erscheinen, andererseits eine Auseinandersetzung über diese Fragen in den Fußnoten den Rahmen des vorliegenden überblickartigen Beitrags sprengen würde, sei diesbezüglich auf die Untersuchung des Verfassers verwiesen, die speziell mit diesem Zeitraum befaßt ist: Joachim Pöhls: Die 'Tägliche Rundschau' und die Zerstörung der Weimarer Republik 1930 bis 1933, phil. Diss. (FU) Berlin 1972; vgl. außerdem Lotte Adam, a.a.O., S. 51 ff.
50) Vgl. Lotte Adam, a.a.O., S. 52.
51) Vgl. Streit um den Kopf einer Zeitung. Die 'Tägliche Rundschau' als Doppelgängerin, in: 'Zeitungsverlag' (Berlin), 32. Jg./Nr. 4 (24.1.1931), S. 62.
52) Vgl. Tägliche Rundschau und Reichsbankpräsident, in: 'Der Schriftsteller', 18. Jg./Heft 9 (Oktober 1930), S. 1/2; auch: Tägliche Rundschau, in: dasselbe, Heft 10 (November 1930), S. 5/6; dazu: Kampf um die 'Tägliche Rundschau' in: 'Deutsche Presse' (Berlin), 20. Jg./Heft 40 (4.10.1930), S. 537.

die andere vom Volksdienst herausgegeben. 53) Die Streitigkeiten werden schließlich jedoch durch 'gütliche Vereinbarung' ausgeräumt, die 'T.R.' scheidet aus dem Lindnerschen Verlag aus und wird nun als Organ des CSVD weitergeführt und herausgegeben 54) mit der besonderen Aufgabe, die grundsätzlichen Forderungen des Volksdienstes für alle Bereiche des öffentlichen Lebens herauszuarbeiten. 55)

Die wirtschaftlichen Schwierigkeiten, mit denen die 'Rundschau' erneut seit ihrem Wiedererscheinen zu kämpfen hat und die in Leser-, Inseraten- und vor allem Kapitalmangel ihre Ursachen haben werden, veranlassen den CSVD, sich nach Geldgebern umzusehen. Ein Darlehn aus Kreisen der "Inneren Mission" bringt die 'T.R.' mit dem "Devaheim-Skandal" 1931 in Verbindung. Schließlich wird im Juli dieses Jahres ein neuer Verlag gegründet, der das Blatt ab August trägt und an dem auch der Deutschnationale Handlungsgehilfenverband (DHV) beteiligt ist. 56) Chefredakteur der 'T.R.' wird nach mehrfach wechselnden Zwischenlösungen im Sommer 1931 (offiziell ab 1. August) der erst 23jährige Dr. Hans Beyer von den Volkskonservativen unter der Auflage, nichts gegen den CSVD zu publizieren und nach Möglichkeit Beiträge von Volksdienstabgeordneten zu veröffentlichen. Der neue Hauptschriftleiter unterhält gute Beziehungen zu weiteren konservativen Blättern und erreicht mit der Deutsch-hannoverschen Partei (DHP) ein Übereinkommen, demzufolge deren seit zwei Jahren eingestellte Tageszeitung, die 'Hannoversche Landeszeitung', wiederbegründet und in sehr enger redaktioneller Zusammenarbeit mit der 'T.R.' herausgegeben wird; Leiter dieses Blattes ist in Hannover Wilhelm Plog, gleichfalls Volkskonservativer. 57)

Aus wirtschaftlichen Gründen geht die 'Rundschau' am 1. September 1932 in den Besitz des 'Tat'-Kreises über, der nun die Mehrheit im Verlag der Zeitung hat, in dem der CSVD nicht mehr, wohl aber weiterhin der DHV vertreten ist. Hans Zehrer ist Herausgeber und zugleich Chefredakteur. Der redaktionelle Wechsel vom

---

53) Vgl. Aufklärung! Betrifft 'Tägliche Rundschau', in: 'Christlicher Volksdienst' (Düsseldorf), 2. Jg. (7. Jg.)/Nr. 4 (24.1.1931), S. 3; auch: Streit um den Kopf einer Zeitung. . . ., in: 'Zeitungsverlag' (Berlin) a.a.O.; außerdem Günter Opitz: Der Christlich-soziale Volksdienst. Versuch einer protestantischen Partei in der Weimarer Republik, Düsseldorf 1969, S. 165/166; Walter Braun: Evangelische Parteien in historischer Darstellung und sozialwissenschaftlicher Beleuchtung, phil. Diss. Heidelberg 1939, Mannheim 1939, S. 124/125.

54) Vgl. Siegfried Gnichwitz: Die Presse der bürgerlichen Rechten in der Aera Brüning. Ein Beitrag zur Vorgeschichte des Nationalsozialismus, phil. Diss. Münster 1956, S. 135/136 (Masch.Schr.).

55) Vgl. In eigener Sache! An unsere Leser und alle Freunde des CSVD, in: 'Tägliche Rundschau' (Berlin), 50. Jg./Nr. 42 (19.2.1931), S. 1; zur politischen Haltung der 'Rundschau' als Organ des Volksdienstes während der Kanzlerschaft Brünings vgl. Siegfried Gnichwitz, a.a.O., passim.

56) Vgl. Günter Opitz, a.a.O., S. 166/167 (einige Daten sind allerdings unzutreffend); zum Darlehn vgl. auch Sitzungsberichte des Preußischen Landtags, 3. Wahlperiode 1928, Bd. 16, Berlin 1931, Sp. 23309 u. 23336/23337.

57) Mitteilungen Prof. Dr. Hans Beyers und Wilhelm Plogs an den Verfasser.

Volksdienst zum 'Tat'-Kreis — einer Gruppe junger Journalisten um Zehrer — scheint seit dem Frühjahr 1932 allmählich vorbereitet worden zu sein. Die alte Redaktion, die nach Verlautbarungen im Amt bleibt, um eine "gewisse Übereinkunft mit der bisherigen Richtung" zu gewährleisten, wird durch mehrere 'Tat'-Kreis-Mitglieder, u.a. Ferdinand Fried (=Ferdinand Friedrich Zimmermann) und Giselher Wirsing, erweitert. Dem CSVD wird die Möglichkeit eingeräumt, abweichende Stellungnahmen zu politischen Ereignissen in besonderen Beiträgen der 'T.R.' zu publizieren. [58] Die Feststellung Walter Kauperts, daß durch diese Vereinbarungen "ein Unikum in der heutigen Parteipresse entstanden ist", da die Zeitung von zwei verschiedenen politischen Gruppen benutzt werde, die gemeinsam die Redaktion führten [59], mag formal zutreffen, tatsächlich ist der Einfluß des 'Tat'-Kreises in der 'Rundschau' vorherrschend. [60] In seinem programmatischen Leitaufsatz vom 1. September 1932 stellt Zehrer die Zeitung voll in den Dienst des vom 'Tat'-Kreis entwickelten und propagierten Systems politisch-sozialer Neuordnung Deutschlands und Mitteleuropas. [61]

Inwieweit der Erwerb der 'T.R.' durch die Gruppe um Zehrer mit Zuwendungen aus dem Reichswehrministerium erfolgt ist, läßt sich nicht klären. [62] Vorübergehend soll es finanzielle Zuschüsse vom General von Schleicher gegeben haben, die jedoch aufgrund des ab Ende Oktober 1932 von der 'Rundschau' verfolgten Anti-Papen-Kurses eingestellt worden sein sollen. [63] Die guten Beziehungen zwi-

---

58) Vgl. Übernahme der 'Täglichen Rundschau' durch den 'Tat-Kreis', in: 'Zeitungsverlag' (Berlin), 33. Jg./Nr. 34 (20.8.1932), S. 578; auch: Der 'Tatkreis' erwirbt die christlich-soziale 'Tägliche Rundschau', in: 'Deutsche Presse' (Berlin), 22. Jg./Heft 22 (15.8.1932), S. 264; Änderung bei der 'Täglichen Rundschau', in: 'Christlicher Volksdienst' (Düsseldorf), Jg. 1932 (8. Jg.)/Nr. 36 (3.9.1932), S. 3; Der Weg der Tat, in: 'Die Tat' (Jena), 24. Jg./Heft 6 (September 1932), S. 517-519; außerdem Günter Opitz, a.a.O., S. 281 (Angaben erscheinen z.T. fragwürdig).

59) Vgl. Walter Kaupert: Die deutsche Tagespresse als Politicum, phil. Diss. Heidelberg 1932, Freudenstadt 1932, S. 146.

60) Vgl. Walter Braun, a.a.O., S. 137.

61) Vgl. Hans Zehrer: Die dritte Front, in: 'Tägliche Rundschau' (Berlin), 51. Jg./Nr. 205 (1.9.1932), S. 1/2.

62) Vgl. hierzu: Institut für Zeitgeschichte — Archiv, München: F 41/1 (Orientierungsberichte vom Chef des Minister-Amtes im Reichswehrministerium von Bredow für General von Schleicher), Blatt 24; Bundesarchiv — Militärarchiv, Freiburg/Breisgau: Nachlaß von Schleicher N 42/22 (Innenpolitik und Parteien, Allgemeines, Bd. IV, Juni—November 1932), Blätter 64—73; vgl. außerdem H.R. Berndorff: General zwischen Ost und West. Aus den Geheimnissen der deutschen Republik, Hamburg 1951, S. 151.

63) Vgl. H.R. Berndorff, a.a.O., S. 151, 182 ff.; Hans Otto Meissner / Harry Wilde: Die Machtergreifung. Ein Bericht über die Technik des nationalsozialistischen Staatsstreichs, Stuttgart 1958, S. 74, 77/78, 94; Thilo Vogelsang: Reichswehr, Staat und NSDAP. Beiträge zur deutschen Geschichte 1930—1932, Stuttgart 1962, S. 228/229; (Berndorffs und Meissner/Wildes Darlegungen bzw. Berichte sind z.T. unzutreffend); zur politischen Einstellung der 'T.R.' während der Kanzlerschaft von Papens vgl. Manfred Zahn: Öffentliche Meinung und Presse während der Kanzlerschaft von Papens, phil. Diss. Münster 1953, insbesondere S. 254 u. 261 (Masch.Schr.).

schen 'Rundschau' und Reichswehrministerum scheinen nach Papens Sturz aber wiederhergestellt worden zu sein. Während Schleichers Kanzlerschaft ist die 'T.R.' wieder 'sein Blatt' und hat offiziösen Charakter. 64)

Am 3. Mai 1933 wird die Zeitung wegen hochschulpolitischer Ausführungen vom Geheimen Staatspolizeiamt (Gestapo) bis zum 31.5. verboten. 65) Nach Vollzug von Selbstkritik und personellen Konsequenzen — Hans Zehrer legt die Herausgabe der 'Rundschau' nieder und Ferdinand Fried übernimmt die Hauptschriftleitung des Blattes anstelle Friedrich Wilhelm von Oertzens, der selbst dieses Amt am 8. April angetreten hatte — darf die 'T.R.' schon am 9. Mai wieder erscheinen. 66) Doch schon Ende Juni tritt Fried von der 'auf Wunsch der Gestapo' übernommenen Chefredaktion der 'Rundschau' zurück, da er seine "Wünsche und die Wünsche der Partei beim Verlag nicht mehr durchsetzen konnte", und verläßt mit seinen 'Tat'-Kreis-Freunden die Zeitung. 67)

Am 8. Juli 1933 trifft die 'T.R.' ein zweites Verbot — nunmehr auf die Dauer von drei Monaten —, zu dem wiederum kulturpolitische Erörterungen des Blattes als Anlaß genommen worden sein sollen. Wirkliche Gründe für dieses Verbot werden die kirchenpolitische Haltung der Zeitung — insbesondere gegen die "Glaubensbewegung Deutsche Christen" — gewesen sein, darüber hinaus wohl ganz allgemein eine in einzelnen Punkten zu wenig "linientreue" bzw. kritische Position der 'Rundschau' gegenüber manchen Entwicklungen in Deutschland nach dem nationalsozialistischen Machtantritt. 68) Am 9. Oktober 1933 wird der Presse mitgeteilt, daß die 'T.R.' das Erscheinen endgültig eingestellt habe. 69) Damit ist eine konservative Tageszeitung ausgeschaltet, die seit ihrer Wiederbegründung im Mai 1930 mit jedem Herausgeberwechsel immer bewußter und grundsätzlicher antiparlamentarische und antidemokratische Vorstellungen und Ziele vertrat, bis sie schließlich als Organ des 'Tat'-Kreises in geistiger Nachbarschaft zum Nationalsozialismus

---

64) Vgl. H.R. Berndorff, a.a.O., S. 225.

65) Vgl. hierzu: Deutsches Zentralarchiv — Historische Abteilung II, Merseburg: Rep. 77, Tit. 4043, Nr. 92 (Verbot der 'Täglichen Rundschau' vom 3. Mai 1933).

66) Vgl. An die Leser der 'Täglichen Rundschau'!, in: 'Tägliche Rundschau' (Berlin), 52. Jg./Nr. 105 (9.5.1933), S. 1; vgl. auch Lotte Adam, a.a.O., S. 52/53.

67) Vgl. Joseph Wulf: Presse und Funk im Dritten Reich. Eine Dokumentation, Hamburg 1966, S. 28; vgl. auch Ferdinand Fried (=Ferdinand Friedrich Zimmermann): Das Schicksal der Presse, in: 'Die Tat' (Jena), 26. Jg./Heft 1, (April 1934), S. 13.

68) Vgl. Karl-Heinz Götte: Die Propaganda der Glaubensbewegung 'Deutsche Christen' und ihre Beurteilung in der deutschen Tagespresse. Ein Beitrag zur Publizistik im Dritten Reich, phil. Diss. Münster 1957, Münster 1957, S. 28 u. 76/77; vgl. auch Lotte Adam, a.a.O., S. 52.

69) Vgl. Kurt Koszyk: Das Ende des Rechtsstaates 1933/34 und die deutsche Presse, in: Emil Dovifat/Karl Bringmann (Hrsg.): Journalismus, Bd. 1, Düsseldorf 1960, S. 62.

steht. 70) Nach dem Ende des Zweiten Weltkrieges werden Titel und Typographie der 'T.R.' von dem am 15. Mai 1945 gegründeten Blatt 'Tägliche Rundschau' gewählt. 71) Die Zeitung, von der Roten Armee mit dem Untertitel 'Frontzeitung für die deutsche Bevölkerung' herausgegeben, erscheint mit ihrer letzten Ausgabe am 30. Juni 1955, da zu diesem Zeitpunkt "ihre Aufgabe im wesentlichen gelöst war". 72)

---

70) Vgl. Siegfried Gnichwitz, a.a.O., S. 151 u. 165; Kurt Sontheimer: Der Tatkreis, in: 'Vierteljahrshefte für Zeitgeschichte' (Stuttgart), 7. Jg./Heft 3 (Juli 1959), S. 253-256.

71) Vgl. H. Rieck: Der Kampf der 'Täglichen Rundschau' in den Jahren 1945/46 gegen die Überreste der faschistischen Ideologie, Diplomarbeit an der Fakultät für Journalistik der Karl-Marx-Universität, Leipzig 1958.

72) Verband der Deutschen Journalisten (Hrsg.): Journalistisches Handbuch der Deutschen Demokratischen Republik, Leipzig 1960, S. 38.

Klaus Werner Schmidt:

RHEINISCH—WESTFÄLISCHE ZEITUNG (1883 — 1944)

Fast eineinhalb Jahrhundert weit lassen sich die Vorläuferinnen der seit dem 15. Mai 1883 erscheinenden 'Rheinisch-Westfälischen Zeitung' zurückverfolgen: Wahrscheinlich 1738 gründete der Drucker Johann Henrich Wißmann die erste Zeitung der Stadt Essen, ein zweimal wöchentlich erscheinendes Periodikum mit dem Titel 'Neueste Essendische Nachrichten. Von Staats- und Gelehrten Sachen'. [1] Obwohl Essen zu jener Zeit schon auf eine lange Druckertradition [2] zurückblicken konnte und die Zensur in Essen im allgemeinen nicht sehr streng gehandhabt wurde, vermochte sich das junge Presseerzeugnis nur schwer zu behaupten. In dem häufigen Besitzwechsel während der folgenden Jahre spiegelten sich die Existenzkämpfe der Zeitung.

Bereits um das Jahr 1740 übernahm das lutherische Waisenhaus in Essen das Blatt; schon wenige Jahre später wurde es dann dem Drucker Johann Sebastian Straube übertragen, der die Zeitung schließlich 1753 aufkaufte und im Siebenjährigen Krieg den Untertitel seines Blattes ergänzte, so daß er fortan lautete: 'Von Staats-, Kriegs- und Gelehrten Sachen'. Nach Straubes Tod erschien das Blatt seit 1762 im Verlag von Gottfried Leberecht Schmidt, der Straubes Witwe geheiratet hatte. Unter Schmidts Redaktion nahm die Zeitung einen gewissen Aufschwung und begann, von der bisher betriebenen reinen Nachrichtenübermittlung allmählich zum Raisonnieren überzugehen. Dies trug dem Blatt eine Vorzensur in bezug auf städtische Nachrichten und 1766 sogar den Unwillen Kaiser Josephs II. ein, der den Magistrat der Stadt Essen anwies, den Zeitungsschreiber für zwei Wochen bei Wasser und Brot einzusperren. Seit etwa 1770 gab Johann Christian Wohlleben die Zeitung heraus; nach seinem Tode ging seine Witwe 1775 die Ehe mit dem Drucker Zacharias Gerhard Diederich Baedeker ein.

Damit begann für die Zeitung, die zu jener Zeit von etwa dreihundert Abonnenten bezogen wurde, ein Abschnitt kontinuierlicher Entwicklung. Bedeutende Persönlichkeiten der Familie Baedeker gaben dem Organ ihre Prägung. Zacharias Baedeker legte sein Blatt — seit 1777 unter dem neuen Titel 'Essendische Zeitung von Kriegs- und Staatsachen' — auf eine konservative redaktionelle Linie fest und unterstützte mit allen Kräften das erwachende Nationalgefühl. Seit 1798

---

1) Vgl. Käthe Klein: Die Baedeker-Zeitung und ihre Vorgängerin in Essen (1738—1848), in: 'Beiträge zur Geschichte von Stadt und Stift Essen', Heft 45, Essen 1927, S. 3-127.

2) Vgl. Julius Baedeker: Über die Anfänge des Buchdrucks und des Zeitungswesens in Essen und beider Entwicklung im 18. Jahrhundert, in: 'Beiträge zur Geschichte von Stadt und Stift Essen', Heft 18, Essen 1898, S. 132-150. Siehe auch: Essen, 350 Jahre Druckerstadt, 225 Jahre Essener Presse, hrsgg. von Neue Westdeutsche Verlagsgesellschaft mbH., Essen 1965.

führte Zacharias' Sohn Gottschalk Diedrich Baedeker die Zeitung weiter und benannte sie 1799 in 'Allgemeine Politische Nachrichten' um. G.D. Baedeker, der an der königstreuen Einstellung des Blattes festhielt, begrüßte den Erwerb Essens durch Preußen und paßte die Zeitung der Entwicklung der Stadt und der heimischen Industrie an. Nach Gottschalks Tod (1841) führte vorübergehend sein Neffe Julius das Presseunternehmen. 1844 übernahmen Gottschalks Söhne Eduard und Julius Baedeker die Zeitung, die von 1848 an dreimal wöchentlich erschien, und gaben ihr fortan eine eher liberale Richtung.

Seit 1860 kam die Baedeker-Zeitung unter dem neuen Titel 'Essener Zeitung' heraus, und zwar als Tageszeitung. Der 1856 eingeführte Untertitel 'Zugleich Organ für Bergbau und Hüttenbetrieb, Industrie und Verkehr' und das seit 1865 herausgegebene Beiblatt 'Glückauf', das der Essener Verein für die bergbaulichen Interessen sich bald zu seinem Organ erwählte [3], bezeugten die Verbindung der Zeitung zur heimischen Wirtschaft. Politisch stand die 'Essener Zeitung' Bismarck zunächst mit deutlichen Vorbehalten gegenüber, doch nach dem preußischen Sieg bei Königgrätz erfolgte der Umschwung: die Zeitung trat ins Lager der neugegründeten Nationalliberalen Partei über, stand fortan hinter der Bismarckischen Politik und bejubelte insbesondere die Reichsgründung. [4]

1883 kam es zur Fusion der 'Essener Zeitung' mit der 'Westfälischen Zeitung'. [5] Letztere war 1846 von Wilhelm Crüwell als 'Gemeinnütziges Wochenblatt für Stadt und Kreis Paderborn' gegründet und im Revolutionsjahr 1848 in eine politische Zeitung mit dem Titel 'Westfälische Zeitung' umgewandelt worden. Dieses Presseerzeugnis erschien zunächst dreimal wöchentlich, ab 1849 als Tageszeitung, 1855 erfolgte der Umzug des Blattes nach Dortmund. Die Zeitung, die sich rasch zu dem bedeutendsten demokratisch-liberalen Organ der Provinz Westfalen entwickelte, war in der Zeit der Reaktion auf Grund ihrer entschiedenen politischen Haltung mancherlei staatlicher Verfolgung ausgesetzt, bis der Verleger gegenüber der Regierung eine gemäßigtere redaktionelle Linie zusagte. Hatte die 'Westfälische Zeitung' im Heereskonflikt noch gegen Bismarck polemisiert, so unterstützte sie — offensichtlich von den Erfolgen Bismarcks beeindruckt — seit der Reichsgründung dessen Politik. Im Kampf der Zeitung um die Schutzzollpolitik kamen die enge Bindung an die westfälische Industrie und der gleichzeitige Übergang von der Fortschrittspartei zum Nationalliberalismus zum Ausdruck. Diese parteipolitische Wandlung kostete die Zeitung allerdings den größten Teil ihrer bisherigen Leserschaft.

---

3) Vgl. Hendrik Ansas Schwabe: Hundert Jahre Zeitschrift 'Glückauf', in: 'Glückauf. Bergmännische Zeitschrift', Heft 1 (6. Januar 1965), S. 1-11.

4) Theodor Reismann-Grone: Die 'RWZ' als Idee. Aus der politischen Geschichte der 'RWZ', in: Sonderbeilage der 'RWZ' (Essen), 190. Jg./Nr. 1 (1. Januar 1927), S. 17.

5) Vgl. Richard Walter Piersig: Geschichte der Dortmunder Tagespresse, phil. Diss. Münster 1915, S. 95-124 und Erhard Behrbalk: Die 'Westfälische Zeitung'. Ein Beitrag zur Geschichte der westfälischen Tagespresse im 19. Jahrhundert. (1848-1883), in: 'Dortmunder Beiträge zur Zeitungsforschung', Bd. 1, Dortmund 1958.

Die Erkenntnis, daß die besten Tage der 'Westfälischen Zeitung' unwiderruflich vorbei waren, mag Crüwells Söhne, die nach dem Tode ihres Vaters seit 1873 das Verlagsgeschäft weitergeführt hatten, zu dem Verkauf ihrer Zeitung an die Firma Baedeker veranlaßt haben. [6] Auch ein wirtschaftliches Moment wird entscheidend gewesen sein. So wie die 'Westfälische Zeitung' sich zur Sprecherin der westfälischen Industrie entwickelt hatte, war der 'Essener Zeitung' die Interessenvertretung für das Industrierevier der Rheinprovinz zugefallen. Das Zusammenwachsen beider Industriegegenden zum rheinisch-westfälischen Industrierevier ließ zugleich auch die Vereinigung ihrer beiden bedeutenden Wirtschaftsorgane als geboten erscheinen, um eine gegenseitige, fruchtlose Konkurrenz zu vermeiden. [7] In ihrer ersten Nummer vom 15. Mai 1883 gab die 'Rheinisch-Westfälische Zeitung' ('RWZ') in einem Programm mit der Überschrift "Was wir wollen" unter anderem folgende Selbstdarstellung: [8]

"Vom heutigen Tage an erhalten die Leser der bisherigen 'Essener Zeitung' sowohl wie diejenigen der 'Westfälischen Zeitung' gemeinsam dasselbe, nunmehr *'Rheinisch-Westfälische Zeitung'* von uns genannte Blatt. Beide Zeitungen konnten auf eine lange Reihe von Jahren seit der Zeit ihrer Gründung zurückschauen. Beide waren wie die Orte, denen sie ihre Entwicklung verdankten, Essen und Dortmund, in den letzten Jahrzehnten des industriellen Aufschwungs gewachsen und gediehen. Sie hatten sich im ganzen Umkreise des Niederrheins und Westfalens einen guten Namen und vielfache Anerkennung erworben... So ist heute die 'Rheinisch-Westfälische Zeitung' entstanden, den Lesern der 'Essener Zeitung' und denjenigen der bisherigen 'Westfälischen Zeitung' unter neuer Flagge gleichwohl das alte ihnen liebgewordene Blatt darbietend. Von beiden Blättern wird sich unsere Zeitung, sowohl was den Inhalt und Charakter wie die politische Haltung anbetrifft, in keiner Weise unterscheiden...

Ist es nötig, dem idealen Gedanken, der sich in der Vereinigung der Essener und Westfälischen Zeitung in eine einzige 'Rheinisch-Westfälische Zeitung' verkörpert, näheren Ausdruck zu geben? Der Titel unseres Blattes und die von den beiden alten Blättern bisher vertretenen Interessen besagen es schon. Es sind die Interessen unseres großen *niederrheinisch-westfälischen Industriebezirks*, in deren wirksamer Vertretung beide Blätter groß geworden sind, und in deren Förderung die 'Rheinisch-Westfälische Zeitung' ferner ihre Hauptaufgabe erblicken wird. Diese Interessen überbrücken die provinzielle Grenze, welche zwischen Dortmund und Essen gezogen ist, gleich wie Kohle und Eisen einen rheinischen oder westfälischen Ursprungsstempel nicht tragen, gleichwie der Eisenbahnverkehr, welcher hier wie in keiner anderen Gegend unseres deutschen Vaterlandes zur Förderung des gewerblichen Lebens beiträgt, keine Grenze kennt zwischen rheinischen oder westfälischen Schienen und Schwellen...

Und wie das gewerbliche Interesse, so ist auch das politische diesen Gegenden gemeinsam. Ihr Wiederaufblühen (nach der napoleonischen Zeit, d. Verf.) haben sie alle der weisen Regierung unseres preußischen Hohenzollernhauses zu verdanken, unter dessen

---

[6] Piersig, a.a.O., S. 123.
[7] Behrbalk, a.a.O., S. 109.
[8] 'RWZ' (Essen), 142. Jg./Nr. 1 (15. Mai 1883), S. 1. (Zur Jahrgangszählung: bis 16.9. 1913 wurde nach der ältesten noch vorhandenen Ausgabe der 'Neuesten Essendischen Nachrichten' von 1742 datiert, ab 17.9.1913 zählte man nach dem Gründungsjahr 1738.)

Scepter in den letzten Jahrzehnten auch die Entwicklung und der Ausbau wahrhaft freisinniger Institutionen begonnen haben. Die 'Rheinisch-Westfälische Zeitung' wird beides, die Liebe zu unserem Herrscherhause, in dessen Haupt wir als Deutsche den lang ersehnten Kaiser verehren, und die Liebe zu den freisinnigen Institutionen, ohne welche ein tüchtiges Bürgertum nicht gedeihen kann, hochhalten und die Pflege beider zu ihren vornehmlichsten Bestrebungen machen!"

Als verantwortlicher Redakteur der 'RWZ', die wöchentlich zwölfmal erschien, zeichnete zunächst Julius Baedeker. Als er wegen seines hohen Alters ausschied, übernahm im Mai 1884 sein Sohn Diedrich des Vaters Besitzanteil sowie die Aufgaben des Chefredakteurs, und er führte bis Mitte der neunziger Jahre das Zeitungsunternehmen gemeinschaftlich mit seinem Cousin Gustav Baedeker, der 1879 die Nachfolge seines verstorbenen Vaters Eduard angetreten hatte. [9] Auf den aus dem Programm der 'RWZ' deutlich erkennbaren Charakter des Blattes als Wirtschaftszeitung braucht an dieser Stelle nicht weiter eingegangen zu werden, es wird im folgenden noch mehrfach darüber zu sprechen sein. Die ebenfalls im Programm beteuerte Treue zum Königshaus zeigte sich — schon rein äußerlich erkennbar — beispielhaft im Dreikaiserjahr 1888, als die 'RWZ' anläßlich des Todes von Kaiser Wilhelm I. und Friedrich III. jeweils mit einer schwarzumrandeten Titelseite aufmachte und bis zur Beisetzung der Verstorbenen den Zeitungskopf mit einem Trauerrand umgab.

Höher als die Bindung zum Herrscherhaus stellte die 'RWZ' nur noch die unbedingte Gefolgschaftstreue gegenüber der Person des Reichskanzlers Bismarck. Denn "angesichts der alle Patrioten schmerzlich bewegenden Nachricht von dem Rücktritt des Fürsten Bismarck" klangen in einer ersten Stellungnahme der 'RWZ' kritische Anmerkungen mit, die sich gegen Wilhelm II. richteten. Niemand, so schrieb die 'RWZ', habe den Rücktritt zu einem Zeitpunkt erwartet, "wo unser jugendlicher Kaiser der Dienste des langjährigen treuen Beraters seines Großvaters Kaiser Wilhelms des Großen augenscheinlich in hohem Maße bedarf". [10] Daß die 'RWZ' dem Reichsgründer auch nach seiner Entlassung weiterhin die Treue bewahrte, bewies nicht nur die redaktionelle Linie der Zeitung, sondern kam auch augenfällig zum Ausdruck, als die 'RWZ' am 1. April 1895 ihr Titelblatt anläßlich des achtzigsten Geburtstages Bismarcks mit schwarz-weiß-roten Streifen umrandete und die Ausgabe dem ehemaligen Reichskanzler widmete.

In das Jahr 1895 fiel auch ein für die weitere Entwicklung der 'RWZ' entscheidendes Ereignis. In diesem Jahr schlossen nämlich die Firma Baedeker und Dr. Theodor Reismann-Grone einen Vertrag, wonach beide Parteien jeweils zur Hälfte an den Besitzverhältnissen der 'RWZ' beteiligt wurden und die gesamte geschäftliche und redaktionelle Führung der Zeitung hinfort an Reismann-Grone überging. Für die technische

---

[9]   Zu den äußeren Ereignissen im Zusammenhang mit der 'RWZ' vgl. K. Jaeger (Bearb.): Chronik der 'Rheinisch-Westfälischen Zeitung' 1738-1925. Eine Ergänzung und Berichtigung der in der Festschrift für Th. Reismann-Grone gegebenen Chronik, Essen 1925 (Privatdruck).

[10] 'RWZ' (Essen), 149. Jg./Nr. 77 (18. März 1890), S. 1.

Leitung des Unternehmens blieb Gustav Baedeker nach wie vor zuständig. Möglicherweise wäre die 'RWZ' ohne das tatkräftige Eingreifen Reismann-Grones nicht mehr über den Rang eines Lokalblattes hinausgelangt, denn die Firma Baedeker hatte die Möglichkeiten, die durch die Verlagsvergrößerung von 1883 geboten worden waren, nicht recht zu nutzen verstanden. 1895 war die wirtschaftliche Lage der 'RWZ', die nur noch von etwa 3 500 Abonnenten bezogen wurde, nicht gerade günstig. In dieser Situation wurde Reismann-Grone gewissermaßen zum zweiten Schöpfer der 'RWZ' und zum Begründer der späteren Größe und Bedeutung der Zeitung. [11]

Theodor Reismann-Grone, dessen Lebensweg in den folgenden Jahrzehnten in beispielhafter Weise mit der Entwicklung und dem Schicksal der 'RWZ' verbunden sein sollte, wurde am 30. September 1863 in Meppen an der Ems geboren, wo sein Vater ein Eisenwerk betrieben hatte. [12] Nach dem Besuch des Gymnasiums in Meppen und Osnabrück studierte Reismann-Grone zunächst an den Universitäten Berlin und München Geschichte, Staatswissenschaften und Germanistik, setzte seine Studien in England und Frankreich fort und promovierte in Halle an der Saale zum Dr. phil. In den folgenden Jahren war er zunächst für 'Oldenburgs parlamentarisches Büro' als Stenograph im Reichstag tätig, als Redakteur bei der 'Deutschen Industrie-Zeitung' sowie bei der Berliner freikonservativen Zeitung 'Die Post', danach leitete er in Düsseldorf ein Büro für industrielle Statistik. 1891 kam er nach Essen, als er zum Geschäftsführer des Vereins für die bergbaulichen Interessen berufen wurde. Diese Position füllte Reismann-Grone bis zu seinem Eintritt in die 'RWZ' aus, nebenher redigierte er die Zeitschrift 'Glückauf', deren redaktionelle Betreuung seit 1880 beim Bergbau-Verein lag.

1890 hatte Reismann-Grone den Alldeutschen Verband mitbegründet, dem er zweieinhalb Jahrzehnte als aktives Mitglied angehörte. Indem Reismann-Grone Teilhaber der 'RWZ' wurde und künftig auf deren redaktionelle Linie entscheidenden Einfluß nahm, schuf er sich eine Plattform, von der aus er seinen völkischen Ideen, seiner Vorstellung von der biologischen und historischen Einheit aller Deutschen, große publizistische Verbreitung verleihen konnte. [13] Nach den Worten von Heinrich Claß, dem späteren Vorsitzenden des Alldeutschen Verbandes, war Reismann-Grone "ein politischer Kopf ersten Ranges" und in den Sitzungen des Geschäftsführenden

---

[11] Vgl. Zwei Jahrhunderte im Spiegel der 'Rheinisch-Westfälischen Zeitung'. Aus Anlaß des 200jährigen Bestehens hrsgg. vom Verlag Th. Reismann-Grone GmbH, Essen 1938, S. 13 und Arthur van Dyck: Geschichte der 'Rheinisch-Westfälischen Zeitung', in: Sonderausgabe der 'RWZ': 200 Jahre 'Rheinisch-Westfälische Zeitung', April 1938, S. 7.

[12] Vgl. Karl Mews: Dr. Th. Reismann-Grone. Gedenkworte zum 100jährigen Geburtstag Reismann-Grones (+ 1949) am 30. September 1963, in: 'Beiträge zur Geschichte von Stadt und Stift Essen', Heft 79, Essen 1963, S. 5-32.

[13] van Dyck, a.a.O., S. 7. — Zum Geschichts- und Politikverständnis Reismann-Grones vgl. seine Schrift: Der Erdenkrieg und die Alldeutschen, Wien-Leipzig 1919.

Ausschusses ein "Vertreter der schärfsten Richtung". 14) Die 'RWZ' bezeichnete Claß als ein im Sinne der alldeutschen Vorstellungen vorbildlich geleitetes Blatt. 15)

Reismann-Grone führte die von ihm vorgefundene Linie der 'RWZ' konsequent weiter. Die 'RWZ', die bis 1888 die kaiserliche Reichspolitik vertreten hatte, war mit dem Regierungsantritt Wilhelms II. und insbesondere seit der brüsken Entlassung Bismarcks auf einen oppositionellen Kurs eingeschwenkt, als sich zeigte, daß Wilhelm II. die Bismarckische Politik nicht fortzuführen bereit war. So warf die 'RWZ' der Reichsregierung wiederholt vor, daß nach 1890 die von Bismarck hinterlassene Erbschaftsmasse verschleudert worden sei, indem man den Russen die Freundschaft gekündigt und sich statt dessen an Österreich gekettet habe. Von Anfang an zur nationalen Opposition gehört zu haben, stellte Reismann-Grone später rückblickend fest, "ist der größte Ruhm der 'RWZ' ". 16) Die Angriffe der Zeitung gegen den wilhelminischen "Byzantinismus", zudem gegen die Zentrumspartei und die Sozialdemokratie, setzten die Zeitung andererseits mancherlei Anfeindungen aus und führten in einigen Fällen zum Verbot einzelner Zeitungsnummern. So etwa 1903, als die 'RWZ' ein Interview der Londoner Wochenschrift 'Truth' mit dem Historiker Theodor Mommsen nachdruckte, worin Mommsen unter anderem geäußert hatte, daß der Kaiser sehr wohl wisse, daß ihm jedes militärische Genie abgehe. Naturgemäß war der Kaiser auch in der 'Daily Telegraph'-Affäre massiven Angriffen von seiten der 'RWZ' ausgesetzt. Hatte die 'RWZ' schon 1902, nach der Niederringung der Buren, den Vorwurf erhoben, das Deutsche Reich habe seine "natürliche Aufgabe, einen uns so sehr nahverwandten germanischen Stamm zu schützen, nicht erfüllt" 17), so stieß insbesondere Wilhelms II. Äußerung, er habe einen Plan für den Burenfeldzug ausgearbeitet und den Engländern übermittelt, bei der 'RWZ' auf heftigste Kritik.

Reismann-Grone prägte jedoch nicht nur die politische Haltung der 'RWZ', sondern er betrieb auch mit ebensolcher Energie die Modernisierung und den Ausbau des Zeitungsverlages. Seit dem August 1895 wurde die Zeitung auf Rotationsmaschinen gedruckt, so daß man im November zum achtzehnmaligen Erscheinen in der Woche übergehen konnte. Außerdem baute Reismann-Grone die Redaktion personell aus, und auf seine Initiative hin — wobei ihn Friedrich Alfred Krupp unterstützte — wurde 1897 eine direkte Fernsprechverbindung zwischen Berlin und Essen eingerichtet. Daraufhin konnte Reismann-Grone das Wolffsche Telegraphenbüro dafür gewinnen, im Druckhaus der 'RWZ' eine Agentur zu eröffnen. Fortan brachte die 'RWZ' den vollen Wolff-Dienst mit den Börsenberichten in ihren Ausgaben. Im Oktober 1902 erwarb Reismann-Grone die 'Rheinische Zeitung' in Duisburg und verschmolz sie

---

14) Heinrich Claß: Wider den Strom. Vom Werden und Wachsen der nationalen Opposition im alten Reich, Leipzig 1932, S. 47 f.
15) Zu den übrigen alldeutschen Organen vgl. Dieter Fricke (Hrsg.): Die bürgerlichen Parteien in Deutschland, Bd. 1, Leipzig 1968, S. 6.
16) Reismann-Grone: Die 'RWZ' als Idee, a.a.O., S. 18.
17) 'RWZ' (Essen), 161. Jg. /Nr. 442 (7. Juni 1902), S. 1.

mit der 'RWZ'. Durch diesen Erwerb konnte die 'RWZ' auch im Westen des Industrinereviers endgültig festen Fuß fassen. Schließlich kaufte Reismann-Grone im Januar 1903 den Baedekers ihre restlichen Besitzanteile an der 'RWZ' und der Druckerei ab und gründete im März die Firma Th. Reismann-Grone. Das Jahr 1904 brachte den Umzug der Zeitung vom Burgplatz in einen Neubau am Theaterplatz. Da das Verbreitungsgebiet der 'RWZ' über Essen und das engere Industriegebiet hinaus vergrößert und entsprechend der Essener Lokalteil der 'RWZ' eingeschränkt worden war, gab der Verlag seit dem Oktober 1904 als Lokalblatt den 'Rheinisch-Westfälischen Anzeiger', seit 1919 unter dem Titel 'Essener Anzeiger', heraus. [18] Während die 'RWZ' vornehmlich das mittlere und gehobene Bürgertum als Leserschaft erreichte, fand der parteipolitisch neutrale 'Rheinisch-Westfälische Anzeiger' bei breiten Bevölkerungsschichten derart großen Anklang, daß künftig aus den Gewinnen des Anzeigers die 'RWZ' mitfinanziert werden konnte.

1903 hatte Reismann-Grone die Chefredaktion an den ehemaligen Oberlehrer Dr. Heinrich Pohl übergeben, der ebenfalls im alldeutschen Lager stand. Mitte des Jahres 1910 ging Pohl als Chefredakteur zu der Berliner Zeitung 'Die Post', die im April des gleichen Jahres in den Besitz von Reismann-Grone gelangt war. In dem Anfang Juli gebildeten, dem Alldeutschen Verband nahestehenden Konsortium, das die Anteile an der 'Post' hielt, besaß Reismann-Grone bis Januar 1914 die führende Stellung und bestimmte bis zu diesem Zeitpunkt auch die redaktionelle Linie des Berliner Blattes. [19] Im Juli 1910 trat Alwis Nießner als neuer Chefredakteur bei der 'RWZ' ein. Nießner, ein gebürtiger Wiener, hatte nach Studien in Wien, Bonn und Münster unter anderem beim Aachener 'Politischen Tageblatt' und als Chefredakteur an der 'Nordwestdeutschen Morgenzeitung' in Oldenburg gewirkt. Auch Nießner war Mitglied des Alldeutschen Verbandes, bis er im Frühjahr 1914 seinen Austritt aus dem Verband erklärte.

Reismann-Grones vielfältige Bemühungen um Expansionsmöglichkeiten für seine Zeitung blieben nicht ohne Erfolg. Als national-konservatives, bürgerliches Organ erreichte die 'RWZ' bis zum Kriege eine Auflage von über 20 000 Exemplaren, ihr Hauptverbreitungsgebiet lag etwa im Raum des heutigen Landes Nordrhein-Westfalen. Mit ihrem ausführlichen Wirtschaftsteil, in dem die Interessen der heimischen Industrie ihre Vertretung fanden, gehörte die 'RWZ' im Westen des Reiches zu den führenden Presseorganen und fand vielfache Beachtung. Eine Verbindung der Zeitung zur Industrie ergab sich schon allein aus den zahlreichen Beziehungen, die Reismann-Grone als Mitglied des Alldeutschen Verbandes zu anderen Verbandsmitgliedern gewonnen hatte, die im Bergbau oder in der Schwerindustrie führende Positionen ausfüllten. Ebenso wußte Reismann-Grone die Verbindungen, die er während

---

18) Egon Ahlmer: Die Entwicklung des Zeitungswesens im heutigen Gau Essen von den Anfängen bis zur Gegenwart, phil. Diss. Münster 1940, S. 129.

19) Vgl. Klaus Wernecke: Der Wille zur Weltgeltung. Außenpolitik und Öffentlichkeit im Kaiserreich am Vorabend des Ersten Weltkrieges, Düsseldorf 1970, S. 18 und 141 f.

seiner Tätigkeit beim Bergbau-Verein geknüpft hatte, in den Dienst seiner Zeitung zu stellen; die zahlreichen Anzeigen bedeutender Firmen bewiesen das. Der Centralverband Deutscher Industrieller (CDI) und der Bund der Industriellen (BdI) konnten denn auch mit Recht die 'RWZ' zu den Zeitungen rechnen, die sich vornehmlich der Belange der Industrie annahmen. [20] In diesem Zusammenhang sei auch auf die von Reismann-Grone im Dezember 1913 in Berlin gegründete Zeitungsverkaufs-Gesellschaft verwiesen, in der mehrere industriefreundliche, den Alldeutschen nahestehende Zeitungen zusammengeschlossen waren. [21]

Die enge Beziehung der 'RWZ' zu den Wirtschaftskreisen zeigte sich besonders deutlich bei der Marokko-Krise von 1911. Teile der deutschen Industrie waren ebenso wie die führenden Wirtschaftsverbände in Marokko entweder stark engagiert oder maßen den Handelsbeziehungen zu diesem Land höchste Bedeutung bei. Im Sinne dieser Kreise forderte die 'RWZ' die Reichsregierung zu entschlossenem Durchhalten auf und plädierte sogar für eine militärische Lösung der nordafrikanischen Frage, sofern auf dem Verhandlungswege keine positive Übereinkunft zu erreichen wäre. [22] Da der 'RWZ' das Verhandlungsergebnis als eine Niederlage des Deutschen Reiches erschien, sparte die Zeitung nicht an heftigen Vorwürfen. Die Reichsregierung versuchte, die von vielen Seiten vorgetragene Kritik an dem Marokko-Kongo-Vertrag zu dämpfen, und bemühte sich auch um eine positivere Einstellung der 'RWZ'. Daher bat nach Rücksprache mit dem Reichskanzler der preußische Landwirtschaftsminister Clemens von Schorlemer-Lieser in vertraulichen Gesprächen die Industriellen Gustav Krupp von Bohlen und Halbach und Julius Vorster, Mitglied im Direktorium des CDI, ihren Einfluß auf die Redaktion der 'RWZ' geltend zu machen. Doch Reismann-Grone blieb bei seiner ablehnenden Haltung. [23]

Als zu Beginn des Jahres 1914 die Reichsregierung eine Rüstungspause anstrebte, wehrte sich die 'RWZ' gegen dieses Ansinnen. Getreu den von der 'RWZ' oftmals vertretenen Interessen der Schwerindustrie erhob die Zeitung die Rüstung zu einer Frage von "Sein oder Nichtsein des Deutschen Reiches" und bemühte sich, in der Bevölkerung die Wehrbegeisterung anzufachen. [24] Insofern mußte es die Öffentlichkeit überraschen, daß die 'RWZ' sich nach der Ermordung des österreichischen Thronfolgers leidenschaftlich gegen den drohenden Krieg und gegen die Unterstüt-

---

[20] Dirk Stegmann: Die Erben Bismarcks. Parteien und Verbände in der Spätphase des Wilhelminischen Deutschlands. Sammlungspolitik 1897-1918, Köln, Berlin 1970, S. 173 f.
[21] Stegmann, a.a.O., S. 174 f.
[22] Isolde Rieger: Die wilhelminische Presse im Überblick, 1888-1918, München 1957, S. 91.
[23] Wernecke, a.a.O., S. 140.
[24] Kurt Koszyk: Deutsche Pressepolitik im Ersten Weltkrieg, Düsseldorf 1968, S. 85 (Zur Einstellung der 'RWZ' gegenüber dem Ausland vgl. daselbst, S. 85-90).

zung der von Österreich betriebenen Politik aussprach. [25] In Wahrheit war diese Haltung der Zeitung ein Ausdruck der politischen Vorstellungen ihres Herausgebers. Denn als im Zusammenhang mit den Balkankriegen von 1912 und 1913 der Alldeutsche Verband sich dafür ausgesprochen hatte, daß Deutschland keine Schwächung Österreich-Ungarns dulden dürfe, hatte sich Reismann-Grone im Gegensatz dazu für die Trennung von der seiner Meinung nach dem Untergang geweihten Doppelmonarchie eingesetzt und statt dessen — getreu der früheren Bismarckischen Politik — ein Zusammengehen mit Rußland gefordert. [26]

In einem Artikel vom 24. Juli 1914 unter dem Titel "Habsburgische Gewaltpolitik" warf die 'RWZ' Österreich vor, daß es den Krieg wolle und im Falle eines Sieges im Osten große Gewinne erstreben werde. Doch zur Unterstützung der habsburgischen Eroberungspolitik sei das Deutsche Reich nicht verpflichtet. Abschließend erhob die 'RWZ' die eindringliche Warnung: "Oesterreich-Ungarn will das Deutsche Reich in einen Eroberungskrieg hineinreißen". [27] Als es dann aber deutlich wurde, daß der Krieg nicht zu vermeiden war, schwenkte auch die 'RWZ' um und tat in den Kriegsjahren ihr Bestes, die Siegeszuversicht und den Durchhaltewillen des Heeres und der Heimat zu stärken. Eine gegenteilige Haltung wäre der Zeitung als Landesverrat erschienen. Doch da die 'RWZ' es nicht unterlassen mochte, gelegentlich dem habsburgischen Verbündeten vorzuhalten, er würde die deutsche Kriegsführung belasten, mußte die 'RWZ' sich eine scharfe Überwachung von seiten des zuständigen 7. Armeekorps in Münster gefallen lassen. [28] Ebenfalls wegen der österreichischen Frage trat Reismann-Grone 1915 aus dem Alldeutschen Verband aus, da er sich nicht gegen die vom Verbandsvorsitzenden Claß betriebene Politik zugunsten Österreichs durchzusetzen vermochte.

Seit dem Dezember 1915 gab die 'RWZ' speziell für die Soldaten an der Westfront eine Kriegsausgabe der 'RWZ' heraus, die weite Verbreitung fand und eine Auflage von 100 000 Exemplaren erreicht haben soll. [29] Da es technisch unmöglich war, jeden Tag die drei Ausgaben der 'RWZ' an die Front zu schicken, hatte die 'RWZ' sich zu dieser Kriegsausgabe entschlossen, die einmal täglich erschien und eine Zusammenfassung der Berichte aus den drei täglichen 'RWZ'-Ausgaben bot. Während der Kriegsjahre leitete Reinhold Wulle die 'RWZ'. Wulle hatte nach dem Studium der Theologie, Philosophie und Geschichte bei den 'Dresdner Nachrichten' und der

---

[25] Die 'RWZ' nahm mit dieser Haltung im Vergleich zu den meisten deutschen Zeitungen eine Außenseiterposition ein. Vgl. Walter Müller: Die Stellung der deutschen Presse von der Ermordung des österreichischen Thronfolgers Franz Ferdinand am 28. Juni 1914 bis zum Ausbruch des Weltkrieges am 4. August 1914, phil. Diss. Göttingen 1923.
[26] Alfred Kruck: Geschichte des Alldeutschen Verbandes, 1890-1939, Wiesbaden 1954, S. 109 ff.
[27] 'RWZ' (Essen), 177. Jg. / Nr. 885 (24. Juli 1914), S. 1.
[28] Reismann-Grone: Die 'RWZ' als Idee, a.a.O., S. 18.
[29] 'RWZ' (Essen), 201. Jg. / Nr. 143 (20. März 1938), S. 4.

'Chemnitzer Allgemeinen Zeitung' gearbeitet, bis er Mitte September 1914 Chefredakteur der 'RWZ' wurde. Nach dem Kriege war er als völkischer Politiker Mitglied des Reichstages und des Preußischen Landtages und gab das 'Deutsche Tageblatt' und die 'Deutschen Nachrichten' heraus. Im Oktober 1918 wurde Wulle von Dr. Gustav Albrecht, dem Sohn Reismann-Grones, abgelöst, der nach dem Studium der Jurisprudenz und Geschichte zunächst bei der 'RWZ' Redakteur, dann bei der 'Post' Chefredakteur gewesen war, ehe er endgültig bei der 'RWZ' die Chefredaktion und später auch die Verlagsleitung übernahm.

Als gegen Ende des Krieges der Übergang von der konstitutionellen zur parlamentarischen Monarchie eingeleitet wurde, glaubte die 'RWZ' zunächst, die Verantwortung für diese Entwicklung ablehnen zu müssen. Als dann aber das Kaiserreich zusammenbrach, dessen Repräsentanten die 'RWZ' oft genug bekämpft hatte, erklärte sich die Zeitung — trotz vielfacher Bedenken außenpolitischer Natur — grundsätzlich bereit, die Entwicklung des neuen parlamentarisch-demokratischen Systems durch eigene Mitarbeit zu fördern. [30] Bei den Überlegungen über das Kräfteverhältnis in der künftigen Nationalversammlung sprach die 'RWZ' sich für ein Zusammengehen der Deutschen Volkspartei und der Deutschnationalen Volkspartei aus, "damit der sozialistischen . . . eine gemäßigte bürgerliche Demokratie mit nationalen Zielen und wirtschaftlich gefestigten Anschauungen entgegengesetzt werde". [31] Doch die Hoffnungen, die die 'RWZ' an die neuen politischen Verhältnisse geknüpft hatte, sollten allzu schnell enttäuscht werden. Die von der 'RWZ' favorisierten Parteien DNVP und DVP konnten bei den Wahlen zur Nationalversammlung bei weitem nicht so viele Stimmen auf sich vereinigen, wie die von der 'RWZ' angefeindeten Linksparteien. Leidenschaftlich hatte die 'RWZ' auch für eine unitarische Verfassung gekämpft, doch statt dessen gab die Weimarer Verfassung, so sah es die 'RWZ', den unheilvollen partikularistischen Tendenzen im Reiche neues Leben.

Als sich zeigte, daß die politischen Realitäten den Erwartungen Reismann-Grones nicht zu entsprechen vermochten, führte der Verleger seine Zeitung wieder in die nationale Opposition. Eines der wenigen innenpolitischen Ereignisse, das die uneingeschränkte Zustimmung der 'RWZ' fand, war 1925 die Wahl Hindenburgs zum Reichspräsidenten. Doch stellte dies eine der seltenen Ausnahmen dar, in denen die 'RWZ' von ihrer grundsätzlichen Opposition abging, die von Jahr zu Jahr erbittertere Formen annahm. Die Niederlage des Kaiserreiches hatte die 'RWZ' ohnehin nicht wahrhaben wollen. Ihr militärischer Mitarbeiter stellte in einem Artikel, in dem bereits die spätere Dolchstoßlegende anklang, die Behauptung auf, das deutsche Heer sei bis zum letzten Augenblick unbesiegt geblieben und die Heimat habe

---

30) Vgl. Eberhard von Schwerin: Die Entwicklung des nachrevolutionären deutschen Parlamentarismus. Eine Studie über die Ansichten der 'Rheinisch-Westfälischen Zeitung', in: Festschrift für Theodor Reismann-Grone. Zum 30jährigen Verlegerjubiläum, hrsgg. vom Verlag der 'RWZ', Essen 1925, S. 19-21.

31) 'RWZ' (Essen), 181. Jg. / Nr. 964 (26. November 1918), S. 2.

"der Front das Schwert aus der Hand gewunden". 32) Bei der Annahme des Versailler Vertrages sah die 'RWZ' "die edelsten Güter eines Volkes zu Grabe getragen: Ehre und Freiheit". 33)

Insbesondere aus Anlaß der Konferenzen, die der Lösung des Reparationsproblems galten, machte die 'RWZ' sich zur Sprecherin des Bergbaus und der Schwerindustrie. Im Dawes-Plan sah die Zeitung eine "Politik nicht nur auf kurze, nein auf kürzeste Sicht". 34) Beim Young-Plan sagte die 'RWZ' voraus, daß es der deutschen Wirtschaft unmöglich sein werde, die Lasten des Abkommens zu tragen, und klagte: "Nicht nur wir, auch unsere Kinder und Kindeskinder, werden an den Ketten dieses Diktates zerren". 35) Am Lausanner Abkommen, das für das Deutsche Reich praktisch das Ende der Reparationszahlungen brachte, bemängelte die Zeitung, daß es der deutschen Abordnung nicht gelungen sei, auf der Konferenz die Forderung nach politischer Gleichberechtigung Deutschlands durchzusetzen. Daß die 'RWZ' sich gerade in wirtschaftlichen Fragen besonders engagierte, ist bei einer Zeitung, die sich — mit einer durchschnittlichen Auflage von 30 000 Exemplaren in den 20er und 30er Jahren — gerne als das führende Wirtschaftsblatt des Industriegebietes an Rhein und Ruhr bezeichnete, nicht weiter verwunderlich. Zwar nahm die Berichterstattung und Kommentierung der politischen Geschehnisse bei der 'RWZ' als einem nationalen Gesinnungsblatt eine dominierende Stellung ein, doch daneben hatte sich der Wirtschaftsteil der Zeitung seit Kriegsende zunehmend mehr Raum erobert. 1918 waren etwas mehr als ein Zentel am Umfang der Zeitung der Wirtschaftssparte vorbehalten, Mitte der 20er Jahre betrug der Anteil bereits ein Viertel und erhöhte sich in den 30er Jahren auf mehr als ein Drittel. 36)

Doch neben der Darstellung der redaktionellen Linie der 'RWZ' soll nicht die äußere Entwicklung des Verlages vergessen werden: Die revolutionären Wirren bei Kriegsende und der Generalstreik anläßlich des Kapp-Putsches brachten für die Herausgabe der Zeitung mancherlei ernsthafte Schwierigkeiten mit sich, da in dieser Zeit das Verlagshaus abwechselnd vom Essener Soldatenrat, den Spartakisten und Kommunisten besetzt wurde. Im Juli 1920 wurde der 'Sport-Anzeiger' als Montagsblatt des 'Essener Anzeigers' gegründet, 1924 wurde daraus der 'Sport-Anzeiger im Bild'. 1921 kam der neugegründete, einmal wöchentlich erscheinende 'Hellweg, Wochenschrift für deutsche Kunst' als weiteres Verlagsobjekt hinzu. Ebenfalls 1921 erfolgte die Gründung der Th. Reismann-Grone GmbH. Mit dem Einmarsch französischer und belgischer Truppen ins Ruhrgebiet kam für die 'RWZ' nochmals eine besonders

---

32) 'RWZ' (Essen), 181. Jg. /Nr. 934 (15. November 1918), S. 1.
33) 'RWZ' (Essen), Sonderausgabe vom 24. Juni 1919, S. 1.
34) 'RWZ' (Essen) 187. Jg. / Nr. 658 (30. August 1924), S. 1.
35) 'RWZ' (Essen), 193. Jg. / Nr. 132 (13. März 1930), S. 2.
36) Konrad Pohlmann: Die 'Rheinisch-Westfälische Zeitung', 1918–1944, Seminarausarbeitung am Institut für Publizistik der Universität Münster, Wintersemester 1963/64 (unveröffentlicht), S. 18 und S. 20 f.

schwere Zeit. [37] Reismann-Grone kannte, wenn es um seine politischen Überzeugungen ging, keine Rücksichten, weder gegenüber seiner Person und seinem finanziellen Vorteil, noch im Hinblick auf das Schicksal seines Zeitungsverlages. Dementsprechend setzte er die 'RWZ', ebenso den 'Essener Anzeiger', schonungslos im Kampf gegen die Besatzungsmacht ein.

Die Folge war, daß während der Zeit der Ruhrbesetzung die 'RWZ' zehnmal und der 'Essener Anzeiger' dreimal verboten wurden, mindestens für eine halbe Woche, im extremen Fall sogar für die Dauer von drei Monaten. [38] Reismann-Grone selbst wurde verhaftet und wegen Verletzung der französischen Presseverordnung zu einer Geldstrafe und vier Wochen Gefängnis verurteilt. Die Zeit der Ruhrbesetzung und dabei insbesondere die Monate des passiven Widerstandes hatten die Existenzgrundlage der 'RWZ' schwer erschüttert. Dennoch faßte Reismann-Grone schon 1924 den Plan, mit dem Bau eines neuen Verlagshauses zu beginnen. Ende 1926 konnte dann der Umzug in das neue Haus in der Sachsenstraße 36 erfolgen. Das nächste Jahr sah den Zeitungsverlag in einer so schweren finanziellen Krise, daß Reismann-Grone sich zum Verkauf entschloß. Doch Verhandlungen mit der Stadt Essen, mit Albert Vögler von der Vereinigten Stahlwerke AG sowie mit Alfred Hugenberg und Wilhelm Girardet führten zu keinem Ergebnis. Erst im Oktober 1929 kam ein Vertrag mit dem Verein für die bergbaulichen Interessen zustande. Der Bergbau-Verein erwarb eine Beteiligung an dem Verlag, womit die Weiterführung der 'RWZ' gesichert war. [39]

1930 wurde die Mittagsausgabe des Blattes eingestellt, so daß die 'RWZ' künftig nur noch 13mal in der Woche erschien. Vom Juli 1930 an widmete sich Dr. Albrecht nur noch seinen Aufgaben als Verlagsdirektor und übergab die Leitung der Redaktion an Dr. Eugen Mündler. Mündler hatte neuere Sprachen, Geschichte und Philosophie studiert und war vor seinem Eintritt in die 'RWZ' Redakteur bei den 'Dresdner Nachrichten' und Chefredakteur der 'München-Augsburger Abendzeitung' gewesen. Ebenfalls 1930 erwarb der Verlag die 'Bergisch-Märkische Zeitung', ein altes nationales Blatt des Wuppertals, und die 1919 gegründete 'Westfälische Landeszeitung', Münster. Diesen beiden neuen Unternehmungen, die ebenso wie die 1934 aufgekaufte Duisburger 'Rhein- und Ruhrzeitung' als Kopfblätter weitergeführt wurden, war jedoch kein großer Erfolg beschieden.

---

37) Vgl. Gustav Albrecht: 'Rheinisch-Westfälische Zeitung' und 'Essener Anzeiger' im Ruhrkampf, in: Die Presse im Ruhrkampf, hrsgg. vom Niederrheinisch-Westfälischen Zeitungsverleger-Verein, Bochum 1925, S. 70-79 und Hellmut Girardet: Der Einfluß des Ruhreinbruches vom 11. Januar 1923 auf die rheinisch-westfälische Tagespresse, jur. Diss. Würzburg 1925, S. 77 ff.

38) Gleich nach den ersten Verboten der 'RWZ' gründete der Verlag das Wirtschaftsblatt 'Westindustrie', um sich für den Fall einer völligen Unterdrückung der 'RWZ' auch weiterhin einer publizistischen Basis zu versichern. 1927 wurde die 'Westindustrie' mit dem Wirtschaftsteil der 'RWZ' verschmolzen und erschien als Beilage der 'RWZ'-Morgenausgabe.

39) Mews, a.a.O., S. 19.

Etwa seit Mitte der 20er Jahre stand Reismann-Grone mit der NSDAP in losem Kontakt. Gegen Ende des Jahrzehnts vermittelte er in seiner Eigenschaft als politischer Berater des Bergbau-Vereins gemeinsam mit seinem Schwiegersohn Dr. Otto Dietrich, dem späteren Reichspressechef, ein Zusammentreffen zwischen Hitler und dem greisen Großindustriellen Emil Kirdorf, der die zur politischen Beeinflussung bestimmten Gelder des Bergbau-Vereins und des Verbandes Eisen-Nordwest verwaltete. [40] Als Reismann-Grone, Mitglied der NSDAP seit 1932, versuchte, die 'RWZ' in den Dienst der nationalsozialistischen Bewegung zu stellen, der Bergbau-Verein sich aber zu einer solchen Haltung der 'RWZ' nicht bzw. noch nicht zu entschließen vermochte [41], trat Reismann-Grone im September 1932 als Geschäftsführer des Zeitungsverlages zurück und veräußerte im folgenden Jahr auch noch die ihm verbliebene Minderheitsbeteiligung an dem Verlag.

Eine gewisse Annäherung an den Nationalsozialismus läßt sich in den Zeilen der 'RWZ' deutlich verfolgen. Nach den Wahlen von 1930 [42] hatte die Zeitung unter dem Eindruck des NSDAP-Erfolges eine Koalitionsbeteiligung der NSDAP nicht mehr ausschließen wollen. In den folgenden Jahren forderte die Zeitung in immer stärkerem Maße den Zusammenschluß aller nationalen Gruppen, setzte sich für die Anerkennung des Führergedankens und die Überwindung der marxistischen Klassenkampfideologie ein und befürwortete seit den Wahlen von 1932 zunehmend die Ernennung Hitlers zum Reichskanzler. Nach dem Rücktritt des Kabinetts Schleicher war es für die 'RWZ' klar: "Die natürlichste Lösung ist unseres Erachtens ein Kabinett der nationalen Konzentration unter der Reichskanzlerschaft Hitlers". [43] Am 30. Januar 1933 glaubt die 'RWZ' das Schicksal Deutschlands in die Hände einer Regierung gelegt, wie die Zeitung sie jahrelang gefordert hatte, und endlich war der Augenblick gekommen, in dem die Zeitung aus der selbstgewählten langjährigen Opposition heraustreten konnte.

Im folgenden soll der 'RWZ' nicht vorgeworfen werden, was sie im Dritten Reich unter der NS-Presselenkung gezwungen war zu berichten. Die zuvor zitierten Stellungnahmen der Zeitung dürften deutlich gemacht haben, welcher Weltanschauung und welchen politischen Gruppierungen die 'RWZ' sich verhaftet fühlte. Zwar blieb

---

40) Konrad Heiden: Adolf Hitler. Das Zeitalter der Verantwortungslosigkeit. Eine Biographie, Zürich 1936, S. 259 f.

41) August Heinrichsbauer: Schwerindustrie und Politik, Essen/Kettwig 1948, S. 20 und 'National-Zeitung' (Essen), 8. Jg. / Nr. 177 (29. April 1937), S. 9. — Reismann-Grone, der sich in bezug auf die Haltung der 'RWZ' keine Weisungen erteilen lassen wollte, auch nicht von seiten seiner Geldgeber, zog sich völlig vom Verlag zurück, der auch weiterhin den Namen Reismann-Grones führte. Vom April 1933 bis zum April 1937 war Reismann-Grone Essener Oberbürgermeister.

42) Für den Zeitraum von 1930 bis 1932 vgl. Siegfried Gnichwitz: Die Presse der bürgerlichen Rechten in der Ära Brüning. Ein Beitrag zur Vorgeschichte des Nationalsozialismus, phil. Diss. Münster 1956.

43) 'RWZ' (Essen), 196. Jg. / Nr. 53 (29. Januar 1933), S. 2.

auch die 'RWZ' nach der Machtübernahme nicht von staatlichen Zwangsmaßnahmen verschont, doch die Tatsache, daß über die 'RWZ' während der Zeit nationalsozialistischer Machtausübung nur einmal ein kurzfristiges Erscheinungsverbot verhängt und nur ein halbes Dutzend Male die Berichterstattung der Zeitung in den Pressekonferenzen des Propagandaministers moniert wurde [44], erscheint — verglichen mit manchen anderen Tageszeitungen — als zu unbedeutend, als daß man der 'RWZ' bescheinigen könnte, sie habe um eine relativ unabhängige Berichterstattung gerungen.

Im Juni 1933 schied Dr. Gustav Albrecht aus dem Unternehmen aus, wurde Direktor des Wolffschen Telegraphenbüros (WTB) und übernahm 1934 die Leitung des Deutschen Nachrichtenbüros (DNB). An Albrechts Stelle als Verlagsdirektor trat Dr. Rolf Ippen, der nach dem Zweiten Weltkrieg Geschäftsführer der Essener 'Westdeutschen Allgemeinen (Zeitung)' ('WAZ') wurde. Im April 1938 feierte die 'RWZ' ihr 200jähriges Bestehen, und in einer aus diesem Anlaß herausgegebenen Festschrift konnte die Zeitung im Hinblick auf den kurz zuvor vollzogenen Anschluß Österreichs mit Genugtuung feststellen: "Dieses Jubiläumsbuch kann heute mit doppelter Freude herausgehen, weil sein Erscheinen in eine Zeit fällt, in der das Jahrzehnte lange Ringen der 'RWZ' um den alldeutschen Gedanken durch die große Tat des Einigers aller Deutschen herrliche Erfüllung gefunden hat". [45] Anfang Mai 1938 wurde der langjährige Chefredakteur der 'RWZ', Dr. Eugen Mündler, der als Hauptschriftleiter zum 'Berliner Tageblatt', später zum 'Reich' und zum 'Völkischen Beobachter' überwechselte, von Wilhelm Ackermann abgelöst. Ackermann hatte nach dem Studium der Nationalökonomie seine praktische journalistische Ausbildung bei der 'Tübinger Chronik' erhalten und war seit 1920 Chefredakteur der Berliner 'Deutschen Tageszeitung' gewesen.

1940 ging der Verlag der 'RWZ' in den alleinigen Besitz der Rheinischen Verlagsanstalt GmbH über, als deren Vertreter Stabsleiter Rolf Rienhardt auftrat. Letztlich wurde das Zeitungsunternehmen in die Herold Verlagsanstalt GmbH, die nationalsozialistische Holdinggesellschaft für ehemals privateigene Verlage, eingegliedert; neben der Herold besaß die Deutsche Verlags KG eine Minderheitsbeteiligung. Die Übernahme der 'RWZ' durch die NSDAP soll dabei unter schärfstem Druck und unter der Beschuldigung einer staatsfeindlichen Einstellung der 'RWZ' vollzogen worden sein. [46] In das Jahr 1940 fielen auch einige personelle Veränderungen bei der Zeitung. Im April 1940 übernahm Carl Schneider die Leitung der Redaktion. Schneider, der 1913 beim 'Rheinisch-Westfälischen Anzeiger' eingetreten war, die Kriegsausgabe der 'RWZ' betreut hatte und seit 1921 Leiter der Düsseldorfer Geschäftsstelle der 'RWZ' war, sollte nun auch im zweiten Weltkrieg die Zeitung leiten. Im

---

44) Vgl. Sammlung Sänger. Mitschriften in der Pressekonferenz des Reichsministers für Volksaufklärung und Propaganda. Januar 1933 – April 1943, Bundesarchiv Koblenz.
45) Zwei Jahrhunderte im Spiegel der 'Rheinisch-Westfälischen Zeitung', a.a.O., S. 5.
46) Heinrichsbauer, a.a.O., S. 20.

Mai 1940 begann Dr. Heinrich Schulte seine Arbeit als letzter Verlagsdirektor der 'RWZ'. Nach dem Kriege hatte Schulte die gleiche Funktion bei der britischen Zonenzeitung 'Die Welt' inne.

Nachdem die Reichspressekammer eine für alle mehrmals täglich erscheinenden Zeitungen geltende Anordnung erlassen hatte, erschien auch die 'RWZ' seit dem 1. Januar 1944 nur noch einmal täglich, und zwar an den Sonntagen morgens, werktags aber als Abendausgabe, um noch die letzten Börsennachrichten vom Tage in die Ausgabe aufnehmen zu können. Bereits 1941 war der 'Essener Anzeiger' mit Girardets 'Essener Allgemeinen Zeitung' zusammengelegt worden, nun stellte am 31. August 1944 auch die 'RWZ' "auf Grund der durch den totalen Krieg bedingten Konzentrationsmaßnahmen auf dem Gebiet der Presse ... ihr selbständiges Erscheinen für die Dauer des Krieges ein" und ging eine Gemeinschaft mit der Reichsausgabe der 1930 als Essener NSDAP-Organ gegründeten 'National-Zeitung' ein. Die bisherigen Bezieher der 'RWZ' erhielten fortan diese Gemeinschaftsausgabe zugestellt, in deren Zeitungskopf die Titel beider Blätter erschienen. "Mit unserem zuversichtlichen Glauben an den Sieg", so schrieb die 'RWZ', "verbinden wir die Hoffnung, unsere Zeitung nach dem Siege allen Beziehern wieder in gewohnter Weise liefern zu können." 47) Diese Hoffnung sollte sich nach Kriegsende jedoch nicht bewahrheiten. Es wurden zwar einige dementsprechende Projekte in Erwägung gezogen, aber alle Vorbereitungen blieben so vage, daß es zu keiner Neubegründung der 'RWZ' mehr kam. 48)

Den Titel 'Rheinisch-Westfälische Zeitung', der mittlerweile frei geworden war, übernahm am 26. Oktober 1968 die in Essen erscheinende 'Neue Ruhr Zeitung' ('NRZ') als Untertitel. In einem Artikel, der sechs Wochen später in der 'NRZ' mit der Überschrift "Baedeker-Tradition im neuen Geist wachhalten" 49) erschien, bemühte sich die 'NRZ' darum, eine Verbindung von den 'Neuesten Essendischen Nachrichten' über die 'RWZ' bis hin zur 'NRZ' zu konstruieren.

---

47) 'RWZ' (Essen), 207. Jg. / Nr. 234 (31. August 1944), S. 1.
48) Der am weitesten gediehene Plan dürfte der gewesen sein, wonach die 'RWZ' vom Oktober 1954 an wieder in Essen erscheinen und gegen die Außenpolitik Adenauers opponieren sollte. Vgl. 'Der Spiegel' (Hamburg), 8. Jg. / Nr. 42 (13. Oktober 1954), S. 34 und Nr. 48 (24. November 1954), S. 50.
49) von Jan Bart (= Otto Bartels), 'NRZ' (Essen), 23. Jg. / Nr. 286 (7. Dezember 1968), S. 8.

Margarete Plewnia:

VÖLKISCHER BEOBACHTER (1887 — 1945)

Der 'Völkische Beobachter' (VB) hat sich — wie in der nationalsozialistischen Literatur gern vemerkt wurde — in seiner rund 25jährigen Geschichte vom "armseligen Lokalblatt zur größten politischen Tageszeitung Deutschlands" [1] entwickelt. Hervorgegangen ist das Sprachrohr der NSDAP aus dem 1887 von dem Druckereibesitzer Johann Naderer gegründeten Vorstadtblatt 'Münchener Beobachter' [2], das "sämtliche Interessen" der bayerischen Hauptstadt "rechts der Isar" vertreten wollte. 1900 wurde die Wochenzeitung von dem Österreicher Franz Xaver Eher erworben. Nach seinem Tode, 1918, ging sie in den Besitz der Thule-Gesellschaft über, eines der zahlreichen vaterländischen Vereine, die allenthalben unter dem Eindruck der deutschen Niederlage entstanden waren. Der Kampf des Blattes, das sich bald schon 'Völkischer Beobachter' nannte, galt von nun an "dem Wucher in allen Gestalten, der jüdischen Zwangsherrschaft in Deutschland, dem volksverderbenden Geldwahn und dem volksfremden Scheinsozialismus, der nur Vernichtung aller deutschen Arbeit will" [3].

Am 18. Dezember 1920 übernahm die NSDAP den 'VB'. Den Beziehern wurde mitgeteilt: "Die Nationalsozialistische Deutsche Arbeiterpartei hat den 'Völkischen Beobachter' unter schwersten Opfern übernommen, um ihn zur rücksichtslosesten Waffe für das Deutschtum auszubauen gegen jede feindliche undeutsche Bestrebung" [4]. Vom gleichen Tage datiert ein Schreiben Adolf Hitlers an den Schriftsteller Dietrich Eckart, in dem er diesem für die "in letzter Minute gewährte große Hilfe" seinen "wärmsten Dank" ausspricht. [5] Eckart, bis 1921 Herausgeber der völkischen Zeitschrift 'Auf gut deutsch', soll derjenige im Kreis um Hitler gewesen sein, der auf den Erwerb einer parteieigenen Zeitung gedrängt hatte. Seine Hilfe dürfte darin bestanden haben, die Hälfte der erforderlichen Kaufsumme von 120 000 Papiermark aufzubringen. [6] Auch in den folgenden

---

1) Heinz Hünger: Aus der Geschichte des 'Völkischen Beobachters', in: 'Deutsche Presse' (Berlin), Nr. 18/1934, S. 3.
2) Zur Geschichte des 'Münchener Beobachters' vgl. Adolf Dresler: Der Münchener Beobachter 1887—1918, Würzburg-Aumühle 1940.
3) 'VB' vom 16.9.1920.
4) 'VB' vom 18.12.1920.
5) Zit. nach Georg Franz-Willing: Die Hitlerbewegung. Der Ursprung 1919—1922, Hamburg—Berlin 1962, S. 181.
6) Vgl. dazu Sonja Noller: Die Geschichte des Völkischen Beobachters von 1920—1923, phil. Diss. München 1956, S. 236 ff. Ferner Facsimile Querschnitt durch den 'Völkischen Beobachter', hrsgg. von Sonja Noller und Hildegard von Kotze, München—Berlin—Wien 1967, S. 5 f.

Jahren sorgte der bayerische Publizist, der gleichzeitig die Führer-Laufbahn Hitlers einleitete, für die Weiterexistenz des 'VB'. 7)

Die wirtschaftliche Lage des Blattes war bei der Übernahme durch die Nationalsozialisten denkbar schlecht. Die Geschäftsführer wechselten mehrmals, bis Max Amann, 8) der nachmalige Reichsleiter für die Presse der NSDAP, die Leitung des Verlages übernahm und ihn in wenigen Jahren zu einem kaufmännisch arbeitenden Betrieb ausbaute. In der Frühzeit der braunen Bewegung war der 'VB' neben den Versammlungen und Sprechabenden das wichtigste Propagandamittel der Nationalsozialisten. Hitler hat ihn in einem programmatischen Aufsatz als Zeitung charakterisiert, die in

> "rücksichtsloser Entschlossenheit an sozialen und nationalen Schäden aufdeckt, was aufzudecken ist, die als ununterbrochener Mahner des völkischen Gewissens auftritt, die nicht müde wird, Tag für Tag und Woche für Woche und Jahr für Jahr das Volk hinzuweisen auf die Schande der Knechtschaft, und die nie nachläßt, das Elend unserer Not als Folge dieser Knechtschaft zu beweisen. Eine Presse, die zum Wecker unseres Volkes wird in einer Zeit erbärmlichster Gleichgültigkeit gegenüber der nationalen Entehrung, die das Rückgrat bildet der Organisation des Widerstandes unseres Volkes gegenüber seinen jüdisch-internationalen Verderbern." 9)

Das Blatt lebte, wie es auch die Worte Hitlers zeigen, von der Polemik gegen Juden und Demokratie. In der rüden Formulierung des 'VB' galt der Kampf dem "Wucher- und Schiebertum", der "verbrecherischen Ausbeutung unserer Heimat", dem "Sklavenjoch der Börsengauner", dem "internationalen Geist", dem "Verrat am deutschen Volk", der "demokratischen Energielosigkeit", der "Parlamentarischen Kloake" — um nur einige Schlagworte zu nennen. Unter

---

7) Vgl. Margarete Plewnia: Auf dem Weg zu Hitler. Der 'völkische' Publizist Dietrich Eckart, Bremen 1970, S. 71 ff.

8) Die Urteile über Amann sind widersprüchlich. Fritz Schmidt (Presse in Fesseln, Berlin 1948, S. 10) beschreibt ihn wie folgt: "Amann war charakterlich so, wie er aussah: ein untersetzter kleiner Bursche mit Bullenbeißergesicht, das von keinem Funken aus der Welt der Ideale aufgehellt war." Für die Verlagsarbeit habe er keine Kenntnisse und kein geistiges Niveau mitgebracht. Weiter wird ihm vorgeworfen, sich als erster der neuen Machthaber "schamlos bereichert" zu haben. "Sein munteres Treiben am Tegernsee hat wesentlich dazu beigetragen, daß dieser liebliche Voralpensee bei den spottsüchtigen Münchnern allgemein "Lago di Bonzo" genannt wurde." Demgegenüber hebt Albert Krebs hervor, daß zu seinen Vorzügen eine "gewisse persönliche Sauberkeit und Unbestechlichkeit, die Korruption nicht nur bei anderen, sondern auch bei sich selbst nicht duldete", gehört habe. Auch die Verlegertätigkeit Amanns wird von Krebs gewürdigt. (Vgl. Albert Krebs: Tendenzen und Gestalten der NSDAP. Erinnerungen an die Frühzeit der Partei. Quellen und Darstellungen zur Zeitgeschichte, Bd. 6, Stuttgart 1959, S. 197).

9) 'VB' vom 27.1.1921. Der 'VB' sollte, wie Hitler später formulierte, "zur Wiederherstellung einer einheitlichen Geistes- und Willensbildung der Nation" beitragen. Vgl. Wilhelm Treue: Rede Hitlers vor der deutschen Presse vom 10. Nov. 1938. In: 'Vierteljahrshefte für Zeitgeschichte' (Stuttgart), Nr. 2/1958. S. 178.

diesen Vorzeichen wurde der 'Beobachter' — wie Hitler einmal stolz vermerkte "die bestgehaßte Zeitung im Lande" 10). Joseph Goebbels, der Hauptpropagandist der Partei, hat Jahre später erläutert, auf welche Weise Erziehungsarbeit am deutschen Volk geleistet wurde: "Wir sahen unsere agitatorische Aufgabe weniger darin, in Vielfältigkeit zu schillern, als vielmehr ein paar ganz große politische Leitgedanken zur Darstellung zu bringen, ein paar ganz große politische Forderungen zu formulieren, und sie dann allerdings in hundert und mehr Variationen dem Leser mit zäher Folgerichtigkeit einzuhämmern und aufzuzwingen." 11)

Als Parteiorgan hatte der 'VB' die Funktion, Versammlungen und Sprechabende anzukündigen, das Parteileben widerzuspiegeln, politische Richtlinien zu vermitteln und die Bindung an den "Führer" zu festigen. In der sogenannten Kampfzeit dürfte die Zeitung — weit mehr als nach der Machtergreifung — als politisches Führungsmittel bedeutend gewesen sein. Wer sie in jenen Jahren abonnierte, tat es wohl in der Regel aus echter Überzeugung und nahm das ihm Gebotene als Offenbarung an, im Gegensatz zu dem Leser nach 1933, der sie oft aus Nützlichkeitserwägungen erwarb, gemäß der Hitlerschen Parole: "Kein Nationalsozialist, der noch in Arbeit und Brot steht, ohne den Bezug des Zentralorgans der Bewegung." 12) Auf dem ersten Parteitag in München am 29. Januar 1922 konnte festgestellt werden, "daß die Bewegung seit jener Zeit kräftig vorwärts schreite", seit es gelungen sei, den 'Beobachter' für die Partei zu gewinnen. 13)

Hauptschriftleiter war zu diesem Zeitpunkt Dietrich Eckart. Er hatte diesen Posten im Juli 1921 übernommen, als Hitler in der NSDAP zum ersten Vorsitzenden aufgestiegen war. Der VB führte seit diesem Sommer (24. Juli) den Untertitel 'Kampfblatt der nationalsozialistischen Bewegung Großdeutschlands' 14). Eckarts Vorgänger seit der Übernahme waren jeweils nur kurzzeitig Hannsjörg Maurer, Hugo Machhaus und als erstes Parteimitglied Hermann Esser gewesen. Da Eckart sich zum Dichter berufen fühlte und regelmäßiges Arbeiten verabscheute, entlastete ihn von Anfang an Alfred Rosenberg. Er hatte bereits an Eckarts Zeitschrift 'Auf gut deutsch' mitgearbeitet.

Die Schriftleitung des 'VB' war im Hauptquartier der NSDAP in der Münchner Schellingstraße untergebracht. Hitler hatte hier auch sein Arbeitszimmer, so daß die Redaktionsarbeit von ihm überwacht werden konnte; wie denn überhaupt politisch wichtige Artikel Gemeinschaftsarbeit mehrerer Parteimitglieder gewesen

---

10) 'VB' vom 26.2.1925.
11) Joseph Goebbels: Kampf um Berlin, München 1940, S. 201.
12) 'VB' vom 8.4.1933.
13) Dokumente der Sammlung Rehse aus der Kampfzeit: Dokumente der Zeitgeschichte, hrsgg. von Adolf Dresler, München 1941, S. 153.
14) Im November 1922 erschien im Impressum erstmals das Hakenkreuz.

sein dürften. Noch für das Jahr 1931, in dem die Zeitung ständig mit einem Verbot zu rechnen hatte, es also auf geschickte Formulierungen ankam, beschreibt Konrad Heiden die Entstehung eines Beitrages folgendermaßen: "Wenn Hitler einen Artikel oder offenen Brief für den 'Völkischen Beobachter' schreibt, feilt er tagelang an ihm herum, läßt den festgesetzten Termin mehrmals verstreichen; ist das Schriftstück endlich gesetzt, dann kauert sich der Verfasser mit den Druckfahnen in einen Winkel der Redaktion und liest, mit dem Finger Zeile für Zeile entlangfahrend; Hess liest mit — und dann wird das Ganze mitgenommen und zuhause nochmals umgearbeitet, um auch die letzte Kleinigkeit auszumerzen, die etwa der Regierung einen Anlaß zum Verbot des 'Völkischen Beobachters' geben könnte." [15] Hitler war bis 1922 ständiger Mitarbeiter der Zeitung. Die mit seinem Namen gezeichneten Artikel waren ein Werbemittel für den 'VB'. Seit 1923, als ihn seine Rolle als "Führer" immer mehr beanspruchte, wurden oft nur noch seine Reden abgedruckt.

In der Redaktion gab es zunächst einen häufigen Wechsel der Mitarbeiter. Der 'Beobachter' war das Organ einer noch jungen Partei, in deren Reihen es nur wenige gute Journalisten gab. Albert Krebs, der damalige Chef des 'Hamburger Tageblatts', kennzeichnet die der nationalsozialistischen Presse zustrebenden Leute wie folgt: "Sie kamen nicht, um für ihre neuen Meinungen und Ansichten mit der Feder zu kämpfen, sondern um der betrüblichen Tatsache willen, daß man ihrer stumpfen Federn wegen anderswo keine Verwendung mehr gehabt hatte." [16] Im Juni 1932 schrieb Joseph Goebbels in sein Tagebuch: "Mit den Zeitungen ist es am schlimmsten. Wir haben die besten Redner der Welt, dafür fehlt es uns an gewandten und geschickten Federn." [17]

Unter den sich allmählich herausbildenden festen Mitarbeitern des 'VB' lassen sich zwei Gruppen unterscheiden. Auf der einen Seite waren es Journalisten aus der alten völkischen Bewegung. Zu ihnen zählte Dr. Josef Stolzing-Czerny, der sieben Jahre lang den Kulturteil leitete; der Bearbeiter der Wirtschaftssparte, Dr. Buchner sowie die Schriftleiter Dietrich Eckart und Wilhelm Weiß. Daneben gewannen nicht fachlich vorgebildete Leute aus dem engeren Kreis um Hitler Einfluß wie Hermann Esser, Josef Berchthold und Alfred Rosenberg. Von ihnen hat es Rosenberg am weitesten gebracht. Er löste Eckart auf eigene Initiative im Frühjahr 1923 von der Hauptschriftleitung ab. Der gutmütige Schriftsteller, der sich damals gerade vor den Reichsbehörden in den Berchtesgadener Bergen versteckt hielt, überließ dem Jüngeren die Stellung kampflos, die dieser 15 Jahre lang halten sollte. Als Journalist dürfte der spätere Leiter des Außenpolitischen Amtes und Reichsminister für die besetzten Ostgebiete wenig geleistet haben. Er, der Verfasser des 'Mythos des 20. Jahrhunderts', sorgte vornehmlich für die rassentheoretischen Beiträge des Blattes.

---

15) Konrad Heiden: Adolf Hitler. Eine Biographie, Bd. 1, Zürich 1948, S. 294.
16) Albert Krebs, a.a.O., S. 179.
17) Joseph Goebbels, a.a.O., S. 198.

Das Verhältnis zwischen Verlag und Redaktion scheint während der Jahre 1923 bis 1938 nicht zum besten gewesen zu sein. Amann und Rosenberg galten als offene Gegner. Hitler, der keinen der beiden opfern wollte, fiel oft die Rolle des Vermittlers zu. Die Feindschaft beruhte vermutlich auf persönlichen Gründen. Der Gegensatz zwischen dem "typisch intellektuellen Nazi" 18) und dem derben und real denkenden Amann war nicht zu überbrücken. 19)

Der 'VB', dessen Auflage innerhalb von drei Jahren von 7 000 auf 25 000 gestiegen war, erlitt im November 1923, als er zusammen mit der NSDAP nach dem Hitlerputsch verboten wurde, einen Rückschlag. Um die Verbotszeit zu überstehen, griff der Verlag zur Selbsthilfe. Seit Mai 1924 sammelte er Vorbestellungen für Hitlers Buch 'Mein Kampf', das dieser während seiner Festungshaft in Landsberg verfaßte. Die Besteller, meist alte Anhänger der Partei, mußten eine Anzahlung von fünf Mark leisten. Der Vertreter erhielt drei Mark Provision, und dem Verlag verblieben zwei Mark. Auf diese Weise war ein Weg gefunden worden, einerseits in Not geratene Parteigenossen als Vertreter zu beschäftigen, andererseits dem Verlag zu ermöglichen, das Geschäftslokal und zwei Angestellte zu erhalten. Im November 1924 gab der Verlag als Ersatz für die verbotene Parteizeitung ein Wochenblatt mit dem Titel 'Der Nationalsozialist' heraus. Herausgeber war Hermann Esser, Schriftleiter Philipp Bouhler.

Nach Hitlers Entlassung wurden im Februar 1925 die Partei und ihre Zeitung neugegründet. In einer Sondernummer des 'VB' rief Hitler, der von diesem Zeitpunkt an als Herausgeber zeichnete, zur Bildung eines Pressefonds auf: "Ich erwarte von den Angehörigen der Bewegung, daß sie mich in die Lage setzen, schon vom übernächsten Monat an den 'Völkischen Beobachter' als Tageszeitung erscheinen lassen zu können. Ich hoffe, daß der Bewegung die Schande erspart bleibt, Leihgeld aufzunehmen zum Aufbau eines Organs, das in erster Linie berufen ist, den Kampf gegen die Finanzversklavung unseres Volkes zu führen." 20) Derartige Appelle wurden übrigens regelmäßig abgedruckt. Die Leser wurden angespornt, neue Abonnenten und Inserenten herbeizuschaffen. Parteimitglieder, die sich hier verdient machten, wurden im 'VB' namentlich genannt. Angeblich soll sich auch die SA in ihrem Gründungsaufruf verpflichtet haben, Bezieher und Anzeigen zu werben.

---

18) Konrad Heiden, a.a.O., S. 241.
19) Albert Krebs berichtet in diesem Zusammenhang (a.a.O., S. 196): "Rosenberg pflegte einen Teil seiner schriftlichen Arbeiten im Kaffeehaus Odeon zu erledigen. Dort saß er gleich hinter einer der großen Schaufensterscheiben, vor allem Volk schreibend oder 'sichtbar' denkend, an einem runden Marmortischchen. Drei oder vier Tische oder Stühle um ihn herum waren mit Büchern und Papieren bedeckt. Amann hat ihn mir wiederholt im Vorübergehen mit den Worten gezeigt: 'Do hockt er wiader, der narrete, hochnäsige, überkandidelte Tropf. Schreibt Werke... der Bohem! Sollt liaber a guate Zeitung mach'n!' "
20) 'VB' vom 26.2.1925.

Mit Unterstützung der wachsenden Zahl der Parteiangehörigen und einiger Gönner konnte der 'VB' weiter ausgebaut werden. Hilfestellung gab unter anderen der Druckereibesitzer Josef Müller, in dessen Betrieb die Zeitung bis 1945 gedruckt wurde. Seit Februar 1923 erschien sie nicht mehr dreimal, sondern sechsmal in der Woche unter Zusammenlegung der Montag- und Sonntagsausgabe. Im Februar 1927 wurde sie um die Reichsausgabe erweitert, die zusammen mit der Bayernausgabe in München gedruckt wurde. Um den 'Beobachter' auch als Lokalzeitung konkurrenzfähig zu erhalten, lag der Bayernausgabe eine Sonderseite bei, die über lokale Ereignisse informierte. Der Versuch, 1930 eine dritte Ausgabe eigens für Berlin herauszubringen, erwies sich als unzweckmäßig. Die in München gedruckten Exemplare kamen zu spät in der Reichshauptstadt an, um hier noch mit den Lokalzeitungen konkurrieren zu können. Ende 1932 wurden in Berlin eine eigene Druckerei und eine selbständige Redaktion eingerichtet. Der 'VB' erschien von nun an auch in einer Berliner- und einer Norddeutschen Ausgabe. Als 1938 Österreich dem Reich angeschlossen wurde, erhielt die Zeitung auch eine Zweigniederlassung in Wien. Hinzu kam 1941 die in München gedruckte 'VB'-Feldpostausgabe.

Der 'Beobachter' entwickelte einen bis dahin in Deutschland unbekannten Zeitungstyp: das politische Massenblatt. Inhalt und Aufmachung waren auf Meinungsbildung ausgerichtet. Die äußere Gestaltung der Zeitung wurde mithin zur politischen Aufgabe. Der Leser sollte durch typographische Mittel zum Kauf bewegt, also mittelbar zum Lesen der Zeitung und zur Aufnahme der nationalsozialistischen Ideologie geführt werden. Die Parole der Zeitungsgestalter hieß: Abhebung von der seriösen Presse. Angesetzt wurde beim Format, das in seiner Größe (42,5 x 59,5) einmalig in Deutschland war. [21] Auch der Schwarz-Rot-Druck hatte sich noch nicht eingebürgert, geschweige denn die Illustration. Die Karikatur wurde im 'VB' schon 1923 verwendet, um politische Gegner bloßzustellen. 1926 wurden die ersten Fotos eingesetzt. Der Vorschlag stammte von Hitlers Fotografen Heinrich Hoffmann. Auf dem Parteitag in Weimar im Juli 1926 lieferte er Hitler den Beweis für die sich damit bietenden Propagandamöglichkeiten. Es gelang ihm, die an Hitler vorbeimarschierenden Parteianhänger in einer Weise aufzunehmen, daß es wie der Aufmarsch einer gewaltigen Bewegung aussah. Seit diesem Datum finden sich im 'Beobachter' sporadisch Aufnahmen von Parteikundgebungen. Nach 1933 werden sie typisch für das Zeitungsbild. Im allgemeinen wurden sie unten auf der Titelseite plaziert und erstreckten sich in einer Höhe von etwa acht Zentimetern über die Breite der ganzen unteren Seite Dadurch entstand ein äußerst plastischer Eindruck. Tatsächlich täuschten diese Bilder etwas vor. Oft setzen sie sich aus mehreren Aufnahmen zusammen.

Fette und große Schlagzeilen, mehrfarbiger Druck und die im Laufe der Zeit zunehmende Illustration gaben dem 'VB' einen plakatartigen Anstrich. Ein typi-

---

[21] Dieses Format ist nach 1945 von der im sowjetisch besetzten Sektor Berlins gegründeten SED-Zeitung 'Neues Deutschland' (gegr. 1946) übernommen worden.

sches Merkmal ist auch die Abstufung des Druck- und Schriftgrades. Je wichtiger die Meldung, desto fetter war der Druck, desto größer die Buchstaben. Ein Beispiel für die meinungsbildende Wirkung dieser typographischen Hervorhebungen bringt Hans Buisdorf: "Man konnte im 'Völkischen Beobachter' im oberen rechten Seitenviertel des Vorderblattes oft eine knappe, sachliche Mitteilung über die Ermordung eines SA-Mannes lesen, also eine reine Nachricht, der jedes Meinungsmoment fehlte. Und doch erhielt diese Nachricht einen stark propagandistischen Charakter: die großen Buchstaben, in der sie gesetzt war, die fette rote und schwarze Einkästelung, die großen Leerräume, das alles gab der einfachen Nachricht einen äußerst starken Werbegehalt." [22] Meistens variierte die Druckstärke bereits innerhalb eines Artikels. Man rechnete also mit einem flüchtigen Leser, der sich das Wichtigste an Information heraussuchte. Die Tendenz, das Lesetempo zu beschleunigen, deutete sich ferner in der Wahl der Spaltenbreite an. 1920 war der 'VB' bei einem Format von 31,5 x 47 in drei Spalten aufgeteilt. Als er nach Erwerb einer gebrauchten Rotationsmaschine im Großformat erschien (1923), wurde er zunächst fünfspaltig, dann sechsspaltig gedruckt. Die Spaltenbreite betrug 67,5 mm und wich damit wesentlich von der üblichen — Berliner Format z.B. 9 cm — ab.

Das Aushängeschild jeder Nummer bildete der politische Leitartikel, der mit Schlagzeilen bis zu drei Reihen angekündigt wurde. Häufiger Verfasser war Joseph Goebbels. Die mit Max Amann gezeichneten Artikel sollen angeblich von seinem Stabsleiter Rolf Rienhardt geschrieben worden sein. [23] Traditionell blieb der 'VB' im Schriftsatz. Als andere Zeitungen schon längst zur besser lesbaren Antiqua übergegangen waren, erschien er noch immer in Frakturschrift, um seine nationale Gesinnung zu bekunden. Erst im Februar 1941 wechselte er das Schriftbild.

Je mehr Anhänger der NSDAP zuströmten, desto größer wurde die Bedeutung des Parteiorgans als "Bindeglied zwischen Führer und Gefolgschaft". Im Februar 1930 schrieb Hitler im 'VB': "Der Name 'Völkischer Beobachter' ist zu einem Programm für sich geworden. Von einer ganzen Welt von Feinden befehdet, hat unser Zentralorgan zehn- und abermals zehntausenden von Kämpfern die geistigen Grunderkenntnisse und Grundlagen vermittelt, die das Wesen unserer heutigen nationalsozialistischen Auffassungen ausmachen." [24] Während einerseits die weltanschauliche Position des Lesers gefestigt werden sollte, bemühte man sich andererseits darum, ihn über die Person des "Führers" an die Partei zu binden. Der im Ala-Katalog gebrauchte Werbeslogan "Ein Führer, ein Volk, eine Zei-

---

22) Hans J. Buisdorf: Die Psychologie der typographischen Aufmachung als zeitungswissenschaftliche Aufgabe, Ingolstadt 1935, S. 89.
23) (Fritz Schmidt): Presse in Fesseln. Eine Schilderung des NS-Pressetrusts, Berlin 1948, S. 15.
24) 'VB' vom 14.2.1930.

tung" 25) faßt dieses Bestreben schlagwortartig zusammen. Nicht zu Unrecht ist der 'VB' in diesem Zusammenhang die "tägliche Massenversammlung des Führers" 26) genannt worden. Durch die regelmäßige Kommentierung der von Hitler unternommenen Werbefeldzüge, durch die Bilder, die ihn und die zu seinen Kundgebungen zusammengeströmten Menschenmassen zeigten, wurde die Beziehung zwischen "Führer" und Volk hergestellt.

Bei dieser Form der Propaganda spielte die Aktualität der einzelnen Nachricht eine ausschlaggebende Rolle. Ein gutes Beispiel liefert die Berichterstattung über die Deutschlandflüge Hitlers anläßlich der Reichstagswahlen 1932. Für jede Versammlung, von denen täglich vier bis fünf stattfanden, wurden von örtlichen Parteizeitungen Pressestellen eingerichtet, die für die Weiterleitung der Berichte zu sorgen hatten. Sie wurden an die vier Meldekopfstationen in München, Magdeburg, Essen und Kassel durchgegeben, die sie wiederum an die Parteizeitungen weiterleiteten. "Die nationalsozialistischen Schriftleitungen und Druckereien standen Tag und Nacht in Alarmbereitschaft. Die Rotationsmaschinen spien die Blätter in Millionenauflage aus, während vor den Toren der Verlagsgebäude schon die nationalsozialistischen Werbekolonnen bereitstanden, um sie ins Land hinauszutragen." 27) Der 'Völkische Beobachter' erschien zu dieser Zeit in einer Sonder-Telegramm-Ausgabe. Die Zeitspanne zwischen Ereignis und Nachricht wurde durch diese organisatorisch groß aufgezogene Berichterstattung auf ein Minimum vermindert und dem Leser somit ein Miterleben der Versammlungserfolge Hitlers garantiert.

Die Auflage des 'VB' war seit 1927 mit Erscheinen der Reichsausgabe weiter gestiegen. 1928 zählte sie 15 000, zwei Jahre später fast 40 000 und 1931 das Dreifache, was wohl mit den ersten Erfolgen Hitlers bei den Reichstagswahlen zu erklären ist. Gleichzeitig setzte für die Zeitung eine Reihe von Verboten ein, so daß die Auflage vorübergehend wieder sank. 28)

Nach dem Januar 1933 erlangte das Blatt einen Einfluß, der sich hinreichend mit den Worten des Herausgebers der Zeitschrift 'Der Reichswart', Ernst Graf von Reventlow, umschreiben läßt, der Ende der 30er Jahre feststellte, daß man mit ein paar abfälligen Bemerkungen über seine Person im 'Völkischen Beobachter' seine Existenz vernichten könne. Die Zeitung war nun das Organ einer an die Macht gelangten Partei. Was hier gedruckt wurde, hatte offiziellen Charakter. Die Redaktion erhielt, wie alle anderen Partei-Zeitungen, ihre Anweisungen von

---

25) Ala-Katalog 1935.
26) Vgl. Sammlung Rehse, a.a.O., S. 311.
27) Otto Dietrich: Mit Hitler an die Macht, München 1934, S. 69.
28) Insgesamt war der 'VB' in den Jahren von 1921 bis 1933 18 Mal verboten und hatte einen Erscheinungsausfall von ungefähr 22 Monaten. Vgl. Hellmut Koller: Die nationalsozialistische Wirtschaftsidee im Völkischen Beobachter, München 1943, S. 21.

der 'Pressestelle bei der Reichsleitung' [29]. Die Redakteure des 'Beobachters' hatten sich schon 1926 verpflichten müssen, nicht für andere Blätter zu arbeiten und keine Informationen für private Zwecke zu verwenden.

Mit der steigenden Zahl der NSDAP-Mitglieder gewann der 'VB' neue Leserschichten, häufig auf Kosten anderer Zeitungen. Das hatte Rückwirkungen auf den Inhalt. Die neuen Leser waren es gewohnt, universell unterrichtet zu werden. Hellmut Koller schreibt dazu: "Für die Mehrzahl der Leser, . . . war der 'Völkische Beobachter' die einzige Tageszeitung. Sie wollten und konnten gar keine andere Zeitung nebenher halten. Vor allem die Handelsberichterstattung . . . forderte von ihr Berücksichtigung; eine Menge Leser brauchte die tägliche nüchterne Berichterstattung über Märkte und Börsen zur Ausübung ihres Berufes. Gerade diesen Teil des schaffenden Volkes galt es aber auch für die Bewegung zu gewinnen, und darum sah sich der 'Völkische Beobachter' gezwungen, den Erfordernissen und Wünschen eines Teiles der Leserschaft Rechnung zu tragen und ihm die notwendige Informationsmöglichkeit zu bieten." [30] Das gleiche galt für die Ressorts Kultur, Sport und bedingt auch für die Außenpolitik. [31] Die olympischen Sommer- und Winterspiele 1936 in Deutschland boten der Zeitung reichhaltig Gelegenheit, politische Propaganda mit dem Vehikel ausgedehnter Sportberichterstattung zu betreiben. [32]

Solange sich die Zeitung im politischen Meinungskampf befand, hatte sie — wie bei einem Gesinnungsblatt üblich — eine durchlässige Spartenaufteilung. Je nach Bedarf und Zweckmäßigkeit wurde über nichtpolitische Ereignisse berichtet. Nun, als Organ einer stabilisierten Partei, widmete sich der 'VB' der weltanschaulichen Durchdringung aller Bereiche. Das geschah mit Hilfe von Beilagen. Es erschienen u.a. zur Pflege des Volks- und Heimatgedankens: 'Die deutsche Landschaft'; zur Verwirklichung des Idealbildes von der Frau und Mutter, die Beilage 'Die deut-

---

29) Über die vorgeschriebene Kommentierung schreibt Theodor Lüddecke (Die Tageszeitung als Mittel der Staatsführung, Hamburg 1933, S. 171): "Das Nachrichten- und Korrespondenzwesen der nationalsozialistischen Presse ist in geistiger Hinsicht sehr einheitlich und straff ausgerichtet. Die 'Pressestelle bei der Reichsleitung' veröffentlicht zu jedem bedeutsamen politischen Ereignis eine Erklärung, die von den Parteiorganen nachzudrucken ist. Die Ausführungsbestimmungen zu der Verfügung 2 zur Herstellung einer erhöhten Schlagkraft der Bewegung vom 15. Dezember 1932 verpflichten die nationalsozialistischen Schriftleiter, sich vor der Aufnahme von Verlautbarungen grundsätzlicher Art zu vergewissern, daß die Politische Zentralkommission der Partei von ihrem Einspruchrecht nicht Gebrauch macht."

30) Helmut Koller, a.a.O., S. 93.

31) Diese Sparte wurde von Anfang an vernachlässigt. Der 'VB' verfügte nur über nebenberufliche Korrespondenten, und das auch erst seit 1927.

32) Vgl. Hans Gerd Klein / Gerhard Depenbrock: Die Olympiaberichterstattung 1936 in der 'Frankfurter Zeitung' und im 'Völkischen Beobachter', Forschungsbericht an der Sektion für Publizistik und Kommunikation der Ruhr-Universität Bochum, Bochum 1971 (hekt. vervielf.).

sche Frau'; für das bessere Verständnis der Nation für die Wehrmacht die Beilage 'Landesverteidigung und Wehrpolitik'; zur Bildung der rechten Kunstanschauung 'Der Filmbeobachter'. Die Beilagen erreichten ihre dichteste Streuung in den Jahren von 1933 bis 1938. Als sich mit Beginn des zweiten Weltkrieges eine neue Situation einstellte, in der es darauf ankam, das Volk für den Krieg zu begeistern, wurden Kultur- und Wirtschaftspolitik sowie der Sport als zweitrangig zur Seite geschoben. Stattdessen dominierte das politisch Aktuelle, das Ereignis des Krieges.

Die Auflage des 'VB' war seit 1933 rapide gestiegen. [33] Nach Angaben der Ala-Zeitungskataloge lag sie 1934 bei 336 527, 1938 bei 500 000, 1941 bei 835 992. Für das Jahr 1944 gibt der Große Brockhaus [34] die Zahl 1,7 Millionen an. Wie hoch die Auflage war, als der 'VB' am 27. April 1945 sein Erscheinen einstellte, ist nicht bekannt. Als die Druckerei des 'VB' durch Bomben zerstört war, wurde als Ersatzorgan die kleinformatige Zeitung 'Der Panzerbär' mit dem Untertitel 'Kampfblatt für die Verteidiger Groß-Berlins' herausgegeben. [35] Der letzte Hauptschriftleiter des 'Beobachters' war der Hauptmann a.D. Wilhelm Weiß. Er löste Rosenberg 1938 ab, nachdem er diesem bereits elf Jahre als "Chef vom Dienst" zur Seite gestanden hatte. Wie schon sein Vorgänger konnte Weiß, der das Kampfblatt zu einer richtigen Zeitung ausbauen wollte, wenig Einfluß auf den 'VB' nehmen. Die Vorstellungen der Goebbels, Dietrichs und Amanns waren stets stärker. [36]

---

[33] Die angegebenen Auflageziffern lassen keine genauen Rückschlüsse auf die Zahl der Leser zu, da die Druckauflage der nationalsozialistischen Zeitungen bei weitem höher lag als die der Verkaufsauflage.

[34] Der Große Brockhaus, 14. Aufl., Wiesbaden 1957.

[35] Vgl. Details sowie eine formatgetreue Faksimileausgabe des Blattes bei Peter de Mendelssohn: Zeitungsstadt Berlin. Menschen und Mächte in der Geschichte der deutschen Presse, Berlin 1960.

[36] Vgl. — außer den bereits genannten — als Darstellungen zur Geschichte der Presse unter der Zeit des Nationalsozialismus u.a. Walter Hagemann: Publizistik im Dritten Reich, Hamburg 1948; Oron J. Hale: The Captive Press in the Third Reich, Princeton/ N.J. 1964 (dt.u.d.T. Presse in der Zwangsjacke, 1933–1945, Düsseldorf 1965); Carin Kessemeier: Der Leitartikler Joseph Goebbels, Münster i.W. 1966; Karl-Dietrich Abel: Presselenkung im NS-Staat, Berlin 1968; Jürgen Hagemann: Die Presselenkung im Dritten Reich, Bonn 1970.

Kurt Koszyk:

DIE ROTE FAHNE (1918 — 1933)

Innerhalb der USPD behauptete sich die Spartakusgruppe während des I. Weltkrieges als radikale Minderheit. Es war kein Zufall, daß die Spartakus-Anhänger am Nachmittag des 9. November 1918 mit Unterstützung von revolutionären Matrosen und Soldaten das Gebäude des konservativen 'Berliner Lokal-Anzeigers' besetzten und am Abend des gleichen Tages als Ersatzblatt 'Die rote Fahne' unter der Redaktion von Hermann Duncker (1874—1960) und Ernst Meyer (1887—1930) herausgaben. 1) Am folgenden Tage stieß auch Rosa Luxemburg (1871—1919), die erst durch die Revolution aus der Haft befreit worden war, zu ihren Freunden. Obwohl Rosa Luxemburg zunächst dafür eintrat, innerhalb der USPD zu versuchen, die Führung zu erringen, bedeutete die Bildung eines Zentralbüros und einer Redaktion praktisch die Gründung einer getrennten Organisation. Karl Liebknecht (1871—1919), Paul Lange (1880—1951), Paul Levi (1883—1930) und August Thalheimer (1884—1948) bildeten neben Rosa Luxemburg die Redaktion, während Leo Jogiches (1867—1919) die Reichsagitation übertragen wurde. Als Geschäftsführer sollte Hugo Eberlein (1887—1944) in der kommunistischen Presse sehr bald eine wichtige Rolle spielen.

'Die rote Fahne' brachte es zunächst nur auf zwei Nummern, dann ließ die Regierung Ebert/Scheidemann auf Betreiben des Scherl-Verlages den 'Berliner Lokal-Anzeiger' unter militärischen Schutz stellen. Erst am 18. November konnte das Organ des Spartakusbundes in einer anderen Druckerei erscheinen. Der Titel lautete jetzt 'Die Rote Fahne. Zentralorgan des Spartacusbundes'. Für die Schriftleitung wurden im Titel Karl Liebknecht und Rosa Luxemburg genannt. Den ersten Leitartikel schrieb Rosa Luxemburg selbst. Sie erklärte: "Nicht der Hohenzoller hat den Weltkrieg entfacht, die Welt an allen Ecken in Brand gesteckt und Deutschland an den Rand des Abgrundes gebracht. Die Monarchie war wie jede bürgerliche Regierung die Geschäftsführerin der herrschenden Klassen. Die imperialistische Bourgeoisie, die kapitalistische Klassenherrschaft — das ist der Verbrecher, der für den Völkermord verantwortlich gemacht werden muß." Sie bemängelte, daß die revolutionäre Regierung "den Staat als Verwaltungs-Organismus von oben bis unten ruhig weiter in den Händen der gestrigen Stützen des hohenzollerschen Absolutismus und der morgigen Werkzeuge der Gegenrevolution" belasse, sie tue nichts, "um die weiter bestehende Macht der kapitalistischen Klassenherrschaft zu zertrümmern". Die Arbeiter- und Soldatenregierung fungiere als Stellvertreterin der imperialistischen Regierung, die bankrott geworden war. Dieses Bild der deutschen

---

1) Zum folgenden vgl. Geschichte der deutschen Arbeiterbewegung. Bd. 3 und 4, Berlin 1966. Der Titel 'Rote Fahne' gehörte zu den bevorzugten in der KPD und erscheint in der Bibliographie von Alfred Eberlein (Die Presse der Arbeiterklasse und der sozialen Bewegungen, Berlin 1969, S. 474-478) über 50 mal.

Revolution entspreche der inneren Reife der deutschen Verhältnisse. "Aber die Revolutionen stehen nicht still. Ihr Lebensgesetz ist rasches Vorwärtsschreiten, über sich selbst Hinauswachsen. Das erste Stadium treibt schon durch seine inneren Widersprüche vorwärts. Die Lage ist als Anfang begreiflich, als Zustand auf die Dauer unhaltbar. Soll die Gegenrevolution nicht auf der ganzen Linie Oberhand gewinnen, müssen die Massen auf der Hut sein."

Das starke Engagement von Rosa Luxemburg in der 'Roten Fahne' geht daraus hervor, daß sie eine ganze Reihe von Artikeln für das Blatt lieferte. In der dritten Nummer sind es allein drei, die ihr mit Sicherheit zugeschrieben werden können. Daneben sind es Beiträge von Karl Liebknecht, Paul Levi und Clara Zetkin (1857—1933), in denen die junge Kommunistische Partei sich zu aktuellen und grundsätzlichen Fragen äußerte. Rosa Luxemburg schrieb in der Nr. 9 vom 24. November 1918 unter der Überschrift "Ein gewagtes Spiel" zum Vorwurf des Terrors und des Putschismus: "Das sozialistische Proletariat tritt, dank der Theorie des wissenschaftlichen Sozialismus, in seine Revolution ohne alle Illusionen ein, mit fertigem Einblick in die letzten Konsequenzen seiner historischen Mission, in die unüberbrückbaren Gegensätze, in die Todfeindschaft zur bürgerlichen Gesellschaft im Ganzen. Es tritt in die Revolution ein, nicht um gegen den Gang der Geschichte utopischen Hirngespinsten nachzujagen, sondern um gestützt auf das eherne Triebwerk der Entwicklung zu vollbringen, was das Gebot der geschichtlichen Stunde ist: den Sozialismus zur Tat zu machen."

Während Terror und Schreckensherrschaft in den bürgerlichen Revolutionen ein Mittel gewesen seien, geschichtliche Illusionen zu zerstören, habe das Proletariat solche Gewaltakte nicht nötig. Was es brauche, sei die gesamte politische Macht im Staate, sei der Gebrauch dieser Macht zur rücksichtslosen Abschaffung des kapitalistischen Privateigentums, der Lohnsklaverei, der bürgerlichen Klassenherrschaft, zum Aufbau einer neuen sozialistischen Gesellschaftsordnung.

Immer stärker entwickelte sich 'Die Rote Fahne' zu einem vor allem auf Massenwirkung hin gestalteten Organ. Jede Nummer glich auf der Titelseite einem Extrablatt mit Schlagzeilen, Parolen und Fettdruck. Ein besonders gutes Beispiel für diese Typographie ist die Ausgabe Nr. 22 vom 7. Dezember 1918, die sich mit den Berliner Unruhen vom Vortage beschäftigt, bei denen 14 Menschen ums Leben kamen. Auf diese Weise erfüllte die 'Rote Fahne' im Sinne Lenins ihre Funktion als kollektiver Organisator, Propagandist und Agitator der kommunistischen Bewegung. Das Bündnis von SPD und USPD war Hauptziel der Polemik. Man zog dabei alle Register. In der Nr. 23 vom 8. Dezember 1918 erscheint auf Seite 3 erstmals eine — mit recht unzulänglichen Mitteln gezeichnete — Karikatur. [2]

---

[2] Ebert (1871—1925) und Scheidemann (1865—1939), auf dem Sofa sitzend, zerdrücken zwischen sich einen Hasen. Gemeint ist Hugo Haase (1863-1919), der Vorsitzende der USPD. Weitere Karikaturen in Nr. 28 vom 13.12.1918, S. 3 (von Karl Holtz); Nr. 29 v. 14.12.1918, S. 2 und 3; Nr. 38 v. 23.12.1918, S. 3 (von Karl Holtz).

Der Vorbereitung des ersten Parteitages der dann gegründeten KPD diente der am 14. Dezember 1918 erschienene programmatische Aufsatz "Was will der Spartacusbund?", der die erste Seite und die zweite zur Hälfte füllte. Seit der Konstituierung der Kommunistischen Partei Deutschlands führte 'Die Rote Fahne' von der Nr. 45 (31.12.1918) ab den Untertitel 'Zentralorgan der Kommunistischen Partei Deutschlands (Spartacusbund)'. Die endgültige Spaltung der Sozialdemokratie war damit besiegelt.

Die Kämpfe um eine Räterepublik Anfang Januar 1919 wirkten sich auch für die Presse stark aus. Bei den bewaffneten Auseinandersetzungen im Berliner Zeitungsviertel fiel die Druckerei der 'Roten Fahne' in der Nacht vom 9. zum 10. Januar 1919 in die Hände der von Reichswehrminister Noske (1868–1946) befehligten Truppen. Von Wilmersdorf aus gelang es Karl Liebknecht und Rosa Luxemburg, 'Die Rote Fahne' solange herauszubringen, bis sie am Abend des 15. Januar 1919 von Angehörigen der Gardekavallerie-Schützendivision festgenommen und ermordet wurden. Zwei Monate später wurde auch Leo Jogiches im Gefängnis ermordet. Vom 16. Januar bis 3. Februar 1919 war 'Die Rote Fahne' verboten. Bei den Märzunruhen wurde ihre Druckerei zerstört, so daß die Zeitung erst wieder am 11. April 1919 erscheinen konnte. Nach dem Verbot auch für Sachsen wurde das Blatt illegal fortgesetzt, [3] mußte aber am 8. Mai 1919 wegen Papiermangels eingestellt werden. Am 12. Dezember 1919 erschien es wieder in Berlin, wurde jedoch bereits am 14. Januar 1920 im Zusammenhang mit dem Belagerungszustand im Reich bis zum 10. Februar verboten, und dann abermals für weitere 14 Tage.

Der Kapp-Putsch unterbrach die Periodizität der 'Roten Fahne' erneut für zehn Tage. Während der Kämpfe der Reichswehr gegen die Rote Armee im Ruhrgebiet hatte 'Die Rote Fahne' Anfang April 1920 praktisch den Charakter eines illegalen Organs, das mit nur zwei Seiten herauskam. Die Redaktion schien sich versteckt zu halten, denn im Kopf der Zeitung wurde darauf hingewiesen, daß Sprechstunden vorerst nicht stattfinden könnten. Die Nr. 60 vom 25. April 1920 weist wieder normalen Umfang auf, und am 5. Mai wurden auch die Sprechzeiten der Redaktion wieder aufgenommen.

Zu dieser Zeit war innerhalb der KPD eine Fehde mit der Gruppe Laufenberg und Wolffheim ausgebrochen, die Paul Levi bezichtigte, ein Agent der englischen Regierung zu sein. Der damals stattfindende 4. Parteitag der KPD stand im Zeichen der

---

[3]   Die Fortsetzung erfolgte, weil der Arbeiter- und Soldatenrat das Verbot nicht gegengezeichnet hatte. Vgl. auch Illustrierte Geschichte der deutschen Revolution, Berlin 1929, S. 521.

inneren Krise, die man aber schnell überwinden konnte. Nach der Konsolidierung verzeichnete die KPD im Oktober 1920 sieben Tageszeitungen [4]:

'Die Rote Fahne', Berlin	(30 000 Auflage)
'Der Kämpfer', Chemnitz	(13 000 Auflage)
'Freiheit', Duisburg	(1 200 Auflage)
'Neue Zeitung', München	(15 000 Auflage)
'Rote Fahne', Mannheim	(5 900 Auflage)
'Der Kommunist', Stuttgart	(5 900 Auflage)
'Freiheit', Hanau	(6 200 Auflage)

Verstärkung erhielt die KPD Ende 1920 nach der Spaltung der USPD, deren starker linker Flügel eine Anzahl von Zeitungen einbrachte, so daß die KPD am 1. Juli 1921 über 33 Tageszeitungen, davon elf Kopfblätter, verfügte.

Der Anschluß der deutschen Kommunisten an die Kommunistische Internationale verpflichtete die Partei auf die 21 Bedingungen, die von Lenin 1920 formuliert worden waren. Darin hieß es u.a.: "Die der Kommunistischen Internationale angehörenden Parteien müssen auf der Grundlage des Prinzips des demokratischen Zentralismus aufgebaut werden." Die daraus resultierenden weitgehenden Befugnisse der Parteizentrale hatten starke Auswirkungen auf die Organisierung der Parteipresse. Die hervorragende Stellung der 'Roten Fahne' als Organ des Zentralkomitees wurde unterstrichen. [5] Für die Zentralisierung der gesamten Propagandaarbeit war die Abteilung Agitation und Propaganda beim Zentralkomitee seit dem September 1923 zuständig. Von diesem Zeitpunkt an blieb den zahlreichen immer wieder auftretenden Oppositionsströmungen innerhalb der KPD der Zugang zur Parteipresse verschlossen.

Stärker als in der ebenfalls weitgehend von der Parteileitung beeinflußten sozialdemokratischen Presse waren die Zeitungen der KPD an den Kurs der Parteiführung gebunden. Dem Zentralorgan fiel im wesentlichen die Aufgabe der Agitation zu, d.h. die Behandlung der konkreten Tageslosungen und aktuellen Probleme, während die theoretischen Zeitschriften mehr die Propaganda, d.h. Erziehungsar-

---

[4] Herbert Girardet: Der wirtschaftliche Aufbau der kommunistischen Tagespresse in Deutschland von 1918 bis 1933, phil. Diss. Leipzig 1938, Essen 1938, S. 23. Die Zahlen wurden auf dem 5. Parteitag Anfang November 1920 angegeben.

[5] Während der dreimonatigen Verbotsphase im Jahre 1923/24 gab die KPD in Berlin zeitweilig an Stelle der 'Roten Fahne', von der illegal 46 Nummern erschienen, als Ersatzblatt 'Die Fahne der Revolution' heraus und für Berlin-Brandenburg bisweilen auch die 'Rote Sturmfahne'. Die illegale 'Rote Fahne' soll zuletzt eine Auflage von 25 000 Exemplaren gehabt haben. 'Die Fahne der Revolution', für die 20 000 Auflage angegeben wurde, soll Matern für den Druck in sieben weiteren Städten geliefert haben. Vgl. Werner Hirsch: 10 Jahre Geschichte der 'Roten Fahne', in: 'Die Rote Fahne' (Berlin), Nr. 273 vom 18.11.1928, 1. Beil., S. 1. Auch: Fünf Jahre nach dem Parteiverbot, in: 'Die Rote Fahne' (Berlin), Nr. 277 vom 24.11. 1928, S. 1.

beit, Popularisierung der Idee, Theorie und Erläuterung der allgemeinen Grundsätze zu betreiben hatten. In diesem Sinne beschloß der 10. Parteitag der KPD 1925 eine Resolution über die Parteipresse, in der es hieß: "Die kommunistische Presse muß mit allen Mitteln die Parteierziehungsarbeit und die Erziehungsarbeit des Proletariats in marxistisch-leninistischem Sinne fördern. Diese Aufgabe kann sie nur erfüllen, wenn sie

1. in allen Fragen des wirtschaftlichen, politischen und kulturellen Lebens die Interessen der werktätigen Massen vertritt, rücksichtslos Gegensätze zwischen der kapitalistischen Phraseologie und Wirklichkeit aufzeigt und die Verräterrolle der Sozialdemokraten und der Reformisten in allen Gewerkschaften unerbittlich an Hand von Tatsachen anprangert,
2. in wesentlichen Fragen der Journalistik, im Stil und in der Sprache ein höheres Niveau als die bürgerlichen und sozialdemokratischen Zeitungen hält."

Als Ziel der kommunistischen Presse wurde bezeichnet, "nicht nur den Einfluß der sozialdemokratischen Zeitungen, sondern auch die Bedeutung der 'General-Anzeiger' zu brechen". [6]

Um die Partei von bürgerlichen Korrespondenz- und Nachrichtenunternehmen unabhängiger zu machen, fand im Dezember 1927 in Berlin die Gründungskonferenz der deutschen Arbeiterkorrespondentenbewegung statt, an der Vertreter aus 62 Städten teilnahmen. Da die KPD niemals über eine große Zahl von Zeitungen verfügte, stützte sie sich im wesentlichen auf die von solchen Korrespondenten im Rahmen der Betriebspropaganda herausgegebenen "Zellenzeitungen", deren agitatorische Grundlagen allerdings wohl vom Zentralorgan oder anderen Provinzzeitungen der Partei geliefert wurden. [7]

Bei einer Mitgliedschaft von 133 000 im Jahre 1926 hatte die KPD-Presse eine Gesamtauflage von 282 000. Trotz der weitgehenden organisatorischen Zentralisierung und der Praxis, daß Chefredakteure und politische Redakteure durch die Zentrale eingesetzt und abberufen wurden, kam es besonders während der Jahre der Fraktionsauseinandersetzungen 1925–1928 zu zahlreichen Abweichungen. In dieser Phase lag selbst 'Die Rote Fahne' nicht immer auf der Linie der Parteiführung. Der Chefredakteur Heinrich Süßkind (1895–1937), der seit dem 1. Dezember 1921 als Nachfolger von Ernst Meyer amtierte, wurde schließlich im Herbst 1928 durch Heinz Neumann (1902–1937) ersetzt.

Neumann galt als Verfechter des Stalinschen Kurses und hatte ihm Ende 1927 in China beim Kantoner Aufstand gedient. Nach Deutschland zurückgekehrt, stellte er sich bei internen Auseinandersetzungen hinter Ernst Thälmann (1886–1944),

---

[6] Hermann Weber: Die Wandlung des deutschen Kommunismus, Bd. 1, Frankfurt a.M. 1969, S. 251 ff. und 366.
[7] Ebda, S. 273 f. Biographische Daten ebda in Bd. 2.

der seinerseits dafür sorgte, daß der neue Chefredakteur der 'Roten Fahne' vom 12. Parteitag 1929 ins Zentralkomitee gewählt und 1930 Mitglied des Reichstags wurde. Neumann, der als theoretischer Führer der KPD galt, gab 1930 die Parole aus: "Schlagt die Faschisten, wo ihr sie trefft!" Damit waren zugleich die "Sozialfaschisten", d.h. die Sozialdemokraten, gemeint. 8) Nach der Wahl Neumanns in den Reichstag wurde Ende 1930 Werner Daniel Hirsch (1899—1937) Chefredakteur der 'Roten Fahne', der zugleich die Artikel für Ernst Thälmann verfaßte. 9) Hirsch war es auch, der den Kampf gegen Neumann fortführen mußte, als er Anfang 1932 Sekretär Thälmanns wurde. Sein Nachfolger bis Juni 1932 war Alexander Abusch (geb. 1902) 10). Mit ihm geriet Albert Norden (geb. 1904), der stellvertretende Chefredakteur der 'Roten Fahne', in den Kreis der gemaßregelten Anhänger Neumanns. 11)

Negativ machte sich für die kommunistische Presse in der Wirtschaftskrise der hohe Anteil von Erwerbslosen unter den Parteimitgliedern bemerkbar (1931 etwa 80%). 12) Ende 1932 hatte die KPD etwa 350 000 Mitglieder, eine Zahl, die ständiger Fluktuation unterlag. Der eigentliche Kern der Partei war zahlenmäßig viel schwächer, dementsprechend die Wirkung der Parteipresse relativ gering. Die meisten Blätter erforderten hohe Zuschüsse aus der Parteikasse. Bei der 'Roten Fahne' kam hinzu, daß sie gleichzeitig Zentralorgan und Organ der Berliner Parteiorganisation war. Über diese Problematik hat sich Wilhelm Pieck, der damals politischer Leiter der Berliner KPD war, in der Jubiläumsnummer der "Roten Fahne" vom 18. November 1928 geäußert. Die Redaktion gab in einer Vorbemerkung zu, daß die Kritik und Selbstkritik Piecks zu Recht bestanden und die vorhandenen Mängel beseitigt werden müßten. 'Die Rote Fahne' als revolutionäres Arbeiterblatt, als Zentralorgan der Partei und als politisches Kampfinstrument der Berliner Organisation scheue sich — im Gegensatz zur bürgerlich-sozialdemokratischen Presse — nicht, ihre Unzulänglichkeiten klarzulegen. Das sei die beste parteidemokratische Methode zur raschen und energischen Überwindung dieser Unzulänglichkeiten. Die Mißverständnisse, die in der Vergangenheit zwischen dem Zentralorgan und der größten Organisation der KPD bestanden hätten, müßten verschwinden. Sie seien in der letzten Zeit zum größten Teil liquidiert worden und was noch übrig bleibe, werde von beiden Seiten rücksichtslos durch den Widerstand gegen jede bürokratische Trägheit und Nachlässigkeit beseitigt.

---

8) Siegfried Bahne: 'Sozialfaschismus' in Deutschland, in: 'International Review of Social History', Vol. 10, 1965, p. 2, pp. 211-245.

9) Margarete Buber-Neumann: Kriegsschauplätze der Weltrevolution, Stuttgart 1967, S. 335.

10) Seit 1961 Stellvertretender Vorsitzender des Ministerrats der DDR.

11) Norden ist seit 1958 Mitglied des ZK und des Politbüros der SED und deren führender Propagandist.

12) Siegfried Bahne in: Erich Matthias/Rudolf Morsey (Hrsg.): Das Ende der Parteien 1933, Düsseldorf 1960, S. 661.

Wilhelm Pieck schrieb: "Wie kommunistische Presse im allgemeinen das Sprachorgan der Gesamtpartei ist, so ist es die örtliche Parteizeitung im besonderen für die örtliche Parteiorganisation. Das trifft auch auf die 'Rote Fahne' für die Berliner Parteiorganisation zu, wobei selbstverständlich die besondere Stellung der 'Roten Fahne' als Zentralorgan der Partei berücksichtigt werden muß. In dieser Eigenschaft ist die 'Rote Fahne' naturgemäß mehr als die übrigen kommunistischen Zeitungen genötigt, die Meinung der Gesamtpartei und der Komintern ausführlicher und in größerem Umfang zum Ausdruck zu bringen, was bei einer gegebenen Seitenzahl der Zeitung natürlich auf Kosten der Berliner Parteiorganisation geht und woraus sich immer gewisse Differenzen zwischen den zentralen und den örtlichen Organisationsbedürfnissen und ihrer Berücksichtigung in der Zeitung ergeben werden". 13)

Pieck betonte, daß die Differenz im Gegensatz zum Zentralorgan der SPD 'Vorwärts' nicht in der Politik des Parteivorstandes gegenüber der politischen Einstellung der proletarischen Parteimitglieder bestehe. Wo sie in der Vergangenheit bei der "Roten Fahne" aufgetreten sei, habe man sie sofort über das Zentralkomitee der KPD oder das Exekutivkomitee der Komintern durch Änderung in der Leitung der Zeitung beseitigt. Die Berliner KPD-Organisation habe sich mit einer Ausnahme im Jahre 1919 stets in voller Übereinstimmung mit den Grundsätzen und Beschlüssen der Komintern befunden. Differenzen seien meistens aufgetreten "wegen des Maßes der Berücksichtigung der aus dem Berliner Organisationsleben hervorgehenden Bedürfnisse". 'Die Rote Fahne' müsse die Arbeit der Partei in den Betrieben, Massenorganisationen und Arbeiterquartieren für den Klassenkampf besser spiegeln. Pieck gab jedoch zu, daß diese Aufgabe schwer zu lösen sei, wenn man nicht zustimmen könne, daß der Zeitung höhere Zuschüsse vom Zentralkomitee geleistet werden müßten. Eine der wichtigsten Vorbedingungen für die bessere Ausnutzung des zur Verfügung stehenden Raumes sei ein möglichst großes Netz von Arbeiterkorrespondenten in den Betrieben und Massenorganisationen, die unmittelbar aus dem Kampfgebiet mit dem Kapitalismus und Reformismus die Nachrichten und Anregungen an die Redaktion leiteten. Dies sei eine gemeinsame Aufgabe der Berliner Parteiorganisation und der Redaktion der 'Roten Fahne'.

Offensichtlich waren bis dahin die Berichte der Arbeiterkorrespondenten von der Redaktion nicht in genügendem Umfang berücksichtigt worden. Obwohl Pieck das als ein Versäumnis der Redaktion bezeichnete, gab er zu, daß nicht immer alle Artikel in vollem Umfang abgedruckt werden könnten. Andererseits müsse die Berliner Parteiorganisation dafür sorgen, daß 'Die Rote Fahne' unter den Werktätigen Groß-Berlins ständig weitere Verbreitung finde.

Zwischen 1928 und 1932 konnte die KPD ihren Stimmenanteil bei den Reichstagswahlen auf fast sechs Millionen verdoppeln. Das geschah zum Teil durch die Ab-

---

13) Der Berliner 'Vorwärts' der SPD hatte ähnliche Probleme.

wanderung von radikalisierten Wählern der SPD, die im gleichen Zeitraum von 9,1 Mill. auf 7,3 Mill. zurückging. 14) Die Wirtschaftskrise förderte den Radikalisierungsprozeß, dessen Stoßrichtung sich zunächst gegen die Sozialdemokratie und das Weimarer System richtete. Waldemar Knorin, einer der Führer der Komintern, schrieb am 26. November 1931 in der 'Roten Fahne': "Man kann gegen den Faschismus nur kämpfen, indem man einen Vernichtungskampf gegen die Sozialdemokratie führt." 'Die Rote Fahne' war das Instrument dieses Kampfes. Indem sie alle Gegner mit dem Etikett "faschistisch" versah, betrieb sie in der Arbeiterschaft verhängnisvoller Weise gleichzeitig die Aversion gegen die demokratische Republik. Unter der Parole "Einheitsfront von unten" versuchte man, die sozialdemokratischen Arbeiter von ihrer Führung zu trennen. Welche Gruppen der Arbeiterschaft sich von dieser Propaganda angesprochen fühlten, beweist die Tatsache, daß im April 1932 schon 85% der Mitglieder der KPD Erwerbslose waren. Für sie war der Bezugspreis der 'Roten Fahne' von 60 Pfennig pro Woche oder 2,60 Mark pro Monat ziemlich hoch. Wenn Ernst Thälmann im April 1932 forderte, "endlich vom Wort zur Tat" zu kommen, so nahm er mit dieser Parole gewiß Rücksicht auf die Verhältnisse in der Partei. Die erwerbslosen Massen konnte man nicht mehr durch logische Argumentation überzeugen, sie verlangten nach Taten, zumal die Nationalsozialisten einen radikalen Aktivismus demonstrierten. Thälmann gelang es, die "Versöhnler" um Heinz Neumann im Mai 1932 aus der Parteiführung zu drängen. Die Mitgliedschaft erfuhr über diesen Vorgang erst im Oktober 1932 auf der dritten Parteikonferenz. 15)

Angesichts des Erwerbslosenelends wartete 'Die Rote Fahne' in fast jeder Ausgabe mit dramatischen Berichten über Selbstmorde und Hungerzusammenbrüche auf. Die Berichterstattung der "Roten Fahne" war maßgebend für die gesamte KPD-Presse, die auch verlagsmäßig in der Dachgesellschaft "Stern"-Druckerei GmbH 16)

---

14) Hermann Weber, a.a.O., Bd. 1, S. 239 ff. — Über die Probleme, die der erhöhte Mitgliederzuwachs und die starke Fluktuation (sie betrug 1932 etwa 54%) mit sich brachten, vgl. 'Die Rote Fahne' Nr. 102 vom 13.5.1932, 2. Beil., S. 3 f. (Brief d. EKKI über Werbung von Betriebsarbeitern). Ein Beispiel der Propaganda für die Rote Einheitsfront in: 'Die Rote Fahne' (Berlin), Nr. 111 vom 24.5.1932, S. 1 f. (Aufruf des ZK der KPD). In Berlin gab es im Mai 1932 fast 600 000 Arbeitslose, im Reich über 5,7 Mill. Vgl. die Unterstützungssätze in: 'Die Rote Fahne' (Berlin) Nr. 133 vom 18.6.1932, 1. Beil., S. 4.

15) Hermann Weber, a.a.O., Bd. 1, S. 245. Vgl. dagegen die Darstellung in der Geschichte der deutschen Arbeiterbewegung, Bd. 4, Berlin 1966, S. 326 f. Ohne Zusammenhang zitierte 'Die Rote Fahne' (Berlin) Nr. 208 vom 19.11.1932, 1. Beil. S. 6, Stalin über Selbstkritik. (vgl. auch Anm. 19).

16) Die Stern-Druckerei GmbH. wurde 1928 durch die Zentrale für Zeitungsverlage GmbH abgelöst, die wiederum Anfang 1931 in die Verlagszentrale AG. überging, die nach dem 28.2.1933 geschlossen wurde. Die Druckereien wurden seit 1924 zentral von der Peuvag (Papiererzeugungs- und verwertungs-A.G.) verwaltet. 'Die Rote Fahne' erschien in der Vereinigte Zeitungsverlage G.m.b.H. (Vgl. H. Girardet, a.a.O., S. 35 ff.).

zusammengefaßt war. 1932 hatte die KPD etwa 50 Zeitungen, von denen ein großer Teil nur Nebenausgaben waren. 'Die Rote Fahne' lag mit etwa 130 000 Exemplaren an der Spitze der Parteiorgane.

1932, in der Phase des "verschärften Klassenkampfes", wurde 'Die Rote Fahne' wiederholt verboten. Nach der Absetzung der preußischen Regierung Braun am 20. Juli verhängte Papen den Ausnahmezustand; 'Die Rote Fahne' konnte vom 31. Juli bis zum 11. August 1932 nicht erscheinen. Die Verbotsnachricht traf gleichzeitig mit dem Ergebnis der Reichstagswahlen ein. Begründet wurde sie damit, daß 'Die Rote Fahne' zum gewaltsamen Sturz der Verfassung und zur Errichtung einer Arbeiterdiktatur "zumindest angereizt, wenn nicht aufgefordert" habe. 'Die Rote Fahne' meinte am 11. August 1932, dieses Verbot werde nicht das letzte sein: "Lenin sprach von der 'verfluchten Sklavensprache', mit der sich die revolutionäre Presse unter den Bedingungen des verschärften Terrors ihren Lesern verständlich machen muß. Ihr alle aber versteht diese Sklavensprache und werdet lernen, sie noch besser zu verstehen. Darum wird auch diese 'Sklavensprache' nicht vor weiteren Verboten schützen."

Diese Voraussage trat schon am 25. August 1932 ein, als der Berliner Polizeipräsident 'Die Rote Fahne' abermals für acht Tage verbot. Als Begründung wurde angegeben, daß die Zeitung in ihrer Nummer 177 vom 25. August zwei Urteile von Berliner Sondergerichten kritisiert und diese Gerichte als Institutionen zum Terror gegen die Arbeiterschaft bezeichnet hatte. Ungerührt nahm 'Die Rote Fahne' mit ihrer Nummer vom 3. September diese Polemik wieder auf. Der Berliner Polizeipräsident griff deshalb am 8. September erneut ein mit einem Verbot bis zum 6. Oktober, das stets auch die im gleichen Verlag erscheinenden Kopfblätter sowie jedes Ersatzblatt betraf. Eine Veröffentlichung der Verbotsgründe wurde untersagt.

In der Nummer vom 1. Oktober 1932, die vorzeitig erscheinen durfte, [17] brachte die 'Rote Fahne' eine ganze Seite über die Verbotsmaßnahme, unter anderem auch eine Graphik mit den seit 1919 gegen 'Die Rote Fahne' ergangenen Verboten:

1919	—	240 Tage
1920	—	9 "
1921	—	4 "
1922	—	26 "
1923	—	130 "
1924	—	136 "
1925	—	14 "
1926	—	14 "
1929	—	49 "
1930	—	10 "
1931	—	84 "
1932	—	124 Tage

---

17)   auf S. 7.

Die mit dieser Statistik verbundenen Angriffe gegen die Behörden wurden vom Berliner Polizeipräsidenten sofort zum Anlaß genommen, das Blatt auf weitere 14 Tage zu unterdrücken. Diesmal gab es keinen Nachlaß, und 'Die Rote Fahne' konnte erst am 16. Oktober fortgesetzt werden. Die Verbotsphase versuchte man durch Leserveranstaltungen zu überbrücken.

Ein noch härterer Schlag traf die KPD während der Vorbereitungen auf die Reichstagswahlen vom 6. November, als die Rotationsmaschine der 'Roten Fahne' am 19. Oktober von der Polizei beschlagnahmt und versiegelt wurde. Zuvor hatte man bereits die Druckereien der KPD in Magdeburg und Bremen geschlossen. Begründet wurde die Maßnahme damit, daß auf diesen Maschinen "Schriften hochverräterischen Inhalts gedruckt" worden seien, insbesondere Ausgaben der Monatsschriften 'Internationale' und 'Propagandist'. 'Die Rote Fahne' konnte jedoch ununterbrochen, wenn auch in verringertem Umfang, erscheinen. Zum Teil wurden die Exemplare verspätet an die Leser ausgeliefert. Als Drucker wurde die Uranus-Druckerei GmbH in Berlin genannt. Seit dem 1. November 1932 wurde wieder die eigene Druckerei als Herstellungsbetrieb angegeben. Am 29. Oktober war die Versiegelung der Rotationsmaschine beseitigt worden. Allerdings teilte 'Die Rote Fahne' mit, daß Unklarheit darüber bestehe, ob die Beschlagnahme damit gefallen war. Die Reichsanwaltschaft hatte der Druckerei mitgeteilt, daß "jederzeit eine Kontrolle darüber behördlicherseits stattfinde, daß tatsächlich keine Druckerzeugnisse strafbaren Inhalts hergestellt werden".

Kurz vor der Reichstagswahl wurde der Streikbeschluß der Berliner Verkehrsarbeiter gefaßt. 'Die Rote Fahne' stellte sich am 3. November 1932 hinter diese Bewegung. Ohne Angabe der Gründe folgte sofort das Verbot auf neun Tage. Die Schlagzeile der ersten Nummer nach dieser Maßnahme beschäftigte sich am 13. November wieder mit dem Ausstand der Verkehrsarbeiter. Der 'Vorwärts' wurde zur Streikbrecherpresse gerechnet. 'Die Rote Fahne' mußte weiterhin in der Uranus-Druckerei hergestellt werden, weil ihre eigene Maschine, ähnlich wie die des 'Ruhr-Echos' in Essen und die der Düsseldorfer 'Freiheit' sowie der Stuttgarter 'Arbeiter-Zeitung' versiegelt blieb. [18] Die führende Rolle Walter Ulbrichts (geb. 1893) in der Berliner Parteiorganisation wird von der "Roten Fahne" im Herbst 1932 ganz deutlich gemacht. Ulbricht hielt das Hauptreferat auf dem 19. Bezirksparteitag der KPD, und seine Rede wurde von der 'Roten Fahne' am 20. und 22. November ausführlich wiedergegeben. [19]

---

[18] Vgl. 'Die Rote Fahne' (Berlin) Nr. 206 vom 16.11.1932, S. 2. Einen Tag später trat die Regierung Papen zurück.

[19] Vgl. zur Kritik Ulbrichts an der Neumann-Gruppe Babette Gross: Willi Münzenberg, Stuttgart 1967, S. 228 f. Auch die haßerfüllte, aber unvollständige Darstellung von Margarete Buber-Neumann, a.a.O., S. 333 ff. 'Die Rote Fahne' war in den entscheidenden Tagen der Auseinandersetzungen im ZK vom 8. bis 22.7.1931 verboten.

Ein weiteres Verbot für drei Wochen traf 'Die Rote Fahne' am 25. November 1932. Dieses 50. Verbot dauerte bis zum 14. Dezember, nachdem es um drei Tage abgekürzt worden war. Die Druckmaschine blieb jedoch beschlagnahmt, [20] so daß 'Die Rote Fahne' mit nur acht Seiten Umfang erscheinen konnte. Erst am 23. Dezember kehrte das Blatt in seine eigene Druckerei zurück. In einem Resümee des Jahres 1932 stellte es am 1. Januar 1933 fest, daß die kommunistische Tagespresse 1932 insgesamt 919 Verbotstage überstehen mußte. Von 307 Erscheinungstagen war 'Die Rote Fahne' 124 Tage verboten.

An der Schwelle dieser massiven Verbotsphase hatte Ernst Thälmann am 19. Februar 1932 in seiner Rede auf der Plenartagung des ZK der KPD "Der revolutionäre Ausweg und die KPD" erklärt, daß die Zeitungen der Partei zu einem wirklichen Spiegelbild des proletarischen Lebens werden müßten. "In unseren Zeitungen müssen die Arbeiter und Arbeiterinnen ihr Leben, ihre Nöte, ihre Forderungen einfach und konkret wiederfinden, und man muß ihnen an Hand dieser einfachen und konkreten Fragen auseinandersetzen, warum sich für sie und für alle ihre Klassengenossen nur ein Weg aus ihrer Klasse ergibt: der Weg der Kommunisten!" 'Die Rote Fahne' müsse zu einem Organ nicht nur der Agitation, sondern der propagandistischen Erziehung der Massen werden: "Heute ist die 'Rote Fahne' kein genügender Lehrer der Partei und des Proletariats, kein genügend anfeuerndes Fanal des Leninismus." Das Blatt müsse ideologisch auf ein ganz anderes Niveau gebracht werden: "Populärer werden und andererseits mehr zu geben, widersprechen sich nicht, sondern ergänzen einander. Mit der Lösung der ersten Aufgabe können wir die Massen an unsere Zeitungen heranführen und binden. Mit der Lösung der zweiten Aufgabe werden wir die Massen auf ein höheres Niveau bringen, wobei wir auch in unseren Zeitungen etwas größere Anforderungen an unsere Leser stellen können und müssen. Das eine ohne das andere ist unmöglich. Beides zusammen erst ergibt eine Bolschewisierung und Verbesserung des volkstümlichen Inhalts unserer Parteipresse."

Der 'Roten Fahne' sollte wenig Zeit bleiben, diese Forderungen zu realisieren. Die "Sturmwoche der antifaschistischen Aktion" Ende Januar 1933 war das letzte Aufbegehren gegen die Machtergreifung Hitlers. Fast jede Ausgabe der 'Roten Fahne' wurde nunmehr beschlagnahmt, und am 11. Februar folgte das erste vierzehntägige Verbot bis zum 25. Februar. Der Berliner Polizeipräsident begründete es mit der unmißverständlichen Aufforderung zum Generalstreik und zum gewaltsamen Umsturz, den die 'Rote Fahne' propagiere. Die letzte Ausgabe der 'Roten Fahne', eine Doppelnummer vom 26./27. Februar 1933, war eine Wahlnummer zur bevorstehenden Reichstagswahl. Das am 28. Februar nach dem Reichstagsbrand erfolgende endgültige Verbot gab der Redaktion keine Gelegenheit, sich von den Lesern zu verabschieden. Mit ihrer Partei ging 'Die Rote Fahne' in die Illegalität.

---

[20] Am 13.12.1932 wurde die gesamte westdeutsche KPD-Presse von der Regierung Schleicher auf drei Wochen unterdrückt.

Bereits am 7. Februar 1933 hatte im Sporthaus Ziegenhals bei Zeuthen eine illegale Tagung des Zentralkomitees der KPD stattgefunden, an der auch die Chefredakteure der wichtigsten Zeitungen der Partei teilnahmen. [21] Man stellte fest, daß die faschistische Diktatur eine "Kette ununterbrochener, miteinander verflochtener und sich gegenseitig ablösender Aktionen" erfordere. Die am 11. Februar verbotene 'Rote Fahne' wurde ersetzt durch Bezirksorgane wie etwa die Bremer 'Arbeiter-Zeitung' oder die 'Sächsische Arbeiter-Zeitung', in denen Walter Ulbricht am 15. Februar 1933 zur antifaschistischen Einheitsfront aufrief. Im gleichen Sinne äußerte sich Ernst Thälmann am 27. Februar in einem offenen Brief an die sozialdemokratischen und christlichen Arbeiter Deutschlands. Vier Tage später fiel der Führer der KPD seit dem August 1929, Ernst Thälmann, den nationalsozialistischen Häschern in die Hände.

Trotz des Terrors gegen ihre Partei erhielten die Kommunisten bei der Reichstagswahl am 5. März noch über 4,8 Millionen Stimmen (gegenüber 17,3 Mill. der NSDAP). Den 81 gewählten Reichstagsabgeordneten der KPD war es nicht mehr möglich, ihre Mandate auszuüben. Als Sprachrohr für die Parteileitung muß von diesem Zeitpunkt an die in Basel erscheinende 'Rundschau über Politik, Wirtschaft und Arbeiterbewegung' angesehen werden. Im Reich versuchte man, 'Die Rote Fahne' illegal weiterzuführen. Wie die Kopenhagener Zeitung 'Politiken' am 30. April 1933 zu berichten wußte, wurde das Blatt trotz Verbot ständig als vierseitige Zeitung in geheimen Druckereien hergestellt. [22] Es erschien jetzt mehrmals monatlich in unregelmäßigen Abständen im Oktavformat. Auf diese Weise sollte die illegale Verbreitung erleichtert werden. Später ist das Blatt wohl vorwiegend im Ausland gedruckt worden, und zwar in Auflagen bis zu 60 000 Exemplaren. Neben weiteren Bezirkszeitungen wurden zahllose Flugschriften verbreitet, deren Verteilung oft mit der Festnahme von illegalen Kämpfern endete.

Vom 3. bis 15. Oktober 1935 führte die KPD in der Nähe von Moskau ihre IV. Reichskonferenz durch, die zur Tarnung den Namen "Brüsseler Konferenz" erhielt. Sie schloß mit einem Manifest "An das werktätige deutsche Volk". Organisatorisch hatte man sich, um der Verfolgung zu entgehen, für ein dezentralisiertes System entschieden. Stützpunkte sollten die Großbetriebe sein. Die Verteilung des illegalen Materials erfolgte durch die Abschnittsleitungen der Partei, die ihren Sitz in den an Deutschland angrenzenden Nachbarländern hatten. Etwa 45 Parteibeauftragte fuhren regelmäßig illegal nach Deutschland. Die meisten von ihnen wurden noch im Laufe des Jahres 1936 verhaftet. Nicht zuletzt wegen der Schwierigkeiten, in Deutschland aktiv zu werden, richtete die KPD im Januar 1937 einen Sender auf Kurzwelle 29,8 ein, der als 'Deutscher Freiheitssender' in Spanien arbeitete. Nummern der 'Roten Fahne' sind bis 1941 nachweisbar. Die nach dem Einfall in die So-

---

21) Geschichte der deutschen Arbeiterbewegung, Bd. 5, Berlin 1966, S. 20 ff.
22) Vgl. Sepp Schwab (geb. 1897): Die KPD und ihre Presse lebt und kämpft!, Hamburg 1933 (Gewerkschaftsdruckerei Basel) — Eine illegale Schrift im Kleinformat.

wjetunion durchgeführte Verhaftungswelle in der zweiten Jahreshälfte 1941 setzte jeder systematischen Widerstandsbewegung ein vorläufiges Ende.

Die letzten Ausgaben der 'Roten Fahne' wurden in Berlin mit der Schreibmaschine vervielfältigt und erschienen als Doppelnummern jeden zweiten Monat. Die Beiträge stützten sich auf Beschlüsse der KPD und Nachrichten, die der Moskauer Rundfunk verbreitete, sowie auf Informationen aus Berliner Betrieben. [23] Als Fortsetzung seit 1941 kann 'Die Innere Front', Kampfblatt für ein neues, freies Deutschland, angesehen werden, das von einer Berliner Widerstandsgruppe gemeinsam mit früheren Redakteuren der 'Roten Fahne' bearbeitet wurde. [24] Der Gestapo gelang es 1942, auch diesen Kreis aufzurollen.

Nach dem Kriege hat die KPD den Titel 'Die Rote Fahne' nicht wieder aufgenommen. In der DDR setzt seit 1946 das Zentralorgan der SED 'Neues Deutschland' die Tradition des alten Kampfblattes in neuer Gestalt fort. [25] Im Jahre 1970 wurde unter dem Namen 'Rote Fahne' eine vierzehntägig erscheinende Publikation gegründet; sie erscheint in Westberlin als Sprachrohr der KPD/ML.

---

[23] Geschichte der deutschen Arbeiterbewegung, Bd. 5, S. 283.
[24] Ebda. S. 309.
[25] Vgl. außerdem über die KPD und ihre Presse: Illustrierte Geschichte der Novemberrevolution in Deutschland, Berlin 1968; — Ullrich Kuhirt: Entwicklungswege der fortschrittlichen deutschen Kunst in der Periode von 1924 bis 1933 und die Hilfe der Kunstkritik im Zentralorgan der KPD bei der Herausbildung einer proletarisch-revolutionären realistischen Kunst, Diss. Institut für Gesellschaftswissenschaften beim ZK der SED, Berlin 1962. — Karlheinz Lange: Die Stellung der kommunistischen Presse zum Nationalgedanken in Deutschland, phil. Diss. München 1946 (Masch.Schr.) — Manfred Laszczak: Die Rolle der Zeitung 'Die Rote Fahne' in der Novemberrevolution, in: 'Wissenschaftliche Zeitschrift der Karl-Marx-Universität Leipzig; 7. Jg., 1957/58, Heft 4, S. 453-463; — Lexikon sozialistischer deutscher Literatur, Halle 1963; — Heinz Mudrich: Die Berliner Tagespresse der Weimarer Republik und das politische Zeitstück, phil. Diss. Berlin 1955; — Peter Nettl: Rosa Luxemburg, Köln 1965; — Konrad Schmidt (Hrsg.): Feuilleton der roten Presse 1918—1933, Berlin 1960; — Walter A. Schmidt: Damit Deutschland lebe, Berlin 1959; — Veröffentlichungen deutscher sozialistischer Schriftsteller in der revolutionären und demokratischen Presse 1918—1945. Bibliographie, Berlin 1969; — Was sagt die 'Rote Fahne'? , Berlin 1923; — Otto Wenzel: Die Kommunistische Partei Deutschlands im Jahre 1923, phil. Diss. Berlin 1955.

PERSONENREGISTER

Abegg, Bruno 48
Abusch, Alexander 396
Ackermann, Wilhelm 378
Adam, Lotte 351, 352, 355
Adametz, Johann Friedrich 115, 116
Adami, Friedrich 213
Adelung, Johann Christoph 82, 83
Adenauer, Konrad 73
Albrecht, Gustav 374, 376, 378
Albrecht, H. 194
Alexander, Prinz von Hessen 212
Alexis, Willibald 35, 36
Altenhöfer, August 141, 142, 143
Alvensleben, Bodo von 223
Alvensleben, Werner von 223
Amann, Max 173, 174, 205, 281, 327, 382, 385, 387, 390
Andree, Karl 146, 147
Apitsch, Robert 316
Aretin, Erwein Freiherr von 201, 202, 203, 204, 206
Arndt, Ernst Moritz 120, 121
Arnim, Harry von 64
Auerbach, Berthold 229
Auernheimer, Raoul 237
Auerswald, Rudolf von 179

Bach, Alexander Freiherr von 216
Bachem & Co., J. P. (Firma) 257, 262, 264
Bachem, Josef 257, 258, 259
Bachem, Julius 260
Bachem, Karl 258
Bacher, Eduard 233, 234, 236, 238
Bacher, François Marie 85
Bachmann, Hermann 37, 38
Badeni, Kasimir Graf 236
Bading, Max 331, 334
Baedeker, Diedrich 368, 371
Baedeker, Eduard 368
Baedeker, Gottschalk Diedrich 366
Baedeker, Gustav 368, 369, 371
Baedeker, Julius (Neffe von Baedeker, Gottschalk Diedrich) 366
Baedeker, Julius (Sohn von Baedeker, Gottschalk Diedrich) 366, 368
Baedeker, Zacharias Gerhard Diederich 365
Baer, Otto 72

Balk, Arvid 128, 129
Baron, Heinrich 68, 69, 70, 73
Bartz, Karl 294
Baudri, Weihbischof 257
Bauer, Andreas 110, 146
Bauer, Wilhelm 20
Bauernfeld, Eduard von 227
Bauernschmid, Karl Eduard 227, 229
Baumgarten, Hans 294, 295
Bebel, August 243, 329, 337
Becker, Nicolaus 146
Behrendt, Ludwig 318
Benedikt, Ernst 237, 238
Benedikt, Familie 238
Benedikt, Moritz 233, 234, 235, 236, 237
Benedikt XV., Papst 170
Bennett, James Gordon 61
Bennigsen, Rudolf von 186
Berchthold, Josef 384
Bergmann (-Korn), Richard von 126, 127, 129, 130
Bernhard, Georg 38
Bernstein, Eduard 336
Bernstorff, Andreas Peter Graf 271
Besold, Christoph 11
Bethmann-Hollweg, Moritz August von 212, 214
Bethmann-Hollweg, Theobald von 155, 169, 170, 171
Betz, Anton 200, 201, 202, 204, 205
Betzel, Andreas 57
Beust, Friedrich Ferdinand Graf von 217
Beutner, Thuiskon 215, 216, 217
Beyer, Hans 360
Bie, Oskar 295
Bismarck, Herbert von 154, 273
Bismarck, Otto Fürst von 37, 50, 51, 52, 53, 63, 64, 112, 124, 125, 143, 150, 151, 152, 153, 164, 165, 166, 181, 182, 183, 184, 185, 196, 209, 210, 212, 213, 214, 216, 217, 218, 219, 220, 221, 224, 235, 242, 243, 244, 246, 258, 271, 272, 273, 297, 299, 317, 318, 319, 331, 354, 366, 368, 370
Blankenburg, Heinrich von 124, 125
Bleichröder, Gerson von 218
Bloch, Paul J. 295

Block, Paul 325
Blos, Wilhelm 333
Blücher, Gebhard Leberecht Fürst von 128
Blum, Robert 122, 178, 330
Blumenthal, Oscar 320
Bodelschwingh, Ernst von 123
Bodenstedt, Friedrich 350
Böhm-Bawerk, Eugen von 233
Böttiger, Karl August 134
Bollig, Fritz 262
Bomberg, Georg 167
Bondy, Josef Adolf 295
Bormann, Hans Heinrich 307
Bormann, Paul 294
Bornschier, Richard 128
Bornschier, Werner 130
Borromäus, Karl 257
Bosch, Carl 251, 254, 255
Bouhler, Philipp 385
Boxberg, Christian Ludwig 83
Boyen, Hermann von 120
Brahl, Johann 43, 44, 46
Brahms, Johannes 229
Brandenburg, Friedrich Wilhelm Graf von 212
Brandi, Ernst 200, 202, 204, 206
Braß, August Heinrich 269, 270, 271, 272
Braun, Felix 237
Braun, Otto 278, 399
Brecht, Bertolt 293
Breithaupt, Gustav E. 355
Brentano, Lujo 124
Brigl, Bernhard 349, 350, 352
Brigl jr., Otto 353
Brink, Hermann ten 301, 302
Brockhaus, Friedrich Arnold 86
Broschek, Albert 168, 169, 173
Broschek, Albert-Ernst 174
Broschek, Kurt 169, 173, 174, 175
Broschek, Ludwig 169, 174
Broschek, Verlag 172, 175, 176
Brüggemann, Karl Heinrich 146, 147, 148, 149, 150
Brühl, Heinrich Graf von 81
Brüning, Heinrich 201, 266, 279, 325
Brunner, Gottfried 307
Bucher, Lothar 181
Buchner, Dr. 384
Bücher, Karl 245
Büchner, Fritz 201, 202, 203, 204, 206
Bülow, Bernhard Fürst von 126, 154, 274
Bülow, D. H. von 134
Bülow, Hans von 294

Büttner, H. 149
Büttner, P. 336
Büxenstein, W. 288
Buisdorf, Hans J. 387
Burkhart, Regierungsrat 197

Camphausen, Ludof von 148, 179
Camphausen, Otto von 218
Caprivi, Leo von 154, 221, 273
Carbe, Martin 326
Cardauns, Hermann 260
Catel, Samuel Heinrich 34
Chamberlain, Neville 345
Chamier, Verlagshaus von 267
Charmatz, Richard 237, 238
Clages, Dr. 70
Clam-Martinic, Heinrich Graf 227
Claß, Heinrich 369, 370, 373
Clausewitz, Karl von 120
Cloeter, Hermine 237
Cohen, Salomon Jakob 160
Cohn, Emil 316, 321
Colbert, General 58
Colomb, Ferdinand August Peter von 85
Consentius, Ernst 27
Corneille, Pierre 94
Cossmann, Paul Nikolaus 199, 200, 201, 202, 204, 206
Cotta, Constantin 163
Cotta, Georg 141, 142, 143
Cotta, Johann Friedrich 131, 132, 133, 134, 135, 136, 137, 139, 140
Cotta, Karl 143
Cotta'sche Buchhandlung, J(ohann). G(eorg). 131, 132, 144
Coudenhove(n)-Kalerg(h)i, Richard Graf von 265
Cremer, Christoph 300
Cronheim, R. 333
Crüwell, Wilhelm 366, 367
Crummenerl, Siegmund 345
Cuno, Rudolf 277
Curti, Theodor 246

Daser, Wilhelm Ludwig 79
Daube, Leonhard 316
Davidsohn, George 284, 285, 288, 289, 291, 292, 293, 294
Davidsohn, Robert 289
Dawes, Charles Gates 375
Defoe, Daniel 101
Delbrück, Rudolf von 218, 315
Dernburg, Friedrich 185, 186
Dertinger, Georg 129

Dickpaul, Daniel 75
Diederich, Franz 340
Diedrich, Amandus 167, 168
Diedrich, Gustav Amandus 164, 167
Dieringer, Professor 257
Diesterweg, Friedrich Adolf W. 178
Dietrich, Otto 255, 327, 377, 390
Dingelstedt, Franz 229
Doehring, Bruno 356, 357, 358
Dohna, Friedrich Ferdinand Alexander Graf zu 120
Dollfuß, Engelbert 279
Dombrowski, Erich 324
Dovifat, Emil 13, 246, 322, 355
Drenker, Alexander 312
Dreyfuß, Alfred 236, 322
Dubrovic, Milan 238
Duesterberg, Theodor 202
DuMont, Familie 153
DuMont, Joseph 146, 147, 148, 150, 151, 153
DuMont, Ludwig 151, 153
DuMont, Marcus 145, 146
DuMont Schauberg, M. 145, 153, 156, 158
Duncker, Franz 179, 182, 183
Duncker, Hermann 391
Dyrssen, Carl Ludwig 129

Eberlein, Hugo 391
Ebert, Friedrich 222, 304, 354
Eckart, Dietrich 255, 381, 383, 384
Egger, Gottfried 78
Eher, Franz Xaver 38
Eher Nachf., Franz (Verlag) 205, 280, 281
Eichberg, Oskar 295
Einstein, Alfred 325
Eirund, Edmund 299, 300
Eisenhower, Dwight David 72
Eisner, Kurt 198, 336, 337
Elbau, Julius 38
Emmerich, Leo 67
Engel, Fritz 325, 326
Engel, Heinrich 217
Engels, Friedrich 228
Epp, Franz X. Ritter von 204
Ernst, Eugen 337
Erzberger, Matthias 222, 303, 309
Esser, Hermann 204, 383, 384, 385
Ester, Karl d' 247
Etienne, Michael 228, 229, 230, 232, 233, 234
Eulenburg-Hertefeld, Botho Graf zu 154

Evert, Sebastian 81

Faber, Alexander 61, 62, 64, 65
Faber, Familie 57, 73
Faber, Fritz 68, 69, 70, 72, 73
Faber, Gustav 59, 60, 61
Faber, Henning 68
Faber, Robert (d. Ä.) 61
Faber, Robert (d. J.) 64, 66, 68
Faktor, Emil 294, 295
Falck, Georg von 125
Fecher, Otto 307
Feder, Ernst 324, 326
Felder, Cajetan 234
Felder, Josef 347
Fernbach, Hans 130
Fichte, Johann Gottlieb 44, 45
Fillies, Fritz 70
Finck von Finckenstein, Karl Adolf Emil Reichsgraf 212
Fischer, Eugen Kurt 54
Fischer, Franz 153, 154, 155
Fließ, Wilhelm 292
Flügge, Horst 347
Foertsch, Georg 221, 222, 223, 224
Fontane, Theodor 36, 217
Forstreuter, Hedwig 70
Fränzel, Karl 229
Francke, Ernst 196, 197
Franz, Adolf 300
Fredebeul & Coenen, Verlag 267
Freystadt, Emil 295
Freytag, Gustav 122, 193
Fried, Ferdinand (siehe: Zimmermann, Ferdinand Friedrich)
Friedemann, Heinrich 295
Friedjung, Heinrich 236
Friedländer, Max 228, 229, 230, 231, 232, 233
Friedland, Konsul 231
Friedrich, Herzog von Baden/Württemberg 133
Friedrich I., König von Preußen 29
Friedrich II., der Große, König von Preußen 32, 103, 104, 105, 106, 107, 112, 115, 116, 117, 118, 121, 126, 129
Friedrich III., deutscher Kaiser 220, 368
Friedrich III., Markgraf und Kurfürst von Brandenburg 291
Friedrich August I., der Starke 79
Friedrich Wilhelm, der Große Kurfürst 29, 32, 41, 121

Friedrich Wilhelm I., König von Preußen 30, 31, 103, 104
Friedrich Wilhelm III., König von Preußen 34
Friedrich Wilhelm IV., König von Preußen 35, 47, 123, 150, 177, 180
Frisch, Johann 93, 99
Frischmann, Christoph 26, 32
Frischmann, Veit 26, 27, 28, 32
Fritsche, Hans 69
Fülle, Albrecht 336
Funk, Walter 238

Galimberti, Luigi Kardinal 154
Gampert, Johann Michael 118
Garleb, Paul 356, 358
Geigenmüller, Ernst 176
Gensch, Rudolf 269
Gentz, Friedrich von 138, 140
Georg Wilhelm, Markgraf und Kurfürst von Brandenburg 27
Gerlach, Hans Helmut 69
Gerlach, Leopold von 210, 212, 215
Gerlach, Ludwig von 210, 212, 213, 216, 217
Gerlich, Fritz 199, 201, 204
Gerstäcker, Friedrich 230
Gervinus, Georg Gottfried 209
Geyer, Curt 342, 345
Geyer, Flodoar 113
Ginzkey, Franz Karl 238
Girardet, Wilhelm 376, 379
Girardin, Emile de 226
Gisevius, Hans Bernd 205
Glaser, Richard 70, 73
Glassbrenner, Adolf 269
Glave-Kolbielsky, Publizist 138
Gleissberg, Gerhard 347
Gneisenau, Neithardt Graf von 120
Goebbels, Paul Joseph 68, 157, 327, 383, 384, 387, 390
Goedsche, Hermann (Retcliffe, Sir John) 213
Göring, Hermann 266, 280
Görres, Josef von 139, 263, 264, 267
Goethe, Johann Wolfgang von 132
Goldschagg, Edmund 207
Goldschmidt, Alfons 325
Goldschmidt, Jacob 358
Goldstein, Ludwig 54, 55, 56
Gottschall, Rudolf von 50
Gottsched, Johann Christoph 106
Gräfe & Unzer, Verlag 47
Grätzner, Fritz 70

Graß, Verleger 119
Greflinger, Franz Ludwig 97
Greflinger, Friedrich Conrad 96, 97, 100, 102
Greflinger, Georg 91, 92, 93, 94, 95, 96, 98, 99, 100, 101, 102
Gregorovius, Ferdinand 50
Griesemann, Martin 273, 274
Grieshammer, Georg August 86
Groth, Otto 247, 353
Gründler, Gerhard E. 347
Gubitz, Friedrich Wilhelm 35
Guttenberg, Karl Ludwig Freiherr von und zu 203, 204, 206
Guttzeit, J. F. 333
Gutzkow, Karl 230
Gyßling, Robert 53, 54

Haas, Albert 294
Haas, Wilhelm 73
Haase, Hugo 340
Haasenstein & Vogler, Annoncenexpedition 316
Hackelsberger, Albert 267
Haeuber, Erich 327
Hagemann, Carl 292
Hagemann, Walter 14, 311, 312
Hahn, Ludwig 123
Hahn, Viktor 187, 188, 189
Hainhofer, Philipp 26
Hamann, Johann Georg 43, 44
Hammann, Otto 125
Hammerstein-Schwartow, Wilhelm Freiherr von 219, 220, 221
Haniel, Karl 200, 202, 204, 205, 206
Hansemann, David 148
Hanslick, Eduard 229
Hardenberg, Karl August Fürst von 109, 121, 138, 147
Hartung, Bernhard 48
Hartung, Familie 42, 48
Hartung, Georg Friedrich 43, 44, 45, 46, 47, 49
Hartung, Johann Friedrich Hermann, 49, 50, 51
Hartung, Johann Gottlieb 46
Hasenclever, Wilhelm 330
Hasenkamp, Xaver von 50
Haßmüller, Anton 156
Haude, Ambrosius 32, 103, 104, 105, 106, 107, 114
Hauptmann, Gerhart 321
Hausleiter, Friedrich Leo 204, 205

Haußmann, Weinstube 284
Havas, Charles 149
Hebbel, Friedrich 227
Hecht, Wendelin 254
Heiden, Konrad 384
Heine, Heinrich 140, 141, 330
Heinzen, Karl 142
Helfreich, August 197
Hempel, Paul 352, 353
Henning, Julius Andreas 163
Henske, Werner 350
Herder, Johann Gottfried 43
Hering, Gerhard F. 70
Hermann, H. S. 289
Hermes, Justus 221
Hermes, Karl 146
Herrig, Hans 294
Herrmann, Elisabeth M. 189
Hertz, Paul 345
Herwegh, Georg 330
Herzberg, Gustav 53, 54
Herzl, Theodor 236
Hesekiel, Georg 213
Heß, Rudolf 204, 384
Hesselius, Petrus 99
Heuss, Theodor 238, 256
Heydebrand und der Lasa, Ernst von 221
Heyse, Paul 114, 230
Hildebrandt, Felix 169
Hilferding, Rudolf 338
Hiller, Kurt 292
Hilscher, Friedrich Daniel Rudolf 122, 123
Himmler, Heinrich 204
Hinckeldey, Karl Ludwig Friedrich von 215, 216
Hindenburg, Paul von Beneckendorf und von 202, 261, 304, 305, 374
Hirsch, Werner Daniel 396
Hirschstein, Hans 295
Hirth, Elise 196
Hirth, Georg 196, 197, 198, 202
Hirzel, Heinrich 135
Hitler, Adolf 68, 69, 70, 71, 201, 202, 203, 204, 224, 238, 249, 251, 264, 266, 279, 280, 304, 305, 306, 311, 326, 327, 343, 345, 346, 377, 381, 382, 383, 384, 385, 386, 387, 388, 401
Hobbing, Reimar 275, 276, 277
Hoeber, Karl 262
Hoensbroech, Paul von 352
Höpker-Aschoff, Hermann 278
Hörmann, N. von 139
Hoetzsch, Otto 222

Hoffmann, Heinrich 386
Hoffmann von Fallersleben, August Heinrich 122
Hofmannsthal, Hugo von 237
Hofstetten, Johann Baptist von 329
Hohenlohe-Schillingsfürst, Fürst Chlodwig von 195, 274
Holstein, Friedrich August Graf von 153, 154, 155
Hommerich, August 302, 307
Hopfen, Hans 294
Hoppe, Julius 61
Horndasch, Max 261, 267
Horwitz, Georg 295
Hoym, Karl Georg Heinrich von 119
Huber, Ludwig Ferdinand 133, 134, 135
Huber, Viktor Aimé 213
Huck, Wolfgang 128
Hübner, Otto 228
Hülser, Gustav 359
Hugenberg, Alfred 128, 188, 198, 202, 224, 249, 325, 326, 327, 358, 376
Hugenberg-Konzern 128
Huhn, Arthur von 155
Humann, Hans 276
Hussong, Friedrich 353, 355, 359

Ihering, Herbert 295
Ippen, Rolf 378

Jacobson, Benno 294
Jacoby, Johann 53
Janke, Buchhändler 269
Jansen, G. 299
Joachimson, Felix 295
Jogiches, Leo 391, 393
Joseph II., deutscher Kaiser 365
Jünemann, Maria Regina 307

Kahlert, August 122
Kalisch, David 178
Kaliski, Julius 336
Kant, Immanuel 43, 44, 336
Kanter, Johann Jakob 43
Kapp, Wolfgang 127, 324, 375
Kastan, Isidor 294
Katter, Fabrikenassessor 46
Kaupert, Walter 361
Kautsky, Karl 340
Kees, Johann Jacob (d.Ä.) 79, 80
Kees, Johann Jacob (d.J.) 80
Kehler, Friedrich von 299, 300

Kempen von Fichtenstamm, Johann
  Freiherr 228
Kerr, Alfred 325
Ketteler, Wilhelm Emmanuel Freiherr von
  260
Kiderlen-Wächter, Alfred von 274
Killisch von Horn, Hermann 284
Kircher, Rudolf 254
Kirchrat, Anton 65
Kirdorf, Emil 377
Klaas, Gert von 69
Klausner, Max Adolf 295
Klein, Fritz 278, 279
Kleist-Retzow, Hans von 219
Kletke, Hermann 36
Klöckner, Florian 309
Klose, Samuel Benjamin 117
Klühs, Franz 342
Knoll, Joachim H. 21
Knorin, Waldemar 398
Knorr, Julius 194, 195, 198
Knorr, Thomas 196, 197, 198
Knorr & Hirth, Verlag 195, 197, 198, 199,
  200, 201, 202, 204, 205, 206
Knüppeln, August Friedrich Julius 160
Köbner, Siegfried Ernst 186, 187
Koenig, Johann Friedrich Gottlob 110, 146
Kolb, Georg 242, 244
Kolb, Gustav 139, 140, 141, 143
Koller, Hellmut 389
Kormart, Georg 75, 76, 77, 78
Korn, Bertha 123
Korn, Familie 115
Korn, Ferdinand 121, 122
Korn, Firma Wilh. Gottl. 126, 127, 130
Korn, Friedrich Wilhelm 119, 121
Korn, Heinrich von 123, 124, 125, 126
Korn, Johann Gottlieb 119, 121
Korn, Johann Jacob 115, 116, 117, 118
Korn, Julius 122, 123
Korn, Wilhelm 126, 127
Korn, Wilhelm Gottlieb 118, 119
Korngold, Julius 237
Koszyk, Kurt 11, 15, 17, 343
Kotzebue, August von 46, 139
Kraus, Karl 236
Krause, Emil 55
Krause, Karl 169
Krause, Rudolf 68
Krebs, Albert 384
Krebs, Julius 122
Kröner, Adolf 143
Kröner, Paul 143

Kropatschek, Hermann 221
Krüger, Erich 71
Krumbhaar, Herbert 173
Krupp, Friedrich Alfred 370
Krupp von Bohlen und Halbach, Gustav
  372
Kruse, Heinrich 150, 151, 152, 153
Kühr, Fritz 307
Kürnberger, Ferdinand 227
Küsel, Herbert 255
Kunisch, Johann Gottlieb 122
Kunst, Christian Ludwig 31
Kurzrock, Jonathan 139
Kuttner, Erich 340

Lachmann-Mosse, Hans 326
Lackenbacher, Eduard von 227
Lamprecht, Jakob Friedrich 106
Landau, Isidor 294
Landesmann, Heinrich 227
Landsteiner, Karl 226
Landsteiner, Leopold 226, 228, 229, 230
Lange, Friedrich 351, 352, 354
Lange, Paul 391
Lasker, Eduard 63, 319
Lassalle, Ferdinand 228, 243, 244, 329,
  335
Laufenberg, Heinrich 393
Lauser, Wilhelm 274
Lenin, Wladimir Iljitsch 392, 399
Lensch, Paul 277
Leo, Heinrich 213
Lerg, Winfried Bernhard 21
Lessing, Carl Robert 36, 37
Lessing, Christian Friedrich 34, 36
Lessing, Gotthold Ephraim 33, 94, 117
Lessing, Karl Gotthelf 34
Lessing, Marie Friederike 34
Levi, Paul 391, 392, 393
Levy, Isidor 37
Levysohn, Arthur 318, 321
Lewinsky, Karl von 227
Lewinsohn, Siegfried 295
Liebknecht, Karl 391, 392, 393
Liebknecht, Wilhelm 269, 329, 330, 334,
  335, 336, 339
Lindau, Paul 294
Lindemann, Margot 17
Lindner, Heinrich 359, 360
Lindner, Otto 36
List, Friedrich 140, 148
Listowski, Paul 54

Löhner, Ludwig von 227
Loempke, Dr. 61
Loeper, Gauleiter 68
Loff, Fritz 70
Lorentz, Johann 29, 30, 31, 32
Lorm, Hieronymus (siehe: Landesmann, Heinrich)
Lothar, Ernst 237
Ludendorff, Erich 68, 69, 304
Ludewig, Johann Peter von 92
Ludwig, König von Holland 46
Ludwig, Otto 230
Luther, Hans 359
Luther, Martin 356
Luxemburg, Rosa 336, 391, 392, 393

Machhaus, Hugo 383
Maerker, Professor 62
Mahlmann, August 84, 85, 86
Mahn, Paul 355
Mahraun, Artur 325
Majunke, Paul 300
Mann, Thomas 49, 54, 56
Manteuffel, Ernst Christoph Graf von 81
Manteuffel, Otto Theodor von 214, 215, 216
Marbach, Oswald 87, 88
Marcour, Eduard 301
Marcuse, Max 295
Marie, Großherzogin von Mecklenburg-Strelitz 212
Marperger, Paul Jakob 93
Marx, Karl 222, 228, 329, 330, 335
Marx, Wilhelm 266, 304, 309
Mathieu Neven, Firma 153
Maurer, Hannsjörg 383
Maus, Heinrich 262, 264
Mauthner, Fritz 320
Max Joseph, Kurfürst von Bayern 135
Max, Prinz von Baden 322
May, Johann Andreas 82, 83
Mayer, Gustav 243
Mayer, Johann Friedrich 96
Mebold, C. A. 141
Meinecke, Friedrich 275
Meissner, Alfred 229
Mell, Max 238
Menck, Friedrich Wilhelm Christian 159, 160, 161, 162, 163
Menck, Friedrich Wilhelm Julius 164, 167, 168
Mendelssohn, Bankhaus 234

Mendelssohn, Peter de 27, 283
Menger, Rudolf 318
Merkel, Garlieb 108
Mertens, Eduard 169
Metternich, Clemens Wenzel Nepomuk Lothar 138
Mévil, André 66
Meyer, Ernst 391, 395
Meyer, Heinrich 163
Michaelis, Otto 182
Michels, Ferdinand 53
Minoux, Friedrich 355
Mirabeau, Honoré Gabriel Graf von 44
Moecke, Julius 123, 124
Möller, Hanns 69
Mönnig, Hugo 262, 264
Mohr, Martin 197
Molden, Ernst 237, 238, 239
Molden, Fritz 239
Mommsen, Theodor 236, 370
Mommsen, Wilhelm 20
Moondientz, Bruchvogt 161
Mordtmann, A. J. 197
Mosse, Emil 316
Mosse, Rudolf 187, 189, 315, 316, 317, 318, 320, 321, 322, 326
Mosse, Verlag 322, 326
Mudrich, Heinz 354, 357
Mühlbach, Christoph 76, 77, 78
Müller, Eduard 299
Müller, Emil Reinhardt 70
Müller, Ernestine Wilhelmine 34
Müller, Hans 237
Müller, Hermann 339, 340
Müller, Johannes 57
Müller, Josef 386
Müller, Karl E. 197, 198
Müller, Stephan von 238
Müller, Sven von 173
Müller-Fürer, Chefredakteur 221
Mündler, Eugen 327, 376, 378
Munch, Edward 321
Mussolini, Benito 279
Mylius, Christlob 32, 33

Naderer, Johann 381
Napoleon (-Bonaparte) I., Kaiser der Franzosen 44, 45, 46, 58, 83, 84, 85, 109, 135, 136, 137, 138, 158
Napoleon III., Kaiser der Franzosen 142, 215
Nathan, N. Js. & Co. 164

Nathusius-Ludom, Philipp von 217, 218, 219
Nau, Alfred 347
Naumann, Friedrich 354
Nauwerck, Karl 178
Neißer, Max 167
Neubert, Erich 73
Neumann, Heinz 395, 396, 398
Neustädter, Max 295
Neven, August Libert 153
Neven DuMont, Alfred 157
Neven DuMont, Familie 153
Neven DuMont, Josef 155
Neven DuMont, Kurt 158
Niclassen, John 167
Niebelschütz, Benno von 219
Niebelschütz, Ernst von 69, 70, 71
Niebelschütz, Wolf von 70
Nienkemper, Fritz 300, 301
Nießner, Alwis 371
Nootbaar, Johannes 164
Norden, Albert 396
Norden, Artur 320
Noske, Gustav 393

Obst, Arthur George Louis 167
Oertzen, Friedrich Wilhelm von 362
Ohlbrecht, Günther 201
Ohlendorff, Albertus 272, 273, 274
Ohlendorff, Heinrich 272, 273
Okrass, Hermann 174
Olden, Rudolf 325, 326
Orges, Hermann 141, 143
Orth, Hermann 307

Palm, Johann Philipp 44
Paoli, Betty 227
Papen, Franz von 203, 266, 280, 305, 309, 310, 311, 312, 343, 361, 362, 399
Pasche, Konrad 47
Paß, Verleger 356, 358
Percy, Henry 2. Earl of Northumberland 63
Perrot, Franz 218, 219
Peter der Große, Zar 42
Peters, Wolfgang 359
Petersen, Carl Friedrich 164
Petzet, Georg Christian 124, 125
Pfeilschifter, Johann Baptist von 138
Pflaum, Otto 201
Pieck, Wilhelm 396, 397

Pietsch, Ludwig 36
Pilat, Joseph Anton 138
Pilgram, Friedrich 300
Pindter, Emil 272, 273
Pinkow, Hans 156
Pinner, Felix 325
Platow, Robert 70
Plog, Wilhelm 360
Podewils, Heinrich Graf von 116
Pörner, Moritz 75, 76
Pössenbacher, Druckerei 193
Pohl, Heinrich 371
Poincaré, Raymond 66
Posse, Ernst 155, 156, 157
Posselt, Ernst Ludwig 131, 132, 133, 134
Pourtalès, Albert 155
Preradovic, Paula von 238
Prévost-Paradol, Marcel 66
Pruys, Karl Hugo 11
Pückler-Muskau, Fürst 141
Puttkamer, Jesco von 347
Puttkamer, Robert von 220

Quehl, Rino 215, 216

Raché, Paul 167, 168
Radowitz, Joseph Maria von 215
Ranke, Leopold von 163
Rauch, Friedrich Wilhelm von 212
Rausch, Heinrich 167, 168
Reetz, Erwin 69
Reichensperger, August 257
Reifenberg, Benno 251
Reimers, Christian 96
Reindl, Emanuel 70
Reischach, H. 143
Reismann-Grone, Theodor 368, 369, 370, 371, 372, 373, 374, 376, 377
Reitlinger, Edmund 229
Rellstab, Ludwig 35
Retcliffe, Sir John (siehe: Goedsche, Hermann)
Retslag, Dr. 61
Reusch, Paul 200, 202, 206
Reussner, Familie 42
Reussner, Johann 41, 42, 43
Reuter, Ernst 342
Reuter, Paul Julius von 149, 166
Reventlow, Ernst Graf von 388
Rhode, Johann Gottlieb 122
Ribbentrop, Joachim von 238
Richter, Eugen 53, 154, 165, 294

Riecke, Oscar 167
Riehl, Wilhelm Heinrich 141
Rienhardt, Rolf 69, 174, 327, 378, 387
Rippler, Heinrich 352, 353, 354, 355, 356, 357
Rist, Johann 94
Ritter, Emil 311
Ritzsch, Timotheus 75, 76, 77, 78
Rodenberg, Julius 228, 229, 230
Rödiger, Fritz 333
Röhm, Ernst 204
Roese, Otto 125, 126
Rösler-Mühlfeld, Julius 53
Rötscher, Heinrich Theodor 111, 113
Roon, Albrecht von 212, 269
Rosenberg, Alfred 383, 384, 385, 390
Rosenthal, Heinrich Bernhard 241, 242
Roßberg, Fritz 130
Roth, Friedrich 139
Roth, Paul 247
Rousseau, Jean-Jacques 336
Rudhart, Ignaz 139
Rudolph, Fritz 129, 130
Rüchel, Ernst F. W. Ph. von 44
Rüdiger, Daniel Andreas 31
Rüdiger, Dorothea Henrietta 33
Rüdiger, Johann Andreas 30, 31, 32, 33, 103, 104, 107, 115
Rüdiger, Johann Michael 30
Runge, Christoph 27, 28, 29, 32
Runge, Georg 26, 27
Runge, Heinrich 178
Runge, Maria Katharina 29
Runge, Otto 274, 275
Runkel, Martin Matthias 122
Rutenberg, Adolf F. 180

Sacher-Masoch, Leopold von 230
Salfeld, David 29
Salfeld, Johann Andreas 29
Salfeld, Maria Katharina 29, 30
Salomon, Ferdinand 185, 186
Salomon, Julius 293, 294
Salomon, Ludwig 109
Salten, Felix 237
Salzmann, Erich 295
Samassa, Paul 197
Saphir, Moritz Gottlieb 320
Sarwey, Helmut 325
Sattler, Ernst 345
Scharf, Franz Wilhelm 83
Scharnhorst, Gerhard Johann David von 45, 120

Scharrer, Eduard 200, 202, 203
Schauberg, Erben 145
Schauberg, Katharina 145
Scheffer, Paul 325, 327
Scheidemann, Philipp 249
Scherl, August 126, 128, 187
Scherl, Verlag 221, 318, 324
Schiemann, Theodor 222
Schiller, Friedrich von 132, 134, 151, 160, 317
Schippel, Max 333
Schlabrendorff, Ernst Wilhelm Freiherr von 118
Schlechtiger, Gotthard 31
Schleicher, Kurt von 279, 361, 362, 377
Schlenther, Paul 37
Schmid, Hermann 193
Schmidt, Alexis 112, 113
Schmidt, Franz 288
Schmidt, Gottfried Leberecht 365
Schmidt, Johann Theodor 46
Schmidt, Karl 128
Schmidt, Roland 89
Schmidt-Dumont, Franz 355
Schmits, August 153
Schneider, Carl 378
Schnitzer, Manuel 295
Schnitzler, Arthur 237
Schön, Johannes 122
Schön, Theodor von 48
Schoens, Carl Friedrich 160, 161
Schöne, Walter 41, 42, 95
Schönheimer, Bankverein 114
Schönherr, Karl 237, 238
Schöningh, Franz 207
Schoeps, Hans Joachim 21
Schorlemer-Lieser, Clemens von 372
Schottenloher, Karl 15
Schottky, Richard 126, 127
Schuetz, Bernhard 295
Schütze, Alfred 294
Schulmann, Geheimrat 200, 202, 204, 206
Schulmeister, Otto 238, 239
Schulte, Heinrich 379
Schultz-Euler, Richard 126
Schultze-Pfaelzer, Gerhard 355, 359
Schulze, Ferdinand Wilhelm 151, 153
Schulze-Delitzsch, Hermann 243
Schumacher, Kurt 346
Schumann, Gottlieb 82
Schurich, Carl Robert 191, 192, 193, 194
Schuschnigg, Kurt von 238
Schwab, Josef 325

Schwarzenberg, Felix Fürst 202, 227
Schwarzer, Erich 327
Schwarzer, Ernst von 226
Schwedler, Wilhelm 295
Schween, Friedrich 175
Schweitzer, Johann Baptist von 329
Schwibbe, Albert 70, 73
Schwieler, Karl 161
Schwingenstein, August 207
Seeckt, Hans von 279
Seipel, Ignaz 279
Seitz, Wilhelm 199
Seldte, Franz 223, 224
Semer, Karl 309
Senfft-Pilsach-Sandow, Adolf Freiherr Baron von 212
Sensburg, Franz Ludwig 330
Severing, Carl 355
Siegler, Johann Heinrich 31
Siehr, Ernst 55
Siercke, Eugen 350, 351
Silex, Karl 280, 281
Simon, Heinrich 247, 251
Simon, Kurt 247, 251
Singer, Paul 331, 334, 337
Sinsheimer, Hermann 325
Sochaczewer, Ludwig 289
Sommerfeldt, Martin G. 359
Sonnemann, Familie 251
Sonnemann, Leopold 241, 243, 244, 246, 247, 249, 285
Spahn, Martin 20
Speidel, Ludwig 229, 233
Spener, Christian Sigismund 107
Spener, Familie 32
Spener, Johann Karl 107
Spener, Johann Karl Philipp 107, 108, 109, 110
Spiecker, Karl 309
Spielhagen, Friedrich 230
Spiker, Heinrich Samuel 110, 111, 112, 113
Splittgerber, Wilhelm 61, 65
Springer, Axel Cäsar 175, 176
Stackmann, Karl 221
Stadion, Franz Graf 227, 228
Stahl, Friedrich Julius 213
Stahl, Theodor 301
Stampfer, Friedrich 339, 340, 341, 342, 343, 344, 345
Stanglauer, Oskar 238
Starkulla, Heinz 355, 357, 358
Steffens, Henrich 120
Stegmann, Karl Josef 135, 136, 137, 139

Stein, Alexander 342
Stein, Karl Freiherr vom und zum 120, 138, 147
Steinborn, Paul 325, 326
Steneberg, Willy 295
Stenzel, Gustav Adolf Harald 122
Stephany, Friedrich 36, 37
Stettenheim, Julius 291, 294
Stieler, Caspar von 11
Stienen & Co., Firma 257
Stinnes, Hugo 276, 277, 355, 356, 357
Stocky, Julius 262, 264
Stoecker, Adolf 220, 221, 354
Stollberg, Otto 275, 276
Stolzing-Czerny, Josef 384
Straube, Johann Sebastian 365
Streckfuß, Adolf 318
Streit, Wilhelm 295
Stresemann, Gustav 157, 249, 278, 324, 325, 354, 356, 357, 358
Strimesius, Johann Samuel 43
Strobel, Schlossermeister 299
Ströbel, Heinrich 337, 338
Stünings, Herbert 175
Süßkind, Heinrich 395

Taaffe, Eduard Graf 234
Teipel, Heinrich 307
Temme, Jodocus Donatus Hubertus 229, 230
Teubner, Benedictus Gotthelf 86, 88
Thadden-Trieglaff, Adolf von 219
Thälmann, Ernst 395, 396, 398, 401, 402
Thalheimer, August 391
Thiersch, Friedrich 139
Thun, Franz Graf 235
Thurn und Taxis, Reichspostverwaltung 131
Tietz, Karl 231
Tirpitz, Alfred von 248, 278
Tito, Josip 72
Trefz, Friedrich 168, 197, 199, 205
Treitschke, Heinrich von 20, 121, 125, 137
Trescher, Hermann 351
Turgenjeff, Ivan S. 230

Uhl, Friedrich 228, 229
Ulbricht, Walter 400, 402
Ullstein, Leopold 187, 349
Ullstein, Verlag 52, 283, 318, 324
Ullstein, Verlegerfamilie 38
Ulrich, Richard 155

Ungart, Fred 239
Unger, Ferdinand 112, 113
Usteri, Paul 135

Varnhagen von Ense, Karl August 35
Vecchioni, August Napoleon 194, 195, 196, 197, 198
Vögler, Albert 376
Vogel, Hans 345
Voigt, Friedrich Adolf 123
Volder, Nabor Urbain A. de 14
Volgemann, August Heinrich Friedrich 163
Volkhausen, Karl 245
Vorster, Julius 372
Voß, Christian Friedrich 25, 33, 34
Voß jr., Christian Friedrich 34
Voss, Karl Andreas 67, 68, 69
Voss-Buch, Carl Otto Friedrich Graf von 212

Wagener, Hermann 210, 212, 213, 214, 215, 216, 217, 220
Wagner, Ernst 127
Wagner, Richard 229, 292
Waldemar, Prinz von Preußen 212
Wallace, Sigismund 163
Wallenberg, Ernst 38
Walter, Emil 53
Wandel, Gustav 61
Wandruszka, Adam 20
Wedekind, Frank 321
Weidemann, Johanne Marie 81, 82
Weidemann, Moritz Georg 81, 82
Weidenbach, Karl 130
Weil, Alexander 191, 213
Weiß, Wilhelm 384, 390
Weiße, Arnold 167
Wels, Otto 345
Welter, Erich 39
Weltmann, Lutz 70
Wenck, Martin 295
Wendland, Hans 221, 222
Werthner, Adolf 228, 229, 234
Westarp, Kuno Graf von 221, 222, 223, 274
Widemann, Johann Georg 137
Wiener, Jacob 320
Wieser, Friedrich von 233
Wießner, Max 173
Wilde, Richard 295
Wildenbruch, Ernst von 294
Wilhelm, Herzog von Braunschweig 212
Wilhelm I., deutscher Kaiser 125, 150, 182, 269, 368
Wilhelm II., deutscher Kaiser 67, 125, 154, 166, 354, 368, 370
Wilson, Woodrow 170
Windolf, Daniel 167
Windthorst, Ludwig 260
Winkler, Max 69, 174, 205, 279, 327
Wirsing, Giselher 205, 361
Wirth, Joseph 355
Wirth, Max 241, 242
Wißmann, Johann Henrich 365
Witt, Gebrüder de 31
Wittmann, Hugo 237
Witzleben, Cäsar Dietrich von 79, 88, 89
Wohlleben, Johann Christian 365
Wolf, Druckerei 191
Wolff, Bernhard 149, 179, 180, 181, 185, 186, 267, 274
Wolff, Theodor 321, 322, 323, 324, 325, 326
Wolffheim, Fritz 393
Wolfram, Leo 230
Wulle, Reinhold 373, 374
Wyneken, Alexander 52

Young, Owen 375

Zabel, Friedrich 179, 180, 183, 184, 185
Zach, Lorenz 307
Zadig, Benno 164, 166
Zahn, Julius 126
Zang, August 225, 226, 228, 229, 230, 231
Zang, Christoph Bonifas 225
Zechlin, Egmont 275
Zedlitz, Johann Christian von 138
Zehrer, Hans 360, 361, 362
Zetkin, Clara 392
Zimmermann, Ferdinand Friedrich 361, 362
Zöller, Hugo 152
Zweig, Stefan 237

Verlag Dokumentation München

Als Band 1
der Reihe
PUBLIZISTIK-
HISTORISCHE
BEITRÄGE
erschien im
Jahre 1971:

Deutsche Publizisten des 15. bis 20. Jahrhunderts

Herausgegeben von Heinz-Dietrich Fischer

Darin werden folgende 38 Publizisten in ihrer Kommunikations-Tätigkeit vorgestellt:

Kaiser Maximilian I. / Martin Luther / Ulrich von Hutten / Johann Fischart / Hans Jakob Christoffel von Grimmelshausen / Johann Peter von Ludewig / David Fassmann / Justus Möser / August Ludwig von Schlözer / Christian Friedrich Daniel Schubart / Johann Wilhelm von Archenholtz / Friedrich von Gentz / Clemens Wenzel Nepomuk Lothar Metternich / Johann Joseph von Görres / Heinrich von Kleist / Ludwig Friedrich August Wieland / Karl Ludwig Börne / Friedrich List / Heinrich Heine / Georg Gottfried Gervinus / Johann Hinrich Wichern / Wilhelm Emmanuel Freiherr von Ketteler / Adolph Kolping / Otto von Bismarck / Karl Heinrich Marx / Theodor Fontane / Ferdinand Kürnberger / Ferdinand Lassalle / Kaiser Wilhelm II. / Friedrich Naumann / Maximilian Harden / Karl Kraus / Gustav Stresemann / Theodor Heuss / Adolf Hitler / Kurt Tucholsky / Kurt Schumacher / Paul Joseph Goebbels.

Als Band 3
der Reihe
PUBLIZISTIK-
HISTORISCHE
BEITRÄGE
ist für
1973 geplant:

Deutsche Zeitschriften des 17. bis 20. Jahrhunderts

Herausgegeben von Heinz-Dietrich Fischer

Darin werden maßgebliche Zeitschriften der letzten vier Jahrhunderte in ihren politischen, literarischen und journalistischen Bezügen monographisch abgehandelt, darunter u.a.:

'Acta Eruditorum' — 'Die Aktion' — 'Briefwechsel'/'Staatsanzeigen' — 'Deutsche Chronik' — 'Deutsche Rundschau' — 'Deutsche Vierteljahresschrift' — 'Die Fackel' — 'Frankfurter Gelehrte Anzeigen' — 'Die Gegenwart' — 'Gespräche in dem Reiche derer Todten' — 'Die Grenzboten' — 'Die Hilfe' — 'Historisch-Politische Blätter für das katholische Deutschland' — 'Hochland' — 'Der Kunstwart' — 'Die Neue Rundschau' — 'Neue Zeit' — 'Osnabrücker Intelligenzblätter' — 'Preußische Jahrbücher' — 'Sozialistische Monatshefte' — 'Süddeutsche Monatshefte' — 'Die Tat' — 'Teutscher Merkur' — 'Die Weltbühne' — 'Die Zukunft'.

Verlag Dokumentation
8023 München-Pullach, Jaiserstraße 13
Tel.: (0811) 7930914, Telex: 5212067 saur d